METHODEN DER MATHEMATISCHEN PHYSIK

VON

R. COURANT UND D. HILBERT

ORD. PROFESSOR DER MATHEMATIK AN DER UNIVERSITÄT GÖTTINGEN

ORD. PROFESSOR DER MATHEMATIK AN DER UNIVERSITÄT GÖTTINGEN

ERSTER BAND

ZWEITE VERBESSERTE AUFLAGE

MIT 26 ABBILDUNGEN

Published and Distributed in the Public Interest with the consent of the Alien Property Custodian under License No. A-82.

Photo-lithoprint Reproduction

Distributors: INTERSCIENCE PUBLISHERS, INC. New York

BERLIN

VERLAG VON JULIUS SPRINGER

1931

Distributors:

INTERSCIENCE PUBLISHERS, INC.
215 FOURTH AVENUE
NEW YORK

Softcover reprint of the hardcover 2nd edition 1924

Photo-lithoprint Reproduction made in U.S.A.

ISBN-13: 978-3-642-47147-6 e-ISBN-13: 978-3-642-47436-1
DOI: 10.1007/ 978-3-642-47436-1

Aus dem Vorwort zur ersten Auflage.

Von jeher hat die Mathematik mächtige Antriebe aus den engen Beziehungen gewonnen, welche zwischen den Problemen und Methoden der Analysis und den anschaulichen Vorstellungen der Physik bestehen. Erst die letzten Jahrzehnte brachten eine Lockerung dieses Zusammenhanges, indem sich die mathematische Forschung vielfach von ihren anschaulichen Ausgangspunkten ablöste und insbesondere in der Analysis manchmal allzu ausschließlich um Verfeinerung ihrer Methoden und Zuspitzung ihrer Begriffe bemühte. So kommt es, daß viele Vertreter der Analysis das Bewußtsein der Zusammengehörigkeit ihrer Wissenschaft mit der Physik und anderen Gebieten verloren haben, während auf der anderen Seite oft den Physikern das Verständnis für die Probleme und Methoden der Mathematiker, ja sogar für deren ganze Interessensphäre und Sprache abhanden gekommen ist. Ohne Zweifel liegt in dieser Tendenz eine Bedrohung für die Wissenschaft überhaupt; der Strom der wissenschaftlichen Entwicklung ist in Gefahr, sich weiter und weiter zu verästeln, zu versickern und auszutrocknen. Soll er diesem Geschick entgehen, so müssen wir einen guten Teil unserer Kräfte darauf richten, Getrenntes wieder zu vereinigen, indem wir unter zusammenfassenden Gesichtspunkten die inneren Zusammenhänge der mannigfaltigen Tatsachen klarlegen. Nur so wird dem Lernenden eine wirkliche Beherrschung des Stoffes ermöglicht und dem Forscher der Boden für eine organische Weiterentwicklung bereitet.

Diesem Ziele soll für das Gebiet der mathematischen Physik das vorliegende Buch dienen. Es entwickelt mathematische Methoden, die im Anschluß an klassische physikalische Fragestellungen des 18. und 19. Jahrhunderts ausgebildet worden sind und sucht die gewonnenen Ergebnisse zu einheitlichen mathematischen Theorien auszugestalten. Vollständigkeit erstreben wir nicht, hoffen aber doch, durch unsere Darstellung den Zugang zu einem wichtigen und an den schönsten Zusammenhängen reichen Gebiete zu erleichtern. Abgesehen von dem rein Methodischen enthält der vorliegende Band viele Einzelheiten, die auch dem Kenner neu sein dürften.

Für den vorliegenden Band muß ich die Verantwortung allein übernehmen, da Anlage und Einzelausführungen zum größten Teil in meiner Hand lagen. Auch habe ich mir die Freiheit genommen, an zahlreichen Stellen des Buches größere Abschnitte aus eigenen Abhandlungen mit geringen Veränderungen abzudrucken. Wenn ich trotzdem darauf bestanden habe, daß auch nach außen hin die Autorschaft meines hochverehrten Lehrers, Kollegen und Freundes HILBERT mit zum Ausdruck kommt, so geschieht dies nicht nur im Hinblick auf das vielfach benutzte Material aus Hilbertschen Abhandlungen und Vorlesungen; vor allem wünsche ich vielmehr damit zu betonen, daß die hier vertretenen wissenschaftlichen und pädagogischen Bestrebungen Kinder der mathematischen Geistesrichtung sind, welche für immer mit HILBERTS Namen verbunden bleiben wird.

Göttingen, am 11. Februar 1924.

R. COURANT.

Vorwort zur zweiten Auflage.

In der zweiten Auflage ist die Anordnung des Stoffes im großen beibehalten worden. Jedoch enthält die zweite Auflage gegenüber der ersten in sehr vielen Einzelheiten Vereinfachungen und Erweiterungen, welche den inzwischen erzielten Fortschritten Rechnung tragen und zum Teil in dieser Form bisher nicht veröffentlicht sind.

Ohne die selbstlose Mitarbeit meiner jüngeren Göttinger Freunde wäre die vorliegende Neugestaltung des Buches kaum möglich gewesen. In erster Linie muß ich dabei neben KURT FRIEDRICHS, der schon Helfer bei der ersten Auflage gewesen ist, FR. RELLICH und R. LÜNEBURG nennen. Ihnen verdankt diese Neuauflage sachlich viel mehr als durch Hinweise an einzelnen Stellen ausgedrückt werden kann. Aber auch den Herren FENCHEL, WEBER und WEGNER habe ich für ihre außerordentlich wertvolle Hilfe bei der kritischen Durchsicht des Manuskripts und der Korrektur herzlichen Dank zu sagen.

Über die Einzelheiten des behandelten Stoffes unterrichtet das ausführliche Inhaltsverzeichnis. Für die Anordnung waren methodische, nicht stoffliche Gesichtspunkte maßgebend. Jedes Kapitel bildet in gewissem Grade eine selbständige Einheit und kann daher im wesentlichen auch ohne Kenntnis der übrigen gelesen werden. Ein ausführliches Register erleichtert die Orientierung. Die Literaturangaben, insbesondere die jedem Kapitel beigegebenen Literaturverzeichnisse, machen keinerlei Anspruch auf systematische Vollständigkeit.

Das Erscheinen dieser zweiten Auflage legt mir mit verdoppelter Stärke die Verpflichtung auf, den zweiten Band, mit dem zusammen dieser vorliegende erst ein abgeschlossenes Ganzes bilden wird, in Druck zu geben. Die Verzögerung, welche die Fertigstellung dieses zweiten Bandes erfahren hat, ist begründet durch meinen Wunsch, zunächst noch eine Reihe von dorthin gehörigen Fragen völlig zu klären. Ich hoffe, das Ergebnis in kurzer Frist vorlegen und damit die Verzögerung des Erscheinens rechtfertigen zu können.

Göttingen, im Oktober 1930.

R. COURANT.

Inhaltsverzeichnis.

Erstes Kapitel.

Die Algebra der linearen Transformationen und quadratischen Formen.

Zweites Kapitel.

Das Problem der Reihenentwicklung willkürlicher Funktionen.

Drittes Kapitel.

Theorie der linearen Integralgleichungen.

Viertes Kapitel.

Die Grundtatsachen der Variationsrechnung.

Fünftes Kapitel

Die Schwingungs- und Eigenwertprobleme der mathematischen Physik.

Sechstes Kapitel.

Anwendung der Variationsrechnung auf die Eigenwertprobleme.

Siebentes Kapitel.

Spezielle durch Eigenwertprobleme definierte Funktionen.

Berichtigungen Band I

S. 82, Streiche den letzten Satz von §9.

S. 93, Z. 9 v. o.: statt „$|f(x)| < N$" lies „$-M < f(x) < N$"; ersetze „N" (nach *sodann*) durch „M *und* N."

S. 110, nach Formel (48), lies „konvergiert absolut;" statt „konvergiert ⋯ Dini (vgl. S. 47);".

S. 152, der erste Satz ist zu streichen.

S. 267, Z. 10 v. o., lies „$\ddot{\gamma}_\nu + \lambda_\nu \gamma_\nu = Q_\nu(t)$."

S. 267, Z. 11 v. o., lies „$Q(x, \cdots, t)\rho^{-1}$" statt „$Q(x, \cdots, t)$".

S. 267, Z. 25, v. o., lies „$\lambda_\nu \gamma_\nu = Q_\nu$" statt „$\lambda_\nu \gamma_\nu = -Q$".

S. 267, Z. 26 v. o., lies „+" statt „−".

S. 267, Z. 28 v. o., lies „+" statt „−".

S. 267, letzte Zeile, lies „+" statt „−".

S. 282, letzte Zeile: ersetze durch $[(1-x)^{p-q+1}x^q u']' + \lambda(1-x)^{p-q}x^{q-1}u = 0$.

S. 283, Z. 2 v. o.: lies „$x = 0$ *und* $x = 1$" statt „$x = \pm 1$".

S. 337, Z. 2 v. u.: lies „U" statt „πU".

S. 347, Z. 23 v. o., ergänze „$+ \int_\Gamma p\zeta \frac{\partial u}{\partial n} ds$" auf der rechten Seite der Gleichung.

Erstes Kapitel.

Die Algebra der linearen Transformationen und quadratischen Formen.

Zahlreiche Fragen der mathematischen Analysis, die uns in diesem Bande beschäftigen werden, sind durch Analogie und innere Verwandtschaft aufs engste mit der Theorie der linearen Transformationen und quadratischen Formen verknüpft; wir wollen daher dieses Gebiet einleitend in aller Kürze unter den hier für uns wichtigen Gesichtspunkten durchmustern, indem wir beim Leser eine gewisse Vertrautheit mit den berührten Fragen voraussetzen.

§ 1. Lineare Gleichungen und lineare Transformationen.

1. Vektoren. Um die bekannten Tatsachen der Theorie der linearen Gleichungen kurz aussprechen zu können, ist es zweckmäßig, die einfachsten Bezeichnungen der Vektorrechnung heranzuziehen[1]. Ein System von n reellen Zahlen $x_1, \ldots, x_n$ nennen wir einen *n-dimensionalen Vektor* oder einen Vektor im Raume von n Dimensionen und bezeichnen es kurz durch den entsprechenden deutschen Buchstaben $\mathfrak{x}$. Die Zahlen x_i $(i = 1, \ldots, n)$ heißen die *Komponenten* des Vektors $\mathfrak{x}$. Verschwinden alle Komponenten, so sprechen wir vom Vektor Null oder vom *Nullvektor*. Für $n = 2$ oder $n = 3$ ist die einfachste geometrische Deutung eines Vektors bekanntlich die als „Ortsvektor", der vom Nullpunkt eines rechtwinkligen Koordinatensystems zum Punkte mit den rechtwinkligen Koordinaten x_i führt. Für $n > 3$ versagt zwar die geometrische Anschauung; trotzdem bleibt eine geometrische Sprechweise der Natur der Sache angemessen.

Sind zwei beliebige reelle Zahlen λ und μ gegeben, so verstehen wir unter dem Vektor $\lambda\mathfrak{x} + \mu\mathfrak{y} = \mathfrak{z}$ denjenigen, dessen Komponenten z_i sich linear aus den Komponenten x_i, y_i von $\mathfrak{x}$ und $\mathfrak{y}$ gemäß der Beziehung $z_i = \lambda x_i + \mu y_i$ zusammensetzen. Hiermit ist insbesondere die Summe und die Differenz zweier Vektoren definiert.

Als „*inneres Produkt*" $(\mathfrak{x}\mathfrak{y})$ der Vektoren $\mathfrak{x}$ und $\mathfrak{y}$ bezeichnen wir die Zahl

$$(1) \qquad (\mathfrak{x}\mathfrak{y}) = x_1 y_1 + \cdots + x_n y_n = y_1 x_1 + \cdots + y_n x_n = (\mathfrak{y}\mathfrak{x}).$$

[1] Dabei handelt es sich für uns nur um eine kurze Bezeichnungsweise, nicht aber um eine Darlegung der eigentlichen Vektoranalysis bzw. ihrer Verallgemeinerungen auf n Dimensionen, in welcher die Frage nach gewissen Invarianten den Kernpunkt der Untersuchung bildet.

Gelegentlich benutzen wir für das innere Produkt $(\mathfrak{x}\mathfrak{y})$ auch die Bezeichnung *Komponente des Vektors* $\mathfrak{y}$ *in bezug auf* $\mathfrak{x}$ oder umgekehrt.

Verschwindet das innere Produkt $(\mathfrak{x}\mathfrak{y})$, so nennen wir $\mathfrak{x}$ und $\mathfrak{y}$ senkrecht oder *orthogonal* zueinander; für $n = 2$ und $n = 3$ besitzt diese Ausdrucksweise unmittelbar anschauliche Bedeutung. Eine besondere Rolle spielt das innere Produkt $N\mathfrak{x} = (\mathfrak{x}\mathfrak{x}) = \mathfrak{x}^2$ eines Vektors mit sich selbst, welches wir als *Norm* des Vektors bezeichnen. Die positiv gerechnete Quadratwurzel aus $\mathfrak{x}^2$ nennen wir den *Betrag* oder die *Länge* des Vektors $\mathfrak{x}$ und schreiben dafür $|\mathfrak{x}| = \sqrt{\mathfrak{x}^2}$. Ein Vektor von der Länge 1 heißt ein *normierter Vektor* oder ein *Einheitsvektor*.

Für das innere Produkt $(\mathfrak{a}\mathfrak{b})$ von zwei Vektoren $\mathfrak{a} = (a_1, \ldots, a_n)$ und $\mathfrak{b} = (b_1, \ldots, b_n)$ besteht folgende Ungleichheitsbeziehung:

$$(\mathfrak{a}\mathfrak{b})^2 \leqq \mathfrak{a}^2\mathfrak{b}^2$$

oder ohne Benutzung von Vektoren:

$$\left(\sum_{i=1}^{n} a_i b_i\right)^2 \leqq \left(\sum_{i=1}^{n} a_i^2\right)\left(\sum_{i=1}^{n} b_i^2\right),$$

wobei das Gleichheitszeichen dann und nur dann eintritt, wenn die a_i den b_i proportional sind, also eine Beziehung $\lambda\mathfrak{a} + \mu\mathfrak{b} = 0$ besteht.

Der Beweis dieser „*Schwarzschen Ungleichung*"[1] folgt aus der Bemerkung, daß die quadratische Gleichung

$$\sum_{i=1}^{n} (a_i x + b_i)^2 = x^2 \sum_{i=1}^{n} a_i^2 + 2x \sum_{i=1}^{n} a_i b_i + \sum_{i=1}^{n} b_i^2 = 0$$

für die Unbekannte x niemals zwei verschiedene reelle Wurzeln haben kann, sondern, außer im Falle der Proportionalität der a_i und b_i, nichtreelle Wurzeln besitzen muß; die Schwarzsche Ungleichung ist die dieser Tatsache entsprechende Relation für die Diskriminante der quadratischen Gleichung. — Ein anderer Beweis der Schwarzschen Ungleichung ergibt sich unmittelbar aus der Identität:

$$\sum_{i=1}^{n} a_i^2 \sum_{i=1}^{n} b_i^2 - \left(\sum_{i=1}^{n} a_i b_i\right)^2 = \tfrac{1}{2} \sum_{j=1}^{n} \sum_{k=1}^{n} (a_j b_k - a_k b_j)^2.$$

Vektoren $\mathfrak{x}_1, \ldots, \mathfrak{x}_m$ heißen voneinander *linear unabhängig*, wenn es unmöglich ist, Zahlen $\lambda_1, \ldots, \lambda_m$, die nicht alle Null sind, derart zu finden, daß die Vektorgleichung

$$\lambda_1\mathfrak{x}_1 + \cdots + \lambda_m\mathfrak{x}_m = 0$$

besteht, d. h. daß die Komponenten des linker Hand stehenden Vektors sämtlich verschwinden. Andernfalls nennen wir die Vektoren *linear abhängig*.

---

[1] Diese Beziehung wird übrigens schon vor SCHWARZ von CAUCHY benutzt.

Im n-dimensionalen Raume bilden die n Vektoren $\mathfrak{e}_1, \mathfrak{e}_2, \ldots, \mathfrak{e}_n$, deren Komponenten der Reihe nach durch die Größen der Horizontalreihen des Schemas

$$\begin{matrix} 1 & 0 & \ldots & 0 \\ 0 & 1 & \ldots & 0 \\ . & . & . & . \\ 0 & 0 & \ldots & 1 \end{matrix}$$

gegeben sind, ein System von n linear unabhängigen Vektoren. Denn bestände eine Beziehung $\lambda_1\mathfrak{e}_1 + \lambda_2\mathfrak{e}_2 + \cdots + \lambda_n\mathfrak{e}_n = 0$, so würde durch Multiplikation mit $\mathfrak{e}_h$, wegen $\mathfrak{e}_h^2 = 1$, $(\mathfrak{e}_h\,\mathfrak{e}_k) = 0\;(h \neq k)$, sofort $\lambda_h = 0$ folgen. Während es also gewiß Systeme von n linear unabhängigen Vektoren gibt, muß zwischen $n+1$ Vektoren $\mathfrak{u}_1, \ldots, \mathfrak{u}_{n+1}$ stets mindestens eine lineare Gleichung mit nicht lauter verschwindenden Koeffizienten:

$$\mu_1\mathfrak{u}_1 + \cdots + \mu_{n+1}\mathfrak{u}_{n+1} = 0$$

bestehen, da n homogene lineare Gleichungen

$$\sum_{i=1}^{n+1} u_{ik}\,\mu_i = 0 \qquad (k = 1, \ldots, n)$$

für die $n+1$ Unbekannten $\mu_1, \ldots, \mu_{n+1}$ stets eine nicht triviale Lösung haben. (Vgl. Nr. 3.)

2. Orthogonale Vektorensysteme. Vollständigkeit. Die obigen „*Koordinatenvektoren*" $\mathfrak{e}_i$ bilden ein spezielles System „*orthogonaler Einheitsvektoren*". Wir verstehen unter einem Einheitsvektor wie oben einen solchen vom Betrage 1 und unter einem System von n orthogonalen Einheitsvektoren $\mathfrak{e}_1, \mathfrak{e}_2, \ldots, \mathfrak{e}_n$ allgemein ein solches, das den Relationen:

$$\mathfrak{e}_h^2 = 1, \qquad (\mathfrak{e}_h\mathfrak{e}_k) = 0 \qquad (h \neq k)$$

für $h, k = 1, 2, \ldots, n$ genügt. Genau wie oben erkennt man, daß die n Vektoren $\mathfrak{e}_1, \mathfrak{e}_2, \ldots, \mathfrak{e}_n$ voneinander linear unabhängig sind.

Ist $\mathfrak{x}$ ein beliebiger Vektor, so muß wegen der Abhängigkeit von $n+1$ Vektoren mit nicht sämtlich verschwindenden Konstanten c eine Beziehung

$$c_0\mathfrak{x} - c_1\mathfrak{e}_1 - \cdots - c_n\mathfrak{e}_n = 0$$

gelten, wobei c_0 wegen der Unabhängigkeit der $\mathfrak{e}_i$ nicht Null sein kann, mithin gleich 1 genommen werden darf. Jeder Vektor $\mathfrak{x}$ läßt sich demnach durch ein System von orthogonalen Einheitsvektoren in der Form

$$\mathfrak{x} = c_1\mathfrak{e}_1 + \cdots + c_n\mathfrak{e}_n \tag{2}$$

darstellen. Die Werte der Koeffizienten c_i, die „*Komponenten von* $\mathfrak{x}$ *in bezug auf das System der* $\mathfrak{e}_1, \ldots, \mathfrak{e}_n$", finden wir aus (2) durch Multiplikation mit den $\mathfrak{e}_i$ zu

$$c_i = (\mathfrak{x}\,\mathfrak{e}_i)\,.$$

Aus einem beliebigen System von m linear unabhängigen Vektoren $\mathfrak{v}_1, \ldots, \mathfrak{v}_m$ können wir durch den folgenden *Orthogonalisierungsprozeß* ein System von m orthogonalen Einheitsvektoren $\mathfrak{e}_1, \ldots, \mathfrak{e}_m$ gewinnen.

Wir setzen $\mathfrak{e}_1 = \mathfrak{v}_1/|\mathfrak{v}_1|$. Sodann wählen wir zwei nicht gleichzeitig verschwindende Zahlen c_1', c_2' so, daß $c_1'\mathfrak{e}_1 + c_2'\mathfrak{v}_2$ orthogonal zu $\mathfrak{e}_1$, also $c_1' + c_2'(\mathfrak{v}_2\mathfrak{e}_1) = 0$ wird. Wegen der linearen Unabhängigkeit von $\mathfrak{v}_1$ und $\mathfrak{v}_2$, also auch von $\mathfrak{e}_1$ und $\mathfrak{v}_2$ ist der Vektor $c_1'\mathfrak{e}_1 + c_2'\mathfrak{v}_2$ von Null verschieden; durch Division mit seinem Betrag erhalten wir den zu $\mathfrak{e}_1$ orthogonalen Einheitsvektor $\mathfrak{e}_2$. Weiter bestimmen wir drei nicht zugleich verschwindende Zahlen c_1'', c_2'', c_3'' so, daß $c_1''\mathfrak{e}_1 + c_2''\mathfrak{e}_2 + c_3''\mathfrak{v}_3$ orthogonal zu $\mathfrak{e}_1$ und $\mathfrak{e}_2$, also $c_1'' + c_3''(\mathfrak{v}_3\mathfrak{e}_1) = 0$ und $c_2'' + c_3''(\mathfrak{v}_3\mathfrak{e}_2) = 0$ wird. Der Vektor $c_1''\mathfrak{e}_1 + c_2''\mathfrak{e}_2 + c_3''\mathfrak{v}_3$ ist wieder von Null verschieden und kann also normiert werden, wodurch wir $\mathfrak{e}_3$ erhalten. Durch Fortsetzung dieses Verfahrens gelangen wir zu dem gewünschten Orthogonalsystem.

Für $m < n$ sprechen wir von einem unvollständigen, für $m = n$ von einem *vollständigen orthogonalen System*. Bezeichnen wir die Komponenten eines Vektors $\mathfrak{x}$ in bezug auf $\mathfrak{e}_1, \ldots, \mathfrak{e}_m$ wieder mit $c_1, \ldots, c_m$, so folgt aus der selbstverständlichen Beziehung

$$(\mathfrak{x} - c_1\mathfrak{e}_1 - \cdots - c_m\mathfrak{e}_m)^2 \geqq 0,$$

indem wir das Quadrat des Vektors auf der linken Seite nach auch hier gültigen Regeln der Algebra ausrechnen,

$$\mathfrak{x}^2 - 2\mathfrak{x}\sum_{i=1}^{m} c_i\mathfrak{e}_i + \sum_{i=1}^{m} c_i^2 = \mathfrak{x}^2 - 2\sum c_i^2 + \sum c_i^2 \geqq 0$$

oder

$$\mathfrak{x}^2 \geqq \sum_{i=1}^{m} c_i^2, \tag{3}$$

wobei $m \leqq n$ und $c_i = (\mathfrak{x}\mathfrak{e}_i)$ ist. Für $m = n$ gilt das Gleichheitszeichen:

$$\mathfrak{x}^2 = \sum_{i=1}^{m} c_i^2. \tag{4}$$

Die letzten beiden Relationen, welche den vektoriellen Ausdruck des pythagoreischen Lehrsatzes enthalten und für $n \leqq 3$ unmittelbar anschauliche Bedeutung haben, pflegt man als die *Besselsche Ungleichung* und die *Vollständigkeitsrelation* zu bezeichnen. In der Tat besagt die Gleichung (4), wenn sie für jeden Vektor besteht, daß das gegebene Orthogonalsystem vollständig ist. Denn (4) könnte nicht für einen auf allen Vektoren $\mathfrak{e}_1, \ldots, \mathfrak{e}_m$ orthogonalen normierten Vektor gelten, und einen solchen müßte es geben, wenn $m < n$ wäre.

Man kann übrigens die Vollständigkeitsrelation in die allgemeinere Form

$$(\mathfrak{x}\mathfrak{x}') = \sum_{i=1}^{m} c_i c_i' \tag{5}$$

setzen, die leicht aus der Orthogonalität der $\mathfrak{e}$ folgt.

Alle diese algebraischen Beziehungen sind vorwiegend formaler Natur. Sie gewinnen eine tiefere Bedeutung dadurch, daß sie sich, ohne trivial zu sein, in formal ganz ähnlicher Weise bei transcendenten Problemen der Analysis wiederfinden.

3. Lineare Transformationen, Matrizen. Durch ein System von n linearen Gleichungen

$$(6)\qquad \begin{cases} a_{11}x_1 + a_{12}x_2 + \cdots + a_{1n}x_n = y_1, \\ a_{21}x_1 + a_{22}x_2 + \cdots + a_{2n}x_n = y_2, \\ \cdot\quad\cdot\quad\cdot\quad\cdot\quad\cdot\quad\cdot\quad\cdot\quad\cdot\quad\cdot\quad\cdot \\ a_{n1}x_1 + a_{n2}x_2 + \cdots + a_{nn}x_n = y_n \end{cases}$$

mit gegebenen Koeffizienten a_{ik} wird jedem Wertsystem $x_1, x_2, \ldots, x_n$ ein Wertsystem $y_1, y_2, \ldots, y_n$ eindeutig zugeordnet. Wir nennen diese Zuordnung eine *lineare Transformation* des Wertsystems $x_1, x_2, \ldots, x_n$ in das Wertsystem $y_1, y_2, \ldots, y_n$, oder kurz des Vektors $\mathfrak{x}$ in den Vektor $\mathfrak{y}$. Der lineare Charakter der Transformation kommt darin zur Geltung, daß dem Vektor $\lambda_1\mathfrak{x}_1 + \lambda_2\mathfrak{x}_2$ der Vektor $\lambda_1\mathfrak{y}_1 + \lambda_2\mathfrak{y}_2$ entspricht.

Das wichtigste bei linearen Transformationen auftretende Problem ist das ihrer Umkehrung, mit anderen Worten: die Frage nach der Auflösung eines linearen Gleichungssystems. Die Antwort gibt der folgende Hauptsatz aus der Theorie der linearen Gleichungen, dessen Beweis wir als bekannt voraussetzen dürfen:

Das Gleichungssystem

$$\begin{aligned} a_{11}x_1 + a_{12}x_2 + \cdots + a_{1n}x_n &= y_1, \\ a_{21}x_1 + a_{22}x_2 + \cdots + a_{2n}x_n &= y_2, \\ \cdot\quad\cdot\quad\cdot\quad\cdot\quad\cdot\quad\cdot\quad\cdot\quad\cdot\quad\cdot\quad &\cdot\quad\cdot \\ a_{n1}x_1 + a_{n2}x_2 + \cdots + a_{nn}x_n &= y_n, \end{aligned}$$

kurz

$$(7)\qquad \sum_{k=1}^{n} a_{ik}x_k = y_i \qquad (i = 1, \ldots, n),$$

besitzt bei gegebenen a_{ik} entweder für jeden willkürlich gegebenen Vektor $\mathfrak{y}$ eine und nur eine Lösung $\mathfrak{x}$, insbesondere die Lösung $\mathfrak{x} = 0$ für $\mathfrak{y} = 0$; oder aber die homogenen Gleichungen, welche aus (7) für $\mathfrak{y} = 0$ entstehen, weisen eine positive Anzahl ϱ „nichttrivialer", d. h. vom Nullvektor verschiedener, voneinander linear unabhängiger Lösungen $\mathfrak{x}_1, \ldots, \mathfrak{x}_\varrho$ auf, die wir als normiert annehmen dürfen. In diesem Fall hat auch das „transponierte" Gleichungssystem

$$(8)\qquad \sum_{k=1}^{n} a'_{ik}x'_k = 0 \qquad (i = 1, \ldots, n),$$

wobei $a'_{ik} = a_{ki}$ gesetzt ist, genau ϱ linear unabhängige, nichttriviale Lösungen $\mathfrak{x}'_1, \ldots, \mathfrak{x}'_\varrho$. Für diejenigen Vektoren und nur für solche, welche den ϱ Relationen $(\mathfrak{y}\,\mathfrak{x}'_1) = 0, \ldots, (\mathfrak{y}\,\mathfrak{x}'_\varrho) = 0$ genügen, also zu $\mathfrak{x}'_1, \ldots, \mathfrak{x}'_\varrho$

orthogonal sind, ist dann auch das unhomogene Gleichungssystem (7) *lösbar, wobei diese Lösung nur bis auf eine beliebige additiv hinzutretende Lösung des homogenen Gleichungssystems bestimmt ist.*

Bei dieser Formulierung des Hauptsatzes ist die Bezugnahme auf die Determinantentheorie vermieden. Man braucht die Determinanten lediglich hinterher, um die Lösung des Gleichungssystems durch explizite Ausdrücke darzustellen, wie wir es sogleich tun werden.

Das Wesentliche an einer solchen linearen Transformation wird durch das Koeffizientenschema oder die „*Matrix*" der Gleichungen (7):

$$A = (a_{ik}) = \begin{pmatrix} a_{11} & a_{12} & \dots & a_{1n} \\ a_{21} & a_{22} & \dots & a_{2n} \\ \cdot & \cdot & \cdot & \cdot \\ a_{n1} & a_{n2} & \dots & a_{nn} \end{pmatrix} \tag{9}$$

mit der Determinante

$$\mathsf{A} = |a_{ik}| = \begin{vmatrix} a_{11} & a_{12} & \dots & a_{1n} \\ a_{21} & a_{22} & \dots & a_{2n} \\ \cdot & \cdot & \cdot & \cdot \\ a_{n1} & a_{n2} & \dots & a_{nn} \end{vmatrix}$$

gegeben. Gelegentlich ist es zweckmäßig, die Transformation selbst oder, wie man auch abkürzend sagt, den *Tensor* oder *Operator* mit einem besonderen Buchstaben $\mathfrak{A}$ zu bezeichnen. Die Elemente a_{ik} der Matrix A heißen die Komponenten des Tensors. Wir können die lineare Transformation (7) als „*Multiplikation*" des Tensors $\mathfrak{A}$ mit dem Vektor $\mathfrak{x}$ auffassen und symbolisch in der Gestalt

$$\mathfrak{A}\mathfrak{x} = \mathfrak{y}$$

schreiben.

Viele Tatsachen der „*linearen Algebra*" lassen sich besonders prägnant ausdrücken, wenn man sie als Aussagen über Matrizen formuliert und sich dabei einiger als *Matrizenkalkül* bezeichneter einfacher Definitionen und Regeln bedient. Wir gelangen zunächst zum Begriff der Matrizenmultiplikation, indem wir den durch die obigen Gleichungen (7) zu transformierenden Vektor $\mathfrak{x}$ seinerseits als Produkt eines zweiten Tensors $\mathfrak{B}$ der Komponenten b_{ik} mit einem Vektor $\mathfrak{w}$ auffassen; es möge also $\mathfrak{x}$ und $\mathfrak{w}$ durch das lineare Gleichungssystem

$$\sum_{k=1}^{n} b_{ik} w_k = x_i \qquad (i = 1, \dots, n)$$

mit der Matrix $B = (b_{ik})$ zusammenhängen, dann geht auch $\mathfrak{y}$ aus $\mathfrak{w}$ durch Multiplikation mit einem Tensor $\mathfrak{C}$ hervor. Die Matrix C von $\mathfrak{C}$ entsteht aus A und B nach den Regeln der „*Matrizenmultiplikation*":

$$C = AB,$$

d. h. das Element c_{ik} ist das innere Produkt der i^{ten} Zeile von A und der k^{ten} Spalte von B:

$$c_{ik} = \sum_{j=1}^{n} a_{ij} b_{jk} \qquad (i,\, k = 1, \ldots, n). \tag{10}$$

Den Tensor oder die Transformation $\mathfrak{C}$ nennen wir daher das innere Produkt oder kurz das *Produkt der Tensoren oder Transformationen* $\mathfrak{A}$ und $\mathfrak{B}$. Indem wir von jetzt ab die Tensoren stets durch die mit ihnen äquivalenten Matrizen ersetzen, erkennen wir, daß für die Produktbildung der Matrizen das *assoziative Gesetz*

$$(AB)C = A(BC)$$

besteht, so daß das Produkt $A_1 A_2 \cdots A_h$ einer beliebigen Anzahl von Matrizen in fester Reihenfolge einen wohldefinierten Sinn erhält. Für $A_1 = A_2 = \cdots = A_h = A$ schreiben wir dieses Produkt als h-te *Potenz* A^h der Matrix A. Dagegen ist wohl zu beachten, daß das *kommutative Gesetz* der Multiplikation im allgemeinen *nicht* gilt, so daß man zwischen einer *vorderen* und einer *hinteren* Multiplikation von A mit B zu unterscheiden hat, wobei AB im allgemeinen von BA verschieden ist. Schließlich definieren wir als die Matrix $\lambda A + \mu B$ diejenige, deren Komponenten $\lambda a_{ik} + \mu b_{ik}$ sind; als Matrix Null sinngemäß diejenige, deren Komponenten sämtlich verschwinden[1]. Übrigens erkennt man unmittelbar das Bestehen des *distributiven Gesetzes*:

$$(A + B)C = AC + BC.$$

Für viele Zwecke ist es nötig, die „*Einheitsmatrix*“

$$E = (e_{ik}) = \begin{pmatrix} 1 & 0 & \ldots & 0 \\ 0 & 1 & \ldots & 0 \\ \cdot & \cdot & \cdot & \cdot \\ 0 & 0 & \ldots & 1 \end{pmatrix}$$

einzuführen. Sie hat die Eigenschaft, daß für jede beliebige Matrix A die Gleichung:

$$AE = EA = A$$

besteht. Der Einheitsmatrix entspricht die *identische Transformation*, welche durch die Gleichungen:

$$x_i = y_i \qquad (i = 1, \ldots, n)$$

gegeben wird. Die nullte Potenz jeder Matrix A setzen wir definitionsgemäß gleich der Einheitsmatrix:

$$A^0 = E.$$

[1] Beim Rechnen mit Matrizen ist es nötig zu beachten, daß aus einer Matrixgleichung $AB = (0)$ keineswegs das Verschwinden eines der beiden Faktoren A oder B folgt, wie man an dem Beispiel $A = \begin{pmatrix} 1 & 0 \\ 0 & 0 \end{pmatrix}$, $B = \begin{pmatrix} 0 & 0 \\ 0 & 1 \end{pmatrix}$ sieht.

Mit der Definition der Potenz A^h einer Matrix können wir auch Polynome definieren, deren Argument eine Matrix ist. Ist nämlich

$$f(x) = a_0 + a_1 x + \cdots + a_m x^m$$

ein Polynom m-ten Grades in der Variabeln x, so werden wir durch die Gleichung

$$f(A) = a_0 E + a_1 A + \cdots + a_m A^m$$

die Matrix $f(A)$ als ganze rationale Funktion der Matrix A definieren. Die Definition einer Matrix als Funktion $f(A)$ von A kann man auch gelegentlich auf Fälle ausdehnen, wo eine Darstellung durch ein Polynom nicht mehr möglich ist. So z. B. wird man eine Matrix e^A durch die Gleichung

$$B = e^A = E + A + \frac{A^2}{2!} + \frac{A^3}{3!} + \cdots = \sum_{\nu=0}^{\infty} \frac{A_\nu}{\nu!}$$

definieren. Eine solche Reihe ist dabei so zu verstehen, daß wir erst nur die Summe der ersten N Glieder zu nehmen und dann zu untersuchen haben, ob jedes der n^2 Elemente der so entstehenden Matrix bei wachsendem N konvergiert; die aus den n^2 Grenzwerten gebildete Matrix gilt in diesem Falle als Wert der Reihe. In unserem speziellen Falle der Matrix e^A findet, wie sich weiter unten zeigen wird, stets Konvergenz statt.

Zu einer besonders wichtigen Relation zwischen Matrizen gelangt man, wenn man für die Funktion $f(A)$ eine *„geometrische Reihe“* wählt. Sei

$$S_m = E + A + A^2 + \cdots + A^m .$$

Multiplizieren wir diese Definitionsgleichung für S_m mit A, so gelangen wir zu der Gleichung:

$$S_m A + E = S_m + A^{m+1},$$

aus welcher

$$S_m (E - A) = E - A^{m+1}$$

folgt. Wenn nun bei wachsendem m die Matrix S_m einem bestimmten Limes S zustrebt, A^{m+1} mithin gegen Null strebt, so erhalten wir für diese durch die unendliche geometrische Reihe

$$S = E + A + A^2 + \cdots = \sum_{\nu=0}^{\infty} A^\nu = f(A)$$

definierte Matrix S die Relation:

$$S(E - A) = E .$$

Die Frage, wann eine unendliche geometrische oder, wie man sie gelegentlich nennt, *Neumannsche Reihe* von Matrizen konvergiert, werden wir im nächsten Paragraphen erörtern.

Mit Polynomen von Matrizen kann man ganz ähnlich operieren wie mit gewöhnlichen Polynomen in x. Beispielsweise folgt aus einer

Identität zwischen zwei Polynomen in x die entsprechende Identität für eine beliebige Matrix A. So entspricht etwa der Identität

$$x^3 + 2x^2 + 3x + 4 \equiv (x^2 + 1)(x + 2) + (2x + 2)$$

die für jede Matrix A gültige Relation

$$A^3 + 2A^2 + 3A + 4E \equiv (A^2 + E)(A + 2E) + (2A + 2E),$$

ebenso der Produktzerlegung

$$\begin{aligned} f(x) &= a_0 + a_1 x + \cdots + a_m x^m \\ &= a_m(x - x_1)(x - x_2)\cdots(x - x_m) \end{aligned}$$

— wo $x_1, x_2, \ldots, x_m$ die Nullstellen des Polynomes $f(x)$ sind — die Matrizengleichung:

$$\begin{aligned} f(A) &= a_0 E + a_1 A + \cdots + a_m A^m \\ &= a_m(A - x_1 E)(A - x_2 E)\cdots(A - x_m E), \end{aligned}$$

gültig für jede Matrix A.

Man pflegt jeder Matrix A mit den Komponenten a_{ik} andere Matrizen zuzuordnen, wobei man für die Matrizenelemente auch komplexe Werte zuläßt. Ist $\bar{a}_{ik}$ die konjugiert komplexe Zahl zu a_{ik}, dann nennen wir $\bar{A} = (\bar{a}_{ik})$ die *konjugierte* Matrix; ferner nennen wir die Matrix $A' = (a_{ki})$, die aus A durch Vertauschung von entsprechenden Zeilen und Spalten entsteht, die zu A *transponierte* Matrix; schließlich $A^* = \bar{A}' = (\bar{a}_{ki})$ die *begleitende* Matrix; diese letzte entsteht also durch Übergang zu konjugiert komplexen Größen und Vertauschung von Zeilen und Spalten.

Es gilt stets die unmittelbar zu verifizierende Gleichung

$$(AB)' = B'A'.$$

Eine Matrix, für welche $A = A'$ ist, heißt *symmetrisch*; eine reelle Matrix, für welche

$$AA' = E$$

ist, heißt *orthogonal*, und schließlich heißt allgemein eine komplexe Matrix *unitär*, wenn

$$AA^* = E$$

ist.

Die Umkehrung der linearen Transformation (7) ist, wie die Determinantentheorie lehrt, dann und nur dann bei beliebigen y_i möglich, wenn die Determinante $\mathsf{A} = |a_{ik}|$ nicht verschwindet. In diesem Fall ist die Auflösung eindeutig bestimmt und wird durch ein entsprechendes Gleichungssystem

$$x_i = \sum_{k=1}^{n} \breve{a}_{ik} y_k \qquad (i = 1, \ldots, n) \tag{11}$$

bewirkt. Dabei ist bekanntlich

$$\breve{a}_{ik} = \frac{\mathsf{A}_{ki}}{\mathsf{A}}, \tag{12}$$

wenn A_{ki} die zum Element a_{ki} gehörige Unterdeterminante von A bedeutet. Die Matrix $\breve{A} = (\breve{a}_{ik})$ heißt die zur Matrix A *reziproke oder inverse Matrix* und ist dadurch ausgezeichnet, daß

$$\breve{A} A = A \breve{A} = E$$

ist. Wir schreiben A^{-1} statt der eindeutig bestimmten Matrix $\breve{A}$; die Determinante von A^{-1} hat den Wert A^{-1}. In der Sprache des Matrizenkalküls können wir also die Auflösung eines Gleichungssystems mit der Matrix A bei nicht verschwindender Determinante durch eine Matrix $B = A^{-1}$ charakterisieren, welche den Beziehungen:

$$AB = BA = E$$

genügt.

4. Bilinearformen, quadratische und Hermitesche Formen. Zur übersichtlichen Zusammenfassung der linearen Gleichungen (7) können wir die mit dem Gleichungssystem äquivalente, zur Matrix A gehörige *Bilinearform* benützen. Diese Bilinearform

$$A(u, x) = \sum_{i,k=1}^{n} a_{ik} u_i x_k \tag{13}$$

entsteht, indem wir die auf der linken Seite der Gleichungen (7) stehenden Linearformen in $x_1, \ldots, x_n$ mit unbestimmten Größen $u_1, \ldots, u_n$ multiplizieren und addieren; dadurch erhalten wir an Stelle des Gleichungssystems (7) die eine in den u identische Gleichung:

$$A(u, x) = E(u, y), \tag{14}$$

wobei $E(u, y) = \sum_{i=1}^{n} u_i y_i$ die Bilinearform der Einheitsmatrix oder die *bilineare Einheitsform* ist. Unter dem symbolischen *Produkt zweier Bilinearformen* $A(u, x)$ und $B(u, x)$ mit den Matrizen A und B versteht man die Bilinearform $C(u, x)$ mit der Matrix $C = AB$; die Potenz $A^h(u, x)$ bezeichnet man auch als die h^{te} *iterierte Form.* Die „*reziproke Bilinearform*" $A^{-1}(u, x)$ mit der Matrix A^{-1} kann nach den Sätzen der Determinantentheorie in die Gestalt

$$A^{-1}(u, x) = -\frac{\mathsf{A}(u, x)}{\mathsf{A}} \tag{15}$$

gebracht werden, wobei

$$\mathsf{A}(u, x) = \begin{vmatrix} 0 & u_1 & \ldots & u_n \\ x_1 & a_{11} & \ldots & a_{1n} \\ \cdot & \cdot & \cdot & \cdot \\ x_n & a_{n1} & \ldots & a_{nn} \end{vmatrix} = -\sum_{i,k=1}^{n} \mathsf{A}_{ik} x_i u_k$$

gesetzt ist.

Ein besonderes Interesse bieten die *symmetrischen linearen Transformationen*, welche durch die Bedingung $a_{ki} = a_{ik}$ gekennzeichnet sind. Zu ihrer Untersuchung genügt die Betrachtung der *quadratischen Form*

$$A(x, x) = \sum_{i,k=1}^{n} a_{ik} x_i x_k \qquad (a_{ki} = a_{ik}),$$

welche aus der Bilinearform entsteht, wenn man $u_i = x_i$ annimmt. Denn man erhält aus einer quadratischen Form $A(x, x)$ eine symmetrische Bilinearform

$$\sum_{i,k=1}^{n} a_{ik} u_i x_k = \frac{1}{2} \sum_{i=1}^{n} u_i \frac{\partial A(x, x)}{\partial x_i} = \frac{A(x+u, x+u) - A(x, x) - A(u, u)}{2},$$

die man als die zur quadratischen Form $A(x, x)$ gehörige *Polarform* bezeichnet.

Ist $A(u, x) = \sum_{i,k=1}^{n} a_{ik} u_i x_k$ eine beliebige nichtsymmetrische Bilinearform (mit reellen Koeffizienten), so sind jedenfalls $AA'(u, x)$ und $A'A(u, x)$ symmetrische Bilinearformen; es ist nämlich

$$AA'(u, x) = \sum_{k=1}^{n} \left(\sum_{i=1}^{n} a_{ik} x_i \sum_{i=1}^{n} a_{ik} u_i \right)$$

bzw.

$$A'A(u, x) = \sum_{i=1}^{n} \left(\sum_{k=1}^{n} a_{ik} x_k \sum_{k=1}^{n} a_{ik} u_k \right).$$

Man kann daher auch die quadratischen Formen bilden:

$$AA'(x, x) = \sum_{k=1}^{n} \left(\sum_{i=1}^{n} a_{ik} x_i \right)^2$$

bzw.

$$A'A(x, x) = \sum_{i=1}^{n} \left(\sum_{k=1}^{n} a_{ik} x_k \right)^2.$$

Diese quadratischen Formen haben — als Summen von Quadraten — die Eigenschaft, nur nichtnegative Werte anzunehmen. Quadratische Formen dieser Art heißen *positiv definite quadratische Formen.*

Eine für viele Zwecke wichtige Verallgemeinerung der quadratischen Formen bilden die *Hermiteschen Formen.* Es sind dies Bilinearformen

$$A(u, x) = \sum_{i,k=1}^{n} a_{ik} u_i x_k,$$

bei welchen die Koeffizienten a_{ik} komplexe Werte haben dürfen und der Relation

$$a_{ik} = \bar{a}_{ki}$$

unterworfen sind. Eine Hermitesche Form nimmt also reelle Werte an, wenn die Variable u_i konjugiert komplex zu x_i gewählt wird. Man pflegt dann die Hermitesche Form in der Gestalt

$$H(x, \bar{x}) = \sum_{i,k=1}^{n} a_{ik} x_i \bar{x}_k = \sum_{i,k=1}^{n} a_{ki} \bar{x}_i x_k$$

zu schreiben.

Einer beliebigen Bilinearform

$$A(u, x) = \sum_{i,k=1}^{n} a_{ik} u_i x_k$$

mit komplexen Koeffizienten entsprechen wiederum Hermitesche Formen:

$$AA^*(x, \bar{x}) = A\bar{A}'(x, \bar{x}) = \sum_{k=1}^{n} \left| \sum_{i=1}^{n} a_{ik} x_i \right|^2$$

und ebenso

$$A^*A(x, \bar{x}) = \bar{A}'A(x, \bar{x}) = \sum_{i=1}^{n} \left| \sum_{k=1}^{n} a_{ik} \bar{x}_k \right|^2.$$

Wenn man in einer Bilinearform

$$A(x, y) = \sum_{i,k=1}^{n} a_{ik} x_i y_k$$

die Variablen zwei Transformationen

$$x_i = \sum_{k=1}^{n} c_{ik} \zeta_k \qquad \text{und} \qquad y_i = \sum_{k=1}^{n} b_{ik} \eta_k$$

mit den Matrizen C und B unterwirft, so wird

$$A(x, y) = \sum_{i,k=1}^{n} a_{ik} x_i y_k = \sum_{i,j,k,l=1}^{n} a_{ik} c_{ij} b_{kl} \zeta_j \eta_l$$

$$= \sum_{j,l=1}^{n} p_{jl} \zeta_j \eta_l, \qquad p_{jl} = \sum_{i,k=1}^{n} a_{ik} c_{ij} b_{kl}.$$

Es entsteht also aus A eine transformierte Bilinearform mit der Matrix

$$(p_{jl}) = C'AB,$$

deren Determinante nach dem Determinantenmultiplikationssatz gleich $\mathsf{A}\mathsf{B}\Gamma$ ist. Liegt speziell eine quadratische Form

$$K(x, x) = \sum_{p,q=1}^{n} k_{pq} x_p x_q$$

mit der symmetrischen Matrix $K = (k_{pq})$ und der Determinante $\mathsf{K} = |k_{pq}|$ vor, so ist $C = B$ zu setzen, und bei der Transformation der Variabeln x entsteht die symmetrische Matrix $C'KC$ mit der Determinante $\mathsf{K}\Gamma^2$.

5. Orthogonale und unitäre Transformationen. Wir stellen uns nun die Aufgabe, lineare Transformationen $\mathfrak{L}$

$$x_p = \sum_{q=1}^{n} l_{pq} y_q = L_p(y) \qquad (p = 1, \ldots, n) \tag{16}$$

mit der Matrix $L = (l_{pq})$ und der Determinante $\Lambda = |l_{pq}|$ aufzustellen, welche *„orthogonal"* sind, d. h. die *quadratische Einheitsform*

$$E(x, x) = \sum_{p=1}^{n} x_p^2$$

in sich überführen, also identisch in den y_p die Relation

$$E(x, x) = E(y, y) \tag{17}$$

erfüllen.

Die Forderung (17) liefert durch Anwendung unserer Transformationsregeln auf die quadratische Form $A(x, x) = E(x, x)$ als notwendige und hinreichende Bedingung für die Orthogonalität der Transformation $\mathfrak{L}$ die Gleichungen

$$L'EL = L'L = LL' = E; \qquad L' = L^{-1}; \tag{18}$$

es stimmt also die transponierte Matrix einer orthogonalen Transformation mit deren reziproker Matrix überein, so daß die Gleichungen (16) aufgelöst werden durch das gleichfalls orthogonale System

$$y_p = \sum_{q=1}^{n} l_{qp} x_q = L'_p(x). \tag{19}$$

Wir sehen also, daß die orthogonalen Transformationen durch die schon auf S. 9 definierten orthogonalen Matrizen geliefert werden. Ausführlich geschrieben lauten die Bedingungen für die Orthogonalität:

$$\sum_{\nu=1}^{n} l_{\nu p}^2 = 1, \qquad \sum_{\nu=1}^{n} l_{\nu p} l_{\nu q} = 0 \qquad (q \neq p) \tag{20}$$

bzw.

$$\sum_{\nu=1}^{n} l_{p\nu}^2 = 1, \qquad \sum_{\nu=1}^{n} l_{p\nu} l_{q\nu} = 0 \qquad (q \neq p). \tag{21}$$

Durch Übergang zu den Determinanten ersieht man zunächst aus (18), daß $\Lambda^2 = 1$, also die Determinante einer orthogonalen Transformation gleich $+1$ oder -1 ist; weiter, daß die Determinante einer beliebigen quadratischen Form invariant gegen orthogonale Transformationen ist.

Die aus (18) für die Matrizen A, B und L zweier beliebiger Bilinearformen und einer orthogonalen Transformation folgende Relation $L'(AB)L = (L'AL)(L'BL)$ lehrt, daß man ein symbolisches Produkt quadratischer Formen durch orthogonale Transformation jedes einzelnen Faktors orthogonal transformieren kann. Hieraus ergibt sich insbesondere, daß die Orthogonaltransformierten zweier reziproker Formen wieder reziprok sind.

Die Verallgemeinerung der letzten Betrachtungen auf Hermitesche Formen

$$H(x, \bar{x}) = \sum_{p, q=1}^{n} h_{pq} x_p \bar{x}_q$$

führt auf die *unitären Transformationen*. Unter einer unitären Transformation

$$x_p = \sum_{q=1}^{n} l_{pq} y_q$$

verstehen wir eine solche Transformation (mit komplexen Koeffizienten l_{pq}), welche die *Hermitesche Einheitsform*:

$$\sum_{p=1}^{n} |x_p|^2 = \sum_{p=1}^{n} x_p \bar{x}_p$$

wieder in die Einheitsform überführt, für welche also

$$\sum_{p=1}^{n} |x_p|^2 = \sum_{p=1}^{n} |y_p|^2$$

wird. Genau wie oben gewinnt man als notwendige und hinreichende Bedingung für den unitären Charakter der Transformation mit der Matrix L die Matrixgleichung:

$$L L^* = L^* L = E,$$

wobei $L^* = \bar{L}'$ die begleitende Matrix zu L ist. L muß also nach S. 9 eine unitäre Matrix sein. Ausführlich geschrieben lauten die *Unitaritätsbedingungen*:

$$(22) \qquad \sum_{\nu=1}^{n} |l_{\nu p}|^2 = 1, \qquad \sum_{\nu=1}^{n} l_{\nu p} \bar{l}_{\nu q} = 0 \qquad (q \neq p)$$

bzw.

$$(23) \qquad \sum_{\nu=1}^{n} |l_{p \nu}|^2 = 1, \qquad \sum_{\nu=1}^{n} l_{p \nu} \bar{l}_{q \nu} = 0 \qquad (q \neq p).$$

Die Determinante einer unitären Transformation besitzt den absoluten Betrag 1, wie man ebenfalls aus der Gleichung $LL^* = E$ sofort erkennt.

§ 2. Lineare Transformationen mit linearem Parameter.

Bei vielen Problemen tritt das Gleichungssystem der linearen Transformation in der folgenden Form auf:

$$(24) \qquad x_i - \lambda \sum_{k=1}^{n} t_{ik} x_k = y_i \qquad (i = 1, \ldots, n),$$

wobei λ ein (auch komplexer Werte fähiger) Parameter ist. Die zugehörige Bilinearform lautet $E(u, x) - \lambda T(u, x)$, wobei $T(u, x)$ die Matrix $T = (t_{ik})$ besitzt. Die Auflösung dieses Gleichungssystems ist gemäß dem vorigen Paragraphen äquivalent mit dem Aufsuchen der reziproken Bilinearform $R(u, y; \lambda)$ mit der Matrix R, für die die Gleichung $(E - \lambda T) R = E$ besteht. Wir wissen, daß diese reziproke Matrix stets dann und nur dann existiert, wenn die Determinante $|E - \lambda T|$ von Null verschieden ist. Da diese Determinante eine ganze rationale Funktion in λ von höchstens n^{tem} Grade ist, so kann es nur endlich viele Werte λ, nämlich die Nullstellen λ_i dieser ganzen rationalen Funktion, geben, für welche die reziproke Form R nicht existiert. Diese Werte λ_i, die „*Eigenwerte*" von T in bezug auf die Matrix E, bilden das sogenannte *Spektrum* der Matrix T. (Man bezeichnet auch oft die Gesamtheit der Werte $\varkappa_i = 1/\lambda_i$, für die keine Reziproke von $\varkappa E - T$ existiert, als Spektrum.)

Die Gleichungen (24) legen durch ihren besonderen Bau den Gedanken nahe, ihre Auflösung durch fortgesetzte Approximation zu versuchen, indem man in der Gleichung

$$x_i = y_i + \lambda \sum_{k=1}^{n} t_{ik} x_k$$

für die Größen x_k wieder

$$y_k + \lambda \sum_{j=1}^{n} t_{kj} x_j$$

einsetzt und so fortfährt. Am übersichtlichsten gestaltet sich dieses Verfahren an Hand der Relation $R = E + \lambda T R$, aus welcher wir der Reihe nach erhalten:

$$\begin{aligned} R &= E + \lambda T R = E + \lambda T + \lambda^2 T^2 R \\ &= E + \lambda T + \lambda^2 T^2 + \lambda^3 T^3 R = \cdots. \end{aligned}$$

Falls das Verfahren konvergiert, gelangen wir so zu einem Ausdruck für R durch eine unendliche Reihe:

$$R = E + \lambda T + \lambda^2 T^2 + \lambda^3 T^3 + \cdots,$$

welche — ihre Konvergenz vorausgesetzt — tatsächlich die reziproke Matrix von $E - \lambda T$ darstellt. Um dies einzusehen, brauchen wir die Reihe nur mit $E - \lambda T$ zu multiplizieren und dabei zu beachten, daß sich unsere symbolische Multiplikation im Falle der Konvergenz gliedweise ausführen läßt. Es ist unmittelbar klar, daß die Darstellung

$$R = (E - \lambda T)^{-1} = E + \lambda T + \lambda^2 T^2 + \cdots$$

formal vollständig mit der gewöhnlichen geometrischen Reihe übereinstimmen muß. (Vgl. hierzu die Ausführungen auf S. 8, wo wir lediglich $A = \lambda T$ zu setzen haben, um zu einer formalen Übereinstimmung zu gelangen.)

Stellen wir unser ursprüngliches Gleichungssystem statt durch Matrizen durch die zu ihnen gehörigen Bilinearformen in der Gestalt

$$E(u, x) - \lambda T(u, x) = E(u, y)$$

dar, so können wir die Auflösung sofort in der dazu völlig symmetrischen Gestalt:

$$E(u, y) + \lambda \mathsf{T}(u, y; \lambda) = E(u, x)$$

schreiben, wenn wir

$$\mathsf{T}(u, y; \lambda) = T + \lambda T^2 + \lambda^2 T^3 + \cdots = \frac{R(u, y; \lambda) - E(u, y)}{\lambda}$$

setzen. Man nennt die Form T die *Resolvente* von T.

Die Konvergenz der obigen „*Neumannschen Reihen*“ für R bzw. T bei hinreichend kleinem $|\lambda|$ ist leicht zu beweisen.

Bedeutet M eine obere Schranke für die Absolutbeträge der Zahlen t_{ik}, so ergeben sich für die Absolutbeträge der Koeffizienten der Formen $T^2, T^3, \ldots, T^h$ sofort die Schranken $nM^2, n^2M^3, \ldots, n^{h-1}M^h$. Wir erhalten also in

$$(M + \lambda n M^2 + \lambda^2 n^2 M^3 + \cdots)(|u_1| + \cdots + |u_n|)(|y_1| + \cdots + |y_n|)$$

eine Majorante der Neumannschen Reihe. Diese Majorante ist aber für $|\lambda| < \frac{1}{nM}$ sicher konvergent. Bei hinreichend kleinen Werten von $|\lambda|$ konvergiert also auch die Neumannsche Reihe und stellt wirklich die Resolvente von $T(u, x)$ dar[1].

Nebenbei bemerkt zeigt unsere eben durchgeführte Abschätzung, daß wir in jede beständig konvergente Potenzreihe $f(x) = \sum_{\nu=0}^{\infty} c_\nu x^\nu$ für x

[1] Die Konvergenz der hier aufgestellten Majorante wird offenbar bei zunehmendem n immer schlechter. Es sei jedoch darauf hingewiesen, daß man durch eine kleine Verfeinerung leicht eine von n unabhängige und daher auch bei den Verallgemeinerungen auf unendlich viel Variable brauchbare Abschätzung der Konvergenzgrenze finden kann. Wir bezeichnen die Elemente der Matrix T^ν mit $t_{ik}^{(\nu)}$ und setzen $\sum_{\alpha=1}^{n} |t_{p\alpha}^{(1)}| = z_p$. Ist dann M eine Schranke für sämtliche n Größen z_p, dann wird, wie wir durch vollständige Induktion zeigen wollen, $\sum_{q=1}^{n} |t_{pq}^{(\nu)}| \leqq M^\nu$; es ist also dann erst recht

$$|t_{pq}^{(\nu)}| \leqq M^\nu$$

für $p, q = 1, 2, \ldots, n$ und jedes ν. Hieraus erkennt man ohne weiteres, daß unsere Neumannsche Reihe für $|\lambda| < \frac{1}{M}$ konvergiert. Wir haben damit eine Schranke gewonnen, in welcher die Anzahl n nicht mehr explizit vorkommt.

Um nun die obige Ungleichung für ein beliebiges ν zu beweisen, nehmen wir sie für den Index $\nu - 1$ als bewiesen an. Es wird dann:

$$\sum_{q=1}^{n} |t_{pq}^{(\nu)}| = \sum_{q=1}^{n} \left| \sum_{\alpha=1}^{n} t_{p\alpha}^{(1)} t_{\alpha q}^{(\nu-1)} \right| \leqq \sum_{q=1}^{n} \sum_{\alpha=1}^{n} |t_{p\alpha}^{(1)}| \, |t_{\alpha q}^{(\nu-1)}|$$

$$= \sum_{\alpha=1}^{n} |t_{p\alpha}^{(1)}| \left(\sum_{q=1}^{n} |t_{\alpha q}^{(\nu-1)}| \right) \leqq M^{\nu-1} \cdot \sum_{\alpha=1}^{n} |t_{p\alpha}^{(1)}| \leqq M^\nu .$$

Da die Ungleichung für $\nu = 1$ feststeht, ist sie damit für jeden beliebigen Index ν bewiesen.

eine beliebige Matrix A einsetzen dürfen und dadurch eine neue Matrix $f(A) = \sum_{\nu=0}^{\infty} c_\nu A^\nu$ erhalten. Speziell existiert also stets die Matrix e^A.

Während der gewonnene Ausdruck für R bzw. T nur für hinreichend kleine $|\lambda|$ konvergiert, erhalten wir durch die Formel (15) des vorigen Paragraphen einen Ausdruck für die reziproke Form oder Matrix $R = (E - \lambda T)^{-1}$, der auch außerhalb des Konvergenzbereichs einen Sinn behält. Identifizieren wir nämlich die Form $E - \lambda T$ mit der Form $A(u, x)$, so erhalten wir für die reziproke Form sofort den Ausdruck:

$$R(u, y; \lambda) = -\frac{\Delta(u, y; \lambda)}{\Delta(\lambda)}$$

und für die Resolvente T den Ausdruck:

$$\mathsf{T}(u, y; \lambda) = -\frac{\Delta(u, y; \lambda)}{\lambda \Delta(\lambda)} - \frac{1}{\lambda} E(u, y),$$

wobei

$$\Delta(u, y; \lambda) = \begin{vmatrix} 0 & u_1 & \dots & u_n \\ y_1 & 1 - \lambda t_{11} & \dots & -\lambda t_{1n} \\ \cdot & \cdot & \cdot & \cdot \\ y_n & -\lambda t_{n1} & \dots & 1 - \lambda t_{nn} \end{vmatrix}$$

und

$$\Delta(\lambda) = \begin{vmatrix} 1 - \lambda t_{11} & -\lambda t_{12} & \dots & -\lambda t_{1n} \\ -\lambda t_{21} & 1 - \lambda t_{22} & \dots & -\lambda t_{2n} \\ \cdot & \cdot & \cdot & \cdot \\ -\lambda t_{n1} & -\lambda t_{n2} & \dots & 1 - \lambda t_{nn} \end{vmatrix}$$

ganze rationale Funktionen $(n-1)^{\text{ten}}$ bzw. n^{ten} Grades von λ sind. Die Nullstellen des Polynoms $\Delta(\lambda)$ bilden also das oben definierte Spektrum der Form T, d. h. die Gesamtheit derjenigen Werte von λ, für welche die Form $E - \lambda T$ keine Reziproke besitzt.

Durch die Formel

$$T + \lambda T^2 + \lambda^2 T^3 + \cdots = -\frac{\Delta(u, y; \lambda)}{\lambda \Delta(\lambda)} - \frac{1}{\lambda} E(u, y)$$

wird die links stehende ihrer Natur nach noch nicht unmittelbar zu übersehende und nicht für alle Werte von λ konvergierende Reihe analytisch in die ganze λ-Ebene fortgesetzt. Die reziproke Form R, ebenso wie die Resolvente T, ist eine rationale Funktion von λ, deren Pole durch das Spektrum der Form T gebildet werden.

Entwickeln wir die Determinanten $\Delta(u, y; \lambda)$ und $\Delta(\lambda)$ entsprechend den Regeln der Determinantentheorie nach Potenzen von λ, so erhalten wir die Ausdrücke

$$\Delta(u, y; \lambda) = \Delta_1(u, y) - \lambda \Delta_2(u, y) + \lambda^2 \Delta_3(u, y) - \cdots + (-1)^{n-1} \lambda^{n-1} \Delta_n(u, y),$$

$$\Delta(\lambda) = 1 - \lambda \Delta_1 + \lambda^2 \Delta_2 - \cdots + (-1)^n \lambda^n \Delta_n,$$

wobei

$$\Delta_h(u, y) = \sum \begin{vmatrix} 0 & u_{p_1} & \dots & u_{p_h} \\ y_{p_1} & t_{p_1 p_1} & \dots & t_{p_1 p_h} \\ \cdot & \cdot & \cdot & \cdot \\ y_{p_h} & t_{p_h p_1} & \dots & t_{p_h p_h} \end{vmatrix}$$

und

$$\Delta_h = \sum \begin{vmatrix} t_{p_1 p_1} & t_{p_1 p_2} & \dots & t_{p_1 p_h} \\ t_{p_2 p_1} & t_{p_2 p_2} & \dots & t_{p_2 p_h} \\ \cdot & \cdot & \cdot & \cdot \\ t_{p_h p_1} & t_{p_h p_2} & \dots & t_{p_h p_h} \end{vmatrix}$$

gesetzt ist. Summiert wird hierbei über alle ganzzahligen $p_1, p_2, \dots, p_h$ von 1 bis n mit $p_1 < p_2 < \dots < p_h$.

Vielfach ist es vorteilhaft, statt des Parameters λ den reziproken Wert $\varkappa = 1/\lambda$ einzuführen. Man betrachtet dann zweckmäßigerweise die Form $\varkappa E - T$, mit der Determinante

$$\begin{vmatrix} \varkappa - t_{11} & -t_{12} & \dots & -t_{1n} \\ -t_{21} & \varkappa - t_{22} & \dots & -t_{2n} \\ \cdot & \cdot & \cdot & \cdot \\ -t_{n1} & -t_{n2} & \dots & \varkappa - t_{nn} \end{vmatrix} = \varphi(\varkappa),$$

einer ganzen rationalen Funktion n^{ten} Grades von $\varkappa$, deren Nullstellen $\varkappa_1, \dots, \varkappa_n$ die reziproken Werte der Nullstellen von $\Delta(\lambda)$, d. h. der Eigenwerte von T sind. Für die reziproke Form $(\varkappa E - T)^{-1}$, welche für alle von $\varkappa_1, \dots, \varkappa_n$ verschiedenen Werte von $\varkappa$ existiert, ergibt sich die bei hinreichend großen Werten von $|\varkappa|$ gültige Neumannsche Entwicklung:

$$(\varkappa E - T)^{-1} = \frac{E}{\varkappa} + \frac{T}{\varkappa^2} + \frac{T^2}{\varkappa^3} + \cdots.$$

Aus dieser Entwicklung können wir eine bemerkenswerte Folgerung ziehen. Da die linke Seite nach dem Vorangehenden eine rationale Funktion von $\varkappa$ mit dem Nenner $\varphi(\varkappa)$ ist, so muß $\varphi(\varkappa)(\varkappa E - T)^{-1}$ eine Form sein, die ganz und rational in $\varkappa$ wird, deren Entwicklung nach $\varkappa$ also keine negativen Potenzen mehr enthalten darf. Multiplizieren wir demgemäß die obige Gleichung mit $\varphi(\varkappa) = \varkappa^n + c_1\varkappa^{n-1} + \cdots + c_n$, so muß rechts ein Ausdruck entstehen, in welchem alle Koeffizienten negativer Potenzen von $\varkappa$ verschwinden. Der Koeffizient von $\varkappa^{-1}$ ist nun, wie man sofort erkennt, gerade der Ausdruck $T^n + c_1 T^{n-1} + \cdots + c_n$, und wir gelangen also zu dem folgenden von CAYLEY herrührenden Satz: *Ist $\varphi(\varkappa)$ die Determinante von $\varkappa E - T$, so gilt für die Matrix T die Relation:*

$$\varphi(T) = 0.$$

Eine andere wichtige Tatsache über das in den *charakteristischen Zahlen* $\varkappa_1, \dots, \varkappa_n$ geschriebene Spektrum drückt der folgende Satz aus:

Sind $\varkappa_1, \ldots, \varkappa_n$ die zu einer Matrix T gehörigen charakteristischen Zahlen und ist $g(x)$ irgendeine ganze rationale Funktion von x, so gehören zu der Matrix $g(T)$ die charakteristischen Zahlen $g(\varkappa_1), g(\varkappa_2), \ldots, g(\varkappa_n)$.

Zum Beweise gehen wir von der in T identisch bestehenden Relation:

$$|\varkappa E - T| = \varphi(\varkappa) = \prod_{\nu=1}^{n} (\varkappa - \varkappa_\nu)$$

aus. Unser Ziel ist die Relation:

$$|\varkappa E - g(T)| = \prod_{\nu=1}^{n} (\varkappa - g(\varkappa_\nu)).$$

Es sei zunächst $h(x)$ eine beliebige ganze rationale Funktion vom Grade r, die mit Hilfe ihrer Nullstellen $x_1, \ldots, x_r$ in der Form:

$$h(x) = a \prod_{\varrho=1}^{r} (x - x_\varrho)$$

dargestellt sein möge. Für eine beliebige Matrix T gilt dann die Identität:

$$h(T) = a \prod_{\varrho=1}^{r} (T - x_\varrho E).$$

Durch Übergang zu den Determinanten entsteht:

$$\begin{aligned} |h(T)| &= a^n \prod_{\varrho=1}^{r} |T - x_\varrho E| = (-1)^{nr} a^n \prod_{\varrho=1}^{r} |x_\varrho E - T| \\ &= (-1)^{nr} a^n \prod_{\varrho=1}^{r} \varphi(x_\varrho) = (-1)^{nr} a^n \prod_{\varrho=1}^{r} \left(\prod_{\nu=1}^{n} (x_\varrho - \varkappa_\nu) \right) \\ &= (-1)^{nr} (-1)^{nr} a^n \prod_{\nu=1}^{n} \left(\prod_{\varrho=1}^{r} (\varkappa_\nu - x_\varrho) \right) = \prod_{\nu=1}^{n} h(\varkappa_\nu). \end{aligned}$$

Setzen wir nunmehr für $h(T)$ die Funktion $\varkappa E - g(T)$, so erhalten wir unmittelbar die gesuchte Gleichung

$$|\varkappa E - g(T)| = \prod_{\nu=1}^{n} (\varkappa - g(\varkappa_\nu)).$$

§ 3. Die Hauptachsentransformation der quadratischen und Hermiteschen Formen.

Ein besonders wichtiges Kapitel der Algebra ist die Theorie der linearen Transformation einer quadratischen Form $K(x, x) = \sum_{p,q=1}^{n} k_{pq} x_p x_q$ in die Gestalt:

$$K(x, x) = \sum_{p=1}^{n} \varkappa_p y_p^2,$$

d. h. also in eine Gestalt, bei welcher die verschiedenen Variabeln voneinander getrennt lediglich als Quadrate auftreten. Vor allem interessiert uns das Problem, die Transformation der quadratischen Form $K(x, x)$ in diese Gestalt durch eine orthogonale Transformation

$$x_p = \sum_{q=1}^{n} l_{pq} y_q = L_p(y)$$

zu bewerkstelligen. Dieses Problem, auf welches man in der Geometrie, der Mechanik und der Schwingungstheorie häufig geführt wird, heißt das *Hauptachsenproblem*, die fragliche lineare Transformation die *Hauptachsentransformation*.

1. Die Durchführung der Hauptachsentransformation auf Grund eines Maximumprinzips. Jetzt wollen wir uns davon überzeugen, daß für eine vorgelegte quadratische Form $K(x, x)$ stets eine Hauptachsentransformation möglich ist. Dabei stützen wir uns auf die Tatsache, daß eine stetige Funktion von mehreren auf einen beschränkten abgeschlossenen Bereich eingeschränkten Variablen in diesem Bereich einen größten Wert annimmt. (*Satz von* WEIERSTRASZ.) [1]

Demgemäß gibt es einen Einheitsvektor $\mathfrak{l}_1$ mit den Komponenten $l_{11}, \ldots, l_{1n}$ derart, daß $K(x, x)$ für $x_1 = l_{11}, \ldots, x_n = l_{1n}$ den größten unter der Nebenbedingung

$$\sum_{p=1}^{n} x_p^2 = 1 \tag{25}$$

möglichen Wert $\varkappa_1$ erhält. Geometrisch wird durch den Vektor $\mathfrak{l}_1$ ein Punkt auf der „Einheitskugel" (25) bestimmt, der zugleich auf einer Fläche aus der Schar der Zentralflächen zweiten Grades $K(x, x) = \text{konst.}$ liegt, welche die Einheitskugel berührt.

Ferner existiert ein zu $\mathfrak{l}_1$ orthogonaler Einheitsvektor $\mathfrak{l}_2$ mit den Komponenten $l_{21}, \ldots, l_{2n}$ derart, daß $K(x, x)$ für $x_1 = l_{21}, \ldots, x_n = l_{2n}$ den größten Wert $\varkappa_2$ annimmt, der bei Hinzufügung der Bedingung

$$\sum_{p=1}^{n} l_{1p} x_p = 0 \tag{26}$$

zu (25) möglich ist. Auch hier ist einleuchtend, daß sich für das Schnittgebilde der Einheitskugel mit der zu $\mathfrak{l}_1$ orthogonalen „Ebene" (26) das-

[1] Man kann die Hauptachsentransformation sehr leicht auch direkt algebraisch durchführen, indem man nach einer orthogonalen Matrix L fragt, so daß $L'KL = D$ eine Diagonalmatrix mit den Diagonalelementen $\varkappa_1, \ldots, \varkappa_i, \ldots, \varkappa_n$ wird. Aus $KL = LD$ ergeben sich für die Transformationsgrößen l_{qi} die Gleichungen

$$\sum_q k_{pq} l_{qi} = l_{pi} \varkappa_i,$$

aus welchen sich zunächst die $\varkappa_i$ als Wurzeln der später aufgestellten Gleichung (30) und sodann auf Grund einfacher algebraischer Überlegungen ein orthogonales System von n^2 Größen l_{qi} ergibt. — Der oben im Text durchgeführte Weg hat gegenüber dem algebraischen den für uns später wichtigen Vorzug, auf größere Klassen transzendenter Probleme übertragbar zu sein.

selbe Problem lösen läßt, das durch $\mathfrak{l}_1$ für die ganze Einheitskugel erledigt wird.

Weiter gibt es einen solchen zu $\mathfrak{l}_1$ und $\mathfrak{l}_2$ orthogonalen Einheitsvektor $\mathfrak{l}_3$ mit den Komponenten $x_1 = l_{31}, \ldots, x_n = l_{3n}$, daß $K(x, x)$ in seinem Endpunkt den größten unter den Nebenbedingungen (25), (26) und

$$\sum_{p=1}^{n} l_{2p} x_p = 0 \tag{27}$$

möglichen Wert $\varkappa_3$ annimmt. Indem wir so fortfahren, gelangen wir zu einem System von n zueinander orthogonalen Vektoren $\mathfrak{l}_1, \ldots, \mathfrak{l}_q, \ldots, \mathfrak{l}_n$, die wir als „*Hauptachsenvektoren*" oder „*Eigenvektoren*" bezeichnen und deren Komponenten l_{qp} wegen (21) eine orthogonale Transformation

$$x_p = \sum_{q=1}^{n} l_{qp} y_q \qquad (p = 1, \ldots, n) \tag{28}$$

definieren, welche, wie wir behaupten, unsere Aufgabe löst.

Da die Gleichungen (28) aufgelöst werden durch

$$y_p = \sum_{q=1}^{n} l_{pq} x_q \qquad (p = 1, \ldots, n). \tag{29}$$

so ist die Gleichung $\mathfrak{x} = \mathfrak{l}_p$ gleichbedeutend mit $y_p = 1$, $y_q = 0$ für $q \neq p$. Insbesondere wird also das Maximum $\varkappa_1$ angenommen für $y_1 = 1, y_2 = 0, \ldots, y_n = 0$, so daß in der transformierten Form

$$C(y, y) = \sum_{p,q=1}^{n} c_{pq} y_p y_q = K(x, x)$$

der erste Koeffizient $c_{11} = \varkappa_1$ wird. Es ist dann die Form

$$H(y, y) = \sum_{p,q=1}^{n} h_{pq} y_p y_q = C(y, y) - \varkappa_1 (y_1^2 + \cdots + y_n^2)$$

positiver Werte nicht fähig. Denn zufolge der Maximumseigenschaft gilt dies jedenfalls unter der Bedingung $\sum_{p=1}^{n} x_p^2 = \sum_{p=1}^{n} y_p^2 = 1$, also gewiß, wenn wir y_i durch $\frac{y_i}{\sqrt{\sum y_p^2}}$ ersetzen; dann aber folgt allgemein $H(y, y) \leqq 0$ durch Multiplikation mit $\sum y_p^2$. Käme nun y_1 noch in $H(y, y)$ vor, wäre etwa $h_{12} = h_{21}$ von Null verschieden, so würde sich für

$$y_1 = 1, \qquad y_2 = \varepsilon, \qquad y_3 = \cdots = y_n = 0$$

der Wert

$$2h_{12}\varepsilon + h_{22}\varepsilon^2 = \varepsilon(2h_{12} + h_{22}\varepsilon)$$

von $H(y, y)$ ergeben, der durch geeignete Wahl von ε wieder positiv gemacht werden könnte.

Damit ist gezeigt, daß $K(x, x)$ nach der Transformation die Gestalt

$$C(y, y) = \varkappa_1 y_1^2 + C_1(y, y)$$

besitzt, worin $C_1(y, y)$ eine quadratische Form der $n-1$ Variablen $y_2, \ldots, y_n$ bedeutet. Bei der Nebenbedingung $y_1 = 0$ wird also die transformierte Form gleich $C_1(y, y)$, und wir können nunmehr genau so weiterschließen, daß $C_1(y, y)$ die Gestalt $\varkappa_2 y_2^2 + C_2(y, y)$ hat, wobei $C_2(y, y)$ nur noch von den $n-2$ Variablen $y_3, \ldots, y_n$ abhängt, usw.

Damit ist die Möglichkeit einer Hauptachsentransformation

$$\sum_{p,q=1}^{n} k_{pq} x_p x_q = \sum_{p=1}^{n} \varkappa_p y_p^2, \qquad \sum_{p=1}^{n} x_p^2 = \sum_{p=1}^{n} y_p^2$$

vollständig dargetan. Man hätte übrigens beim Beweise ebenso gut von einem entsprechenden Minimumproblem ausgehen, d. h. das Minimum von $K(x, x)$ bei der Nebenbedingung $E(x, x) = 1$ suchen können und wäre dann in umgekehrter Reihenfolge zu den Größen $\varkappa_1, \ldots, \varkappa_n$ gelangt. Auch könnte man $K(x, x)$ konstant halten und die Maxima bzw. Minima von $E(x, x)$ suchen. Dann würde man die reziproken Größen λ_i zu den $\varkappa_i$ erhalten.

2. Charakteristische Zahlen und Eigenwerte. Wir wollen zeigen, daß die in Nr. 1 als sukzessive Maxima definierten Werte $\varkappa_i$ mit den auf S. 18 eingeführten charakteristischen Zahlen identisch sind.

Die Gleichung

$$\varphi(\varkappa) = (\varkappa - \varkappa_1)(\varkappa - \varkappa_2) \cdots (\varkappa - \varkappa_n) = 0$$

für die charakteristischen Zahlen kann man in der Gestalt

$$\begin{vmatrix} \varkappa - \varkappa_1 & 0 & \ldots & 0 \\ 0 & \varkappa - \varkappa_2 & \ldots & 0 \\ \cdot & \cdot & \cdot & \cdot \\ 0 & 0 & \ldots & \varkappa - \varkappa_n \end{vmatrix} = 0$$

schreiben. Diese Determinante ist aber gleich der Determinante der quadratischen Form

$$\varkappa \sum_{p=1}^{n} y_p^2 - \sum_{p=1}^{n} \varkappa_p y_p^2,$$

die durch eine orthogonale Transformation aus der Form

$$\varkappa \sum_{p=1}^{n} x_p^2 - K(x, x)$$

hervorgeht. Daher gilt identisch in $\varkappa$

$$\begin{vmatrix} \varkappa - \varkappa_1 & 0 & \ldots & 0 \\ 0 & \varkappa - \varkappa_2 & \ldots & 0 \\ \cdot & \cdot & \cdot & \cdot \\ 0 & 0 & \ldots & \varkappa - \varkappa_n \end{vmatrix} = \begin{vmatrix} \varkappa - k_{11} & -k_{12} & \ldots & -k_{1n} \\ -k_{21} & \varkappa - k_{22} & \ldots & -k_{2n} \\ \cdot & \cdot & \cdot & \cdot \\ -k_{n1} & -k_{n2} & \ldots & \varkappa - k_{nn} \end{vmatrix}$$

die charakteristischen Zahlen sind also die Wurzeln der algebraischen Gleichung

$$(30)\qquad \begin{vmatrix} k_{11}-\varkappa & k_{12} & \dots & k_{1n} \\ k_{21} & k_{22}-\varkappa & \dots & k_{2n} \\ \cdot & \cdot & \cdot & \cdot \\ k_{n1} & k_{n2} & \dots & k_{nn}-\varkappa \end{vmatrix} = 0$$

für die Unbekannte $\varkappa$ und damit auch der Gleichung $\varphi(\varkappa) = 0$.

Unsere Beweisführung zeigt von selbst, daß die Gleichung (30) stets lauter reelle Wurzeln hat, wenn k_{pq} beliebige reelle, den Bedingungen $k_{pq} = k_{qp}$ genügende Größen sind[1]. Erwähnt sei noch, daß die Absolutbeträge der Eigenwerte, d. h. der reziproken Werte der charakteristischen Zahlen, geometrisch die Quadrate der Hauptachsenlängen der Zentralfläche zweiten Grades $K(x, x) = 1$ bedeuten. Ist übrigens mindestens eine charakteristische Zahl Null, so heißt die Form „*ausgeartet*"; sie kann als Form von weniger als n Variablen dargestellt werden. Wegen der Invarianz der Determinante (vgl. S. 13) ist dies dann und nur dann der Fall, wenn $\varkappa = |k_{pq}| = \varkappa_1 \varkappa_2 \cdots \varkappa_n$ verschwindet. Für den positiv definiten Charakter von $K(x, x)$ ist die Bedingung $\varkappa_p > 0$, $p = 1, 2, \dots, n$ notwendig und hinreichend.

Ist für die Form $K(x, x)$ die Hauptachsendarstellung

$$K(x, x) = \sum_{p=1}^{n} \varkappa_p y_p^2$$

gegeben, so kann man für die rechtsstehende quadratische Form unmittelbar die iterierten Formen bilden und erhält unter Beachtung des früher über die orthogonale Transformation eines Produktes Gesagten

$$K^2(x, x) = \sum_{p=1}^{n} \varkappa_p^2 y_p^2, \qquad K^3(x, x) = \sum_{p=1}^{n} \varkappa_p^3 y_p^2, \qquad \dots .$$

Hieraus erkennt man, daß die h^{te} iterierte Form $K^h(x, x)$ die h^{ten} Potenzen der charakteristischen Zahlen bzw. der Eigenwerte von $K(x, x)$ als charakteristische Zahlen bzw. Eigenwerte besitzt, was übrigens aus dem Satz auf S. 19 unmittelbar folgt; ferner sieht man, daß für gerades h die Form $K^h(x, x)$ positiv definit wird.

3. Verallgemeinerung auf Hermitesche Formen. Auch für Hermitesche Formen läßt sich in genau derselben Weise eine Hauptachsentransformation durchführen. Eine Hermitesche Form

$$H(x, \bar{x}) = \sum_{p,q=1}^{n} h_{pq} x_p \bar{x}_q$$

---

[1] Wegen ihres Auftretens beim Problem der säkularen Planetenstörungen pflegt man die Gleichung (30) als Säkulargleichung zu bezeichnen. Für einen direkten Beweis des obigen Realitätssatzes vgl. z. B. die entsprechende Betrachtung Kap. 3, § 4, 2.

mit der Matrix $H = \overline{H}'$ kann durch eine unitäre Transformation L:

$$x_p = \sum_{q=1}^{n} l_{qp} y_q$$

stets in die Gestalt

$$H(x, \overline{x}) = \sum_{p=1}^{n} \varkappa_p y_p \overline{y}_p = \sum_{p=1}^{n} \varkappa_p |y_p|^2$$

transformiert werden, wobei die Koeffizienten $\varkappa_p$ sämtlich reell sind. Die charakteristischen Zahlen $\varkappa_m$ erscheinen wiederum als die Maxima der Hermiteschen Form $H(x, \overline{x})$ unter der Nebenbedingung:

$$\sum_{p=1}^{n} |x_p|^2 = 1 \qquad \text{und} \qquad \sum_{p=1}^{n} l_{ip} \overline{x}_p = 0 \quad (i = 1, \ldots, m-1).$$

4. Trägheitsgesetz der quadratischen Formen. Verzichtet man auf die Forderung der Orthogonalität der gesuchten linearen Transformationen, so kann man eine quadratische Form auf mannigfache Weise in eine Gestalt verwandeln, bei der nur Quadrate auftreten; z. B. führt nach Ausübung der obigen orthogonalen Transformation jede weitere Ähnlichkeitstransformation, bei der also jede Variable nur durch einen Proportionalitätsfaktor verändert wird, wiederum zu einem solchen Ausdruck. Insbesondere läßt sich also erreichen, daß die (reellen) Koeffizienten der Form alle den Wert $+1$ oder -1 haben. Dabei gilt nun der folgende als *Trägheitsgesetz der quadratischen Formen* bezeichnete Satz:

Die Anzahl der positiven und der negativen Koeffizienten, die bei einer umkehrbaren reellen Transformation einer quadratischen Form in einen aus reinen Quadraten bestehenden Ausdruck auftreten, hängt von der speziellen Art dieser Transformation nicht ab.

Beweis: Die positiven und negativen Koeffizienten können, wie erwähnt, gleich $+1$ bzw. -1 gemacht werden. Wäre nun die quadratische Form $K(x, x)$ durch zwei verschiedene reelle Transformationen in $y_1^2 + \cdots + y_r^2 - y_{r+1}^2 - \cdots - y_n^2$ und in $z_1^2 + \cdots + z_s^2 - z_{s+1}^2 - \cdots - z_n^2$ mit $r < s$ übergeführt, so würde wegen

$$y_1^2 + \cdots + y_r^2 + z_{s+1}^2 + \cdots + z_n^2 = y_{r+1}^2 + \cdots + y_n^2 + z_1^2 + \cdots + z_s^2$$

aus dem Gleichungssystem $y_1 = \cdots = y_r = z_{s+1} = \cdots = z_n = 0$ auch das Verschwinden der übrigen y_j folgen. Da das Gleichungssystem weniger als n Gleichungen enthält, ist es sicher durch einen von Null verschiedenen Vektor $\mathfrak{x}$ zu befriedigen; ein solcher kann aber nicht die n homogenen Gleichungen $\mathfrak{y} = 0$ mit nicht verschwindender Determinante erfüllen.

5. Darstellung der Resolvente einer Form. Auch die Resolvente der quadratischen Form $K(x, x)$ läßt sich nach den Entwicklungen dieses Paragraphen leicht in eine übersichtliche Form bringen, wenn wir sie gemäß § 2 durch die symbolische Gleichung

$$\mathsf{K}(x, x; \lambda) = \frac{[E(x, x) - \lambda K(x, x)]^{-1} - E(x, x)}{\lambda}$$

definieren. Wir denken uns $K(x, x)$ durch Hauptachsentransformation in die Gestalt

$$K(x, x) = \sum_{p=1}^{n} \frac{y_p^2}{\lambda_p}$$

gebracht; die Resolvente von $\sum_{p=1}^{n} \frac{y_p^2}{\lambda_p}$ muß dann mit der von $K(x, x)$ übereinstimmen, da $[E(x, x) - \lambda K(x, x)]^{-1}$ durch die Transformation in

$$\left[E(y, y) - \lambda \sum_{p=1}^{n} \frac{y_p^2}{\lambda_p}\right]^{-1}$$

übergeht. Nun gilt

$$\frac{1}{\lambda}\left[\left(\sum_{p=1}^{n} y_p^2 - \lambda \sum_{p=1}^{n} \frac{y_p^2}{\lambda_p}\right)^{-1} - E(y, y)\right] = \frac{1}{\lambda}\left[\left(\sum \frac{\lambda_p - \lambda}{\lambda_p} y_p^2\right)^{-1} - E(y, y)\right]$$

$$= \frac{1}{\lambda}\left[\sum \frac{\lambda_p}{\lambda_p - \lambda} y_p^2 - E(y, y)\right] = \frac{1}{\lambda}\left[\sum \frac{\lambda_p}{\lambda_p - \lambda} y_p^2 - \sum y_p^2\right] = \sum_{p=1}^{n} \frac{y_p^2}{\lambda_p - \lambda}.$$

Transformieren wir hierin wieder auf die Variablen x_p, so erhalten wir mit der Bezeichnung (19) die Resolvente $\mathsf{K}(x, x; \lambda)$ von $K(x, x)$ in der Gestalt

$$\mathsf{K}(x, x; \lambda) = \sum_{p=1}^{n} \frac{[L'_p(x)]^2}{\lambda_p - \lambda} \tag{31}$$

oder, wenn wir zur Bilinearform zurückgehen,

$$\mathsf{K}(u, x; \lambda) = \sum_{p=1}^{n} \frac{L'_p(u)\, L'_p(x)}{\lambda_p - \lambda}. \tag{32}$$

Aus dieser Darstellung sehen wir übrigens, daß das Residuum der rationalen Funktion $\mathsf{K}(u, x; \lambda)$ von λ im Punkte $\lambda = \lambda_p$ gleich $-L'_p(u)\, L'_p(x)$ ist, wenn man $\lambda_p \neq \lambda_q$ für $p \neq q$ voraussetzt.

6. Lösung des zu einer Form gehörigen linearen Gleichungssystems. Zum Schluß wollen wir noch für das zur quadratischen Form

$$K(x, x) = \sum_{p, q=1}^{n} k_{pq} x_p x_q$$

gehörige Gleichungssystem

$$x_p - \lambda \sum_{q=1}^{n} k_{pq} x_q = y_p \qquad (p = 1, \ldots, n) \tag{33}$$

die Lösung mit Hilfe der Eigenvektoren darstellen.

Wenden wir auf die Variablen x_i und y_i die Hauptachsentransormation

$$x_p = \sum_{q=1}^{n} l_{qp} u_q, \qquad y_p = \sum_{q=1}^{n} l_{qp} v_q$$

an, wobei also $K(x, x)$ in

$$\sum_{q=1}^{n} \varkappa_q u_q^2$$

übergeht, so geht unser Gleichungssystem (33) über in

$$u_p - \lambda \varkappa_p u_p = v_p \qquad (p = 1, \ldots, n), \tag{34}$$

mit der Lösung

$$u_p = \frac{v_p}{1 - \lambda \varkappa_p} = \frac{v_p}{1 - \frac{\lambda}{\lambda_p}} = \frac{\lambda_p}{\lambda_p - \lambda} v_p. \tag{35}$$

In den ursprünglichen Variablen erhalten wir die gleichbedeutende Auflösungsformel

$$\mathfrak{x} = \sum_{p=1}^{n} \frac{(\mathfrak{y}\mathfrak{l}_p)}{1 - \frac{\lambda}{\lambda_p}} \mathfrak{l}_p, \tag{36}$$

wo die Lösung nach den Hauptachsenvektoren $\mathfrak{l}_1, \ldots, \mathfrak{l}_n$ der Form $K(x, x)$ entwickelt erscheint. Dabei ist $(\mathfrak{y}\mathfrak{l}_p) = \sum_{q=1}^{n} l_{pq} y_q$ gesetzt.

Der Hauptachsenvektor $\mathfrak{l}_p$ selbst gibt die normierte Lösung der homogenen Gleichungen

$$x_q - \lambda_p \sum_{r=1}^{n} k_{qr} x_r$$

oder

$$u_q - \lambda_p \varkappa_q u_q = 0 \qquad (q = 1, \ldots, n).$$

Sind für $q \neq p$ alle $\varkappa_q$ von $\varkappa_p = \frac{1}{\lambda_p}$ verschieden, so gibt es nur eine normierte Lösung

$$u_p = 1, \qquad u_q = 0 \qquad (q \neq p)$$

oder

$$\mathfrak{x} = \mathfrak{l}_p.$$

Fallen mehrere charakteristische Zahlen zusammen, so sind die Hauptachsenvektoren nicht eindeutig bestimmt.

§ 4. Die Minimum-Maximum-Eigenschaft der Eigenwerte.

1. Kennzeichnung der charakteristischen Zahlen durch ein Minimum-Maximumproblem. Oben haben wir die charakteristischen Zahlen durch eine Reihe von Maximumproblemen eingeführt, bei denen jedes die Lösung der vorangehenden voraussetzte. Jetzt zeigen wir, wie man, wenn die Eigenwerte nach abnehmender Größe geordnet sind, unmittelbar die h^{te} charakteristische Zahl als Lösung eines etwas anderen Problems kennzeichnen kann, bei welchem eine Bezugnahme auf die Lösung vorangehender Probleme vermieden wird.

Es soll die Form

$$K(x, x) = \sum_{p,q=1}^{n} k_{pq} x_p x_q$$

zum Maximum gemacht werden, wenn außer der Forderung

$$\sum_{p=1}^{n} x_p^2 = 1 \tag{25}$$

noch $h - 1$ weitere Gleichungen

$$\sum_{p=1}^{n} \alpha_{\nu p} x_p = 0 \quad (\nu = 1, \ldots, h-1;\ h \leqq n) \tag{37}$$

vorgeschrieben sind; sodann soll diesem Maximum, welches eine Funktion der Parameter $\alpha_{\nu p}$ ist, durch geeignete Wahl der $\alpha_{\nu p}$ ein möglichst kleiner Wert erteilt werden.

Die Hauptachsentransformation führt $K(x, x)$ über in

$$\sum_{p=1}^{n} \varkappa_p y_p^2 \qquad (\varkappa_1 \geqq \cdots \geqq \varkappa_n),$$

die Bedingung (25) in

$$\sum_{p=1}^{n} y_p^2 = 1 \tag{38}$$

und die Gleichungen (37) in

$$\sum_{p=1}^{n} \beta_{\nu p} y_p = 0, \tag{39}$$

wobei die $\beta_{\nu p}$ neue Parameter sind. Wählen wir

$$y_{h+1} = \cdots = y_n = 0,$$

so ergeben sich aus (39) bei beliebigen $\beta_{\nu p}$ jedesmal $h - 1$ homogene Gleichungen für die h Unbekannten $y_1, \ldots, y_h$, welche sicher durch ein mit (38) verträgliches Wertsystem befriedigt werden können. Für diese Werte wird

$$K(x, x) = \varkappa_1 y_1^2 + \cdots + \varkappa_h y_h^2 \geqq \varkappa_h (y_1^2 + \cdots + y_n^2) = \varkappa_h.$$

Das zunächst gesuchte Maximum ist also für kein System der $\beta_{\nu p}$ kleiner als $\varkappa_h$. Es wird aber gerade gleich $\varkappa_h$, wenn für (37) die Gleichungen

$$y_1 = \cdots = y_{h-1} = 0,$$

genommen werden. So ergibt sich:

Die h^{te} charakteristische Zahl $\varkappa_h$ der quadratischen Form $K(x, x)$ ist der kleinste Wert, welchen das Maximum von $K(x, x)$ annehmen kann, wenn außer der Bedingung

$$\sum_{p=1}^{n} x_p^2 = 1$$

noch $h - 1$ beliebige lineare homogene Gleichungen zwischen den x_p vorgeschrieben sind.

2. Anwendungen. Auf Grund dieser independenten *Minimum-Maximum-Eigenschaft der charakteristischen Zahlen* läßt sich besonders leicht übersehen, in welcher Weise sie sich verändern, wenn den Variablen j unabhängige „*Bindungen*“

$$\sum_{p=1}^{n} \gamma_{sp} x_p = 0 \qquad (s = 1, \ldots, j) \tag{40}$$

auferlegt werden, so daß sich $K(x, x)$ auf eine quadratische Form $\tilde{K}(x, x)$ von $n - j$ unabhängigen Variablen reduziert. Die h^{te} charakteristische Zahl $\tilde{\varkappa}_h$ entsteht durch dasselbe Minimum-Maximum-Problem wie $\varkappa_h$, wobei jedoch durch (40) die Gesamtheit der zur Konkurrenz zugelassenen Wertsysteme $x_1, \ldots, x_n$ verengert ist. Daher übertrifft das einzelne Maximum und somit auch die charakteristische Zahl bei $\tilde{K}(x, x)$ sicher nicht die entsprechende Größe bei $K(x, x)$.

Ferner ist $\varkappa_{j+h}$ das kleinste Maximum, das $K(x, x)$ besitzen kann, wenn außer (25) noch $h + j - 1$ lineare homogene Bedingungen für die x_p vorgeschrieben sind, und daher sicher nicht größer als $\tilde{\varkappa}_h$, für welches j dieser Bedingungen durch die festen Gleichungen (40) gegeben sind. Es gilt also $\varkappa_h \geqq \tilde{\varkappa}_h \geqq \varkappa_{h+j}$; oder in Worten:

Geht eine quadratische Form $K(x, x)$ von n Veränderlichen durch j lineare homogene Bindungen in eine quadratische Form $\tilde{K}(x, x)$ von $n - j$ Veränderlichen über, so sind die charakteristischen Zahlen $\tilde{\varkappa}_1, \ldots, \tilde{\varkappa}_{n-j}$ von $\tilde{K}(x, x)$ nicht größer als die entsprechenden Zahlen der Reihe $\varkappa_1, \ldots, \varkappa_{n-j}$ und nicht kleiner als die entsprechenden Zahlen der Reihe $\varkappa_{j+1}, \ldots, \varkappa_n$ [1].

Nehmen wir speziell $j = 1$ und wählen als eine lineare Bindung die Bedingung $x_n = 0$, so geht eine quadratische Form K über in ihren $(n - 1)^{\text{ten}}$ „*Abschnitt*“, und wir erhalten den Satz:

Die h^{te} charakteristische Zahl des $(n - 1)^{\text{ten}}$ Abschnitts ist höchstens gleich der h^{ten} charakteristischen Zahl und mindestens gleich der $(h + 1)^{\text{ten}}$ charakteristischen Zahl der ursprünglichen Form.

Wenden wir unseren Satz auf den $(n - 1)^{\text{ten}}$ Abschnitt der quadratischen Form an, so erhalten wir einen entsprechenden Satz für die charakteristischen Zahlen des $(n - 2)^{\text{ten}}$ Abschnitts usw. Allgemein erkennen wir, daß die charakteristischen Zahlen zweier aufeinanderfolgender Abschnitte einer quadratischen Form sich in der angegebenen Weise voneinander trennen.

Ebenso ergibt sich: *Addiert man zu $K(x, x)$ eine nirgends negative Form, so sind die charakteristischen Zahlen der Summe nicht kleiner als die entsprechenden von $K(x, x)$.*

---

[1] Zur Erläuterung der hier entwickelten Betrachtungen diene folgende Bemerkung: Schneidet man ein dreiachsiges Ellipsoid mit einer Ebene durch seinen Mittelpunkt, so liegt die große Achse der Schnittellipse zwischen der großen und der mittleren Achse des Ellipsoids und die kleine Achse der Ellipse zwischen der mittleren und der kleinen Achse des Ellipsoids.

Anstatt ein Minimum-Maximum-Problem zur Kennzeichnung der charakteristischen Zahlen zu benutzen, können wir ebensogut ein *Maximum-Minimum-Problem* zum Ausgangspunkt nehmen. Man erhält dann wiederum die $\varkappa_h$, nur in umgekehrter Reihenfolge.

Es kann dem Leser überlassen bleiben, die Formulierung und den Beweis für die Minimum-Maximum-Eigenschaft der charakteristischen Zahlen bzw. Eigenwerte bei den Hermiteschen Formen aufzustellen.

§ 5. Ergänzungen und Aufgaben zum ersten Kapitel.

1. Lineare Unabhängigkeit und Gramsche Determinante. Die Frage der linearen Abhängigkeit von m gegebenen Vektoren $\mathfrak{v}_1, \ldots, \mathfrak{v}_m$ läßt sich formal sehr einfach folgendermaßen entscheiden, ohne daß man in der üblichen Weise den Rang der Matrix der Komponenten explizit festzustellen braucht. Wir betrachten die quadratische Form

$$G(x, x) = (x_1 \mathfrak{v}_1 + \cdots + x_m \mathfrak{v}_m)^2 = \sum_{i,k=1}^{m} (\mathfrak{v}_i \mathfrak{v}_k)\, x_i x_k .$$

Sicherlich ist $G(x, x) \geqq 0$, und die Vektoren $\mathfrak{v}_i$ sind dann und nur dann linear abhängig, wenn es ein Wertsystem der Variablen $x_1, \ldots, x_m$ gibt, welches der Bedingung

$$\sum_{i=1}^{m} x_i^2 = 1 \tag{25'}$$

genügt und für welches $G(x, x) = 0$ wird. Damit also lineare Abhängigkeit besteht, muß das Minimum der Form $G(x, x)$ unter der Nebenbedingung (25′) den Wert Null haben. Dieses Minimum ist aber die kleinste charakteristische Zahl der quadratischen Form $G(x, x)$, d. h. die kleinste Wurzel der Gleichung

$$\begin{vmatrix} \mathfrak{v}_1^2 - \varkappa & (\mathfrak{v}_1 \mathfrak{v}_2) & \ldots & (\mathfrak{v}_1 \mathfrak{v}_m) \\ (\mathfrak{v}_2 \mathfrak{v}_1) & \mathfrak{v}_2^2 - \varkappa & \ldots & (\mathfrak{v}_2 \mathfrak{v}_m) \\ \vdots & \cdot & \cdot & \cdot \\ (\mathfrak{v}_m \mathfrak{v}_1) & (\mathfrak{v}_m \mathfrak{v}_2) & \ldots & \mathfrak{v}_m^2 - \varkappa \end{vmatrix} = 0 . \tag{41}$$

Das bedeutet:

Notwendig und hinreichend für die lineare Abhängigkeit der Vektoren $\mathfrak{v}_1, \ldots, \mathfrak{v}_m$ *ist das Verschwinden der „Gramschen Determinante“*

$$\Gamma = \begin{vmatrix} \mathfrak{v}_1^2 & (\mathfrak{v}_1 \mathfrak{v}_2) & \ldots & (\mathfrak{v}_1 \mathfrak{v}_m) \\ (\mathfrak{v}_2 \mathfrak{v}_1) & \mathfrak{v}_2^2 & \ldots & (\mathfrak{v}_2 \mathfrak{v}_m) \\ \cdot & \cdot & \cdot & \cdot \\ (\mathfrak{v}_m \mathfrak{v}_1) & (\mathfrak{v}_m \mathfrak{v}_2) & \ldots & \mathfrak{v}_m^2 \end{vmatrix} \tag{42}$$

Entwickelt man die Gleichung (41), welcher die sämtlich nichtnegativen charakteristischen Zahlen $\varkappa_1, \ldots, \varkappa_m$ von $G(x, x)$ genügen, nach Potenzen von $\varkappa$, so ist das von $\varkappa$ freie Glied gleich Γ, und der

Koeffizient von $\varkappa^m$ ist gleich $(-1)^m$. Nach einem bekannten algebraischen Satz gilt also

$$\Gamma = \varkappa_1 \cdots \varkappa_m . \tag{43}$$

Mithin ist die Gramsche Determinante eines beliebigen Systems von m Vektoren niemals negativ. Die Beziehung

$$\Gamma = |(\mathfrak{v}_i \mathfrak{v}_k)| \geqq 0 \qquad (i, k = 1, \ldots, m), \tag{44}$$

in welcher das Gleichheitszeichen nur für linear abhängige Vektoren $\mathfrak{v}_1, \ldots, \mathfrak{v}_m$ auftritt, ist die Verallgemeinerung der Schwarzschen Ungleichung (vgl. S. 2)

$$\mathfrak{v}_1^2 \mathfrak{v}_2^2 - (\mathfrak{v}_1 \mathfrak{v}_2)^2 = \begin{vmatrix} \mathfrak{v}_1^2 & (\mathfrak{v}_1 \mathfrak{v}_2) \\ (\mathfrak{v}_2 \mathfrak{v}_1) & \mathfrak{v}_2^2 \end{vmatrix} \geqq 0 .$$

Der Wert der Gramschen Determinante oder auch die kleinste charakteristische Zahl $\varkappa_m$ der Form $G(x, x)$ stellt ein *Maß für die lineare Unabhängigkeit der Vektoren* $\mathfrak{v}_1, \ldots, \mathfrak{v}_m$ dar. Je kleiner diese Zahl ist, desto „flacher" wird das von $\mathfrak{v}_1, \ldots, \mathfrak{v}_m$ aufgespannte m-dimensionale Gebilde; ist dieses *Unabhängigkeitsmaß* gleich Null, so klappt das Gebilde in ein höchstens $(m - 1)$-dimensionales zusammen. Übrigens kann man der Gramschen Determinante auch sehr leicht eine geometrische Bedeutung beilegen. Sie ist gleich dem Quadrat des $m!$-fachen Volumens des m-dimensionalen geometrischen Gebildes, das von den m Vektoren $\mathfrak{v}_1, \ldots, \mathfrak{v}_m$ aufgespannt wird — also z. B. für $m = 2$ gleich dem Quadrat des doppelten Flächeninhalts des aus $\mathfrak{v}_1, \mathfrak{v}_2$ konstruierten Dreiecks.

Natürlich muß das Gramsche Kriterium für lineare Abhängigkeit mit dem gewöhnlichen äquivalent sein, welches besagt, daß die Vektoren dann und nur dann linear abhängig sind, wenn alle m-spaltigen aus dem rechteckigen Schema der Komponenten

$$\begin{pmatrix} v_{11} & v_{12} & \cdots & v_{1n} \\ v_{21} & v_{22} & \cdots & v_{2n} \\ \cdot & \cdot & \cdot & \cdot \\ v_{m1} & v_{m2} & \cdots & v_{mn} \end{pmatrix}$$

herausgeschnittenen Determinanten verschwinden. In der Tat ist nach einem bekannten Satze der Determinantentheorie

$$\Gamma = \sum \begin{vmatrix} v_{1s_1} & v_{1s_2} & \cdots & v_{1s_m} \\ v_{2s_1} & v_{2s_2} & \cdots & v_{2s_m} \\ \cdot & \cdot & \cdot & \cdot \\ v_{ms_1} & v_{ms_2} & \cdots & v_{ms_m} \end{vmatrix}^2 , \tag{45}$$

wobei die Summation über alle ganzzahligen $s_1, s_2, \ldots, s_m$ von 1 bis n mit $s_1 < s_2 < \cdots < s_m$ läuft.

2. Determinantenabschätzung von Hadamard. Für jede Determinante

$$A = |a_{ik}| = \begin{vmatrix} a_{11} & a_{12} & \dots & a_{1n} \\ a_{21} & a_{22} & \dots & a_{2n} \\ \cdot & \cdot & \cdot & \cdot \\ a_{n1} & a_{n2} & \dots & a_{nn} \end{vmatrix}$$

mit reellen Elementen a_{ik} gilt die Abschätzung

$$A^2 \leqq \prod_{i=1}^{n} \sum_{k=1}^{n} a_{ik}^2. \tag{46}$$

Beweis: Wir lassen die Elemente a_{ik} variieren, wobei jedoch die Quadratsummen

$$\sum_{k=1}^{n} a_{ik}^2 = c_i^2 \qquad (i = 1, \ldots, n)$$

festgehalten werden mögen. Ist $A_{\max}^2$ der größte Wert, den die Funktion A^2 der Elemente a_{ik} unter diesen n Bedingungen annehmen kann — daß ein solches Maximum für eine gewisse Determinante $A_{\max}$ angenommen werden muß, folgt unmittelbar aus dem auf S. 20 angeführten Satz von WEIERSTRASZ —, so müssen die Elemente von $A_{\max}$ in jeder Zeile den zugehörigen Unterdeterminanten proportional sein. Denn es ist für irgendein fest gewähltes h

$$A = a_{h1} A_{h1} + \cdots + a_{hn} A_{hn},$$

also nach der Schwarzschen Ungleichung auf S. 2

$$A^2 \leqq \sum_{k=1}^{n} a_{hk}^2 \sum_{k=1}^{n} A_{hk}^2 = c_h^2 \sum_{k=1}^{n} A_{hk}^2;$$

sind dabei die a_{hk} nicht proportional den A_{hk}, so besitzt A^2 sicher nicht seinen Maximalwert, weil dann das Ungleichheitszeichen gilt, während durch Abänderung der n Größen a_{hk} $(k = 1, 2, \ldots, n)$ unter Festhaltung von c_h^2 und der A_{hk} das Determinantenquadrat der rechten Seite gleich gemacht werden kann.

Multiplizieren wir nun $A_{\max}$ nach dem Multiplikationssatz der Determinanten mit sich selbst, so erhalten wir, da die inneren Produkte verschiedener Zeilen infolge der eben bewiesenen Proportionalität nach elementaren Determinantensätzen verschwinden,

$$A_{\max}^2 = \prod_{i=1}^{n} c_i^2.$$

Für die ursprüngliche Determinante A gilt daher sicher

$$A^2 \leqq \prod_{i=1}^{n} c_i^2 = \prod_{i=1}^{n} \sum_{k=1}^{n} a_{ik}^2.$$

Geometrisch besagt die Hadamardsche Determinantenungleichung einfach, daß das Volumen eines aus n Vektoren im Raume von n Dimensionen mit gegebenen Normen konstruierten Parallelflachs am größten ist, wenn die Vektoren aufeinander senkrecht stehen.

Die Hadamardsche Abschätzung gilt auch für komplexe a_{ik}, wenn in ihr für A^* bzw. a_{ik} die absoluten Beträge eingesetzt werden.

3. Simultane Transformation zweier quadratischer Formen in kanonische Gestalt. Die Hauptachsentransformation ist ein Sonderfall des allgemeineren, auf sie zurückführbaren, aber ebenso einfach auch direkt zu behandelnden Problems, zwei gegebene quadratische Formen

$$K(x, x) = \sum_{p,q=1}^{n} k_{pq} x_p x_q, \qquad H(x, x) = \sum_{p,q=1}^{n} h_{pq} x_p x_q,$$

von denen die eine, etwa $H(x, x)$, positiv definit ist, durch eine lineare Transformation

$$x_p = \sum_{q=1}^{n} l_{pq} y_q \qquad (p = 1, \ldots, n)$$

gleichzeitig in reinquadratische Ausdrücke

$$K(x, x) = \sum_{p=1}^{n} \varkappa_p y_p^2, \qquad H(x, x) = \sum_{p=1}^{n} \eta_p y_p^2$$

zu transformieren. Dabei können noch die Koeffizienten η_p der positiven Form H gleich $+1$ gemacht werden. Die Quotienten $\frac{\varkappa_p}{\eta_p} = \varrho_p$ nennen wir die charakteristischen Zahlen, die Zahlen $\frac{1}{\varrho_p} = \lambda_p$ die Eigenwerte der Form $K(x, x)$ in bezug auf $H(x, x)$.

Man führe die Transformationstheorie direkt durch und beweise insbesondere die folgende Minimum-Maximum-Eigenschaft der charakteristischen Zahlen:

Für $\varrho_1 \geqq \cdots \geqq \varrho_n$ ist ϱ_h der kleinste Wert, den das Maximum von $\frac{K(x, x)}{H(x, x)}$ unter den Nebenbedingungen

$$\sum_{p=1}^{n} \alpha_{\nu p} x_p = 0 \qquad (\nu = 1, \ldots, h-1)$$

annehmen kann, wenn dieses Maximum als Funktion der Parameter $\alpha_{\nu p}$ aufgefaßt wird.

Zur Aufstellung der gesuchten simultanen Transformation kann man zunächst das Maximum von $\frac{K(x, x)}{H(x, x)}$ unter der Nebenbedingung $H(x, x) = 1$ aufsuchen, das für $x_p = l_{1p}$ $(p = 1, \ldots, n)$ angenommen werden möge. Sodann fügt man als weitere Nebenbedingung

$$\sum_{p,q=1}^{n} h_{pq} l_{1p} x_q = 0$$

hinzu usw. Die charakteristischen Zahlen ϱ_p ergeben sich als Wurzeln der Gleichung

$$\begin{vmatrix} k_{11} - \varrho h_{11} & k_{12} - \varrho h_{12} & \dots & k_{1n} - \varrho h_{1n} \\ k_{21} - \varrho h_{21} & k_{22} - \varrho h_{22} & \dots & k_{2n} - \varrho h_{2n} \\ \cdot & \cdot & \cdot & \cdot \\ k_{n1} - \varrho h_{n1} & k_{n2} - \varrho h_{n2} & \dots & k_{nn} - \varrho h_{nn} \end{vmatrix} = 0\,.$$

Diese Gleichung kann man auch als Bedingung für die Lösbarkeit des homogenen Gleichungssystems

$$\sum_{j=1}^{n} (k_{ij} - \varrho h_{ij}) x_j = 0$$

erhalten. Die zueinander orthogonalen Lösungssysteme x_j selbst für die einzelnen charakteristischen Zahlen ergeben nach geeigneter Normierung die Komponenten der „*Eigenvektoren*", also die Koeffizienten der gesuchten simultanen Transformation.

4. Bilinearformen und quadratische Formen von unendlich vielen Variablen. Unsere Theorien lassen sich auch aufrechterhalten, wenn man die Anzahl der auftretenden Variablen über alle Grenzen wachsen läßt und dabei erstens über die Koeffizienten der Bilinearformen oder quadratischen Formen z. B. die Voraussetzung macht, daß die Summe ihrer Quadrate konvergiert, und zweitens die Konvergenz auch von der Quadratsumme der auftretenden Variablen voraussetzt. Diese Theorie der Formen von unendlich vielen Variablen, die von HILBERT entwickelt worden ist, läßt sich dann direkt auf zahlreiche Probleme der Analysis anwenden. Wir werden jedoch bei diesen Problemen rascher zum Ziele gelangen, wenn wir in einer mehr unmittelbaren, der direkten algebraischen Vektor- und Tensorrechnung entsprechenden Weise vorgehen.

5. Unendlich kleine lineare Transformationen. Als unendlich kleine lineare Transformation bezeichnen wir eine solche mit der Matrix

$$A = E + (\varepsilon\alpha_{ik}) = \begin{pmatrix} 1 + \varepsilon\alpha_{11} & \varepsilon\alpha_{12} & \dots & \varepsilon\alpha_{1n} \\ \varepsilon\alpha_{21} & 1 + \varepsilon\alpha_{22} & \dots & \varepsilon\alpha_{2n} \\ \cdot & \cdot & \cdot & \cdot \\ \varepsilon\alpha_{n1} & \varepsilon\alpha_{n2} & \dots & 1 + \varepsilon\alpha_{nn} \end{pmatrix},$$

wobei ε eine infinitesimale Größe erster Ordnung bezeichnet, d. h. eine solche, deren höhere Potenzen man für den gerade vorliegenden Zweck gegenüber niederen vernachlässigen darf. Das Produkt zweier solcher unendlich kleiner Transformationen mit den Matrizen $A = E + (\varepsilon\alpha_{ik})$, $B = E + (\varepsilon\beta_{ik})$ hat die Matrix $C = AB = E + (\varepsilon\alpha_{ik} + \varepsilon\beta_{ik})$. Daraus folgt: *Unendlich kleine lineare Transformationen sind vertauschbar.*

Ferner:

Die zur Matrix $A = E + (\varepsilon\alpha_{ik})$ reziproke Matrix ist $A^{-1} = E - (\varepsilon\alpha_{ik})$, und die Determinante der Matrix $A = E + (\varepsilon\alpha_{ik})$ ist gleich

$$1 + \varepsilon(\alpha_{11} + \alpha_{22} + \dots + \alpha_{nn})\,.$$

Soll die unendlich kleine Transformation orthogonal sein, so ergibt sich aus $A'A = E$, wobei A' die transponierte Matrix ist, die Relation $\alpha_{ik} + \alpha_{ki} = 0$; d. h., es gilt weiter:

Notwendig und hinreichend für die Orthogonalität einer unendlich kleinen Transformation ist die Bedingung, daß ihre um E verminderte Matrix schiefsymmetrisch ist.

Eine allgemeine unendlich kleine Transformation $C = E + (\varepsilon\gamma_{ik})$ kann mit Hilfe der Größen

$$\alpha_{ik} = \tfrac{1}{2}(\gamma_{ik} - \gamma_{ki}),$$
$$\beta_{ik} = \tfrac{1}{2}(\gamma_{ik} + \gamma_{ki})$$

dargestellt werden als Produkt einer orthogonalen Transformation mit der Matrix $A = E + (\varepsilon\alpha_{ik})$ und einer symmetrischen mit der Matrix $B = E + (\varepsilon\beta_{ik})$.

Eine symmetrische, nicht notwendig unendlich kleine Transformation $y_i = \sum_k s_{ik} x_k$ mit der Matrix $S = (s_{ik})$ bedeutet geometrisch eine Dehnung in n zueinander senkrechten Richtungen. Denn führen wir durch eine Hauptachsentransformation der quadratischen Form $S(x, x)$ neue Variable u_i bzw. v_i ein, so daß

$$\sum_{i,k=1}^{n} s_{ik} x_i x_k = \sum_{i=1}^{n} \varkappa_i u_i^2$$

wird, so lauten die Gleichungen

$$v_i = \varkappa_i u_i,$$

was die analytische Darstellung einer auf die Hauptdilatationsachsen bezogenen „ungleichmäßigen“ Dehnung ist. Das Verhältnis der Volumzunahme zum Ausgangsvolumen, die „räumliche Dilatation“, wird offenbar durch die Differenz $\varkappa_1 \ldots \varkappa_n - 1$ gegeben, wofür wir auch $|s_{ik}| - 1$ schreiben können. Ist insbesondere die Transformation unendlich klein, also $(s_{ik}) = E + (\varepsilon\beta_{ik})$, so wird

$$\varkappa_1 \cdots \varkappa_n - 1 = \varepsilon(\beta_{11} + \cdots + \beta_{nn}).$$

Da eine orthogonale Transformation eine Drehung bedeutet, können wir zusammenfassend sagen:

Eine unendlich kleine Transformation mit der Matrix $E + (\varepsilon\gamma_{ik})$ kann als Produkt einer Drehung und einer Dehnung dargestellt werden; die räumliche Dilatation beträgt $\varepsilon \sum_{i=1}^{n} \gamma_{ii}$.

6. Variierte Systeme. Für die Theorie der kleinen Schwingungen ist es wichtig, festzustellen, wie sich die Eigenwerte und Eigenvektoren einer quadratischen Form $K(x, x) = \sum_{i,k=1}^{n} b_{ik} x_i x_k$ ändern, wenn man sowohl die Einheitsform $E(x, x)$ als auch $K(x, x)$ variiert, d. h. die

Formen $E(x,x) + \varepsilon \mathsf{A}(x,x)$ bzw. $K(x,x) + \varepsilon \mathsf{B}(x,x)$ gleichzeitig in die kanonische Gestalt transformiert (vgl. Nr. 3), wobei

$$\mathsf{A}(x,x) = \sum_1^n \alpha_{ik} x_i x_k, \qquad \mathsf{B}(x,x) = \sum_1^n \beta_{ik} x_i x_k$$

und ε ein Parameter ist. Setzen wir

$$K(x,x) + \varepsilon \mathsf{B}(x,x) = \sum_1^n b'_{ik} x_i x_k, \qquad E(x,x) + \varepsilon \mathsf{A}(x,x) = \sum_1^n a'_{ik} x_i x_k,$$

so lauten die Gleichungen zur Bestimmung der Komponenten der Eigenvektoren (vgl. S. 33)

$$\sum_{k=1}^n (b'_{ik} - \varrho' a'_{ik}) x'_k = 0 \qquad (i = 1, \ldots, n),$$

wobei sich ϱ' aus der entsprechenden Determinantengleichung bestimmen läßt und n reell wird. Bezeichnet man die charakteristischen Zahlen von $K(x,x)$ unter der Annahme, daß sie alle voneinander verschieden sind, mit $\varrho_1, \varrho_2, \ldots, \varrho_n$, die entsprechenden Werte des variierten Systems mit $\varrho'_1, \varrho'_2, \ldots, \varrho'_n$, so kann man die Ausgangsform $K(x,x)$ als eine Summe von Quadraten annehmen:

$$K(x,x) = \varrho_1 x_1^2 + \varrho_2 x_2^2 + \cdots + \varrho_n x_n^2.$$

Die Größen ϱ'_i sind als einfache Wurzeln einer algebraischen Gleichung in der Umgebung von $\varepsilon = 0$ eindeutige analytische Funktionen von ε, und dasselbe gilt dann auch für die Komponenten x'_{hk} der variierten, zu den charakteristischen Zahlen ϱ'_h gehörigen Eigenvektoren. Man kann also die Größen ϱ'_i bzw. x'_{hk} als Potenzreihen in ε ansetzen, deren absolute Glieder natürlich ϱ_i bzw. die Komponenten x_{hk} der ursprünglichen Eigenvektoren sind. Um sukzessive auch die Koeffizienten von $\varepsilon, \varepsilon^2, \ldots$ zu berechnen, hat man mit diesem Ansatz in die Gleichungen

$$\sum_{k=1}^n (b'_{ik} - \varrho'_h a'_{ik}) x'_{hk} = 0 \qquad (i, h = 1, 2, \ldots, n)$$

einzugehen, in welchen außerdem $b'_{ik} = \delta_{ik} + \varepsilon \beta_{ik}$, $a'_{ik} = e_{ik} + \varepsilon \alpha_{ik}$ mit $\delta_{ii} = \varrho_i$, $\delta_{ik} = 0$ $(i \neq k)$, $e_{ii} = 1$, $e_{ik} = 0$ $(i \neq k)$ zu setzen ist. Aus diesen Gleichungen erhält man eine unendliche Folge neuer Gleichungen, indem man nach Potenzen von ε ordnet und dann die Koeffizienten dieser Potenzen gleich Null setzt. Damit völlig äquivalent, jedoch etwas bequemer ist folgende Größenordnungsbetrachtung, in der ε als infinitesimale Größe aufgefaßt wird. Betrachtet man nämlich von den eben genannten Gleichungen die Gleichung für $i = h$, so sind in ihr alle Summanden bis auf Größen zweiter Ordnung in ε Null:

$$\varrho'_h = \frac{\varrho_h + \varepsilon \beta_{hh}}{1 + \varepsilon \alpha_{hh}} = \varrho_h - \varepsilon \varrho_h \alpha_{hh} + \varepsilon \beta_{hh}.$$

Die Betrachtung der Gleichungen mit $i \neq h$, in denen alle Glieder bis auf zwei von selbst unendlich klein von der zweiten Ordnung sind, liefert wegen $\sum x_i^2 = 1$

$$x'_{hh} = 1\,, \qquad x'_{hi} = -\varepsilon \frac{\alpha_{ih}\varrho_h - \beta_{ih}}{\varrho_h - \varrho_i}$$

bis auf unendlich kleine Größen zweiter Ordnung in ε.

Unter Benutzung dieser Werte für die Komponenten der Eigenvektoren lassen sich die Eigenwerte sehr leicht bis auf Größen dritter Ordnung in ε berechnen. Man betrachte wieder die Gleichung für die Komponenten des h^{ten} Eigenvektors, die sich für $i = h$ ergibt:

$$\sum_{k=1}^{n} (b'_{hk} - \varrho'_h a'_{hk})\, x'_{hk} = 0\,.$$

Vernachlässigt man links die Größen dritter Ordnung in ε und sondert das Glied mit $h = k$ ab, so entsteht

$$b'_{hh} - \varrho'_h a'_{hh} = \sum_k{}' \varepsilon (b'_{hk} - \varrho'_h a'_{hk}) \frac{\alpha_{kh}\varrho_h - \beta_{kh}}{\varrho_h - \varrho_k} = -\varepsilon^2 \sum_k{}' \frac{(\alpha_{kh}\varrho_h - \beta_{kh})^2}{\varrho_h - \varrho_k}\,;$$

für ϱ'_h folgt dann

$$\varrho'_h = \varrho_h - \varepsilon\varrho_h\alpha_{hh} + \varepsilon\beta_{hh} - \varepsilon^2\alpha_{hh}(\beta_{hh} - \varrho_h\alpha_{hh}) + \varepsilon^2 \sum_k{}' \frac{(\alpha_{kh}\varrho_h - \beta_{kh})^2}{\varrho_h - \varrho_k}\,.$$

Dabei bedeutet der Strich am Summenzeichen, daß über alle k von 1 bis n mit Ausnahme des Wertes $k = h$ zu summieren ist.

7. Die Auferlegung einer Bindung

$$\gamma_1 x_1 + \cdots + \gamma_n x_n = 0$$

und die dadurch zustande kommende Verringerung der Variablenzahl der quadratischen Form $K(x, x) = \sum_{p,q=1}^{n} k_{pq} x_p x_q$ kann man sich durch einen kontinuierlichen Prozeß erzeugt denken, indem man die quadratische Form $K(x, x) + t(\gamma_1 x_1 + \cdots + \gamma_n x_n)^2$ betrachtet, wobei t ein positiver Parameter ist. Wächst t über alle Grenzen, so nimmt auch jede charakteristische Zahl monoton zu. Insbesondere wächst die größte charakteristische Zahl über alle Grenzen, während die anderen in die charakteristischen Zahlen der aus $K(x, x)$ durch Elimination einer Veränderlichen vermöge der Relation $\gamma_1 x_1 + \cdots + \gamma_n x_n = 0$ entstehenden quadratischen Formen übergehen.

8. Elementarteiler einer Matrix oder einer Bilinearform. Es sei $\mathfrak{A}$ ein Tensor, $A = (a_{ik})$ die zugehörige Matrix. Dann zerfällt das Polynom

$$|\varkappa E - A| = \begin{vmatrix} \varkappa - a_{11} & -a_{12} & \dots & -a_{1n} \\ -a_{21} & \varkappa - a_{22} & \dots & -a_{2n} \\ \vdots & \vdots & & \vdots \\ -a_{n1} & -a_{n2} & \dots & \varkappa - a_{nn} \end{vmatrix}$$

nach gewissen, hier nicht näher anzugebenden Regeln in ein Produkt von „Elementarteilern"

$$(\varkappa - r_1)^{e_1}, \quad (\varkappa - r_2)^{e_2}, \quad \ldots, \quad (\varkappa - r_h)^{e_h},$$

wobei unter den Zahlen $r_1, r_2, \ldots, r_h$ auch gleiche vorkommen können. Zu jedem Elementarteiler $(\varkappa - r_\nu)^{e_\nu}$ gehört ein System von e_ν Vektoren $\mathfrak{f}_1^{(\nu)}, \mathfrak{f}_2^{(\nu)}, \ldots, \mathfrak{f}_{e_\nu}^{(\nu)}$ derart, daß die Gleichungen gelten

$$\mathfrak{A}\mathfrak{f}_1^{(\nu)} = r_\nu \mathfrak{f}_1^{(\nu)}, \quad \mathfrak{A}\mathfrak{f}_2^{(\nu)} = r_\nu \mathfrak{f}_2^{(\nu)} + \mathfrak{f}_1^{(\nu)}, \quad \ldots, \quad \mathfrak{A}\mathfrak{f}_{e_\nu}^{(\nu)} = r_\nu \mathfrak{f}_{e_\nu}^{(\nu)} + \mathfrak{f}_{e_\nu - 1}^{(\nu)}.$$

Dabei sind die n Vektoren

$$\mathfrak{f}_1^{(1)}, \ldots, \mathfrak{f}_{e_1}^{(1)}; \quad \mathfrak{f}_1^{(2)}, \ldots, \mathfrak{f}_{e_2}^{(2)}; \quad \ldots; \quad \mathfrak{f}_1^{(h)}, \ldots, \mathfrak{f}_{e_h}^{(h)}$$

linear unabhängig. Führt man sie als neue Variable $x_1^{(1)}, \ldots, x_{e_h}^{(h)}$ ein, so verwandelt sich A in die Matrix

$$\begin{pmatrix} A_1 & 0 & \ldots & 0 & 0 \\ 0 & A_2 & \ldots & 0 & 0 \\ \vdots & & & & \\ 0 & 0 & \ldots & 0 & A_h \end{pmatrix},$$

in der $A_1, A_2, \ldots, A_h$ selbst Matrizen sind, gegebenenfalls einreihige, und zwar hat A_ν die Gestalt einer Matrix von der Ordnung e_ν:

$$A_\nu = \begin{pmatrix} r_\nu & 0 & 0 & \ldots & 0 & 0 \\ 1 & r_\nu & 0 & \ldots & 0 & 0 \\ 0 & 1 & r_\nu & \ldots & 0 & 0 \\ \vdots & & & & & \\ 0 & 0 & 0 & \ldots & 1 & r_\nu \end{pmatrix}.$$

9. Spektrum einer unitären Matrix. Wir wollen zeigen, daß das Spektrum einer unitären Matrix auf dem Einheitskreis liegt.

Zum Beweise beachten wir, daß die Elemente einer unitären Matrix dem Betrage nach alle höchstens gleich 1 sein können und daß daher die Beträge der Koeffizienten der charakteristischen Gleichungen aller unitären Matrizen n^{ten} Grades unterhalb einer von der speziellen Matrix unabhängigen Schranke liegen. Da der erste und letzte Koeffizient der charakteristischen Gleichung absolut genommen 1 ist, so ist damit für die absoluten Beträge der charakteristischen Zahlen eine positive von der Matrix unabhängige obere und untere Schranke gegeben. Andererseits sind alle Potenzen A^m einer unitären Matrix A wieder unitär und ihre charakteristischen Zahlen die m^{ten} Potenzen der charakteristischen Zahlen von A. Diese Potenzen und ihre Reziproken können aber nur dann absolut genommen unterhalb einer von m unabhängigen Schranke bleiben, wenn der Betrag von λ_i gleich 1 ist.

Eine andere, auch auf unendliche Matrizen übertragbare Beweismethode ergibt sich aus der Diskussion des Konvergenzverhaltens der Neumannschen Reihe für $(E - \lambda A)^{-1}$.

Die Reihe

$$(E - \lambda A)^{-1} = E + \lambda A + \lambda^2 A^2 + \lambda^3 A^3 + \cdots$$

konvergiert nämlich für eine unitäre Matrix gewiß, solange $|\lambda| < 1$ ist; denn die Elemente der Matrizen A^m sind alle absolut genommen höchstens 1, und wir haben somit für die Elemente auf der rechten Seite die geometrische Reihe als Majorante. Es können mithin keine Nullstellen von $|E - \lambda A|$ im Innern des Einheitskreises liegen. Wegen $A\bar{A}' = E$ ist andererseits

$$(E - \lambda A)^{-1} = -\frac{1}{\lambda}\bar{A}'\left(E + \frac{1}{\lambda}\bar{A}' + \frac{1}{\lambda^2}\bar{A}'^2 + \cdots\right),$$

und die geometrische Reihe auf der rechten Seite konvergiert für $\left|\frac{1}{\lambda}\right| < 1$, da auch $\bar{A}'$ eine unitäre Matrix ist. Mithin kann keine Nullstelle von $|E - \lambda A|$ außerhalb des Einheitskreises liegen. Also liegen diese Nullstellen im Einklang mit unserer Behauptung auf dem Einheitskreise.

Literatur zum ersten Kapitel.

Lehrbücher:

KOWALEWSKI, G.: Einführung in die Determinantentheorie. Leipzig 1909.

BÔCHER, M.: Einführung in die höhere Algebra. Leipzig und Berlin 1910.

Monographien und Abhandlungen:

HILBERT, D.: Grundzüge einer allgemeinen Theorie der linearen Integralgleichungen, insbesondere 1. und 4. Abschnitt. Leipzig und Berlin 1912.

FISCHER, E.: Über quadratische Formen mit reellen Koeffizienten. Monatsh. f. Math. u. Phys. Bd. 16, S. 234—249. 1905. Dort ist die Maximum-Minimum-Eigenschaft der Eigenwerte wohl zum erstenmal ausgesprochen.

COURANT, R.: Zur Theorie der kleinen Schwingungen. Ztschr. f. angew. Math. u. Mech. Bd. 2, S. 278—285. 1922.

WINTNER, A.: Spektraltheorie der unendlichen Matrizen. Leipzig 1929.

Zweites Kapitel.

Das Problem der Reihenentwicklung willkürlicher Funktionen.

Viele der im vorigen Kapitel behandelten Zusammenhänge finden eine weitgehende Analogie, wenn man statt der Vektoren im n-dimensionalen Raume Funktionen von einer oder mehreren Veränderlichen betrachtet, die in einem vorgegebenen *Grundgebiet* G definiert sind. So kann man zu der Tatsache, daß sich im Raume von n Dimensionen jeder Vektor linear durch n unabhängige, sonst aber beliebig gewählte Vektoren ausdrücken läßt, das Problem in Parallele setzen, eine mehr oder weniger willkürlich angenommene Funktion im Grundgebiete G als lineare Kombination aus vorgegebenen Funktionen darzustellen. (Die Menge dieser vorgegebenen Funktionen muß, wie sich im folgenden als selbstverständlich erweisen wird, unendlich sein.) Wir sprechen dann von dem *Problem der Reihenentwicklung der willkürlich angenommenen Funktion nach dem vorgeschriebenen Funktionensystem.* Im vorliegenden Kapitel soll diese bei den Aufgaben der mathematischen Physik in der mannigfachsten Form auftretende Fragestellung unter allgemeinen Gesichtspunkten behandelt werden.

Wir beschränken uns dabei grundsätzlich auf *stückweise stetige Funktionen,* d. h. solche Funktionen, für welche es eine Zerlegung von G in endlich viele Teilgebiete gibt, derart, daß die Funktion im Inneren eines jeden von ihnen stetig ist und bei beliebiger Annäherung an den Rand jedes Teilgebietes von innen her sich bestimmten, endlichen Randwerten nähert. Der bequemeren Schreibweise wegen setzen wir zunächst voraus, daß wir es mit Funktionen nur einer Veränderlichen x zu tun haben, deren Grundgebiet G eine im Endlichen gelegene Strecke der x-Achse ist. Handelt es sich um Funktionen von mehreren, etwa von zwei Variablen x und y, so wollen wir vom Grundgebiet G voraussetzen, daß es von endlich vielen Kurvenbögen mit stetig sich drehender Tangente begrenzt ist. Wenn wir die Randpunkte zum Grundgebiet hinzurechnen wollen, so werden wir von einem „abgeschlossenen Gebiet" sprechen, falls nicht schon durch den Zusammenhang ein Mißverständnis ausgeschlossen ist.

Ferner werden wir öfter von den betrachteten Funktionen voraussetzen, daß sie *stückweise glatt* sind, d. h. stückweise stetig sind und stückweise stetige erste Ableitungen haben. Falls nicht besonders das Gegenteil hervorgehoben ist, setzen wir voraus, daß unsere Funktionen reelle Werte besitzen.

§ 1. Orthogonale Funktionensysteme.

1. Definitionen. Unter dem *inneren Produkt* (f, g) *oder auch* (fg) *zweier Funktionen* $f(x)$ *und* $g(x)$ wollen wir das über das endliche Grundgebiet genommene Integral[1]

$$(1) \qquad (f, g) = \int f g \, dx$$

verstehen. Es genügt der *Schwarzschen Ungleichung*

$$(2) \qquad (f, g)^2 \leqq (f, f)(g, g),$$

die ebenso wie bei Vektoren entweder aus dem positiv definiten Charakter der quadratischen Funktion $\int (\lambda f + g)^2 dx$ der Veränderlichen λ oder aber unmittelbar aus der Identität

$$(f, g)^2 = (f, f)(g, g) - \tfrac{1}{2} \int \int (f(x) g(\xi) - f(\xi) g(x))^2 \, dx \, d\xi$$

folgt; das Gleichheitszeichen tritt dann und nur dann ein, wenn f und g proportional sind. Zwei Funktionen $f(x)$ und $g(x)$, für welche das innere Produkt verschwindet, also $(f, g) = 0$ ist, sollen *orthogonal* heißen. Das innere Produkt einer Funktion $f(x)$ mit sich selbst bezeichnen wir auch als *Norm* dieser Funktion und schreiben:

$$(3) \qquad N f = (f, f) = \int f^2 \, dx;$$

eine Funktion mit der Norm 1 nennen wir *normiert*. Ein System von normierten Funktionen $\varphi_1(x)$, $\varphi_2(x)$, ..., in dem je zwei verschiedene Funktionen zueinander orthogonal sind, bezeichnen wir als *normiertes Orthogonalsystem* und die dafür charakteristischen Relationen

$$(\varphi_\nu, \varphi_\mu) = e_{\nu\mu} \qquad (e_{\nu\nu} = 1, \; e_{\nu\mu} = 0 \text{ für } \mu \neq \nu)$$

als *Orthogonalitätsrelationen*.

Ein Beispiel eines normierten orthogonalen Funktionensystems für das Intervall $0 \leqq x \leqq 2\pi$ oder allgemeiner für jedes Intervall von der Länge 2π bilden die Funktionen

$$\frac{1}{\sqrt{2\pi}}, \quad \frac{\cos x}{\sqrt{\pi}}, \quad \frac{\cos 2x}{\sqrt{\pi}}, \quad \ldots; \quad \frac{\sin x}{\sqrt{\pi}}, \quad \frac{\sin 2x}{\sqrt{\pi}}, \quad \ldots.$$

Es empfiehlt sich, für *komplexwertige* Funktionen einer reellen Variablen eine Erweiterung des Orthogonalitätsbegriffes vorzunehmen. Wir bezeichnen zwei komplexwertige Funktionen $f(x)$ und $g(x)$ als orthogonal, wenn die Relationen

$$(f, \bar{g}) = (\bar{f}, g) = 0$$

bestehen, wobei mit $\bar{f}$ bzw. $\bar{g}$ in üblicher Weise die zu f bzw. g konjugiert komplexe Funktion bezeichnet ist. Die Funktion $f(x)$ heißt *normiert*, wenn $N f = \int |f|^2 \, dx = 1$ ist. Das einfachste Beispiel eines komplexen

[1] Die Integrationsgrenzen lassen wir in Zukunft fort, wenn ein Mißverständnis ausgeschlossen ist.

Orthogonalsystems bieten für das Intervall $-\pi \leqq x \leqq \pi$ die Exponentialfunktionen

$$\frac{1}{\sqrt{2\pi}}, \quad \frac{e^{ix}}{\sqrt{2\pi}}, \quad \frac{e^{2ix}}{\sqrt{2\pi}}, \quad \ldots,$$

wie unmittelbar aus den „*Orthogonalitätsrelationen*"

$$\frac{1}{2\pi}\int_0^{2\pi} e^{i(\mu-\nu)x}\,dx = e_{\mu\nu} \qquad (e_{\nu\nu} = 1,\ e_{\mu\nu} = 0 \text{ für } \mu \neq \nu) \tag{4}$$

zu erkennen ist.

Als *linear abhängig* bezeichnen wir r Funktionen $f_1, \ldots, f_r$, wenn sie identisch in x einer homogenen linearen Relation $\sum_{i=1}^{r} c_i f_i = 0$ mit konstanten, nicht sämtlich verschwindenden Koeffizienten c_i $(i = 1, \ldots, r)$ genügen. Andernfalls nennen wir sie *linear unabhängig*. Es ist eine wichtige Tatsache, daß die Funktionen eines Orthogonalsystems stets linear unabhängig sind. Denn es würde aus einer Beziehung

$$c_1\varphi_1 + c_2\varphi_2 + \cdots + c_n\varphi_n = 0$$

durch Multiplikation mit φ_ν und Integration sofort folgen: $c_\nu = 0$.

2. Orthogonalisierung von Funktionen. Aus einem vorgelegten unendlichen System von Funktionen $v_1, v_2, \ldots$, von denen für jedes beliebige r je r beliebig herausgegriffene Funktionen linear unabhängig sind, kann man durch einen „Orthogonalisierungsprozeß" ein normiertes orthogonales Funktionensystem $\varphi_1, \varphi_2, \ldots$ gewinnen, indem man φ_n als geeignete lineare Kombination von $v_1, \ldots, v_n$ wählt. Man setzt zunächst $\varphi_1 = \frac{v_1}{\sqrt{N v_1}}$. Sodann bestimmt man irgend zwei nicht gleichzeitig verschwindende Zahlen c_1 und c_2 derart, daß die Funktion $\varphi_2' = c_1\varphi_1 + c_2 v_2$ orthogonal auf φ_1 steht, daß also die Gleichung $c_1 + c_2(\varphi_1 v_2) = 0$ erfüllt ist. Die Funktion φ_2' kann wegen der linearen Unabhängigkeit von v_1 und v_2 oder, was auf dasselbe hinauskommt, von φ_1 und v_2 nicht identisch verschwinden. Somit erhalten wir in $\varphi_2 = \frac{\varphi_2'}{\sqrt{N\varphi_2'}}$ eine normierte, zu φ_1 orthogonale Funktion. Weiter bilden wir eine Funktion

$$\varphi_3' = c_1^*\varphi_1 + c_2^*\varphi_2 + c_3^* v_3,$$

indem wir drei nicht sämtlich verschwindende Zahlen c_1^*, c_2^*, c_3^* gemäß den beiden homogenen linearen Gleichungen

$$(\varphi_3'\varphi_1) = c_1^* + c_3^*(\varphi_1 v_3) = 0, \qquad (\varphi_3'\varphi_2) = c_2^* + c_3^*(\varphi_2 v_3) = 0$$

ermitteln. Wegen der linearen Unabhängigkeit von v_1, v_2, v_3 bzw. $\varphi_1, \varphi_2, v_3$ kann die Funktion φ_3' nicht identisch verschwinden, und daher liefert $\varphi_3 = \frac{\varphi_3'}{\sqrt{N\varphi_3'}}$ eine normierte, zu φ_1 und φ_2 orthogonale Funktion. Indem wir dieses Verfahren unbegrenzt fortsetzen, bekommen wir das gewünschte orthogonale Funktionensystem durch die Rekursionsformel

$$\varphi_{n+1} = \frac{\varphi'_{n+1}}{\sqrt{N\varphi'_{n+1}}}; \qquad \varphi'_{n+1} = v_{n+1} - \sum_{h=1}^{n} \varphi_h(\varphi_h v_{n+1}).$$

Wenn wir später von Orthogonalisierung sprechen werden, ist, wofern nicht ausdrücklich etwas anderes bemerkt wird, immer das eben geschilderte Verfahren gemeint, welches also zugleich mit der Orthogonalisierung die Normierung liefert.

3. Besselsche Ungleichung. Vollständigkeitsrelation. Approximation im Mittel. Ist $\varphi_1, \varphi_2, \ldots$ ein normiertes Orthogonalsystem und f irgendeine Funktion, so nennen wir die Zahlen

$$c_\nu = (f\varphi_\nu) \qquad (\nu = 1, 2, \ldots) \tag{5}$$

die *Entwicklungskoeffizienten oder Komponenten* von f in bezug auf das gegebene Orthogonalsystem[1].

Aus der unmittelbar einleuchtenden Beziehung

$$\int \Big(f - \sum_{\nu=1}^{n} c_\nu \varphi_\nu\Big)^2 dx \geqq 0 \tag{6}$$

folgt durch Ausführung des Quadrats und gliedweise Integration

$$0 \leqq \int f^2\,dx - 2\sum_{\nu=1}^{n} c_\nu \int f\varphi_\nu\,dx + \sum_{\nu=1}^{n} c_\nu^2 = Nf - 2\sum_{\nu=1}^{n} c_\nu^2 + \sum_{\nu=1}^{n} c_\nu^2,$$

$$\sum_{\nu=1}^{n} c_\nu^2 \leqq Nf, \tag{7}$$

also, da rechts eine feste, von n unabhängige Zahl steht,

$$\sum_{\nu=1}^{\infty} c_\nu^2 \leqq Nf. \tag{8}$$

Diese fundamentale Ungleichung, die „*Besselsche Ungleichung*", besteht für jedes beliebige normierte Orthogonalsystem. Sie lehrt die Konvergenz der aus nicht negativen Gliedern bestehenden Reihe der Quadrate der Entwicklungskoeffizienten auf der linken Seite der Beziehung (8).

Für komplexwertige Funktionensysteme gilt die entsprechende Beziehung

$$\sum_{\nu=1}^{\infty} |c_\nu|^2 \leqq Nf = (f, \bar{f}), \tag{8'}$$

wenn wir unter c_ν den Entwicklungskoeffizienten $c_\nu = (f, \bar{\varphi}_\nu)$ verstehen. Sie folgt ähnlich wie bei reellen Funktionen aus der Ungleichung

$$\int \Big| f(x) - \sum_{\nu=1}^{n} c_\nu \varphi_\nu \Big|^2 dx = Nf - \sum_{\nu=1}^{n} |c_\nu|^2 \geqq 0.$$

---

[1] In Anlehnung an die Theorie der Fourierschen Reihen gebraucht man zuweilen auch den Ausdruck „Fouriersche Koeffizienten".

Der Integralausdruck in (6) ergibt sich ganz ungezwungen, wenn man sich die Aufgabe stellt, *die gegebene Funktion f bei festem n durch ein lineares Aggregat* $\sum_{\nu=1}^{n} \gamma_\nu \varphi_\nu$ *mit konstanten Koeffizienten* γ_ν *im Sinne der Methode der kleinsten Quadrate so zu approximieren, daß das „mittlere Fehlerquadrat"* $M = \int (f - \sum \gamma_\nu \varphi_\nu)^2 dx$ *möglichst klein wird.* Durch eine einfache Umformung des Integrals gewinnt man nämlich die Identität

$$M = \int \left(f - \sum_{1}^{n} \gamma_\nu \varphi_\nu\right)^2 dx = \int f^2 dx + \sum_{1}^{n} (\gamma_\nu - c_\nu)^2 - \sum_{1}^{n} c_\nu^2,$$

aus der unmittelbar hervorgeht, daß das Minimum von M für $\gamma_\nu = c_\nu$ angenommen wird.

Wenn es möglich ist, für jede stückweise stetige Funktion f das kleinste mittlere Fehlerquadrat $\int \left(f - \sum_{\nu=1}^{n} c_\nu \varphi_\nu\right)^2 dx$ durch passende Wahl von n unter eine beliebig kleine positive Zahl herunterzudrücken, d. h. jede solche Funktion durch ein lineares Aggregat $\sum_{\nu=1}^{n} c_\nu \varphi_\nu$ mit hinreichend vielen Gliedern im Sinne der Methode der kleinsten Quadrate oder, wie wir es auch nennen wollen, *„im Mittel"* beliebig genau zu *approximieren*, so bezeichnen wir das Funktionensystem $\varphi_1, \varphi_2, \ldots$ als ein *„vollständiges orthogonales Funktionensystem"* und die alsdann nach den obigen Ausführungen für die Entwicklungskoeffizienten $c_\nu = (f \varphi_\nu)$ jeder Funktion f geltende Beziehung

$$\sum_{\nu=1}^{\infty} c_\nu^2 = Nf \tag{9}$$

als die *„Vollständigkeitsrelation"*. Allgemeiner kann man diese in der Form

$$\sum_{\nu=1}^{\infty} c_\nu d_\nu = (f, g) \qquad \text{mit} \qquad c_\nu = (f \varphi_\nu), \qquad d_\nu = (g \varphi_\nu) \tag{9'}$$

schreiben, welche sich ergibt, wenn wir die Formel (9) auf die Funktion $f + g$ anwenden:

$$N(f+g) = Nf + Ng + 2(f, g) = \sum_{\nu=1}^{\infty} (c_\nu + d_\nu)^2 = \sum_{\nu=1}^{\infty} (c_\nu^2 + d_\nu^2 + 2 c_\nu d_\nu),$$

und nachher die entsprechenden Gleichungen für f und g subtrahieren.

Für die Vollständigkeit eines Funktionensystems $\varphi_1, \varphi_2, \ldots$ ist es übrigens hinreichend, wenn die Vollständigkeitsrelation (9) für alle *stetigen* Funktionen f erfüllt ist. Jede stückweise stetige Funktion g kann nämlich durch eine stetige Funktion f derart approximiert werden, daß das Integral $\int (f - g)^2 dx$ beliebig klein ausfällt. Eine solche Funktion f bekommt man z. B., wenn man sich die Funktion g durch eine Kurve dargestellt denkt, an allen Sprungstellen von g je einen links und rechts in dem beliebig klein wählbaren Abstande δ von der Sprungstelle gelegenen Punkt der Kurve durch ein Geradenstück verbindet und in diesem Intervall die Kurve durch das Geradenstück ersetzt[1]. Sind also $a_1, a_2, \ldots$ die Entwicklungskoeffizienten der Funktion g und $c_1, c_2, \ldots$ die der Funktion f, so folgt daraus, daß das Integral $\int\left(f - \sum_{\nu=1}^{n} c_\nu \varphi_\nu\right)^2 dx$ durch geeignete Wahl von n beliebig klein gemacht werden kann, dieselbe Tatsache mit Hilfe der Schwarzschen Ungleichung für das Integral

$$M' = \int\left(g - \sum_{\nu=1}^{n} c_\nu \varphi_\nu\right)^2 dx = \int\left[(g-f) + \left(f - \sum_{\nu=1}^{n} c_\nu \varphi_\nu\right)\right]^2 dx.$$

Es ist nämlich

$$M' = N(g-f) + N\left(f - \sum_{\nu=1}^{n} c_\nu \varphi_\nu\right) + 2\left(g-f, f - \sum_{\nu=1}^{n} c_\nu \varphi_\nu\right),$$

also

$$M' \leqq N(g-f) + N\left(f - \sum_{\nu=1}^{n} c_\nu \varphi_\nu\right) + 2\sqrt{N(g-f)\,N\left(f - \sum c_\nu \varphi_\nu\right)}.$$

Nun ist aber

$$M = \int\left(g - \sum_{\nu=1}^{n} a_\nu \varphi_\nu\right)^2 dx \leqq M',$$

da die Entwicklungskoeffizienten a_ν für g das kleinste mittlere Fehlerquadrat liefern; somit ist die Vollständigkeitsrelation auch für g bewiesen.

Wohl zu beachten ist, daß wir aus der Vollständigkeit des Funktionensystems $\varphi_1, \varphi_2, \ldots$, d. h. aus der Gleichung

$$\lim_{n\to\infty} \int\left(f - \sum_{\nu=1}^{n} c_\nu \varphi_\nu\right)^2 dx = 0$$

keineswegs auf die Gleichung $f = \sum_{\nu=1}^{\infty} c_\nu \varphi_\nu$, also auf die Entwickelbarkeit von f in eine nach den Funktionen φ_ν fortschreitende Reihe, schließen dürfen. *Die Entwickelbarkeit steht allerdings dann von vornherein fest, wenn die Reihe* $\sum_{\nu=1}^{\infty} c_\nu \varphi_\nu$ *gleichmäßig konvergiert und wir daher den Grenzübergang zur Grenzfunktion unter dem Integralzeichen vornehmen dürfen.* Die Vollständigkeit des vorgelegten Systems $\varphi_1, \varphi_2, \ldots$ ist dabei selbstverständlich eine unerläßliche Voraussetzung, weil z. B. für eine aus einem vollständigen System herausgenommene Funktion alle

---

[1] Bedeutet nämlich etwa M die obere Grenze von $|g(x)|$ und q die Anzahl der Sprungstellen von $g(x)$ im Integrationsintervall, so läßt sich in

$$\int (f-g)^2\, dx \leqq 8 M^2 \delta q$$

die rechte Seite durch passende Wahl des Abstandes δ beliebig verkleinern.

Komponenten nach dem übrigbleibenden unvollständigen System verschwinden. Aber auch für ein vollständiges System $\varphi_1, \varphi_2, \ldots$ erfordert die Frage nach der Entwickelbarkeit einer Funktion f eine genauere Untersuchung, wie wir sie später (Kap. V u. VI) noch verschiedentlich durchführen werden.

Den Inhalt der obigen Limesgleichung kennzeichnen wir auch durch die Ausdrucksweise: *die Funktion* $\sum_{\nu=1}^{n} c_\nu \varphi_\nu$ *konvergiert im Mittel gegen die Funktion* f.

Ferner führen wir den Satz an, *daß eine stückweise stetige Funktion durch ihre Entwicklungskoeffizienten nach einem vorgegebenen vollständigen orthogonalen System eindeutig festgelegt ist, in dem Sinne, daß zwei stückweise stetige Funktionen miteinander identisch sind, wenn sie dieselben Entwicklungskoeffizienten haben.* Denn die Differenz zweier solcher Funktionen mit gleichen Koeffizienten hat die Koeffizienten Null und also nach der Vollständigkeitsrelation die Norm Null; sie verschwindet also selbst identisch. Es ist somit eine Funktion durch ihre Entwicklung nach einem vollständigen Orthogonalsystem auch dann eindeutig charakterisiert, wenn diese Entwicklung nicht im gewöhnlichen Sinne, sondern nur im Mittel konvergiert. Für die Durchführung vieler Betrachtungen genügt diese mittlere Konvergenz.

Der Begriff der Vollständigkeit eines Funktionensystems behält auch dann einen Sinn, wenn das System nicht orthogonal und normiert ist. *Wir nennen nämlich allgemein ein System von Funktionen dann vollständig, wenn sich jede stückweise stetige Funktion durch ein lineares Aggregat dieser Funktionen hinsichtlich der mittleren Fehlerquadrate beliebig genau approximieren läßt.* Die Vollständigkeit eines solchen Systems überträgt sich auf das durch Orthogonalisierung aus ihm hervorgehende Orthogonalsystem.

4. Orthogonale und unitäre Transformationen in unendlich vielen Veränderlichen. Die orthogonalen normierten Funktionensysteme zeigen viele Analogien zu den orthogonalen Systemen von normierten Vektoren im n-dimensionalen Raume; die Komponenten $c_\nu = (f\varphi_\nu)$ der Funktion f kann man geradezu als rechtwinklige Koordinaten der Funktion f in einem durch die „Koordinatenfunktionen" $\varphi_1, \varphi_2, \ldots$ festgelegten „*Koordinatensystem im Raume von unendlich vielen Dimensionen*" ansehen.

Ist $\psi_1, \psi_2, \ldots$ ein zweites orthogonales normiertes Funktionensystem, in welchem $d_\nu = (f, \psi_\nu)$ die Komponenten von f sind, und sind beide Systeme vollständig, so liefert die Vollständigkeitsrelation (9'), angewandt auf die Funktionen f und φ_i in bezug auf das System $\psi_1, \psi_2, \ldots$, sofort das unendliche Gleichungssystem

$$(10) \qquad c_i = \sum_{k=1}^{\infty} a_{ik} d_k, \qquad a_{ik} = (\varphi_i \psi_k) \qquad (i = 1, 2, \ldots).$$

Entsprechend erhalten wir das inverse Gleichungssystem

$$(10') \qquad d_i = \sum_{k=1}^{\infty} a_{ki} c_k, \qquad a_{ki} = (\psi_i \varphi_k) \qquad (i = 1, 2, \ldots).$$

Die Koeffizienten genügen den Bedingungen

$$(11) \qquad \sum_{k=1}^{\infty} a_{ik} a_{jk} = (\varphi_i \varphi_j) = \begin{cases} 0 & \text{für } j \neq i, \\ 1 & \text{für } j = i; \end{cases}$$

$$(11') \qquad \sum_{k=1}^{\infty} a_{ki} a_{kj} = (\psi_i \psi_j) = \begin{cases} 0 & \text{für } j \neq i, \\ 1 & \text{für } j = i, \end{cases}$$

welche die genaue Verallgemeinerung der früheren Orthogonalitätsrelationen im n-dimensionalen Raume (Kap. I, § 1) auf den Raum von unendlich vielen Dimensionen darstellen. Wir nennen daher eine solche Transformation (10), welche die Bedingungen (11), (11') erfüllt, eine *orthogonale Transformation von unendlich vielen Variablen.*

In analoger Weise wird der Übergang zwischen den Koeffizienten zweier komplexer Orthogonalsysteme durch eine *unitäre Transformation von unendlich vielen Variablen* vermittelt.

5. Gültigkeit der Ergebnisse bei mehreren unabhängigen Veränderlichen. Erweiterung der Voraussetzungen. Alle unsere Begriffe und Überlegungen bleiben unverändert erhalten, wenn wir statt der Funktionen einer einzigen Veränderlichen x solche von mehreren Variablen, etwa von x und y, betrachten, wobei die Variablen in einem fest gegebenen, ganz im Endlichen liegenden Gebiete G laufen, dessen Inhaltselement wir mit dG bezeichnen. Wir erklären für zwei Funktionen $f(x, y)$ und $g(x, y)$ in diesem Gebiet G das innere Produkt (f, g) durch $(f, g) = \int_G fg\, dG$ und brauchen sodann an den Bezeichnungen und Beweisen dieses Paragraphen nichts Wesentliches zu verändern.

Ferner bleiben alle Begriffe und Tatsachen auch dann bestehen, wenn man das Grundgebiet als unendlich annimmt und von allen vorkommenden Funktionen voraussetzt, daß sie samt ihren Quadraten über das ganze Grundgebiet integrierbar sind.

Endlich sei hervorgehoben, daß unsere Begriffsbildungen gültig bleiben, wenn die Funktion f im Grundgebiet Unendlichkeitsstellen derart besitzt, daß ihr Quadrat über das Grundgebiet integrierbar ist.

6. Erzeugung vollständiger Funktionensysteme in mehreren Variabeln. Kennt man vollständige Funktionensysteme von einer Variabeln, so kann man auf Grund des folgenden Satzes vollständige Systeme von zwei und mehr Variabeln konstruieren:

Ist

$$\varphi_1(s), \quad \varphi_2(s), \quad \ldots$$

ein im Intervall $a \leqq s \leqq b$ vollständiges orthogonales normiertes Funktionensystem und ist für jedes $i = 1, 2, \ldots$ und das Intervall $c \leqq t \leqq d$

$$\psi_{1i}(t), \quad \psi_{2i}(t), \quad \ldots$$

ein ebensolches Funktionensystem, dann bilden die Funktionen

$$\omega_{ik}(s,t) = \varphi_i(s)\,\psi_{ki}(t)$$

ein vollständiges orthogonales Funktionensystem in s und t für das Rechteck $a \leqq s \leqq b$, $c \leqq t \leqq d$. Speziell ist das Funktionensystem $\varphi_i(s)\,\varphi_h(t)$ im Quadrat $a \leqq s \leqq b$, $a \leqq t \leqq b$ orthogonal und vollständig. Ist nämlich $f(s,t)$ eine in diesem Rechteck stetige Funktion von s und t, so besteht die Vollständigkeitsrelation

$$\iint f^2(s,t)\,ds\,dt = \sum_{i,k=1}^{\infty} \left(\iint f(s,t)\,\omega_{ik}(s,t)\,ds\,dt\right)^2.$$

Zum Beweise gehen wir von der Beziehung $\int f^2(s,t)\,ds = \sum_{i=1}^{\infty} g_i^2(t)$ aus, mit $g_i(t) = \int f(s,t)\,\varphi_i(s)\,ds$, welche die Vollständigkeit des Funktionensystems der φ_i ausdrückt. Da die Reihe rechts gleichmäßig konvergiert[1], dürfen wir gliedweise nach t integrieren und erhalten:

$$\iint f^2(s,t)\,ds\,dt = \sum_{i=1}^{\infty} \int g_i^2(t)\,dt.$$

Hier wenden wir rechts auf das i^{te} Glied die Vollständigkeitsrelation in bezug auf das Funktionensystem der $\psi_{ki}(t)$ $(k = 1, 2, \ldots)$ an und bekommen dann unmittelbar die oben behauptete Vollständigkeitsrelation.

§ 2. Das Häufungsprinzip für Funktionen.

1. Konvergenz im Funktionenraum. Die Analogie zwischen Funktionen und Vektoren in einem n-dimensionalen Raume erleidet vielfach eine Unterbrechung, wenn man zur Betrachtung von unendlichen Funktionenmengen bzw. Vektorenmengen übergeht. Bei Vektorenmengen lehren die elementarsten Tatsachen der Analysis (Weierstraßscher Häufungsstellensatz, Konvergenzdefinition) unmittelbar, daß sich aus jeder unendlichen Menge von Vektoren $\mathfrak{v}$ mit beschränktem

[1] Dies folgt aus dem *Satze von* Dini: Wenn eine in einem abgeschlossenen Gebiete G konvergente Reihe *positiver* stetiger Funktionen $\sum_{\nu=1}^{\infty} f_\nu(t)$ eine stetige Funktion $S(t)$ darstellt, so konvergiert sie gleichmäßig. In aller Kürze sei der Beweis skizziert. Wir setzen $S_n(t) = \sum_{\nu=1}^{n} f_\nu(t)$, $S(t) = S_n(t) + R_n(t)$. Wäre die Behauptung falsch, so gäbe es eine positive Zahl α, eine ins Unendliche wachsende Nummernfolge $n_1, n_2, n_3, \ldots$ und zugehörige Werte $t_1, t_2, t_3, \ldots$ in G, so daß $R_{n_i}(t_i) \geqq \alpha$, also $S_{n_i}(t_i) \leqq S(t_i) - \alpha$ ist. Wir können dabei annehmen, daß die Werte t_i gegen einen Grenzwert t aus G konvergieren. Nun sei N eine fest gewählte Nummer; dann ist für $n_i \geqq N$ auch $S_{n_i}(t_i) \geqq S_N(t_i)$, also $S_N(t_i) \leqq S(t_i) - \alpha$. Hier lassen wir i über alle Grenzen wachsen und erhalten wegen der Stetigkeitsvoraussetzungen $S_N(t) \leqq S(t) - \alpha$, was sicherlich bei hinreichend großem N unmöglich ist.

absoluten Betrage $|\mathfrak{v}|$ oder beschränkter Norm $\mathfrak{v}^2 = N\mathfrak{v}$ eine konvergente Teilfolge auswählen läßt, daß ferner aus der Gültigkeit der Relation $\lim\limits_{\substack{n\to\infty\\ m\to\infty}} N(\mathfrak{v}_n - \mathfrak{v}_m) = 0$ für eine Folge von Vektoren $\mathfrak{v}_1, \mathfrak{v}_2, \mathfrak{v}_3, \ldots$ die Existenz eines Grenzvektors $\mathfrak{v} = \lim\limits_{n\to\infty} \mathfrak{v}_n$ folgt und daß schließlich aus $\lim\limits_{n\to\infty} N\mathfrak{v}_n = 0$ sich $\lim\limits_{n\to\infty} \mathfrak{v}_n = 0$ ergibt. Im Raume von unendlich vielen Dimensionen hören diese Tatsachen auf, gültig zu sein. Man kann z. B. nicht aus jeder unendlichen Menge stetiger Funktionen $f(x)$ mit beschränkter Norm Nf eine gegen eine stetige Funktion konvergente Teilfolge herausgreifen, und man kann auch nicht aus der Relation $\lim\limits_{n\to\infty} Nf_n = 0$ für eine Folge stetiger Funktionen die Beziehung $\lim\limits_{n\to\infty} f_n = 0$ schließen. Nehmen wir etwa für das Grundgebiet $-1 \leqq x \leqq +1$ die Funktionen

$$f_n(x) = 1 - n^2 x^2 \quad \text{für} \quad x^2 \leqq \frac{1}{n^2},$$

$$f_n(x) = 0 \quad \text{für} \quad x^2 \geqq \frac{1}{n^2}.$$

Jede Teilmenge dieser Funktionenmenge konvergiert gegen die für $x = 0$ unstetige Funktion

$$f(x) = 0 \quad \text{für} \quad x \neq 0,$$

$$f(x) = 1 \quad \text{für} \quad x = 0,$$

und es ist trotzdem $\lim\limits_{n\to\infty} Nf_n = 0$.

Die Durchführung unserer Analogie zwischen Vektoren und Funktionen doch zu ermöglichen, d. h. das Weierstraßsche Häufungsstellenprinzip und die obenerwähnten Konvergenzsätze für den „*Funktionenraum*" zu retten, ist eine Aufgabe, welche bei vielen Untersuchungen, vor allem bei der Führung von Konvergenz- und Existenzbeweisen, unerläßlich ist. Zu ihrer Lösung bieten sich zwei Wege dar. Einmal läßt sich das gewünschte Ziel durch Erweiterung des Funktionenbereichs und gleichzeitige Erweiterung des Integral- und des Konvergenzbegriffes erreichen. Diesen Weg, der auf der Theorie von LEBESGUE beruht, wollen wir als für die Zwecke dieses Buches ungeeignet nicht beschreiten[1], vielmehr einen zweiten Weg einschlagen, welcher darauf beruht, daß wir den zugrunde gelegten Funktionenbereich verengern, um die Gültigkeit des Konvergenzprinzipes zu erzwingen. Diese Verengerung besteht darin, daß wir von der Gesamtheit der Funktionen unseres Funktionenbereiches nicht nur die Stetigkeit, sondern für den ganzen Funktionenbereich die *gleichgradige Stetigkeit* verlangen. Es möge sich etwa um Funktionen der einen unabhängigen Variablen x handeln. Dann besagt die Forderung der gleichgradigen Stetigkeit, daß es zu jedem

[1] Siehe jedoch § 10, Nr. 11.

positiven ε eine nur von ε, nicht aber von dem Individuum $f(x)$ der Funktionenmenge abhängige positive Zahl $\delta = \delta(\varepsilon)$ derart geben soll, daß aus $|x_1 - x_2| < \delta(\varepsilon)$ die Relation $|f(x_1) - f(x_2)| < \varepsilon$ folgt, wenn x_1 und x_2 dem Bereiche der unabhängigen Variablen angehören. Beispielsweise bilden im Intervall $a \leqq x \leqq b$ alle Funktionen $f(x)$, für welche $\int\limits_a^b f'^2(x)\,dx \leqq M$ gilt, unter M eine feste Konstante verstanden, eine gleichgradig stetige Funktionenmenge. Es gilt nämlich für zwei Werte x_1 und x_2 des obigen Intervalles

$$f(x_2) - f(x_1) = \int\limits_{x_1}^{x_2} f'(x)\,dx,$$

also zufolge der Schwarzschen Ungleichung

$$|f(x_2) - f(x_1)|^2 \leqq |x_2 - x_1| \int\limits_{x_1}^{x_2} f'^2(x)\,dx \leqq |x_2 - x_1|\,M.$$

Aus dieser Ungleichung erkennen wir, daß für $\delta(\varepsilon) = \frac{\varepsilon^2}{M}$ die Bedingungen der gleichgradigen Stetigkeit erfüllt sind. Für solche Funktionenmengen gilt dann das *Häufungsstellenprinzip*: *Aus jeder im Grundgebiete G gleichmäßig beschränkten und gleichgradig stetigen Funktionenmenge läßt sich eine in G gleichmäßig konvergente Teilfolge* $q_1(x), q_2(x), q_3(x), \ldots$ *auswählen, die gegen eine stetige Grenzfunktion konvergiert*[1]. Dieser Satz sagt für unsere Mengen stetiger Funktionen etwas Ähnliches aus wie der Weierstraßsche Häufungsstellensatz für beschränkte Punktmengen und erfüllt damit die obige Forderung.

Zum Beweise betrachten wir eine abzählbare Menge von Punkten $x_1, x_2, \ldots$, die im Intervall überall dicht liegen, etwa die Menge, die sich durch fortgesetzte Halbierung des Intervalls und der neu entstehenden Teilintervalle ergibt. In der Menge der Funktionswerte im Punkte x_1 gibt es nach dem Weierstraßschen Häufungsstellensatz eine konvergente Teilfolge; es läßt sich also aus der Menge aller vorgelegten Funktionen eine Folge von unendlich vielen Funktionen $a_1(x), a_2(x), \ldots$ derart auswählen, daß die zugehörigen Funktionswerte im Punkte x_1 eine konvergente Folge bilden. Aus dieser Folge kann in derselben Weise eine Teilfolge $b_1(x), b_2(x), \ldots$ ausgesondert werden, für welche die Funktionswerte auch im Punkte x_2 eine konvergente Folge darstellen, usw. Nunmehr fassen wir die „Diagonalfolge" $a_1(x) = q_1(x)$, $b_2(x) = q_2(x), \ldots$ aller so erhaltenen Funk-

[1] Es genügt übrigens, die gleichmäßige Beschränktheit der Funktionenfolge in einem einzigen Punkt von G vorauszusetzen; daraus folgt wegen der gleichgradigen Stetigkeit bereits die gleichmäßige Beschränktheit für das ganze Gebiet G.

tionenfolgen ins Auge und behaupten, daß sie die Eigenschaft der gleichmäßigen Konvergenz im ganzen Intervall besitzt.

Um dies zu zeigen, teilen wir nach Vorgabe einer beliebig kleinen positiven Zahl ε das Intervall $a \leqq x \leqq b$ durch eine genügend große, feste Anzahl M von Punkten $x_1, x_2, \ldots, x_M$ der eben betrachteten Punktmenge $x_1, x_2, \ldots$ so fein ein, daß zu jedem Punkte x des Intervalls ein Punkt x_h mit $h \leqq M$ existiert, für den $|x - x_h| \leqq \delta(\varepsilon)$ ist, wobei $\delta(\varepsilon)$ die in der Voraussetzung angegebene Bedeutung hat. Sodann nehmen wir die von ε abhängige Zahl $N = N(\varepsilon)$ so groß, daß für $m > N$, $n > N$ im Punkte x_h $(h = 1, 2, \ldots, M)$

$$|q_m(x_h) - q_n(x_h)| < \varepsilon$$

gilt. Der gleichgradigen Stetigkeit wegen ist nun für ein geeignetes $h \leqq M$

$$|q_m(x) - q_m(x_h)| < \varepsilon,$$
$$|q_n(x) - q_n(x_h)| < \varepsilon,$$

also für $m > N$, $n > N$

$$|q_m(x) - q_n(x)| < 3\varepsilon,$$

womit die gleichmäßige Konvergenz der Funktionenfolge $q_1(x)$, $q_2(x), \ldots$ für alle x des Intervalls $a \leqq x \leqq b$ erwiesen ist. Die Stetigkeit der Grenzfunktion $q(x)$ ist dann eine unmittelbare Folge aus der Gleichmäßigkeit der Konvergenz. Nebenbei sei bemerkt, daß durch dieselbe Betrachtung folgt, *daß jede konvergente Teilfolge auch gleichmäßig konvergiert.*

Eine Menge gleichgradig stetiger Funktionen besitzt folgende weiteren Eigenschaften: *Gehört die Funktionenfolge $f_1(x)$, $f_2(x)$, $f_3(x)$, ... einer solchen Menge an und gilt $\lim\limits_{n\to\infty} N f_n = 0$, so ist im Sinne gleichmäßiger Konvergenz $\lim\limits_{n\to\infty} f_n = 0$. Ist ferner $N f_n$ beschränkt und gilt $\lim\limits_{\substack{n\to\infty\\ m\to\infty}} N(f_n - f_m) = 0$, so gibt es eine stetige Funktion $f(x)$ derart, daß im Sinne gleichmäßiger Konvergenz $f(x) = \lim\limits_{n\to\infty} f_n(x)$ ist.*

Um den ersten Teil dieser Behauptung zu beweisen, nehmen wir an, es sei für die Stelle $x = x_0$ nicht $\lim\limits_{n\to\infty} f_n(x_0) = 0$; dann gibt es beliebig große Werte von n, so daß $f_n^2(x_0) > 2\alpha^2$ ist, unter $2\alpha^2$ eine positive Schranke verstanden. Wegen der Gleichgradigkeit der Stetigkeit der Funktionen $f_n(x)$ gibt es dann ein festes, den Punkt x_0 enthaltendes Intervall der Breite δ, so daß in diesem Intervall für die oben genannten Werte von n die Ungleichung $f_n^2 > \alpha^2$ besteht. Also wird auch $N f_n > \delta\alpha^2$, im Gegensatz zu unserer Voraussetzung. Ganz ähnlich läßt sich, was der Leser selbst durchführen mag, der zweite Teil der Behauptung beweisen.

Eine andere Eigenschaft, die einer gleichgradig stetigen Funktionenmenge mit beschränkten Normen zukommt, ist die folgende, welche wir als *Glattheit*[1] der Menge bezeichnen wollen. *Es sei r eine positive ganze Zahl, und es seien $c_1, c_2, \ldots, c_r$ irgendwelche Zahlen, deren Beträge unterhalb einer festen Schranke, etwa 1, liegen; dann gibt es eine nur von der positiven Zahl ε abhängige und zugleich mit ε gegen Null strebende Zahl $\delta(\varepsilon)$, so daß aus der Relation $N(c_1 f_1 + \cdots + c_r f_r) < \varepsilon$ die Relation*

$$|c_1 f_1 + c_2 f_2 + \cdots + c_r f_r| < \delta$$

folgt, wenn $f_1, f_2, \ldots, f_r$ irgendwelche r Funktionen der Menge sind.

Der Beweis ergibt sich unmittelbar aus dem oben Bewiesenen, wenn man beachtet, daß der Bereich unserer Funktionen auch dann noch die Eigenschaft der gleichgradigen Stetigkeit seiner Individuen behält, wenn man ihn durch Hinzufügung aller linearen Kombinationen $c_1 f_1 + c_2 f_2 + \cdots + c_r f_r$ bei festem r und beschränkten Werten von $|c_i|$ erweitert.

Die Voraussetzung der Glattheit der Funktionenfolge $f_1, f_2, \ldots$ kann man auch in die Form kleiden: Die Funktionenfolge $f_1, f_2, \ldots$ soll die Eigenschaft aufweisen, daß sich aus jeder ihrer Teilfolgen eine gleichmäßig konvergente Teilfolge auswählen läßt.

Aus dem Häufungsstellenprinzip läßt sich ohne weiteres der folgende, etwas allgemeinere Satz entnehmen: *Es sei*

$$\begin{array}{cccc} p_{11}(x), & p_{12}(x), & \ldots, & p_{1r}(x), \\ p_{21}(x), & p_{22}(x), & \ldots, & p_{2r}(x), \\ \cdot & \cdot & \cdot & \cdot \end{array}$$

eine Folge von Gruppen $G_1, G_2, \ldots$ von je r Funktionen, die im Intervall $a \leqq x \leqq b$ alle gleichgradig stetig und gleichmäßig beschränkt sind. Dann lassen sich Gruppen $p_{n_i,k}(x)$ $(i = 1, 2, \ldots, \lim_{i\to\infty} n_i = \infty, k = 1, \ldots, r)$ von Funktionen so herausheben, daß die Funktionen $p_{n_i,k}(x)$ mit wachsendem i gleichmäßig gegen r stetige Funktionen $p_1(x), \ldots, p_r(x)$ konvergieren.

In der Tat können wir die gewünschte Konvergenz zunächst für die erste Spalte durch geeignete Auswahl erzielen; aus der so gewonnenen Folge von Gruppen von Funktionen sondern wir dann eine Teilfolge so aus, daß die Konvergenz auch in der zweiten Spalte statthat, und wiederholen dieses Verfahren noch $(r-2)$mal.

§ 3. Unabhängigkeitsmaß und Dimensionenzahl.

1. Unabhängigkeitsmaß. Für die lineare Abhängigkeit oder Unabhängigkeit von r Funktionen $f_1, \ldots, f_r$ können wir analog zu den früheren Entwicklungen bei den Vektoren des n-dimensionalen Raumes

[1] Dieser auf Funktionenmengen bezügliche Begriff ist nicht mit dem S. 39 eingeführten einer „glatten Funktion" zu verwechseln.

leicht ein einfaches Kriterium herleiten. Dazu bilden wir die quadratische Form in r reellen Veränderlichen $t_1, \ldots, t_r$

$$(12)\quad K(t,t) = N(t_1 f_1 + \cdots + t_r f_r) = \int (t_1 f_1 + \cdots + t_r f_r)^2 \, dx = \sum_{i,k=1}^{r} (f_i f_k) \, t_i t_k$$

und nennen ihre kleinste, sicher nicht negative charakteristische Zahl m, d. h. das Minimum von $K(t, t)$ bei Variation der t_i unter der Nebenbedingung $\sum_{i=1}^{r} t_i^2 = 1$, das „*Unabhängigkeitsmaß*" der Funktionen $f_1, \ldots, f_r$. Linear abhängig sind die Funktionen $f_1, \ldots, f_r$ offenbar dann und nur dann, wenn das Unabhängigkeitsmaß m den Wert Null hat; im Falle linearer Unabhängigkeit hingegen gibt die Größe von m eine Vorstellung von der Art der linearen Unabhängigkeit. Gleichbedeutend mit dem Verschwinden des Unabhängigkeitsmaßes m ist das Verschwinden der *Gramschen Determinante*

$$(13)\qquad \Gamma(f_1, \ldots, f_r) = \begin{vmatrix} (f_1 f_1) & \ldots & (f_1 f_r) \\ \cdot & \cdot & \cdot \\ (f_r f_1) & \ldots & (f_r f_r) \end{vmatrix}$$

des Funktionensystems $f_1, \ldots, f_r$. Diese Tatsache ergibt sich daraus, daß die Gramsche Determinante das Produkt der sämtlichen, durchweg nichtnegativen charakteristischen Zahlen von $K(t, t)$ ist. Hiernach gilt nämlich $m^r \leqq \Gamma \leqq m M^{r-1}$, wenn M die größte charakteristische Zahl von $K(t, t)$ bedeutet. Wegen des positiv definiten Charakters von $K(t, t)$ ist übrigens $\Gamma \geqq 0$*. *Auch das Verschwinden der Gramschen Determinante stellt also eine hinreichende und notwendige Bedingung für lineare Abhängigkeit der Funktionen $f_1, \ldots, f_r$ dar.*

Bildet man eine lineare Kombination $f = \sum_{i=1}^{r} u_i f_i$ von r linear unabhängigen Funktionen $f_1, \ldots, f_r$, welche zudem normiert ist, so kann kein Koeffizient u_i absolut genommen oberhalb der lediglich von dem Unabhängigkeitsmaß m von $f_1, \ldots, f_r$ abhängigen Schranke $1/\sqrt{m}$ liegen. Denn zufolge der Definition von m ist für

$$v_i = \frac{u_i}{\sqrt{\sum_{i=1}^{r} u_i^2}} \quad \text{offenbar} \quad \int \Big(\sum_{i=1}^{r} v_i f_i \Big)^2 dx = \frac{Nf}{\sum_{i=1}^{r} u_i^2} = \frac{1}{\sum_{i=1}^{r} u_i^2} \geqq m,$$

also $\sum_{i=1}^{r} u_i^2 \leqq \frac{1}{m}$. *Wenn man also ein System von r Funktionen mit einem oberhalb der positiven Schranke μ liegenden Unabhängigkeitsmaß orthogonalisiert, d. h. seine Funktionen durch geeignete normierte lineare Kombinationen aus ihnen ersetzt, so können dabei niemals Absolutwerte der Koeffizienten oberhalb der Schranke $1/\sqrt{\mu}$ auftreten.*

---

* Diese Ungleichung stellt eine Verallgemeinerung der Schwarzschen Ungleichung dar. In der Tat geht sie für $n = 2$ in diese über.

2. Asymptotische Dimensionenzahl einer Funktionenfolge. Sind in einer Folge von normierten Funktionen $f_1, f_2, \ldots$ oder allgemeiner von Funktionen mit beschränkter Norm immer je $r+1$ Funktionen linear voneinander abhängig, so daß sich jede Funktion als lineare Verbindung $t_1 g_1 + \cdots + t_r g_r$ von r, aber nicht weniger als r Grundfunktionen $g_1, \ldots, g_r$ mit konstanten Koeffizienten $t_1, \ldots, t_r$ darstellen läßt und demnach die ganze Funktionenfolge der „*linearen Schar*" $t_1 g_1 + \cdots + t_r g_r$ angehört, so sagen wir in Anlehnung an die geometrische Sprechweise, die Funktionenfolge habe genau die *Dimensionenzahl* r.

Besitzt die Funktionenfolge $f_1, f_2, \ldots$ keine endliche Dimensionenzahl, so können zwei Fälle eintreten. Entweder gibt es für jede noch so große positive ganze Zahl s Gruppen von je s Funktionen $f_{n_1}, \ldots, f_{n_s}$ der Folge mit beliebig großen Indices $n_1, \ldots, n_s$ derart, daß das Unabhängigkeitsmaß dieser Funktionen oberhalb einer festen, d. h. nicht von den n_i (sondern höchstens von s) abhängigen positiven Schranke liegt. Dann schreiben wir der Funktionenfolge die asymptotische Dimensionenzahl ∞ zu[1]. Oder aber es konvergiert bei genügend großem s das Unabhängigkeitsmaß von $f_{n_1}, \ldots, f_{n_s}$ gegen Null, wenn sämtliche Zahlen $n_1, \ldots, n_s$ irgendwie über alle Grenzen wachsen. In diesem Falle nennen wir die kleinste ganze Zahl r, für die bei $s > r$ das Unabhängigkeitsmaß gegen Null strebt, die *asymptotische Dimensionenzahl* der Folge. Insbesondere ist $r = 0$, wenn Nf_n mit wachsendem n gegen Null konvergiert. Bei einer Folge mit der asymptotischen Dimensionenzahl r sind mithin nach Weglassung von hinreichend vielen Anfangsfunktionen je $r+1$ Funktionen „beinahe" linear abhängig.

Die innere Bedeutung der eingeführten, durch die geometrische Analogie zu Folgen von Vektoren im n-dimensionalen Raume nahegelegten Begriffsbildungen besteht darin, daß eine Funktionenfolge der asymptotischen Dimensionenzahl r als Grenzgebilde eine lineare Funktionenschar aus r Grundfunktionen definiert. Dies gilt allgemein allerdings erst dann, wenn man unter Heranziehung des Lebesgueschen Integralbegriffs und der zugehörigen Theorie den zugrunde gelegten Funktionenbereich erweitert. Da wir jedoch hier auf unserem elementaren Standpunkte verharren wollen, so müssen wir zum Beweise der eben ausgesprochenen Behauptung noch gemäß § 2 gewisse einschränkende Voraussetzungen machen, und zwar wollen wir einfach voraussetzen, daß die Funktionenfolge glatt ist (vgl. S. 51).

Dann gilt der Satz: *Ist $f_1, f_2, \ldots$ eine glatte Funktionenfolge mit der asymptotischen Dimensionenzahl r, so gibt es r voneinander linear unabhängige, also orthogonal und normiert wählbare Funktionen $g_1, \ldots, g_r$ derart, daß für hinreichend großes n sich jede der Funktionen f_n von einer Funktion der linearen Schar $t_1 g_1 + \cdots + t_r g_r$ um weniger als eine be-*

[1] Das einfachste Beispiel ist eine Folge orthogonaler normierter Funktionen, bei der für jede Funktionengruppe das Unabhängigkeitsmaß den Wert 1 hat.

liebig klein angenommene Größe ε unterscheidet, während keine lineare Schar mit weniger als r Grundfunktionen von derselben Eigenschaft existiert.

Wir können diese lineare Grenzschar auch folgendermaßen charakterisieren: Sind $G_1, G_2, \ldots, G_m, \ldots$ Gruppen von je r Funktionen $f_{m_1}, \ldots, f_{m_r}$ der Folge, deren Unabhängigkeitsmaß oberhalb einer festen positiven Schranke μ liegt und deren Indices $m_i (i = 1, \ldots, r)$ mit zunehmendem m über alle Grenzen wachsen, so konvergieren die durch die Funktionen von G_m als Grundfunktionen definierten linearen Funktionenscharen S_m mit wachsendem m gleichmäßig gegen eine durch r linear unabhängige Funktionen $g_1, \ldots, g_r$ definierte Grenzschar T in dem Sinne, daß bei hinreichend großem m jede normierte Funktion von S_m sich von einer Funktion von T beliebig wenig unterscheidet.

Um den naheliegenden Beweis dieser Tatsachen bequem formulieren zu können, sagen wir, eine Funktion f habe von einer linearen Funktionenschar S eine Distanz kleiner als die positive Größe d, wenn sich f von einer geeigneten Funktion aus S absolut genommen überall um weniger als d unterscheidet. Entsprechend schreiben wir zwei linearen Funktionenscharen S und S^* eine Distanz kleiner als d zu, wenn jede normierte Funktion der einen Schar von einer geeigneten solchen der anderen Schar absolut genommen um weniger als d abweicht.

Nun ergibt sich sofort, daß bei genügend großem m und n die Funktion f_n von der Schar S_m eine beliebig kleine Distanz hat. Denn das Unabhängigkeitsmaß von $f_n, f_{m_1}, \ldots, f_{m_r}$ ist bei hinreichend großem m und n sicher beliebig klein; wegen der Glattheit der auftretenden Funktionen gibt es also $r + 1$ Zahlen $u_0, u_1, \ldots, u_r$ mit $\sum_{i=0}^{r} u_i^2 = 1$, für die $|u_0 f_n + u_1 f_{m_1} + \cdots + u_r f_{m_r}|$ beliebig klein wird. Hierin kann bei zunehmendem m und n die Zahl u_0 absolut genommen nicht beliebig klein werden, weil sonst entgegen der Voraussetzung das Unabhängigkeitsmaß von $f_{m_1}, \ldots, f_{m_r}$ beliebig klein würde. Also können wir, indem wir $u_0 f_n + u_1 f_{m_1} + \cdots + u_r f_{m_r}$ durch u_0 dividieren und $\frac{u_i}{u_0} = -t_i$ setzen, den Schluß ziehen, daß sich bei hinreichend großen m und n die Funktion f_n von einer geeigneten Funktion $t_1 f_{m_1} + \cdots + t_r f_{m_r}$ der linearen Schar S_m beliebig wenig unterscheidet. Daher haben für hinreichend großes m und n auch die beiden linearen Funktionenscharen S_m und S_n eine beliebig kleine Distanz. Nunmehr sei ε eine später als genügend klein festzulegende Zahl und $\varepsilon_1, \varepsilon_2, \ldots$ eine Folge positiver Zahlen mit $\sum_{i=1}^{\infty} \varepsilon_i = \varepsilon$. Ferner sei m_i eine positive ganze Zahl derart, daß für $n \geqq m_i$ und $m \geqq m_i$ die Distanz von S_n und S_m kleiner als ε_i ist. Wir gehen von irgendwelchen r normierten Funktionen $h_{11}, \ldots, h_{1r}$ der Schar S_{m_1} aus und bestimmen, was nach Voraussetzung möglich ist, in S_{m_2} $(m_2 > m_1)$

die normierten Funktionen $h_{21}, \ldots, h_{2r}$ derart, daß $|h_{2i} - h_{1i}| < \varepsilon_1$ $(i = 1, \ldots, r)$ wird. Ebenso ermitteln wir in S_{m_3} $(m_3 > m_2)$ normierte Funktionen $h_{31}, \ldots, h_{3r}$ so, daß $|h_{3i} - h_{2i}| < \varepsilon_2$ wird, usw. Wegen $|h_{pi} - h_{qi}| < \varepsilon_p + \cdots + \varepsilon_{q-1}$ $(p < q)$ konvergiert bei festem $i = 1, \ldots, r$ die Funktionenfolge h_{ni} $(i = 1, \ldots, r)$ gleichmäßig gegen eine Grenzfunktion g_i, und es ist $|g_i - h_{1i}| < \varepsilon$. Wird ε hinreichend klein gewählt, so werden zugleich mit $h_{11}, \ldots, h_{1r}$ auch die Funktionen $g_1, \ldots, g_r$ ein von Null verschiedenes Unabhängigkeitsmaß haben, also linear unabhängig sein. Die Funktionen $g_1, \ldots, g_r$ erfüllen offenbar alle gestellten Anforderungen.

§ 4. Der Weierstraßsche Approximationssatz. Vollständigkeit der Potenzen und der trigonometrischen Funktionen.

1. Der Weierstraßsche Approximationssatz. Das elementarste Beispiel eines vollständigen Funktionensystems wird durch die Potenzen

$$1, \quad x, \quad x^2, \quad x^3, \quad \ldots$$

gegeben. Sie bilden für jedes abgeschlossene Intervall $a \leqq x \leqq b$ ein vollständiges Funktionensystem; es gilt sogar der folgende *Approximationssatz von Weierstraß*[1]: *Jede im Intervall $a \leqq x \leqq b$ stetige Funktion kann in diesem Intervall gleichmäßig durch Polynome approximiert werden.*

Dieser Satz besagt mehr als die Vollständigkeit, nämlich die Möglichkeit nicht nur einer mittleren, sondern sogar einer gleichmäßigen Konvergenz.

Zum Beweise nehmen wir an, daß das Intervall $a \leqq x \leqq b$ ganz im Inneren des Intervalls $0 < x < 1$ gelegen ist, so daß also zwei die Ungleichungen $0 < \alpha < a < b < \beta < 1$ befriedigende Zahlen α und β gefunden werden können, und denken uns die im Intervall $a \leqq x \leqq b$ stetige Funktion $f(x)$ irgendwie stetig bis an die Grenzen des Intervalls $\alpha \leqq x \leqq \beta$ fortgesetzt.

Zunächst betrachten wir das Integral

$$J_n = \int_0^1 (1 - v^2)^n \, dv .$$

Wie man sogleich erkennt, konvergiert J_n mit wachsendem n gegen Null. Ist δ eine feste Zahl des Intervalls $0 < \delta < 1$ und

$$J_n^* = \int_\delta^1 (1 - v^2)^n \, dv ,$$

[1] Weierstrass, K.: Über die analytische Darstellbarkeit sogenannter willkürlicher Funktionen reeller Argumente. Sitzungsber. Akad. Berlin, 1885, S. 633—639, S. 789—805, sowie auch Werke Bd. 3, S. 1—37, Berlin 1903.

so behaupten wir, daß

$$\lim_{n\to\infty} \frac{J_n^*}{J_n} = 0$$

ist, daß also, wie ohne weiteres plausibel erscheint, bei hinreichend großem n das Integral von 0 bis δ für den Wert des ganzen Integrals von 0 bis 1 ausschlaggebend ist. In der Tat gilt für $n \geqq 1$

$$J_n > \int_0^1 (1-v)^n\,dv = \frac{1}{n+1},$$

$$J_n^* = \int_\delta^1 (1-v^2)^n\,dv < (1-\delta^2)^n(1-\delta) < (1-\delta^2)^n,$$

$$\frac{J_n^*}{J_n} < (n+1)(1-\delta^2)^n, \qquad \lim_{n\to\infty}\frac{J_n^*}{J_n} = 0.$$

Nunmehr bilden wir unter der Voraussetzung $a \leqq x \leqq b$ die Ausdrücke

$$P_n(x) = \frac{\int_\alpha^\beta f(u)\,[1-(u-x)^2]^n\,du}{\int_{-1}^1 (1-u^2)^n\,du} \qquad (n = 1, 2, \ldots).$$

Sie sind offenbar Polynome in x vom Grade $2n$, deren Koeffizienten Quotienten bestimmter Integrale sind, und leisten, wie wir zeigen wollen, die geforderte Approximation.

Für den Zähler erhalten wir durch die Substitution $u = v + x$

$$\int_\alpha^\beta f(u)\,[1-(u-x)^2]^n\,du = \int_{\alpha-x}^{\beta-x} f(v+x)\,(1-v^2)^n\,dv = \int_{\alpha-x}^{-\delta} + \int_{-\delta}^{\delta} + \int_{\delta}^{\beta-x} = \mathrm{I}_1 + \mathrm{I}_2 + \mathrm{I}_3,$$

worin die positive Zahl δ des Intervalls $0 < \delta < 1$ noch geeignet festgelegt werden wird. I_2 läßt sich umformen zu

$$\mathrm{I}_2 = f(x)\int_{-\delta}^{\delta}(1-v^2)^n\,dv + \int_{-\delta}^{\delta}[f(v+x)-f(x)]\,(1-v^2)^n\,dv$$

$$= 2f(x)\,(J_n - J_n^*) + \int_{-\delta}^{\delta}[f(v+x)-f(x)]\,(1-v^2)^n\,dv.$$

Wegen der gleichmäßigen Stetigkeit von $f(x)$ im Intervall $\alpha \leqq x \leqq \beta$ kann zu beliebig klein vorgegebenem $\varepsilon > 0$ ein nur von ε abhängiges $\delta = \delta(\varepsilon)$ des Intervalls $0 < \delta < 1$ derart ermittelt werden, daß für $|v| \leqq \delta$ und $a \leqq x \leqq b$ die Beziehung $|f(v+x) - f(x)| \leqq \varepsilon$ besteht; dann folgt

$$\left|\int_{-\delta}^{\delta}[f(v+x)-f(x)]\,(1-v^2)^n\,dv\right| \leqq \varepsilon\int_{-\delta}^{\delta}(1-v^2)^n\,dv < \varepsilon\int_{-1}^{1}(1-v^2)^n\,dv = 2\varepsilon J_n.$$

Ist ferner M das Maximum von $|f(x)|$ für $\alpha \leqq x \leqq \beta$, so bekommen wir

$$|\mathrm{I}_1| < M\int_{-1}^{-\delta}(1-v^2)^n\,dv = MJ_n^*, \qquad |\mathrm{I}_3| < M\int_{\delta}^{1}(1-v^2)^n\,dv = MJ_n^*,$$

insgesamt also, da der Nenner in $P_n(x)$ gleich $2J_n$ ist,

$$|P_n(x) - f(x)| < 2M\frac{J_n^*}{J_n} + \varepsilon.$$

Durch passende Wahl von n kann wegen $\lim\limits_{n\to\infty}\frac{J_n^*}{J_n} = 0$ die rechte Seite kleiner als 2ε gemacht werden; es wird also wirklich $f(x)$ durch die Polynome $P_n(x)$ in $a \leqq x \leqq b$ gleichmäßig approximiert.

2. Ausdehnung des Ergebnisses auf Funktionen von mehreren Veränderlichen. Ebenso zeigt man, daß eine für $a_i \leqq x_i \leqq b_i$ $(i = 1, 2, \ldots, m;\ 0 < a_i < b_i < 1)$ stetige Funktion f von m Veränderlichen $x_1, \ldots, x_m$ durch die Polynome

$$P_n(x_1, \ldots, x_m) = \frac{\int\limits_{\alpha_1}^{\beta_1}\cdots\int\limits_{\alpha_m}^{\beta_m} f(u_1, \ldots, u_m)\,[1-(u_1-x_1)^2]^n \cdots [1-(u_m-x_m)^2]^n\,du_1\cdots du_m}{\left[\int\limits_{-1}^{+1}(1-u^2)^n\,du\right]^m}$$

gleichmäßig approximiert wird, wobei $0 < \alpha_i < a_i < b_i < \beta_i < 1$ gilt.

3. Gleichzeitige Approximation der Ableitungen. Durch eine kleine Verschärfung unserer Überlegungen erhalten wir das folgende allgemeine Resultat: Eine in einem abgeschlossenen Bereich $a_i \leqq x_i \leqq b_i$ mit ihren Ableitungen bis zur k^{ten} Ordnung stetige Funktion $f(x_1, \ldots, x_m)$ läßt sich derart durch Polynome $P(x_1, \ldots, x_m)$ gleichmäßig approximieren, daß auch die Ableitungen von f bis zur k^{ten} Ordnung durch die entsprechenden Ableitungen der Polynome gleichmäßig approximiert werden.

Zum Beweise setzen wir wieder $0 < a_i < b_i < 1$ voraus und denken uns die Funktion f über das Definitionsgebiet mit stetigen Ableitungen bis zur k^{ten} Ordnung derartig in einen größeren Rechtecksbereich $\alpha_i \leqq x_i \leqq \beta_i$ $(0 < \alpha_i < a_i < b_i < \beta_i < 1)$ fortgesetzt, daß auf dem Rande des größeren Gebietes die Funktion mit ihren Ableitungen bis zur $(k-1)^{\text{ten}}$ Ordnung verschwindet. Dann liefern die in der vorigen Nummer definierten Polynome $P_n(x_1, \ldots, x_m)$ die gewünschte Approximation. Man überzeugt sich davon sehr einfach, indem man unter dem Integralzeichen nach x_i differenziert, diese Differentiation durch die damit gleichwertige Differentiation nach u_i ersetzt und dann das Integral unter Benutzung der Randbedingung durch Produktintegration umformt.

4. Vollständigkeit der trigonometrischen Funktionen. Aus Nr. 1 folgt die wichtige Tatsache, daß das normierte Orthogonalsystem der trigonometrischen Funktionen

$$(14)\qquad \begin{cases} \dfrac{1}{\sqrt{2\pi}}, & \dfrac{\cos x}{\sqrt{\pi}}, & \dfrac{\cos 2x}{\sqrt{\pi}}, & \ldots; \\ & \dfrac{\sin x}{\sqrt{\pi}}, & \dfrac{\sin 2x}{\sqrt{\pi}}, & \ldots \end{cases}$$

für das Intervall $-\pi \leqq x \leqq \pi$ ein vollständiges Funktionensystem bildet. Es gilt auch hier der weitergehende Satz: *Jede im Intervall $-\pi \leqq x \leqq \pi$ stetige Funktion $f(x)$, für welche $f(-\pi) = f(\pi)$ gilt, läßt sich gleichmäßig durch trigonometrische Polynome*

$$\frac{\alpha_0}{2} + \sum_{1}^{n} (\alpha_\nu \cos \nu x + \beta_\nu \sin \nu x)$$

approximieren, wobei die α_ν und β_ν Konstante sind.

Zum Beweise schreiben wir ϑ statt x und betrachten eine ξ, η-Ebene mit den Polarkoordinaten ϱ und ϑ ($\xi = \varrho\cos\vartheta$ und $\eta = \varrho\sin\vartheta$). Die Funktion

$$\varphi(\xi, \eta) = \varrho f(\vartheta)$$

ist sodann in der ganzen ξ, η-Ebene stetig und stimmt auf dem Kreise $\xi^2 + \eta^2 = 1$ mit der gegebenen Funktion $f(\vartheta)$ überein. Nach dem Weierstraßschen Approximationssatze läßt sie sich in einem den Kreis $\xi^2 + \eta^2 = 1$ enthaltenden Quadrat gleichmäßig durch Polynome in ξ und η approximieren. Setzen wir nachträglich $\varrho = 1$, so erkennen wir, daß $f(\vartheta)$ gleichmäßig durch Polynome in $\cos\vartheta$ und $\sin\vartheta$ approximiert werden kann. Nach bekannten Formeln der Trigonometrie läßt sich aber jedes solche Polynom auch in der angegebenen Gestalt

$$\frac{\alpha_0}{2} + \sum_{1}^{n} (\alpha_\nu \cos \nu x + \beta_\nu \sin \nu x)$$

schreiben.

Eine stetige Funktion $f(x)$, die nicht der Periodizitätsbedingung $f(-\pi) = f(\pi)$ genügt, läßt sich derart durch eine diese Bedingung erfüllende stetige Funktion $g(x)$ ersetzen, daß das Integral $\int_{-\pi}^{\pi} (f(x) - g(x))^2\, dx$ beliebig klein ausfällt. Daraus folgt die Möglichkeit der mittleren Approximation durch trigonometrische Polynome für jede stetige Funktion und daher die Vollständigkeit der trigonometrischen Funktionen.

§ 5. Die Fouriersche Reihe.

1. Beweis des Hauptsatzes. Nach den allgemeinen Betrachtungen von § 1 wird wegen der Orthogonalität der trigonometrischen Funktionen die beste mittlere Approximation vom Grade n durch das sogenannte *Fouriersche Polynom*

$$s_n(x) = \frac{a_0}{2} + \sum_1^n (a_\nu \cos\nu x + b_\nu \sin\nu x)$$

geliefert, wobei

$$(15)\qquad \begin{cases} a_\nu = \dfrac{1}{\pi}\displaystyle\int_{-\pi}^{\pi} f(x)\cos\nu x\,dx\,, \\ b_\nu = \dfrac{1}{\pi}\displaystyle\int_{-\pi}^{\pi} f(x)\sin\nu x\,dx\,, \quad (\nu = 1, 2, \ldots, n) \\ a_0 = \dfrac{1}{\pi}\displaystyle\int_{-\pi}^{\pi} f(x)\,dx \end{cases}$$

gesetzt ist.

Mit Hilfe der Beziehung $\cos\nu x + i\sin\nu x = e^{i\nu x}$ kann man übrigens dieses Polynom auch in die übersichtlichere Gestalt

$$s_n(x) = \sum_{\nu=-n}^{n} \alpha_\nu e^{i\nu x} \qquad \left(\begin{matrix} 2\alpha_\nu = a_\nu - i b_\nu\,, & \nu > 0 \\ 2\alpha_\nu = a_{-\nu} + i b_{-\nu}\,, & \nu < 0 \end{matrix}\quad 2\alpha_0 = a_0\right),$$

$$(15') \qquad \alpha_\nu = \frac{1}{2\pi}\int_{-\pi}^{\pi} f(t)\,e^{-i\nu t}\,dt \qquad (\nu = 0, \pm 1, \pm 2, \ldots)$$

bringen.

Von vornherein ist nicht sicher, ob die für die mittlere Approximation günstigsten Polynome auch eine gleichmäßige Approximation liefern, d. h. ob die unendliche Reihe $\lim_{n\to\infty} s_n(x)$ gleichmäßig konvergiert und die Funktion $f(x)$ darstellt. Diese Frage ist Gegenstand der Theorie der Fourierschen Reihen.

Um uns bequem ausdrücken zu können, denken wir uns die Funktion $f(x)$ zunächst nur im Intervall $-\pi < x < \pi$ definiert und dann über dieses Grundgebiet hinaus durch die Funktionalgleichung $f(x+2\pi) = f(x)$ periodisch fortgesetzt; ferner nehmen wir an jeder Sprungstelle ξ von $f(x)$ das arithmetische Mittel der „Grenzwerte von rechts und von links" $f(\xi + 0) = \lim_{h\to 0} f(\xi + h)$ bzw. $f(\xi - 0) = \lim_{h\to 0} f(\xi - h)$ $(h > 0)$, setzen also $f(\xi) = \frac{1}{2}[f(\xi + 0) + f(\xi - 0)]$.

Es gilt dann folgender Satz: *Jede im Intervall* $-\pi \leqq x \leqq \pi$ *stückweise glatte und mit der Periode* 2π *periodische Funktion läßt sich in eine Fouriersche Reihe entwickeln*, d. h. die Fourierschen Polynome

$$s_n(x) = \frac{a_0}{2} + \sum_{\nu=1}^{n} (a_\nu \cos\nu x + b_\nu \sin\nu x)$$

konvergieren mit wachsendem n gegen $f(x)$. Darüber hinaus werden wir beweisen: *Die Konvergenz der Fourierschen Reihe ist gleichmäßig in jedem abgeschlossenen Intervall, in welchem die Funktion stetig ist.*

Wir führen den Beweis zunächst unter der Voraussetzung, daß die Funktion $f(x)$ stetig ist, daß also Unstetigkeiten nur in der Ableitung $f'(x)$ auftreten. Bezeichnet man mit α_ν und β_ν die Entwicklungskoeffizienten von $f'(x)$, so ist

$$\alpha_\nu = \frac{1}{\pi}\int_{-\pi}^{+\pi} f'(x)\cos\nu x\,dx = \frac{\nu}{\pi}\int_{-\pi}^{+\pi} f(x)\sin\nu x\,dx = \nu b_\nu,$$

$$\beta_\nu = \frac{1}{\pi}\int_{-\pi}^{+\pi} f'(x)\sin\nu x\,dx = -\frac{\nu}{\pi}\int_{-\pi}^{+\pi} f(x)\cos\nu x\,dx = -\nu a_\nu,$$

$$\alpha_0 = 0.$$

Da $f'(x)$ stückweise stetig ist, gilt die Vollständigkeitsrelation

$$\frac{1}{\pi}\int_{-\pi}^{+\pi} f'^2(x)\,dx = \sum_{\nu=1}^{\infty}(\alpha_\nu^2+\beta_\nu^2) = \sum_{\nu=1}^{\infty}\nu^2(a_\nu^2+b_\nu^2).$$

Nun ist

$$\left|\sum_{\nu=n}^{m}(a_\nu\cos\nu x + b_\nu\sin\nu x)\right| = \left|\sum_{\nu=n}^{m}\frac{1}{\nu}(\nu a_\nu\cos\nu x + \nu b_\nu\sin\nu x)\right|$$

$$\leqq \sqrt{\sum_{\nu=n}^{m}\nu^2(a_\nu^2+b_\nu^2)}\sqrt{\sum_{\nu=n}^{m}\frac{1}{\nu^2}} \leqq \sqrt{\frac{1}{\pi}\int_{-\pi}^{\pi} f'^2\,dx}\sqrt{\sum_{\nu=n}^{m}\frac{1}{\nu^2}}.$$

Daraus folgt aber sofort die absolute und gleichmäßige Konvergenz der unendlichen Reihe

$$\lim_{n\to\infty} s_n(x) = \frac{a_0}{2} + \sum_{\nu=1}^{\infty}(a_\nu\cos\nu x + b_\nu\sin\nu x),$$

die mithin wegen der Vollständigkeit der trigonometrischen Funktionen die Funktion $f(x)$ darstellt.

Um die Gültigkeit der Fourierschen Reihenentwicklung auch für unstetige, stückweise glatte Funktionen nachzuweisen, behandeln wir zunächst eine spezielle solche Funktion, die durch

$$h(x) = \frac{\pi}{2} - \frac{x}{2} \qquad \text{für} \qquad 0 < x < 2\pi,$$

$$h(0) = 0,$$

$$h(x+2\pi) = h(x)$$

definiert ist und an den Stellen $x = \pm 2k\pi$ $(k = 0, 1, \ldots)$ den Sprung π aufweist. Ihre Fourierschen Koeffizienten sind

$$a_0 = 0, \qquad a_\nu = 0, \qquad b_\nu = \frac{1}{\nu} \qquad (\nu = 1, 2, \ldots).$$

Um die danach zu vermutende Gleichung $h(x) = \sum_{\nu=1}^{\infty} \frac{\sin \nu x}{\nu}$ zu beweisen, bilden wir zunächst die überall stetige stückweise glatte Funktion

$$g(x) = h(x)(1 - \cos x) = 2h(x)\sin^2 \frac{x}{2}.$$

Die Fouriersche Reihe $\sum_{\nu=1}^{\infty} \beta_\nu \sin \nu x$ dieser Funktion konvergiert nach den obigen Überlegungen gleichmäßig, und es ist $g(x) = \sum_{\nu=1}^{\infty} \beta_\nu \sin \nu x$. Dabei hängen die β_ν mit den b_ν durch die Gleichungen

$$\beta_\nu = b_\nu - \tfrac{1}{2}(b_{\nu-1} + b_{\nu+1}) \qquad (\nu = 2, \ldots),$$

$$\beta_1 = b_1 - \tfrac{1}{2} b_2$$

zusammen. Setzen wir $\sum_{\nu=1}^{n} b_\nu \sin \nu x = s_n(x)$ und $\sum_{\nu=1}^{n} \beta_\nu \sin \nu x = \sigma_n(x)$, so wird

$$(1 - \cos x)\, s_n(x) = \sigma_n(x) - \frac{b_n}{2} \sin(n+1)x + \frac{b_{n+1}}{2} \sin n x.$$

Mit wachsendem n konvergieren die b_n gegen Null, und die Summe $\sigma_n(x)$ konvergiert gleichmäßig gegen $g(x)$. Daraus folgt, daß auch $(1 - \cos x)\, s_n(x)$ gleichmäßig im Intervall $-\pi \leqq x \leqq \pi$ gegen $g(x)$ und daher $s_n(x)$ selbst in jedem den Punkt $x = 0$ ausschließenden abgeschlossenen Teilintervall gleichmäßig gegen $h(x)$ konvergiert.

In dem auszuschließenden Punkte $x = 0$ verschwinden sämtliche Partialsummen $s_n(x)$, so daß auch $\lim s_n(x) = 0$ gilt. Der Wert der Reihe ist also auch in der Sprungstelle gleich dem Wert der Funktion $h(x)$, nämlich gleich dem arithmetischen Mittel aus den beiderseitigen Grenzwerten $-\frac{\pi}{2}$ und $+\frac{\pi}{2}$.

Ebenso wie die Funktion $h(x)$ für $x = 0$ den Sprung π macht, liefert $h(x - \xi)$ eine Funktion, die für $x = \xi$ denselben Sprung aufweist und sonst im Grundgebiet stetig ist. Ist nun $f(x)$ eine stückweise stetige Funktion, welche an den Stellen $x = \xi_i$ $(i = 1, \ldots, r)$ des Intervalls $0 \leqq x < 2\pi$ die Sprünge $s(\xi_i) = f(\xi_i + 0) - f(\xi_i - 0)$ besitzt und sonst stetig ist, so wird

$$F(x) = f(x) - \sum_{i=1}^{r} \frac{s(\xi_i)}{\pi} h(x - \xi_i)$$

eine überall stetige Funktion, die offenbar überdies zugleich mit $f(x)$ eine stückweise stetige erste Ableitung hat. Also ist $F(x)$ in eine absolut und gleichmäßig konvergente Fouriersche Reihe entwickelbar; da auch die Funktion $\sum_{i=1}^{r} \frac{s(\xi_i)}{\pi} h(x - \xi_i)$ in eine Fouriersche Reihe entwickelt werden kann, deren Konvergenz in jedem die Sprungstellen ausschließenden abgeschlossenen Intervall gleichmäßig ist, so ist damit der zu Beginn des Paragraphen aufgestellte Satz vollständig bewiesen.

2. Mehrfache Fouriersche Reihen. Auch für mehrdimensionale würfelartige Gebiete kann man mit Hilfe der trigonometrischen Funktionen Orthogonalsysteme bilden. Wir beschränken uns, um etwas Bestimmtes vor Augen zu haben, auf den „ebenen" Fall von zwei Variablen, bemerken aber, daß alles genau ebenso für beliebig viele Variable gültig bleibt.

Für das Quadrat $0 \leqq s \leqq 2\pi$, $0 \leqq t \leqq 2\pi$ bilden die Funktionen

$$\begin{array}{ll} \cos\mu s \cos\nu t & (\mu = 0, 1, \ldots; \ \nu = 0, 1, \ldots), \\ \sin\mu s \cos\nu t & (\mu = 1, 2, \ldots; \ \nu = 0, 1, \ldots), \\ \cos\mu s \sin\nu t & (\mu = 0, 1, \ldots; \ \nu = 1, 2, \ldots), \\ \sin\mu s \sin\nu t & (\mu = 1, 2, \ldots; \ \nu = 1, 2, \ldots) \end{array}$$

ein orthogonales System. Die Entwicklungsformeln schreiben sich am einfachsten, wenn man die komplexe Schreibweise benutzt. Ist $F(s, t)$ in eine gleichmäßig konvergente doppelte Fouriersche Reihe entwickelbar, so gilt

$$F(s,t) = \sum_{\mu=-\infty}^{\infty} \sum_{\nu=-\infty}^{\infty} a_{\mu\nu} e^{i(\mu s+\nu t)}, \qquad a_{\mu\nu} = \frac{1}{4\pi^2}\int_0^{2\pi} ds \int_0^{2\pi} dt\, F(s,t)\, e^{-i(\mu s+\nu t)}.$$

Die Vollständigkeit des Funktionensystems und damit die Vollständigkeitsrelation

$$\sum_{\mu,\nu=-\infty}^{\infty} |a_{\mu\nu}|^2 = \int_0^{2\pi}\int_0^{2\pi} |F(s,t)|^2\, ds\, dt$$

ergibt sich auf Grund unseres allgemeinen Satzes über die Gewinnung vollständiger Systeme von mehreren Variablen aus solchen von einer Variablen (vgl. S. 46).

Ferner ergibt sich, ebenso wie in Nr. 1, die absolute und gleichmäßige Konvergenz der Fourierschen Reihe von $F(s, t)$, wenn $\frac{\partial^2 F(s,t)}{\partial s\, \partial t}$ existiert und stückweise stetig ist.

3. Die Größenordnung der Fourierschen Entwicklungskoeffizienten. Wenn die in eine Fouriersche Reihe $\sum_{\nu=-\infty}^{\infty} \alpha_\nu e^{i\nu x} = f(x)$ entwickelte periodische Funktion mit ihren Ableitungen bis zur $(h-1)^{\text{ten}}$ Ordnung stetig ist und eine stückweise stetige h^{te} Ableitung besitzt, dann gilt für $\nu \geqq 1$

$$2|\alpha_\nu| = \sqrt{a_\nu^2 + b_\nu^2} \leqq \frac{c}{\nu^h},$$

wobei c eine Konstante bedeutet. Man sieht hieraus, daß die Koeffizienten der Reihe um so schärfer gegen 0 streben, je glatter die Funktion verläuft.

Das angegebene Resultat erhält man unmittelbar, indem man auf die Koeffizientendarstellung (15′) h-mal Teilintegration anwendet.

4. Streckung des Grundgebietes. Ist die Funktion $f(x)$ periodisch mit der Periode $2l$, so gestattet sie die Entwicklung

$$f(x) = \frac{a_0}{2} + \sum_{\nu=1}^{\infty}\left(a_\nu \cos\nu\frac{\pi}{l}x + b_\nu \sin\nu\frac{\pi}{l}x\right)$$

mit

$$a_\nu = \frac{1}{l}\int_0^{2l} f(t)\cos\nu\frac{\pi}{l}t\,dt, \qquad b_\nu = \frac{1}{l}\int_0^{2l} f(t)\sin\nu\frac{\pi}{l}t\,dt,$$

die wir auch in der Gestalt

$$f(x) = \sum_{\nu=-\infty}^{\infty}\alpha_\nu e^{i\nu\frac{\pi}{l}x}, \qquad \alpha_\nu = \frac{1}{2l}\int_0^{2l} f(t)\,e^{-i\nu\frac{\pi}{l}t}\,dt$$

schreiben können.

5. Einige Beispiele. Hinsichtlich einfacher Beispiele zur Theorie der Fourierschen Reihe sei auf die elementaren Lehrbücher verwiesen[1]. Wir wollen hier die Fouriersche Entwicklung lediglich dazu verwenden, um die Funktionalgleichung der Thetafunktion und eine allgemeine Formel von POISSON abzuleiten.

Die *Funktionalgleichung der Thetafunktion*

$$\vartheta(x) = \sum_{\mu=-\infty}^{\infty} e^{-\pi\mu^2 x} \qquad (x > 0)$$

lautet

$$\vartheta(x) = \frac{1}{\sqrt{x}}\,\vartheta\left(\frac{1}{x}\right).$$

Zum Beweise setzen wir

$$\varphi(y) = \sum_{\mu=-\infty}^{\infty} e^{-\pi(\mu+y)^2 x};$$

offenbar ist $\varphi(y)$ eine periodische Funktion von y mit der Periode 1, die alle Ableitungen nach y besitzt und sich demnach in die Fouriersche Reihe

$$\varphi(y) = \sum_{\nu=-\infty}^{\infty}\alpha_\nu e^{2\pi i\nu y}$$

mit

$$\alpha_\nu = \int_0^1 \varphi(t)\,e^{-2\pi i\nu t}\,dt = \int_0^1 \sum_{\mu=-\infty}^{\infty} e^{-\pi(\mu+t)^2 x - 2\pi i\nu t}\,dt$$

entwickeln läßt. Da für alle $x > 0$ Summation und Integration vertauscht werden dürfen, ergibt sich für den Koeffizienten α_ν:

---

[1] Zum Beispiel R. COURANT: Vorlesungen über Differential- und Integralrechnung Bd. 1, 2. Aufl., S. 362—368. Berlin 1930.

$$\alpha_\nu = \sum_{\mu=-\infty}^{\infty} \int_0^1 e^{-\pi(\mu+t)^2 x - 2\pi i \nu(\mu+t)} dt = \sum_{\mu=-\infty}^{\infty} \int_\mu^{\mu+1} e^{-\pi t^2 x - 2\pi i \nu t} dt$$

$$= \int_{-\infty}^{\infty} e^{-\pi t^2 x - 2\pi i \nu t} dt = e^{-\frac{\pi\nu^2}{x}} \int_{-\infty}^{\infty} e^{-\pi x\left(t+\frac{i\nu}{x}\right)^2} dt = \frac{e^{-\frac{\pi\nu^2}{x}}}{\sqrt{x}},$$

weil $\int_{-\infty}^{\infty} e^{-z^2} dz$ längs einer Parallelen $\mathfrak{J} t = \frac{\nu}{x}$ zur reellen Achse denselben Wert $\sqrt{\pi}$ wie auf dieser selbst hat. (Denn wendet man auf die Funktion e^{-z^2} und das Rechteck mit den Ecken $-T$, $+T$, $+T + i\frac{\nu}{x}$, $-T + i\frac{\nu}{x}$ den Cauchyschen Lehrsatz an und läßt sodann T ins Unendliche wachsen, so konvergieren die Integrale auf den vertikalen Strecken gegen 0, da der Integrand gleichmäßig gegen 0 strebt und die Länge des Integrationsweges konstant gleich ν/x ist.) Wir bekommen also

$$\varphi(y) = \frac{1}{\sqrt{x}} \sum_{\nu=-\infty}^{\infty} e^{-\frac{\pi\nu^2}{x}} e^{2\pi i \nu y}$$

und hieraus für $y = 0$

$$\vartheta(x) = \sum_{\mu=-\infty}^{\infty} e^{-\pi\mu^2 x} = \frac{1}{\sqrt{x}} \sum_{\nu=-\infty}^{\infty} e^{-\frac{\pi\nu^2}{x}} = \frac{1}{\sqrt{x}} \vartheta\left(\frac{1}{x}\right).$$

Die hier in einem speziellen Falle durchgeführte Heranziehung der Fourierschen Entwicklung zur Umformung unendlicher Reihen ist nur ein Beispiel für ein Verfahren, das sich in neuester Zeit für die Behandlung gewisser in der höheren Arithmetik vorkommender analytischer Funktionen als sehr fruchtbringend erwiesen hat.

Die soeben benutzte Überlegung führt zu einer allgemeinen und sehr wichtigen Transformationsformel für unendliche Reihen, der *Poissonschen Summationsformel*. Es sei $\sum_{n=-\infty}^{\infty} \varphi(2\pi n)$ eine unendliche Reihe, in der $\varphi(x)$ eine solche stetige und stetig differenzierbare Funktion von x bedeutet, daß gleichmäßig für alle t aus dem Intervall $0 \leq t < 2\pi$ die Reihen $\sum_{n=-\infty}^{\infty} \varphi(2\pi n + t)$ und $\sum_{n=-\infty}^{\infty} \varphi'(2\pi n + t)$ absolut konvergieren. Dann ist die zweite Reihe die Ableitung der ersten nach t, und diese kann daher im Intervall $0 \leq t < 2\pi$ in eine konvergente Fouriersche Reihe entwickelt werden. Es gilt also die Entwicklung

$$\sum_{n=-\infty}^{\infty} \varphi(2\pi n + t) = \frac{1}{2\pi} \sum_{\nu=-\infty}^{\infty} e^{i\nu t} \int_0^{2\pi} e^{-i\nu\tau} \sum_{n=-\infty}^{\infty} \varphi(2\pi n + \tau)\, d\tau$$

$$= \frac{1}{2\pi} \sum_{\nu=-\infty}^{\infty} e^{i\nu t} \sum_{n=-\infty}^{\infty} \int_0^{2\pi} \varphi(2\pi n + \tau)\, e^{-i\nu\tau} d\tau.$$

Die innere Summe läßt sich so umformen:

$$\sum_{n=-\infty}^{\infty} \int_0^{2\pi} \varphi(2\pi n + \tau)\, e^{-i\nu\tau}\, d\tau = \sum_{n=-\infty}^{\infty} \int_{2\pi n}^{2\pi(n+1)} \varphi(\tau)\, e^{-i\nu\tau}\, d\tau = \int_{-\infty}^{\infty} \varphi(\tau)\, e^{-i\nu\tau}\, d\tau\,,$$

und es entsteht

$$\sum_{n=-\infty}^{\infty} \varphi(2\pi n + t) = \frac{1}{2\pi} \sum_{\nu=-\infty}^{\infty} e^{i\nu t} \int_{-\infty}^{\infty} \varphi(\tau)\, e^{-i\nu\tau}\, d\tau\,.$$

Setzt man hier $t = 0$, dann folgt schließlich

$$\sum_{n=-\infty}^{\infty} \varphi(2\pi n) = \frac{1}{2\pi} \sum_{\nu=-\infty}^{\infty} \int_{-\infty}^{\infty} \varphi(\tau)\, e^{-i\nu\tau}\, d\tau\,,$$

und dies ist die Poissonsche Formel. Für ihre Gültigkeit ist offenbar nur erforderlich, daß alle vorkommenden Integrale existieren, $\sum_{n=-\infty}^{\infty} \varphi(2\pi n + t)$ gleichmäßig in t für $0 \leqq t < 2\pi$ konvergiert und eine in eine Fouriersche Reihe entwickelbare Funktion darstellt.

§ 6. Das Fouriersche Integral.

1. Beweis des Hauptsatzes. Es liegt nahe, in der Fourierschen Reihe einer im Intervall $-l < x < l$ gegebenen Funktion $f(x)$

$$f(x) = \sum_{\nu=-\infty}^{\infty} \alpha_\nu e^{i\nu\frac{\pi}{l}x}\,, \qquad \alpha_\nu = \frac{1}{2l} \int_{-l}^{l} f(t)\, e^{-i\nu\frac{\pi}{l}t}\, dt$$

den Grenzübergang $l \to \infty$ zu versuchen, um sich von dem Zwange der periodischen Fortsetzung von $f(x)$ zu befreien und eine Darstellung einer für alle reellen x definierten, nichtperiodischen Funktion zu gewinnen. Wir wollen dabei die Voraussetzung aufrechterhalten, daß $f(x)$ in jedem endlichen Intervall stückweise glatt und an den Sprungstellen gleich dem arithmetischen Mittel der beiden Grenzwerte von rechts und von links ist, und die weitere Voraussetzung hinzufügen, daß das Integral $\int_{-\infty}^{\infty} |f(x)|\, dx$ existiert.

Setzen wir $\pi/l = \delta$, so entsteht

$$f(x) = \frac{1}{2\pi} \sum_{\nu=-\infty}^{\infty} \delta \int_{-l}^{l} f(t)\, e^{-i\nu\delta(t-x)}\, dt\,,$$

woraus wir durch den Grenzübergang $l \to \infty$, d. h. $\delta \to 0$, die Formel

$$f(x) = \frac{1}{2\pi} \int_{-\infty}^{\infty} du \int_{-\infty}^{\infty} f(t)\, e^{-iu(t-x)}\, dt \tag{16}$$

als plausibel entnehmen; für reelle Funktionen $f(x)$ können wir sie auch in der Gestalt

$$f(x) = \frac{1}{\pi} \int_0^\infty du \int_{-\infty}^\infty f(t) \cos u(t - x)\, dt \tag{17}$$

schreiben.

Den strengen Beweis für die Gültigkeit dieser „*Fourierschen Integralformel*" führen wir am besten nicht durch Rechtfertigung des Grenzüberganges, sondern durch unmittelbare Bestätigung der Gleichungen (16) bzw. (17).

Den Ausgangspunkt bildet die von DIRICHLET herrührende, für jede stückweise glatte Funktion geltende Integralformel

$$\lim_{v \to \infty} \frac{1}{\pi} \int_{-a}^{a} f(x + t) \frac{\sin v t}{t}\, dt = \frac{1}{2} [f(x + 0) + f(x - 0)] = f(x)\ ^*,$$

in der a eine beliebige positive Zahl bedeutet. Aus ihr folgt

$$\pi f(x) = \lim_{v \to \infty} \int_{-a}^{a} f(x + t)\, dt \int_0^v \cos u t\, du = \lim_{v \to \infty} \int_0^v du \int_{-a}^{a} f(x + t) \cos u t\, dt$$

$$= \int_0^\infty du \int_{-a}^{a} f(x + t) \cos u t\, dt.$$

Wir behaupten, daß im inneren Integral die Integration von $-\infty$ bis $+\infty$ erstreckt werden darf. Ist nämlich $A > a$, so wird

$$\int_0^v \int_{-A}^{A} - \int_0^v \int_{-a}^{a} = \int_0^v \int_{-A}^{-a} + \int_0^v \int_{a}^{A} = \int_{-A}^{-a} \int_0^v + \int_a^A \int_0^v,$$

also, da nach Voraussetzung $\int_{-\infty}^{\infty} |f(x)|\, dx = C$ existiert,

$$\left| \int_0^v \int_{-A}^{A} - \int_0^v \int_{-a}^{a} \right| \leqq \left| \int_{-A}^{-a} f(x + t) \frac{\sin v t}{t}\, dt \right| + \left| \int_a^A f(x + t) \frac{\sin v t}{t}\, dt \right|$$

$$\leqq \frac{1}{a} \left(\int_{-A}^{-a} |f(x + t)|\, dt + \int_a^A |f(x + t)|\, dt \right)$$

$$\leqq \frac{1}{a} \int_{-\infty}^{\infty} |f(x + t)|\, dt = \frac{C}{a}.$$

---

* Für den Beweis dieser Integralformel, die übrigens gewöhnlich auch als Grundlage der Theorie der Fourierschen Reihen verwendet wird, vgl. Lehrbücher der Differential- und Integralrechnung, etwa R. COURANT: Vorlesungen über Differential- und Integralrechnung, 2. Aufl., S. 373. Berlin 1930.

Läßt man hierin A bei festem v ins Unendliche wachsen, so folgt

$$\left| \int_0^v \int_{-\infty}^{\infty} - \int_0^v \int_{-a}^{a} \right| \leqq \frac{C}{a},$$

wonach der Grenzübergang $v \to \infty$ zu

$$\left| \lim_{v \to \infty} \int_0^v \int_{-\infty}^{\infty} - \pi f(x) \right| \leqq \frac{C}{a}$$

führt. Durch passende Wahl von a kann die rechte Seite beliebig klein gemacht werden, womit die Behauptung und damit die gewünschte Formel (17) bewiesen ist.

Da $\int_{-\infty}^{\infty} f(t) \cos u(t-x)\, dt$ eine gerade Funktion von u ist, läßt sich die obige Gleichung auch in die Form

$$\pi f(x) = \frac{1}{2} \int_{-\infty}^{\infty} du \int_{-\infty}^{\infty} f(t) \cos u(t-x)\, dt$$

bringen; andererseits ist $\int_{-\infty}^{\infty} f(t) \sin u(t-x)\, dt$ eine ungerade Funktion von u, also

$$0 = \frac{i}{2} \int_{-\infty}^{\infty} du \int_{-\infty}^{\infty} f(t) \sin u(t-x)\, dt,$$

falls das Integral konvergiert[1]. Durch Subtraktion der beiden letzten Gleichungen erhält man als gültig für Stetigkeitsstellen

$$\pi f(x) = \frac{1}{2} \int_{-\infty}^{\infty} du \int_{-\infty}^{\infty} f(t)\, e^{-iu(t-x)}\, dt,$$

d. h. die Formel (16).

2. Ausdehnung des Resultates auf mehr Variable. Durch wiederholte Anwendung der Formel (16) entstehen *analoge Formeln für stückweise glatte stetige Funktionen in mehreren Variablen* bzw. für stückweise stetige Funktionen, gültig an den Stetigkeitsstellen, z. B.

$$4\pi^2 F(x_1, x_2) = \iiiint F(t_1, t_2)\, e^{-i[u_1(t_1-x_1)+u_2(t_2-x_2)]}\, dt_1\, du_1\, dt_2\, du_2$$

unter der Voraussetzung der Existenz von

---

[1] Dies ist der Fall für solche Werte von x, für die $f(x)$ stetig ist. An Unstetigkeitsstellen dagegen divergiert das Integral, wie man leicht an dem Beispiel der Funktion

$$f(x) = 1 \quad \text{für} \quad |x| \leqq 1, \qquad f(x) = 0 \quad \text{für} \quad |x| > 1$$

erkennt.

$$\int_{-\infty}^{\infty} |F(t_1, x_2)|\, dt_1 \quad \text{und} \quad \int_{-\infty}^{\infty} |F(x_1, t_2)|\, dt_2,$$

und allgemein für n Variable

$$(2\pi)^n F(x_1, \ldots, x_n)$$

$$= \int_{-\infty}^{\infty} \ldots \int_{-\infty}^{\infty} F(t_1, \ldots, t_n)\, e^{-i[u_1(t_1-x_1) + \cdots + u_n(t_n - x_n)]}\, dt_1\, du_1\, dt_2\, du_2 \ldots dt_n\, du_n$$

unter analogen Voraussetzungen.

Die Integration ist dabei in der durch die Differentiale angegebenen Reihenfolge vorzunehmen.

3. Reziprozitätsformeln. Das Fouriersche Integraltheorem (16) nimmt eine besonders elegante Gestalt an, wenn man

$$g(u) = \frac{1}{\sqrt{2\pi}} \int_{-\infty}^{\infty} f(t)\, e^{-iut}\, dt$$

setzt. Dann besagt es nämlich, daß sich die Gleichungen

$$g(u) = \frac{1}{\sqrt{2\pi}} \int_{-\infty}^{\infty} f(t)\, e^{-iut}\, dt,$$

$$f(t) = \frac{1}{\sqrt{2\pi}} \int_{-\infty}^{\infty} g(u)\, e^{iut}\, du$$

gegenseitig bedingen. Man hat in diesen Gleichungen, wenn man die linken Seiten als bekannt annimmt, ein Paar von sogenannten Integralgleichungen vor sich, von denen jede die Auflösung der anderen liefert und die vollständige Reziprozität zeigen. Es entsprechen ihnen die reellen Gleichungen für gerade bzw. ungerade Funktionen

$$g(u) = \sqrt{\frac{2}{\pi}} \int_0^{\infty} f(t) \cos ut\, dt,$$

$$f(t) = \sqrt{\frac{2}{\pi}} \int_0^{\infty} g(u) \cos ut\, du,$$

bzw.

$$g(u) = \sqrt{\frac{2}{\pi}} \int_0^{\infty} f(t) \sin ut\, dt,$$

$$f(t) = \sqrt{\frac{2}{\pi}} \int_0^{\infty} g(u) \sin ut\, du.$$

Analoge Formeln bestehen für Funktionen von mehreren Variablen:

$$f(x_1, \ldots, x_n) = \frac{1}{(\sqrt{2\pi})^n} \int \cdots \int g(\xi_1, \ldots, \xi_n)\, e^{i(\xi_1 x_1 + \cdots + \xi_n x_n)}\, d\xi_1 \ldots d\xi_n\,,$$

$$g(\xi_1, \ldots, \xi_n) = \frac{1}{(\sqrt{2\pi})^n} \int \cdots \int f(x_1, \ldots, x_n)\, e^{-i(\xi_1 x_1 + \cdots + \xi_n x_n)}\, dx_1 \ldots dx_n\,.$$

§ 7. Beispiele für das Fouriersche Integral.

1. Die Fouriersche Integralformel

$$(17) \quad f(x) = \frac{1}{\pi} \int_0^\infty du \int_{-\infty}^\infty f(t) \cos u(t - x)\, dt$$

$$= \frac{1}{\pi} \int_0^\infty \cos ux\, du \int_{-\infty}^\infty f(t) \cos ut\, dt + \frac{1}{\pi} \int_0^\infty \sin ux\, du \int_{-\infty}^\infty f(t) \sin ut\, dt$$

vereinfacht sich, wenn $f(x)$ eine gerade Funktion ist, zu

$$f(x) = \frac{2}{\pi} \int_0^\infty \cos ux\, du \int_0^\infty f(t) \cos ut\, dt\,,$$

wenn $f(x)$ ungerade ist, hingegen zu

$$f(x) = \frac{2}{\pi} \int_0^\infty \sin ux\, du \int_0^\infty f(t) \sin ut\, dt\,.$$

2. Der *Dirichletsche diskontinuierliche Faktor.* Es sei $f(x)$ gerade und

$$f(x) = 1 \quad \text{für} \quad 0 \leqq x < 1\,,$$
$$f(x) = \tfrac{1}{2} \quad \text{für} \quad x = 1\,,$$
$$f(x) = 0 \quad \text{für} \quad x > 1\,.$$

Dann erhält man

$$f(x) = \frac{2}{\pi} \int_0^\infty \cos ux\, du \int_0^1 \cos ut\, dt = \frac{2}{\pi} \int_0^\infty \frac{\sin u \cos ux}{u}\, du\,.$$

Den rechtsstehenden Ausdruck nennt man den „Dirichletschen diskontinuierlichen Faktor“; er kann bei vielen Problemen mit großem Nutzen angewandt werden.

3. Wählen wir für $x > 0$

$$f(x) = e^{-\beta x} \qquad (\beta > 0),$$

so ergibt sich entweder

$$f(x) = \frac{2}{\pi} \int_0^\infty \cos ux\, du \int_0^\infty e^{-\beta t} \cos ut\, dt = \frac{2}{\pi} \int_0^\infty \frac{\beta \cos ux}{\beta^2 + u^2}\, du$$

oder

$$f(x) = \frac{2}{\pi}\int_0^\infty \sin ux\,du \int_0^\infty e^{-\beta t}\sin ut\,dt = \frac{2}{\pi}\int_0^\infty \frac{u\sin ux}{\beta^2+u^2}\,du\,,$$

je nachdem wir $f(x)$ für negative Werte von x als gerade oder ungerade Funktion fortzusetzen wünschen; im zweiten Falle haben wir $f(0) = 0$ zu setzen. Das Integral

$$\int_0^\infty \frac{\cos ux}{\beta^2+u^2}\,du = \frac{\pi}{2}\,\frac{e^{-\beta|x|}}{\beta} \qquad (\beta > 0)$$

wird auch als Laplacesches Integral bezeichnet.

4. Ein besonders interessantes Beispiel liefert die Funktion

$$f(x) = e^{-\frac{x^2}{2}}.$$

Wegen

$$\sqrt{\frac{2}{\pi}}\int_0^\infty e^{-\frac{t^2}{2}}\cos ut\,dt = e^{-\frac{u^2}{2}}$$

stimmen hier nämlich die beiden sich gegenseitig auflösenden Integralgleichungen

$$g(u) = \sqrt{\frac{2}{\pi}}\int_0^\infty f(t)\cos ut\,dt = \sqrt{\frac{2}{\pi}}\int_0^\infty e^{-\frac{t^2}{2}}\cos ut\,dt = e^{-\frac{u^2}{2}},$$

$$f(t) = \sqrt{\frac{2}{\pi}}\int_0^\infty g(u)\cos ut\,du = \sqrt{\frac{2}{\pi}}\int_0^\infty e^{-\frac{u^2}{2}}\cos ut\,du = e^{-\frac{t^2}{2}}$$

völlig überein.

§ 8. Die Polynome von Legendre.

1. Erzeugung durch Orthogonalisierung der Potenzen $1, x, x^2, \ldots$ Ein in mancher Beziehung noch einfacheres Beispiel eines vollständigen orthogonalen Funktionensystems als die trigonometrischen Funktionen erhalten wir, wenn wir die Potenzen $1, x, x^2, \ldots$ für ein gegebenes Grundgebiet G, z. B. die Strecke $-1 \leqq x \leqq +1$, nach dem Verfahren von § 1 orthogonalisieren. Dabei entsteht eine Folge von orthogonalen, normierten Polynomen, die eindeutig bestimmt sind, wenn wir z. B. noch verlangen, daß der Koeffizient der höchsten Potenz von x positiv werden soll.

Wir behaupten, daß sie bis auf konstante Faktoren mit den Polynomen

$$P_0(x) = 1, \qquad P_n(x) = \frac{1}{2^n n!}\,\frac{d^n(x^2-1)^n}{dx^n} \qquad (n = 1, 2, \ldots)$$

übereinstimmen, welche als *Legendresche Polynome*[1] bezeichnet werden. Da der Orthogonalisierungsprozeß zeigt, daß es bis auf konstante Faktoren nur *ein* System von orthogonalen Polynomen gibt, bei denen jeder Grad vertreten ist, braucht nur bewiesen zu werden, daß $P_n(x)$ ein Polynom n^{ten} Grades ist und das System der $P_n(x)$ die Orthogonalitätseigenschaft besitzt. Nun ist offenbar $P_n(x)$ wirklich ein Polynom n^{ten} Grades; man erhält

$$P_n(x) = \frac{1}{2^n n!} \sum_{\nu=0}^{n} (-1)^{n-\nu} \binom{n}{\nu} \frac{(2\nu)!}{(2\nu-n)!} x^{2\nu-n}$$

$$= \sum_{\nu=0}^{n} (-1)^{n-\nu} \frac{1 \cdot 3 \cdot 5 \cdots (2\nu-1)}{(n-\nu)!\,(2\nu-n)!\,2^{n-\nu}} x^{2\nu-n}.$$

Hierin sind die Glieder mit negativen Potenzen von x wegzulassen. Das erste Glied heißt danach für gerade n

$$(-1)^{\frac{n}{2}} \frac{1 \cdot 3 \cdot 5 \cdots (n-1)}{2 \cdot 4 \cdot 6 \cdots n},$$

für ungerade n

$$(-1)^{\frac{n-1}{2}} x \frac{1 \cdot 3 \cdot 5 \cdots n}{2 \cdot 4 \cdot 6 \cdots (n-1)};$$

z. B. ist

$$P_1(x) = x, \qquad P_2(x) = \frac{3}{2}x^2 - \frac{1}{2},$$

$$P_3(x) = \frac{5}{2}x^3 - \frac{3}{2}x, \quad P_4(x) = \frac{35}{8}x^4 - \frac{15}{4}x^2 + \frac{3}{8}.$$

Für den Beweis, daß die $P_n(x)$ ein Orthogonalsystem bilden, werde zur Abkürzung $(x^2-1)^n = u_n(x)$ gesetzt; dann gilt für jede ganze nichtnegative Zahl $m < n$

$$\int_{-1}^{1} P_n(x)\, x^m\, dx = \frac{1}{2^n n!} \int_{-1}^{1} u_n^{(n)}(x)\, x^m\, dx = 0,$$

wie man bestätigt, wenn man durch wiederholte Teilintegration allmählich x^m beseitigt und dabei beachtet, daß alle Ableitungen von $u_n(x)$ bis zur $(n-1)^{\text{ten}}$ an den Grenzen des Integrationsintervalls verschwinden. Daraus folgt aber, daß auch

$$\int_{-1}^{1} P_n(x)\, P_m(x)\, dx = 0 \qquad (m < n)$$

---

[1] Legendre, A. M.: Recherches sur l'attraction des sphéroïdes homogènes. Mém. math. phys., prés. à l'Acad. sc. par divers sav., Bd. 10, S. 411—434. 1785. — Recherches sur la figure des planètes. Mém. math. phys., tirés des reg. de l'Acad. sc., S. 370—389. 1784 (1787).

ist, daß also wirklich zwei verschiedene der Polynome zueinander orthogonal sind. Zur Normierung berechnen wir durch fortgesetzte Teilintegration $\int_{-1}^{1}[u_n^{(n)}(x)]^2\,dx$:

$$\int_{-1}^{1} u_n^{(n)} u_n^{(n)}\,dx = -\int_{-1}^{1} u_n^{(n-1)} u_n^{(n+1)}\,dx = \int_{-1}^{1} u_n^{(n-2)} u_n^{(n+2)}\,dx = \cdots$$

$$= (-1)^n \int_{-1}^{1} u_n u_n^{(2n)}\,dx = (2n)!\int_{-1}^{1}(1-x)^n(1+x)^n\,dx;$$

da

$$\int_{-1}^{1}(1-x)^n(1+x)^n\,dx = \frac{n}{n+1}\int_{-1}^{1}(1-x)^{n-1}(1+x)^{n+1}\,dx = \cdots$$

$$= \frac{n(n-1)\cdots 1}{(n+1)(n+2)\cdots 2n}\int_{-1}^{1}(1+x)^{2n}\,dx = \frac{(n!)^2}{(2n)!\,(2n+1)}\,2^{2n+1}$$

ist, wird also

$$\int_{-1}^{1} P_n^2(x)\,dx = \frac{2}{2n+1},$$

und die gesuchten normierten Polynome erhalten die Gestalt

$$\varphi_\nu(x) = \sqrt{\frac{2\nu+1}{2}}\,P_\nu(x)$$

$$= \sqrt{\frac{2\nu+1}{2}}\,\frac{1}{2^\nu \nu!}\,\frac{d^\nu (x^2-1)^\nu}{dx^\nu} \qquad (\nu = 0, 1, 2, \ldots).$$

Die Legendreschen Polynome $P_n(x)$ ha en die Eigenschaft, daß

$$P_n(1) = 1$$

ist, wie man sofort erkennt, indem man die n^{te} Ableitung des Ausdruckes $(x-1)^n(x+1)^n$ nach der bekannten Leibnizschen Produktregel bildet und $x = 1$ setzt.

2. Die erzeugende Funktion. Von Wichtigkeit sind die Legendreschen Polynome namentlich für die Potentialtheorie, in der sie als Entwicklungskoeffizienten einer „*erzeugenden Funktion*" auftreten. Entwickelt man nämlich den reziproken Abstand zweier in den Entfernungen 1 und $u < 1$ vom Nullpunkte gelegenen Punkte, deren Radienvektoren den Winkel $\arccos x$ einschließen, also die Größe $1/\sqrt{1-2ux+u^2}$, nach Potenzen von u, so findet man nach dem binomischen Lehrsatz

$$\frac{1}{\sqrt{1-2ux+u^2}} = \sum_{n=0}^{\infty} Q_n(x)\,u^n, \tag{18}$$

wobei $Q_n(x)$ ein Polynom von x vom n^{ten} Grade ist. Wir zeigen, daß diese Polynome $Q_n(x)$ mit den oben definierten Legendreschen Polynomen identisch sind, indem wir nachweisen, daß die $Q_n(x)$ denselben Orthogonalitätsrelationen genügen wie die $P_n(x)$. Aus der Definitionsgleichung folgt nämlich sofort

$$\frac{1}{\sqrt{1-2xu+u^2}}\,\frac{1}{\sqrt{1-2xv+v^2}} = \sum_{n,m=0}^{\infty} Q_n(x)\,Q_m(x)\,u^n v^m.$$

Integriert man die linke Seite nach x von -1 bis $+1$, so ergibt sich nach elementarer Rechnung

$$\frac{1}{\sqrt{uv}}\log\frac{1+\sqrt{uv}}{1-\sqrt{uv}} = \sum_{n=0}^{\infty}\frac{2}{2n+1}u^n v^n,$$

und daher, indem man die rechte Seite oben gliedweise integriert,

$$\int_{-1}^{+1} Q_n(x)\,Q_m(x)\,dx = \begin{cases} 0 & \text{für } n \neq m, \\ \dfrac{2}{2n+1} & \text{für } n = m. \end{cases}$$

Ebenso erhält man $Q_n(1) = 1$, indem man in der Gleichung (18) $x = 1$ setzt. Damit ist die Identität der $Q_n(x)$ mit den $P_n(x)$ bewiesen.

3. Weitere Eigenschaften. Rekursionsformel. Durch Differentiation der erzeugenden Funktion nach u erhält man unmittelbar für drei aufeinanderfolgende Legendresche Polynome die Rekursionsformel:

(19) $$(n+1)P_{n+1}(x) - x(2n+1)P_n(x) + nP_{n-1}(x) = 0.$$

Differentialgleichung. Das n^{te} Legendresche Polynom

$$y(x) = \frac{1}{2^n n!}\frac{d^n}{dx^n}(x^2-1)^n$$

genügt der homogenen linearen Differentialgleichung zweiter Ordnung

(20) $$(x^2-1)y'' + 2xy' - n(n+1)y = 0$$

oder

(20′) $$[(x^2-1)y']' - n(n+1)y = 0.$$

Dies erkennt man durch $(n+1)$-malige Differentiation der Gleichung $(x^2-1)u' = 2nxu$, wobei man $u = (x^2-1)^n$ und im Ergebnis $u^{(n)} = 2^n n!\,y$ zu setzen hat[1].

Minimumeigenschaft. Multipliziert man das Legendresche Polynom $P_n(x)$ mit dem reziproken Koeffizienten C von x^n, so daß also der Koeffizient von x^n in dem Polynom $CP_n(x)$ den Wert 1 besitzt, so ergeben sich Polynome, die durch folgende Minimumeigenschaft ausgezeichnet sind. Unter allen Polynomen n^{ten} Grades mit reellen Koeffi-

---

[1] Aus dieser Differentialgleichung geht z. B. hervor, daß alle Nullstellen von $P_n(x)$, die zufolge der Definition wegen des Rolleschen Satzes sämtlich reell sind und dem Intervall $-1 < x \leqq 1$ angehören, verschieden sind, weil in einer mehrfachen Nullstelle vermöge der Differentialgleichung die zweite und alle höheren Ableitungen von $P_n(x)$ verschwinden müßten.

zienten und höchstem Koeffizienten 1 besitzen sie den kleinsten mittleren Abstand von Null. Der Beweis dieser Tatsache ergibt sich einfach aus der Überlegung, daß man in dem Integral $\int (x^n + a_{n-1} x^{n-1} + \cdots + a_0)^2 dx$ den Integranden durch eine lineare Kombination $(C P_n(x) + c_{n-1} P_{n-1}(x) + \cdots + c_0)^2$ darstellen kann. Das Integral ist also gleich dem Ausdruck $\frac{2C^2}{2n+1} + 2 \sum_{\nu=1}^{n-1} \frac{c_\nu^2}{2\nu+1}$, der sein Minimum für $c_0 = c_1 = \cdots = c_{n-1} = 0$ annimmt.

§ 9. Beispiele anderer Orthogonalsysteme.

1. Verallgemeinerung der zu den Legendreschen Polynomen führenden Fragestellung. Das Problem, von dem wir bei der Einführung der Legendreschen Polynome ausgingen, läßt sich folgendermaßen verallgemeinern:

Im Intervall $a \leqq x \leqq b$ sei eine nichtnegative „Belegungsfunktion" $p(x)$ gegeben; es sollen die Funktionensysteme untersucht werden, die durch Orthogonalisierung der Funktionen $\sqrt{p(x)}$, $x\sqrt{p(x)}$, $x^2\sqrt{p(x)}$, ... für das Intervall $a \leqq x \leqq b$ entstehen.

Natürlich sind auch diese Funktionen, ebenso wie die Potenzen 1, x, x^2, ..., linear unabhängig. Offenbar werden im orthogonalisierten System die Faktoren von $\sqrt{p(x)}$ Polynome $Q_0(x)$, $Q_1(x)$, ... vom Grade 0, 1, ..., die durch geeignete Nebenbedingungen eindeutig festgelegt werden können und als *„die zur Belegung $p(x)$ gehörigen orthogonalen Polynome"* bezeichnet werden[1].

Beispielsweise ergeben sich

für $a = -1$, $b = 1$ und $p(x) = 1$

die Legendreschen Polynome $P_n(x)$,

für $a = -1$, $b = 1$ und $p(x) = \frac{1}{\sqrt{1-x^2}}$

die *Tschebyscheffschen Polynome*

$$T_n(x) = \frac{1}{2^{n-1}} \cos(n \arccos x),$$

[1] Die Polynome $Q_0(x)$, $Q_1(x)$, ... besitzen, multipliziert mit einem geeigneten Faktor C, eine ähnliche Minimumeigenschaft wie die Legendreschen Polynome, nämlich die, unter allen Polynomen mit reellen Koeffizienten und höchstem Koeffizienten 1 das Integral

$$\int p(x)(x^n + a_{n-1}x^{n-1} + \cdots + a_0)^2 dx$$

zum Minimum zu machen. Auch hier läßt sich der Integrand durch die Polynome $Q_n(x)$ darstellen, etwa in der Form

$$(C Q_n(x) + c_{n-1} Q_{n-1}(x) + \cdots + c_0)^2,$$

so daß wegen der Orthogonalität der Funktionen $\sqrt{p(x)}\, Q_n(x)$ für das Integral sich sofort der Wert $C^2 + \sum_{\nu=0}^{n-1} c_\nu^2$ ergibt. Das Minimum wird also für $c_0 = c_1 = \cdots = c_{n-1} = 0$ angenommen.

für $a=-1,\ b=1$ und $p(x)=\sqrt{1-x^2}$

die Polynome

$$Q_n(x)=\frac{\sin[(n+1)\arccos x]}{\sqrt{1-x^2}},$$

für $a=0,\ b=1$ und $p(x)=(1-x)^p(1+x)^q\ (p>-1,\ q>-1)$

die *Jacobischen oder hypergeometrischen Polynome,*

für $a=-\infty,\ b=\infty$ und $p(x)=e^{-x^2}$

die *Hermiteschen Polynome,*

für $a=0,\ b=\infty$ und $p(x)=e^{-x}$

die *Laguerreschen Polynome.*

Die Tschebyscheffschen, Jacobischen, Hermiteschen und Laguerreschen Polynome wollen wir etwas eingehender betrachten.

2. Die Tschebyscheffschen Polynome[1]. Die Tschebyscheffschen Polynome

$$T_0(x)=1,\qquad T_n(x)=\frac{1}{2^{n-1}}\cos(n\arccos x)\ * \qquad (n\geqq 1)$$

bilden wegen

$$2\int_{-1}^{1}T_n(x)\,T_m(x)\frac{1}{\sqrt{1-x^2}}\,dx=\frac{1}{2^{n+m-2}}\int_0^{2\pi}\cos n\vartheta\cos m\vartheta\,d\vartheta=0 \text{ für } n\neq m$$

offenbar ein Orthogonalsystem von Polynomen zur Belegung $p(x)=\frac{1}{\sqrt{1-x^2}}$ für das Intervall $-1\leqq x\leqq+1$. Sie sind dadurch ausgezeichnet, daß bei ihnen die Abweichung von Null, d. h. das Maximum des absoluten Betrages, im Intervall $-1\leqq x\leqq+1$ den kleinsten Wert annimmt, der bei einem Polynom n^{ten} Grades mit reellen Koeffizienten und höchstem Koeffizienten 1, wie es die $T_n(x)$ sind, überhaupt möglich ist. Setzen wir nämlich zur Abkürzung $\arccos x=\vartheta$ und $x_k=\cos\frac{k\pi}{n}$ $(k=0,1,\ldots,n)$, so ist für

$$\vartheta=0,\qquad \frac{\pi}{n},\qquad \frac{2\pi}{n},\ \ldots,\qquad \pi:$$

$$T_n(x)=\frac{1}{2^{n-1}},\qquad \frac{-1}{2^{n-1}},\qquad \frac{1}{2^{n-1}},\ \ldots,\qquad \frac{(-1)^n}{2^{n-1}},$$

allgemein

$$T_n(x_k)=\frac{(-1)^k}{2^{n-1}}.$$

---

[1] Tschebyscheff, P. L.: Sur les questions de minima, qui se rattachent à la représentation approximative des fonctions. Mém. Acad. sc. Pétersb., Serie 6, Bd. 7, S. 199—291. 1859. — Œuvres, Bd. 1, S. 271—378, insb. S. 295—301. St. Petersburg 1899.

* Zufolge der bekannten Formel

$$\cos n\vartheta=\cos^n\vartheta-\binom{n}{2}\cos^{n-2}\vartheta\sin^2\vartheta+\binom{n}{4}\cos^{n-4}\vartheta\sin^4\vartheta-\cdots$$

sind diese Ausdrücke Polynome in x.

An diesen Stellen wird für $T_n(x)$ die größte Abweichung von Null erreicht. Würde nun ein Polynom $R_n(x) = x^n + a_1 x^{n-1} + \cdots + a_n$ mit reellen Koeffizienten im Intervall $-1 \leqq x \leqq +1$ weniger von Null abweichen als $T_n(x)$, so müßte

$$T_n(x_0) - R_n(x_0) \geqq 0, \quad T_n(x_1) - R_n(x_1) \leqq 0, \quad T_n(x_2) - R_n(x_2) \geqq 0, \ldots$$

sein. Die ganze rationale Funktion $T_n(x) - R_n(x)$ hätte also im Intervall $-1 \leqq x \leqq +1$ mindestens n Wurzeln; dies ist aber ausgeschlossen, da sie höchstens den Grad $n-1$ besitzt.

Normierte Polynome erhält man aus den $T_n(x)$ durch Division mit

$$\sqrt{\int_{-1}^{1} T_n^2(x) \frac{dx}{\sqrt{1-x^2}}} = \sqrt{\frac{\pi}{2^{2n-1}}}.$$

Die Tschebyscheffschen Polynome treten auch als Entwicklungskoeffizienten der *erzeugenden Funktion*

$$(21) \qquad \psi(x, t) = \frac{1-t^2}{1-2tx+t^2} = \sum_{n=0}^{\infty} T_n(x)(2t)^n$$

auf; drei aufeinanderfolgende unter ihnen sind für $n \geqq 2$ durch die Relation

$$(22) \qquad T_{n+1}(x) - x T_n(x) + \tfrac{1}{4} T_{n-1}(x) = 0$$

verknüpft, während sie selbst der homogenen linearen Differentialgleichung zweiter Ordnung

$$(23) \qquad (1-x^2)y'' - xy' + n^2 y = 0$$

genügen. Für $n < 2$ gelten Rekursionsformeln von etwas anderer Form:

$$T_2 - xT_1 + \tfrac{1}{4} T_0 = -\tfrac{1}{4},$$
$$T_1 - xT_0 \qquad = 0.$$

3. Die Jacobischen Polynome[1]. Die Jacobischen Polynome $G_n(p, q, x)$ entstehen für $a = 0$, $b = 1$ und die Belegungsfunktion

$$p(x) = x^q (1-x)^{p-q} \quad \text{mit} \quad q > -1, \; p - q > -1.$$

Sie lassen sich auch aus der hypergeometrischen Reihe

$$(24) \qquad F(\alpha, \beta, \gamma, x) = 1 + \frac{\alpha}{1} \frac{\beta}{\gamma} x + \frac{\alpha(\alpha+1)}{1 \cdot 2} \frac{\beta(\beta+1)}{\gamma(\gamma+1)} x^2 + \cdots$$

gewinnen, wenn man in dieser β durch die negative ganze Zahl $-n$, α durch $p + n$ und γ durch q ersetzt, und genügen daher der hypergeometrischen Differentialgleichung

[1] JACOBI, C. G. J.: Untersuchungen über die Differentialgleichung der hypergeometrischen Reihe. Journ. f. d. reine u. angew. Math. Bd. 56, S. 149–165. 1859. — Werke Bd. 6, S. 184–202. Berlin 1891.

(25) $$x(1-x)y'' + [\gamma - (\alpha+\beta+1)x]y' - \alpha\beta y = 0$$

oder speziell

(25′) $$x(1-x)G_n''(x) + [q-(p+1)x]G_n'(x) + (p+n)nG_n(x) = 0,$$

für welche sie die einzigen ganzen rationalen Lösungen darstellen. Die ersten unter ihnen lauten

$$G_0(p,q,x) = 1,$$

$$G_1(p,q,x) = 1 - \binom{1}{1}\frac{p+1}{q}x,$$

$$G_2(p,q,x) = 1 - \binom{2}{1}\frac{p+2}{q}x + \binom{2}{2}\frac{(p+2)(p+3)}{q(q+1)}x^2,$$

$$G_3(p,q,x) = 1 - \binom{3}{1}\frac{p+3}{q}x + \binom{3}{2}\frac{(p+3)(p+4)}{q(q+1)}x^2 - \binom{3}{3}\frac{(p+3)(p+4)(p+5)}{q(q+1)(q+2)}x^3;$$

allgemein gestatten sie die Darstellung

$$G_n(p,q,x) = \frac{x^{1-q}(1-x)^{q-p}}{q(q+1)\cdots(q+n-1)}\frac{d^n}{dx^n}[x^{q+n-1}(1-x)^{p+n-q}].$$

Aus ihr erschließt man, daß sie auch vermöge einer erzeugenden Funktion durch die Beziehung

$$\frac{(1-x)^{1-q}(1+x)^{q-p}(t-1+\sqrt{1-2tx+t^2})^{q-1}(t+1-\sqrt{1-2tx+t^2})^{p-q}}{t^{p-1}\sqrt{1-2tx+t^2}}$$
$$= \sum_{n=0}^{\infty}\binom{q+n-1}{n}G_n\left(p,q,\frac{1-x}{2}\right)t^n$$

definiert werden können. Für $p = q = 1$ erhält man die Legendreschen Polynome

(26) $$P_n(x) = G_n\left(1,1,\frac{1-x}{2}\right) = F\left(n+1,-n,1,\frac{1-x}{2}\right),$$

während sich für $p = 0$, $q = \frac{1}{2}$ im wesentlichen die Tschebyscheffschen Polynome ergeben

(27) $$T_n(x) = \frac{1}{2^{n-1}}G_n\left(0,\frac{1}{2},\frac{1-x}{2}\right) = \frac{1}{2^{n-1}}F\left(n,-n,\frac{1}{2},\frac{1-x}{2}\right).$$

4. Die Hermiteschen Polynome[1]. Die Hermiteschen Polynome $H_n(x)$, für welche $a = -\infty$, $b = \infty$ und $p(x) = e^{-x^2}$ ist, definiert man zweckmäßig mit Hilfe einer erzeugenden Funktion, indem man

(28) $$\psi(x,t) = e^{-t^2+2tx} = e^{x^2}e^{-(t-x)^2} = \sum_{n=0}^{\infty}\frac{H_n(x)}{n!}t^n$$

---

[1] Hermite, Ch.: Sur un nouveau développement en série de fonctions. C. R. Acad. sc. Paris Bd. 58, S. 93–100, S. 266–273. — Œuvres, Bd. 2, S. 293–312. Paris 1908. — Sur quelques développements en série de fonctions de plusieurs variables. Ib. Bd. 60, S. 370–377, S. 432–440, S. 461–466, S. 512–518. 1865. — Ib. S. 319–346.

setzt, woraus man sofort

$$(29)\qquad H_n(x) = \left(\frac{\partial^n \psi(x,t)}{\partial t^n}\right)_{t=0} = (-1)^n e^{x^2} \frac{d^n e^{-x^2}}{dx^n}$$

entnimmt; es ist also das n^{te} Hermitesche Polynom $H_n(x)$ der mit dem Faktor $(-1)^n e^{x^2}$ multiplizierte n^{te} Differentialquotient der Funktion e^{-x^2}. Aus $\frac{\partial \psi(x,t)}{\partial x} = 2t\psi(x,t)$ ergibt sich

$$(30)\qquad H_n'(x) = 2nH_{n-1}(x) \qquad (n \geqq 1),$$

aus $\frac{\partial \psi(x,t)}{\partial t} + 2(t-x)\psi(x,t) = 0$

$$(31)\qquad H_{n+1}(x) - 2xH_n(x) + 2nH_{n-1}(x) = 0 \qquad (n \geqq 1)$$

und durch Kombination der beiden letzten Formeln

$$(32)\qquad H_n''(x) - 2xH_n'(x) + 2nH_n(x) = 0 \qquad (n \geqq 0),$$

als lineare homogene Differentialgleichung zweiter Ordnung für die $H_n(x)$. Die ersten Hermiteschen Polynome lauten

$$H_0(x) = 1, \qquad H_1(x) = 2x,$$
$$H_2(x) = 4x^2 - 2, \qquad H_3(x) = 8x^3 - 12x,$$
$$H_4(x) = 16x^4 - 48x^2 + 12.$$

Für das allgemeine Hermitesche Polynom $H_n(x)$ erhält man:

$$H_n(x) = (2x)^n - \frac{n(n-1)}{1!}(2x)^{n-2} + \frac{n(n-1)(n-2)(n-3)}{2!}(2x)^{n-4} - \cdots$$

Das letzte Glied ist

$$+(-1)^{\frac{n}{2}} \frac{n!}{\left(\frac{n}{2}\right)!} \qquad \text{für gerade } n,$$

$$+(-1)^{\frac{n-1}{2}} \frac{n!}{\left(\frac{n-1}{2}\right)!} 2x \qquad \text{für ungerade } n.$$

Die Orthogonalitätseigenschaft der Hermiteschen Polynome erschließt man[1] aus

$$\int_{-\infty}^{\infty} H_m(x) H_n(x) e^{-x^2} dx = (-1)^n \int_{-\infty}^{\infty} H_m(x) \frac{d^n e^{-x^2}}{dx^n} dx$$

für $n > m$ durch wiederholte Teilintegration unter Beachtung der Formel (30) und der Tatsache, daß für unendlich große Werte von x^2 alle Ableitungen von e^{-x^2} verschwinden:

---

[1] Ebenso leicht lassen sich die Orthogonalitätsrelationen auch mit Hilfe der erzeugenden Funktion nachweisen.

$$\int_{-\infty}^{\infty} H_m(x) H_n(x) e^{-x^2} dx = (-1)^{n-1} 2m \int_{-\infty}^{\infty} H_{m-1}(x) \frac{d^{n-1} e^{-x^2}}{dx^{n-1}} dx = \cdots$$

$$= (-1)^{n-m} 2^m m! \int_{-\infty}^{\infty} H_0(x) \frac{d^{n-m} e^{-x^2}}{dx^{n-m}} dx = 0;$$

zur Normierung kann man für $n = m$ ebenso

$$\int_{-\infty}^{\infty} H_n^2(x) e^{-x^2} dx = 2^n n! \int_{-\infty}^{\infty} H_0(x) e^{-x^2} dx = 2^n n! \sqrt{\pi}$$

berechnen; die Funktionen des normierten Orthogonalsystems sind dann

$$\varphi_\nu(x) = \frac{H_\nu(x) e^{-\frac{x^2}{2}}}{\sqrt{2^\nu \nu! \sqrt{\pi}}} \qquad (\nu = 0, 1, 2, \ldots).$$

5. Die Laguerreschen Polynome[1]. Das Laguerresche Polynom $L_n(x)$ $(a = 0,\ b = +\infty,\ p(x) = e^{-x})$ tritt als Faktor von e^{-x} in der n^{ten} Ableitung der Funktion $x^n e^{-x}$ auf:

$$\begin{aligned} L_n(x) &= e^x \frac{d^n}{dx^n}(x^n e^{-x}) \\ &= \sum_{k=0}^{n} (-1)^k \binom{n}{k} n(n-1)\cdots(k+1) x^k \\ &= \sum_{k=0}^{n} (-1)^{n-k} \binom{n}{k} n(n-1)\cdots(n-k+1) x^{n-k} \\ &= \sum_{k=0}^{n} (-1)^{n-k} \frac{[n(n-1)\cdots(n-k+1)]^2}{k!} x^{n-k} \\ &= (-1)^n \left(x^n - \frac{n^2}{1!} x^{n-1} + \frac{n^2(n-1)^2}{2!} x^{n-2} - \cdots + (-1)^n n! \right); \end{aligned}$$

man erhält beispielsweise

$$\begin{aligned} L_0(x) &= 1, & L_1(x) &= -x + 1, \\ L_2(x) &= x^2 - 4x + 2, & L_3(x) &= -x^3 + 9x^2 - 18x + 6, \\ L_4(x) &= x^4 - 16x^3 + 72x^2 - 96x + 24. \end{aligned}$$

Da

$$\sum_{n=0}^{\infty} \frac{L_n(x)}{n!} t^n = \sum_{n=0}^{\infty} \sum_{k=0}^{n} (-1)^k \binom{n}{k} \frac{1}{k!} x^k t^n = \sum_{k=0}^{\infty} \frac{(-1)^k x^k}{k!} \sum_{n=0}^{\infty} \binom{n}{k} t^n$$

$$= \sum_{k=0}^{\infty} \frac{(-1)^k x^k}{k!} \frac{t^k}{(1-t)^{k+1}} = \frac{e^{-\frac{xt}{1-t}}}{1-t}$$

---

[1] LAGUERRE, E.: Sur l'intégrale $\int_x^\infty \frac{e^{-x} dx}{x}$. Bull. Soc. math. France Bd. 7, S. 72—81. 1879. — Œuvres Bd. 1, S. 428—437. Paris 1898.

ist, besitzen auch die Laguerreschen Polynome eine einfache erzeugende Funktion, nämlich $\psi(x, t) = \frac{e^{-\frac{x t}{1-t}}}{1-t}$. Die Beziehung

$$(1-t)^2 \frac{\partial \psi(x, t)}{\partial t} = (1 - t - x)\psi(x, t)$$

liefert die Rekursionsformel

$$(33) \qquad L_{n+1}(x) - (2n + 1 - x) L_n(x) + n^2 L_{n-1}(x) = 0 \qquad (n \geqq 1).$$

Zusammen mit der aus $(1-t)\frac{\partial \psi(x, t)}{\partial x} = -t\psi(x, t)$ entspringenden Relation

$$(34) \qquad L_n'(x) - n L_{n-1}'(x) = -n L_{n-1}(x) \qquad (n \geqq 1)$$

führt sie zu der Formel

$$(35) \qquad x L_n'(x) = n L_n(x) - n^2 L_{n-1}(x) \qquad (n \geqq 1)$$

und zu der homogenen linearen Differentialgleichung zweiter Ordnung

$$(36) \qquad x y'' + (1 - x) y' + n y = 0$$

für das Laguerresche Polynom $L_n(x)$.

Die Orthogonalitätseigenschaft

$$\int_0^\infty e^{-x} L_n(x) L_m(x)\, dx = 0 \qquad (n > m)$$

erkennt man aus der Gleichung

$$\int_0^\infty e^{-x} x^k L_n(x)\, dx = \int_0^\infty x^k \frac{d^n}{dx^n}(x^n e^{-x})\, dx = -k \int_0^\infty x^{k-1} \frac{d^{n-1}}{dx^{n-1}}(x^n e^{-x})\, dx$$

$$= k(k-1) \int_0^\infty x^{k-2} \frac{d^{n-2}}{dx^{n-2}}(x^n e^{-x})\, dx = \cdots$$

$$= (-1)^k k! \int_0^\infty \frac{d^{n-k}}{dx^{n-k}}(x^n e^{-x})\, dx = 0 \quad \text{für } n > k,$$

während man zur Normierung das Integral

$$\int_0^\infty e^{-x} L_n^2(x)\, dx = \int_0^\infty (-1)^n x^n \frac{d^n}{dx^n}(x^n e^{-x})\, dx = n! \int_0^\infty x^n e^{-x}\, dx = (n!)^2$$

auszurechnen hat; die Funktionen

$$\varphi_\nu(x) = \frac{e^{-\frac{x}{2}} L_\nu(x)}{\nu!} \qquad (\nu = 0, 1, \ldots)$$

liefern dann das normierte Orthogonalsystem[1].

[1] Auch hier kann man die Orthogonalitätsrelationen der Funktionen φ_ν leicht mit Hilfe der erzeugenden Funktion gewinnen.

6. Vollständigkeit der Laguerreschen und Hermiteschen Polynome. Für die Laguerreschen und Hermiteschen Funktionen bedarf die Vollständigkeitseigenschaft einer besonderen Betrachtung, da bisher die Vollständigkeit von Polynomen usw. nur für endliche Intervalle bewiesen wurde. Wir bezeichnen sinngemäß ein Funktionensystem im Intervall $0 \leqq x \leqq \infty$ als vollständig, wenn jede stückweise stetige Funktion $f(x)$, für welche das Integral $\int\limits_0^\infty f^2(x)\,dx$ existiert, im Mittel beliebig gut durch lineare Verbindungen dieser Funktionen approximiert werden kann.

Um die Vollständigkeit der Laguerreschen Orthogonalfunktionen zu zeigen[1], multiplizieren wir die Identität

$$\psi(x,t) = \frac{1}{1-t} e^{-\frac{tx}{1-t}} = \sum_0^\infty \frac{t^n}{n!} L_n(x)$$

beiderseits mit $e^{-\frac{x}{2}}$ und gewinnen so eine entsprechende Identität für die Laguerreschen Orthogonalfunktionen

$$\varphi_n(x) = e^{-\frac{x}{2}} \frac{L_n(x)}{n!},$$

nämlich

$$g(x,t) = \frac{1}{1-t} e^{-\frac{1}{2}\frac{1+t}{1-t}x} = \sum_0^\infty t^n \varphi_n(x).$$

Die unendliche Reihe $\sum t^n \varphi_n(x)$ konvergiert nun für $|t| < 1$ auch im Mittel gegen die erzeugende Funktion $g(x,t)$. Dies folgt sofort durch Umformung des Integrals

$$\int\limits_0^\infty \left(g(x,t) - \sum_0^N t^n \varphi_n(x)\right)^2 dx = \frac{1}{1-t^2} - \sum_0^N t^{2n}$$

unter Benutzung der Relationen

$$\int\limits_0^\infty g^2(x,t)\,dx = \frac{1}{1-t^2},$$

$$\int\limits_0^\infty g(x,t)\,\varphi_n(x)\,dx = t^n.$$

Da der Ausdruck $\alpha = \frac{1}{2}\frac{1+t}{1-t}$ alle Werte zwischen 0 und ∞ annimmt, wenn t von -1 bis $+1$ läuft, so lassen sich alle Funktionen $e^{-\alpha x}$ mit $0 < \alpha < \infty$ durch die Laguerreschen Orthogonalfunktionen im Inter-

[1] Im Anschluß an eine persönliche Mitteilung von Herrn J. v. NEUMANN.

vall $0 \leqq x < \infty$ im Mittel beliebig gut approximieren. Nun sei die Funktion $f(x)$ im Intervall $0 \leqq x < \infty$ stückweise stetig und quadratisch integrierbar. Setzen wir $\xi = e^{-x}$, so geht $f(x)$ in eine im Intervall $0 \leqq \xi \leqq 1$ stückweise stetige Funktion von ξ über, die in diesem Intervall nach dem Weierstraßschen Satze durch Polynome

$$a_1 \xi + a_2 \xi^2 + \cdots + a_n \xi^n$$

gleichmäßig approximiert werden kann. Daraus ergibt sich die Möglichkeit, $f(x)$ durch Ausdrücke der Form

$$a_1 e^{-x} + a_2 e^{-2x} + \cdots + a_n e^{-nx}$$

im Intervall $0 \leqq x < \infty$ gleichmäßig anzunähern, und daher nach unserm obigen Resultat die Möglichkeit der mittleren Approximation von $f(x)$ durch Laguerresche Orthogonalfunktionen. Gleichbedeutend mit dieser Tatsache ist das Bestehen der Vollständigkeitsrelation

$$\sum_{\nu=0}^{\infty} c_\nu^2 = \int_0^\infty f^2(x)\, dx,$$

wobei mit c_ν die Entwicklungskoeffizienten $c_\nu = \int_0^\infty f(x)\, \varphi_\nu(x)\, dx$ bezeichnet sind.

In genau entsprechender Weise zeigt man die Vollständigkeit der Hermiteschen Orthogonalfunktionen.

§ 10. Ergänzungen und Aufgaben zum zweiten Kapitel.

1. Die Hurwitzsche Lösung des isoperimetrischen Problems. Als „*isoperimetrisches Problem*" bezeichnet man die Aufgabe, unter allen einfachen, geschlossenen, ebenen Kurven von gegebenem Umfang diejenige zu ermitteln, welche den größten Flächeninhalt umschließt. Bekanntlich liefert der Kreis die Lösung; zum Beweise gehen wir unter Beschränkung auf stückweise glatte Kurven mit A. Hurwitz[1] so vor.

Es sei

$$x = x(s), \qquad y = y(s), \qquad 0 \leqq s \leqq L$$

die Parameterdarstellung einer geschlossenen stetigen, stückweise glatten Kurve vom Umfang L und Flächeninhalt F mit der Bogenlänge s als Parameter. Wir führen an Stelle von s die dazu proportionale Größe $t = \frac{2\pi s}{L}$ als Parameter ein, die von 0 bis 2π läuft, wenn s zwischen 0 und L variiert, und bezeichnen die Fourierschen Konstanten von x und y mit a_ν, b_ν und c_ν, d_ν; diejenigen von $\frac{dx}{dt}$, $\frac{dy}{dt}$ ergeben sich dann zu νb_ν, $-\nu a_\nu$, νd_ν, $-\nu c_\nu$. Wegen

[1] Hurwitz, A.: Quelques applications géométriques des séries de Fourier. Ann. Éc. Norm. Serie 3, Bd. 19, S. 357–408, insb. S. 392–397.

$$\left(\frac{dx}{ds}\right)^2 + \left(\frac{dy}{ds}\right)^2 = 1, \qquad \left(\frac{dx}{dt}\right)^2 + \left(\frac{dy}{dt}\right)^2 = \left(\frac{L}{2\pi}\right)^2,$$

$$F = \frac{1}{2}\int_0^{2\pi}\left(x\frac{dy}{dt} - y\frac{dx}{dt}\right)dt$$

gewinnt man aus der Vollständigkeitsrelation (9) bzw. (9')

$$2\left(\frac{L}{2\pi}\right)^2 = \frac{1}{\pi}\int_0^{2\pi}\left\{\left(\frac{dx}{dt}\right)^2 + \left(\frac{dy}{dt}\right)^2\right\}dt = \sum_{\nu=1}^{\infty}\nu^2(a_\nu^2 + b_\nu^2 + c_\nu^2 + d_\nu^2),$$

$$\frac{F}{\pi} = \frac{1}{\pi}\int_0^{2\pi} x\frac{dy}{dt}\,dt = \sum_{\nu=1}^{\infty}\nu(a_\nu d_\nu - b_\nu c_\nu).$$

Aus den beiden letzten Formeln folgt

$$L^2 - 4\pi F = 2\pi^2\sum_{\nu=1}^{\infty}[(\nu a_\nu - d_\nu)^2 + (\nu b_\nu + c_\nu)^2 + (\nu^2 - 1)(c_\nu^2 + d_\nu^2)] \geqq 0.$$

Gleichheit kann offenbar nur dann eintreten, wenn

$$b_1 + c_1 = 0, \quad a_1 - d_1 = 0, \quad a_\nu = b_\nu = c_\nu = d_\nu = 0 \quad \text{für} \quad \nu = 2, 3, \ldots$$

ist, wenn also

$$x = \tfrac{1}{2}a_0 + a_1\cos t + b_1\sin t,$$
$$y = \tfrac{1}{2}b_0 - b_1\cos t + a_1\sin t$$

und die Kurve demnach ein Kreis ist. Mithin besteht für alle geschlossenen, stetigen, stückweise glatten ebenen Kurven zwischen Umfang L und Flächeninhalt F die „isoperimetrische Ungleichheit"

(37) $$L^2 - 4\pi F \geqq 0,$$

und das Gleichheitszeichen gilt dann und nur dann, wenn die Kurve ein Kreis ist. Damit ist die isoperimetrische Eigenschaft des Kreises bewiesen.

2. Reziprozitätsformeln. Man beweise die Äquivalenz der beiden Formeln[1]

$$f(t) = \int_0^1 g(u)\cot\pi(t-u)\,du,$$

$$-g(u) = \int_0^1 f(t)\cot\pi(u-t)\,dt,$$

wobei

$$\int_0^1 g(u)\,du = 0, \qquad \int_0^1 f(t)\,dt = 0,$$

$$g(u) = g(u+1), \qquad f(t) = f(t+1)$$

[1] Vgl. Hilbert, D.: Integralgleichungen. S. 75.

vorausgesetzt ist und bei den Integralen der „Cauchysche Hauptwert" zu nehmen ist, einmal mit Hilfe der Theorie der Fourierschen Reihen, dann mittels des Cauchyschen Integralsatzes.

3. Fouriersches Integral und mittlere Konvergenz. Man kann die Theorie des Fourierschen Integrals ausgehend von der mittleren Konvergenz und der Vollständigkeit in ähnlicher Weise entwickeln wie die Theorie der Fourierschen Reihe.

Es sei die reelle oder komplexwertige Funktion $f(x)$ in jedem endlichen Intervall stückweise stetig, und es existieren die Integrale

$$\int_{-\infty}^{\infty} |f(x)|\, dx \quad \text{und} \quad \int_{-\infty}^{\infty} |f(x)|^2\, dx.$$

Wir versuchen die Funktion $f(x)$ durch Integrale der Form

$$\int_{-T}^{T} \varphi(t)\, e^{ixt}\, dt$$

im Sinne mittlerer Konvergenz möglichst gut zu approximieren, d. h. das Integral

$$\int_{-\infty}^{+\infty} \left| f(x) - \int_{-T}^{T} \varphi(t)\, e^{ixt}\, dt \right|^2 dx$$

bei festem T möglichst klein zu machen. Es zeigt sich auf Grund der nicht schwer zu beweisenden Umformung

$$\int_{-\infty}^{+\infty} \left| f(x) - \int_{-T}^{T} \varphi(t)\, e^{ixt}\, dt \right|^2 dx = \int_{-\infty}^{\infty} |f(x)|^2\, dx + 2\pi \int_{-T}^{T} |\varphi(x) - g(x)|^2\, dx$$
$$- 2\pi \int_{-T}^{T} |g(x)|^2\, dx,$$

wobei

$$g(x) = \frac{1}{2\pi} \int_{-\infty}^{\infty} f(\xi)\, e^{-ix\xi}\, d\xi$$

gesetzt ist, daß unser Integral seinen kleinsten Wert für

$$\varphi(t) = g(t)$$

annimmt. Ferner ergibt sich im Limes $T \to \infty$ die Vollständigkeitsrelation

$$\int_{-\infty}^{\infty} |g(x)|^2\, dx = \frac{1}{2\pi} \int_{-\infty}^{\infty} |f(x)|^2\, dx.$$

Der Beweis dieser Tatsache sowie der Übergang zur eigentlichen Aussage des Fourierschen Integraltheorems soll hier jedoch nicht durchgeführt werden.

4. Spektrale Zerlegung durch Fouriersche Reihe und Fouriersches Integral. Die Fouriersche Reihe und das Fouriersche Integral treten überall da auf, wo es sich darum handelt, einen gegebenen Vorgang oder Funktionsverlauf als Superposition periodischer Vorgänge oder Funktionsverläufe darzustellen oder, wie man sagt, spektral zu zerlegen. Ist $f(x)$ die im Intervall $-l \leqq x < l$ vorgelegte Funktion, $\sum_{\nu=-\infty}^{\infty} \alpha_\nu e^{\frac{i\pi\nu x}{l}}$ ihre Fouriersche Reihe, so sagt man, man habe die Funktion in periodische Funktionen von den „diskreten Frequenzen" $\frac{\nu\pi}{l}$ $(\nu = 0, 1, \ldots)$ mit den „Amplituden" $|\alpha_\nu| = \left|\frac{1}{2l}\int_{-l}^{l} f(x)\, e^{-\frac{i\pi\nu x}{l}}\, dx\right|$ zerlegt. Betrachtet man hingegen das unendliche Gebiet $-\infty < x < \infty$, so spricht man von Zerlegung von $f(x)$ in ein *kontinuierliches Spektrum*, wobei zur Frequenz u die *Spektraldichte* $g(u) = \int_{-\infty}^{\infty} f(x)\, e^{-iux}\, dx$ gehört.

Ein für die Physik prinzipiell interessantes Beispiel[1] ist die Funktion

$$f(x) = e^{i\omega x} \quad \text{für} \quad |x| < l,$$
$$f(x) = 0 \quad \text{für} \quad |x| > l,$$

welche einem endlich abbrechenden sinusförmigen Wellenzuge aus $n = \frac{l\omega}{\pi}$ Wellen entspricht. Ihre Spektraldichte wird durch

$$g(u) = \int_{-l}^{l} e^{i(\omega-u)x}\, dx = \frac{2\sin(\omega-u)\, l}{\omega-u}$$

gegeben. Als Funktion von u betrachtet, hat $|g(u)|$ für $u = \omega$ ein Maximum, das um so mehr ausgeprägt ist, je größer die Anzahl n der Wellenzüge wird. Bei großem n wird die Spektraldichte in allen außerhalb des beliebig kleinen Intervalls $\omega - \delta \leqq u \leqq \omega + \delta$ liegenden Punkten u vergleichsweise beliebig klein werden.

5. Dichte Funktionensysteme. Nach H. Müntz definieren wir ein Funktionensystem als dicht, wenn es die Eigenschaft hat, daß jede Funktion $f(x)$, die sich im Mittel mit Hilfe endlich vieler Funktionen dieses Funktionensystems beliebig genau approximieren läßt, in derselben Art auch durch Funktionen einer beliebig herausgegriffenen unendlichen Teilmenge des ursprünglichen Funktionensystems approximiert werden kann. Die sehr merkwürdige Tatsache, daß es nichttriviale Beispiele solcher Systeme gibt — ein trivialer Fall liegt z. B. vor, wenn alle Funktionen einander gleich sind —, kann man sich nach

[1] Dieses Beispiel illustriert die Tatsache, daß einem endlich abbrechenden sinusförmigen Wellenzuge in der Optik niemals eine scharfe Spektrallinie, sondern ein Spektrum endlicher Breite entspricht, das um so schmaler und intensiver wird, je länger der Wellenzug ist.

SZEGÖ[1] am einfachsten auf Grund des folgenden Satzes klarmachen: *Sind $\lambda_1, \lambda_2, \ldots, \lambda_n, \ldots$ positive Zahlen, die mit wachsendem n gegen ∞ streben, so bilden die Funktionen*

$$\frac{1}{x+\lambda_1}, \quad \frac{1}{x+\lambda_2}, \quad \ldots, \quad \frac{1}{x+\lambda_n}, \quad \ldots$$

in jedem endlichen positiven Intervall ein vollständiges Funktionensystem.

Aus diesem Satz folgt aber auch die Dichtigkeit unseres Systems, denn jede Teilfolge der λ_n besitzt die in der Voraussetzung geforderten Eigenschaften.

Nach dem Weierstraßschen Approximationssatze genügt es, zu zeigen, daß jede Potenz x^m gleichmäßig durch die Funktionen $\frac{1}{x+\lambda_n}$ approximiert werden kann. Die rationale Funktion

$$x^m \frac{\lambda_p \lambda_{p+1} \cdots \lambda_q}{(x+\lambda_p)(x+\lambda_{p+1}) \cdots (x+\lambda_q)}$$

konvergiert nun mit wachsendem p für jedes $q \geqq p$ gegen x^m, und zwar gleichmäßig in jedem endlichen positiven Intervall. Wählen wir stets $q - p \geqq m$, so läßt sich die betrachtete rationale Funktion, da, wie wir annehmen können, alle λ_n voneinander verschieden sind, durch Partialbruchzerlegung auf die folgende Form bringen:

$$\frac{A_p}{x+\lambda_p} + \frac{A_{p+1}}{x+\lambda_{p+1}} + \cdots + \frac{A_q}{x+\lambda_q},$$

wobei die $A_p, A_{p+1}, \ldots, A_q$ Konstante sind. Das ist aber eine lineare Verbindung der Funktionen des zu untersuchenden Systems.

Weitere Beispiele von dichten Funktionensystemen sind von H. MÜNTZ[2] angegeben worden.

6. Ein Satz von H. Müntz über die Vollständigkeit von Potenzen. H. MÜNTZ[3] hat folgenden interessanten Satz angegeben: Die unendliche Folge der Potenzen $1, x^{\lambda_1}, x^{\lambda_2}, \ldots$ mit wachsenden positiven Exponenten ist im Intervall $0 \leqq x \leqq 1$ dann und nur dann vollständig, wenn $\sum_{\nu=1}^{\infty} 1/\lambda_\nu$ divergiert.

7. Der Fejérsche Summationssatz. Aus dem Weierstraßschen Approximationssatze zogen wir die Folgerung, daß jede stetige periodische Funktion durch trigonometrische Polynome gleichmäßig approximiert werden kann. Wir können solche Approximationspolynome in einfacher Weise auf Grund des folgenden von FEJÉR[4] entdeckten Satzes

---

[1] SZEGÖ, G.: Über dichte Funktionenfamilien, Berichte der sächs. Akad. d. Wiss. zu Leipzig. Bd. 78. 1926.

[2] MÜNTZ, H.: Dichte Funktionensysteme. Math. Zeitschrift Bd. 21. 1924.

[3] MÜNTZ, H.: Über den Approximationssatz von Weierstrass. Festschrift H. A. SCHWARZ 1914, S. 303. — SZÁSZ, O.: Über die Approximation stetiger Funktionen durch lineare Aggregate von Potenzen. Math. Ann. Bd. 77. 1926.

[4] FEJÉR, L.: Untersuchungen über Fouriersche Reihen. Math. Ann. Bd. 58. 1904.

gewinnen: *Ist $f(x)$ eine stetige periodische Funktion und sind $s_n(x)$ die Abschnitte ihrer Fourierreihe, so konvergiert die Folge der arithmetischen Mittel*

$$S_n(x) = \frac{s_1(x) + s_2(x) + \cdots + s_n(x)}{n} = \frac{2}{\pi n}\int_{-\pi}^{\pi} f(x+t)\left(\frac{\sin\frac{nt}{2}}{2\sin\frac{t}{2}}\right)^2 dt$$

gleichmäßig gegen $f(x)$.

Ein analoger Satz besteht für das Fouriersche Integral: Es sei $f(x)$ in jedem endlichen Teilgebiet stetig, und es existiere $\int_{-\infty}^{\infty}|f(x)|\,dx$; setzen wir

$$g(x) = \frac{1}{2\pi}\int_{-\infty}^{\infty} f(\xi)\, e^{-ix\xi}\, d\xi$$

und

$$s_T(x) = \int_{-T}^{T} g(t)\, e^{ixt}\, dt,$$

so konvergiert die Folge der arithmetischen Mittel

$$S_T(x) = \frac{1}{T}\int_0^T s_T(x)\, dT = \frac{2}{\pi T}\int_{-\infty}^{\infty} f(x+t)\left(\frac{\sin\frac{Tt}{2}}{t}\right)^2 dt$$

in jedem endlichen Teilgebiet gleichmäßig gegen $f(x)$. Insbesondere ist die Konvergenz im ganzen Intervall $-\infty < x < \infty$ gleichmäßig, wenn dort $f(x)$ gleichmäßig stetig ist.

8. Die Mellinschen Umkehrformeln[1]. Satz 1. Es sei $s = \sigma + ti$ eine komplexe Variable. Im Streifen $\alpha < \sigma < \beta$ sei die Funktion $f(s)$ regulär und daselbst $\int_{-\infty}^{\infty} |f(\sigma + ti)|\, dt$ konvergent; ferner strebe in jedem schmaleren Streifen $\alpha + \delta \leqq \sigma \leqq \beta - \delta$ ($\delta > 0$ beliebig fest) die Funktion $f(s)$ mit zunehmendem Absolutbetrag der Ordinate t gleichmäßig gegen Null. Setzt man dann für reelle positive x und festes σ

$$g(x) = \frac{1}{2\pi i}\int_{\sigma-\infty i}^{\sigma+\infty i} x^{-s} f(s)\, ds, \tag{38}$$

[1] Mellin, H.: Über den Zusammenhang zwischen den linearen Differential- und Differenzengleichungen. Acta math. Bd. 25, S. 139—164, insb. S. 156—162. 1902. — Fujiwara, M.: Über Abelsche erzeugende Funktionen und Darstellbarkeitsbedingungen von Funktionen durch Dirichletsche Reihen. Tôhoku math. J. Bd. 17, S. 363—383, insb. S. 379—383. 1920. — Hamburger, H.: Über die Riemannsche Funktionalgleichung der ζ-Funktion. (Erste Mitteilung.) Math. Ztschr. Bd. 10, S. 240—254, insb. S. 242—247. 1921.

so ist im Streifen $\alpha < \sigma < \beta$

$$f(s) = \int_0^\infty x^{s-1} g(x)\, dx. \tag{39}$$

Beweis. Zufolge der Voraussetzung der gleichmäßigen Konvergenz von $f(s)$ gegen Null für $\alpha + \delta \leqq \sigma \leqq \beta - \delta$ und $|t| \to \infty$ darf in (38) die Integrationsgerade verschoben werden; es hängt also $g(x)$ nicht von σ ab. Wählt man demnach zwei Abszissen σ_1 und σ_2, die der Bedingung $\alpha < \sigma_1 < \sigma < \sigma_2 < \beta$ genügen, so ist

$$\int_0^\infty x^{s-1} g(x)\, dx = \int_0^1 x^{s-1}\, dx \frac{1}{2\pi i} \int_{\sigma_1 - \infty i}^{\sigma_1 + \infty i} x^{-s_1} f(s_1)\, ds_1$$

$$+ \int_1^\infty x^{s-1}\, dx \frac{1}{2\pi i} \int_{\sigma_2 - \infty i}^{\sigma_2 + \infty i} x^{-s_2} f(s_2)\, ds_2 = J_1 + J_2.$$

In den Integralen darf die Reihenfolge der Integrationen vertauscht werden, da nach den Abschätzungen

$$|J_1| \leqq \frac{1}{2\pi} \int_{-\infty}^\infty |f(\sigma_1 + ti)|\, dt \int_0^1 x^{-1+(\sigma-\sigma_1)}\, dx,$$

$$|J_2| \leqq \frac{1}{2\pi} \int_{-\infty}^\infty |f(\sigma_2 + ti)|\, dt \int_1^\infty x^{-1+(\sigma-\sigma_2)}\, dx$$

absolute Konvergenz vorhanden ist. Dadurch entsteht

$$\int_0^\infty x^{s-1} g(x)\, dx = \frac{1}{2\pi i} \int_{\sigma_2 - \infty i}^{\sigma_2 + \infty i} \frac{f(s_2)}{s_2 - s}\, ds_2 - \frac{1}{2\pi i} \int_{\sigma_1 - \infty i}^{\sigma_1 + \infty i} \frac{f(s_1)}{s_1 - s}\, ds_1.$$

Die rechts stehende Differenz ist nach der Cauchyschen Integralformel gerade gleich $f(s)$. Denn die Integrale über horizontale Strecken zwischen den beiden Geraden $s = \sigma_1$ und $s = \sigma_2$ verschwinden für $|t| \to \infty$ wegen $f(s) \to 0$.

Satz 2. Für $x > 0$ sei $g(x)$ stückweise glatt, und für $\alpha < \sigma < \beta$ sei $\int_0^\infty x^{\sigma-1} g(x)\, dx$ absolut konvergent. Dann ergibt sich aus (39) die Umkehrung (38).

Beweis. Setzt man $x = e^u$, so wird

$$\frac{1}{2\pi i} \int_{\sigma - \infty i}^{\sigma + \infty i} x^{-s} f(s)\, ds = \frac{1}{2\pi i} \int_{-\infty}^\infty e^{-u(\sigma+ti)}\, dt \int_{-\infty}^\infty e^{v(\sigma+ti)} g(e^v)\, dv$$

$$= \frac{e^{-u\sigma}}{2\pi i} \int_{-\infty}^\infty dt \int_{-\infty}^\infty e^{it(v-u)} e^{v\sigma} g(e^v)\, dv.$$

Nach dem Fourierschen Integraltheorem (16) hat der letzte Ausdruck den Wert $e^{-u\sigma} e^{u\sigma} g(e^u) = g(x)$, womit alles bewiesen ist.

Beispiele zur Mellinschen Integraltransformation.

a) Es sei

$$g(x) = \begin{cases} 1 & \text{für } 0 < x < 1, \\ \frac{1}{2} & \;,,\; x = 1, \\ 0 & \;,,\; x > 1. \end{cases}$$

Da das Integral $\int_0^\infty x^{\sigma-1} g(x)\,dx$ für $\sigma > 0$ absolut konvergiert, folgt aus

$$f(s) = \int_0^\infty x^{s-1} g(x)\,dx = \frac{1}{s} \qquad (\sigma > 0)$$

umgekehrt

$$g(x) = \frac{1}{2\pi i} \int_{\sigma-\infty i}^{\sigma+\infty i} \frac{x^{-s}}{s}\,ds \qquad (\sigma > 0).$$

Diese Formel ist von Bedeutung für die Theorie der Dirichletschen Reihen.

b) Aus

$$\Gamma(s) = \int_0^\infty x^{s-1} e^{-x}\,dx \qquad (\sigma > 0)$$

erhält man

$$e^{-x} = \frac{1}{2\pi i} \int_{\sigma-\infty i}^{\sigma+\infty i} x^{-s} \Gamma(s)\,ds \qquad (\sigma > 0).$$

c) Die Formel

$$\Gamma(s)\,\zeta(s) = \int_0^\infty \frac{x^{s-1}}{e^x - 1}\,dx \qquad (\sigma > 1),$$

wobei $\zeta(s)$ die Riemannsche Zetafunktion bedeutet, liefert

$$\frac{1}{e^x - 1} = \frac{1}{2\pi i} \int_{\sigma-\infty i}^{\sigma+\infty i} x^{-s} \Gamma(s)\,\zeta(s)\,ds \qquad (\sigma > 1).$$

d) Die Umkehrung zu

$$\pi^{-\frac{s}{2}} \Gamma\left(\frac{s}{2}\right) \zeta(s) = \int_0^\infty x^{s-1} \sum_{\nu=1}^{\infty} e^{-\pi\nu^2 x}\,dx = \int_0^\infty x^{s-1} \frac{\vartheta(x) - 1}{2}\,dx \qquad (\sigma > 1)$$

lautet

$$\vartheta(x) = 1 + \frac{1}{\pi i} \int_{\sigma-\infty i}^{\sigma+\infty i} x^{-s} \pi^{-\frac{s}{2}} \Gamma\left(\frac{s}{2}\right) \zeta(s)\,ds \qquad (\sigma > 1).$$

Die Mellinsche Integraltransformation ist ein wichtiges Hilfsmittel der analytischen Zahlentheorie und tritt auch sonst in der Analysis oft auf.

9. Das Gibbssche Phänomen. Zeichnet man für eine stückweise glatte Funktion $f(x)$ die durch die Partialsummen ihrer Fourierschen Reihe gelieferten wellenlinienartig verlaufenden Approximationskurven auf, so zeigt sich, daß diese sich zwar in jedem die Sprungstellen von $f(x)$ ausschließenden Intervall, in dem die Fouriersche Reihe gleichmäßig konvergiert, mehr und mehr an die Kurve für $f(x)$ anschmiegen, daß aber in der unmittelbaren Umgebung der Sprungstellen, wo die Konvergenz nicht mehr gleichmäßig ist, Wellen vorhanden sind, welche der Sprungstelle näher und näher rücken und immer schmäler werden, für welche jedoch die Abweichung von der Kurve für $f(x)$ nicht nach Null konvergiert. Diese Erscheinung nennt man das *Gibbssche Phänomen*[1]. Um es genauer zu untersuchen, kann man sich nach den Ausführungen von § 5 auf die spezielle Fouriersche Reihe

$$\frac{\pi - x}{2} = \sum_{\nu=1}^{\infty} \frac{\sin \nu x}{\nu} \qquad (0 < x < 2\pi)$$

beschränken. Mit Hilfe der Formel

$$s_n(x) = \sum_{\nu=1}^{n} \frac{\sin \nu x}{\nu} = -\frac{x}{2} + \int_0^x \frac{\sin(n+\frac{1}{2})t}{2\sin\frac{1}{2}t}\,dt$$

läßt sich der Rest dieser Reihe in die Gestalt

$$r_n(x) = \sum_{\nu=n+1}^{\infty} \frac{\sin \nu x}{\nu} = \frac{\pi}{2} - \int_0^x \frac{\sin(n+\frac{1}{2})t}{2\sin\frac{1}{2}t}\,dt$$

oder

$$r_n(x) = \frac{\pi}{2} - \int_0^{(n+\frac{1}{2})x} \frac{\sin t}{t}\,dt + \varrho_n(x)$$

bringen, wobei zur Abkürzung

$$\varrho_n(x) = \int_0^x \frac{2\sin\frac{t}{2} - t}{2t\sin\frac{t}{2}} \sin(n+\tfrac{1}{2})t\,dt$$

geschrieben ist. Die Approximation wird, wie man durch Differentiation leicht erkennt, am schlechtesten in den Punkten

$$x_k = \frac{2k\pi}{2n+1} \qquad (k = 1, 2, \ldots, n),$$

in denen der Rest ein Maximum oder Minimum vom Betrage

$$r_n(x_k) = \frac{\pi}{2} - \int_0^{k\pi} \frac{\sin x}{x}\,dx + \varrho_n\left(\frac{2k\pi}{2n+1}\right)$$

---

[1] Diese Tatsache wurde von Gibbs ursprünglich auf rein empirischem Wege gefunden. Gibbs, J. W.: Fourier's series. Nature Bd. 59, S. 200, S. 606. 1898/99. — Papers Bd. 2, S. 258—260, London, New York und Bombay 1906.

erreicht. Mit wachsendem n strebt $\varrho_n\left(\frac{2k\pi}{2n+1}\right)$ für festes k nach Null. Es nähert sich also der Rest $r_n(x_k)$, d. h. die Abweichung der Approximationskurve von der Kurve $\frac{\pi - x}{2}$ in dem immer näher an die Sprungstelle heranrückenden Punkte x_k, dem Werte

$$\lim_{n\to\infty} r_n(x_k) = \frac{\pi}{2} - \int_0^{k\pi} \frac{\sin x}{x}\, dx.$$

Beispielsweise wird $\lim_{n\to\infty} r_n(x_1) \approx -0{,}2811$, d. h. die Approximationskurve schlägt über die darzustellende Kurve um etwa 9% der Sprunghöhe hinaus[1].

Ausdrücklich sei noch darauf hingewiesen, daß bei Approximation durch Fejérsche Mittel die Gibbssche Erscheinung nicht auftritt.

10. Ein Satz über die Gramsche Determinante. Ist G' ein Teilgebiet des Grundgebietes G, sind $\varphi_1, \varphi_2, \ldots, \varphi_n$ stückweise stetige Funktionen in G und ist Γ ihre Gramsche Determinante für G, Γ' die für G', so ist

$$\Gamma' \leqq \Gamma.$$

Der Beweis folgt unmittelbar aus der Maximum-Minimum-Eigenschaft der Eigenwerte. Es ist nämlich Γ das Produkt der charakteristischen Zahlen der quadratischen Form

$$K(t,t) = \int_G (t_1\varphi_1 + \cdots + t_n\varphi_n)^2\, dG,$$

Γ' das entsprechende Produkt für

$$K'(t,t) = \int_{G'} (t_1\varphi_1 + \cdots + t_n\varphi_n)^2\, dG,$$

und es ist offenbar

$$K'(t,t) \leqq K(t,t),$$

also auch jede charakteristische Zahl von $K'(t,t)$ nicht größer als die entsprechende bei $K(t,t)$.

Einen anderen Beweis kann man der folgenden Darstellung der Gramschen Determinante entnehmen, wobei wir der Kürze halber eine einzige unabhängige Veränderliche x im Grundgebiet $0 \leqq x \leqq 1$ voraussetzen:

[1] Bôcher, M.: Introduction to the theory of Fourier's series. Annals of math. Serie 2, Bd. 7, S. 81—152, insb. S. 123—132. 1906. — Runge, C.: Theorie und Praxis der Reihen, S. 170—182. Leipzig 1904. Für Verallgemeinerungen der Gibbsschen Erscheinung auf andere Orthogonalsysteme und insbesondere solche von mehreren Variablen vgl. Weyl, H.: Die Gibbssche Erscheinung in der Theorie der Kugelfunktionen. Rend. Circ. mat. Palermo Bd. 29, S. 308—323. 1910. — Über die Gibbssche Erscheinung und verwandte Konvergenzphänomene. Ib. Bd. 30, S. 377—407. 1910.

$$\Gamma = \left| \int_0^1 \varphi_i \varphi_k \, dx \right|$$

$$= \frac{1}{n!} \int_0^1 \int_0^1 \cdots \int_0^1 \begin{vmatrix} \varphi_1(x_1) & \varphi_1(x_2) & \dots & \varphi_1(x_n) \\ \varphi_2(x_1) & \varphi_2(x_2) & \dots & \varphi_2(x_n) \\ \cdot & \cdot & \cdot & \cdot \\ \varphi_n(x_1) & \varphi_n(x_2) & \dots & \varphi_n(x_n) \end{vmatrix}^2 dx_1 \, dx_2 \dots dx_n,$$

eine Darstellung, welche der Formel (45) aus Kap. I genau entspricht[1].

11. Anwendung des Lebesgueschen Integralbegriffes. Viele der Tatsachen und Zusammenhänge dieses Kapitels gewinnen wesentlich an Abrundung, wenn man statt des elementaren Riemannschen Integralbegriffes den von LEBESGUE formulierten zugrunde legt. Dazu hat man den vorliegenden Funktionenbereich zu dem aller im Lebesgueschen Sinne integrierbaren oder, wie man sagt, „*summablen*" Funktionen zu erweitern und die Grundtatsachen der Lebesgueschen Theorie anzuwenden. Die Lebesguesche Theorie geht aus vom Begriffe des Maßes einer Punktmenge $\mathfrak{M}$, die in einem endlichen Intervall liegen möge. Man denke sich sämtliche Punkte von $\mathfrak{M}$ irgendwie in eine abzählbare Menge von Intervallen eingebettet, wobei diese Intervalle einander teilweise überdecken dürfen. Es sei m die untere Grenze der Gesamtlänge solcher Intervalle; es sei ferner m' die entsprechende untere Grenze für die Punkte der Komplementärmenge $\mathfrak{M}'$, d. h. der Menge aller Punkte des gegebenen Intervalls, die nicht zu $\mathfrak{M}$ gehören. Falls $m + m'$ gleich der Länge des Intervalls ist, heißt die Menge $\mathfrak{M}$ *meßbar* und m ihr *Maß*. Nach dieser Definition hat jede abzählbare Menge das Maß Null (ist eine „Nullmenge"). Ist nun $f(x)$ eine im Intervall G $(a \leqq x \leqq b)$ definierte beschränkte Funktion, deren Funktionswerte einem Intervall J angehören, so teilen wir J in Teilintervalle $J_1, J_2, \dots, J_n$ ein; existiert für jedes Teilintervall J_j das Maß m_j der Punktmenge von G, in welcher $f(x)$ Werte aus J_j annimmt, so heißt $f(x)$ in G *meßbar*. Dann konvergiert die Summe $\sum_{j=1}^{n} m_j f_j$, in der f_j ein Wert von f aus J_j bedeutet, gegen einen bestimmten, von der speziellen Wahl des Grenzüberganges unabhängigen Grenzwert, sobald nur die Längen der Teilintervalle J_j gleichmäßig gegen Null streben. Dieser Grenzwert heißt das (*Lebesguesche*) *Integral* der Funktion $f(x)$ und wird ebenso wie das gewöhnliche Riemannsche Integral geschrieben, dessen naturgemäße Verallgemeinerung er ist. Für eine nur in einer Nullmenge von Null verschiedene Funktion ist das Integral stets Null. Wir können uns also in einer beliebigen Nullmenge, z. B. allen rationalen Punkten,

[1] Vgl. KNESER, A.: Zur Theorie der Determinanten. Festschr. H. A. SCHWARZ, S. 177—191. Berlin 1914, sowie KOWALEWSKI, G.: Determinanten.

den Funktionswert beliebig abgeändert denken, ohne den Wert des Integrals zu beeinflussen; dies zeigt, daß wir den Bereich der integrierbaren Funktionen mit der neuen Definition wesentlich erweitert haben. Eine im Lebesgueschen Sinne integrierbare Funktion bezeichnet man als *summabel*.

Der Lebesguesche Integralbegriff läßt sich auch auf Funktionen ausdehnen, die in dem betrachteten Gebiet nicht beschränkt sind. Hierzu erstrecke man die Integration zunächst auf diejenigen Teilgebiete, in denen $|f(x)| < N$ ist, und lasse sodann N über alle Grenzen wachsen. Wenn dabei der Grenzwert des Integrals existiert, so heißt er das Lebesguesche Integral über das Gesamtgebiet.

Für unsere Theorien sind folgende Konsequenzen von Wichtigkeit, die man auf der neugewonnenen Basis ziehen kann:

a) Lebesguesche Konvergenzsätze. Ist eine Folge $f_1(x)$, $f_2(x), \ldots$ von im Intervall $a \ldots b$ summablen Funktionen gegeben und konvergieren für jedes x des Intervalls die Funktionen $f_n(x)$ bei zunehmendem n gegen eine Funktion $F(x)$, so kann auch dann, wenn die Konvergenz nicht gleichmäßig ist, auf die Gleichung

$$\lim_{n \to \infty} \int f_n(x)\, dx = \int F(x)\, dx$$

geschlossen werden, sofern sämtliche Funktionen $f_n(x)$ absolut unterhalb einer festen, von n unabhängigen Schranke liegen.

Es genügt übrigens sogar, wenn die Ungleichung

$$|f_n(x)| < \varphi(x)$$

besteht, wobei $\varphi(x)$ eine feste, von n unabhängige summable Funktion ist.

Diese Sätze gestatten in vielen Fällen ungleichmäßiger Konvergenz, gliedweise Integration unendlicher Reihen zu rechtfertigen.

b) Mittlere Konvergenz. Die Funktionenfolge $f_1(x), f_2(x), \ldots$ bestehe aus Funktionen, die samt ihren Quadraten summabel seien, und es sei $\lim\limits_{\substack{n \to \infty \\ m \to \infty}} \int (f_n - f_m)^2\, dx = 0$. Man sagt dann, die Funktionenfolge $f_n(x)$ *konvergiert im Mittel*. Es gilt der Satz: Aus jeder derartigen Funktionenfolge läßt sich eine Teilfolge f_{n_i} herausgreifen, die bis auf eine Menge vom Maße Null gegen eine summable Funktion $f(x)$ konvergiert.

c) Satz von Fischer-Rieß[1]. Dieser Satz kann in zwei äquivalenten Fassungen ausgesprochen werden.

---

[1] Riesz, F.: Sur les systèmes orthogonaux de fonctions. C. R. Acad. sc. Paris Bd. 144, S. 615—619. 1907. — Über orthogonale Funktionensysteme. Nachr. Ges. Göttingen (math.-phys. Kl.), S. 116—122. 1907. — Fischer, E.: Sur la convergence en moyenne. C. R. Acad. sc. Paris. Bd. 144, S. 1022—1024. 1907.

Fassung von FISCHER. Die Funktionen $f_1(x)$, $f_2(x)$, ... seien mit ihren Quadraten summabel, und es sei $\lim_{\substack{n\to\infty\\ m\to\infty}} \int (f_n - f_m)^2 dx = 0$. Dann gibt es eine mit ihrem Quadrat summable Funktion $f(x)$, so daß $\lim_{n\to\infty} \int (f_n - f)^2 dx = 0$ gilt.

Fassung von RIESZ. Ist $\omega_1(x)$, $\omega_2(x)$, $\omega_3(x)$, ... ein beliebiges vorgegebenes orthogonales Funktionensystem und sind a_1, a_2, a_3, ... beliebige reelle Zahlen, für welche $\sum_{\nu=1}^{\infty} a_\nu^2$ konvergiert, so gibt es eine summable Funktion $f(x)$ mit summablem Quadrat, für welche $a_\nu = (f, \omega_\nu)$ ist. Durch diesen Satz werden die Zusammenhänge von § 1 als umkehrbar festgestellt, sobald man nur den Funktionenbereich und den Integralbegriff in unserem Sinne erweitert.

d) Vollständigkeit und Abgeschlossenheit von Funktionensystemen. Man nennt ein Funktionensystem *abgeschlossen*, wenn es keine zu allen Funktionen des Systems orthogonale normierte Funktion gibt; dabei wollen wir ein für allemal die Summierbarkeit der auftretenden Funktionen und ihrer Quadrate voraussetzen. Es gilt nun der Satz: Jedes abgeschlossene Funktionensystem ist vollständig und umgekehrt. In der Tat, ist etwa $f(x)$, abgesehen von einer Nullmenge, nicht gleich Null und orthogonal auf allen Funktionen des orthogonal angenommenen Systems $\omega_1(x)$, $\omega_2(x)$, ..., so ist $0 = \sum_{\nu=1}^{\infty} (f, \omega_\nu)^2 < \int f^2 dx$; also ist das Funktionensystem nicht vollständig. Ist umgekehrt das Funktionensystem unvollständig, so gibt es eine Funktion $f(x)$, so daß $\int f^2 dx - \sum_{\nu=1}^{\infty} a_\nu^2 > 0$ für $a_\nu = (f, \omega_\nu)$ ist; die Funktionen $f_n = f - \sum_{\nu=1}^{n} a_\nu \omega_\nu$ konvergieren dann nach dem Satze von FISCHER-RIESZ (Fassung von FISCHER) im Sinne mittlerer Konvergenz gegen eine Funktion $\varphi(x)$, die auf allen ω_ν orthogonal ist. Somit kann das System nicht abgeschlossen sein.

Literatur zum zweiten Kapitel.

Lehrbücher:

BOREL, E.: Leçons sur les fonctions de variables réelles et les développements en séries de polynomes. Paris 1905.

CARSLAW, H. S.: Introduction to the theory of Fourier's series and integrals. 2. Aufl. London 1921.

HEINE, E.: Handbuch der Kugelfunktionen 1 und 2. 2. Aufl. Berlin 1878 und 1881.

HILBERT, D.: Grundzüge einer allgemeinen Theorie der linearen Integralgleichungen. Leipzig 1912. (Als „Integralgleichungen" zitiert.)

HOBSON, E. W.: The theory of functions of a real variable and the theory of Fourier's series. Cambridge 1907.

LEBESGUE, H.: Leçons sur l'intégration et la recherche des fonctions primitives. Paris 1904. — Leçons sur les séries trigonométriques. Paris 1906.

WHITTAKER, E. T. and WATSON, G. N.: A course of modern analysis. 3. Aufl. Cambridge 1920.

Monographien und Abhandlungen:

BÔCHER, M.: Introduction to the theory of Fourier's series. Annals of math. Serie 2, Bd. 7, S. 81—152. 1906.

COURANT, R.: Über die Lösungen der Differentialgleichungen der Physik. Math. Ann. Bd. 85, S. 280—325. 1922. — Zur Theorie der linearen Integralgleichungen. Ib. Bd. 89, S. 161—178. 1923.

HILBERT, D.: Über das Dirichletsche Prinzip. Festschr. Ges. Göttingen 1901, Berlin 1901; wieder abgedruckt Math. Ann. Bd. 59, S. 161—186. 1904.

MONTEL, P.: Sur les suites infinies de fonctions. Ann. Éc. Norm. Serie 3, Bd. 24, S. 233—334. 1907.

SZEGÖ, G.: Beitrag zur Theorie der Polynome von Laguerre und Jacobi. Math. Zeitschr. Bd. 1, S. 341—356. 1918. — Über Orthogonalsysteme von Polynomen. Ib. Bd. 4, S. 139—157. 1919. — Über die Entwicklung einer willkürlichen Funktion nach den Polynomen eines Orthogonalsystems. Ib. Bd. 12, S. 61—94. 1922.

Drittes Kapitel.

Theorie der linearen Integralgleichungen.

§ 1. Vorbereitende Betrachtungen.

1. Bezeichnungen und Grundbegriffe. Es sei $K(s,t)$ eine im Gebiete $a \leqq s \leqq b$, $a \leqq t \leqq b$ definierte und dort stetige Funktion der beiden Variablen s und t, und es sei λ ein Parameter; ferner seien $f(s)$ und $\varphi(s)$ zwei im Intervalle $a \leqq s \leqq b$ stetige Funktionen der Variablen s, welche durch die Funktionalgleichung

$$f(s) = \varphi(s) - \lambda \int K(s,t)\,\varphi(t)\,dt \tag{1}$$

verknüpft sind. (Wir wollen ein für allemal daran festhalten, daß Integrale ohne weitere Bezeichnung des Integrationsgebietes immer über das oben gekennzeichnete „Grundgebiet" der Variablen zu erstrecken sind.) Durch die Funktionalgleichung (1), welche wir eine *lineare Integralgleichung zweiter Art* mit dem *Kern* $K(s,t)$ nennen wollen, wird jeder stetigen Funktion $\varphi(s)$ eine andere $f(s)$ zugeordnet, und zwar in linearer Weise, so daß einer linearen Kombination $c_1\varphi_1 + c_2\varphi_2$ die entsprechende Kombination $c_1 f_1 + c_2 f_2$ zugehört. Wir werden uns hier vorzugsweise mit der Auflösung der Integralgleichung beschäftigen, d. h. mit der Frage nach der Bestimmung von $\varphi(s)$, wenn $f(s)$ gegeben ist. Dabei setzen wir, sofern nicht ausdrücklich das Gegenteil gesagt ist, voraus, daß alle vorkommenden Größen reell sind.

Wenn die Funktion $f(s)$ identisch verschwindet, so sprechen wir von einer *homogenen Integralgleichung*; falls diese außer der trivialen Lösung $\varphi = 0$ noch eine andere Lösung φ besitzt, kann man diese nichttriviale Lösung mit einem beliebigen konstanten Faktor multiplizieren und also auch normiert annehmen. Mit verschiedenen Lösungen $\varphi_1, \varphi_2, \ldots$ der homogenen Gleichung sind zugleich alle linearen Kombinationen $c_1\varphi_1 + c_2\varphi_2 + \cdots$ Lösungen. Mehrere voneinander linear unabhängige solche Lösungen dürfen wir daher und wollen wir uns stets als normiert und orthogonal zueinander vorstellen, da wir sie sonst vorher dem im Kapitel II § 1 beschriebenen Orthogonalisierungsverfahren unterwerfen können, ohne daß sie aufhören, Lösungen zu sein. Einen Wert λ, für welchen die homogene Integralgleichung von Null verschiedene Lösungen besitzt, nennen wir einen *Eigenwert* des Kernes, zugehörige, als zueinander orthogonal anzunehmende

Lösungen $\varphi_1, \varphi_2, \ldots$ *Nullösungen* oder *Eigenfunktionen* des Kernes für den Eigenwert λ. Ihre Anzahl ist beschränkt. Denn nach der Besselschen Ungleichung (Kap. II, § 1), angewandt auf den Kern $K(s, t)$ und die orthogonalen und normierten Funktionen $\varphi_1, \varphi_2, \ldots, \varphi_h$, gilt

$$\lambda^2 \int K(s,t)^2\, dt \geqq \lambda^2 \sum_{i=1}^{h} \left[\int K(s,t)\, \varphi_i(t)\, dt\right]^2 = \sum_{i=1}^{h} \varphi_i(s)^2,$$

also nach Integration über s

$$\lambda^2 \iint K(s,t)^2\, ds\, dt \geqq h,$$

womit für h eine Schranke gewonnen ist. Wir können sagen: *Jeder Eigenwert besitzt eine endliche Vielfachheit* (d. h. Anzahl von linear unabhängigen Lösungen).

Unsere Integralgleichung stellt sich, wie sich in § 6 zeigen wird, als sinngemäße Verallgemeinerung des Problems der linearen Algebra dar, welches wir in Kap. I, § 2 behandelt haben. Ihre Bedeutung für die mathematische Analysis besteht unter anderem darin, daß viele sonst getrennte Betrachtungen durch sie unter einen einheitlichen Gesichtspunkt gebracht werden.

2. Quellenmäßig dargestellte Funktionen. Das für die Integralgleichung (1) typische Glied wird durch ein Integral der Form

$$g(s) = \int K(s,t)\, h(t)\, dt \tag{2}$$

gegeben. Wir sagen, daß eine durch (2) gegebene Funktion g vermöge der Funktion h und des Kernes K *quellenmäßig* dargestellt ist.

Wenn $h(t)$ stückweise stetig ist, so ist $g(s)$ gewiß stetig; es gilt aber noch mehr. Ist nämlich $\int h(t)^2\, dt \leqq M$, wo M eine feste Schranke bedeutet, so sind die durch (2) ausgedrückten Funktionen in ihrer Gesamtheit gleichgradig stetig, d. h. es gibt unabhängig von der speziellen Funktion $h(t)$ zu jedem positiven ε eine positive Zahl $\delta(\varepsilon)$ derart, daß aus $|\eta| < \delta$ die Beziehung $|g(s+\eta) - g(s)| < \varepsilon$ folgt. (Vgl. Kap. II, § 2.) In der Tat wird infolge der Schwarzschen Ungleichung

$$[g(s+\eta) - g(s)]^2 \leqq M \int [K(s+\eta, t) - K(s,t)]^2\, dt,$$

woraus sich wegen der gleichmäßigen Stetigkeit des Kernes sofort die Behauptung ergibt; denn es besteht unabhängig von t die Ungleichung

$$|K(s+\eta, t) - K(s,t)| < \sigma$$

mit beliebig kleinem σ, sobald nur η hinreichend klein ist.

Ferner gilt bei gegebenem $h(t)$, wenn gleichmäßig

$$\lim_{n\to\infty} K_n(s,t) = K(s,t)$$

ist, die Relation

$$g(s) = \lim_{n\to\infty} \int K_n(s,t)\, h(t)\, dt$$

im Sinne gleichmäßiger Konvergenz in s, da man den Grenzübergang unter dem Integralzeichen ausführen kann. Also folgt nunmehr, daß alle Funktionen der Form

$$g_n(s) = \int K_n(s,t)\, h(t)\, dt, \qquad g(s) = \int K(s,t)\, h(t)\, dt$$

für alle betrachteten Funktionen $h(t)$ gleichgradig stetig sind, sobald $\int h^2 dt \leqq M$ bleibt. Ebenso sind alle diese Funktionen gleichmäßig beschränkt, d. h. sie liegen alle absolut genommen unterhalb einer gemeinsamen Schranke. Dies folgt sofort vermöge der Schwarzschen Ungleichung:

$$g_n(s)^2 \leqq M \int [K_n(s,t)]^2\, dt \quad \text{bzw.} \quad g(s)^2 \leqq M \int [K(s,t)]^2\, dt.$$

3. Ausgeartete Kerne. Einen Kern, welcher sich als eine endliche Summe von Produkten je einer Funktion von s mit einer Funktion von t darstellen läßt:

$$A(s,t) = \sum_{i=1}^{p} \alpha_i(s)\, \beta_i(t), \tag{3}$$

nennen wir einen *ausgearteten Kern.* Dabei können wir annehmen, daß die Funktionen $\alpha_i(s)$ und die Funktionen $\beta_i(t)$ je voneinander linear unabhängig sind, weil wir sonst eine dieser Funktionen durch die anderen linear ausdrücken und so zu einer Darstellung von $A(s,t)$ als Summe von weniger als p Produkten der obigen Gestalt gelangen könnten. Der Satz von der Möglichkeit der gleichmäßigen Approximation einer stetigen Funktion $K(s,t)$ durch Polynome (vgl. Kap. II, § 4) lehrt uns, daß wir den Kern $K(s,t)$ durch einen ausgearteten Kern gleichmäßig beliebig genau approximieren können; denn jedes Polynom in s und t stellt offenbar einen ausgearteten Kern dar.

Ein ausgearteter Kern $A(s,t)$ läßt sich folgendermaßen noch in eine andere, oft bequeme Gestalt umformen. Wir denken uns die $2p$ Funktionen von s: $\alpha_1(s), \alpha_2(s), \ldots, \alpha_p(s)$; $\beta_1(s), \beta_2(s), \ldots, \beta_p(s)$ durch ein System von normierten orthogonalen Funktionen $\omega_1(s), \omega_2(s), \ldots, \omega_q(s)$ linear ausgedrückt, was wir stets durch Orthogonalisieren der gegebenen Funktionen erreichen können. Dann erscheint $A(s,t)$ in Form einer Doppelsumme

$$A(s,t) = \sum_{i,j=1}^{q} c_{ij}\, \omega_i(s)\, \omega_j(t). \tag{4}$$

Die Produkte $\omega_i(s)\,\omega_j(t)$ bilden ein System von q^2 Funktionen von s und t im Quadrat $a \leqq s \leqq b$, $a \leqq t \leqq b$, welche ebenfalls alle zueinander orthogonal, also linear unabhängig sind. Ist $A(s,t)$ *symmetrisch,* d. h. gilt identisch $A(s,t) = A(t,s)$, so ist $\sum_{i,j=1}^{q} (c_{ij} - c_{ji})\, \omega_i(s)\, \omega_j(t) = 0$, was wegen der linearen Unabhängigkeit der Produkte $\omega_i(s)\,\omega_j(t)$ bedeutet $c_{ij} = c_{ji}$.

Ein symmetrischer Kern $K(s,t)$ läßt sich immer durch symmetrische ausgeartete Kerne $A(s,t)$ gleichmäßig approximieren. Um das einzusehen, braucht man nur $A(s,t)$ nötigenfalls durch die Funktion $\frac{1}{2}[A(s,t)+A(t,s)]$ zu ersetzen, welche zugleich mit $A(s,t)$ den symmetrischen Kern $K(s,t)$ gleichmäßig approximiert.

§ 2. Die Fredholmschen Sätze für ausgeartete Kerne.

Die Hauptsätze der allgemeinen Theorie der Integralgleichungen, welche zuerst von FREDHOLM[1] bewiesen worden sind, entsprechen völlig den Hauptsätzen aus der Theorie der linearen Gleichungen und lassen sich folgendermaßen aussprechen:

Die Integralgleichung

$$f(s) = \varphi(s) - \lambda \int K(s,t)\,\varphi(t)\,dt \tag{1}$$

besitzt bei festem λ entweder für jede beliebige stetige Funktion $f(s)$ eine und nur eine stetige Lösung $\varphi(s)$, insbesondere die Lösung $\varphi = 0$ für $f = 0$; oder aber die zugehörige homogene Gleichung

$$\psi(s) = \lambda \int K(s,t)\,\psi(t)\,dt \tag{5}$$

besitzt eine positive endliche Anzahl r voneinander linear unabhängiger Lösungen $\psi_1, \psi_2, \ldots, \psi_r$. Im ersten Falle hat auch die zu (1) gehörige „transponierte" Integralgleichung

$$g(s) = \varphi(s) - \lambda \int K(t,s)\,\varphi(t)\,dt \tag{6}$$

stets eine eindeutig bestimmte Lösung; im zweiten Falle hat die transponierte homogene Gleichung

$$\chi(s) = \lambda \int K(t,s)\,\chi(t)\,dt \tag{7}$$

ebenfalls r voneinander linear unabhängige Lösungen $\chi_1, \chi_2, \ldots, \chi_r$, und die unhomogene Integralgleichung (1) ist dann und nur dann lösbar, wenn die gegebene Funktion $f(s)$ den r Bedingungen

$$(f, \chi_i) = \int f(s)\,\chi_i(s)\,ds = 0 \qquad (i = 1, 2, \ldots, r) \tag{8}$$

genügt. Die Lösung von (1) ist in diesem Falle nur bis auf eine willkürliche additive lineare Kombination $c_1\psi_1 + \cdots + c_r\psi_r$ bestimmt; sie kann durch die Forderungen

$$(\varphi, \psi_i) = \int \varphi(s)\,\psi_i(s)\,ds = 0 \qquad (i = 1, 2, \ldots, r)$$

eindeutig festgelegt werden.

Wir wollen diese Sätze zunächst für den Fall beweisen, daß der Kern $K(s,t) = A(s,t)$ ausgeartet ist und durch die Gleichung (3) dargestellt wird. In diesem Fall reduziert sich die Theorie unserer Integralgleichung fast unmittelbar auf die eines linearen Gleichungssystems

[1] FREDHOLM, I.: Sur une classe d'équations fonctionnelles. Acta math. Bd. 27, S. 365–390. 1903.

von p Gleichungen mit p Unbekannten. Schreiben wir nämlich die Integralgleichung in der Form

$$f(s) = \varphi(s) - \lambda \sum_{i=1}^{p} \alpha_i(s) \int \beta_i(t)\, \varphi(t)\, dt, \tag{9}$$

setzen $x_i = (\beta_i, \varphi)$, multiplizieren sodann (9) mit $\beta_j(s)$ und integrieren nach s, so erhalten wir für die Größen x_i das Gleichungssystem

$$f_j = x_j - \lambda \sum_{i=1}^{p} c_{ji} x_i \qquad (j = 1, 2, \ldots, p), \tag{10}$$

wobei $f_j = (\beta_j, f)$ und $c_{ji} = (\beta_j, \alpha_i)$ gesetzt ist. Besitzt dieses Gleichungssystem eine und nur eine Lösung $x_1, x_2, \ldots, x_p$, so ist die Funktion $\varphi(s) = f(s) + \lambda \sum_{i=1}^{p} x_i \alpha_i(s)$ sicher eine Lösung der Integralgleichung, wie man unmittelbar bestätigt, wenn man diese Funktion in die Integralgleichung einträgt und die Gleichungen (10) berücksichtigt. Ist $y_1, y_2, \ldots, y_p$ die alsdann ebenfalls vorhandene Lösung des transponierten Systems

$$g_j = y_j - \lambda \sum_{i} c_{ji} y_i, \tag{11}$$

so ist $\varphi(s) = g(s) + \lambda \sum_{i} y_i \beta_i(s)$ eine Lösung der transponierten Integralgleichung (6). Ist dagegen $x_1, x_2, \ldots, x_p$ eine nichttriviale Lösung des homogenen Gleichungssystems

$$0 = x_j - \lambda \sum_{i=1}^{p} c_{ji} x_i \qquad (j = 1, 2, \ldots, p), \tag{12}$$

so erhalten wir in $\psi(s) = \lambda \sum_{i=1}^{p} x_i \alpha_i(s)$ eine nichttriviale Lösung der homogenen Integralgleichung (5). Zwei linear unabhängige Lösungen $x_1, x_2, \ldots, x_p$ und $x_1', x_2', \ldots, x_p'$ der homogenen Gleichungen (12) ergeben offenbar zwei linear unabhängige Lösungen $\psi(s) = \lambda \sum_{i=1}^{p} x_i \alpha_i(s)$ und $\psi'(s) = \lambda \sum_{i=1}^{p} x_i' \alpha_i(s)$ und umgekehrt.

Das Vorhandensein von r linear unabhängigen Lösungen $\psi_1, \psi_2, \ldots, \psi_r$ von (5) und somit von r unabhängigen Lösungssystemen von (12) ist aber gleichbedeutend mit dem Vorhandensein von ebenso vielen linear unabhängigen Lösungen $y_{l1}, y_{l2}, \ldots, y_{lp}$ $(l = 1, 2, \ldots, r)$ des transponierten Gleichungssystems

$$g_j = y_j - \lambda \sum_{i=1}^{p} c_{ij} y_i \qquad (j = 1, 2, \ldots, p) \tag{13}$$

für $g_j = 0$ und somit von r linear unabhängigen Lösungen

$$\chi_1(s), \chi_2(s), \ldots, \chi_r(s)$$

der transponierten homogenen Integralgleichung (7), wobei

(14) $$\chi_l(s) = \lambda \sum_{j=1}^{p} y_{lj} \beta_j(s)$$

ist. Nun lehren die Sätze der Gleichungstheorie, daß im Falle $r = 0$ die Gleichungen (10), also auch (13) und (6), stets eindeutig lösbar sind, daß aber im Falle $r > 0$ zur Lösbarkeit der unhomogenen Gleichung (10) und damit der Integralgleichung (5) für die f_j die Bedingungen

(15) $$\sum_{j=1}^{p} f_j y_{lj} = 0 \qquad (l = 1, 2, \ldots, r)$$

hinreichend und notwendig sind. Vermöge der Definition von y_{lj} und f_j gehen diese Bedingungen sofort über in

(16) $$(f, \chi_l) = 0 \qquad (l = 1, 2, \ldots, r).$$

Damit sind die Fredholmschen Sätze für unseren Fall vollständig bewiesen.

§ 3. Die Fredholmschen Sätze für einen beliebigen Kern.

Um auf Grund der letzten Ergebnisse die Integralgleichung mit einem beliebigen Kern $K(s, t)$ behandeln zu können, benutzen wir den Konvergenzsatz aus § 2 des vorigen Kapitels.

Wir denken uns $K(s, t)$ gleichmäßig durch eine Folge $A_1(s, t)$, $A_2(s, t), \ldots, A_n(s, t), \ldots$ von ausgearteten Kernen approximiert und betrachten zugleich mit der Integralgleichung (1) die approximierenden Integralgleichungen

(17) $$f(s) = \varphi(s) - \lambda \int A_n(s, t)\, \varphi(t)\, dt.$$

Dann sind (bei festem λ) zwei Fälle möglich.

Fall I: Die Gleichung (17) besitzt bei jedem $f(s)$ für unendlich viele n (wir dürfen dann übrigens unter Weglassung nicht passender Approximationsgleichungen und Umnumerierung sogar annehmen: für alle n) eine Lösung $\varrho_n(s)$, und für diese bleibt $(\varrho_n, \varrho_n) = c_n^2 \leqq M$, unter M eine von n unabhängige Schranke verstanden.

Fall II: Die obige Annahme trifft nicht zu. Dann ist für ein passendes $f(s)$ entweder

a) zwar für unendlich viele n (wir können annehmen: für alle n) eine Lösung $\varrho_n(s)$ vorhanden; es gilt jedoch $(\varrho_n, \varrho_n) = c_n^2 \underset{n \to \infty}{\to} \infty$, oder

b) es existiert eine solche Lösung überhaupt nur für endlich viele n (wir dürfen wieder annehmen: für gar kein n), und es besitzt daher — auf Grund der für ausgeartete Kerne gültigen Fredholmschen Sätze — die homogene Integralgleichung

(18) $$0 = \varphi(s) - \lambda \int A_n(s, t)\, \varphi(t)\, dt$$

eine normierte Lösung $\sigma_n(s)$ für alle n.

Im Falle I werden die Funktionen $\varrho_n(s) - f(s)$ quellenmäßig durch die Kerne $A_n(s, t)$ dargestellt; dabei sind die dargestellten Funktionen nach § 1 gleichmäßig beschränkt und gleichgradig stetig, und die Funktionen $\varrho_n(s)$ definieren daher nach unserem Konvergenzprinzip als Limes einer gleichmäßig konvergenten Teilfolge eine stetige Grenzfunktion $\varphi(s)$. Indem wir erlaubterweise den Grenzübergang in der Integralgleichung (17) direkt vornehmen, erkennen wir für diese Grenzfunktion $\varphi(s)$ das Bestehen der Integralgleichung (1); diese Integralgleichung ist also im Falle I für jedes $f(s)$ auflösbar.

Im Falle IIa) dividieren wir die Integralgleichung (17) für $\varphi = \varrho_n$ durch c_n und setzen $\frac{\varrho_n}{c_n} = \sigma_n$, so daß die Gleichung

$$\frac{f(s)}{c_n} = \sigma_n(s) - \lambda \int A_n(s,t)\, \sigma_n(t)\, dt$$

gilt; im Falle IIb) beachten wir das Bestehen der Gleichung (18) für $\varphi = \sigma_n$. Beide Male ist jedenfalls σ_n normiert; somit sind wiederum die quellenmäßig dargestellten Funktionen $\sigma_n(s) - \frac{f(s)}{c_n}$ bzw. $\sigma_n(s)$ gleichgradig stetig und gleichmäßig beschränkt, definieren mithin als gleichmäßigen Limes einer Teilfolge eine Grenzfunktion $\psi(s)$, welche notwendigerweise der homogenen Integralgleichung

$$\psi(s) = \lambda \int K(s,t)\, \psi(t)\, dt \tag{5}$$

genügt und normiert ist. Im Falle II besitzt also die homogene Integralgleichung nichttriviale Lösungen, die wir gemäß der Festsetzung auf S. 96f. als Nullösungen oder Eigenfunktionen bezeichnen.

Um hieraus die in § 2 formulierten Fredholmschen Sätze abzuleiten, erinnern wir uns an die Bemerkung in § 1, daß es zu jedem Wert von λ nur eine endliche Anzahl r von linear unabhängigen Nullösungen geben kann. Für $r = 0$ kann offenbar der obige Fall II nicht eintreten, da er stets zu einer normierten Lösung von (5) führt; also befinden wir uns im Falle I, d. h. für jede linke Seite $f(s)$ besitzt die Integralgleichung (1) eine Lösung; diese Lösung ist eindeutig bestimmt, weil eine nicht verschwindende Differenz zweier Lösungen eine nichttriviale Lösung von (5) entgegen der Voraussetzung ergeben würde. Damit ist der erste Fredholmsche Satz bewiesen.

Es sei zweitens $r > 0$ und $\psi_1, \ldots, \psi_r$ zueinander orthogonale normierte Lösungen von (5); dann gilt wegen $A_n \rightarrow K$ * für die Funktionen

$$\delta_{n,i}(s) = \psi_i(s) - \lambda \int A_n(s,t)\, \psi_i(t)\, dt$$

$$(i = 1, 2, \ldots, r; \; n = 1, 2, 3, \ldots)$$

die Relation $\delta_{n,i}(s) \Rightarrow 0$ bei $n \to \infty$.

* Wir benutzen gelegentlich das Zeichen $\to$ als Abkürzung für Konvergenz. Soll analog die Gleichmäßigkeit des Grenzüberganges zum Ausdruck gebracht werden, so bedienen wir uns des Doppelpfeiles $\Rightarrow$.

Setzen wir nun

$$A'_n(s,t) = A_n(s,t) + \frac{1}{\lambda}\sum_{i=1}^{r} \delta_{n,i}(s)\,\psi_i(t)\,,$$

so sind die $A'_n(s,t)$ ausgeartete Kerne, welche den Kern $K(s,t)$ gleichmäßig approximieren. Diese Kerne $A'_n(s,t)$ besitzen, wie man sofort sieht, sämtlich die r Funktionen $\psi_i(s)$ zu Nullösungen.

Mehr linear unabhängige Nullösungen können bei hinreichend großem n nicht auftreten; denn wäre $\psi_{r+1,n}(s)$ eine Folge solcher Nullösungen, die wir als normiert und auf $\psi_1, \psi_2, \ldots, \psi_r$ orthogonal annehmen dürfen, so würden wir auf Grund unseres Konvergenzprinzipes eine auf $\psi_1, \overline{\psi}_2, \ldots, \psi_r$ orthogonale, also von diesen Funktionen linear unabhängige Nullösung von (5) erhalten, entgegen der Voraussetzung, daß r die genaue Anzahl der linear unabhängigen Nullösungen sein sollte.

Zufolge der Gültigkeit der Fredholmschen Sätze für ausgeartete Kerne besitzen auch die homogenen transponierten Integralgleichungen

$$\chi(s) = \lambda\int A'_n(t,s)\,\chi(t)\,dt \tag{19}$$

für hinreichend große n ebenfalls genau r linear unabhängige, normiert und zueinander orthogonal wählbare Nullösungen $\chi_{i,n}(s)$ $(i = 1, 2, \ldots, r)$. Da die ausgearteten Kerne $A'_n(t,s)$ gleichmäßig gegen den Kern $K(t,s)$ konvergieren, so erhalten wir auch für diesen r zueinander orthogonale Nullösungen $\chi_1(s), \chi_2(s), \ldots$, indem wir auf Grund unseres Konvergenzprinzips den Grenzübergang mit Hilfe der gleichgradig stetigen und gleichmäßig beschränkten Funktionen $\chi_{i,n}(s)$ vornehmen. Mehr als r unabhängige Lösungen kann die transponierte Integralgleichung

$$\chi(s) = \lambda\int K(t,s)\,\chi(t)\,dt \tag{20}$$

jedoch nicht haben, da sonst rückwärts auch die Existenz von mehr als r Lösungen von (5) folgen würde.

Endlich beachten wir, daß für die Lösbarkeit der Integralgleichung (1) im Falle $r > 0$ sicherlich die Bedingungen

$$(f, \chi_i) = \int f(s)\,\chi_i(s)\,ds = 0 \qquad (i = 1, 2, \ldots, r) \tag{21}$$

notwendig sind, wie man unmittelbar einsieht, wenn man (1) mit $\chi_i(s)$ multipliziert, integriert und dann rechts unter Beachtung von (20) die Integrationsfolge umkehrt. Um die Bedingungen (21) als hinreichend zu erkennen, beschränken wir uns — sofern dies nötig ist — auf solche Indizes n, für welche $\lim\limits_{n\to\infty}\chi_{i,n}(s) = \chi_i(s)$ $(i = 1, 2, \ldots, r)$ gilt, und bilden mit den wegen (21) mit wachsendem n gegen Null konvergierenden Zahlen $\varepsilon_{i,n} = (f, \chi_{i,n})$ die Funktionen $f_n(s) = f(s) - \sum\limits_{i=1}^{r} \varepsilon_{i,n}\chi_{i,n}(s)$.

Es ist $(f_n, \chi_{i,n}) = 0$ $(i = 1, 2, \ldots, r)$. Also besitzt die Integralgleichung

$$(22) \qquad f_n(s) = \varphi(s) - \lambda \int A_n'(s,t)\,\varphi(t)\,dt$$

wegen der Gültigkeit der Fredholmschen Sätze für ausgeartete Kerne sicher eine zu $\psi_1(s), \psi_2(s), \ldots, \psi_r(s)$ orthogonale Lösung $\varrho_n(s)$. Mit diesen Lösungen $\varrho_n(s)$ müssen wir uns im Falle I befinden, weil sie andernfalls zu einer auf $\psi_1(s), \psi_2(s), \ldots, \psi_r(s)$ orthogonalen Lösung von (5) führen würden, was nach Voraussetzung unmöglich ist. Also können wir auf Grund des Konvergenzprinzips wieder den Grenzübergang in der Integralgleichung ausführen und wegen $f_n(s) \Rightarrow f(s)$ auf die Lösbarkeit von (1) schließen. Hiermit sind die sämtlichen Fredholmschen Sätze für unseren Kern $K(s,t)$ bewiesen.

Ob es überhaupt Fälle gibt, in denen die homogene Gleichung nichttriviale Lösungen besitzt, ist eine Frage, die für symmetrische Kerne im folgenden beantwortet wird.

§ 4. Die symmetrischen Kerne und ihre Eigenwerte.

Entsprechend den Verhältnissen bei den bilinearen Formen in Kap. I ist auch bei den Integralgleichungen der Fall einer weitergehenden Behandlung zugänglich, daß der Kern $K(s,t)$ symmetrisch ist, d. h. der Relation

$$(23) \qquad K(s,t) = K(t,s)$$

genügt. Die Integralgleichung wird dann mit ihrer transponierten identisch. Bei einer derartigen symmetrischen Integralgleichung werden wir uns vor allem die Frage stellen, für welche Werte des Parameters λ die homogene Integralgleichung (5) eine nicht triviale (normierte) Lösung besitzt. Diese Parameterwerte $\lambda = \lambda_i$ und die zugehörigen Funktionen heißen, wie schon erwähnt, die Eigenwerte bzw. Eigenfunktionen des Kernes $K(s,t)$. Analog zu den Entwicklungen von Kap. I, § 3 wollen wir nun den Satz beweisen: *Jeder symmetrische, nicht identisch verschwindende stetige Kern besitzt Eigenwerte und Eigenfunktionen; diese sind dann und nur dann in unendlicher, und zwar abzählbarer Anzahl vorhanden, wenn der Kern nicht ausgeartet ist. — Alle Eigenwerte eines reellen symmetrischen Kernes sind selbst reell.*

1. Existenz eines Eigenwertes bei einem symmetrischen Kern. Wir beweisen zunächst die Existenz eines Eigenwertes. Zu diesem Zwecke betrachten wir die „*quadratische Integralform*"

$$(24) \qquad J(\varphi,\varphi) = \iint K(s,t)\,\varphi(s)\,\varphi(t)\,ds\,dt,$$

welche hier die Stelle der quadratischen Form von Kap. I vertritt; φ bedeutet dabei irgendeine im Grundgebiet stetige oder stückweise stetige Funktion. Wegen der Schwarzschen Ungleichung haben wir

$$J(\varphi,\varphi)^2 \leqq (\varphi,\varphi)^2 \iint K^2(s,t)\,ds\,dt.$$

Also ist $J(\varphi, \varphi)$ selbst absolut genommen beschränkt, wenn wir fordern, daß

$$(\varphi, \varphi) = 1 \tag{25}$$

ist. Die Integralform ist dann und nur dann für alle zugelassenen Funktionen φ Null, wenn der Kern selbst identisch verschwindet. Führen wir nämlich die „*bilineare Integralform*"

$$J(\varphi, \psi) = J(\psi, \varphi) = \iint K(s, t)\, \varphi(s)\, \psi(t)\, ds\, dt \tag{26}$$

ein und beachten wir, daß die Umformung

$$J(\varphi + \psi, \varphi + \psi) = J(\varphi, \varphi) + 2J(\varphi, \psi) + J(\psi, \psi) \tag{27}$$

gilt, so folgt zunächst aus dem identischen Verschwinden der quadratischen auch das der bilinearen Integralform. Setzen wir nun in (26) speziell $\psi(t) = \int K(s, t)\, \varphi(s)\, ds$, so ergibt sich $\int \left(\int K(s,t)\, \varphi(s)\, ds\right)^2 dt = 0$, also $\int K(s, t)\, \varphi(s)\, ds = 0$ bei beliebigem $\varphi(s)$; wenn wir $\varphi(s)$ für ein bestimmtes t gleich $K(s, t)$ wählen, erhalten wir die gewünschte identische Gleichung $K(s, t) = 0$.

Hat ein Kern die Eigenschaft, daß $J(\varphi, \varphi)$ nur positive bzw. nur negative Werte annehmen kann (wenn nicht $\varphi \equiv 0$ ist), so heißt er *positiv* bzw. *negativ definit*. Andernfalls heißt er *indefinit*.

Unter der Voraussetzung, daß J positiver Werte fähig ist, stellen wir uns das Maximumproblem, eine normierte Funktion $\varphi(s)$ zu finden, für welche $J(\varphi, \varphi)$ einen möglichst großen Wert annimmt. Wegen der Beschränktheit der Werte von $J(\varphi, \varphi)$ gibt es sicher eine obere Grenze $\varkappa_1 = 1/\lambda_1$ für die Werte der Integralform $J(\varphi, \varphi)$; gezeigt werden soll, daß diese positive obere Grenze für eine geeignete Funktion $\varphi(s)$ wirklich erreicht wird. Dazu denken wir uns den Kern $K(s, t)$ durch ausgeartete symmetrische Kerne

$$A_n(s, t) = \sum_{i, k=1}^{q_n} c_{ik}^{(n)}\, \omega_i(s)\, \omega_k(t), \qquad c_{ik}^{(n)} = c_{ki}^{(n)}$$

der am Schluß von § 1 beschriebenen Gestalt gleichmäßig approximiert. Das dem obigen entsprechende Maximumproblem für die Integralformen $J_n(\varphi, \varphi) = \iint A_n(s, t)\, \varphi(s)\, \varphi(t)\, ds\, dt$ unter der Nebenbedingung (25) erweist sich als gleichbedeutend mit dem entsprechenden Problem für eine quadratische Form von q_n Veränderlichen. Setzen wir nämlich

$$(\varphi, \omega_i) = x_i \quad (i = 1, 2, \ldots, q_n),$$

so wird

$$J_n(\varphi, \varphi) = \sum_{i, k=1}^{q_n} c_{ik}^{(n)}\, x_i\, x_k \tag{28}$$

eine quadratische Form in $x_1, x_2, \ldots, x_{q_n}$, welche zu einem Maximum zu machen ist, während die Nebenbedingung (25) besteht. Nun ist nach der Besselschen Ungleichung in Kap. II, § 1, 3, wenn wir sie auf $\varphi(s)$ und das orthogonale Funktionensystem $\omega_1(s)$, $\omega_2(s)$, ..., $\omega_{q_n}(s)$ anwenden,

$$(\varphi, \varphi) \geqq \sum_{i=1}^{q_n} x_i^2;$$

die Variablen in der Form (28) sind also sicherlich der Bedingung $\sum_{i=1}^{q_n} x_i^2 \leqq 1$ unterworfen, und daher wird das Maximum der Form angenommen, wenn $\sum_{i=1}^{q_n} x_i^2 = 1$ ist, da man sonst durch Multiplikation mit einem geeigneten Faktor den Wert von $J_n(\varphi, \varphi)$ vergrößern könnte. Wir sehen also, daß wir genau die Fragestellung der Hauptachsentransformation aus Kap. I, § 3 vor uns haben. Das Maximum der Form wird danach angenommen für ein Wertsystem $x_1, x_2, \ldots, x_{q_n}$, für welches überdies die Gleichungen

$$\sum_{k=1}^{q_n} c_{ik}^{(n)} x_k = \varkappa_{1n} x_i \qquad (i = 1, 2, \ldots, q_n) \tag{29}$$

bestehen. Dabei wird der Proportionalitätsfaktor $\varkappa_{1n}$ gerade gleich $J_n(\varphi, \varphi)$. Dies bestätigt man, wenn man (29) mit x_i multipliziert, über i summiert und berücksichtigt, daß dann die rechte Seite wegen $\sum_{i=1}^{q_n} x_i^2 = 1$ gleich $\varkappa_{1n}$ wird, während die linke Seite die Form $J_n(\varphi, \varphi)$ ergibt. Verstehen wir unter $x_1, x_2, \ldots, x_{q_n}$ von jetzt ab dieses Wertsystem und setzen

$$\varphi_n(s) = x_1 \omega_1(s) + x_2 \omega_2(s) + \cdots + x_{q_n} \omega_{q_n}(s),$$

wobei wegen der Orthogonalität der ω_ν und wegen $\sum x_\nu^2 = 1$ die Relation $N\varphi_n = 1$ gilt, so besagen die Gleichungen (29) das Bestehen der Relation

$$\varphi_n(s) = \frac{1}{\varkappa_{1n}} \int A_n(s, t) \varphi_n(t)\, dt \tag{30}$$

und umgekehrt. Denn aus (29) folgt (30), indem wir mit $\omega_i(s)$ multiplizieren, summieren und $x_i = (\varphi_n, \omega_i)$ beachten, aus (30) aber folgt (29) durch Multiplikation mit $\omega_i(s)$ und Integration. Die Funktion $\varphi_n(s)$ ist also eine Eigenfunktion von $A_n(s, t)$, welche zum Eigenwerte $\mu_{1n} = 1/\varkappa_{1n}$ gehört:

$$\varphi_n(s) = \mu_{1n} \int A_n(s, t) \varphi_n(t)\, dt. \tag{31}$$

Nunmehr lassen wir n unbegrenzt zunehmen. Dabei muß $\varkappa_{1n}$ gegen eine Zahl $\varkappa_1$, die entsprechende positive obere Grenze von $J[\varphi, \varphi]$ konvergieren; denn aus der Relation

$$|K(s, t) - A_n(s, t)| < \varepsilon$$

folgt wegen der Schwarzschen Ungleichung, wenn $(\varphi, \varphi) \leqq 1$ ist und a und b die Integrationsgrenzen sind,

$$[J(\varphi, \varphi) - J_n(\varphi, \varphi)]^2 \leqq \varepsilon^2 (b - a)^2.$$

Also stimmt bei hinreichend großem n der Wertevorrat von $J_n(\varphi, \varphi)$ mit dem von $J(\varphi, \varphi)$ beliebig genau überein, und dasselbe muß daher für die oberen Grenzen dieser beiden Wertevorräte gelten. Es existiert mithin auch $\lim_{n\to\infty} \varkappa_{1n} = \varkappa_1$, so daß die $\varkappa_{1n}$ alle unterhalb einer festen Schranke liegen und wegen (31) nach § 1 die Funktionen $\varphi_n(s)$ für alle n gleichmäßig beschränkt und gleichgradig stetig sind. Nach unserem Konvergenzsatz können wir also eine Teilfolge $\varphi_{n_1}, \varphi_{n_2}, \ldots$ auswählen, welche gleichmäßig gegen eine Grenzfunktion $\psi_1(s)$ konvergiert. In der Gleichung (30): $J_n(\varphi_n, \varphi_n) = \varkappa_{1n}$ und $(\varphi_n, \varphi_n) = 1$ ausgeführt ergibt dieser Grenzübergang die Relationen

$$\varkappa_1 \psi_1(s) = \int K(s,t)\, \psi_1(t)\, dt, \qquad (\psi_1, \psi_1) = 1, \tag{32}$$

$$J(\psi_1, \psi_1) = \varkappa_1. \tag{33}$$

Die Funktion $\psi_1(s)$ löst also das Maximumproblem für die Form $J(\varphi, \varphi)$; sie ist eine Eigenfunktion des Kernes $K(s, t)$. Hieraus folgt sofort, daß $\varkappa_1$ nicht Null sein kann; denn $J(\varphi, \varphi)$ kann ja positive Werte annehmen. Für jede beliebige Funktion ψ gilt daher die Beziehung

$$J(\psi, \psi) \leqq \varkappa_1 (\psi, \psi), \tag{34}$$

wie man durch Normierung sofort erkennt.

2. Die Gesamtheit der Eigenfunktionen und Eigenwerte. Um die weiteren Eigenwerte und Eigenfunktionen zu erhalten, verfahren wir folgendermaßen:

Wir stellen das Problem, das Integral $J(\varphi, \varphi)$ zum Maximum zu machen, wobei wir jetzt außer der Nebenbedingung $(\varphi, \varphi) = 1$ die weitere Nebenbedingung

$$(\varphi, \psi_1) = 0$$

stellen. Dabei setzen wir voraus, daß unter diesen beiden Nebenbedingungen $J(\varphi, \varphi)$ noch positiver Werte fähig ist. Da durch die zweite Nebenbedingung der Wertevorrat der Integralform gegenüber dem Wertevorrat beim ersten Maximumproblem eingeschränkt ist, so kann das Maximum $\varkappa_2 = 1/\mu_2$ nicht größer sein als das frühere Maximum $\varkappa_1$, d. h. es gilt $\varkappa_2 \leqq \varkappa_1$ und $\mu_1 \leqq \mu_2$. Die Existenz der Lösung dieses Maximumproblems können wir genau nach der für den ersten Eigenwert angewandten Methode durch Zurückführung auf eine quadratische Form und Grenzübergang beweisen. Bequemer ist aber die folgende, unmittelbare Zurückführung auf die Bestimmung des ersten Eigenwertes eines anderen Kernes.

Wir bilden die Funktion

$$K_{(1)}(s, t) = K(s, t) - \frac{\psi_1(s)\, \psi_1(t)}{\mu_1} \tag{35}$$

und fassen sie wiederum als symmetrischen Kern auf. Nach dem eben erzielten Ergebnis können wir für sie das Maximumproblem

$$J_{(1)}(\varphi, \varphi) = \iint K_{(1)}(s, t)\, \varphi(s)\, \varphi(t)\, ds\, dt = \text{Max.} = \varkappa_2 = \frac{1}{\mu_2} \tag{36}$$

unter der Bedingung $(\varphi, \varphi) = 1$ durch eine Funktion $\psi_2(s)$ lösen, welche der homogenen Integralgleichung

$$\psi_2(s) = \mu_2 \int K_{(1)}(s, t)\, \psi_2(t)\, dt \tag{37}$$

genügt. Dabei setzen wir voraus, daß auch $J_{(1)}(\varphi, \varphi)$ noch positiver Werte fähig ist, so daß $\varkappa_2 > 0$ wird. Wir schreiben die Gleichung (37) in der Form

$$\psi_2(s) = \mu_2 \int K(s, t)\, \psi_2(t)\, dt - \mu_2 \frac{\psi_1(s)}{\mu_1} (\psi_2, \psi_1),$$

multiplizieren mit $\psi_1(s)$ und integrieren nach s, kehren in dem iterierten Integral die Integrationsfolge um und beachten $(\psi_1, \psi_1) = 1$; dann steht auf der rechten Seite Null, und es ergibt sich

$$(\psi_1, \psi_2) = 0, \tag{38}$$

d. h. die Eigenfunktion $\psi_2(s)$ ist orthogonal auf der Eigenfunktion $\psi_1(s)$. Daher ist auch

$$\int K(s, t)\, \psi_2(t)\, dt = \int K_{(1)}(s, t)\, \psi_2(t)\, dt \tag{39}$$

und demnach $\psi_2(s)$ auch Eigenfunktion von $K(s, t)$ und μ_2 der zugehörige Eigenwert:

$$\psi_2(s) = \mu_2 \int K(s, t)\, \psi_2(t)\, dt. \tag{40}$$

Da wir wegen der Beziehung $(\psi_2, \psi_1) = 0$ den Wert $\varkappa_2$ auch als Maximum der Integralform $J_1(\varphi, \varphi)$ unter der Nebenbedingung $(\varphi, \psi_1) = 0$ kennzeichnen können und in diesem Falle $J_1(\varphi, \varphi) = J(\varphi, \varphi)$ gilt, so löst die Funktion ψ_2 auch das zu Beginn dieser Nummer gestellte Maximumproblem.

In derselben Weise können wir weitergehen, indem wir jetzt den Kern

$$K_{(2)}(s, t) = K_{(1)}(s, t) - \frac{\psi_2(s)\psi_2(t)}{\mu_2} = K(s, t) - \frac{\psi_1(s)\psi_1(t)}{\mu_1} - \frac{\psi_2(s)\psi_2(t)}{\mu_2} \tag{41}$$

bilden und das Maximum der Integralform

$$J_{(2)}(\varphi, \varphi) = \iint K_{(2)}(s, t)\, \varphi(s)\, \varphi(t)\, ds\, dt \tag{42}$$

suchen, vorausgesetzt, daß diese noch positiver Werte fähig ist. Es ergeben sich dann genau wie oben als Lösung eine normierte Funktion $\psi_3(s)$ und ein Maximalwert $\varkappa_3 = 1/\mu_3$, für welche die homogene Integralgleichung $\psi_3(s) = \mu_3 \int K(s, t)\, \psi_3(t)\, dt$ besteht und für welche die Orthogonalitätsrelationen $(\psi_3, \psi_1) = 0$, $(\psi_3, \psi_2) = 0$ gelten. Wir könnten diese Lösung ebenso durch das Problem erhalten, die ursprüngliche Integralform durch eine zu ψ_1 und ψ_2 orthogonale normierte Funktion zum Maximum zu machen. Ebenso wie oben folgt $\mu_2 \leqq \mu_3$.

So fahren wir fort, und zwar unbegrenzt, wenn die dabei entstehenden Kerne $K_{(1)}, K_{(2)}, K_{(3)}, \ldots$ noch stets zu Integralformen Anlaß geben, die positiver Werte fähig sind; tritt aber in der entstehenden Reihe ein erster Kern

$$(43)\qquad K_{(m)}(s,t) = K(s,t) - \frac{\psi_1(s)\psi_1(t)}{\mu_1} - \cdots - \frac{\psi_m(s)\psi_m(t)}{\mu_m}$$

auf, für welchen stets $J_{(m)}(\varphi,\varphi) \leqq 0$ ist, so brechen wir das Verfahren mit der Eigenfunktion $\psi_m(s)$ und dem Eigenwert μ_m ab.

Als Resultat halten wir fest: Der kleinste positive Eigenwert μ_1 des Kernes $K(s,t)$ ist der reziproke Wert des Maximums $\varkappa_1$, welches die Integralform $J(\varphi,\varphi)$ unter der Nebenbedingung $(\varphi,\varphi) = 1$ annimmt. Dieses Maximum wird erreicht für die erste Eigenfunktion $\varphi = \psi_1$ von $K(s,t)$. Die wachsend geordneten positiven Eigenwerte μ_h $(h = 2, 3, \ldots)$ werden dann rekursiv definiert als die reziproken Werte der Maxima $\varkappa_h$, welche $J(\varphi,\varphi)$ unter den Nebenbedingungen

$$(\varphi,\varphi) = 1, \qquad (\varphi,\psi_\nu) = 0 \qquad (\nu = 1, 2, \ldots, h-1)$$

annimmt. Dieses Maximum $\varkappa_h$ wird erreicht für $\varphi = \psi_h$, die h^{te} Eigenfunktion.

Die Reihe der positiven Eigenwerte bricht ab, sobald in der Folge der aufgestellten Maximumprobleme ein solches auftritt, bei welchem $J(\varphi,\varphi)$ positiver Werte nicht mehr fähig ist.

Ebenso wie die positiven Eigenwerte und zugehörigen Eigenfunktionen können wir nun auch eine Reihe von negativen Eigenwerten und zugehörigen Eigenfunktionen: $\mu_{-1}, \mu_{-2}, \ldots$; $\psi_{-1}(s), \psi_{-2}(s), \ldots$ erhalten, falls die Integralform $J(\varphi,\varphi)$ negativer Werte fähig ist. Wir brauchen dazu nur die den oben gestellten Maximumproblemen entsprechenden Minimumprobleme zu betrachten. So gelangen wir zu einer unendlichen oder abbrechenden Folge von negativen, nie zunehmenden Eigenwerten:

$$(44)\qquad \mu_{-1} \geqq \mu_{-2} \geqq \mu_{-3} \geqq \cdots,$$

und zugehörigen zueinander orthogonalen Eigenfunktionen $\psi_{-1}(s)$, $\psi_{-2}(s), \ldots$.

Die Eigenfunktionen $\psi_h(s)$ $(h > 0)$ sind orthogonal zu den Eigenfunktionen $\psi_{-k}(s)$ $(k > 0)$; wir können dies aus den beiden Gleichungen

$$\varkappa_h \psi_h(s) = \int K(s,t)\,\psi_h(t)\,dt,$$
$$\varkappa_{-k} \psi_{-k}(s) = \int K(s,t)\,\psi_{-k}(t)\,dt$$

schließen, indem wir die erste mit $\psi_{-k}(s)$, die zweite mit $\psi_h(s)$ multiplizieren, sodann beide voneinander abziehen und integrieren; unter Beachtung von $K(s,t) = K(t,s)$ erhalten wir

$$(\varkappa_h - \varkappa_{-k})\,(\psi_h, \psi_{-k}) = 0,$$

was wegen $\varkappa_h \neq \varkappa_{-k}$ die behauptete Orthogonalität bedeutet.

Durch Fortsetzung dieses Verfahrens kommt man zu einer Folge von eventuell abwechselnd positiven und negativen Eigenwerten. Wir ordnen sie nun nach steigendem absoluten Betrage und bezeichnen sie in dieser Reihenfolge mit $\lambda_1, \lambda_2, \lambda_3, \ldots$; es wird dann $|\lambda_1| \leqq |\lambda_2| \leqq |\lambda_3| \leqq \cdots$.

Mit $\varphi_1(s), \varphi_2(s), \ldots$ bezeichnen wir nunmehr die zugehörigen Eigenfunktionen; sie bilden ein normiertes, orthogonales Funktionensystem.

Besitzt der Kern $K(s, t)$ nur endlich viele Eigenwerte $\lambda_1, \ldots, \lambda_n$, so muß er ausgeartet sein und die Form haben

$$K(s, t) = \sum_{i=1}^{n} \frac{\varphi_i(s)\,\varphi_i(t)}{\lambda_i}. \tag{45}$$

Denn dann muß der Kern $K(s, t) - \sum_{i=1}^{n} \frac{\varphi_i(s)\,\varphi_i(t)}{\lambda_i} = \overline{K}(s, t)$ nach den Überlegungen auf S. 105 identisch verschwinden, da das Maximum und das Minimum der zugehörigen Integralform

$$\overline{J}(\varphi, \varphi) = \int\int \overline{K}(s, t)\,\varphi(s)\,\varphi(t)\,ds\,dt$$

beide gleich Null sind. Also: *Ein Kern, der nur endlich viele Eigenwerte und Eigenfunktionen besitzt, ist ausgeartet. Umgekehrt besitzt ein ausgearteter Kern nur endlich viele Eigenwerte und Eigenfunktionen.* Denn wir haben oben erkannt, daß das Problem der Eigenwerte eines solchen Kernes äquivalent dem Eigenwertproblem einer quadratischen Form ist, bei dem ja nur endlich viele Eigenwerte auftreten.

Wir nennen nach § 1 einen Eigenwert λ_i *mehrfach*, und zwar *r-fach*, wenn die Anzahl der linear unabhängigen — und zueinander orthogonal wählbaren — Eigenfunktionen r, aber nicht mehr beträgt. Jeder Eigenwert kann nur eine endliche Vielfachheit r haben; diesen schon im § 1 bewiesenen Satz können wir mit einer wichtigen Verfeinerung auch folgendermaßen gewinnen: Wir wenden in bezug auf das orthogonale Funktionensystem $\varphi_1, \varphi_2, \varphi_3, \ldots$ die Besselsche Relation aus Kap. II, § 1 an, indem wir schreiben

$$\int K(s, t)^2\,dt \geqq \sum_{i=1}^{\infty} \Big(\int K(s, t)\,\varphi_i(t)\,dt\Big)^2 \tag{46}$$

oder

$$\int K(s, t)^2\,dt \geqq \sum_{i=1}^{\infty} \frac{\varphi_i(s)^2}{\lambda_i^2}. \tag{47}$$

Dies enthält einmal die Tatsache, daß die aus lauter positiven Gliedern bestehende Reihe

$$T(s) = \sum_{i=1}^{\infty} \frac{\varphi_i(s)^2}{\lambda_i^2} \tag{48}$$

konvergiert, und zwar gleichmäßig nach dem Satz von Dini (vgl. S. 47); zweitens folgt, wenn wir die Beziehung nochmals nach s integrieren, wegen $(\varphi_i, \varphi_i) = 1$

$$\int\int K(s, t)^2\,ds\,dt \geqq \sum_{i=1}^{\infty} \frac{1}{\lambda_i^2}. \tag{49}$$

Somit erkennen wir, daß *die Summe der reziproken Quadrate der Eigenwerte konvergiert*; die Eigenwerte können also im Endlichen gewiß keine Häufungsstelle besitzen, sie müssen, wenn sie in unendlicher Anzahl vorhanden sind, absolut genommen über alle Grenzen wachsen, und es können nur endlich viele einander gleich sein.

Hieraus wollen wir schließen, daß wir in den oben durch Extremumsprobleme sukzessive definierten Eigenwerten λ_i und Eigenfunktionen φ_i die Gesamtheit der reellen Eigenwerte und Eigenfunktionen vor uns haben. (Daß keine komplexen Eigenwerte auftreten können, wird weiter unten gezeigt.) Wäre χ eine von den φ_i linear unabhängige Eigenfunktion zu dem — etwa als positiv angenommenen — Eigenwert σ, so muß zufolge der obigen Schlußweise χ orthogonal auf allen Eigenfunktionen stehen, welche zu Eigenwerten $\lambda_i \neq \sigma$ gehören; ist jedoch $\sigma = \mu_h$ einer der oben definierten Eigenwerte und tritt dieser Eigenwert μ_h genau r-fach auf, ist also etwa $\mu_{h-1} < \mu_h = \mu_{h+1} = \cdots = \mu_{h+r-1} < \mu_{h+r}$, so könnten wir, da nach Voraussetzung χ linear unabhängig von den Eigenfunktionen $\psi_h, \psi_{h+1}, \ldots, \psi_{h+r-1}$ ist, χ durch eine zu diesen Eigenfunktionen orthogonale Kombination $\chi + c_0\psi_h + \cdots + c_{r-1}\psi_{h+r-1} = \bar{\chi}$ ersetzen, die jedenfalls auch als Eigenfunktion zum Eigenwert μ_h gehört. Die Funktion $\bar{\chi}$, die wir nunmehr wieder einfach mit χ bezeichnen, ist also in jedem der beiden betrachteten Fälle orthogonal zu sämtlichen Eigenfunktionen ψ_i; daher muß für jedes n, für welches μ_{n+1} existiert, zufolge der Minimumeigenschaft der Eigenwerte die Beziehung

$$J(\chi, \chi) = \iint K(s, t)\, \chi(s)\, \chi(t)\, ds\, dt = \frac{1}{\sigma}(\chi, \chi) \leq \frac{1}{\mu_{n+1}}$$

bestehen. Gibt es nun unendlich viele positive Eigenwerte μ_n, so folgt wegen $\lim \mu_n = \infty$, daß $(\chi, \chi) = 0$, also χ identisch Null sein muß. Gibt es aber nur endlich viele, nämlich n positive Eigenwerte, so kann $J(\chi, \chi)$ unter den Nebenbedingungen $(\chi, \psi_i) = 0$ $(i = 1, \ldots, n)$ positiver Werte nicht mehr fähig sein, und es folgt wiederum $(\chi, \chi) = 0$, also $\chi = 0$.

Da diese Schlußweise auch für negative σ unverändert gilt, folgt, daß jede zu allen ψ_i orthogonale Eigenfunktion des Kernes identisch verschwinden muß, womit unsere Behauptung bewiesen ist.

Wir schließen an unsere Ergebnisse noch einige später zu verwendende Bemerkungen an:

Verstehen wir unter $\eta_1(s), \eta_2(s), \ldots; \zeta_1(s), \zeta_2(s), \ldots$ zwei Folgen von stetigen (oder stückweise stetigen) Funktionen, deren Normen unterhalb einer festen Schranke M liegen, so gilt für den Kern $K'_{(n)}(s, t) = K(s, t) - \sum_{i=1}^{n} \frac{\varphi_i(s)\, \varphi_i(t)}{\lambda_i}$ die Relation

$$\text{(50)} \qquad \lim_{n \to \infty} J'_{(n)}(\eta_n, \zeta_n) = \lim_{n \to \infty} \iint K'_{(n)}(s, t)\, \eta_n(s)\, \zeta_n(t)\, ds\, dt = 0$$

gleichmäßig in dem Sinne, daß die Kleinheit der linken Seite außer von M nur von der Wahl von n abhängt.

In der Tat ist infolge der Maximumeigenschaft der Eigenwerte und Eigenfunktionen

$$|J'_{(n)}(\eta_n+\zeta_n,\eta_n+\zeta_n)| \leqq \frac{1}{|\lambda_{n+1}|} N(\eta_n+\zeta_n) \leqq \frac{1}{|\lambda_{n+1}|}\cdot 4M\ *,$$

$$|J'_{(n)}(\eta_n,\eta_n)| \leqq \frac{1}{|\lambda_{n+1}|} M, \qquad |J'_{(n)}(\zeta_n,\zeta_n)| \leqq \frac{1}{|\lambda_{n+1}|} M,$$

woraus sich wegen $|\lambda_n| \to \infty$ und

$$J'_n(\eta+\zeta,\eta+\zeta) = J'_n(\eta,\eta) + 2J'_n(\eta,\zeta) + J'_n(\zeta,\zeta)$$

sofort die Behauptung ergibt.

Weiter bemerken wir: *Ein Kern ist dann und nur dann positiv definit, wenn alle seine Eigenwerte positiv sind.* Dann und nur dann besitzt nämlich die Integralform $J(\varphi,\varphi)$ bei normiertem φ ein positives Minimum und ist somit überhaupt negativer Werte nicht fähig.

Schließlich: *Alle Eigenwerte eines reellen symmetrischen Kernes sind reell.* Der Beweis dieser Behauptung wird sich zwar in § 5 ganz von selbst ergeben; wir wollen ihn aber doch hier auf eine andere, direkte Weise führen. Der Satz besagt mit anderen Worten, daß es keine komplexe Zahl $\lambda = p + iq$ mit zugehöriger komplexer Funktion $\varphi(s) = \psi(s) + i\chi(s)$ von s gibt (wobei ψ und χ reelle, nicht beide identisch verschwindende Funktionen sind), so daß $\varphi(s) = \lambda \int K(s,t)\varphi(t)\,dt$ ist. Mit den konjugierten Größen $\bar{\lambda}$, $\bar{\varphi}$ müßte dann nämlich auch $\bar{\varphi}(s) = \bar{\lambda}\int K(s,t)\bar{\varphi}(t)\,dt$ gelten. Dann aber ergibt sich wie oben

$$0 = (\lambda - \bar{\lambda}) \int \varphi(s)\bar{\varphi}(s)\,ds = 2iq\int(\psi^2+\chi^2)\,ds;$$

d. h. $q = 0$ und damit die Realität von λ.

3. Die Maximum-Minimum-Eigenschaft der Eigenwerte. Genau wie bei den quadratischen Formen in Kap. I können wir auch hier auf Grund einer Maximum-Minimum-Eigenschaft eine direkte Definition des Eigenwertes λ_n und der zugehörigen Eigenfunktion geben, d. h. eine Definition, die nicht auf die vorangehenden Eigenwerte und Eigenfunktionen zurückgreift.

Wir betrachten etwa die positiven Eigenwerte μ_n des Kernes $K(s,t)$ und nehmen an, daß es mindestens n gebe. Dann stellen wir das Problem, $J(\varphi,\varphi)$ zum Maximum zu machen, wenn $\varphi(s)$ außer der Bedingung $(\varphi,\varphi) = 1$ noch den $n-1$ Bedingungen

$$(51) \qquad (\varphi, v_i) = 0 \qquad (i = 1, 2, \ldots, n-1)$$

genügt, wo $v_1, v_2, \ldots, v_{n-1}$ irgendwelche gegebene stetige Funktionen sind. Wir lassen es dahingestellt, ob die jedenfalls vorhandene obere Grenze von $J(\varphi,\varphi)$ wirklich für eine der zugelassenen Funktionen an-

* Daß $N(\eta_n+\zeta_n) = (\eta_n,\eta_n) + (\zeta_n,\zeta_n) + 2(\eta_n,\zeta_n) \leqq 4M$ ist, folgt unmittelbar mit Hilfe der Schwarzschen Ungleichung.

genommen wird. Jedenfalls ist diese obere Grenze irgendwie von der Wahl der Funktionen $v_1, v_2, \ldots, v_{n-1}$ abhängig; wir bezeichnen sie deshalb mit $\varkappa_n\{v_1, v_2, \ldots, v_{n-1}\}$ oder kurz $\varkappa_n\{v_i\}$. Speziell für $v_i = \psi_i$ wird nach unseren obigen Sätzen $\varkappa_n\{v_i\} = \varkappa_n$, und diese obere Grenze wird angenommen für $\varphi = \psi_n(s)$. Wir behaupten nun, daß für jedes Funktionensystem $v_1, v_2, \ldots, v_{n-1}$ gilt

$$\varkappa_n\{v_i\} \geqq \varkappa_n .$$

Zum Beweise bilden wir durch lineare Kombination der Eigenfunktionen $\psi_1, \psi_2, \ldots, \psi_n$ eine Funktion $\varphi(s) = c_1\psi_1(s) + \cdots + c_n\psi_n(s)$. Indem wir $\varphi(s)$ den Bedingungen $(\varphi, \varphi) = 1$ und (51) unterwerfen, verlangen wir

$$\sum_{i=1}^{n} c_i^2 = 1, \qquad \sum_{i=1}^{n} c_i(\psi_i, v_h) = 0 \qquad (h = 1, 2, \ldots, n-1).$$

Dieses aus $n - 1$ homogenen linearen Gleichungen für die n Unbekannten c_i und einer Normierungsbedingung bestehende Gleichungssystem können wir stets befriedigen. Setzen wir die so konstruierte Funktion $\varphi(s)$ in $J(\varphi, \varphi)$ ein, so folgt

$$J(\varphi, \varphi) = \sum_{i,k=1}^{n} c_i c_k J(\psi_i, \psi_k),$$

also wegen $J(\psi_i, \psi_i) = \frac{1}{\mu_i}$, $J(\psi_i, \psi_k) = 0$ für $i \neq k$

$$J(\varphi, \varphi) = \sum_{i=1}^{n} \frac{c_i^2}{\mu_i} = \sum_{i=1}^{n} c_i^2 \varkappa_i \geqq \varkappa_n \sum_{i=1}^{n} c_i^2 = \varkappa_n .$$

Das Maximum von $J(\varphi, \varphi)$ ist erst recht mindestens gleich $\varkappa_n$, und wir erhalten das Resultat: *Der n^{te} positive Eigenwert von $K(s, t)$ ist der kleinste Wert, welchen das Maximum oder die obere Grenze von $J(\varphi, \varphi)$ annehmen kann, wenn die Funktion $\varphi(s)$ außer der Bedingung $(\varphi, \varphi) = 1$ noch $n - 1$ Bedingungen der Form (51) unterworfen ist und dieses Maximum in seiner Abhängigkeit von den Funktionen $v_1, v_2, \ldots, v_{n-1}$ betrachtet wird. Das Minimum dieses Maximums wird angenommen für $v_1 = \psi_1, \ldots, v_{n-1} = \psi_{n-1}$ und $\varphi = \psi_n$.*

Ganz entsprechend werden die negativen Eigenwerte und die zugehörigen Eigenfunktionen $\psi_{-n} (n > 0)$ durch das Maximum des Minimums von $J(\varphi, \varphi)$ bei den entsprechenden Bedingungen definiert.

Aus den Maximum-Minimum-Eigenschaften der Eigenwerte folgt unmittelbar der Satz: *Addiert man zu einem Kern $K(s, t)$ einen positiv definiten Kern $K^+(s, t)$ bzw. einen negativ definiten Kern $K^-(s, t)$, so ist jeder positive und negative Eigenwert des Kernes $K + K^+$ bzw. $K + K^-$ nicht kleiner bzw. nicht größer als der entsprechende Eigenwert des Kernes K* *.
Der Beweis ergibt sich durch dieselbe Überlegung wie in Kap. I, § 4.

* Vgl. WEYL, H.: Das asymptotische Verteilungsgesetz der Eigenwerte linearer partieller Differentialgleichungen (mit einer Anwendung auf die Theorie der Hohlraumstrahlung). Math. Ann. Bd. 71, S. 441—479. 1912.

§ 5. Der Entwicklungssatz und seine Anwendungen.

1. Der Entwicklungssatz. Wenn wir wüßten, daß der Kern, entsprechend der Hauptachsentransformation einer quadratischen Form[1], eine Reihenentwicklung

$$K(s,t) = \sum_{i=1}^{\infty} \frac{\varphi_i(s)\,\varphi_i(t)}{\lambda_i} \tag{52}$$

zuläßt, wobei die Reihe rechts in jeder der Variablen gleichmäßig konvergiert, so wäre damit für jede Funktion $g(s)$ der Form

$$g(s) = \int K(s,t)\,h(t)\,dt,$$

wobei $h(t)$ irgendeine stetige oder stückweise stetige Funktion ist, die Reihenentwicklung

$$g(s) = \sum_{i=1}^{\infty} g_i \varphi_i(s), \qquad g_i = (g, \varphi_i) = (h, \varphi_i)\,\frac{1}{\lambda_i} \tag{53}$$

bewiesen. Der Umstand, daß wir die Relation (52) nicht allgemein beweisen können, nötigt uns beim Beweise der allgemeinen Gültigkeit der Entwicklung für $g(s)$ zu einem kleinen Umweg. Es seien $h_i = (h, \varphi_i)$ die Entwicklungskoeffizienten von h in bezug auf das Orthogonalsystem $\varphi_1, \varphi_2, \ldots,$ $g(s)$ eine nach (53) durch $h(s)$ „quellenmäßig dargestellte" stetige Funktion und

$$g_i = (g, \varphi_i) = \frac{h_i}{\lambda_i}$$

die Entwicklungskoeffizienten von g. Wegen der Besselschen Ungleichung konvergiert die Reihe $\sum_{i=1}^{\infty} h_i^2$. Gemäß Gleichung (47) und (49) in § 4, 2 konvergiert die Summe $T(s) = \sum_{i=1}^{\infty} \frac{\varphi_i(s)^2}{\lambda_i^2}$ gleichmäßig und ist gleichmäßig in s beschränkt. Nach der Schwarzschen Ungleichung ist nun

$$\left[\frac{h_n \varphi_n(s)}{\lambda_n} + \cdots + \frac{h_m \varphi_m(s)}{\lambda_m}\right]^2 \leqq (h_n^2 + \cdots + h_m^2)\left(\frac{\varphi_n(s)^2}{\lambda_n^2} + \cdots + \frac{\varphi_m(s)^2}{\lambda_m^2}\right).$$

Da der Rest $h_n^2 + \cdots + h_m^2$ beliebig klein ist, sobald nur n hinreichend groß geworden ist, und da $\frac{\varphi_n(s)^2}{\lambda_n^2} + \cdots + \frac{\varphi_m(s)^2}{\lambda_m^2}$ unterhalb einer von s unabhängigen Schranke bleibt, konvergiert die Reihe

$$\sum_{i=1}^{\infty} g_i \varphi_i(s) = \sum_{i=1}^{\infty} \frac{h_i}{\lambda_i}\,\varphi_i(s)$$

absolut und gleichmäßig. Ihre Summe

$$\gamma(s) = \lim_{n\to\infty} \sum_{i=1}^{n} g_i \varphi_i(s) = \lim_{n\to\infty} \gamma_n(s)$$

---

[1] Vgl. Kap. I, § 3.

ist eine stetige Funktion von s. Wir haben zu zeigen, daß $\gamma(s)$ mit $g(s)$ identisch ist. Zu diesem Zwecke bilden wir

$$K_{(n)}(s,t) = K(s,t) - \sum_{i=1}^{n} \frac{\varphi_i(s)\,\varphi_i(t)}{\lambda_i}\;{}^{*},$$

$$g(s) - \gamma_n(s) = \int K_{(n)}(s,t)\,h(t)\,dt,$$

multiplizieren diese Gleichung mit einer willkürlichen stetigen Funktion $w(s)$ von s und integrieren nach s. Wegen der Relation (50) aus § 4, 2 wird für wachsendes n in der Relation

$$\int w(s)\,(g(s) - \gamma_n(s))\,ds = \int\int K_{(n)}(s,t)\,h(t)\,w(s)\,ds\,dt$$

die rechte Seite gegen Null konvergieren, so daß wir wegen $\gamma_n(s) \Rightarrow \gamma(s)$

$$\int w(s)\,(g(s) - \gamma(s))\,ds = 0$$

erhalten. Diese Gleichung soll für eine willkürliche Funktion $w(s)$ bestehen, also auch für $w(s) = g(s) - \gamma(s)$. Aus der Stetigkeit von $g(s) - \gamma(s)$ folgt aber, daß die Gleichung $(g - \gamma, g - \gamma) = 0$ nur dann bestehen kann, wenn $g(s) - \gamma(s)$ identisch Null ist, wie wir beweisen wollten. Damit haben wir den fundamentalen Entwicklungssatz erhalten:

Jede durch Vermittlung einer stückweise stetigen Funktion $h(t)$ in der Form (53) *quellenmäßig darstellbare stetige Funktion $g(s)$ ist nach den Eigenfunktionen von $K(s,t)$ in eine gleichmäßig und absolut konvergente Reihe entwickelbar.*

2. Auflösung der inhomogenen linearen Integralgleichung. Als Anwendung dieses Satzes leiten wir die Formel für die Auflösung der inhomogenen Integralgleichung

$$f(s) = \varphi(s) - \lambda \int K(s,t)\,\varphi(t)\,dt \tag{1}$$

ab. Dabei setzen wir zunächst voraus, daß der Parameterwert λ mit keinem der Eigenwerte λ_i identisch sei. Nehmen wir an, die stetige Funktion $\varphi(s)$ mit den Entwicklungskoeffizienten (φ, φ_i) löste die Integralgleichung, so müßte die Funktion $\varphi(s) - f(s) = g(s)$ sich nach dem Entwicklungssatze, angewandt für $h(t) = \lambda\varphi(t)$, in eine gleichmäßig und absolut konvergente Reihe

$$g(s) = \varphi(s) - f(s) = \sum_{i=1}^{\infty} c_i \varphi_i(s) = \lambda \int K(s,t)\,\varphi(t)\,dt \tag{54}$$

entwickeln lassen, wobei $c_i = (g, \varphi_i)$ ist. Andererseits muß zufolge (54)

$$\begin{aligned} c_i = (g, \varphi_i) &= \lambda \int\int K(s,t)\,\varphi_i(s)\,\varphi(t)\,ds\,dt \\ &= \frac{\lambda}{\lambda_i}(\varphi_i, \varphi) = \frac{\lambda}{\lambda_i}(\varphi_i, f) + \frac{\lambda}{\lambda_i}(\varphi_i, g) \end{aligned}$$

---

* Wir bezeichnen so von nun ab diese früher (S. 111) mit $K'_{(n)}$ bezeichnete Funktion.

sein, woraus

(55) $$c_i = f_i \frac{\lambda}{\lambda_i - \lambda} \qquad (f_i = (\varphi_i, f))$$

folgt. Wir würden also für φ die Reihenentwicklung

(56) $$\varphi(s) = f(s) + \lambda \sum_{i=1}^{\infty} \frac{f_i}{\lambda_i - \lambda} \varphi_i(s)$$

erhalten, welche die Lösung von (1) darstellen muß. Daß dies wirklich so ist, erkennt man folgendermaßen: Die Reihe konvergiert absolut und gleichmäßig, wie man genau nach dem obigen Muster beweist. Man braucht nur zu beachten, daß für hinreichend große i bei beliebigem λ jedenfalls $|\lambda_i - \lambda| > \frac{|\lambda_i|}{2}$ gilt, so daß wir, abgesehen von Anfangsgliedern, in der Reihe $2|\lambda| \sum_{i=1}^{\infty} \frac{|f_i|\,|\varphi_i(s)|}{|\lambda_i|}$ eine Majorante erhalten, deren gleichmäßige Konvergenz oben bewiesen ist. Setzt man dann die Reihe (56) in (1) für $\varphi(s)$ ein, so bestätigt man unmittelbar, daß die Gleichung (1) erfüllt ist.

Diese Auflösung versagt in Übereinstimmung mit der Theorie von § 3 nur dann, wenn $\lambda = \lambda_i$ ein Eigenwert ist; sie bleibt in diesem Falle noch gültig, wenn $f(s)$ die Bedingungen $f_i = (f, \varphi_i) = 0$ für die zu λ_i gehörigen Eigenfunktionen φ_i erfüllt.

Da nach den Sätzen von § 3 die Integralgleichung (1) für gewisse Funktionen $f(s)$ keine Lösung haben darf, wenn λ ein Eigenwert ist, so kann es also außer unseren Werten λ_i keine weiteren Eigenwerte des Kernes geben. Unsere Behauptung, daß alle Eigenwerte eines symmetrischen reellen Kernes reell sind, ist damit unabhängig von den Ausführungen auf S. 112 selbstverständlich gemacht.

3. Die Bilinearformel für die iterierten Kerne. Eine weitere Anwendung des Entwicklungssatzes machen wir, indem wir $h(\sigma) = K(\sigma, t)$ setzen. Dann erhalten wir für den „*iterierten Kern*“

$$K^{(2)}(s,t) = \int K(s,\sigma)\, K(\sigma,t)\, d\sigma$$

die Entwicklung $K^{(2)}(s,t) = \sum_{i=1}^{\infty} \frac{\varphi_i(s)}{\lambda_i} \int K(\sigma,t)\, \varphi_i(\sigma)\, d\sigma$

oder

(57) $$K^{(2)}(s,t) = \sum_{i=1}^{\infty} \frac{\varphi_i(s)\, \varphi_i(t)}{\lambda_i^2}.$$

Ebenso ergeben sich für die weiteren iterierten Kerne

$$\begin{aligned} K^{(3)}(s,t) &= \int K^{(2)}(s,\sigma)\, K(\sigma,t)\, d\sigma \\ &= \int\!\!\int K(s,\sigma_1)\, K(\sigma_1,\sigma_2)\, K(\sigma_2,t)\, d\sigma_1\, d\sigma_2, \\ &\dots\dots\dots\dots \\ K^{(n)}(s,t) &= \int K^{(n-1)}(s,\sigma)\, K(\sigma,t)\, d\sigma \\ &= \int \cdots \int K(s,\sigma_1)\, K(\sigma_1,\sigma_2) \cdots K(\sigma_{n-1},t)\, d\sigma_1 \cdots d\sigma_{n-1} \end{aligned}$$

die Entwicklungen

$$K^{(n)}(s,t) = \sum_{i=1}^{\infty} \frac{\varphi_i(s)\,\varphi_i(t)}{\lambda_i^n} \qquad (n = 2, 3, \ldots), \tag{58}$$

welche alle absolut und gleichmäßig in s und in t und, wie sich in Nr. 4 ergeben wird, auch gleichmäßig in beiden Variablen konvergieren.

Wegen (57) gilt jedenfalls die Gleichung

$$K^{(2)}(s,s) = \sum_{i=1}^{\infty} \frac{\varphi_i(s)^2}{\lambda_i^2},$$

also

$$\lim_{n\to\infty}\left(K^{(2)}(s,s) - \sum_{i=1}^{n} \frac{\varphi_i(s)^2}{\lambda_i^2}\right) = 0.$$

Das heißt aber, es ist

$$\lim_{n\to\infty} \int \left[K(s,t) - \sum_{i=1}^{n} \frac{\varphi_i(s)\,\varphi_i(t)}{\lambda_i}\right]^2 dt = 0, \tag{59}$$

oder: die Reihe $\sum_{i=1}^{\infty} \frac{\varphi_i(s)\,\varphi_i(t)}{\lambda_i}$ konvergiert im Mittel gegen $K(s,t)$.

Falls die Reihe $\sum_{i=1}^{\infty} \frac{\varphi_i(s)\,\varphi_i(t)}{\lambda_i}$ bei festem s gleichmäßig in t konvergiert, also bei festem s eine stetige Funktion $L(s,t)$ von t darstellt, muß daher $K = L$ sein. Denn dann können wir in (59) den Grenzübergang unter dem Integralzeichen ausführen und erhalten $\int [K(s,t) - L(s,t)]^2\,dt = 0$, woraus $K - L = 0$ folgt.

4. Der Mercersche Satz[1]. Es liegt in der Natur der Sache, daß man die Gültigkeit der Formel (58) als Ersatz für die Gleichung (52) betrachten muß, da man (58) erst von $n = 2$ ab allgemein beweisen kann. Dagegen können wir für einen wichtigen Sonderfall folgenden Satz aussprechen: *Wenn $K(s,t)$ ein definiter, stetiger, symmetrischer Kern ist oder nur endlich viele Eigenwerte von einem der beiden Vorzeichen hat, dann gilt die Entwicklung* (52), *und zwar konvergiert sie absolut und gleichmäßig.*

Zum Beweise nehmen wir zunächst an, $K(s,t)$ sei positiv definit, also alle Eigenwerte λ_i positiv. Ferner schicken wir die Bemerkung voraus, daß für jeden positiv definiten stetigen Kern $H(s,t)$ die Beziehung $H(s,s) \geqq 0$ gilt. Wäre nämlich $H(s_0, s_0) < 0$, so gäbe es eine Umgebung der Stelle $s = s_0$, $t = s_0$, etwa $|s - s_0| \leqq \varepsilon$, $|t - s_0| \leqq \varepsilon$, so daß in diesem Gebiete überall $H(s,t) < 0$ wäre. Dann definieren

---

[1] Mercer, T.: Functions of positive and negative type and their connection with the theory of integral equations. Trans. London Phil. Soc. (A) Bd. 209, S. 415—446. 1909.

wir die Funktion $\varphi(s)$ durch $\varphi(s) = 1$ für $|s - s_0| \leqq \varepsilon$, dagegen $\varphi(s) = 0$ außerhalb dieses Intervalles. Für diese Funktion gilt sicherlich

$$\iint H(s,t)\,\varphi(s)\,\varphi(t)\,ds\,dt < 0$$

entgegen der Voraussetzung, daß H positiv definit ist. Wenden wir das Resultat auf den positiv definiten Kern $H = K(s,t) - \sum_{i=1}^{n} \frac{\varphi_i(s)\,\varphi_i(t)}{\lambda_i}$ an, so erhalten wir

$$K(s,s) - \sum_{i=1}^{n} \frac{\varphi_i(s)^2}{\lambda_i} \geqq 0.$$

Daher konvergiert die aus lauter positiven Gliedern bestehende Reihe $\sum_{i=1}^{\infty} \frac{\varphi_i(s)^2}{\lambda_i}$ für jeden Wert von s. Wegen der Relation

$$\left(\frac{\varphi_n(s)}{\sqrt{\lambda_n}}\,\frac{\varphi_n(t)}{\sqrt{\lambda_n}} + \cdots + \frac{\varphi_m(s)}{\sqrt{\lambda_m}}\,\frac{\varphi_m(t)}{\sqrt{\lambda_m}}\right)^2$$
$$\leqq \left(\frac{\varphi_n(s)^2}{\lambda_n} + \cdots + \frac{\varphi_m(s)^2}{\lambda_m}\right)\left(\frac{\varphi_n(t)^2}{\lambda_n} + \cdots + \frac{\varphi_m(t)^2}{\lambda_m}\right)$$

(Schwarzsche Ungleichung) konvergiert also auch die Reihe $\sum_{i=1}^{\infty} \frac{\varphi_i(s)\,\varphi_i(t)}{\lambda_i}$ absolut, und zwar bei festem s gleichmäßig in t und bei festem t gleichmäßig in s; die Funktion $\sum_{i=1}^{\infty} \frac{\varphi_i(s)\,\varphi_i(t)}{\lambda_i}$ ist also bei festem s stetig in t und umgekehrt. Sie ist also dem Obigen zufolge gleich dem Kern K.

Schließlich überzeugen wir uns noch davon, daß diese Reihe auch in beiden Variablen zugleich gleichmäßig konvergiert; hierzu genügt es nach den obenstehenden Abschätzungen, die Gleichmäßigkeit der Konvergenz der Reihe $\sum_{i=1}^{\infty} \frac{\varphi_i(s)^2}{\lambda_i}$ nachzuweisen. Nach dem eben Bewiesenen ist aber $\sum_{i=1}^{\infty} \frac{\varphi_i(s)^2}{\lambda_i} = K(s,s)$, und $K(s,s)$ ist eine stetige Funktion. Nun gilt der Satz[1]: Wenn eine Reihe von positiven, stetigen Funktionen einer Variablen gegen eine stetige Funktion konvergiert, so konvergiert die Reihe in dem betreffenden Intervall gleichmäßig. Die Anwendung dieses Satzes liefert unmittelbar das behauptete Resultat.

Das Auftreten endlich vieler negativer Eigenwerte kann an der Konvergenz der Reihe (52) nichts ändern, da der Kern nach Abtrennung der zu negativen Eigenwerten gehörigen Terme $\frac{\varphi_i(s)\,\varphi_i(t)}{\lambda_i}$ positiv definit wird. Somit ist unser Konvergenztheorem in vollem Umfange bewiesen.

---

[1] Vgl. S. 47, Anm.

§ 6. Die Neumannsche Reihe und der reziproke Kern.

Die oben dargelegte Theorie der Integralgleichungen liefert uns zugleich eine Auflösungsmethode, indem sie uns einen Weg weist, die Lösungen wirklich mit beliebiger Genauigkeit zu berechnen. (S. auch § 8.) Sie gibt jedoch die Lösungen nicht in einer eleganten geschlossenen Form, wie sie bei der Gleichungstheorie in Kap. I gewonnen wurde. Zu einer solchen expliziten Auflösung können wir aber auch hier ganz analog wie in Kap. I gelangen. Wir schreiben die Integralgleichung (1), indem wir rechts für $\varphi(t)$ wieder den Ausdruck aus (1) einsetzen und so fortfahren, mit Hilfe der iterierten Kerne in der Gestalt

$$\begin{aligned}\varphi(s) &= f(s) + \lambda \int K(s,t)\, f(t)\, dt + \lambda^2 \int K^{(2)}(s,t)\, \varphi(t)\, dt \\ &= f(s) + \lambda \int K(s,t)\, f(t)\, dt + \lambda^2 \int K^{(2)}(s,t)\, f(t)\, dt + \lambda^3 \int K^{(3)}(s,t)\, \varphi(t)\, dt \\ &= \ldots\ldots\ldots\ldots\ldots\ldots\end{aligned}$$

und erkennen hieraus ebenso wie in Kap. I, daß die Lösung durch die unendliche Reihe

$$\varphi(s) = f(s) + \lambda \int K(s,t)\, f(t)\, dt + \lambda^2 \int K^{(2)}(s,t)\, f(t)\, dt + \cdots \tag{60}$$

gegeben wird, falls diese Reihe gleichmäßig konvergiert. Setzen wir etwas weitergehend die gleichmäßige Konvergenz des Ausdrucks

$$\mathsf{K}(s,t) = K(s,t) + \lambda K^{(2)}(s,t) + \lambda^2 K^{(3)}(s,t) + \cdots \tag{61}$$

voraus, so stellt sich die Lösung der Integralgleichung

$$f(s) = \varphi(s) - \lambda \int K(s,t)\, \varphi(t)\, dt \tag{1}$$

durch die „*reziproke Integralgleichung*“

$$\varphi(s) = f(s) + \lambda \int \mathsf{K}(s,t)\, f(t)\, dt \tag{62}$$

dar. Wir nennen darum die Funktion $\mathsf{K}(s,t) = \mathsf{K}(s,t;\lambda)$ auch den *reziproken* oder *lösenden Kern* oder die *Resolvente*.

Die Reihe (60) oder (61) bezeichnen wir als die *Neumannsche Reihe*. Sie konvergiert jedenfalls für hinreichend kleine Werte von $|\lambda|$, z. B. für $|\lambda| < \frac{1}{M}$, wo M eine obere Schranke für den Betrag von $K(s,t)$ ist. Der lösende Kern ist also für hinreichend kleine $|\lambda|$ eine analytische Funktion von λ. Wie man durch Einsetzen sofort einsieht, genügt er den folgenden Relationen:

$$\left\{\begin{aligned} \mathsf{K}(s,t;\lambda) &= K(s,t) + \lambda \int K(s,\sigma)\, \mathsf{K}(\sigma,t;\lambda)\, d\sigma, \\ \mathsf{K}(s,t;\lambda) &= K(s,t) + \lambda \int K(\sigma,t)\, \mathsf{K}(s,\sigma;\lambda)\, d\sigma, \\ \mathsf{K}(s,t;\lambda) - \mathsf{K}(s,t;\lambda') &= (\lambda - \lambda') \int \mathsf{K}(s,\sigma;\lambda)\, \mathsf{K}(\sigma,t;\lambda')\, d\sigma. \end{aligned}\right. \tag{63}$$

Ist der Kern $K(s,t)$ symmetrisch, so können wir dem lösenden Kern sehr leicht eine höchst bemerkenswerte Form geben, welche die

Art der analytischen Abhängigkeit der Funktion K von λ in Evidenz setzt. Indem wir für die symmetrischen Kerne $K^{(2)}(s,t)$, $K^{(3)}(s,t)$, ... die Entwicklungen (58) beachten, erhalten wir nämlich durch Summation der in (61) auftretenden geometrischen Reihen sofort

$$\mathsf{K}(s,t;\lambda) = K(s,t) + \lambda \sum_{i=1}^{\infty} \frac{\varphi_i(s)\,\varphi_i(t)}{\lambda_i(\lambda_i - \lambda)}. \tag{64}$$

Hierbei konvergiert, wie eine Überlegung ganz analog zu der in § 5, 1 und § 5, 2 durchgeführten zeigt, die Reihe rechts für jeden Wert λ, der kein Eigenwert ist, und zwar gleichmäßig in s und t.

Die zunächst nur unter Voraussetzung der Konvergenz der Neumannschen Reihe (61) bewiesene Relation (64) gibt die analytische Fortsetzung der Resolvente $\mathsf{K}(s,t;\lambda)$ in die ganze komplexe λ-Ebene, wobei die Eigenwerte λ_i sämtlich als einfache Pole erscheinen. Wir haben somit in (64) die Partialbruchzerlegung der Resolvente und können unser Ergebnis so aussprechen: *Die Resolvente eines symmetrischen Kernes ist eine meromorphe Funktion von λ, die in den Eigenwerten der Integralgleichung einfache Pole besitzt.* Ihre Residuen im Pole λ_i liefern die zu diesem Werte gehörigen Eigenfunktionen. Aus der Neumannschen Reihe und der Darstellung (64) folgt, daß der Konvergenzradius der Neumannschen Reihe gleich dem Betrag des absolut kleinsten Eigenwertes ist.

Nach den Sätzen der allgemeinen Funktionentheorie muß sich die Resolvente $\mathsf{K}(s,t;\lambda)$ als meromorphe Funktion in Form eines Quotienten zweier ganzer transzendenter Funktionen schreiben lassen, und man muß erwarten, daß diese ganzen transzendenten Funktionen sich durch solche überall konvergierende Potenzreihen ausdrücken lassen, deren Koeffizienten mit Hilfe des gegebenen Kernes direkt gebildet werden können. Im algebraischen Falle haben wir eine solche Darstellung in den Formeln aus Kap. I, § 2 vor uns. Die Vermutung liegt nahe, daß sich hier ganz analoge Formeln aufstellen lassen. Ferner dürfen wir erwarten, daß diese Formeln keineswegs auf den Fall symmetrischer Kerne beschränkt bleiben, sondern auch für beliebige stetige unsymmetrische Kerne gelten. Solche Beziehungen sind nun tatsächlich von FREDHOLM aufgestellt und zum Ausgangspunkt der Theorie gemacht worden. Wir wollen im nächsten Paragraphen zeigen, wie sich diese Fredholmschen Formeln naturgemäß herleiten lassen, indem wir wieder den Kern durch ausgeartete Kerne $A_n(s,t)$ gleichmäßig approximieren und dann den Grenzübergang $n \to \infty$ vollziehen[1].

---

[1] Diese Methode ist zuerst von E. GOURSAT angewandt worden in der Arbeit: Sur un cas élémentaire de l'équation de Fredholm. Bull. Soc. math. France Bd. 35, S. 163—173. 1907. Vgl. auch LEBESGUE, H.: Sur la méthode de M. Goursat pour la résolution de l'équation de Fredholm. Ib. Bd. 36, S. 3—19. 1909.

§ 7. Die Fredholmschen Formeln.

Da wir später keinen Gebrauch von den Fredholmschen Formeln machen werden, so wollen wir in den folgenden Ableitungen einige Determinantenzwischenrechnungen dem Leser überlassen[1].

Wir benutzen wesentlich die Entwicklungen und Bezeichnungen von Kap. I, § 2. Für einen ausgearteten Kern $K(s, t) = A(s, t) = \sum_{p=1}^{n} \alpha_p(s)\beta_p(t)$ geht die Integralgleichung $f(s) = \varphi(s) - \lambda \int K(s, t)\,\varphi(t)\,dt$ in

$$\varphi(s) = f(s) + \lambda \sum_{p=1}^{n} x_p \alpha_p(s) = f(s) + \lambda E(x, \alpha(s)) \tag{65}$$

über, wenn, wie früher, $x_p = (\varphi, \beta_p)$ gesetzt wird. In den alten Bezeichnungen $y_p = (f, \beta_p)$, $k_{pq} = (\alpha_q, \beta_p)$ erhalten wir dann für die x_p das Gleichungssystem

$$y_p = x_p - \lambda \sum_{q=1}^{n} k_{pq} x_q. \tag{66}$$

Dessen Lösung wird gegeben durch

$$E(x, u) = -\frac{\Delta(y, u; \lambda)}{\Delta(\lambda)},$$

wonach (1) aufgelöst wird durch

$$\varphi(s) = f(s) + \lambda E(x, \alpha(s)) = f(s) - \lambda \frac{\Delta(y, \alpha(s); \lambda)}{\Delta(\lambda)}; \tag{67}$$

dabei ist

$$\left\{\begin{aligned} \Delta(y, u; \lambda) &= \Delta_1(y, u) - \Delta_2(y, u)\,\lambda + \cdots + (-1)^{n-1} \Delta_n(y, u)\,\lambda^{n-1}, \\ \Delta(\lambda) &= 1 - \Delta_1 \lambda + \cdots + (-1)^n \Delta_n \lambda^n \end{aligned}\right. \tag{68}$$

mit

$$\left\{\begin{aligned} \Delta_h(y, u) &= \sum \begin{vmatrix} 0 & u_{p_1} & u_{p_2} & \dots & u_{p_h} \\ y_{p_1} & k_{p_1 p_1} & k_{p_1 p_2} & \dots & k_{p_1 p_h} \\ y_{p_2} & k_{p_2 p_1} & k_{p_2 p_2} & \dots & k_{p_2 p_h} \\ \cdot & \cdot & \cdot & \cdot & \cdot \\ y_{p_h} & k_{p_h p_1} & k_{p_h p_2} & \dots & k_{p_h p_h} \end{vmatrix}, \\ \Delta_h &= \sum \begin{vmatrix} k_{p_1 p_1} & k_{p_1 p_2} & \dots & k_{p_1 p_h} \\ k_{p_2 p_1} & k_{p_2 p_2} & \dots & k_{p_2 p_h} \\ \cdot & \cdot & \cdot & \cdot \\ k_{p_h p_1} & k_{p_h p_2} & \dots & k_{p_h p_h} \end{vmatrix}, \end{aligned}\right. \tag{69}$$

wobei die Indizes $p_1, p_2, \ldots, p_h$ unabhängig von 1 bis n laufen und $p_1 < p_2 < \cdots < p_h$ ist.

---

[1] Im übrigen vgl. man KOWALEWSKI, G.: Einführung in die Determinantentheorie. Leipzig 1909.

Offenbar kann die Determinantensumme $\Delta_h(y, \alpha(s))$ auch in der Gestalt $\int \Delta_h[\beta(t), \alpha(s)] f(t)\,dt$ geschrieben werden, so daß die Auflösung (67) der Integralgleichung die Form

$$(62') \qquad \varphi(s) = f(s) + \lambda \int \mathrm{K}(s, t; \lambda) f(t)\,dt$$

mit der Resolvente

$$(70) \qquad \mathrm{K}(s, t; \lambda) = -\frac{\Delta(\beta(t), \alpha(s); \lambda)}{\Delta(\lambda)} = -\frac{D(s, t; \lambda)}{D(\lambda)}$$

erhält.

Man kann in den Formeln (69), statt, wie angegeben, über die Kombinationen der Indizes 1, 2, ..., n „zur h^{ten} Klasse" zu summieren, nach Division durch $h!$ die Summe über alle Variationen, offenbar auch mit Wiederholung, bilden. Nach dieser Bemerkung ergeben sich auf Grund einfacher Determinantensätze unter Beachtung der Definition von k_{pq} die Formeln

$$(71) \qquad \left\{ \begin{aligned} D(s, t; \lambda) &= \Delta(\beta(t), \alpha(s); \lambda) \\ &= D_0(s, t) - \frac{1}{1!} D_1(s, t)\lambda + \frac{1}{2!} D_2(s, t)\lambda^2 - \cdots \\ &\qquad + \frac{(-1)^{n-1}}{(n-1)!} D_{n-1}(s, t)\lambda^{n-1}, \\ D(\lambda) &= \Delta(\lambda) \\ &= 1 - \frac{1}{1!} D_1 \lambda + \frac{1}{2!} D_2 \lambda^2 - \cdots + \frac{(-1)^n}{n!} D_n \lambda^n \end{aligned} \right.$$

mit den Abkürzungen

$$(72) \qquad \left\{ \begin{aligned} D_h(s, t) &= \int \cdots \int \begin{vmatrix} A(s, t) & A(s, s_1) & \dots & A(s, s_h) \\ A(s_1, t) & A(s_1, s_1) & \dots & A(s_1, s_h) \\ \cdot & \cdot & \cdot & \cdot \\ A(s_h, t) & A(s_h, s_1) & \dots & A(s_h, s_h) \end{vmatrix} ds_1\, ds_2 \dots ds_h, \\ D_h &= \int \cdots \int \begin{vmatrix} A(s_1, s_1) & A(s_1, s_2) & \dots & A(s_1, s_h) \\ A(s_2, s_1) & A(s_2, s_2) & \dots & A(s_2, s_h) \\ \cdot & \cdot & \cdot & \cdot \\ A(s_h, s_1) & A(s_h, s_2) & \dots & A(s_h, s_h) \end{vmatrix} ds_1\, ds_2 \dots ds_h \end{aligned} \right.$$

für $h = 1, \dots, n$ und $D_0(s, t) = A(s, t)$.

Damit sind die ganzen rationalen Funktionen $D(s, t; \lambda)$ und $D(\lambda)$ von λ explizit durch den Kern ausgedrückt. Die Darstellungen (71) können formal auch als unendliche Reihen fortgesetzt werden, da, wie man leicht sieht, für den ausgearteten Kern $A(s, t) = \sum_{p=1}^{n} \alpha_p(s) \beta_p(t)$ die nach (72) gebildeten Größen D_h für $h > n$ und die $D_h(s, t)$ für $h > n - 1$ sämtlich verschwinden.

Wird nun der beliebige stetige Kern $K(s, t)$ durch eine Folge ausgearteter Kerne gleichmäßig approximiert, so konvergieren die zugehörigen Ausdrücke (72) gegen die entsprechenden Determinanten des Kernes $K(s, t)$. Die unendlichen Reihen

$$
(73) \qquad \begin{cases} D(s, t; \lambda) = D_0(s, t) - \frac{1}{1!} D_1(s, t)\lambda + \cdots, \\ D(\lambda) = 1 - \frac{1}{1!} D_1 \lambda + \frac{1}{2!} D_2 \lambda^2 - \cdots, \end{cases}
$$

wobei in den Ausdrücken (72) A durch K zu ersetzen ist, stellen für den nicht ausgearteten Kern $K(s, t)$ ganze transzendente Funktionen dar. Um dies einzusehen, brauchen wir nur zu zeigen, daß sie für jeden Wert von λ konvergieren. Ist für alle s, t stets $|K(s, t)| \leqq M$, so wird nach der Determinantenabschätzung von HADAMARD (vgl. Kap. I, § 5, 2):

$$
|D_h(s, t)| \leqq \sqrt{(h+1)^{h+1}}\, M^{h+1} (b-a)^h,
$$

$$
|D_h| \leqq \sqrt{h^h}\, M^h (b-a)^h.
$$

Da nun die Reihen

$$
\sum_{h=0}^{\infty} \sqrt{(h+1)^{h+1}}\, M^{h+1} (b-a)^h \frac{\lambda^h}{h!}, \qquad 1 + \sum_{h=1}^{\infty} \sqrt{h^h}\, M^h (b-a)^h \frac{\lambda^h}{h!}
$$

für jeden Wert von λ konvergieren[1] und Majoranten für die Reihen der absoluten Beträge der obigen Reihen (73) sind, so ist die Behauptung erwiesen; aus ihr folgt, daß für jeden Wert von λ im Sinne gleichmäßiger Konvergenz

$$
\lim_{n \to \infty} D_n(s, t; \lambda) = D(s, t; \lambda), \qquad \lim_{n \to \infty} D_n(\lambda) = D(\lambda)
$$

gilt, wobei sich die Größen mit dem Index n auf den n^{ten} approximierenden ausgearteten Kern $A_n(s, t)$, die ohne Index auf $K(s, t)$ beziehen. Also wird auch, solange wir uns nicht in einer Nullstelle $\lambda = \lambda_i$ von $D(\lambda)$ befinden, die Resolvente des Kernes $K(s, t)$:

$$
(74) \qquad \mathsf{K}(s, t; \lambda) = -\frac{D_0(s, t) - \frac{1}{1!} D_1(s, t)\lambda + \cdots}{1 - \frac{1}{1!} D_1 \lambda + \frac{1}{2!} D_2 \lambda^2 - \cdots} = \lim_{n \to \infty} \mathsf{K}_n(s, t; \lambda),
$$

und wir erhalten mit ihr für den beliebigen Kern $K(s, t)$ die Auflösungsformel

$$
(75) \qquad \varphi(s) = f(s) + \lambda \int \mathsf{K}(s, t; \lambda) f(t)\, dt.
$$

Die obigen Formeln nennt man nach ihrem Entdecker die *Fredholmschen Formeln.* Es besteht offenbar die Beziehung

$$
(76) \qquad D_h = \int D_{h-1}(s, s)\, ds.
$$

---

[1] Es gilt nämlich $\frac{1}{h!} < \frac{e^h}{h^h}$, da in der Entwicklung von e^h das Glied $\frac{h^h}{h!}$ vorkommt. Daher ist die h^{te} Wurzel aus dem Koeffizienten von λ^h in der Reihe rechts kleiner als $\frac{M(b-a)e}{h^{\frac{1}{2}}}$ und konvergiert also für $h \to \infty$ gegen 0, und dasselbe gilt auch für die erste der obigen Reihen.

Ferner erwähnen wir, daß[1]

$$D'(\lambda) = -\int D(s, s; \lambda)\, ds \tag{77}$$

und für die m^{te} Ableitung allgemein

$$D^{(m)}(\lambda) = (-1)^m \int \cdots \int D\begin{pmatrix} s_1, s_2, \ldots, s_m \\ s_1, s_2, \ldots, s_m \end{pmatrix}\!\!\left|\, \lambda\right) ds_1\, ds_2 \ldots ds_m \tag{78}$$

gilt, wenn wir

$$D\left(\begin{matrix} s_1, s_2, \ldots, s_m \\ t_1, t_2, \ldots, t_m \end{matrix}\,\middle|\, \lambda\right) = \sum_{h=1}^{\infty} \frac{(-\lambda)^h}{h!} D_h\begin{pmatrix} s_1, s_2, \ldots, s_m \\ t_1, t_2, \ldots, t_m \end{pmatrix} \tag{79}$$

und

$$\left\{\begin{aligned} & D_h\begin{pmatrix} s_1, s_2, \ldots, s_m \\ t_1, t_2, \ldots, t_m \end{pmatrix} \\ & = \int \cdots \int \begin{vmatrix} K(s_1, t_1) \ldots K(s_1, t_m) & K(s_1, \sigma_1) \ldots K(s_1, \sigma_h) \\ K(s_2, t_1) \ldots K(s_2, t_m) & K(s_2, \sigma_1) \ldots K(s_2, \sigma_h) \\ \cdot\ \cdot\ \cdot\ \cdot\ \cdot\ \cdot & \cdot\ \cdot\ \cdot\ \cdot\ \cdot\ \cdot \\ K(s_m, t_1) \ldots K(s_m, t_m) & K(s_m, \sigma_1) \ldots K(s_m, \sigma_h) \\ K(\sigma_1, t_1) \ldots K(\sigma_1, t_m) & K(\sigma_1, \sigma_1) \ldots K(\sigma_1, \sigma_h) \\ \cdot\ \cdot\ \cdot\ \cdot\ \cdot\ \cdot & \cdot\ \cdot\ \cdot\ \cdot\ \cdot\ \cdot \\ K(\sigma_h, t_1) \ldots K(\sigma_h, t_m) & K(\sigma_h, \sigma_1) \ldots K(\sigma_h, \sigma_h) \end{vmatrix} d\sigma_1\, d\sigma_2 \ldots d\sigma_h \end{aligned}\right. \tag{80}$$

setzen.

Wir fügen noch hinzu, daß man die Nullösungen für die Nullstellen $\lambda = \lambda_i$ von $D(\lambda)$ im Falle einfacher Pole erhält, indem man an diesen Stellen die Residuen der Resolvente $\mathsf{K}(s, t; \lambda)$ bildet. Der Beweis hierfür ist aus unseren Formeln leicht zu führen[2].

§ 8. Neubegründung der Theorie.

Wir begnügten uns bei der Begründung der allgemeinen Theorie der Integralgleichungen mit der durch das Konvergenzprinzip aus Kap. II, § 2 gegebenen Gewißheit, daß aus der Schar der Lösungen der approximierenden Integralgleichungen eine gleichmäßig gegen eine Lösung der Integralgleichung konvergierende Folge herausgegriffen werden kann. Die gleichfalls schon in Kap. II eingeführten Begriffe des Unabhängigkeitsmaßes und der asymptotischen Dimensionenzahl einer Funktionenfolge bieten jedoch die Möglichkeit, die Integralgleichungstheorie auf einem etwas anderen Wege zu begründen und dabei die gesamte Mannigfaltigkeit der Lösungen der approximierenden Gleichungen hinsichtlich ihrer Konvergenzeigenschaften mit wachsender Approxi-

[1] Vgl. FREDHOLM, I.: a. a. O.

[2] Für die weiteren Einzelheiten über den formalen Apparat der Fredholmschen Theorie vgl. z. B. KOWALEWSKI, G.: Einführung in die Determinantentheorie. Leipzig 1909.

mation vollständig zu übersehen; da sich dabei auch sonst neue bemerkenswerte Gesichtspunkte und Resultate ergeben, so sollen die betreffenden Entwicklungen hier einen Platz finden.

1. Ein Hilfssatz. Die Anwendung der in Kap. II, § 3, erläuterten Begriffe in der Integralgleichungstheorie beruht auf folgendem Hilfssatz: *Es sei $\psi_1(s)$, $\psi_2(s)$, ... eine Folge von Funktionen, deren Norm unterhalb einer festen Schranke M bleibt und für welche im Sinne der gleichmäßigen Konvergenz die Relation*

$$\psi_n(s) - \lambda \int K(s,t)\, \psi_n(t)\, dt \Longrightarrow 0 \tag{81}$$

gilt. Dann bilden die Funktionen $\psi_n(s)$ eine glatte Funktionenfolge von endlicher asymptotischer Dimensionenzahl r.

Zum Beweise beachten wir, daß die Relation (81) auch dann bestehen bleibt, wenn wir die Funktionen $\psi_n(s)$ durch irgendwelche Funktionen $\chi_n(s)$ ersetzen, wobei $\chi_n(s) = x_1 \psi_{n_1} + \cdots + x_p \psi_{n_p}$ eine mit absolut beschränkt bleibenden Koeffizienten $x_1, x_2, \ldots, x_p$ gebildete lineare Kombination aus irgendeiner Anzahl p von solchen Funktionen

$$\psi_{n_1}, \psi_{n_2}, \ldots, \psi_{n_p}$$

der Folge ψ_n ist derart, daß die Indices n_i mit n zugleich ins Unendliche wachsen. Gibt es nun unter den Funktionen $\psi_n(s)$ Gruppen von je r mit beliebig großen Indices n, so daß das Unabhängigkeitsmaß dieser Gruppen oberhalb einer festen Schranke α bleibt, ist mit anderen Worten die Dimensionenzahl der Folge mindestens gleich r, so können wir diese Gruppen jede in sich orthogonalisieren, wobei nach Kap. II, § 3, 1, die auftretenden Koeffizienten unterhalb der Schranke $1/\sqrt{\alpha}$ bleiben. So erhalten wir Gruppen von je r zueinander orthogonalen normierten Funktionen $\omega_{n,i}(s)$ $(i = 1, 2, \ldots, r;\ n = 1, 2, 3, \ldots)$, für welche gleichmäßig in s die Limesgleichung

$$\lim_{n\to\infty} \left(\omega_{n,i}(s) - \lambda \int K(s,t)\, \omega_{n,i}(t)\, dt\right) = 0 \tag{82}$$

besteht. Die gewohnte Schlußweise mit der Besselschen Ungleichung[1] liefert für jedes n

$$\iint K(s,t)^2\, ds\, dt \geqq \sum_{i=1}^{r} \int \left| \int K(s,t)\, \omega_{n,i}(t)\, dt \right|^2 ds$$

und infolge von (82) daher

$$\iint K(s,t)^2\, ds\, dt \geqq \frac{r}{\lambda^2}.$$

Damit haben wir eine Schranke für die Dimensionenzahl der Folge erhalten und diese Zahl als endlich erwiesen. Daß die Folge glatt ist, ergibt sich unmittelbar aus der gleichmäßig angenähert quellenmäßigen Darstellung (82). Erstens ist nämlich, wenn wir unter ε_n eine mit wach-

[1] Vgl. § 4, 2 dieses Kapitels, S. 110.

sendem n gegen Null strebende Zahl bezeichnen, wegen der Schwarzschen Ungleichung

$$\psi_n(s)^2 \leqq M\lambda^2 \int K(s,t)^2\,dt + \varepsilon_n,$$

was die gleichmäßige Beschränktheit der $\psi_n(s)$ bedeutet. Zweitens folgt ebenso aus $\int (x_1\psi_{n_1} + \cdots + x_p\psi_{n_p})^2 ds < \varepsilon$ die Relation

$$(x_1\psi_{n_1} + \cdots + x_p\psi_{n_p})^2 \leqq \varepsilon\lambda^2 \int K(s,t)^2\,dt + \varepsilon_n,$$

womit die Funktionenfolge als glatt erwiesen ist.

2. Die Eigenfunktionen eines symmetrischen Kernes. Wir wenden den bewiesenen Hilfssatz zunächst an, um die Eigenfunktionen eines symmetrischen Kernes $K(s,t)$ zu erhalten, der durch die ausgearteten symmetrischen Kerne $A_n(s,t)$ gleichmäßig approximiert werde. Es seien wie früher $\mu_1^{(n)}, \mu_2^{(n)}, \ldots$ die positiven, $\mu_{-1}^{(n)}, \mu_{-2}^{(n)}, \ldots$ die negativen Eigenwerte von $A_n(s,t)$, und $\psi_1^{(n)}(s), \psi_2^{(n)}(s), \ldots$ bzw. $\psi_{-1}^{(n)}(s), \psi_{-2}^{(n)}(s), \ldots$ die zugehörigen Eigenfunktionen. Mehrfache Eigenwerte sind dabei entsprechend mehrfach angeführt. Ferner seien wieder $J_n(\varphi,\varphi) = \int\int A_n(s,t)\,\varphi(s)\,\varphi(t)\,ds\,dt$ und $J(\varphi,\varphi) = \int\int K(s,t)\,\varphi(s)\,\varphi(t)\,ds\,dt$ die zu den Kernen $A_n(s,t)$ bzw. $K(s,t)$ gehörigen Integralformen, und es sei, wie wir voraussetzen dürfen, $J(\varphi,\varphi)$ positiver Werte fähig. Es ist $\varkappa_1^{(n)} = 1/\mu_1^{(n)}$ das Maximum von $J_n(\varphi,\varphi)$ für eine normierte Funktion; $\varkappa_1 = 1/\mu_1$ sei die obere Grenze von $J(\varphi,\varphi)$ unter derselben Normierungsbedingung. Da die Werte von $J(\varphi,\varphi)$ und $J_n(\varphi,\varphi)$ sich bei hinreichend großem n um weniger als eine feste beliebig kleine Zahl unterscheiden, muß $\lim\limits_{n\to\infty}\mu_1^{(n)} = \mu_1$ sein. Es folgt also aus $\psi_1^{(n)}(s) - \mu_1^{(n)}\int A_n(s,t)\,\psi_1^{(n)}(t)\,dt = 0$ wegen $A_n(s,t) \Longrightarrow K(s,t)$ die Beziehung

$$\psi_1^{(n)}(s) - \mu_1 \int K(s,t)\,\psi_1^{(n)}(t)\,dt \Longrightarrow 0. \tag{83}$$

Mithin bilden die Funktionen $\psi_1^{(n)}$ gemäß unserem Hilfssatz eine glatte Folge von endlicher, offenbar positiver Dimensionenzahl r — das Verschwinden von r würde mit der Normierung der Funktionen $\psi_1^{(n)}(s)$ im Widerspruche stehen — und definieren daher nach Kap. II, § 3, eine lineare Funktionenschar mit den normierten orthogonalen Komponenten $\psi_{1,1}(s), \ldots, \psi_{1,r}(s)$, welche notwendig Lösungen der homogenen Integralgleichung

$$\psi_{1,i}(s) = \mu_1 \int K(s,t)\,\psi_{1,i}(t)\,dt \qquad (i = 1, 2, \ldots, r),$$

also zum Eigenwert μ_1 gehörige Eigenfunktionen von $K(s,t)$ sind.

Genau so erhält man die übrigen Eigenwerte und Eigenfunktionen des Kernes $K(s,t)$. Es ist nämlich z. B. $\varkappa_h^{(n)} = 1/\mu_h^{(n)}$ das durch geeignete Wahl der $v_1(s), v_2(s), \ldots, v_{h-1}(s)$ zu erreichende Minimum des Maximums von $J_n(\varphi,\varphi)$ unter der Nebenbedingung $(\varphi,\varphi) = 1$ und den weiteren Nebenbedingungen $(\varphi, v_i) = 0$ $(i = 1, 2, \ldots, h-1)$.

Definieren wir wieder $\varkappa_h = 1/\mu_h$ als die entsprechende untere Grenze der oberen Grenze von $J(\varphi,\varphi)$, so ist wegen der Nachbarschaft des

Wertevorrats von $J_n(\varphi, \varphi)$ zu dem von $J(\varphi, \varphi)$ wiederum $\lim\limits_{n\to\infty} \mu_h^{(n)} = \mu_h$. Hieraus schließen wir auf die Relation

$$\psi_h^{(n)}(s) - \mu_h \int K(s,t)\, \psi_h^{(n)}(t)\, dt \Rightarrow 0,$$

wonach die weiteren Folgerungen wie oben verlaufen. Um die negativen Eigenwerte und zugehörigen Eigenfunktionen zu bekommen, haben wir die entsprechenden Minimum- bzw. Maximum-Minimum-Probleme zu betrachten. Treten nur endlich viele Eigenwerte des einen oder anderen Vorzeichens auf, so ist bei ihrer Aufsuchung an der betreffenden Stelle abzubrechen, was keiner weiteren Ausführungen bedarf.

3. Unsymmetrische Kerne. Auch im Falle der unsymmetrischen Integralgleichung (1) liefert die jetzige Methode gegenüber der früheren grundsätzlich eine Vereinfachung und Vertiefung. Es genügt hier ein kurzer Hinweis unter Benutzung der alten Bezeichnungen. Im Falle I mögen die ϱ_n und c_n so beschaffen sein, daß für alle n die Norm c_n^2 unterhalb der Schranke M bleibt. Dann bleibt auch die Norm der Differenz $\varrho_n - \varrho_m = \zeta_{n,m}$ unterhalb einer Schranke, nämlich $4M$. Ferner ist gleichmäßig in s

$$\lim_{n,\, m\to\infty} \left[\zeta_{n,m}(s) - \lambda \int K(s,t)\, \zeta_{n,m}(t)\, dt\right] = 0,$$

und daher besitzt nach unserem Hilfssatz jede Teilfolge der Doppelfolge $\zeta_{n,m}$, bei welcher zugleich n und m über alle Grenzen wachsen, eine beschränkte asymptotische Dimensionenzahl r, wobei die Schranke für r nur vom Kern $K(s,t)$ und von λ abhängt. Somit definiert auch unsere Doppelfolge $\zeta_{n,m}$ eine lineare Grenzschar (vgl. Kap. II, § 3) mit einer endlichen Anzahl r orthogonaler Komponenten $\psi_1(s), \psi_2(s), \ldots, \psi_r(s)$, es sei denn, daß die asymptotische Dimensionenzahl jeder Teilfolge gleich Null, d. h. $\zeta_{n,m} \Rightarrow 0$ ist. Im letzteren Falle $r = 0$ konvergieren einfach die $\varrho_n(s)$ gleichmäßig gegen eine Lösung der Integralgleichung

$$f(s) = \varphi(s) - \lambda \int K(s,t)\, \varphi(t)\, dt.$$

Im Falle $r > 0$ sind die $\psi_i(s)$ Lösungen der homogenen Gleichung. Wir ersetzen ϱ_n durch eine Funktion

$$\eta_n(s) = \varrho_n(s) + x_1 \psi_1(s) + \cdots + x_r \psi_r(s),$$

welche orthogonal zu $\psi_1(s), \psi_2(s), \ldots, \psi_r(s)$ ist. Für diese Funktionen gilt sicherlich

$$\left[\eta_n(s) - \lambda \int K(s,t)\, \eta_n(t)\, dt\right] - f(s) \Rightarrow 0.$$

Wir können dann auf die Differenzen $\eta_n - \eta_m = \zeta_{n,m}$ wieder wie oben unseren Hilfssatz anwenden und leicht schließen, daß die Dimensionenzahl jeder Teilfolge dieser Folge Null sein muß, daß also die $\eta_n(s)$ gleichmäßig gegen eine zu den $\psi_i(s)$ orthogonale Lösung der Integralgleichung konvergieren.

Im Falle II erhalten wir ebenfalls auf Grund unseres Hilfssatzes als Grenzgebilde der Funktionenfolge $\sigma_n(s) = \varrho_n(s)/c_n$ eine lineare Funktionenschar von Lösungen der homogenen Integralgleichung.

Auf diese Art ergibt sich nach unserer zweiten Methode ein genauerer Einblick in die Natur der hier waltenden Konvergenzverhältnisse. Wir sehen daher, daß wir in der Tat mit beliebiger Genauigkeit zu einer Lösung der unhomogenen bzw. der homogenen Integralgleichung gelangen, wenn wir eine approximierende Integralgleichung mit dem Kerne $A_n(s, t)$ betrachten.

4. Stetige Abhängigkeit der Eigenwerte und Eigenfunktionen vom Kern. Hinsichtlich der Frage, inwieweit sich die Lösungen eines Integralgleichungsproblems mit dem Kern stetig ändern, beschränken wir uns auf das Eigenwertproblem bei einem symmetrischen Kerne $K(s, t)$. Der Kern $K(s, t)$ möge der gleichmäßige Limes anderer symmetrischer Kerne $K_n(s, t)$ $(n = 1, 2, 3, \ldots)$ sein. Wenn wir Funktionen $\varphi(s)$ betrachten, welche der Bedingung $(\varphi, \varphi) \leqq M$ genügen, so unterscheiden sich die Werte der zu den Kernen gehörigen Integralformen $J_n(\varphi, \varphi)$ und $J(\varphi, \varphi)$ bei hinreichend großem n um beliebig wenig. Daher gilt dies auch für die Minima oder Maxima dieser Formen unter den Nebenbedingungen $(\varphi, \varphi) = 1$, $(\varphi, v_i) = 0$, und ebenso für die Maxima der Minima oder Minima der Maxima. Mit anderen Worten: *Der h^{te} positive und der h^{te} negative Eigenwert ändern sich stetig mit dem Kern.* Hinsichtlich der Eigenfunktionen können wir mit Rücksicht auf das bei ihnen willkürliche Vorzeichen und das Auftreten mehrfacher Eigenwerte eine regelrechte Stetigkeit nicht erwarten. Dafür tritt hier folgendes Verhalten ein: *Es sei λ_h ein r-facher Eigenwert des Kernes $K(s, t)$; es sei also*

$$\lambda_h = \lim_{n\to\infty} \lambda_h^{(n)} = \lim_{n\to\infty} \lambda_{h+1}^{(n)} = \cdots = \lim_{n\to\infty} \lambda_{h+r-1}^{(n)},$$

dagegen gelte diese Relation nicht für $\lambda_{h-1}^{(n)}$ und $\lambda_{h+r}^{(n)}$. Dann konvergiert[1] *mit wachsendem n die lineare Schar aus den Eigenfunktionen $\psi_h^{(n)}(s)$, $\psi_{h+1}^{(n)}(s)$, $\ldots$, $\psi_{h+r-1}^{(n)}(s)$ des Kernes $K_n(s, t)$ für $n \to \infty$ gleichmäßig gegen die lineare Schar der Eigenfunktionen von $K(s, t)$ für den Eigenwert λ_h.*

Diesen Satz, welcher ein vollständiger Ausdruck der fraglichen Stetigkeitseigenschaften der Eigenfunktionen ist, beweist man auf Grund unseres Hilfssatzes fast unmittelbar aus der Bemerkung, daß für die Folge der Eigenfunktionen $\psi_{h+k}^{(n)}(s)$ $(0 \leqq k < r)$ die Limesgleichung

$$\left[\psi_{h+k}^{(n)}(s) - \lambda_h \int K(s, t)\, \psi_{h+k}^{(n)}(t)\, dt\right] \Rightarrow 0$$

besteht und daß diese Folge gewiß die asymptotische Dimensionenzahl r besitzt.

§ 9. Erweiterung der Gültigkeitsgrenzen der Theorie.

Die Entwicklungen der Paragraphen 1 bis 6 und 8 können nach zwei Richtungen wesentlich verallgemeinert werden.

---

[1] Zum Begriff der Konvergenz linearer Scharen vgl. Kap. II, § 3, 2.

Zunächst bleiben alle Überlegungen gültig, wenn wir Integralgleichungen für Funktionen mehrerer, etwa m, unabhängiger Veränderlicher betrachten. Wir verstehen etwa unter $f(s)$ und $\varphi(s)$ stetige Funktionen der auf ein bestimmtes endliches Gebiet G beschränkten Variablen $s_1, s_2, \ldots, s_m$, unter $K(s, t)$ eine stetige Funktion der Variablen $s_1, s_2, \ldots, s_m$ und $t_1, t_2, \ldots, t_m$, die beide ebenfalls im Gebiete G laufen; schließlich bezeichnen wir mit ds das Inhaltselement $ds_1\, ds_2 \ldots ds_m$ von G, setzen entsprechend $dt = dt_1\, dt_2 \ldots dt_m$ und verstehen unter allen betrachteten Integralen ein für allemal Integrale über das Integrationsgebiet G. Dann stellt die Integralgleichung

$$f(s) = \varphi(s) - \lambda \int K(s, t)\, \varphi(t)\, dt$$

eine Integralgleichung mit dem von $2m$ Variablen abhängigen Kern $K(s, t)$ für die Funktion $\varphi(s)$ von m Variablen dar, und unsere ganze Theorie bleibt Wort für Wort in Kraft.

Ferner kann auch die bisher gemachte Voraussetzung der Stetigkeit des Kernes erheblich gemildert werden, ohne daß an den erzielten Ergebnissen etwas geändert wird. Ohne auf eine möglichst weitgehende Verallgemeinerung Wert zu legen, wollen wir hier nur die für die Anwendungen wesentlichen Fälle hervorheben, indem wir zunächst wieder einen Kern $K(s, t)$ in zwei Variablen s und t betrachten. Mit unwesentlichen Modifikationen gelten unsere früheren Überlegungen, abgesehen von den Überlegungen zum Mercerschen Satz (§ 5, 4), auch für solche Kerne, die nur stückweise stetig in dem früher definierten Sinne sind, weil sich ja jede solche Funktion im Mittel mit beliebiger Genauigkeit durch eine stetige approximieren läßt, wie wir im vorigen Kapitel gesehen haben. Wir dürfen aber auch Unendlichkeitsstellen des Kernes zulassen. Dabei machen wir die Voraussetzung, daß die Integrale

$$\iint K(s, t)^2\, ds\, dt, \qquad \int K(s, t)^2\, ds, \qquad \int K(s, t)^2\, dt$$

einen Sinn haben und daß die beiden letzten als Funktionen von t bzw. s unterhalb einer festen Schranke bleiben. Diese Voraussetzung ist z. B. in dem für die Anwendungen wesentlichen Falle erfüllt, daß der Kern für $s = t$ von niedrigerer als $\frac{1}{2}$ter Ordnung unendlich wird, d. h., daß $K(s,t)$ die Form $K(s,t) = H(s,t)\, |s - t|^{-\alpha}$ mit $0 \leqq \alpha < \frac{1}{2}$ hat, wobei $H(s, t)$ eine durchweg stetige Funktion ist. Für einen solchen Kern gelten die früher entwickelten Sätze. Denn er läßt sich durch stetige ausgeartete Kerne $A_n(s, t)$ jedenfalls so approximieren, daß $\int [K(s, t) - A_n(s, t)]^2\, dt$ gleichmäßig in s, $\int [A_n(s + \eta, t) - A_n(s, t)]^2\, dt$ gleichmäßig in s und n beliebig klein ausfällt, wenn $|\eta|$ hinreichend klein genommen wird. Mehr ist aber zur Durchführung unserer Überlegungen nicht nötig. Ebenso bleiben für den Fall zweier unabhängiger Variablen die früheren Sätze gültig, wenn der Kern für $s_1 = t_1$, $s_2 = t_2$ von niedrigerer als erster Ordnung unendlich wird, weil dann das Integral $\iint K(s_1, s_2, t_1, t_2)^2\, ds_1\, ds_2$ durch diese Singularitäten nicht beeinträchtigt wird. Bei drei unabhängigen Variablen dürfen wir ebenso beliebige Singularitäten von niedrigerer als $\frac{3}{2}$ter Ordnung für K zulassen und allgemein bei n Variablen Singularitäten von niedrigerer Ordnung als $n/2$.

Es ist nicht schwer, worauf hier nur hingewiesen werden soll, den Gültigkeitsbereich unserer Resultate so weit auszudehnen, daß nur noch die oben formulierten Voraussetzungen für die Integrale über $K^2(s,t)$ gefordert werden müssen, während man im übrigen auf die Stetigkeit des Kernes usw. ganz verzichten kann.

§ 10. Ergänzungen und Aufgaben zum dritten Kapitel.

1. Beispiele.

a) Der Kern

$$\sum_{n=1}^{\infty} \frac{\sin ns \sin nt}{n} = \frac{1}{2} \log \left| \sin \frac{s+t}{2} : \sin \frac{s-t}{2} \right| \qquad (0 \leqq s, t \leqq \pi)$$

hat die Eigenwerte $\lambda_n = 2n/\pi$ und die Eigenfunktionen $\sin nt$.

b) Man zeige, daß der symmetrische Kern

$$\frac{1}{2\pi} \frac{1-h^2}{1-2h\cos(s-t)+h^2} \qquad (0 \leqq s, t \leqq 2\pi)$$

für $|h| < 1$ die Funktionen 1, $\sin ns$, $\cos ns$ als Eigenfunktionen mit den Eigenwerten 1, $1/h^n$, $1/h^n$ besitzt.

c) Für den symmetrischen Kern definiert durch

$$K(s,t) = \frac{1}{\sqrt{\pi}} e^{\frac{s^2+t^2}{2}} \int_{-\infty}^{s} e^{-\tau^2} d\tau \int_{t}^{\infty} e^{-\tau^2} d\tau \qquad (s \leqq t)$$

sind die Hermiteschen Orthogonalfunktionen $e^{\frac{s^2}{2}} \frac{d^n}{ds^n} e^{-s^2}$ Eigenfunktionen mit den Eigenwerten $\lambda_n = 2n + 2$, und

d) für den symmetrischen Kern definiert durch

$$K(s,t) = e^{\frac{s+t}{2}} \int_{t}^{\infty} \frac{e^{-\tau}}{\tau} d\tau \qquad (0 \leqq s \leqq t)$$

die Laguerreschen Orthogonalfunktionen $e^{-\frac{s}{2}} \frac{\partial^n}{\partial h^n} \left. \frac{e^{-\frac{sh}{1-h}}}{1-h} \right|_{h=0}$ Eigenfunktionen mit den Eigenwerten $\lambda_n = n + 1$ *.

2. Singuläre Integralgleichungen. Die Gültigkeit der allgemeinen Theorie kann aufhören, wenn der Kern zu hohe Singularitäten aufweist, oder wenn er bei unendlich ausgedehntem Grundgebiet nicht — wie die

* Vgl. NEUMANN, R.: Die Entwicklung willkürlicher Funktionen nach den Hermiteschen und Laguerreschen Orthogonalfunktionen usw. Diss. Breslau 1912.

soeben in Nr. 1 betrachteten Kerne — von hinreichend hoher Ordnung im Unendlichen verschwindet.

Wir geben einige Beispiele von Integralgleichungen mit unendlich vielfachen Eigenwerten.

Aus der Integralformel

$$\int_0^\infty \sin st \left(\sqrt{\frac{\pi}{2}}\, e^{-at} + \frac{t}{a^2+t^2}\right) dt = \sqrt{\frac{\pi}{2}}\, e^{-as} + \frac{s}{a^2+s^2}$$

folgt, da sie identisch in a gilt, daß für das Grundgebiet $0 \leqq s, t < \infty$ der Kern $\sin st$ den unendlich vielfachen Eigenwert $\lambda = 1$ hat.

Die Hermiteschen Orthogonalfunktionen (vgl. Nr. 1, c) sind Eigenfunktionen des Kerns e^{ist} mit den Eigenwerten $\frac{i^{-n}}{\sqrt{2\pi}}$. Jeder der vier Werte $\pm\frac{1}{\sqrt{2\pi}}$, $\pm\frac{i}{\sqrt{2\pi}}$ ist also unendlich vielfacher Eigenwert dieses Kerns.

Beispiel einer Integralgleichung[1] mit unendlich vielen Eigenwerten in einem endlichen Intervall: Die Gleichung

$$\varphi(s) = \lambda \int_{-\infty}^{\infty} e^{-|s-t|}\, \varphi(t)\, dt$$

hat die Lösungen $e^{\alpha i s}$ mit den Eigenwerten $\lambda = \frac{1+\alpha^2}{2}$. Jedes $\lambda > \frac{1}{2}$ ist also Eigenwert.

3. Methode von E. Schmidt zur Herleitung der Sätze von Fredholm[2]. Wir bringen, indem wir $\lambda = 1$ annehmen, den Kern $K(s,t)$ in die Form $K(s,t) = \sum_{\nu=1}^{n} \alpha_\nu(s)\, \beta_\nu(t) + k(s,t)$, wobei $\iint k(s,t)^2\, ds\, dt < 1$ ist, also die Neumannsche Reihe des Kerns k für $\lambda = 1$ konvergiert (vgl. § 6) und somit nach § 6 die zum Kern $k(s,t)$ gehörige Resolvente $\varkappa(s,t)$ liefert. Indem wir die Integralgleichung (1) in der Form

$$f_1(s) = \varphi(s) - \int k(s,t)\, \varphi(t)\, dt$$

schreiben, wobei

$$f_1(s) = f(s) + \sum_{\nu=1}^{n} x_\nu \alpha_\nu(s), \qquad x_\nu = (\varphi, \beta_\nu)$$

gesetzt ist, haben wir daher umgekehrt

$$\varphi(s) = f(s) + \sum_{\nu=1}^{n} x_\nu \alpha_\nu(s) + \int \varkappa(s,t)\left[f(t) + \sum_{\nu=1}^{n} x_\nu \alpha_\nu(t)\right] dt,$$

[1] Verwandte Integralgleichungen sind behandelt bei E. Hopf: Über lineare Integralgleichungen mit positivem Kern, Sitzungsber. Akad. Berlin (phys.-math. Kl.), S. 233—275, 1928, und in den dort zitierten Arbeiten von U. Wegner, H. H. Hardy und E. C. Titchmarsh.

[2] Schmidt, E.: Zur Theorie der linearen und nicht linearen Integralgleichungen. Zweite Abhandlung: Auflösung der allgemeinen linearen Integralgleichung. Math. Ann. Bd. 64, S. 161—174. 1907.

oder

$$f_2(s) = f(s) + \int \varkappa(s,t) f(t)\, dt = \varphi(s) - \int \left[\sum_{\nu=1}^{n} \alpha_\nu(s)\beta_\nu(t) + \gamma_\nu(s)\beta_\nu(t) \right] \varphi(t)\, dt$$

mit

$$\gamma_\nu(s) = \int \varkappa(s,\tau)\, \alpha_\nu(\tau)\, d\tau .$$

Damit ist die gegebene Integralgleichung auf eine solche mit ausgeartetem Kerne zurückgeführt.

4. Methode von Enskog zur Auflösung symmetrischer Integralgleichungen[1]. Wir betrachten einen positiv definiten Kern $K(s,t)$, dessen erster Eigenwert größer als 1 ist, bei dem also für jedes φ die Relation $\int \varphi(s)^2 ds - \int\int K(s,t)\, \varphi(s)\, \varphi(t)\, ds\, dt > 0$ gilt. Die Integralgleichung (1) schreiben wir — unter der Annahme $\lambda = 1$ — in der abgekürzten Form $f(s) = J(\varphi)$, indem wir $J(\varphi) = \varphi(s) - \int K(s,t)\, \varphi(t)\, dt$ setzen. Ferner konstruieren wir uns irgendein „in bezug auf den Kern polares vollständiges Funktionensystem" $v_1(s)$, $v_2(s)$, ..., welches den Beziehungen $\int v_i J(v_k)\, ds = \delta_{ik}$ ($\delta_{ii} = 1$, $\delta_{ik} = 0$ für $i \neq k$) genügt und aus einem vollständigen Funktionensystem $\varphi_1, \varphi_2, \ldots$ durch ein Verfahren entsteht, das dem in Kap. II, § 1 geschilderten Orthogonalisierungsprozeß analog ist. Setzen wir $a_\nu = \int \varphi J(v_\nu)\, ds = \int v_\nu f\, ds$, so ergibt sich sofort $\varphi(s) = \sum_{\nu=1}^{\infty} a_\nu v_\nu(s)$, vorausgesetzt, daß diese Reihe gleichmäßig konvergiert. Für die Funktionen v_ν gilt übrigens die „Vollständigkeitsrelation" $\int \varphi(s)\, J[\varphi(s)]\, ds = \sum_{\nu=1}^{\infty} a_\nu^2$, wie auch immer die stückweise stetige Funktion $\varphi(s)$ gewählt wird.

5. Methode von Kellogg zur Bestimmung von Eigenfunktionen[2]. Wir bestimmen, ausgehend von einer willkürlichen normierten Funktion $\varphi_0(s)$, die Funktionen $\varphi_\nu(s)$ und die Zahlen λ_ν durch die Relationen $\varphi_{\nu+1}(s) = \lambda_{\nu+1} \int K(s,t)\, \varphi_\nu(t)\, dt$, $N\varphi_\nu = 1$. Der Grenzübergang läßt sich durchführen und liefert einen Eigenwert und die zugehörige Eigenfunktion des Kerns bzw. seines iterierten Kerns.

Man bringe diesen Ansatz in Zusammenhang mit dem Begriff der asymptotischen Dimensionenzahl und führe die Betrachtung auf diesem Wege durch.

6. Symbolische Funktionen eines Kernes und ihre Eigenwerte. Für die durch den Kern einer Integralgleichung definierten Operationen gelten analoge Beziehungen wie die im Kap. I für Matrizen entwickelten. Wir betrachten insbesondere eine ganze rationale Funktion $f(u) = \sum_{\nu=1}^{n} a_\nu u^\nu$, die für $u = 0$ verschwindet, und ersetzen darin die Potenzen von u

---

[1] Enskog, D.: Kinetische Theorie der Vorgänge in mäßig verdünnten Gasen. Dissertation. Uppsala 1917.

[2] Kellogg, O. D.: On the existence and closure of sets of characteristic functions. Math. Ann. Bd. 86, S. 14—17. 1922.

durch die entsprechenden iterierten Kerne des symmetrischen Kernes $K(s,t)$. Wir erhalten so den Kern

$$H(s,t) = f[K] = \sum_{\nu=1}^{n} a_\nu K^{(\nu)}(s,t).$$

Es gilt nun der Satz: Die Eigenfunktionen φ_i von H sind identisch mit den Eigenfunktionen von K, und die entsprechenden charakteristischen Zahlen η_i von H hängen mit den charakteristischen Zahlen $\varkappa_i$ von K durch die Gleichung

$$\eta_i = f(\varkappa_i)$$

zusammen. In der Tat bestätigt man sofort, daß die zum Eigenwert $\lambda_i = 1/\varkappa_i$ gehörige Eigenfunktion φ_i von $K(s,t)$ auch Eigenfunktion von $H(s,t)$ mit der charakteristischen Zahl $\eta_i = f(\varkappa_i)$ ist. Daß H keine anderen charakteristischen Zahlen und Eigenfunktionen besitzt, erkennt man leicht, indem man zeigt, daß

$$\iint H(s,t)^2\, ds\, dt = \sum_{i=1}^{\infty} f(\varkappa_i)^2$$

gilt.

7. Beispiel eines unsymmetrischen Kerns ohne Nullösungen. Der Kern $K(s,t) = \sum_{\nu=1}^{\infty} \frac{\sin \nu s \sin(\nu+1)t}{\nu^2}$ besitzt für das Gebiet $0 \leqq s,\ t \leqq 2\pi$ keine Nullösungen; denn wir erhalten für die iterierten Kerne die Ausdrücke $K^{(n)}(s,t) = \pi^{n-1} \sum_{\nu} \frac{\sin \nu s \sin(\nu+n)t}{\nu^2(\nu+1)^2 \cdots (\nu+n-1)^2}$, und daher konvergiert die Neumannsche Reihe für alle Werte von λ. Dasselbe Resultat gewinnt man durch Feststellung der Tatsache, daß die zu K gehörige Funktion $D(\lambda)$ konstant ist[1].

8. Volterrasche Integralgleichungen[2]. Wenn $K(s,t) = 0$ für $s < t$ ist, so kann man die Integralgleichung in der Form

$$f(s) = \varphi(s) - \lambda \int_a^s K(s,t)\, \varphi(t)\, dt$$

schreiben. Solche Typen von Integralgleichungen sind besonders von VOLTERRA behandelt worden. Man zeige, daß die zugehörige Resolvente eine ganze transzendente Funktion von λ ist, daß also die Volterrasche Integralgleichung für jedes λ eine und nur eine Lösung und daher für kein λ eine Nullösung besitzt.

---

[1] Ähnliche Kerne finden sich bei GOURSAT: Cours d'analyse (vgl. Literaturverzeichnis).

[2] VOLTERRA, V.: Leçons sur les équations intégrales et les équations intégro-différentielles. Kap. II. Paris 1913.

9. Abelsche Integralgleichung[1]. Schon ABEL hat eine spezielle, für viele Anwendungen wichtige Volterrasche Integralgleichung aufgestellt, um das folgende Problem zu lösen: Ein materieller Punkt m bewege sich unter dem Einfluß der Schwere auf einer glatten, in einer Vertikalebene liegenden Kurve. Die Zeit t, die er braucht, um aus einer Höhe x längs der Kurve zu deren tiefstem Punkt zu gelangen, sei eine gegebene Funktion f von x; wie lautet die Gleichung der Kurve? Die Aufgabe führt zu der Integralgleichung

$$f(x) = \int_0^x \frac{\varphi(t)\,dt}{\sqrt{2g(x-t)}}.$$

Nehmen wir an, daß $f(x)$ eine für $x = 0$ verschwindende stetig differenzierbare Funktion ist, so wird die Abelsche Integralgleichung durch

$$\varphi(x) = \frac{\sqrt{2g}}{\pi}\int_0^x \frac{f'(t)\,dt}{\sqrt{x-t}}$$

gelöst, wobei g die Erdbeschleunigung ist und die Gleichung der Kurve sich ergibt als

$$y = \int_0^x \sqrt{|\varphi^2(t) - 1|}\,dt.$$

Allgemeiner betrachtet man die Gleichung

$$f(x) = \int_a^x \frac{\varphi(s)\,ds}{(s-x)^\alpha} \qquad (0 < \alpha < 1),$$

die bei stetig differenzierbarem $f(x)$ durch

$$\varphi(x) = \frac{\sin\alpha\pi}{\pi}\,\frac{f(a)}{(x-a)^{1-\alpha}} + \frac{\sin\alpha\pi}{\pi}\int_a^x \frac{f'(s)\,ds}{(s-x)^{1-\alpha}}$$

gelöst wird.

10. Die zu einem unsymmetrischen Kerne gehörigen adjungierten Orthogonalsysteme[2]. Zu einem unsymmetrischen Kerne $K(s,t)$ bilden wir die beiden symmetrischen Kerne $K'(s,t) = \int K(s,\sigma)\,K(t,\sigma)\,d\sigma$ und $K''(s,t) = \int K(\sigma,s)\,K(\sigma,t)\,d\sigma$. Es gibt eine Folge von Funktionenpaaren $\varphi_\nu(s)$, $\psi_\nu(s)$ ($\nu = 1, 2, \ldots$) und zugehörige Werte λ_ν, so daß

$$\varphi_\nu(s) = \lambda_\nu \int K(s,t)\,\psi_\nu(t)\,dt, \qquad \psi_\nu(s) = \lambda_\nu \int K(t,s)\,\varphi_\nu(t)\,dt,$$

$$\varphi_\nu(s) = \lambda_\nu^2 \int K'(s,t)\,\varphi_\nu(t)\,dt, \qquad \psi_\nu(s) = \lambda_\nu^2 \int K''(s,t)\,\psi_\nu(t)\,dt$$

---

[1] ABEL: Solution de quelques problèmes à l'aide d'intégrales définies. Werke (Christiania 1881) I, S. 11—27. — BÔCHER: Integral Equations, S. 8, Cambridge University Press, 1909.

[2] SCHMIDT, E.: Zur Theorie der linearen und nichtlinearen Integralgleichungen. I. Teil: Entwicklung willkürlicher Funktionen nach Systemen vorgeschriebener. Math. Ann. Bd. 63, S. 433—476. 1907.

gilt. Jede in der Form $\int K(s, t) h(t) dt$ darstellbare Funktion erlaubt eine absolut und gleichmäßig konvergente Entwicklung nach dem Orthogonalsystem der φ_ν und ebenso jede Funktion der Form $\int K(t, s) h(t) dt$ eine Entwicklung nach dem Orthogonalsystem der ψ_ν. Es gilt $K(s, t) = \sum_{\nu=1}^{\infty} \frac{\varphi_\nu(s)\psi_\nu(t)}{\lambda_\nu}$, falls die Reihe rechts in jeder Variablen gleichmäßig konvergiert. Der Kern K ist durch die Werte λ_ν und die beiden, an sich voneinander unabhängigen Orthogonalsysteme eindeutig festgelegt.

11. Integralgleichungen erster Art. Beispiele von Integralgleichungen erster Art der Form

$$f(s) = \int K(s, t) \varphi(t) dt \tag{84}$$

sind uns mehrfach begegnet. Z. B. wurde die Entwickelbarkeit nach den Eigenfunktionen eines Kernes von der Auflösbarkeit einer Integralgleichung erster Art abhängig gemacht. Ferner sind solche Beispiele durch das Fouriersche Integral und die Mellinsche Integraltransformation (Kap. II, § 10, 8) gegeben. Die Schwierigkeit der Theorie der Integralgleichungen erster Art beruht darauf, daß bei stetigem Kern $K(s, t)$ die Mannigfaltigkeit aller stückweise stetigen Funktionen $\varphi(s)$ in eine Teilmannigfaltigkeit transformiert wird, da jedenfalls alle so entstehenden Funktionen $f(s)$ stetig sind. Ist $K(s, t)$ differenzierbar, so wird jede stückweise stetige Funktion, ja jede bloß integrierbare Funktion $\varphi(s)$ in eine differenzierbare transformiert. Die Integralgleichung kann also nicht allgemein für stetiges $f(s)$ durch eine stetige Funktion φ lösbar sein. Erst in dem Maße, wie der Kern von einem regulären Verhalten abweicht, können wir eine Auflösbarkeit von (84) für allgemeinere Funktionenklassen $f(s)$ erhoffen. Mar betrachte die früheren und künftigen Beispiele unter diesem Gesichtspunkte, wobei das Unendlichwerden des Grundgebietes als mit einer Singularität des Kernes äquivalent anzusehen ist.

Rein formal kann man bei symmetrischem Kern, wenn $x_\nu = (f, \varphi_\nu)$ die Entwicklungskoeffizienten von f nach dem Eigenfunktionensystem $\varphi_1, \varphi_2, \ldots$ des Kernes sind, eine Lösung in der Form $\varphi(s) = \sum_{\nu=1}^{\infty} \lambda_\nu x_\nu \varphi_\nu(s)$ ansetzen. Falls diese Reihe gleichmäßig konvergiert, was wegen des Anwachsens der λ_ν im allgemeinen Einschränkungen für $f(s)$ bedeutet, so stellt sie tatsächlich die Lösung von (84) dar.

Im allgemeinen Falle liefert ein Satz von Picard[1] notwendige und hinreichende Bedingungen für die Auflösbarkeit einer Integralgleichung erster Art $f(s) = \int K(s, t) \varphi(t) dt$ bei einem beliebigen (auch einem

[1] Picard, E.: Sur un théorème général relatif aux équations intégrales de première espèce et sur quelques problèmes de physique mathématique. Rend. Circ. mat. Palermo Bd. 29, S. 79—97. 1910.

unsymmetrischen) Kern durch eine samt ihrem Quadrat im Lebesgueschen Sinne integrierbare Funktion $\varphi(s)$. Sind φ_i, ψ_i, λ_i die Paare der zu $K(s, t)$ nach Nr. 10 gehörenden adjungierten Funktionen bzw. die zugehörigen Eigenwerte, so ist für die Lösbarkeit der obigen Integralgleichung notwendig und hinreichend, daß die Reihe

$$\sum \lambda_i^2 \left(\int f(s)\, \varphi_i(s)\, ds\right)^2$$

konvergiert.

12. Die Methode der unendlich vielen Variablen. Ist $\omega_1(s)$, $\omega_2(s)$, ... irgendein vollständiges Orthogonalsystem für das Grundgebiet und setzt man $x_i = (\varphi, \omega_i)$, $f_i = (f, \omega_i)$, $k_{pq} = \int\int K(s, t)\, \omega_p(s)\, \omega_q(t)\, ds\, dt$, so führt die Integralgleichung (1) sofort auf das Gleichungssystem

$$f_i = x_i - \lambda \sum_{j=1}^{\infty} k_{ij} x_j \qquad (i = 1, 2, 3, \ldots)$$

von unendlich vielen linearen Gleichungen für die unendlich vielen Unbekannten $x_1, x_2, x_3, \ldots$. Dabei ist $\sum_{i=1}^{\infty} x_i^2$ und $\sum_{i=1}^{\infty} f_i^2$ sowie $\sum_{i,j=1}^{\infty} k_{ij}^2$ konvergent, wie aus der Besselschen Ungleichung folgt. Die Auflösungstheorie dieses Gleichungssystems liefert uns dann die Sätze über die Integralgleichung (1).

13. Minimumeigenschaften der Eigenfunktionen. Man kann die Eigenfunktionen $\varphi_1, \varphi_2, \ldots$ eines symmetrischen Kernes oder die zu einem unsymmetrischen Kerne gehörigen beiden Orthogonalsysteme $\varphi_i(s)$, $\psi_i(s)$ und die entsprechenden Eigenwerte λ_i durch folgendes Minimumproblem erhalten: Der Kern $K(s, t)$ soll durch einen ausgearteten Kern $A_n(s, t) = \sum_{i=1}^{n} \frac{\Phi_i(s)\, \Psi_i(t)}{\Lambda_i}$ so approximiert werden, daß $\int\int (K - A_n)^2 ds\, dt$ möglichst klein wird. Man beweise, daß die Lösung durch $\Phi_i = \varphi_i$, $\Psi_i = \psi_i$, $\Lambda_i = \lambda_i$ gegeben wird.

14. Polare Integralgleichungen. Auch für die Kerne von der Form $K(s, t) = A(s)\, S(s, t)$, wo $S(s, t)$ symmetrisch ist, $A(s)$ aber bis auf endlich viele Sprünge stetig, lassen sich ähnliche Ergebnisse herleiten wie für den Fall eines symmetrischen Kernes. Am eingehendsten ist bisher der Fall untersucht worden, daß $S(s, t)$ ein *definiter* Kern ist, also etwa lauter positive Eigenwerte besitzt. In diesem Falle, den HILBERT[1] und GARBE[2] behandeln, heißt die Integralgleichung *polar* oder *von der dritten Art.* Dabei hat die Resolvente, wie für symmetrische Kerne, lauter reelle und einfache Pole, und für die zugehörigen Residuen, welche die „polaren Eigenfunktionen" liefern, gilt ein analoger Entwicklungssatz wie der von HILBERT für symmetrische Kerne auf-

[1] HILBERT, D.: Integralgleichungen, Kap. 15, wo für die polare Integralgleichung eine etwas andere Gestalt zugrunde gelegt wird.

[2] GARBE, E.: Zur Theorie der Integralgleichung dritter Art. Math. Ann. Bd. 76, S. 527–547. 1915.

gestellte. Verschwindet insbesondere der iterierte Kern $K^{(2)}(s,t)$ nicht identisch, so gibt es stets wenigstens einen Eigenwert. Übrigens gilt der Satz, daß die Resolvente nur reelle und einfache Pole hat, auch dann, wenn $S(s,t)$ nur als *positiv* vorausgesetzt wird; ferner der weitere Satz, daß es wenigstens einen Eigenwert gibt, wenn $S(s,t)$ positiv ist und $K^{(2)}(s,t)$ nicht identisch verschwindet[1].

15. Symmetrisierbare Kerne[2]. Die Kerne, für die die Resolvente nur reelle und einfache Pole hat, lassen sich sehr einfach direkt charakterisieren. Damit ein Kern $K(s,t)$ diese Eigenschaft aufweist, ist notwendig, daß es einen Kern $S(s,t)$ derart gibt, daß die Kerne $\int S(s,\tau)\,K(\tau,t)\,d\tau$, $\int K(s,\tau)\,S(\tau,t)\,d\tau$ symmetrisch sind. Solche Kerne $K(s,t)$ nennt man *symmetrisierbar*. Stellt umgekehrt für einen geeigneten positiv definiten symmetrischen Kern $S(s,t)$ wenigstens eines der obigen Integrale einen symmetrischen Kern dar, so sind sämtliche Pole der Resolvente von $K(s,t)$ reell und einfach.

16. Bestimmung des lösenden Kernes durch Funktionalgleichungen. Man beweise, daß die Resolvente von $K(s,t)$ durch die Gleichungen (63) eindeutig bestimmt ist.

17. Die Stetigkeit der definiten Kerne. Man beweise, daß ein für $0 \leqq s, t \leqq 1$ stückweise stetiger definiter symmetrischer Kern $K(s,t)$, der in allen Punkten $s = t$ stetig ist und stetige Eigenfunktionen besitzt, überhaupt überall für $0 \leqq s$, $t \leqq 1$ stetig ist.

18. Satz von Hammerstein. Bei einem im Grundgebiete $0 \leqq s$, $t \leqq 1$ stetigen Kern $K(s,t)$, der im ganzen Gebiet $0 \leqq s$, $t \leqq 1$ eine gleichmäßig beschränkte Ableitung hat, besteht die Bilinearformel schon für den Kern selbst und nicht erst für den iterierten Kern $K^{(2)}(s,t)$. Die Voraussetzung der beschränkten Differenzierbarkeit läßt sich noch durch wesentlich allgemeinere ersetzen[3].

Literatur zum dritten Kapitel.

Vor allem sei auf den Artikel der Enzyklopädie der math. Wissenschaften, Bd. 2, von E. HELLINGER und O. TOEPLITZ verwiesen, der eine zusammenfassende Darstellung der Theorie der Integralgleichungen enthält und auf die Zusammenhänge dieser Theorie mit anderen Teilen der Analysis ausführlich eingeht. Ferner sei auf das übersichtliche Referat von H. HAHN, Bericht über die Theorie der linearen Integralgleichungen, Jahresber. d. deutsch. Math.-Ver. Bd. 20, S. 69—117, 1911, hingewiesen.

---

[1] MARTY, J.: Sur une équation intégrale. C. R. Acad. sc. Paris Bd. 150, S. 515—518. 1910. — Développements suivant certaines solutions singulières. Ib. S. 603—606. — Existence de solutions singulières pour certaines équations de Fredholm. Ib. S. 1031—1033.

[2] MARTY, J.: Valeurs singulières d'une équation de Fredholm. C. R. Acad. sc. Paris, Bd. 150, S. 1499—1502. 1910.

[3] HAMMERSTEIN, A.: Über die Entwicklung des Kernes linearer Integralgleichungen und Eigenfunktionen. Sitzungsber. Akad. Berlin (phys.-math. Kl.) S. 181—184. 1923.

Lehrbücher:

BÔCHER, M.: An introduction to the study of integral equations. Cambridge tracts Bd. 10. Cambridge 1909.

GOURSAT, E.: Cours d'analyse mathématique Bd. 3, 3. Aufl., S. 323–544. Paris 1923.

KNESER, A.: Die Integralgleichungen und ihre Anwendungen in der mathematischen Physik, 2. Aufl. Braunschweig 1922.

KOWALEWSKI, G.: Einführung in die Determinantentheorie, einschließlich der unendlichen und der Fredholmschen Determinanten. Leipzig 1909.

LALESCO, T.: Introduction à la théorie des équations intégrales. Paris 1912. (Dazu eine ausführliche Bibliographie bis 1912.)

VIVANTI, G.: Elementi della teoria delle equazioni integrali lineare. Mailand 1916. (Deutsche Ausgabe von F. SCHWANK, Hannover 1929.)

VOLTERRA, V.: Leçons sur les équations intégrales et les équations intégro-différentielles. Paris 1913.

Monographien und Abhandlungen:

CARLEMAN, T.: Sur les équations intégrales singulières à noyau réel et symmétrique. Uppsala Univ. Årsskrift 1923.

COURANT, R.: Zur Theorie der linearen Integralgleichungen. Math. Ann. Bd. 89, S. 161–178. 1923.

FREDHOLM, I.: Sur une classe d'équations fonctionnelles. Acta math. Bd. 27, S. 365 bis 390. 1903.

GOURSAT, E.: Recherches sur les équations intégrales linéaires. Ann. Fac. sc. Toulouse, Serie 2, Bd. 10, S. 5–98. 1908.

HILBERT, D.: Grundzüge einer allgemeinen Theorie der linearen Integralgleichungen. Leipzig und Berlin 1912. (Wiederabdruck von sechs Mitteilungen aus den Nachrichten der K. Gesellschaft der Wissenschaften zu Göttingen 1904–1910.)

LANDSBERG, G.: Theorie der Elementarteiler linearer Integralgleichungen. Math. Ann. Bd. 69, S. 227–265. 1910.

SCHMIDT, E.: Zur Theorie der linearen und nichtlinearen Integralgleichungen. Math. Ann. Bd. 63, S. 433–476. 1907. Ib. Bd. 64, S. 161–174. 1907.

SCHUR, I.: Über die charakteristischen Wurzeln einer linearen Substitution mit einer Anwendung auf die Theorie der Integralgleichungen. Math. Ann. Bd. 66, S. 488–510. 1909.

WEYL, H.: Singuläre Integralgleichungen mit besonderer Berücksichtigung des Fourierschen Integraltheorems. Diss. Göttingen 1908.

Viertes Kapitel.

Die Grundtatsachen der Variationsrechnung.

Fast alle Fragen der mathematischen Physik, auf welche wir die Theorien der vorangegangenen Kapitel anwenden wollen, stehen in mehr oder weniger engen Beziehungen zur Variationsrechnung. Wir wollen in diesem Kapitel die Grundtatsachen dieser zentralen Disziplin der Analysis entwickeln, um aus ihnen in naturgemäßer Weise die Differentialgleichungen der mathematischen Physik und Ansätze für die Methoden zu ihrer Lösung zu erhalten. In späteren Kapiteln des zweiten Bandes soll dann die hier dargelegte Theorie ergänzt und vertieft werden.

§ 1. Die Problemstellung der Variationsrechnung.

1. Maxima und Minima von Funktionen. Die Variationsrechnung nimmt ihren Ausgang von einer Verallgemeinerung der elementaren Theorie der Maxima und Minima. Zum besseren Verständnis des Wesens dieser Verallgemeinerung wollen wir zunächst einen Blick auf die wohlbekannte elementare Theorie werfen. In ihr handelt es sich stets darum, für eine vorgegebene stetige Funktion $f(x, y, \ldots)$ der in einem vorgegebenen abgeschlossenen Gebiete G laufenden Variablen $x, y, \ldots$ eine solche Stelle $x_0, y_0, \ldots$ im Gebiete G zu finden, an welcher die Funktion $f(x, y, \ldots)$ ein Maximum oder Minimum, einen „Extremwert“, gegenüber allen der Stelle $x_0, y_0, \ldots$ in G hinreichend nahe benachbarten Stellen annimmt. Daß diese Aufgabe stets eine Lösung haben muß, lehrt der schon im ersten Kapitel benutzte, unmittelbar aus dem Begriffe der Stetigkeit folgende Satz von WEIERSTRASZ: *Jede in einem abgeschlossenen Gebiete der Variablen stetige Funktion besitzt im Innern oder auf dem Rande des Gebietes ein Maximum und ein Minimum.* Ist die Funktion $f(x, y, \ldots)$ in G differenzierbar und wird das Extremum im Inneren angenommen, so müssen an der betreffenden Stelle notwendig die Ableitungen von $f(x, y, \ldots)$ nach jeder Variablen verschwinden oder, anders ausgedrückt, es muß das Differential df Null sein. Diese notwendige Bedingung ist aber keineswegs hinreichend, wie das Auftreten von Wendepunkten oder Sattelpunkten zeigt; Beispiele hiefür sind $f(x) = x^3$ bei $x_0 = 0$; $f(x, y) = xy$ bei $x_0 = 0$, $y_0 = 0$.

Allgemein nennen wir Punkte, in denen die Ableitungen der Funktion sämtlich verschwinden, so daß $df = 0$ gilt, *stationäre Punkte.*

Sind die Variablen nicht unabhängig, sondern Bedingungsgleichungen $g_1(x, y, \ldots) = 0$, $g_2(x, y, \ldots) = 0, \ldots, g_h(x, y, \ldots) = 0$ unterworfen, so kann man sich zur Aufstellung der notwendigen Bedingungen für ein Extremum oder für den stationären Charakter einer Stelle der *Multiplikatorenmethode von Lagrange* bedienen. Diese Methode besteht in folgender Vorschrift: Um eine im Innern des Gebietes der Variablen liegende Stelle $(x_0, y_0, \ldots)$ zu finden, für welche $f(x, y, \ldots)$ ein Maximum oder Minimum annimmt oder allgemeiner stationären Charakter hat, bilde man mit $h + 1$ neuen Parametern, den „Multiplikatoren" $\lambda_0, \lambda_1, \ldots, \lambda_h$ die Funktion $F = \lambda_0 f + \lambda_1 g_1 + \lambda_2 g_2 + \cdots + \lambda_h g_h$ und bestimme sodann die Größen $x_0, y_0, \ldots$ und die Verhältnisse der Größen $\lambda_0, \lambda_1, \ldots, \lambda_h$ aus den Gleichungen

$$(1)\qquad \begin{cases} \dfrac{\partial F}{\partial x} = 0, & \dfrac{\partial F}{\partial y} = 0, \ldots, \\[2ex] \dfrac{\partial F}{\partial \lambda_1} = g_1 = 0, \ldots, & \dfrac{\partial F}{\partial \lambda_h} = g_h = 0, \end{cases}$$

deren Anzahl mit der Anzahl der Unbekannten übereinstimmt. Diese Gleichungen stellen die gesuchten Bedingungen für das stationäre Verhalten von $f(x, y, \ldots)$ bzw. für das Extremum von f bei den gegebenen Bindungen dar.

Sobald nicht $\lambda_0 = 0$ ist, dürfen und wollen wir wegen der Homogenität von F in den λ_i die Größe $\lambda_0 = 1$ setzen. Die Lagrangesche Methode ist nichts als eine besonders elegante Umgehung der lästigen, zur Unsymmetrie zwingenden Forderung, mit Hilfe der Nebenbedingungen h der Variablen aus der Funktion $f(x, y, \ldots)$ zu eliminieren.

Wir betrachten einige typische Beispiele, die trotz ihrem elementaren Charakter als Mittel zur Orientierung nützlich sind.

a) *Unter allen Dreiecken mit gegebener Grundlinie und gegebenem Umfang hat das gleichschenklige den größten Inhalt; bei gegebener Grundlinie und gegebenem Inhalt hat das gleichschenklige den kleinsten Umfang.* Schon bei diesem einfachen Beispiel, das sich ohne jede Rechnung durch Betrachtung der Ellipsen mit der gegebenen Grundlinie als Verbindungsstrecke der Brennpunkte unmittelbar durchschauen läßt, erkennen wir eine eigentümliche *Reziprozität,* die uns später (§ 11, 2, S. 219) noch begegnen wird.

b) Brechung und Reflexion des Lichtes. Das sogenannte Fermatsche *Prinzip der kürzesten Lichtzeit* besagt, daß ein Lichtstrahl auf seiner wirklichen Bahn zwischen zwei Punkten eine kürzere Zeit braucht, als er auf jeder anderen denkbaren den vorliegenden Bedingungen genügenden („virtuellen") Bahn brauchen würde. Hieraus ergibt sich die Geradlinigkeit der Lichtausbreitung in einem homogenen Medium unmittelbar. Wird von dem Lichtstrahl verlangt, daß er eine gegebene Kurve (Spiegel) treffen, aber nicht durchschneiden soll, so müssen, wie sich aus der Bedingung für den Differentialquotienten sehr leicht ergibt, die beiden die Bahn bildenden geradlinigen Strecken sich auf der Kurve so treffen, daß sie mit der Kurventangente gleiche Winkel bilden (*Reflexionsgesetz*). Trennt dagegen die vorgegebene Kurve zwei Gebiete, in denen verschiedene Lichtgeschwindigkeiten c_1, c_2 herrschen, und soll der Lichtstrahl von dem einen Gebiet ins andere führen, so muß er aus zwei geradlinigen Stücken bestehen, welche dem bekannten *Brechungsgesetz* $\sin\alpha_1 : \sin\alpha_2 = c_1 : c_2$ genügen, wobei α_1 und α_2 die Winkel der beiden Strecken mit der Kurvennormale im Durchschnittspunkte von Bahn und Kurve sind.

c) Ein Problem von Steiner. Zu drei Punkten A_1, A_2, A_3, die ein spitzwinkliges Dreieck bilden, soll ein vierter Punkt P so gefunden werden, daß die Summe der Entfernungen $PA_1 + PA_2 + PA_3$ möglichst klein wird. Denken wir uns mit der Strecke PA_3 um A_3 den Kreis geschlagen, so muß P auf diesem Kreise so liegen, daß die Summe $PA_1 + PA_2$ möglichst klein ist, d. h., nach b) müssen die Geraden PA_1 und PA_2 mit dem Radius PA_1 gleiche Winkel bilden. Da dasselbe bei Vertauschung der Indices 1, 2, 3 gilt, so müssen alle drei Winkel A_1PA_2, A_2PA_3, A_3PA_1 einander gleich, d. h. gleich $2\pi/3$ sein, womit die Aufgabe gelöst ist.

d) Isoperimetrisches Problem für Polygone. Unter allen sich nicht überschlagenden Polygonen gegebener gerader Seitenzahl $2n$ und gegebenen Umfanges $2l$ soll dasjenige mit größtem Inhalt gefunden werden. Das gesuchte Polygon $\Pi(A_1, A_2, A_3, \ldots, A_{2n})$ ist das reguläre $2n$-Eck. Um dies zu beweisen, überzeugen wir uns zunächst davon, daß Π konvex ist. Gäbe es nämlich eine Stützgerade, welche zwei Ecken, z. B. A_1, A_3 enthält derart, daß keine der beiden sie verbindenden Kantenzüge ganz auf diese Gerade fällt, so spiegeln wir einen dieser Kantenzüge, z. B. $A_1A_2A_3$, an der Stützgeraden und gelangen so zu dem Kantenzug $A_1A_2'A_3$, der mit dem übrigen Kantenzug ein Polygon des gegebenen Umfanges, aber von größerem Inhalt liefern würde. Wir können uns also von vornherein auf die Betrachtung konvexer Polygone beschränken. Zweitens zeigen wir, daß das Polygon lauter gleiche Seiten besitzt. Wären zwei aufeinanderfolgende Seiten A_1A_2, A_2A_3 nicht gleich lang, so könnten wir nach a) die Ecke A_2 so durch eine Ecke A_2' ersetzen, daß $A_1A_2' + A_3A_2' = A_1A_2 + A_3A_2$ ist und der Flächeninhalt des Dreiecks $A_1A_2A_3'$ größer als der des Dreiecks $A_1A_2A_3$ wird, also auch der des neuen Polygons größer als der von Π im Gegensatz zur Voraussetzung, daß Π das maximale Polygon ist. Um endlich zu zeigen, daß Π einem Kreise eingeschrieben ist, zerlegen wir Π durch eine zwei gegenüberliegende Ecken A_1, A_{n+1} verbindende Diagonale d in zwei umfangsgleiche Polygone Π_1, Π_2; diese müssen auch inhaltsgleich sein; denn wäre Π_1 größer als Π_2, so könnten wir das Spiegelbild Π_1' von Π_1 an der Diagonale d zu Π_1 hinzufügen und so zu einem Polygon $\Pi^* = \Pi_1 + \Pi_1'$ gelangen, das den Umfang $2l$, aber einen größeren Inhalt als Π hätte. Wir zeigen nun, daß für jede Ecke A_h der Winkel $A_1 A_h A_{n+1}$ ein rechter sein muß. Wäre es dieser Winkel für die Ecke A_h von Π_1 nicht, so zerlegen wir Π_1 in das Dreieck $A_1 A_h A_{n+1}$ und zwei Polygone H_1, H_2, die an die Seiten $A_1 A_h$ und $A_{n+1} A_h$ anschließen, und betrachten sodann ein rechtwinkliges Dreieck $A_1' A_h A_{n+1}'$, dessen Katheten $A_1' A_h$, $A_{n+1}' A_h$ bzw. gleich $A_1 A_h$, $A_{n+1} A_h$ sind. Fügen wir die Polygone H_1, H_2 an diese Katheten an, so erhalten wir ein Polygon Π_1^*, das wir an $A_1' A_{n+1}'$ spiegeln und durch Hinzufügung des Spiegelbildes zu einem geschlossenen Polygon Π^* ergänzen. Dieses neue Polygon besitzt den Umfang $2l$; da aber das rechtwinklige Dreieck $A_1' A_h A_{n+1}'$ einen größeren Inhalt besitzt als das nichtrechtwinklige $A_1 A_h A_{n+1}$, so hat auch Π^* einen größeren Inhalt als Π, was gegen die Voraussetzung ist. Damit ist der Nachweis für die Extremumseigenschaft des regulären Polygons erbracht[1]. Genau dieselbe Lösung ergibt sich für die reziproke Aufgabe, bei gegebenem Inhalt den Umfang möglichst klein zu machen.

Die hier dargelegte, auf einer klassischen Idee von STEINER beruhende Behandlung ist ein Beispiel dafür, daß in konkreten Fällen eine anschauliche geometrische Methode rascher und überzeugender zum Ziele führen kann als die Anwendung eines allgemeinen analytischen Verfahrens.

e) Andere Beispiele. Maximum eines Minimums. Andere typische Beispiele, wo es sich nicht mehr um reine Maxima oder Minima handelt, sind uns schon mehrfach begegnet. Es sei hingewiesen auf die Definition der Eigenwerte einer quadratischen Form als Maxima eines Minimums oder auf die *Polynome von Tschebyscheff* (s. S. 75).

2. Funktionenfunktionen. Die Variationsrechnung nimmt ihren Ausgang ebenfalls von Extremumsproblemen bzw. der Frage nach stationären Werten. Der fundamentale Unterschied ist aber der, daß es sich nun nicht mehr um Extrema von Funktionen einer endlichen Zahl unabhängiger Variablen handelt, sondern um Extrema von sogenannten *Funktionenfunktionen*[2]. Unter einer Funktionenfunktion versteht man eine Größe oder auch eine Funktion, die nicht von einer gewissen Anzahl von unabhängigen, in gewissen Grenzen willkürlichen

[1] Es sei nochmals ausdrücklich darauf hingewiesen, daß die Existenz des Extremums nach dem Weierstraßschen Satze von vornherein feststeht. Legt man nämlich eine Ecke des Polygons in den Nullpunkt, so sind die Koordinaten der übrigen Ecken durch die Forderung des gegebenen Umfangs auf einen abgeschlossenen Bereich beschränkt, und der Flächeninhalt hängt stetig von ihnen ab.

[2] In der französischen Literatur ist die Bezeichnung „fonction de ligne“ oder „fonctionnelle“ gebräuchlich.

Variablen, sondern von dem Verlaufe einer oder mehrerer in gewissen Grenzen willkürlicher, die Stelle der unabhängigen Variablen vertretender Funktionen abhängt. Das einfachste Beispiel bietet die Länge L einer Kurve $y = y(x)$ zwischen den Werten $x = x_0$, $x = x_1$; diese Länge wird gegeben durch das Integral $L = \int\limits_{x_0}^{x_1} \sqrt{1 + y'^2}\, dx$; die Zahl L hängt also vom Verlaufe der „*Argumentfunktion*" $y(x)$ ab, die als beliebige stetige Funktion mit stückweise stetiger Ableitung gewählt werden kann. Solche Funktionenfunktionen treten überall in der Analysis und in den Anwendungen auf, und viele der wichtigsten Fragen der Analysis beziehen sich mehr oder weniger auf solche funktionale Abhängigkeiten.

Ein anderes Beispiel ist der Flächeninhalt einer Fläche $z = z(x, y)$, welche über einem Gebiete G der x, y-Ebene liegt. Er wird gegeben durch das Integral

$$\iint\limits_G \sqrt{1 + z_x^2 + z_y^2}\, dx\, dy$$

und ist eine Funktionenfunktion der Argumentfunktion $z(x, y)$.

Weitere Beispiele für Funktionenfunktionen haben wir schon im vorigen Kapitel kennengelernt. So ist bei festem $K(x, y)$ die Funktion

$$g(x) = \int K(x, y)\, h(y)\, dy$$

eine Funktionenfunktion von $h(x)$, und die Integralform

$$\iint K(x, y)\, \varphi(x)\, \varphi(y)\, dx\, dy$$

eine Funktionenfunktion von $\varphi(x)$. In diesem Kapitel werden uns hauptsächlich solche Funktionenfunktionen beschäftigen, die durch Integrale über bekannte Ausdrücke in der Argumentfunktion, deren Ableitungen und den unabhängigen Variablen gegeben sind, wie oben die Bogenlänge einer Kurve.

Ebenso wie bei Funktionen von endlich viel Variablen für diese ein Definitionsbereich vorliegen muß, so muß auch für die Argumentfunktionen der Funktionenfunktionen der *Bereich der zugelassenen Funktionen* definiert werden, beispielsweise durch die Forderung der Stetigkeit der Funktion und der stückweisen Stetigkeit der ersten Ableitung (vgl. auch nächste Nummer).

Wenn eine Funktionenfunktion sich auch nicht als Funktion von endlich vielen Variablen auffassen läßt, so kann man sie doch als *Funktion von unendlich vielen Variablen* ansehen. Man denke sich etwa die Argumentfunktionen in Potenzreihen oder Fouriersche Reihen entwickelt; dann sind die Entwicklungskoeffizienten die betreffenden unendlich vielen Variablen. Natürlich muß der Bereich dieser Variablen Einschränkungen unterworfen werden, die sich jeweils aus den Bedingungen ergeben, welchen die Argumentfunktionen zu genügen haben.

3. Die typischen Probleme der Variationsrechnung. In der Variationsrechnung handelt es sich darum, Maxima oder Minima oder auch allgemeiner nur stationäre Werte[1] von Funktionenfunktionen aufzusuchen, indem man diejenigen einem vorgegebenen Funktionenbereich angehörigen Argumentfunktionen aufsucht, für welche das betreffende Extremum oder der stationäre Wert angenommen wird. Analog wie es beim gewöhnlichen Minimumproblem oder Maximumproblem der Differentialrechnung immer zunächst nicht auf das absolute Minimum oder Maximum ankommt, sondern nur auf das Extremum relativ zu einer gewissen Umgebung der Extremumstelle, werden wir auch hier das Extremum relativ zu einer gewissen Nachbarschaft der das Extremum liefernden Argumentfunktion aufzusuchen haben. Wir müssen hierzu den Begriff der *Nachbarschaft einer Funktion* $f(x, y, \ldots)$ definieren. Ist h eine positive Größe, so sagen wir, die Funktion $f_1(x, y, \ldots)$ liege in der Nachbarschaft, genauer in der Nachbarschaft (h) der Funktion $f(x, y, \ldots)$, wenn für den betrachteten Definitionsbereich $|f - f_1| < h$ ist[2].

Nunmehr formulieren wir das *Grundproblem der Variationsrechnung* dahin, daß innerhalb eines gewissen Funktionenbereiches der Argumentfunktion oder der Argumentfunktionen einer vorgegebenen Funktionenfunktion eine extremale Funktion gesucht werden soll, welche die Funktionenfunktion zu einem Extremum macht, verglichen mit allen einer hinreichend kleinen Nachbarschaft (h) angehörigen Argumentfunktionen des Bereiches. Die Argumentfunktionen können ganz unabhängig wählbar sein, sie können aber auch vorgeschriebenen funktionalen Bedingungsgleichungen unterworfen werden. Treten in der zum Extremum zu machenden Funktionenfunktion noch variable Parameter $x, y, \ldots$ auf, ist sie also keine Zahl, sondern selbst eine Funktion dieser Parameter, so müssen diese veränderlichen Parameter der Extremumsforderung gemäß mitbestimmt werden. Wir erläutern die Problemstellung an einer Reihe einfacher Beispiele:

a) Geodätische Linien. Auf einer Fläche soll die kürzeste ihr angehörige Verbindungslinie zweier Punkte bestimmt werden. Ist die Fläche durch die Parameterdarstellung $x = x(u, v)$, $y = y(u, v)$, $z = z(u, v)$ der rechtwinkligen Koordinaten x, y, z gegeben und wird in der üblichen Weise $e = x_u^2 + y_u^2 + z_u^2$, $f = x_u x_v + y_u y_v + z_u z_v$,

[1] Was wir unter einem stationären Wert einer Funktionenfunktion zu verstehen haben, wird später präzisiert werden (§ 3, 1).

[2] Für gewisse Untersuchungen ist es zweckmäßig, den Begriff der Nachbarschaft stufenweise zu verfeinern. Wir sagen dann, die Funktion $f_1(x, y, \ldots)$ liege in der Nachbarschaft erster Ordnung (h) von $f(x, y, \ldots)$ wenn außer $|f - f_1| < h$ auch noch die Beziehungen $|f_x - f_{1x}| < h$, $|f_y - f_{1y}| < h$, ... bestehen. Allgemein sprechen wir von Nachbarschaft n^{ter} Ordnung (h) von $f(x, y, \ldots)$, wenn diese Ungleichungen außer für f_1 selbst auch noch für alle Ableitungen von f_1 bis zur einschließlich n^{ten} Ordnung gelten.

$g = x_v^2 + y_v^2 + z_v^2$ gesetzt, so ist die Länge einer durch die Gleichung $v = v(u)$ definierten Flächenkurve zwischen den Werten u_0, u_1 durch das Integral $L = \int\limits_{u_0}^{u_1} \sqrt{e + 2fv' + gv'^2}\,du$ gegeben. Es handelt sich also um die Bestimmung der Extrema von $\int\limits_{u_0}^{u_1} \sqrt{e + 2fv' + gv'^2}\,du$.

b) Lichtstrahl, Brachistochrone. Nach dem oben (S. 140) formulierten Fermatschen Prinzip wird die Bahn des Lichtes in einem unhomogenen zweidimensionalen Medium mit der Lichtgeschwindigkeit $\varphi(x, y)$ durch das Variationsproblem

$$T = \int\limits_{x_0}^{x_1} \frac{\sqrt{1 + y'^2}}{\varphi(x, y)}\,dx = \text{Minimum}$$

charakterisiert. Hier wie beim vorigen Problem sind zum Vergleiche solche stetig gekrümmte Kurven zugelassen, welche die fest gegebenen Endpunkte der Bahn miteinander verbinden. — Ganz analog wie das Problem des Lichtstrahles formuliert sich das Problem der Brachistochrone, mit dem im Jahre 1696 JAKOB BERNOULLI den Anstoß zur Entwicklung der Variationsrechnung gab. Es sollen zwei Punkte $A(x_0, 0)$, $B(x_1, y_1)$ durch eine Kurve miteinander verbunden werden, auf der ein der Schwere in Richtung der y-Achse unterworfener, reibungslos gleitender Massenpunkt möglichst rasch von A nach B gelangt. Die Anfangsgeschwindigkeit des Punktes sei Null. Nach der Fallhöhe y hat der Punkt bekanntlich die Geschwindigkeit $\sqrt{2gy}$, wobei g die Schwerebeschleunigung ist. Hieraus ergibt sich als Fallzeit das Integral

$$T = \int\limits_{x_0}^{x_1} \sqrt{\frac{1 + y'^2}{2gy}}\,dx, \tag{2}$$

welches also zum Minimum zu machen ist. Zulässige Vergleichsfunktionen sind hierbei alle positiven mit den beiden ersten Ableitungen stetigen Funktionen $y(x)$, für die $y(x_0) = 0$, $y(x_1) = y_1$ ist.

c) Minimale Rotationsfläche. Die Kurve $y = y(x) \geqq 0$ möge um die x-Achse rotieren. Die erzeugte, von den Ebenen $x = x_0$, $x = x_1$ begrenzte Rotationsfläche besitzt dann den Flächeninhalt $F = 2\pi \int\limits_{x_0}^{x_1} y\sqrt{1 + y'^2}\,dx$.

Die Kurve $y = y(x)$, die die kleinste Rotationsfläche liefert, wird demnach charakterisiert durch das Variationsproblem

$$\int\limits_{x_0}^{x_1} y\sqrt{1 + y'^2}\,dx = \text{Minimum}.$$

d) Isoperimetrische Probleme. In der ursprünglichen geometrischen Form besagt das Problem: Man soll eine geschlossene Kurve von gegebenem Umfang und größtem Inhalt finden. Indem wir die Kurve als konvex annehmen und durch die x-Achse in zwei inhalts- und umfangsgleiche Teile zerlegt denken (vgl. 1 d), gelangen wir zu folgendem Problem: Es soll das Integral

$$\int_0^{\xi} y(x)\,dx$$

durch geeignete Wahl von ξ und $y(x)$ zu einem Maximum gemacht werden, während

$$\int_0^{\xi} \sqrt{1+y'^2}\,dx = l$$

gegeben ist, und im übrigen $y(x)$ irgendeine im Intervalle $0 \leqq x \leqq \xi$ stetige und mit stückweise stetiger erster Ableitung versehene Funktion bedeutet, für die $y(0) = y(\xi) = 0$ ist.

Ein ganz analoges Problem können wir formulieren, wenn wir die obere Grenze ξ als fest annehmen.

Wir können dieses Problem, das man auch das spezielle isoperimetrische Problem nennt, auf ein gewöhnliches Variationsproblem zurückführen, indem wir die Bogenlänge $s = \int_0^x \sqrt{1+y'^2}\,dx$ als unabhängige Variable einführen, die im Intervalle $0 \leqq s \leqq l$ läuft. Wegen $ds^2 = dx^2 + dy^2$ geht hierdurch die Aufgabe über in die folgende: Es soll $\int_0^l y \sqrt{1-\left(\frac{dy}{ds}\right)^2}\,ds$ zum Maximum gemacht werden, wenn $y(s)$ eine stetige, stückweise mit stetiger Ableitung versehene Funktion von s ist. Nach Bestimmung von $y(s)$ findet man dann

$$x(s) = \int_0^s \sqrt{1-\left(\frac{dy}{ds}\right)^2}\,ds \tag{3}$$

und hat damit die gesuchte Kurve in Parameterdarstellung. (Vgl. auch die Hurwitzsche Lösung des isoperimetrischen Problems Kap. II, § 10, 1.)

Allgemein bezeichnet man solche Probleme, bei denen ein Integralausdruck zum Extremum gemacht werden soll, während ein anderer einen gegebenen Wert besitzt, als *isoperimetrische Probleme*. Ein Beispiel dafür ist das *Problem der Kettenlinie:* Die Lage eines homogenen schweren Fadens von gegebener Länge mit festen Endpunkten unter dem Einfluß der in Richtung der negativen y-Achse wirkenden Schwere zu bestimmen. Da die Gleichgewichtslage durch die Forderung gekennzeichnet ist, daß der Schwerpunkt möglichst tief liegen soll, so gelangen wir zu folgendem Variationsproblem: Es soll

$$\int_{x_0}^{x_1} y\sqrt{1+y'^2}\,dx$$

möglichst klein sein, während

$$l=\int_{x_0}^{x_1}\sqrt{1+y'^2}\,dx$$

einen gegebenen Wert besitzt und die Randwerte $y(x_0)=y_0$, $y(x_1)=y_1$ ebenfalls gegeben sind.

Ein weiteres Problem ist

$$\int_{x_0}^{x_1}(y'')^2\,dx=\text{Min.}$$

mit der Nebenbedingung

$$\int_{x_0}^{x_1} y^2\,dx=1;$$

hierbei soll die Funktion $y(x)$ an den Endpunkten des Intervalls verschwinden und überall mit ihren Ableitungen bis zur zweiten Ordnung stetig sein.

Oder (vgl. S. 152): Es soll eine mit den Ableitungen erster Ordnung im Gebiete G stetige Funktion u von x, y bestimmt werden, welche der Bedingung $\iint_G u^2\,dx\,dy=1$ genügt und für die

$$\iint_G (u_x^2+u_y^2)\,dx\,dy+\int_\Gamma \sigma u^2\,ds \tag{4}$$

möglichst klein wird (Γ bedeutet den Rand des Gebietes G, σ eine feste Funktion der Bogenlänge s von Γ). Auch das Minimumproblem des vorigen Kapitels, welches die Eigenfunktionen eines symmetrischen Kerns definierte, ist ein solches isoperimetrisches Problem.

Bei allen genannten Problemen muß natürlich der Bereich der zugelassenen Vergleichsfunktionen stets hinsichtlich der Stetigkeitseigenschaften so festgelegt sein, daß die auftretenden Funktionenfunktionen einen Sinn behalten.

4. Die charakteristischen Schwierigkeiten der Variationsrechnung. Während in der Theorie der gewöhnlichen Maxima und Minima der grundlegende Satz von Weierstrasz uns ein für allemal der Lösbarkeit der Aufgabe versichert, besteht in der Variationsrechnung die eigentümliche Schwierigkeit, daß Probleme, die sich sinnvoll formulieren lassen, dennoch unter Umständen keine Lösung zu besitzen brauchen — eben weil es im allgemeinen nicht möglich ist, den Bereich der zulässigen Vergleichsfunktionen als abgeschlossenen Bereich so zu wählen, daß in ihm ein Häufungsstellenprinzip gilt. Ein einfaches geometrisches Beispiel ist das folgende: Zwei Punkte auf der x-Achse sollen durch eine stetig gekrümmte, möglichst kurze Linie verbunden werden, welche in ihren Endpunkten auf der x-Achse senkrecht steht. Dieses Problem besitzt keine Lösung. Denn die Länge einer solchen Linie ist immer größer als die der geradlinigen Verbindungsstrecke, kann aber der Länge der Verbindungsstrecke beliebig angenähert werden. Hier existiert also zwar eine untere Grenze, aber kein Minimum, das von einer zulässigen Kurve angenommen wird.

Ein weiteres Beispiel für ein nicht lösbares Variationsproblem ist das folgende: Es soll

$$\int_{-1}^{1} x^4 y'^2\, dx \tag{5}$$

zum Minimum gemacht werden durch eine stetige Funktion $y(x)$ mit stückweise stetiger Ableitung, für welche $y(-1) = -1$, $y(1) = 1$ gilt. Man kann unschwer sehen, daß durch geeignete Funktionen (nämlich $y = -1$ für $x < -\varepsilon$, $y = 1$ für $x > \varepsilon$, $y = x : \varepsilon$ für $|x| \leqq \varepsilon$) das Integral beliebig klein gemacht werden kann, während es für keine zulässige Funktion verschwindet.

Wir sehen also, *daß in der Variationsrechnung die Existenz der Lösung eines gegebenen Extremumproblems immer noch eines besonderen Beweises bedarf*. Für viele mit der Variationsrechnung zusammenhängende Fragen bedeutet dies, wie wir später erkennen werden, eine wesentliche Schwierigkeit. Im vorliegenden Kapitel jedoch wird es sich vorzugsweise um die Aufstellung lediglich *notwendiger Bedingungen* für das Eintreten eines Extremums handeln, wobei die Frage, ob ein Extremum nach Erfüllung dieser Bedingungen wirklich vorhanden ist, offen bleiben kann.

Bevor wir an die Aufstellung dieser notwendigen Bedingungen in Form von Differentialgleichungen gehen, wollen wir im nächsten Paragraphen einige Überlegungen über Ansätze zur direkten Lösung der Variationsprobleme anstellen.

§ 2. Ansätze zur direkten Lösung[1].

Die meisten Methoden, die auf eine direkte und vollständige Lösung von Variationsproblemen abzielen, beruhen darauf, daß man zunächst ein geeignet zu wählendes gewöhnliches Extremumproblem löst, in dem es sich um die Bestimmung von n Parametern handelt, und sodann den Grenzübergang $n \to \infty$ vollzieht.

---

[1] Ausführlich werden wir die direkten Methoden der Variationsrechnung erst im zweiten Bande behandeln.

1. Isoperimetrisches Problem. Als Beispiel betrachten wir das isoperimetrische Problem aus § 1, 3d, eine geschlossene Kurve K mit dem Umfang $2l$ und maximalem Inhalt zu finden, wobei die Kurve stückweise glatt, d. h. bis auf endlich viele Ecken mit stetiger Tangente versehen sein soll. Nehmen wir an, die Kurve K sei die Lösung, dann können wir schließen, daß K ein Kreis ist. Denn zunächst ergibt sich genau so wie in § 1, 1d, daß K konvex ist und daß jede Sehne AB, die K in zwei umfangsgleiche Teile zerlegt, auch eine Zerlegung in flächengleiche Teile definiert; zweitens muß für jeden Punkt P der Kurve K der Winkel APB ein rechter sein, da man sonst durch die Konstruktion von § 1, 1d, sofort eine Kurve K' mit demselben Umfang, aber größerem Inhalt bekommen könnte. Da diese Überlegung aber auf der gemäß § 1, 4, beweisbedürftigen Voraussetzung beruht, daß das Problem überhaupt eine Lösung besitzt, so wollen wir zur Lösung einen anderen Weg einschlagen, welcher gleichzeitig den nötigen Existenzbeweis für die Lösung mitliefert. Wir betrachten die Menge aller Inhaltszahlen von zulässigen Kurven. Da diese Zahlen jedenfalls unterhalb der Schranke $l^2\pi$ liegen (die Kurve muß in einem Kreise vom Radius l Platz haben), so besitzt nach den elementaren Grundregeln der Analysis die Zahlenmenge eine obere Grenze M, oberhalb deren keine Zahl der Menge liegt, in deren Nachbarschaft (ε) aber bei beliebig kleinem ε noch solche Zahlen vorhanden sind. Mit anderen Worten, es gibt eine „*Maximalfolge*" von zulässigen Kurven $K_1, K_2, K_3, \ldots$ derart, daß der Flächeninhalt F_n von K_n mit wachsendem n gegen M konvergiert. Nun können wir jede Kurve K_n durch ein Polygon Π_n mit hinreichend großer Seitenanzahl beliebig genau so approximieren, daß Inhalt und Umfang des Polygons sich von dem der Kurve beliebig wenig unterscheiden. Da wir das Polygon noch, ohne seinen approximierenden Charakter zu verändern, ähnlich zu sich selbst so dilatieren dürfen, daß sein Umfang genau gleich $2l$ wird, können wir also von der Maximalfolge $K_1, K_2, \ldots$ zu einer aus Polygonen Π'_n bestehenden Maximalfolge übergehen. Die Seitenzahl dieser Polygone dürfen wir als gerade annehmen, da ein $(2m-1)$-Eck als $2m$-Eck mit zwei in eine Gerade fallenden aufeinanderfolgenden Seiten aufgefaßt werden kann. Nun wissen wir nach § 1, 1d, daß von allen $2m$-Ecken mit dem Umfang $2l$ das reguläre den größten Inhalt hat. Also müssen wir erst recht eine Maximalfolge unseres Problems erhalten, wenn wir die Polygone Π'_n durch die entsprechenden regulären Polygone ersetzen. Diese aber konvergieren mit wachsender Seitenzahl gegen den Kreis vom Umfang $2l$, und da die Inhalte der Polygone gegen M konvergieren, besitzt der Kreis den Inhalt M und löst wirklich das Variationsproblem.

2. Das Ritzsche Verfahren. Minimalfolgen. Den Überlegungen im vorigen Beispiel liegt ein allgemeiner Gedanke zugrunde. Wir betrachten irgendein Variationsproblem der Form $D[\varphi] = \text{Min.}$, wobei

$D[\varphi]$ ein Integral über einen gegebenen Ausdruck aus der Funktion φ und ihren Ableitungen bis zur h^{ten} Ordnung bedeutet und das Integrationsgebiet sowie der Bereich der zum Vergleich zugelassenen Funktionen φ vorgegeben ist. Ob es sich um einfache oder mehrfache Integrale handelt und ob in dem Integrale höhere als erste Ableitungen von φ vorkommen, ist dabei gleichgültig. Wir setzen voraus, daß der Wertevorrat des Integrals $D[\varphi]$ für die zulässigen Argumentfunktionen φ eine untere Grenze d besitzt (ob ein von einer Funktion $\varphi = u$ wirklich erreichtes Minimum, bleibt eben eine offene Frage); dann gibt es Folgen von zulässigen Funktionen $\varphi_1, \varphi_2, \varphi_3, \ldots$ derart, daß $\lim\limits_{n\to\infty} D[\varphi_n] = d$ ist, während für jede zulässige Funktion φ die Beziehung $D[\varphi] \geqq d$ gilt. Solche Funktionenfolgen nennen wir *Minimalfolgen* des Variationsproblems. *Eine direkte Lösung des Variationsproblems wird immer darauf hinauslaufen, daß man sich Minimalfolgen konstruiert und aus diesen durch einen Grenzübergang die Lösung zu gewinnen sucht.*

Das Verfahren, welches W. Ritz[1] in diesem Sinne im Hinblick auf die numerische Gewinnung der Lösung mit großem Erfolg angewandt hat, besteht in folgendem: Man gehe aus von einem festen, für den Integrationsbereich definierten vollständigen Funktionensystem $\omega_1, \omega_2, \omega_3, \ldots$, welches die Eigenschaft hat[2], daß alle linearen Kombinationen $\varphi_n = c_1\omega_1 + c_2\omega_2 + \cdots + c_n\omega_n$ von endlich vielen der Funktionen zulässige Vergleichsfunktionen sind und daß sich für jede zulässige Vergleichsfunktion φ eine geeignete solche Kombination φ_n angeben läßt, für welche sich $D[\varphi]$ von $D[\varphi_n]$ um beliebig wenig unterscheidet. Dann muß es notwendig auch Minimalfolgen $\varphi_1, \varphi_2, \varphi_3, \ldots$ geben, bei denen φ_n eine lineare Kombination $c_1\omega_1 + c_2\omega_2 + \cdots + c_n\omega_n$ von $\omega_1, \omega_2, \ldots, \omega_n$ ist. Erst recht müssen wir also zu einer Minimalfolge gelangen, wenn wir für jedes n die Funktion φ_n, d. h. die Parameter $c_1, \ldots, c_n$ durch die Forderung bestimmen, daß $D[\varphi_n] = d_n$ ein Minimum sein soll. Diese Forderung stellt ein gewöhnliches Minimumproblem für $D[\varphi_n]$ als Funktion der n Parameter $c_1, c_2, \ldots, c_n$ dar und läßt sich nach dem Weierstraßschen Satze immer erfüllen, wofern nur — was vorausgesetzt werden soll — $D[\varphi_n]$ eine stetige Funktion der Parameter $c_1, c_2, \ldots, c_n$ ist. Zur Bestimmung der Werte c_i erhalten wir, allgemein gesprochen, die n Gleichungen $\frac{\partial D[\varphi_n]}{\partial c_i} = 0$ $(i = 1, 2, \ldots, n)$. Von der so gewonnenen Minimalfolge erwartet man nun, daß sie gegen die gesuchte Lösung konvergiert. Leider aber liegt, wie wir in Nr. 4 sehen werden, die Sache nicht so einfach, so daß wir allgemein

---

[1] Ritz, W.: Über eine neue Methode zur Lösung gewisser Variationsprobleme der mathematischen Physik. J. f. reine u. angew. Math. Bd. 135, S. 1—61. 1909. — Gesammelte Werke S. 192—250. Paris 1911.

[2] Die Existenz solcher Funktionen wird im zweiten Bande näher diskutiert werden.

nur aussagen können: Die gewonnenen Werte $D[\varphi_n] = d_n$ konvergieren gegen die gesuchte untere Grenze bzw. das Minimum. Ob die Minimalfolge selbst gegen die Lösung konvergiert, das muß Gegenstand besonderer Untersuchungen bleiben. Auf diese Frage kommen wir später bei verschiedenen Gelegenheiten zurück.

Die Brauchbarkeit des Verfahrens zur numerischen Rechnung kann unter Umständen auch dann noch bestehen bleiben, wenn die Konvergenz des Verfahrens nicht bewiesen ist. Welchen Erfolg die Methode im einzelnen Falle hat, wird von der mehr oder weniger glücklichen Wahl der *Koordinatenfunktionen* ω_i abhängen, die der Rechner dem individuellen Problem angepaßt treffen muß. Zur ersten Erläuterung des Verfahrens betrachte der Leser die Beispiele unter Nr. 3.

3. Weitere direkte Methoden. — Differenzenverfahren. — Unendlich viele Veränderliche. Auf eine andere Art kann man in vielen Fällen zu Minimalfolgen gelangen, wenn man den Bereich der zulässigen Funktionen erweitert, indem man z. B. statt stetig differenzierbarer stetige mit nur stückweise stetigen Ableitungen versehene Vergleichsfunktionen in Betracht zieht. Wir beschränken uns dabei hier auf das Problem des Minimums eines einfachen Integrals der Form $D[y] = \int_{x_0}^{x_1} F(x, y, y')\,dx$. Ist $y = \varphi_1(x)$, $y = \varphi_2(x)$, ... eine Minimalfolge, so können wir, wenn wir wie immer die erforderlichen Stetigkeitsvoraussetzungen für $F(x, y, y')$ machen, sicher die durch $y = \varphi_n(x)$ dargestellte Kurve durch einen Polygonzug $y = p_n(x)$ so genau approximieren, daß das Integral $D[\varphi_n]$ sich von $D[p_n]$ beliebig wenig unterscheidet. Man kann also auch Minimalfolgen herstellen, die aus stückweise linearen Funktionen bestehen, wobei dann der Unterschied zwischen Differentialquotient und Differenzenquotient der Funktion in jedem Teilintervall fortfällt. Teilt man z. B. das Integrationsintervall durch m Teilpunkte in gleiche Teile der Länge Δx ein und beschränkt sich auf Funktionen, die in jedem Teilintervall linear sind, so geht das Variationsproblem wieder in das gewöhnliche Minimumproblem

$$\sum_{i=1}^{m} F\left(x_i, y_i, \frac{y_{i+1} - y_i}{\Delta x}\right) \Delta x = \text{Min.}$$

für die Funktionswerte $y_1, y_2, \ldots, y_{m+1}$ in den Teilpunkten über. Indem wir die so zu gewinnenden Funktionen für $m = 1, 2, 3, \ldots$ bilden, erhalten wir wiederum eine Minimalfolge[1].

[1] Die hier geschilderte Methode ist im wesentlichen diejenige, vermöge deren Euler in seinem Werke „Methodus inveniendi lineas curvas maximi minimive proprietate gaudentes“ (Lausanne 1744) die „Eulerschen Differentialgleichungen“ gewann.

Der Leser möge sich davon überzeugen, daß man dieses Verfahren dem Ritzschen Verfahren subsumieren kann, indem man geeignete stückweise lineare Koordinatenfunktionen einführt.

Ob und wann dieses Verfahren gegen die Lösung des Minimumproblems konvergiert, werden wir im zweiten Bande sehen.

Ganz ähnlich wird man vorgehen können, wenn der Integrand höhere Ableitungen enthält, etwa noch die zweite. Man wird dann in dem approximierenden Problem den zweiten Differentialquotienten durch den zweiten Differenzenquotienten $\frac{y_{i+2} - 2y_{i+1} + y_i}{(\Delta x)^2}$ ersetzen.

Man kann unsere Variationsprobleme auch unter dem Gesichtspunkte der *Theorie von Funktionen unendlich vieler Veränderlichen* betrachten. Als ein Beispiel können wir die in Kap. II (S. 82f.) durchgeführte Hurwitzsche Lösung des isoperimetrischen Problems ansehen, wo die Fourierschen Koeffizienten als die fraglichen Variablen auftraten und wo der analytische Ausdruck die Lösung evident machte. Auch das Verfahren von Ritz gestattet diese Auffassung, wenn wir uns die gesuchte Funktion z. B. in eine unendliche Reihe $c_1\omega_1 + c_2\omega_2 + \cdots$ entwickelt denken dürfen und das Verfahren als eine Methode der sukzessiven Bestimmung der unendlich vielen Koeffizienten $c_1, c_2, c_3, \ldots$ ansehen, wobei natürlich die nötigen Konvergenzuntersuchungen nachzuholen wären.

Diese allgemeinen Erörterungen mögen durch einige Beispiele erläutert werden.

a) (Vgl. S. 147.) Es soll das über das Rechteck R: $0 \leqq x \leqq a$, $0 \leqq y \leqq b$ erstreckte Integral

$$D[\varphi] = \iint_R (\varphi_x^2 + \varphi_y^2)\, dx\, dy \tag{6}$$

zum Minimum gemacht werden, wenn zum Vergleich alle in R stetigen, stückweise glatten[1] und am Rande verschwindenden Funktionen zugelassen werden, welche der Nebenbedingung

$$H[\varphi] = \iint_R \varphi^2\, dx\, dy = 1 \tag{7}$$

genügen.

Wir denken uns die Funktion φ in eine Fouriersche Reihe $\varphi = \sum_{m,n=1}^{\infty} c_{mn} \sin m\frac{\pi}{a}x \sin n\frac{\pi}{b}y$ entwickelt, was nach Kap. II sicherlich möglich ist; dann handelt es sich um die Bestimmung der unendlich vielen Parameter c_{mn} durch die Minimumforderung. Da die Funktionen φ_x und φ_y noch stückweise stetig sind, dürfen wir die Vollständigkeitsrelation der trigonometrischen Funktionen auch auf diese

[1] Siehe die Definition am Anfang von Kap. II.

Funktionen mit den Entwicklungskoeffizienten $\frac{\pi}{a} m c_{mn}$, $\frac{\pi}{b} n c_{mn}$ anwenden und erhalten für die beiden Integrale die Ausdrücke

$$(8) \qquad D = \pi^2 \frac{ab}{4} \sum_{m,n=1}^{\infty} c_{mn}^2 \left(\frac{m^2}{a^2} + \frac{n^2}{b^2}\right), \qquad H = \frac{ab}{4} \sum_{m,n=1}^{\infty} c_{mn}^2$$

in den unendlich vielen Parametern c_{mn}. Wegen der Bedingung $H = 1$ ist nun evident, daß die Lösung des Problems gegeben wird durch $c_{mn} = 0$ mit Ausnahme des Koeffizienten c_{11}, der gleich $\sqrt{\frac{4}{ab}}$ wird. Somit wird unser Variationsproblem durch die Funktion

$$u = \frac{2}{\sqrt{ab}} \sin\frac{\pi x}{a} \sin\frac{\pi y}{b}$$

gelöst, und der Wert des Minimums ist

$$d = \pi^2 \left(\frac{1}{a^2} + \frac{1}{b^2}\right),$$

eine Tatsache, die sich für jede stückweise glatte, am Rande des Rechtecks verschwindende Funktion φ in der Beziehung

$$(9) \qquad D[\varphi] \geqq \pi^2 \left(\frac{1}{a^2} + \frac{1}{b^2}\right) H[\varphi]$$

ausspricht; denn diese Gleichung ist äquivalent mit der Gleichung $D[\psi] \geqq d$ für die normierte Funktion $\psi = \varphi : \sqrt{H[\varphi]}$.

b) Dirichletsches Problem[1] für den Kreis. Es soll das über den Kreis K: $x^2 + y^2 \leqq 1$ der x, y-Ebene erstreckte Integral

$$D[\varphi] = \iint_K (\varphi_x^2 + \varphi_y^2)\, dx\, dy$$

zum Minimum gemacht werden, wenn zum Vergleich alle in K glatten Funktionen zugelassen sind, die am Rande vorgeschriebene Randwerte annehmen. Wir führen Polarkoordinaten r, ϑ im Kreise ein, wodurch das Integral in

$$D[\varphi] = \int_0^{2\pi}\int_0^1 \left(\varphi_r^2 + \frac{1}{r^2}\varphi_\vartheta^2\right) r\, dr\, d\vartheta$$

übergeht; die vorgeschriebenen Randwerte mögen durch eine Fouriersche Reihe $f(\vartheta) = \frac{a_0}{2} + \sum_{n=1}^{\infty} (a_n \cos n\vartheta + b_n \sin n\vartheta)$ definiert sein, und diese Randfunktion möge eine glatte Ableitung haben, was nach Kap. II, § 5, 3 die Beschränktheit der Größen $n^2 \mid a_n \mid$, $n^2 \mid b_n \mid$ nach sich zieht. Wir denken uns die Funktion φ in der Form geschrieben

$$\varphi = \tfrac{1}{2} f_0(r) + \sum_{n=1}^{\infty} [f_n(r) \cos n\vartheta + g_n(r) \sin n\vartheta],$$

[1] Diese Personalbezeichnung hat sich seit RIEMANN eingebürgert, entspricht aber keineswegs den historischen Tatsachen.

wobei die Koeffizienten $f_n(r)$, $g_n(r)$ der Bedingung $f_n(1) = a_n$, $g_n(1) = b_n$ genügen müssen, und können dann wieder aus der Vollständigkeitsrelation für die trigonometrischen Funktionen auf die Gleichung

$$D[\varphi] = \pi \int_0^1 f_0'(r)^2 r\,dr + \pi \sum_{n=1}^{\infty} \int_0^1 \left(f_n'(r)^2 + \frac{n^2}{r^2} f_n(r)^2\right) r\,dr$$

$$+ \pi \sum_{n=1}^{\infty} \int_0^1 \left(g_n'(r)^2 + \frac{n^2}{r^2} g_n(r)^2\right) r\,dr$$

schließen. Um also das ursprüngliche Minimumproblem zu lösen, werden wir die ganze Serie der Minimumprobleme

$$\int_0^1 \left(f_n'^2 + \frac{n^2}{r^2} f_n^2\right) r\,dr = \text{Min.}, \quad \int_0^1 \left(g_n'^2 + \frac{n^2}{r^2} g_n^2\right) r\,dr = \text{Min.} \quad (n = 0, 1, 2, \ldots)$$

behandeln, wobei f_n wie g_n eine glatte Funktion ist, die für $r = 1$ den Wert a_n bzw. b_n hat. Für diese Minimumprobleme erfüllen auf Grund des Weierstraßschen Approximationssatzes sicherlich die Funktionen $1, r, r^2, r^3, \ldots$ die beim Ritzschen Verfahren gestellten Bedingungen. Setzen wir für f_n oder g_n ein Polynom $c_{n,0} + c_{n,1} r + \cdots + c_{n,m} r^m$ vom Grade $m \geqq n$ mit $c_{n,0} + c_{n,1} + \cdots + c_{n,m} = a_n$ bzw. $= b_n$ an, so ergeben sich, wie der Leser leicht selbst feststellen wird, als Lösungen unabhängig von m die Funktionen $f_n = a_n r^n$, $g_n = b_n r^n$. Alle Funktionen der so entstehenden Minimalfolge werden also einander gleich, was unmittelbar diese Funktionen als Lösung des Minimumproblems kennzeichnet.

Anstatt das Ritzsche Verfahren anzuwenden, kann man aber die Lösung f_n oder g_n des Variationsproblems auch ganz direkt folgendermaßen erhalten. Für $n = 0$ haben wir zunächst $\int_0^1 f_0'^2 r\,dr$ zum Minimum zu machen, was offenbar durch $f_0' = 0$, $f_0 = \text{konst.} = a_0$ erreicht wird. Für $n > 0$ muß $f_n(0) = g_n(0) = 0$ sein; sonst würde der zweite Teil des Integrals unendlich werden, da f_n differenzierbar ist, sich also in der Form $f_n(0) + r h_n(r)$ mit einer stetigen Funktion h_n darstellen läßt. Wir schreiben nun das eine Integral in der Form

$$\int_0^1 \left(f_n' - \frac{n}{r} f_n\right)^2 r\,dr + 2n \int_0^1 f_n f_n'\,dr = \int_0^1 \left(f_n' - \frac{n}{r} f_n\right)^2 r\,dr + n f_n^2(1),$$

worin $f_n(1) = a_n$ bereits festgelegt ist, und erkennen unmittelbar, daß wir dann einen minimalen Wert, und zwar den Wert $n f_n^2(1) = n a_n^2$ erhalten, wenn wir $f_n' - \frac{n}{r} f_n = 0$ setzen, was $f_n = c_n r^n$ und wegen der Bedingung $f_n(1) = a_n$ genau $f_n(r) = a_n r^n$ ergibt. Entsprechendes ergibt sich für $g_n(r)$. Die Lösung unseres ursprünglichen Minimumproblems lautet also

$$(10)\qquad u(r,\vartheta)=\frac{a_0}{2}+\sum_{n=1}^{\infty}r^n(a_n\cos n\vartheta+b_n\sin n\vartheta),$$

und der Minimumwert ist $\pi\sum_{n=1}^{\infty}n(a_n^2+b_n^2)$.

Ausdrücklich sei noch darauf hingewiesen, daß das hier gelöste Minimumproblem seinen Sinn verlieren kann, sobald für die Randfunktion allgemeinere Voraussetzungen zugelassen werden, z. B. nur Stetigkeit gefordert wird. Nehmen wir etwa die durch die gleichmäßig konvergente Reihe $\varrho(\vartheta)=\varphi(1,\vartheta)=\sum_{n=1}^{\infty}\frac{1}{n^2}\cos(n!\,\vartheta)$ definierte stetige Randfunktion, so würde die Summe $\pi\sum_{m=1}^{\infty}m^2a_m^2=\pi\sum_{n=1}^{\infty}\frac{1}{n^4}(n!)^2$ unendlich werden; es gibt dann, wie man leicht zeigen kann, überhaupt keine zulässige Vergleichsfunktion φ mit endlichem $D[\varphi]$.

c) Es sei $g(x,y)$ eine im Rechteck R: $0\leqq x\leqq a$, $0\leqq y\leqq b$ glatte Funktion. Wir suchen eine mit ihren ersten Ableitungen im Rechteck stetige und am Rande verschwindende Funktion φ, welche das Integral

$$(11)\qquad J[\varphi]=\iint\limits_R(\varphi_x^2+\varphi_y^2-2\varphi g)\,dx\,dy$$

zum Minimum macht. Setzen wir im Innern von R

$$g(x,y)=\sum_{m,n=1}^{\infty}a_{mn}\sin m\frac{\pi x}{a}\sin n\frac{\pi y}{b}\quad\text{und}\quad\varphi=\sum_{m,n=1}^{\infty}c_{mn}\sin m\frac{\pi x}{a}\sin n\frac{\pi y}{b},$$

wobei c_{mn} zu bestimmende Parameter sind, so geht das Variationsproblem wegen der Vollständigkeitsrelation der trigonometrischen Funktionen über in das Problem, die Größen c_{mn} so zu bestimmen, daß

$$\frac{4}{ab}J[\varphi]=\pi^2\sum_{m,n=1}^{\infty}\left(\frac{m^2}{a^2}+\frac{n^2}{b^2}\right)c_{mn}^2-2\sum_{m,n=1}^{\infty}a_{mn}c_{mn}$$

möglichst klein wird. Hieraus erkennen wir unmittelbar, daß das Minimum geliefert wird durch

$$(12)\qquad c_{mn}=\frac{a_{mn}}{\pi^2\left(\frac{m^2}{a^2}+\frac{n^2}{b^2}\right)},\quad u(x,y)=\frac{1}{\pi^2}\sum_{m,n=1}^{\infty}\frac{a_{mn}}{\frac{m^2}{a^2}+\frac{n^2}{b^2}}\sin m\frac{\pi x}{a}\sin n\frac{\pi y}{b}.$$

Diese Funktion erfüllt in der Tat alle gestellten Bedingungen, da die Reihe ebenso wie die durch gliedweise Differentiation entstehenden

Reihen gleichmäßig konvergiert, indem die absolut konvergenten Reihen $\sum \frac{|a_{mn}|}{\frac{m^2}{a^2}+\frac{n^2}{b^2}}$, $\sum \frac{m\,|a_{mn}|}{\frac{m^2}{a^2}+\frac{n^2}{b^2}}$, $\sum \frac{n\,|a_{mn}|}{\frac{m^2}{a^2}+\frac{n^2}{b^2}}$ Majoranten darstellen. Wir werden später (S. 165) sehen, daß die Funktion u der Differentialgleichung $u_{xx}+u_{yy}=g(x,y)$ genügt, ebenso wie insbesondere die Funktion $u(x,y)$ des Beispiels a) und auch $u(r,\vartheta)$ aus b).

4. Prinzipielles über die direkten Methoden der Variationsrechnung. Die Hauptschwierigkeit bei der Durchführung wie bei der strengen Rechtfertigung direkter Methoden in der Variationsrechnung liegt darin, daß Minimalfolgen eines Problems keineswegs gegen eine Grenzfunktion zu konvergieren brauchen, auch wenn die Existenz einer Lösung an sich feststeht. Man kann also nicht erwarten, durch Betrachtung von Minimalfolgen in allen Fällen wirklich unmittelbar zur Lösung zu gelangen.

Ein einfaches Beispiel bietet das Variationsproblem der Minimalflächen, wobei das Integral

$$\iint_G \sqrt{1+z_x^2+z_y^2}\,dx\,dy$$

zum Minimum gemacht werden soll und zum Vergleich alle quadrierbaren Flächen zugelassen sind, die durch eine gegebene über dem Rande von G liegende Raumkurve laufen. Nehmen wir als diese Raumkurve speziell eine Kurve der x, y-Ebene, z. B. einen Kreis vom Flächeninhalt 1, so wird das Minimum sicherlich durch die Funktion $z=0$, d. h. durch die x, y-Ebene selbst geliefert. Eine Minimalfolge ist jede Folge von Flächen durch die Kreisperipherie, deren Flächeninhalte gegen 1 konvergieren. Nun können wir sofort zulässige Vergleichsflächen angeben, deren Inhalt beliebig nahe an 1 liegt und für welche $z(x,y)$ an einzelnen Stellen sich von Null um beliebig viel unterscheidet. Wir denken uns etwa auf die x, y-Ebene einen beliebig hohen, aber hinreichend schmalen, geraden Kegel aufgesetzt, so daß sein Flächeninhalt unter einer gegebenen Schranke bleibt. Als Vergleichsfläche nehmen wir die aus diesem Kegel und im übrigen aus der x, y-Ebene bestehende Fläche. Eine Minimalfolge aus solchen Flächen konvergiert nicht gegen die Lösung. Man kann sogar, wie leicht ersichtlich, Minimalfolgen herstellen, bei denen die Divergenzpunkte auf der Kreisfläche überall dicht verteilt sind.

Ein weiteres Beispiel bietet die Dirichletsche Aufgabe, das Integral $D[\varphi]=\iint_G (\varphi_x^2+\varphi_y^2)\,dx\,dy$ zu einem Minimum zu machen, wenn zum Vergleiche alle in G stetigen und stückweise glatten Funktionen zugelassen sind, die am Rande verschwinden. Offenbar ist $\varphi=0$ die eindeutig bestimmte Lösung des Problems, da jede andere zulässige Funktion einen positiven, diese aber einen verschwindenden Integralwert liefert. Indem wir Polarkoordinaten r, ϑ um einen beliebigen inneren Punkt P von G einführen, setzen wir das Integral in die Form $\iint\limits_G \left(\varphi_r^2 + \frac{1}{r^2}\varphi_\vartheta^2\right) r\,dr\,d\vartheta$. Wir betrachten einen ganz in G liegenden Kreis $r \leqq a$ mit dem Radius $a < 1$ um P und setzen $\varphi = 0$ außerhalb dieses Kreises, $\varphi = \frac{1}{\log a}\log\frac{r}{a}$ in dem Kreisring zwischen $r = a$ und $r = a^2$, schließlich $\varphi = \frac{1}{\log a}\log a = 1$ in dem Kreise $r \leqq a^2$. Die Funktion φ ist nach Definition eine zulässige Vergleichsfunktion. Das Integral wird gleich $\frac{2\pi}{(\log a)^2}\int\limits_{a^2}^{a}\frac{1}{r^2}\,r\,dr = -\frac{2\pi}{\log a}$. Lassen wir jetzt den Wert a eine Folge $a_1, a_2, a_3, \ldots$ von gegen Null strebenden Größen durchlaufen und betrachten alle zugehörigen Funktionen $\varphi_1, \varphi_2, \varphi_3, \ldots$, so konvergiert $D[\varphi_n]$ gegen Null; diese Funktionen bilden also eine Minimalfolge des Problems. Aber im Punkte P haben alle Funktionen den Wert 1; sie konvergieren daher nicht gegen die Lösung $\varphi = 0$ des Problems.

Bei dem Variationsproblem $\int\limits_0^1 y'^2 dx = \text{Min.}$, wobei $y(x)$ eine stetige, stückweise glatte, an den Endpunkten verschwindende Funktion von x sein soll, müssen zwar, wie man leicht sieht, die Minimalfolgen stets gegen die Funktion $y = 0$ konvergieren; aber die Ableitungen der die Minimalfolge bildenden Funktionen brauchen dies keineswegs zu tun, wie das Beispiel der Funktionenfolge $y_n = x$ für $x < \varepsilon_n$, $y_n = 2\varepsilon_n - x$ für $\varepsilon_n \leqq x \leqq 2\varepsilon_n$, $y_n = 0$ für $y > 2\varepsilon_n$, $\lim\limits_{n\to\infty}\varepsilon_n = 0$ zeigt.

Wir werden im zweiten Bande sehen, wie in vielen Fällen solche Schwierigkeiten überwunden werden können und wie in der Tat die direkten Methoden der Variationsrechnung zu den mächtigsten Hilfsmitteln der Analysis gehören. Weniger radikal in das Wesen des Minimumproblems eingreifend, aber dafür allgemeiner und formal leichter zu handhaben sind die indirekten Methoden, welche wesentlich in der Zurückführung des Variationsproblems auf Differentialgleichungsprobleme bestehen und seit EULER und LAGRANGE bis in die neuere Zeit hinein vorzugsweise ausgebildet worden sind. Ihnen gelten die nächsten Ausführungen.

§ 3. Die Eulerschen Gleichungen der Variationsrechnung.

Die zuerst von EULER abgeleiteten Differentialgleichungen eines Variationsproblems stellen lediglich notwendige, keineswegs immer hinreichende Bedingungen dar, welche von einer Funktion erfüllt sein müssen, damit sie das Extremum eines vorgelegten Integrals liefert.

Wir erhalten diese Differentialgleichungen, indem wir das Variationsproblem auf ein Problem der Differentialrechnung zurückführen. Ein für allemal schicken wir voraus, daß wir alle auftretenden Funktionen und ihre explizit auftretenden Ableitungen als stetig voraussetzen, wofern nicht ausdrücklich etwas anderes festgesetzt wird.

1. Das einfachste Problem der Variationsrechnung. Es möge sich zunächst um das einfachste Problem der Variationsrechnung handeln, nämlich um die Bestimmung des Minimums des Integrals

$$J[y] = \int_{x_0}^{x_1} F(x, y, y')\,dx, \tag{13}$$

wobei $x_0, x_1, y(x_0), y(x_1)$ gegebene Werte sein sollen. Von der Funktion F setzen wir zweimalige stetige Differenzierbarkeit nach ihren drei Argumenten x, y, y' voraus. Von den Funktionen $y(x)$ wollen wir die Stetigkeit der zweiten Ableitung y'' voraussetzen. Wir nehmen an, $y = y(x) = f(x)$ sei die gesuchte Extremalfunktion, welche das Minimum liefert, und zwar möge das Minimum angenommen werden im Vergleich mit einer hinreichend kleinen Nachbarschaft (h) zur Funktion $y = f(x)$. Wir betrachten eine im Intervall $x_0 \leqq x \leqq x_1$ definierte Funktion $\eta(x)$, welche stetige zweite Ableitungen besitzt, am Rande verschwindet, sonst aber willkürlich gewählt sein kann, und bilden mit einem Parameter ε die Funktion $\bar{y} = y + \varepsilon\eta(x) = y + \delta y$. Die Größe $\delta y = \varepsilon\eta(x)$ nennt man die *Variation* der Funktion $y = f(x)$. Wenn der Parameter ε einen hinreichend kleinen Betrag besitzt, so liegen alle variierten Funktionen $\bar{y}$ in einer beliebig klein gewählten Nachbarschaft der Extremale $y = f(x)$. Also muß das Integral $J[\bar{y}] = J[y + \varepsilon\eta]$, das wir als Funktion $\Phi(\varepsilon)$ von ε auffassen können, für $\varepsilon = 0$ ein Minimum relativ zu allen absolut genommen hinreichend kleinen Werten von ε besitzen, und es muß daher $\Phi'(0) = 0$ sein. Indem wir erlaubterweise die Differentiation von $\Phi(\varepsilon) = \int_{x_0}^{x_1} F(x, y + \varepsilon\eta, y' + \varepsilon\eta')\,dx$ unter dem Integralzeichen vornehmen, erhalten wir als notwendige Bedingung die Gleichung

$$\Phi'(0) = \int_{x_0}^{x_1} (F_y\eta + F_{y'}\eta')\,dx = 0,$$

welche für jede unter den obigen Einschränkungen willkürlich gewählte Funktion $\eta(x)$ gelten muß. Wir formen den zweiten Teil des Integrals unter Beachtung der Bedingungen $\eta(x_0) = \eta(x_1) = 0$ durch Teilintegration um und erhalten so die für jede unserer Funktionen η bestehende Gleichung

$$\int_{x_0}^{x_1} \eta\left(F_y - \frac{d}{dx}F_{y'}\right)dx = 0.$$

Diese Gleichung liefert sofort die gesuchte Differentialgleichung auf Grund des folgenden „*Fundamentallemmas der Variationsrechnung*": Wenn für alle am Rande verschwindenden und mit den beiden ersten Ableitungen stetigen Funktionen $\eta(x)$ die Beziehung $\int_{x_0}^{x_1} \eta(x)\,\varphi(x)\,dx = 0$ besteht, wobei $\varphi(x)$ eine stetige Funktion von x ist, so ist identisch $\varphi(x) = 0$. Diesen Satz, der genau ebenso auch für mehrfache Integrale gilt, beweist man sehr einfach indirekt. Wäre $\varphi(x)$ an der Stelle $x = \xi$ von Null verschieden, etwa positiv, so gäbe es auch eine Umgebung G: $\xi_0 < x < \xi_1$ der Stelle ξ, in der $\varphi(x)$ positiv ist, etwa größer als $\delta > 0$. Wir setzen $\eta(x) = (x - \xi_0)^4 (x - \xi_1)^4$ in G und $\eta(x) = 0$ außerhalb dieses Intervalls; dann ist sicherlich $\int_{x_0}^{x_1} \eta\,\varphi\,dx > 0$ im Gegensatz zur Voraussetzung. Die Behauptung $\varphi = 0$ bleibt bestehen, wenn wir der Funktion η die Beschränkung auferlegen, daß ihre Ableitungen bis zur k^{ten} stetig sein sollen; wir setzen dann einfach $\eta = (x - \xi_0)^{2l} (x - \xi_1)^{2l}$ mit $2l > k$. Aus dem Fundamentallemma folgt unmittelbar, daß die Funktion $\frac{d}{dx} F_{y'} - F_y$, die wir abkürzend mit $-[F]_y$ bezeichnen, in x identisch verschwinden muß, d. h. daß die Funktion $y(x)$ der Differentialgleichung

$$(14) \qquad -[F]_y = \frac{d}{dx} F_{y'} - F_y = 0$$

oder ausgeschrieben

$$(14') \qquad y'' F_{y'y'} + y' F_{y'y} + F_{y'x} - F_y = 0$$

genügt. Dies ist die fundamentale *Eulersche Differentialgleichung*, deren Form in der Analysis und den Anwendungen immer wiederkehrt. *Ihr Bestehen ist eine notwendige Bedingung für das Vorliegen eines Extremums.* Es handelt sich um eine Differentialgleichung zweiter Ordnung, in deren allgemeiner Lösung zwei willkürliche Konstanten vorkommen, genau so viele, wie wir im allgemeinen zur Befriedigung der Randbedingungen brauchen. Wir nennen *jede* Lösung der Eulerschen Differentialgleichung eine *Extremale* des Minimumproblems. Den Differentialausdruck $[F]_y$ bezeichnen wir als *Variationsableitung* von F nach y. Sie spielt hier dieselbe Rolle wie der Differentialquotient beim Problem der gewöhnlichen Minima.

Wenn wir, wie dies in der Theorie der Differentialgleichungen üblich ist, die Eulersche Differentialgleichung nach der höchsten Ableitung auflösen wollen, so müssen wir

$$F_{y'y'} \neq 0$$

voraussetzen. Man bezeichnet diese Ungleichung als *Legendresche Bedingung*; sie spielt eine große Rolle, wenn es sich um die Entscheidung handelt, ob eine Extremale wirklich ein Extremum liefert (vgl. auch § 6, S. 184ff.).

Das Wesentliche bei den obigen Überlegungen war die Einbettung der Extremale $y(x)$ in eine Funktionenschar $y(x;\varepsilon) = y(x) + \varepsilon\eta(x)$ mit dem Scharparameter ε. Daß dieser Parameter linear auftritt, ist unerheblich. Man kann und wird vielfach die Einbettung durch eine allgemeinere Funktionenschar $y(x, \varepsilon)$ vornehmen; dann bleiben die obigen Überlegungen bestehen, wenn man

$$\eta(x) = \frac{\partial}{\partial\varepsilon} y(x, \varepsilon)\Big|^{\varepsilon=0}$$

setzt.

Wir erwähnen ferner einen mit Nutzen zu verwendenden Sprachgebrauch. Ebenso wie man die Funktion $\varepsilon\eta = \delta y$ als Variation von $y(x)$ bezeichnet, nennt man, auch wenn η am Rande nicht zu verschwinden braucht, den Ausdruck

$$(15)\quad \left\{\begin{aligned} \delta J = \varepsilon\Phi'(0) &= \varepsilon\int_{x_0}^{x_1}(\eta F_y + \eta' F_{y'})\,dx = \varepsilon\int_{x_0}^{x_1}\left(F_y - \frac{d}{dx}F_{y'}\right)\eta\,dx + \\ &+ \varepsilon F_{y'}\eta\Big|^{x=x_1} - \varepsilon F_{y'}\eta\Big|^{x=x_0} = \int_{x_0}^{x_1}[F]_y\,\delta y\,dx + F_{y'}\delta y\Big|_{x_0}^{x_1} \end{aligned}\right.$$

die *Variation* oder genauer die *erste Variation* des Integrals J, ähnlich wie man den mit unbestimmtem Parameter ε gebildeten Ausdruck $\varepsilon f'(x) = df$ als Differential der Funktion $f(x)$ bezeichnet. *Notwendige Bedingung für ein Minimum ist also das Verschwinden der ersten Variation.*

Allgemein nennen wir Funktionen oder geometrisch gesprochen Kurven, für welche δJ verschwindet, d. h. die Extremalen, auch *stationäre Funktionen* bzw. *Kurven,* indem wir damit, ähnlich wie beim entsprechenden Problem der Differentialrechnung, die Möglichkeit andersartiger Verhältnisse als wirklicher Extrema zum Ausdruck bringen. — In der Tat gibt es viele Fälle, in denen das Interesse in erster Linie auf das Verschwinden der Variation und nicht auf die Frage eines Extremums gerichtet ist. Auch Probleme dieser Art, bei denen es sich also nur um die Frage nach stationären Werten handelt, nennen wir Variationsprobleme.

Die von uns früher (vgl. S. 145, 146) angeführten Beispiele liefern folgende Variationsableitungen:

a) $F = \sqrt{e + 2fv' + gv'^2}$, $\quad \dfrac{d}{du}\dfrac{f + gv'}{\sqrt{e + 2fv' + gv'^2}} - \dfrac{e_v + 2f_v v' + g_v v'^2}{2\sqrt{e + 2fv' + gv'^2}} = 0;$

b) $F = \dfrac{\sqrt{1 + y'^2}}{\varphi(x, y)} = \psi(x, y)\sqrt{1 + y'^2}$, $\quad \psi y'' = (\psi_y - \psi_x y')(1 + y'^2);$

c) $F = y\sqrt{1 + y'^2}$, $\quad yy'' = 1 + y'^2$ (Sonderfall von b);

d) $F = y\sqrt{1 - y'^2}$, $\quad yy'' = y'^2 - 1$.

Die Integration dieser Differentialgleichungen wird uns in § 4 beschäftigen.

2. Mehrere gesuchte Funktionen. Ganz ähnlich wie beim einfachsten Problem liegen die Verhältnisse, wenn es sich darum handelt, mehrere Funktionen $y(x)$, $z(x)$, ... von x so zu bestimmen, daß das Integral

$$J=\int_{x_0}^{x_1} F(x, y, z, \ldots, y', z', \ldots)\,dx \tag{16}$$

ein Extremum wird (oder einen stationären Wert erhält), wobei wieder die Funktionswerte an den Randpunkten gegeben sein mögen. Indem wir auch hier willkürliche — am Rande verschwindende — Funktionen $\eta(x)$, $\zeta(x)$, ... einführen und annehmen, daß das Funktionensystem $y = y(x) = f(x)$, $z = z(x) = g(x)$, ... ein Extremum liefert, schließen wir genau wie oben, daß die Funktion

$$\Phi(\varepsilon_1, \varepsilon_2, \ldots)=\int_{x_0}^{x_1} F(x, y+\varepsilon_1\eta, z+\varepsilon_2\zeta, \ldots, y'+\varepsilon_1\eta', z'+\varepsilon_2\zeta', \ldots)\,dx$$

der Variablen ε_1, ε_2, ... für $\varepsilon_1 = 0$, $\varepsilon_2 = 0$, ... ein Extremum haben muß. Es wird also $\left(\frac{\partial\Phi}{\partial\varepsilon_1}\right)_0 = 0$, $\left(\frac{\partial\Phi}{\partial\varepsilon_2}\right)_0 = 0$, ... sein[1] oder, wie wir auch schreiben können,

$$\begin{aligned}\delta J &= \varepsilon_1\left(\frac{\partial\Phi}{\partial\varepsilon_1}\right)_0+\varepsilon_2\left(\frac{\partial\Phi}{\partial\varepsilon_2}\right)_0+\cdots\\ &=\int_{x_0}^{x_1}((F_y\eta+F_{y'}\eta')\,\varepsilon_1+(F_z\zeta+F_{z'}\zeta')\,\varepsilon_2+\cdots)\,dx=0.\end{aligned}$$

Wir nennen diesen Ausdruck die erste Variation von J und können ihn ähnlich wie oben in die Gestalt bringen

$$\left\{\begin{aligned}\delta J &= \varepsilon_1 F_{y'}\eta\Big|_{x_0}^{x_1}+\varepsilon_2 F_{z'}\zeta\Big|_{x_0}^{x_1}+\varepsilon_1\int_{x_0}^{x_1}\eta\left(F_y-\frac{d}{dx}F_{y'}\right)dx\\ &\quad+\varepsilon_2\int_{x_0}^{x_1}\zeta\left(F_z-\frac{d}{dx}F_{z'}\right)dx+\cdots,\end{aligned}\right. \tag{17}$$

wobei die Randglieder in unserem Falle wegfallen. Da $\delta J = 0$ sein muß, wenn eine der Funktionen $\eta, \zeta, \ldots$ willkürlich gewählt, die andern Null sind, so folgt nach der obigen Schlußweise, daß gleichzeitig die folgenden Eulerschen Differentialgleichungen bestehen:

---

[1] Die angehängte Null bedeutet, daß man in dem betreffenden Ausdruck $\varepsilon_1 = \varepsilon_2 = \cdots = 0$ zu setzen hat.

$$
(18)\quad \begin{cases}
-[F]_y = \frac{d}{dx}F_{y'} - F_y \\
\qquad = F_{y'y'}y'' + F_{y'z'}z'' + \cdots + F_{y'y}y' + F_{y'z}z' + \cdots \\
\qquad\qquad + F_{y'x} - F_y = 0, \\
-[F]_z = \frac{d}{dx}F_{z'} = F_z \\
\qquad = F_{z'y'}y'' + F_{z'z'}z'' + \cdots + F_{z'y}y' + F_{z'z}z' + \cdots \\
\qquad\qquad + F_{z'x} - F_z = 0, \\
\cdots\cdots\cdots\cdots\cdots\cdots
\end{cases}
$$

Wir erhalten also hier als notwendige Bedingung für das Extremum oder den stationären Charakter der „Raumkurve“ $y = f(x), z = g(x), \ldots$ das Bestehen des Systems (18) von ebensoviel Differentialgleichungen zweiter Ordnung, wie es unbekannte Funktionen $y, z, \ldots$ gibt.

Alle oben für das einfachste Problem angestellten Überlegungen bleiben bestehen. Neu tritt hier lediglich die Tatsache hinzu, daß das Verschwinden der ersten Variation sich als notwendige Bedingung nicht nur für ein Extremum erweist, sondern z. B. auch für den Fall, daß das Integral ein Minimum wird gegenüber Variationen der Funktion $y(x)$, dagegen ein Maximum gegenüber Variationen der Funktion $z(x)$.

Auch hier nennen wir *jede* Lösungskurve des Differentialgleichungssystems eine *Extremale.*

Das einfachste Beispiel für die Eulerschen Gleichungen (18) liefert die Aufgabe der *Bestimmung der kürzesten Linien im gewöhnlichen euklidischen oder auch im nichteuklidischen Raume* mit dem Linienelement

$$ds^2 = g_{11}dx^2 + g_{22}dy^2 + g_{33}dz^2 + 2g_{12}dx\,dy + 2g_{13}dx\,dz + 2g_{23}dy\,dz.$$

Hier wird

$$F = \sqrt{g_{11} + 2g_{12}y' + 2g_{13}z' + g_{22}y'^2 + 2g_{23}y'z' + g_{33}z'^2},$$

und wir erhalten für die „geodätischen Linien“ dieses Raumes die beiden Differentialgleichungen

$$\frac{d}{dx}\left(\frac{g_{12} + g_{22}y' + g_{23}z'}{F}\right) - \frac{1}{2F}\left(\frac{\partial g_{11}}{\partial y} + 2\frac{\partial g_{12}}{\partial y}y' + \cdots\right) = 0,$$

$$\frac{d}{dx}\left(\frac{g_{13} + g_{23}y' + g_{33}z'}{F}\right) - \frac{1}{2F}\left(\frac{\partial g_{11}}{\partial z} + 2\frac{\partial g_{12}}{\partial z}y' + \cdots\right) = 0,$$

welche im euklidischen Falle mit

$$ds^2 = dx^2 + dy^2 + dz^2, \qquad F = \sqrt{1 + y'^2 + z'^2}$$

in

$$\frac{d}{dx}\frac{y'}{\sqrt{1 + y'^2 + z'^2}} = 0, \qquad \frac{d}{dx}\frac{z'}{\sqrt{1 + y'^2 + z'^2}} = 0$$

übergehen und durch alle Geraden des Raumes befriedigt werden.

Die *Ausbreitung des Lichtes* in einem dreidimensionalen Medium mit der Lichtgeschwindigkeit $\varphi(x, y, z)$ wird durch das Variationsproblem

$$T = \int_{x_0}^{x_1} \frac{\sqrt{1 + y'^2 + z'^2}}{\varphi(x, y, z)}\, dx = \text{Min.}$$

gekennzeichnet. Indem wir allgemeiner die Lichtgeschwindigkeit noch von der Richtung des Lichtstrahles abhängig denken und demgemäß durch einen Ausdruck $\varphi(x, y, z, y', z')$ darstellen, können wir das Problem der Bestimmung der Lichtstrahlen, d. h. das Problem der geometrischen Optik, als völlig äquivalent mit unserer Aufgabe betrachten, wobei einfach $F = \dfrac{\sqrt{1 + y'^2 + z'^2}}{\varphi(x, y, z, y', z')}$ zu setzen ist.

3. Auftreten höherer Ableitungen. Wenn es sich um ein Variationsproblem für das Integral

$$J = \int_{x_0}^{x_1} F(x, y, y', y'', \ldots, y^{(n)})\, dx \tag{19}$$

handelt, wo F eine gegebene Funktion der Argumente $x, y, y', \ldots, y^{(n)}$ ist und zum Vergleich alle Funktionen mit stetigen Ableitungen bis zur $2n^{\text{ten}}$ Ordnung zugelassen werden, bei denen am Rande die Funktionswerte und die Werte der Ableitungen bis zur $(n-1)^{\text{ten}}$ Ordnung gegeben sind, so können wir die Eulersche Differentialgleichung ganz analog aufstellen. Verstehen wir wieder unter $\eta(x)$ eine willkürliche, mit ihren Ableitungen bis zur $(2n)^{\text{ten}}$ Ordnung stetige Funktion, welche nur in den Randpunkten $x = x_0$, $x = x_1$ den Bedingungen $\eta(x) = 0$, $\eta'(x) = 0, \ldots, \eta^{(n-1)}(x) = 0$ unterworfen ist, so erhalten wir genau wie oben für die erste Variation $\delta J = \varepsilon \frac{d}{d\varepsilon} J[y + \varepsilon\eta]|_{\varepsilon=0}$ den Ausdruck

$$\delta J = \varepsilon \int_{x_0}^{x_1} [F_y \eta + F_{y'} \eta' + \cdots + F_{y^{(n)}} \eta^{(n)}]\, dx,$$

und hier können wir wiederum durch fortgesetzte Teilintegration unter dem Integral alle Ableitungen der Funktion η fortschaffen, so daß δJ in die Gestalt übergeht

$$\delta J = \varepsilon \int_{x_0}^{x_1} \eta \left[F_y - \frac{d}{dx} F_{y'} + \frac{d^2}{dx^2} F_{y''} - \cdots + (-1)^n \frac{d^n}{dx^n} F_{y^{(n)}}\right] dx. \tag{20}$$

Wir erhalten daher nach dem obigen Lemma als notwendige Bedingung für das Extremum die Differentialgleichung $2n^{\text{ter}}$ Ordnung

$$[F]_y = F_y - \frac{d}{dx} F_{y'} + \frac{d^2}{dx^2} F_{y''} - \cdots + (-1)^n \frac{d^n}{dx^n} F_{y^{(n)}} = 0, \tag{21}$$

die wir wiederum als Eulersche Gleichung bezeichnen. Die im allgemeinen Integral von (21) vorhandenen $2n$ Integrationskonstanten können wir uns durch die $2n$ Randbedingungen festgelegt denken.

Ganz entsprechend lauten die Systeme von Eulerschen Gleichungen, die wir erhalten, wenn es sich um die Bestimmung mehrerer Funktionen $y, z, \ldots$ aus einem Variationsproblem

$$\int_{x_0}^{x_1} F(x, y, z, \ldots, y', z', \ldots, y'', z'', \ldots)\, dx = \text{Min.}$$

handelt.

4. Mehrere unabhängige Variable. Das Variationsproblem der Bestimmung der Extrema von mehrfachen Integralen führt zu einer oder mehreren *partiellen* Differentialgleichungen für die gesuchten Funktionen, so wie die bisher behandelten Aufgaben zu gewöhnlichen Differentialgleichungen führten. Wir betrachten etwa die Aufgabe, das über ein gegebenes Gebiet G erstreckte Doppelintegral

$$J = \iint_G F(x, y, u, u_x, u_y)\, dx\, dy \tag{22}$$

durch eine mit stetigen Ableitungen bis zur zweiten Ordnung versehene Funktion u zum Extremum zu machen, wobei die Randwerte der Funktion vorgegeben sein mögen. Wiederum verstehen wir unter $\eta(x, y)$ eine willkürliche Funktion, der wir später die Randbedingung $\eta = 0$ auferlegen wollen, und erhalten als notwendige Bedingung für das Extremum das Verschwinden der ersten Variation

$$\delta J = \varepsilon\left(\frac{d}{d\varepsilon}\Phi(\varepsilon)\right)_{\varepsilon=0} = \varepsilon\left(\frac{d}{d\varepsilon}J[u+\varepsilon\eta]\right)_{\varepsilon=0}$$

oder, anders ausgedrückt, die Gleichung

$$\delta J = \varepsilon \iint_G (F_u \eta + F_{u_x}\eta_x + F_{u_y}\eta_y)\, dx\, dy = 0\,, \tag{23}$$

die wir nun ebenfalls durch Teilintegration umformen. Wir setzen — wie üblich — voraus, daß die Randkurve Γ von G eine stückweise stetig sich ändernde Tangente besitzt. Dann ist nach dem Gaußschen Integralsatz[1]

$$\iint_G (\eta_x F_{u_x} + \eta_y F_{u_y})\, dx\, dy = \int_\Gamma \eta\, (F_{u_x} dy - F_{u_y} dx) - \iint_G \eta\left(\frac{\partial}{\partial x}F_{u_x} + \frac{\partial}{\partial y}F_{u_y}\right) dx\, dy.$$

Wir erhalten also

$$\begin{aligned}\delta J &= \varepsilon \iint_G \eta\left\{F_u - \frac{\partial}{\partial x}F_{u_x} - \frac{\partial}{\partial y}F_{u_y}\right\} dx\, dy \\ &\quad + \varepsilon \int_\Gamma \eta\,(F_{u_x} dy - F_{u_y} dx) \\ &= \iint_G \delta u\, [F]_u\, dx\, dy + \int_\Gamma \delta u\,(F_{u_x} dy - F_{u_y} dx) = 0\end{aligned}$$

[1] Siehe etwa R. Courant: Vorlesungen über Differential- und Integralrechnung Bd. II, S. 246.

und, wenn wir entsprechend der Voraussetzung fester Randwerte von u am Rande $\eta = 0$ fordern,

$$(24) \qquad \delta J = \varepsilon \iint_G \eta \left\{ F_u - \frac{\partial}{\partial x} F_{u_x} - \frac{\partial}{\partial y} F_{u_y} \right\} dx\, dy = 0 .$$

Die Gleichung $\delta J = 0$ muß bei willkürlichem, stetig differenzierbarem η bestehen. Da das Lemma aus Nr. 1 genau so für mehrfache Integrale gilt und bewiesen wird wie für einfache, schließen wir unmittelbar auf das Bestehen der Eulerschen Differentialgleichung

$$(25) \qquad -[F]_u = \frac{\partial}{\partial x} F_{u_x} + \frac{\partial}{\partial y} F_{u_y} - F_u = 0$$

oder ausgeschrieben

$$F_{u_x u_x} u_{xx} + 2 F_{u_x u_y} u_{xy} + F_{u_y u_y} u_{yy} + F_{u_x u} u_x + F_{u_y u} u_y$$
$$+ F_{u_x x} + F_{u_y y} - F_u = 0 .$$

Aus der Mannigfaltigkeit aller Lösungen dieser Gleichung muß nun ein Individuum gemäß der gestellten Randbedingung bestimmt werden (*Randwertaufgabe*).

Entsprechend erhalten wir ein System von solchen Differentialgleichungen, wenn mehrere unbekannte Funktionen zu bestimmen sind, und eine Differentialgleichung $2n^{\text{ter}}$ Ordnung

$$(26) \qquad \left\{ \begin{aligned} [F]_u = F_u &- \frac{\partial}{\partial x} F_{u_x} - \frac{\partial}{\partial y} F_{u_y} \\ &+ \frac{\partial^2}{\partial x^2} F_{u_{xx}} + 2 \frac{\partial^2}{\partial x\, \partial y} F_{u_{xy}} + \frac{\partial^2}{\partial y^2} F_{u_{yy}} + \cdots \\ &+ (-1)^n \frac{\partial^n}{\partial y^n} F_{u_{yy\ldots y}} = 0 , \end{aligned} \right.$$

wenn die Funktion F die Ableitungen $u_x, u_y, \ldots, u_{yy\ldots y}$ bis zur n^{ten} Ordnung enthält.

Als Beispiel betrachten wir $F = \frac{1}{2}(u_x^2 + u_y^2)$ (vgl. S. 153). Hier ist die Eulersche Gleichung die „*Potentialgleichung*"

$$\Delta u = u_{xx} + u_{yy} = 0 .$$

Die Funktion $F = \frac{1}{2}(\Delta u)^2 = \frac{1}{2} u_{xx}^2 + u_{xx} u_{yy} + \frac{1}{2} u_{yy}^2$ liefert die Eulersche Gleichung

$$\Delta \Delta u = u_{xxxx} + 2 u_{xxyy} + u_{yyyy} = 0 ;$$

dieselbe Eulersche Gleichung erhalten wir für den Integranden $(\Delta u)^2 - c(u_{xx} u_{yy} - u_{xy}^2)$ bei konstantem c.

Das Problem der *Minimalflächen*, d. h. der Integrand $F = \sqrt{1 + z_x^2 + z_y^2}$, führt auf die Eulersche Differentialgleichung

$$z_{xx}(1 + z_y^2) - 2 z_{xy} z_x z_y + z_{yy}(1 + z_x^2) = 0 .$$

5. Identisches Verschwinden des Eulerschen Differentialausdruckes. — Divergenzausdrücke. Es kann der Fall eintreten, daß der Eulersche Differentialausdruck zu einem Integranden $F(x, y, y', \ldots)$ identisch für jede eingesetzte zulässige Argumentfunktion verschwindet. Da man zulässige Argumentfunktionen konstruieren kann, für welche an einer beliebigen Stelle x die Größen $y, y', \ldots$ vorgeschriebene Werte annehmen, so ist das hinsichtlich der Argumentfunktion y identische Verschwinden des Eulerschen Ausdruckes $[F]_y$ damit gleichbedeutend, daß dieser Ausdruck identisch verschwindet, wenn man in ihm $x, y, y', \ldots$ als unabhängige Parameter ansieht. Genau das Entsprechende gilt für das identische Verschwinden des Eulerschen Differentialausdruckes, wenn die Argumentfunktion von mehreren unabhängigen Veränderlichen abhängt.

Der einfachste Fall ist der des Integranden $F(x, y, y')$. Das identische Verschwinden des Eulerschen Differentialausdruckes $F_y - F_{y'x} - F_{y'y} y' - F_{y'y'} y''$ zieht zunächst nach sich, daß $F_{y'y'} = 0$ ist, F also die Gestalt $F = A(x, y) + y' B(x, y)$ hat. Die Eulersche Differentialgleichung geht danach in die Integrabilitätsbedingung

$$\frac{\partial A}{\partial y} - \frac{\partial B}{\partial x} = 0$$

über, und es wird das Integral

$$\int_{x_0}^{x} F\,dx = \int_{x_0}^{x} (A + By')\,dx = \int (A\,dx + B\,dy)$$

von der Integrationskurve tatsächlich unabhängig nach einem bekannten Satz der Integralrechnung[1]. Faßt man die obere Grenze x als Variable auf, so geht das Integral in eine Funktion $G(x, y)$ der oberen Grenze über, und es wird

$$F(x, y, y') = \frac{d}{dx} G(x, y),$$

eine Beziehung, die, wie man sofort erkennt, nicht nur notwendig, sondern auch hinreichend für das identische Verschwinden des Eulerschen Differentialausdruckes von F ist.

Ähnlich liegen die Verhältnisse bei einem Integranden $F(x, y, y', \ldots, y^{(n)})$. Es gilt: Notwendig und hinreichend für das identische Verschwinden des Eulerschen Differentialausdruckes $[F]_y$ ist die Darstellbarkeit von F in der Form

$$F = \frac{dG}{dx},$$

wobei $G(x, y, y', \ldots, y^{(n-1)})$ nur noch Ableitungen von y bis zur $(n-1)^{\text{ten}}$ Ordnung enthält.

Daß diese Bedingung hinreichend ist, kann man entweder unmittelbar durch Rechnung bestätigen oder aus der Tatsache schließen, daß

[1] Wie wir sogleich sehen werden, ergibt sich diese Unabhängigkeit auch direkt aus dem identischen Verschwinden des Eulerschen Ausdruckes.

das Integral $\int_{x_0}^{x_1} F\,dx$ nur von den Werten der Funktion y und ihrer Ableitungen bis zur $(n-1)^{\text{ten}}$ Ordnung an den Endpunkten abhängt und somit bei beliebiger diese Randwerte festlassender Variation der Funktion im Innern sich nicht ändert, was das identische Verschwinden der ersten Variation und somit des Eulerschen Ausdruckes zur Folge hat.

Um die Bedingung als notwendig zu erkennen, betrachten wir eine Funktionenschar $y(x, \alpha)$ mit dem Parameter α und mit festen, d. h. von α unabhängigen Randwerten von $y, y', \ldots, y^{(n-1)}$. Bezeichnen wir das Integral für die Argumentfunktion $y(x, \alpha)$ mit $J(\alpha)$, so wird nach den Formeln für die erste Variation

$$\frac{\partial J}{\partial \alpha} = \int_{x_0}^{x_1} [F]_y \frac{\partial y}{\partial \alpha}\,dx,$$

also nach Voraussetzung $\frac{\partial J}{\partial \alpha} = 0$. Das Integral J hängt also nicht von α ab und ist somit lediglich eine Funktion der Koordinaten x_0 und x_1 und der Werte von y und den $n-1$ ersten Ableitungen an den Endpunkten. Denken wir uns den Anfangspunkt festgehalten und die obere Grenze x_1 variabel, so erhalten wir also eine Gleichung der Form

$$\int_{x_0}^{x_1} F(x, y, y', \ldots, y^{(n)})\,dx = G(x, y, y', \ldots, y^{(n-1)}),$$

aus welcher durch Differentiation nach der oberen Grenze die Behauptung folgt.

Bei Integralen mit Argumentfunktionen von mehreren Veränderlichen liegen die Verhältnisse ganz analog, wenn der Integrand $F(x, y, u, u_x, u_y)$ nur Ableitungen erster Ordnung enthält. Man gelangt dann, ähnlich wie oben, zu folgendem Satz: *Notwendig und hinreichend dafür, daß der Eulersche Ausdruck $[F]_u$ identisch in der Argumentfunktion u verschwindet, ist die Darstellbarkeit von F in der Gestalt*

$$F = A_x + B_y,$$

wo A und B Funktionen von x, y und u sind. Einen Ausdruck dieser Form nennen wir einen *Divergenzausdruck.*

Ein Divergenzausdruck läßt sich auch durch die Forderung charakterisieren, daß das Doppelintegral $\iint_G F\,dx\,dy$ seinen Wert nicht ändert, wenn wir die Funktion u so variieren, daß eine Abänderung nur in einem inneren Teilgebiet von G auftritt.

Nach dem Gaußschen Integralsatz wird

$$\iint_G F\,dx\,dy = \int_\Gamma (A\,dy - B\,dx),$$

wobei das Integral rechts ein im positiven Sinne um die Kurve Γ zu erstreckendes Kurvenintegral ist.

Etwas komplizierter können die Verhältnisse liegen, wenn der Integrand F partielle Ableitungen von höherer als erster Ordnung enthält. Es bleibt dann zwar auch noch der Satz bestehen, daß notwendig und hinreichend für das identische Verschwinden des Eulerschen Ausdruckes die Darstellbarkeit von F in der Form

$$F = A_x + B_y$$

ist, d. h., daß F ein Divergenzausdruck ist; es ist jedoch im allgemeinen nicht möglich, hierbei A und B so zu wählen, daß die Ordnung der höchsten in ihnen auftretenden Ableitungen niedriger als bei F ist.

Das einfachste Beispiel eines Divergenzausdruckes zweiter Ordnung ist der Ausdruck $F = u_{xx} u_{yy} - u_{xy}^2$. Es besteht die Beziehung

$$\begin{aligned} F &= (u_x u_{yy})_x - (u_x u_{xy})_y = -(u_y u_{xy})_x + (u_y u_{xx})_y \\ &= -\tfrac{1}{2}[(u_x^2)_{yy} - 2(u_x u_y)_{xy} + (u_y^2)_{xx}]. \end{aligned}$$

Ein weiteres Beispiel wird durch die Identität:

$$\frac{u_{xx}u_{yy} - u_{xy}^2}{(1 + u_x^2 + u_y^2)^{\frac{3}{2}}} = \frac{\partial}{\partial y}\left[\frac{u_{xx}u_y}{(u_x^2 + 1)\sqrt{1 + u_x^2 + u_y^2}}\right] - \frac{\partial}{\partial x}\left[\frac{u_{xy}u_y}{(u_x^2 + 1)\sqrt{1 + u_x^2 + u_y^2}}\right]$$

geliefert. Der Ausdruck

$$\frac{u_{xx}u_{yy} - u_{xy}^2}{(1 + u_x^2 + u_y^2)^{\frac{3}{2}}}$$

ist bekanntlich die mit $(1 + u_x^2 + u_y^2)^{\frac{1}{2}}$ multiplizierte Gaußsche Krümmung der Fläche $z = u(x, y)$, und der Divergenzcharakter dieses Ausdruckes kommt in der bekannten Tatsache zur Geltung, daß das Integral der Krümmung über ein Flächenstück, die Totalkrümmung dieses Flächenstückes, nur von den Randstreifen des Flächenstückes abhängt.

Eine weitere unmittelbare Folgerung aus unserer Einsicht ist der folgende Satz: *Wenn die Integranden zweier Variationsprobleme sich nur additiv durch einen Divergenzausdruck unterscheiden, so sind die Eulerschen Gleichungen und damit die Extremalenscharen der beiden Variationsprobleme miteinander identisch.* (Vgl. S. 181, Anm. 1.)

6. Homogene Form der Eulerschen Differentialgleichungen. Bei geometrischen Problemen, wo es sich um die Bestimmung von Kurven oder Flächen durch Minimumforderungen handelt, ist es der Natur der Aufgabe angemessener, wenn man keine der Koordinaten als unabhängige Variable auszeichnet, sondern zu einer Parameterdarstellung $x = x(t)$, $y = y(t)$ der Kurve bzw. $x = x(u, v)$, $y = y(u, v)$, $z = z(u, v)$ der Fläche usw. übergeht, wobei t bzw. u und v die unabhängigen Parameter sind und von den Funktionen x, y, z vorausgesetzt wird, daß nicht gleichzeitig die Gleichungen

$$\dot{x} = \dot{y} = 0 \quad \text{bzw.} \quad x_u y_v - x_v y_u = y_u z_v - y_v z_u = z_u x_v - z_v x_u = 0$$

bestehen. Dabei ist durch Punkte die Differentiation nach t bezeichnet. Wir betrachten zunächst das einfachste Variationsproblem, welches die Form hat

$$J = \int_{x_0}^{x_1} F\left(x, y, \frac{dy}{dx}\right) dx = \int_{t_0}^{t_1} \mathfrak{F}(x, y, \dot{x}, \dot{y})\, dt = \text{Min.}, \tag{27}$$

wobei

$$\mathfrak{F} = \dot{x} F\left(x, y, \frac{\dot{y}}{\dot{x}}\right)$$

gesetzt ist. Diese Funktion $\mathfrak{F}$ ist „homogen" vom Grade 1 in den Ableitungen $\dot{x}, \dot{y}$; sie genügt für alle k der Homogenitätsrelation

$$\mathfrak{F}(x, y, k\dot{x}, k\dot{y}) = k\mathfrak{F}(x, y, \dot{x}, \dot{y}) \tag{28}$$

und der daraus durch Differentiation nach k für $k = 1$ folgenden Gleichung

$$\dot{x}\mathfrak{F}_{\dot{x}} + \dot{y}\mathfrak{F}_{\dot{y}} = \mathfrak{F}. \tag{29}$$

Ist umgekehrt $\mathfrak{F}$ irgendeine homogene[1] Funktion ersten Grades in $\dot{x}$ und $\dot{y}$, genügt also $\mathfrak{F}$ der Gleichung (28), so bestimmt das Variationsproblem $\int \mathfrak{F}\, dt = \text{Min.}$ eine von der Wahl des Parameters unabhängige Kurve. Denn wenn durch die Parametertransformation $t = t(\tau)$ mit $dt/d\tau > 0$ das Intervall $t_0 \leqq t \leqq t_1$ in das Intervall $\tau_0 \leqq \tau \leqq \tau_1$ übergeht, so wird mit Rücksicht auf (28)

$$\int_{\tau_0}^{\tau_1} \mathfrak{F}\left(x, y, \frac{dx}{d\tau}, \frac{dy}{d\tau}\right) d\tau = \int_{\tau_0}^{\tau_1} \mathfrak{F}\left(x, y, \dot{x}\frac{dt}{d\tau}, \dot{y}\frac{dt}{d\tau}\right) d\tau$$

$$= \int_{\tau_0}^{\tau_1} \mathfrak{F}(x, y, \dot{x}, \dot{y}) \frac{dt}{d\tau}\, d\tau = \int_{t_0}^{t_1} \mathfrak{F}(x, y, \dot{x}, \dot{y})\, dt.$$

Das Variationsproblem ist also gegenüber einer den Durchlaufungssinn nicht ändernden Parametertransformation invariant, die Extremalenkurven hängen von der Wahl des Parameters nicht ab.

Zu dem homogen gemachten Problem gehören nunmehr zwei Eulersche Differentialgleichungen

$$\mathfrak{F}_x - \dot{\mathfrak{F}}_{\dot{x}} = 0, \qquad \mathfrak{F}_y - \dot{\mathfrak{F}}_{\dot{y}} = 0, \tag{30}$$

die zusammen mit der Relation (29) im wesentlichen mit der ursprünglichen Differentialgleichung (14) äquivalent sein müssen, also nicht unabhängig voneinander sein können. Diese Abhängigkeit erhalten wir,

[1] Bei den geometrischen Beispielen ist häufig die Funktion $\mathfrak{F}$ nur positiv-homogen, nicht aber im vollen Sinne homogen. In diesem Falle müßte nämlich eine Kurve, im entgegengesetzten Sinne durchlaufen, den entgegengesetzten Integralwert ergeben, während z. B. die Bogenlänge, definiert durch $\int \sqrt{\dot{x}^2 + \dot{y}^2}\, dt$ mit positiver Quadratwurzel, unabhängig von dem Durchlaufungssinn immer denselben Wert hat. Auch für solche nur positiv-homogenen Integranden gelten unsere obigen Überlegungen ungeändert.

indem wir aus (29) durch weitere Differentiation die folgenden Identitäten herleiten:

$$\mathfrak{F}_x = \dot{x}\,\mathfrak{F}_{x\dot{x}} + \dot{y}\,\mathfrak{F}_{x\dot{y}}, \qquad \mathfrak{F}_y = \dot{x}\,\mathfrak{F}_{y\dot{x}} + \dot{y}\,\mathfrak{F}_{y\dot{y}};$$
$$\dot{x}\,\mathfrak{F}_{\dot{x}\dot{x}} + \dot{y}\,\mathfrak{F}_{\dot{x}\dot{y}} = 0, \qquad \dot{x}\,\mathfrak{F}_{\dot{x}\dot{y}} + \dot{y}\,\mathfrak{F}_{\dot{y}\dot{y}} = 0;$$
$$\mathfrak{F}_{\dot{x}\dot{x}} : \mathfrak{F}_{\dot{x}\dot{y}} : \mathfrak{F}_{\dot{y}\dot{y}} = \dot{y}^2 : -\dot{x}\dot{y} : \dot{x}^2.$$

Den gemeinsamen Wert

$$\frac{\mathfrak{F}_{\dot{x}\dot{x}}}{\dot{y}^2} = -\frac{\mathfrak{F}_{\dot{x}\dot{y}}}{\dot{x}\dot{y}} = \frac{\mathfrak{F}_{\dot{y}\dot{y}}}{\dot{x}^2}$$

pflegt man mit $\mathfrak{F}_1$ zu bezeichnen.

Aus den obigen Identitäten ergibt sich

$$\begin{aligned}\mathfrak{F}_x - \dot{\mathfrak{F}}_{\dot{x}} &= \dot{x}\,\mathfrak{F}_{x\dot{x}} + \dot{y}\,\mathfrak{F}_{x\dot{y}} - \mathfrak{F}_{\dot{x}x}\dot{x} - \mathfrak{F}_{\dot{x}y}\dot{y} - \mathfrak{F}_{\dot{x}\dot{x}}\ddot{x} - \mathfrak{F}_{\dot{x}\dot{y}}\ddot{y}\\ &= \quad \dot{y}\,[\mathfrak{F}_{x\dot{y}} - \mathfrak{F}_{\dot{x}y} + (\dot{x}\ddot{y} - \dot{y}\ddot{x})\,\mathfrak{F}_1],\\ \mathfrak{F}_y - \dot{\mathfrak{F}}_{\dot{y}} &= -\dot{x}\,[\mathfrak{F}_{x\dot{y}} - \mathfrak{F}_{\dot{x}y} + (\dot{x}\ddot{y} - \dot{y}\ddot{x})\,\mathfrak{F}_1],\end{aligned}$$

so daß die beiden Gleichungen (30) durch die Identität

$$(31) \qquad \dot{x}(\mathfrak{F}_x - \dot{\mathfrak{F}}_{\dot{x}}) + \dot{y}(\mathfrak{F}_y - \dot{\mathfrak{F}}_{\dot{y}}) = 0$$

verbunden sind und z. B. durch die eine

$$(32) \qquad \mathfrak{F}_{x\dot{y}} - \mathfrak{F}_{\dot{x}y} + (\dot{x}\ddot{y} - \dot{y}\ddot{x})\,\mathfrak{F}_1 = 0$$

ersetzt werden können.

Ganz analog liegt die Sache, wenn es sich um die Bestimmung mehrerer Funktionen einer Variablen handelt. Hier geht das Variationsproblem $\int_{x_0}^{x_1} F(x, y, z, y', z')\,dx = \text{Min.}$ über in das Problem $\int_{t_0}^{t_1} \mathfrak{F}(x, y, z, \dot{x}, \dot{y}, \dot{z})\,dt = \text{Min.}$, mit $\mathfrak{F} = \dot{x}F(x, y, z, \dot{y}/\dot{x}, \dot{z}/\dot{x})$, und die Funktion $\mathfrak{F}$ ist jetzt homogen vom Grade 1 in den Variablen $\dot{x}, \dot{y}, \dot{z}$.

Der Vorteil, den die homogene Darstellung gewährt, ist nicht nur der formale der Symmetrie. Z. B. entziehen sich Kurven, auf denen x nicht monoton anwächst — etwa geschlossene Kurven —, der Darstellung in der Gestalt $y = y(x)$, so daß sie in nichthomogener Darstellung nicht ohne weiteres zu behandeln sind.

Bei mehrdimensionalen Variationsproblemen gestaltet sich die homogene Darstellung folgendermaßen. Werden in dem Integral

$$\iint F(x, y, z, z_x, z_y)\,dx\,dy$$

die Variablen x, y und die Funktion z als Funktionen zweier Parameter u, v angesetzt, so daß die Funktionaldeterminante von x und y nach u und v

$$\frac{\partial(x, y)}{\partial(u, v)} = x_u y_v - x_v y_u$$

von Null verschieden ist, so wird

$$z_x = \frac{z_u y_v - z_v y_u}{x_u y_v - x_v y_u}, \qquad z_y = -\frac{z_u x_v - z_v x_u}{x_u y_v - x_v y_u},$$

und das Integral erhält die Gestalt

$$(33)\quad \begin{cases} \iint F(x, y, z, z_x, z_y)\, dx\, dy \\ = \iint F\left(x, y, z, -\frac{\partial(y,z)}{\partial(u,v)} : \frac{\partial(x,y)}{\partial(u,v)}, -\frac{\partial(z,x)}{\partial(u,v)} : \frac{\partial(x,y)}{\partial(u,v)}\right) \frac{\partial(x,y)}{\partial(u,v)}\, du\, dv \\ = \iint \mathfrak{F}\left(x, y, z, \frac{\partial(y,z)}{\partial(u,v)}, \frac{\partial(z,x)}{\partial(u,v)}, \frac{\partial(x,y)}{\partial(u,v)}\right) du\, dv\,. \end{cases}$$

Hierbei ist der Integrand $\mathfrak{F}$ homogen vom ersten Grade in den letzten drei Argumenten. Die oben im Falle einfacher Integrale abgeleiteten Relationen, insbesondere die Abhängigkeit (31) und die symmetrische Gestalt (32) der Differentialgleichung lassen sich sinngemäß auf den Fall mehrerer Veränderlicher übertragen. Da wir jedoch später keinen Gebrauch davon zu machen haben, verweisen wir lediglich auf die Literatur[1].

7. Variationsprobleme mit Erweiterung der Zulassungsbedingungen. Sätze von du Bois-Reymond und Haar. Wir haben bisher für die bei der Variation zulässigen Vergleichsfunktionen die Forderung stetiger Ableitungen bis zur höchsten in der Eulerschen Differentialgleichung vorkommenden Ordnung erhoben. Vom Standpunkt des Variationsproblems aus erscheinen diese Forderungen unnatürlich scharf; z. B. hat das Variationsproblem mit dem Integranden $F(x, y, y')$ schon dann einen Sinn, wenn lediglich stückweise Stetigkeit der ersten Ableitung gefordert wird und über die zweiten Ableitungen keinerlei Voraussetzungen gemacht werden. Es wäre nun a priori denkbar, daß bei einer solchen Lockerung der Zulassungsbedingungen sich eine andere Lösung ergeben könnte, welche gar nicht mehr der Eulerschen Differentialgleichung genügt.

Betrachten wir zunächst ein eigentliches Minimumproblem und nehmen an, daß die Funktion $y(x)$ mit stetiger erster und zweiter Ableitung ein Minimum liefert gegenüber ebensolchen Vergleichsfunktionen. *Dann liefert die Funktion $y(x)$ auch noch ein Minimum gegenüber solchen Vergleichsfunktionen y^*, für welche nur Stetigkeit der ersten Ableitung vorausgesetzt wird.* Denn nach dem Weierstraßschen Approximationssatz können wir die Ableitung $y^{*\prime}$ durch ein Polynom $p'(x)$ und die Funktion y^* durch das Polynom $p(x)$, das obendrein noch die Randbedingungen $p(x_0) = y_0$,

[1] Vgl. Bolza, O.: Vorlesungen über Variationsrechnung, S. 666–671. Leipzig 1909. — Kobb, G.: Sur les maxima et minima des intégrales doubles. Acta Math. Bd. 16, S. 65–140. 1892/93.

$p(x_1) = y_1$ erfüllt, mit beliebiger Genauigkeit ersetzen[1]; es wird sich also auch $J[p]$ beliebig wenig von $J[y^*]$ unterscheiden. Da aber $p(x)$ eine zulässige Vergleichsfunktion mit stetigen zweiten Ableitungen ist, ist $J[p] \geqq J[y]$; also ist auch $J[y^*] \geqq J[y]$.

Wenn wir von vornherein das Minimumproblem — oder allgemein das Problem eines stationären Wertes — schon unter den erweiterten Zulassungsbedingungen stellen und also von der Lösung nur wissen, daß die erste Ableitung stückweise stetig ist, so bleibt die Frage, ob diese Funktion von selbst noch Ableitungen höherer Ordnung besitzt und der Eulerschen Differentialgleichung genügt. Diese Frage wird in positivem Sinne durch den folgenden Satz von DU BOIS-REYMOND beantwortet: *Wenn bei einem Variationsproblem mit dem Integranden $F(x, y, y')$ — den wir als zweimal stetig differenzierbar nach seinen Argumenten vorausgesetzt haben — die erste Variation verschwindet für eine stetige mit stückweise stetigen ersten Ableitungen versehene, am Rande verschwindende Funktion $y(x)$ gegenüber allen Variationen mit denselben Stetigkeitseigenschaften, dann genügt die Funktion $y(x)$ der Eulerschen Differentialgleichung und besitzt stetige Ableitungen zweiter Ordnung, falls für sie $F_{y'y'} \neq 0$ ist. Das Verschwinden der ersten Variation zieht also von selbst die Existenz und Stetigkeit der zweiten Ableitung und das Bestehen der Eulerschen Differentialgleichung nach sich.*

Dem Beweise schicken wir einen einfachen Hilfssatz voraus: *Wenn $\varphi(x)$ eine im Integrationsintervall stückweise*[2] *stetige Funktion ist und wenn die Gleichung*

$$\int_{x_0}^{x_1} \varphi(x)\, \eta(x)\, dx = 0$$

besteht für beliebige stückweise stetige Funktionen $\eta(x)$, welche der Bedingung

$$\int_{x_0}^{x_1} \eta(x)\, dx = 0$$

---

[1] Man bilde nämlich nach dem Approximationssatz von WEIERSTRASZ, unter ε eine willkürlich vorgegebene positive Größe verstanden, ein Polynom $q'(x)$, das sich für $x_0 \leqq x \leqq x_1$ von der Funktion $y^{*\prime}(x)$ um weniger als $\varepsilon/2(x_1 - x_0)$ unterscheidet. Dann nimmt das Polynom

$$q(x) = y_0 + \int_{x_0}^{x} q'(t)\, dt$$

den vorgeschriebenen Anfangswert y_0 an und unterscheidet sich im ganzen Intervalle von $y^*(x)$ höchstens um $\varepsilon/2$. Um ein Polynom zu erhalten, das auch den vorgeschriebenen Endwert y_1 erreicht, braucht man nur die lineare Funktion $l(x) = \frac{y_1 - q(x_1)}{x_1 - x_0}(x - x_0)$ hinzuzufügen und bestätigt leicht, daß $p(x) = q(x) + l(x)$ alle im Texte genannten Eigenschaften besitzt.

[2] Vgl. Kap. II, S. 39.

genügen, dann ist $\varphi(x)$ eine Konstante. Zum Beweise beachten wir, daß für ein konstantes φ sicher die obige Relation erfüllt ist. Wir bestimmen nun eine Konstante c so, daß $\int_{x_0}^{x_1}(\varphi - c)\,dx = 0$ ist; dann besteht zugleich mit der vorausgesetzten Gleichung $\int_{x_0}^{x_1}\varphi\,\eta\,dx = 0$ auch die Gleichung $\int_{x_0}^{x_1}(\varphi - c)\,\eta\,dx = 0$. Nunmehr dürfen wir aber $\eta = \varphi - c$ setzen und gewinnen die Gleichung $\int_{x_0}^{x_1}(\varphi - c)^2 dx = 0$, aus welcher die Behauptung unmittelbar folgt.

Auf genau dieselbe Weise folgt übrigens der allgemeinere Satz: *Wenn $\varphi(x)$ eine stückweise stetige Funktion ist, welche der Bedingung $\int_{x_0}^{x_1}\varphi\eta\,dx = 0$ genügt für alle stückweise stetigen Funktionen, welche den Bedingungen*

$$\int_{x_0}^{x_1}\eta\,dx = 0, \int_{x_0}^{x_1}x\,\eta\,dx = 0, \ldots, \int_{x_0}^{x_1}x^n\,\eta\,dx = 0$$

genügen, so ist φ ein Polynom n^{ten} Grades: $\varphi = c_0 + c_1 x + \cdots + c_n x^n$.

Zum Beweise des du Bois-Reymondschen Satzes bemerken wir, daß genau wie früher mit einer willkürlichen, am Rande verschwindenden, stetigen und mit stückweise stetiger Ableitung versehenen Funktion $\zeta(x)$ die Gleichung besteht:

$$\int_{x_0}^{x_1}(F_y\zeta + F_{y'}\zeta')\,dx = 0, \quad \zeta(x_0) = \zeta(x_1) = 0.$$

Wir setzen zur Abkürzung $F_y = A'$, $F_{y'} = B$, $\int_{x_0}^{x}F_y dx = A$ und erhalten, wenn wir partiell integrieren:

$$\int_{x_0}^{x_1}(A'\zeta + B\zeta')\,dx = \int_{x_0}^{x_1}\zeta'(B - A)\,dx = 0.$$

Nunmehr dürfen wir die Funktion $\zeta' = \eta$ stückweise stetig, im übrigen willkürlich wählen, wenn wir durch Erfüllung der Bedingung $\int_{x_0}^{x_1}\eta\,dx = \zeta(x_1) - \zeta(x_0) = 0$ den Randbedingungen für ζ genügen. Die Anwendung unseres obigen Hilfssatzes ergibt dann sofort:

$$B - A = F_{y'} - \int_{x_0}^{x}F_y\,dx = c, \tag{34}$$

wo c nicht von x abhängt. Diese Gleichung tritt zunächst an Stelle der Eulerschen Differentialgleichung. Wegen der Differenzierbarkeit von $\int_{x_0}^{x} F_y dx$ folgt aber nunmehr die Differenzierbarkeit der linken Seite und damit die Eulersche Gleichung

$$\frac{d}{dx} F_{y'} - F_y = 0. \tag{34a}$$

Ist nun F zweimal stetig nach seinen Argumenten differenzierbar, ist ferner die Legendresche Voraussetzung $F_{y'y'} \neq 0$ erfüllt, so folgt, daß die stückweise stetige Funktion y' sogar stetig ist und eine stetige Ableitung besitzt. Zunächst läßt sich nämlich y' wegen $F_{y'y'} \neq 0$ als stetige, stetig differenzierbare Funktion $\varphi(x, y, F_{y'})$ ausdrücken. Da nun $F_{y'}$ wegen (34) eine stetige Funktion von x ist, gilt dasselbe auch von y'. Somit sind auch die Argumente y und $F_{y'}$ von φ stetig differenzierbar, und es gilt dasselbe von y'.

Durch Anwendung des verallgemeinerten obigen Hilfssatzes läßt sich das du Bois-Reymondsche Resultat unmittelbar auf einen Integranden $F(x, y, y', \ldots, y^{(n)})$ ausdehnen; die nähere Durchführung kann dem Leser überlassen bleiben.

Bei Variationsproblemen mit mehr unabhängigen Veränderlichen liegen die Verhältnisse etwas komplizierter. Es gilt hier, wenn man bei einem Problem mit dem Integranden $F(x, y, u, u_x, u_y)$ den Bereich der Vergleichsfunktionen durch Zulassung aller stetigen Funktionen mit stückweise stetigen ersten Ableitungen erweitert, nicht mehr der Satz, daß das Verschwinden der ersten Variation von selbst das Bestehen der Eulerschen Differentialgleichung und die Existenz und Stetigkeit der zweiten Ableitungen nach sich zieht. Aber auch bei mehreren Dimensionen gibt es ein Analogon des du Bois-Reymondschen Satzes, es gilt nämlich der folgende Satz von HAAR: *Das Verschwinden der ersten Variation des Integrals über $F(x, y, u, u_x, u_y)$ bei stetigem u und stückweise stetigen Ableitungen u_x, u_y ist gleichbedeutend mit der Gleichung*

$$\iint_B F_u \, dx \, dy = \int_R (F_{u_x} dy - F_{u_y} dx), \tag{35}$$

wobei das Integral links über irgendeinen einfach zusammenhängenden von stückweise glatten Kurven begrenzten Teilbereich B von G und das Kurvenintegral rechts in positivem Sinne um den Rand R von B zu erstrecken ist. In dem speziellen Fall, wo F von u nicht explizite abhängt, drückt also der Satz von HAAR das Verschwinden des rechts stehenden Integrals für eine geschlossene Kurve R aus, was gleichbedeutend mit der Existenz einer Funktion $\Phi(x, y)$ in jedem einfach zusammenhängenden Teilgebiet von G ist, für welche das System von Differentialgleichungen

$$F_{u_x} = \Phi_y; \qquad F_{u_y} = -\Phi_x$$

besteht. Die obige Integralrelation bzw. dieses System von Differentialgleichungen erster Ordnung tritt also hier an Stelle der Eulerschen Differentialgleichung zweiter Ordnung.

Zum Beweise des Satzes von HAAR genügt es, die Integralrelation für den Spezialfall zu beweisen, daß B ein Quadrat ist. Sie gilt dann ohne weiteres auch für ein Gebiet, das aus endlich vielen Quadraten besteht, woraus man in bekannter Weise den Satz für ein beliebiges Gebiet erhält. Wir betrachten also ein achsenparalleles Quadrat: $x_0 \leqq x \leqq x_1$, $y_0 \leqq y \leqq y_1$. Das Verschwinden der ersten Variation für dieses Quadrat B drückt sich durch die Gleichung:

$$\iint_B (F_u \zeta + F_{u_x} \zeta_x + F_{u_y} \zeta_y)\, dx\, dy = 0$$

aus, wenn am Rande des Quadrates ζ verschwindet. Wir spezialisieren nun die Variation $\zeta(x, y)$, indem wir setzen $\zeta(x, y) = v(x) w(y)$, wo $v(x)$ für $x = x_0, x_1$ und $w(y)$ für $y = y_0, y_1$ verschwindet. So erhalten wir die Gleichung:

$$\int_{y_0}^{y_1}\int_{x_0}^{x_1} (F_u v w + F_{u_x} v' w + F_{u_y} v w')\, dx\, dy = 0\,,$$

aus der wir nunmehr durch zweimalige Anwendung des du Bois-Reymondschen Satzes das gewünschte Resultat folgendermaßen erhalten. Mit den Abkürzungen:

$$F_{u_x} = A_y(x, y)\,, \qquad F_{u_y} = B_x(x, y)\,, \qquad F_u = C_{xy}(x, y)\,;$$

$$\int_{y_0}^{y} F_{u_x}\, dy = A(x, y)\,, \quad \int_{x_0}^{x} F_{u_y}\, dx = B(x, y)\,, \quad \int_{x_0}^{x} F_u\, dx = C_y(x, y)\,;$$

$$\int_{y_0}^{y}\int_{x_0}^{x} F_u\, dx\, dy = C(x, y)\,,$$

ergibt sich durch partielle Integration

$$\int_{y_0}^{y_1} dy \left\{ \int_{x_0}^{x_1} (-C_y v' w + A_y v' w - B v' w')\, dx \right\} = 0$$

oder

$$\int_{x_0}^{x_1} dx\, v' \left\{ \int_{y_0}^{y_1} (-C_y w + A_y w - B w')\, dy \right\} = 0\,.$$

Da v' die Ableitung einer willkürlichen am Rande verschwindenden Funktion war, so ist nach dem obigen Hilfssatz

$$\int_{y_0}^{y_1} (-C_y w + A_y w - B w')\, dy = c\,,$$

wo c nicht von x abhängt, oder nach partieller Integration

$$\int_{y_0}^{y_1} (C - A - B)\, w'\, dy = c\,.$$

Indem man in dieser Gleichung einmal $x = x_1$, dann $x = x_0$ setzt und beide so entstandenen Gleichungen voneinander abzieht, entsteht, indem wir noch $C - A - B = D$ setzen,

$$\int_{y_0}^{y_1} [D(x_1, y) - D(x_0, y)]\, w'\, dy = 0.$$

Nochmalige Anwendung des du Bois-Reymondschen Satzes liefert

$$D(x_1, y_1) - D(x_0, y_1) = D(x_1, y_0) - D(x_0, y_0),$$

d. h. die zu beweisende Gleichung

$$(35') \qquad \int_{y_0}^{y_1}\int_{x_0}^{x_1} F_u\, dx\, dy = \int (F_{u_x} dy - F_{u_y} dx),$$

wobei das zweite Integral über den Rand des Quadrates zu erstrecken ist.

8. Andere Variationsprobleme und ihre Funktionalgleichungen. Die bisher betrachteten Variationsprobleme bezogen sich auf Funktionenfunktionen, welche durch Integration eines gegebenen Differentialausdruckes in der Argumentfunktion entstehen. Vielfach jedoch ist man veranlaßt, auch andersartige und allgemeinere Typen von Funktionenfunktionen dem Variationsproblem zugrunde zu legen. Einige Beispiele mögen zeigen, wie man ganz nach dem oben angegebenen Muster dabei zu anderen Funktionalgleichungen gelangt, welche die Rolle der Eulerschen Differentialgleichungen übernehmen.

a) Es soll der Ausdruck

$$J[\varphi] = \int\int K(s,t)\,\varphi(s)\,\varphi(t)\, ds\, dt + \int \varphi(s)^2\, ds - 2\int \varphi(s)\, f(s)\, ds$$

stationär gemacht werden, wobei $K(s, t)$ eine gegebene stetige symmetrische Funktion von s und t, $f(s)$ eine gegebene stetige Funktion von s und $\varphi(s)$ eine stetige Argumentfunktion bedeutet. Alle Integrationen sind über ein gegebenes Intervall $a \leqq s \leqq b$, $a \leqq t \leqq b$ zu erstrecken. Ersetzt man φ durch $\varphi + \varepsilon\zeta$ und betrachtet $J[\varphi + \varepsilon\zeta] = \Phi(\varepsilon)$ als Funktion von ε, so erhält man nach einfacher Umformung

$$\delta J = \varepsilon \frac{d\Phi}{d\varepsilon}\bigg|_{\varepsilon=0} = 2\varepsilon \int_a^b \zeta(t) \left[\int_a^b K(s,t)\,\varphi(s)\, ds + \varphi(t) - f(t)\right] dt.$$

Die Forderung $\delta J = 0$ liefert also als Eulersche Gleichung die Integralgleichung

$$\int_a^b K(s,t)\,\varphi(s)\, ds + \varphi(t) - f(t) = 0.$$

Man wird in diesen Zusammenhang leicht die Variationsprobleme einordnen, mit deren Hilfe wir in Kap. III die Integralgleichungen mit symmetrischem Kern $K(s, t)$ behandelt haben.

b) Es soll der Ausdruck

$$J[\varphi] = \int_{-\infty}^{\infty} [p(x)\,\varphi'(x)^2 + 2\varphi(x+1)\,\varphi(x-1) - \varphi^2(x) - 2\varphi(x)\,f(x)]\,dx$$

stationär gemacht werden, wobei die Argumentfunktion im ganzen Intervall $-\infty < x < +\infty$ stetig und mit stückweise stetigen Ableitungen versehen sein soll. Das Verfahren zur Bildung der ersten Variation ergibt nach leichter Umformung

$$\delta J = \varepsilon \frac{d}{d\varepsilon} J[\varphi + \varepsilon\zeta]\Big|_{\varepsilon=0}$$

$$= 2\varepsilon \int_{-\infty}^{+\infty} \zeta(x)\,[(p\varphi')' + \varphi(x+2) + \varphi(x-2) - \varphi(x) - f(x)]\,dx,$$

und die Eulersche Funktionalgleichung, welche das Verschwinden der ersten Variation bei willkürlichem ζ ausdrückt, lautet

$$(p\varphi')' - \varphi(x+2) - \varphi(x-2) + \varphi(x) + f(x) = 0.$$

Sie ist also hier keine Differentialgleichung, sondern eine Differential-Differenzengleichung.

§ 4. Bemerkungen und Beispiele zur Integration der Eulerschen Differentialgleichung.

Einen systematischen Ansatz zur Integrationstheorie der Eulerschen Gleichungen werden wir in Bd. II durch die Theorie von Hamilton-Jacobi gewinnen. Hier sollen lediglich einige Bemerkungen Platz finden, die uns die Integration der oben angeführten einfachsten Beispiele ermöglichen. Wir beschränken uns dabei auf das Problem

$$\int_{x_0}^{x_1} F(x, y, y')\,dx = \text{Min.}$$

Enthält die Funktion F die Ableitung y' gar nicht, so reduziert sich die Eulersche Gleichung auf $F_y = 0$, eine implizite Definitionsgleichung für die Funktion $y(x)$. Zu beachten ist, daß in diesem Falle die Randwerte nicht mehr willkürlich vorgeschrieben werden dürfen, wenn das Problem immer eine Lösung haben soll.

Enthält die Funktion F die abhängige Variable y nicht, so folgt sofort $\frac{d}{dx} F_{y'} = 0$, also $F_{y'} = \text{konst.} = c$, und hieraus $y' = \varphi(x, c)$, also $y = \int \varphi(x, c)\,dx$; die Integration der Eulerschen Gleichung ist also durch eine Quadratur möglich.

Enthält die Funktion F die unabhängige Variable x nicht, so gelingt die Integration ebenfalls durch eine Quadratur. Dann ist nämlich

$$(y'F_{y'} - F)' = y''F_{y'} + y'F'_{y'} - F_{y'}y'' - F_y y' = y'(F'_{y'} - F_y) = 0,$$

mithin folgt aus der Eulerschen Gleichung sofort

$$F(y, y') - y' F_{y'}(y, y') = c,$$

woraus sich y' als Funktion $\varphi(y, c)$ von y und c berechnet und $x = \int \frac{dy}{\varphi(y, c)}$ wird.

Man kann dieses Resultat, wenigstens in formaler Hinsicht, auch durch Zurückführung auf den vorigen Fall erhalten, indem man beachtet, daß die Extremalkurve auch dann noch die erste Variation des Integrals zum Verschwinden bringt, wenn man y als unabhängige und x als abhängige Variable ansieht. Bezeichnet man die Ableitung nach y durch einen Punkt, so erhält man das Variationsproblem, $\int F(y, 1/\dot{x})\, \dot{x}\, dy$ zum Extremum zu machen, in dem nunmehr die abhängige Variable nicht vorkommt.

Von unseren Beispielen S. 160 lassen sich die folgenden nach den hier gemachten Bemerkungen integrieren:

Beispiel b) mit $\psi = \frac{1}{\sqrt{y}}$, d. h. $F = \sqrt{\frac{1 + y'^2}{y}}$;

$$y' F_{y'} - F = \frac{-1}{\sqrt{y(1 + y'^2)}} = \text{konst.} = \frac{1}{c}.$$

Setzt man $y = \frac{c^2}{2}(1 - \cos t)$, so wird $y' = \sqrt{\frac{c^2 - y}{y}} = \operatorname{ctg} \frac{t}{2}$,

$$x = \int \frac{dy}{y'} = \int \operatorname{tg} \frac{t}{2} \frac{dy}{dt}\, dt = c^2 \int \sin^2 \frac{t}{2}\, dt = c_1 + \frac{c^2}{2}(t - \sin t).$$

Die Brachistochronen sind also die Zykloiden, die ein Punkt auf dem Umfang eines Kreises mit dem Radius $c^2/2$ beschreibt, wenn dieser auf der x-Achse rollt.

c) $F = y\sqrt{1 + y'^2}$; $\quad y' F_{y'} - F = \frac{-y}{\sqrt{1 + y'^2}} = -\frac{1}{c}$,

$$y = \frac{1}{c} \operatorname{Cof}(cx + c_1).$$

Die Rotationsfläche, die zwei gegebene Kreise verbindet, muß durch Drehung einer Kettenlinie um ihre Achse entstehen, wenn sie möglichst kleinen Flächeninhalt haben soll.

d) $F = y\sqrt{1 - \dot{y}^2}$; $\quad \dot{y} F_{\dot{y}} - F = \frac{-y}{\sqrt{1 - \dot{y}^2}} = -\frac{1}{c}$,

$$y = \frac{1}{c} \sin(cs + c_1).$$

Die andere Koordinate x wird

$$x = \int \sqrt{1 - \dot{y}^2}\, ds = \int \sin(cs + c_1)\, ds = -\frac{1}{c} \cos(cs + c_1) + c_2;$$

die Lösung des isoperimetrischen Problems kann also nur ein Kreis sein.

§ 5. Randbedingungen.

In den vorangehenden Überlegungen sind wir stets von der Voraussetzung ausgegangen, daß am Rande des Integrationsbereiches die zu bestimmenden Funktionen vorgeschriebene Werte annehmen. Bei zahlreichen Fragen bestehen jedoch für die Randwerte von vornherein gar keine oder andersartige Bedingungen. *Wenn bei der Bestimmung von Funktionen in einem festen Grundgebiet diesen keine Randbedingungen auferlegt sind, so sprechen wir von freien Rändern.* Neben solchen freien Rändern kommen bei geometrischen Problemen, d. h. bei der Bestimmung von Kurven oder Flächen solche Aufgaben vor, wo die gesuchte Kurve auf vorgeschriebenen Kurven oder Flächen beginnen oder endigen oder wo der Rand des gesuchten Flächenstückes auf einer gegebenen Fläche liegen soll. Hier würde also das Integrationsgebiet der unabhängigen Variablen beim Variationsproblem nicht fest gegeben sein, sondern mit bestimmt werden müssen. Alle diese Fragen lassen sich durch eine leichte Verallgemeinerung der früheren Ergebnisse behandeln, wenn man den Ausdruck für die erste Variation δJ des Integrals J den erweiterten Voraussetzungen anpaßt, insbesondere in ihm die Variation der Funktionen am Rande nicht von vornherein gleich Null setzt.

1. Natürliche Randbedingungen bei freien Rändern. Bei dem einfachsten Variationsproblem des Integrales $J = \int_{x_0}^{x_1} F(x, y, y')\,dx$, wo für die Argumentfunktion $y(x)$ am Rande $x = x_0$, $x = x_1$ keine Bedingungen gestellt sind, erhalten wir unmittelbar die notwendigen Bedingungen für den stationären Charakter aus dem Verschwinden der ersten Variation

$$\delta J = F_{y'}\,\delta y \Big|_{x_0}^{x_1} + \int_{x_0}^{x_1} [F]_y\,\delta y\,dx$$

[vgl. S. 160, (15)]. Zunächst ist selbstverständlich, daß die Eulersche Gleichung $[F]_y = 0$ erfüllt sein muß. Denn gewiß besteht der stationäre Charakter von J erst recht, wenn zum Vergleich nur die engere Klasse derjenigen Funktionen herangezogen wird, die am Rande mit der betreffenden Extremale übereinstimmen, für welche also dort $\delta y = 0$ ist. In der Gleichung $\delta J = 0$ haben wir also nur noch den auf den Rand bezüglichen Bestandteil zu berücksichtigen. Wegen der Willkür von δy am Rande ergibt sich somit als notwendige Bedingung die „natürliche Randbedingung“

$$F_{y'} = 0 \quad \text{für} \quad x = x_0 \quad \text{und} \quad x = x_1 .$$

Entsprechend erhalten wir aus den Ausdrücken für die erste Variation (vgl. S. 161, 164, 165) als notwendige Bedingung für den stationären Charakter der Integrale

$$(36)\qquad \int_{x_0}^{x_1} F(x, y, z, \ldots, y', z', \ldots)\, dx\,,$$

$$(37)\qquad \iint_G F(x, y, u, u_x, u_y)\, dx\, dy\,,$$

$$(38)\qquad \iint_G F(x, y, u, u_x, u_y, v, v_x, v_y, \ldots)\, dx\, dy$$

außer den Eulerschen Differentialgleichungen die natürlichen Randbedingungen

$$F_{y'} = 0 \quad \text{und} \quad F_{z'} = 0 \quad \text{für} \quad x = x_0 \quad \text{und} \quad x = x_1\,,$$

$$F_{u_x}\frac{dy}{ds} - F_{u_y}\frac{dx}{ds} = 0\,;$$

$$F_{u_x}\frac{dy}{ds} - F_{u_y}\frac{dx}{ds} = 0\,, \qquad F_{v_x}\frac{dy}{ds} - F_{v_y}\frac{dx}{ds} = 0, \ldots$$

für den Rand Γ mit der Bogenlänge s.

Von besonderer Bedeutung wird der Begriff der natürlichen Randbedingungen dadurch, daß er ohne weiteres auf allgemeinere Typen von Variationsproblemen anwendbar ist, insbesondere auf solche, in denen die Randwerte explizite auftreten. Wichtige Beispiele werden durch folgende Ausdrücke gegeben:

$$(39)\qquad J = \int_{x_0}^{x_1} F(x, y, y')\, dx - \varphi(y_0) + \psi(y_1)\,, \quad y_0 = y(0)\,, \quad y_1 = y(1)\,,$$

oder

$$(40)\qquad J = \iint_G F(x, y, u, u_x, u_y)\, dx\, dy + \int_\Gamma \Phi(s, u, u_s)\, ds \qquad \left(u_s = \frac{du}{ds}\right).$$

Die Variation wird dann

$$(41)\qquad \begin{cases} \delta J = \int_{x_0}^{x_1} [F]_y\, \delta y\, dx + [\psi'(y_1) + F_{y'}(x_1, y(x_1), y'(x_1))]\, \delta y_1 \\ \qquad\qquad - [\varphi'(y_0) + F_{y'}(x_0, y(x_0), y'(x_0))]\, \delta y_0 \end{cases}$$

bzw.

$$(42)\qquad \delta J = \iint_G [F]_u\, \delta u\, dx\, dy + \int_\Gamma \left(F_{u_x}\frac{dy}{ds} - F_{u_y}\frac{dx}{ds} + [\Phi]_u\right) \delta u\, ds$$

mit

$$(43)\qquad [\Phi]_u = \Phi_u - \frac{d}{ds}\Phi_{u_s}\,.$$

Die zugehörigen natürlichen Randbedingungen sind:

$$F_{y'} + \varphi'(y)\,|_{x_0} = 0\,, \qquad F_{y'} + \psi'(y)\,|_{x_1} = 0\ {}^*;$$

$$F_{u_x}\frac{dy}{ds} - F_{u_y}\frac{dx}{ds} + \Phi_u - \frac{d}{ds}\Phi_{u_s} = 0\,.$$

---

* Durch die Bezeichnung $|_{x_0}$ deuten wir an, daß in dem vorherstehenden Ausdruck $x = x_0$ zu setzen ist.

In dem Sonderfall

(44) $$J=\iint\limits_G (u_x^2+u_y^2)\,dx\,dy+\int\limits_\Gamma \sigma u^2\,ds$$

bei stetiger Randfunktion $\sigma(s)$ lautet der Ausdruck für die Variation

(45) $$\delta J=-2\iint\limits_G (u_{xx}+u_{yy})\,\delta u\,dx\,dy+2\int\limits_\Gamma\left(\frac{\partial u}{\partial n}+\sigma u\right)\delta u\,ds\,,$$

wobei $\partial/\partial n$ die Differentiation nach der äußeren Normalen auf Γ bedeutet. Für das etwas allgemeinere Integral

(44') $$J=\iint\limits_G (p(u_x^2+u_y^2)-qu^2)\,dx\,dy+\int\limits_\Gamma p\sigma u^2\,ds\,,$$

in dem $p(x, y)$ eine nebst ihren ersten Ableitungen in G stetige, $q(x, y)$ eine in G stetige und $\sigma(s)$ eine auf Γ stetige Funktion bedeutet, wird in ähnlicher Weise

(45') $$\delta J=-2\iint\limits_G ((pu_x)_x+(pu_y)_y+qu)\,\delta u\,dx\,dy+2\int\limits_\Gamma p\left(\frac{\partial u}{\partial n}+\sigma u\right)\delta u\,ds\,.$$

Setzen wir in (39) und (41) speziell

$$\varphi(y)=l(y-a)^2,\qquad \psi(y)=l(y-b)^2,$$

so lauten die natürlichen Randbedingungen

$$\frac{1}{2l}F_{y'}|_{x_0}+y_0-a=0\,,\qquad \frac{1}{2l}F_{y'}|_{x_1}+y_1-b=0\,.$$

Der Grenzübergang $l\to\infty$ ergibt die Bedingung der festen Randwerte

$$y_0=a\,,\qquad y_1=b\,,$$

so daß das einfachste Variationsproblem mit festen Endpunkten der Extremalen als Grenzfall eines Problems mit freien Rändern erscheint.

Allgemein haben wir in der Hinzufügung von Randgliedern bzw. Randintegralen[1] *ein Mittel, unter Aufrechterhaltung der Eulerschen Differentialgleichung die natürlichen Randbedingungen weitgehend zu beeinflussen.*

2. Geometrische Probleme. Transversalität. Zur Behandlung der geometrischen Probleme, bei denen z. B. die Endpunkte der gesuchten Kurve auf gegebenen Kurven oder Flächen beweglich sind[2],

---

[1] Anstatt solche Randintegrale hinzuzufügen, kann man auch unter dem Integral über das Grundgebiet Divergenzausdrücke addieren. (Vgl. S. 168 und 218, Anm. 1.)

[2] Die soeben behandelten „freien" Ränder ordnen sich natürlich hier als Spezialfall unter. So läßt sich z. B. die Aufgabe:

$$\int\limits_{x_0}^{x_1} F(x, y, y')\,dx=\text{Min.},$$

wobei die Werte $y(x_0)$ und $y(x_1)$ beliebig sein dürfen, auch so aussprechen: Es soll eine Kurve gefunden werden, deren beide Endpunkte auf den vertikalen Geraden $x=x_0$ bzw. $x=x_1$ liegen und die dem Integral einen möglichst kleinen Wert erteilt.

wo also der Rand des Integrationsgebietes, allgemein zu reden, nicht fest gegeben ist, eignet sich am besten die Parameterdarstellung. Wir leiten hier die Randbedingungen für das Eintreten eines Extremums ab, wenn die zu bestimmende Kurve $y(x)$ in der Ebene auf einer gegebenen Kurve $T(x, y) = 0$ beginnen soll, während der Endpunkt fest ist. Indem wir in dem zum Extremum zu machenden Integrale $J = \int_{x_0}^{x_1} F(x, y, y')\,dx$, wo die untere Grenze x_0 noch frei ist, eine Parameterdarstellung $x = x(t)$, $y = y(t)$ durch den zwischen festen Grenzen $t_0 \leqq t \leqq t_1$ laufenden Parameter t einführen — wodurch die Unbequemlichkeit des veränderlichen Integrationsbereiches beseitigt ist —, erhalten wir $J = \int_{t_0}^{t_1} \mathfrak{F}(x, y, \dot{x}, \dot{y})\,dt$, $\mathfrak{F} = \dot{x}F\left(x, y, \frac{\dot{y}}{\dot{x}}\right)$ mit der Anfangsbedingung $T(x(t_0), y(t_0)) = 0$ und vorgegebenen Werten von $x(t_1)$ und $y(t_1)$. Wir führen zwei für $t = t_1$ verschwindende, sonst willkürliche Funktionen $\xi(t)$, $\eta(t)$ und zwei Parameter ε_1, ε_2 ein, welche der Bedingung

$$\Psi(\varepsilon_1, \varepsilon_2) = T[x(t_0) + \varepsilon_1 \xi(t_0), \quad y(t_0) + \varepsilon_2 \eta(t_0)] = 0$$

genügen, und formulieren die Extremaleigenschaft unserer Kurve dahin, daß die Funktion

$$\Phi(\varepsilon_1, \varepsilon_2) = \int_{t_0}^{t_1} \mathfrak{F}(x + \varepsilon_1 \xi, y + \varepsilon_2 \eta, \dot{x} + \varepsilon_1 \dot{\xi}, \dot{y} + \varepsilon_2 \dot{\eta})\,dt$$

für $\varepsilon_1 = 0$, $\varepsilon_2 = 0$ stationär ist, wenn ε_1, ε_2 der Bedingung $\Psi(\varepsilon_1, \varepsilon_2) = 0$ genügen. Die Theorie der gewöhnlichen Extrema lehrt die Existenz von zwei nicht gleichzeitig verschwindenden Konstanten λ_0, λ derart, daß

$$\frac{\partial}{\partial \varepsilon_1}(\lambda \Psi + \lambda_0 \Phi)\Big|_{\substack{\varepsilon_1 = 0 \\ \varepsilon_2 = 0}} = 0, \qquad \frac{\partial}{\partial \varepsilon_2}(\lambda \Psi + \lambda_0 \Phi)\Big|_{\substack{\varepsilon_1 = 0 \\ \varepsilon_2 = 0}} = 0$$

gilt. Wir dürfen die Konstante λ_0 gleich 1 nehmen, da sonst $\frac{\partial T}{\partial x} = 0$, $\frac{\partial T}{\partial y} = 0$ für $t = t_0$ sein müßte, was wir ausschließen wollen. Da die Funktionen $x(t)$, $y(t)$ der Eulerschen Differentialgleichung genügen müssen, erhalten wir auf Grund unserer Ausdrücke für die erste Variation das Bestehen der Gleichungen

$$\xi(\lambda T_x - \mathfrak{F}_{\dot{x}}) = 0, \qquad \eta(\lambda T_y - \mathfrak{F}_{\dot{y}}) = 0$$

an der Stelle $t = t_0$, woraus durch Elimination von λ die *Transversalitätsbedingung*

(46) $$\mathfrak{F}_{\dot{x}} T_y - \mathfrak{F}_{\dot{y}} T_x = 0$$

folgt. Eine entsprechende Bedingung muß natürlich auch am Endpunkt gelten, wenn auch dieser auf einer Kurve variabel ist.

Die Transversalitätsbedingung ist eine wechselseitige Beziehung zwischen der Richtung der zu bestimmenden Extremalen und der Richtung der Ausgangskurve. Sie ist linear in T_x und T_y, bestimmt also bei vorgegebener Extremalenrichtung die Richtung der Ausgangskurve eindeutig aus der der Extremalen. (Das Umgekehrte braucht aber nicht stattzufinden.) *Zu jeder vorgegebenen Ausgangskurve kann man eine einparametrige Schar von transversalen Extremalen konstruieren, indem man durch jeden Punkt der Kurve eine in transversaler Richtung ausgehende Lösungskurve der Eulerschen Differentialgleichung zieht.*

Indem wir wieder zur unhomogenen Darstellung $y = f(x)$ der Kurve zurückkehren, erhalten wir wegen

$$\mathfrak{F}_{\dot{x}} = F - \frac{\dot{y}}{\dot{x}} F_{y'} = F - y' F_{y'}, \qquad \mathfrak{F}_{\dot{y}} = F_{y'} \tag{47}$$

die Transversalitätsbedingung in der Form

$$(F - y' F_{y'}) T_y - F_{y'} T_x = 0 \tag{48}$$

oder, wenn die Ausgangskurve in der Gestalt $y = g(x)$ gegeben ist,

$$F + (g' - y') F_{y'} = 0 .$$

Dabei muß betont werden, daß die letzte Formulierung versagt, sobald die Ausgangskurve an der betrachteten Stelle eine zur y-Achse parallele Tangente hat; in diesem Falle tritt, wie man aus (48) abliest, die natürliche Randbedingung $F_{y'} = 0$ in Kraft.

Ganz ähnlich liegen die Verhältnisse bei der Bestimmung einer Raumkurve $y = y(x)$, $z = z(x)$, welche auf einer gegebenen Fläche $T(x, y, z) = 0$ anfangen, durch einen gegebenen Endpunkt x_1, y_1, z_1 gehen und ein Integral $J = \int\limits_{x_0}^{x_1} F(x, y, z, y', z')\, dx$ stationär machen soll. Genau wie oben erhalten wir, wenn wir Parameterdarstellung einführen und $F\left(x, y, z, \frac{\dot{y}}{\dot{x}}, \frac{\dot{z}}{\dot{x}}\right) \dot{x} = \mathfrak{F}(x, y, z, \dot{x}, \dot{y}, \dot{z})$ setzen, als Transversalitätsbedingung die beiden Gleichungen

$$T_x : T_y : T_z = \mathfrak{F}_{\dot{x}} : \mathfrak{F}_{\dot{y}} : \mathfrak{F}_{\dot{z}} \tag{49}$$

oder in unhomogener Schreibweise die Bedingungen

$$T_x : T_y : T_z = (F - y' F_{y'} - z' F_{z'}) : F_{y'} : F_{z'} . \tag{50}$$

Auch diese Bedingungen ordnen jedem Punkt der Ausgangsfläche $T = 0$ eine oder mehrere transversale Richtungen zu, der Fläche also eine zweiparametrige Extremalenschar. Dagegen gehört zu jeder Extremalenrichtung genau eine transversale Flächenrichtung.

Selbstverständlich gelten am Endpunkt der Kurve dieselben Transversalitätsbedingungen, wenn auch der Endpunkt auf einer Fläche beweglich ist.

Im Falle der geodätischen Linien auf einer Fläche oder der kürzesten Linien im Raume decken sich die Begriffe transversal und orthogonal. Für $F = \sqrt{1 + y'^2 + z'^2}$ z. B. lautet die Transversalitätsbedingung $T_x : T_y : T_z = 1 : y' : z'$. Für $F = \sqrt{e + 2fy' + gy'^2}$ erhalten wir

$$T_x : T_y = (e + fy') : (f + gy');$$

dies ist aber die Bedingung für senkrechtes Schneiden.

Ziehen wir also auf einer Fläche von einem Punkte P aus das Büschel der geodätischen Linien, so wird dieses Büschel von den orthogonalen Trajektorien transversal geschnitten. Die Länge der geodätischen Linie vom Punkte P bis zum Schnittpunkte Q mit einer solchen Trajektorie ist in jeder Lage als Funktion des Punktes Q stationär. Daraus folgt, daß diese Länge konstant ist und daß die Trajektorien, die sogenannten geodätischen Kreise, geschlossene Linien sind.

Der Zusammenhang zwischen Extremalen und Transversalen wird uns später im zweiten Bande noch näher beschäftigen. Hier sei vorläufig darauf hingewiesen, daß im Falle der Lichtausbreitung die *Transversalen* nichts anderes sind als die *Wellenfronten der in den Strahlen* (Extremalen) *sich ausbreitenden Lichtwelle.* Dabei verstehen wir unter einer Transversalen immer eine zu einer Extremalenschar überall transversale Kurve bzw. Fläche. *Wenn Transversalität und Orthogonalität Verschiedenes bedeuten, so heißt dies, daß Wellennormale und Strahlenrichtung nicht zusammenfallen.*

§ 6. Die zweite Variation und die Legendresche Bedingung.

Wir haben in der Eulerschen Differentialgleichung lediglich ein notwendiges Kriterium für das Bestehen eines Extremums erkannt. Es zeigt sich in der Tat, daß die betreffende den Randbedingungen genügende Extremale nur dann ein wirkliches Extremum liefern kann, wenn sie noch gewisse andere notwendige Bedingungen in Gestalt von Ungleichungen befriedigt, und die Aufstellung dieser Ungleichungen sowie ihre Verschärfung zu hinreichenden Bedingungen bildet ein wichtiges Kapitel der klassischen Variationsrechnung. Wir verschieben diese Betrachtungen auf den zweiten Band, wollen jedoch schon hier einen ersten Schritt tun, nämlich für das einfachste Problem das folgende Kriterium von LEGENDRE herleiten:

Wenn die Extremale $\varphi = u(x)$ das Integral $J[\varphi] = \int_{x_0}^{x_1} F(x, \varphi, \varphi')\,dx$ zum Minimum macht gegenüber stetigen mit stückweise stetiger erster Ableitung versehenen Vergleichsfunktionen $\varphi(x)$, dann muß längs der Extremalen notwendig die Bedingung

$$F_{\varphi'\varphi'}(x, u, u') \geqq 0$$

bestehen.

Zum Beweise entwickeln wir den Ausdruck

$$J[\varphi] = \int_{x_0}^{x_1} F(x, \varphi, \varphi')\, dx$$

nach dem Taylorschen Lehrsatz:

$$J[\varphi + \varepsilon\eta] = J[\varphi] + \varepsilon J_1[\varphi, \eta] + \frac{\varepsilon^2}{2} J_2[\overline{\varphi}, \eta].$$

Dabei ist

$$J_1[\varphi, \eta] = \int_{x_0}^{x_1} (F_\varphi \eta + F_{\varphi'}\eta')\, dx,$$

$$J_2[\overline{\varphi}, \eta] = \int_{x_0}^{x_1} \left(\overline{F}_{\varphi\varphi}\eta^2 + 2\overline{F}_{\varphi\varphi'}\eta\eta' + \overline{F}_{\varphi'\varphi'}\eta'^2\right) dx,$$

wo der Strich über den Ausdrücken $F_{\varphi\varphi}$, $F_{\varphi\varphi'}$, $F_{\varphi'\varphi'}$ bedeutet, daß darin für die Argumente statt φ und φ' die Ausdrücke $\overline{\varphi} = \varphi + \varrho\eta$, $\overline{\varphi}' = \varphi' + \varrho\eta'$ zu setzen sind; ϱ ist dabei ein Zwischenwert zwischen 0 und ε. Da J für die Stelle $\varphi = u$ stationär ist, verschwindet $J_1[u, \eta]$, und notwendige Bedingung für ein Minimum ist offenbar $J_2[\overline{\varphi}, \eta] \geqq 0$ für beliebige Wahl von η.

Lassen wir in $J_2[\overline{\varphi}, \eta]$ den Parameter ε gegen Null streben, dann geht J_2 in das Integral

$$J_2[\varphi, \eta] = \int_{x_0}^{x_1} (F_{\varphi\varphi}\eta^2 + 2F_{\varphi\varphi'}\eta\eta' + F_{\varphi'\varphi'}\eta'^2)\, dx$$

über, und es folgt als notwendige Bedingung für die Extremale u

$$J_2[u, \eta] \geqq 0$$

oder, wenn wir

$$\delta^2 J = \frac{\varepsilon^2}{2} J_2[u, \eta],$$

die „*zweite Variation*" von J, einführen,

$$\delta^2 J \geqq 0.$$

Aus dieser Integralbedingung gewinnen wir durch Ausnutzung der Willkür von η die oben genannte für jede Stelle x des Intervalles für ein Minimum geltende notwendige Differentialbedingung von LEGENDRE. Um das einzusehen, wählen wir für η eine spezielle stückweise lineare Funktion, die nur in der Umgebung einer Stelle $x = \alpha$ von Null verschieden ist, nämlich

$$\eta = \sqrt{\sigma}\left(1 + \frac{x - \alpha}{\sigma}\right) \quad \text{für} \quad \alpha - \sigma \leqq x \leqq \alpha,$$

$$\eta = \sqrt{\sigma}\left(1 - \frac{x - \alpha}{\sigma}\right) \quad \text{für} \quad \alpha \leqq x \leqq \alpha + \sigma,$$

$$\eta = 0 \qquad \text{für alle übrigen } x.$$

Das Integral $J_2[u, \eta]$ reduziert sich dann auf das Intervall $\alpha - \sigma \leqq x \leqq \alpha + \sigma$, und es ist dort $\eta'^2 = 1/\sigma$. Lassen wir σ gegen Null streben, so streben die beiden ersten Bestandteile des Integrals gegen Null, während der Grenzwert des letzten Bestandteiles $2F_{\varphi'\varphi'}$ an der Stelle $x = \alpha$ ist. Somit ergibt sich durch diesen Grenzübergang unsere obige Behauptung.

Im Falle mehrerer gesuchter Funktionen $\varphi, \psi, \ldots$ besteht die entsprechende Legendresche Bedingung in der Forderung, daß die quadratische Form mit der Koeffizientenmatrix

$$\begin{pmatrix} F_{\varphi'\varphi'} & F_{\varphi'\psi'} & \ldots \\ F_{\psi'\varphi'} & F_{\psi'\psi'} & \ldots \\ \cdot & \cdot \; \cdot \; \cdot & \cdot \; \cdot \end{pmatrix}$$

negativer Werte nicht fähig ist.

Statt unserer Legendreschen Bedingung, in welcher das Zeichen $\geqq$ steht, wird häufig die schärfere Legendresche Bedingung

$$F_{\varphi'\varphi'} > 0$$

eine Rolle spielen. Ist diese Bedingung nicht nur erfüllt, wenn wir für φ die Extremale u einsetzen, sondern gilt diese Ungleichung für beliebige Werte von x und u aus einem gegebenen Bereich und völlig beliebige Werte von u', so sprechen wir von der *starken Legendreschen Bedingung.*

Ist außer ihr die noch stärker einschränkende Voraussetzung

$$F_{\varphi'\varphi'} F_{\varphi\varphi} - F^2_{\varphi\varphi'} \geqq 0$$

für alle u und x eines vorgegebenen Bereiches und beliebige u' erfüllt, dann ist die quadratische Form unter dem Integranden in J_2 positiv-definit, und somit liefert eine in dem betreffenden Gebiet verlaufende Extremale sicherlich ein Minimum. Dieses einfachste, aber sehr rohe *hinreichende Kriterium* werden wir im zweiten Band durch feinere ersetzen.

§ 7. Variationsprobleme mit Nebenbedingungen.

Während bei den bisher behandelten Problemen die Argumentfunktionen, abgesehen von etwa gestellten Randbedingungen, frei wählbar waren und sodann die Lösung des Variationsproblems durch die Eulerschen Differentialgleichungen mit den gegebenen oder den natürlichen Randbedingungen festzulegen war, werden in den nunmehr zu betrachtenden Aufgaben die Argumentfunktionen außer den Randbedingungen noch Nebenbedingungen anderer Art unterworfen sein, die sich auf den gesamten Verlauf der Argumentfunktion beziehen und durch welche die Eulersche Differentialgleichung selbst eine wesentliche Modifikation erleidet.

1. Isoperimetrische Probleme. Der einfachste Typus solcher Aufgaben wird durch das allgemeine isoperimetrische Problem dargestellt, welches wir, wie in § 1, 3 d, allgemein so formulieren: Es soll das Integral $J = \int_{x_0}^{x_1} F(x, y, y')\,dx$ stationär gemacht werden, während die Funktion y außer den Randbedingungen noch einer Nebenbedingung

$$K = \int_{x_0}^{x_1} G(x, y, y')\,dx = c \tag{51}$$

mit konstantem c unterworfen ist.

Zur Lösung dieses Problems schlagen wir folgenden Weg ein: Wir nehmen etwa an, die Randwerte $y(x_0) = y_0$, $y(x_1) = y_1$ seien gegeben und $y = y(x)$ sei die gesuchte Extremale. Wir betrachten die folgende Schar von Nachbarkurven: $y + \delta y = y(x) + \varepsilon_1 \eta(x) + \varepsilon_2 \zeta(x)$, wobei ε_1 und ε_2 Parameter sind und $\eta(x)$ und $\zeta(x)$ den Bedingungen $\eta(x_0) = \eta(x_1) = \zeta(x_0) = \zeta(x_1) = 0$ genügende, sonst aber willkürliche Funktionen bedeuten. Nunmehr folgt, daß die Funktion

$$\Phi(\varepsilon_1, \varepsilon_2) = \int_{x_0}^{x_1} F(x, y + \varepsilon_1\eta + \varepsilon_2\zeta, y' + \varepsilon_1\eta' + \varepsilon_2\zeta')\,dx$$

stationär sein muß für $\varepsilon_1 = \varepsilon_2 = 0$ im Vergleich mit allen, absolut genommen, hinreichend kleinen Werten ε_1 und ε_2, für welche

$$\int_{x_0}^{x_1} G(x, y + \varepsilon_1\eta + \varepsilon_2\zeta, y' + \varepsilon_1\eta' + \varepsilon_2\zeta')\,dx = c$$

wird. Nach den in § 1 zitierten Sätzen über gewöhnliche Maxima und Minima muß es also zwei nicht zugleich verschwindende Konstante λ_0 und λ geben, derart, daß

$$\frac{\partial}{\partial \varepsilon_1}\Big[\lambda_0 \int_{x_0}^{x_1} F(x, y + \varepsilon_1\eta + \varepsilon_2\zeta, y' + \varepsilon_1\eta' + \varepsilon_2\zeta')\,dx$$
$$+ \lambda \int_{x_0}^{x_1} G(x, y + \varepsilon_1\eta + \varepsilon_2\zeta, y' + \varepsilon_1\eta' + \varepsilon_2\zeta')\,dx\Big]\Bigg|_{\substack{\varepsilon_1 = 0\\ \varepsilon_2 = 0}} = 0,$$

$$\frac{\partial}{\partial \varepsilon_2}\Big[\lambda_0 \int_{x_0}^{x_1} F(x, y + \varepsilon_1\eta + \varepsilon_2\zeta, y' + \varepsilon_1\eta' + \varepsilon_2\zeta')\,dx$$
$$+ \lambda \int_{x_0}^{x_1} G(x, y + \varepsilon_1\eta + \varepsilon_2\zeta, y' + \varepsilon_1\eta' + \varepsilon_2\zeta')\,dx\Big]\Bigg|_{\substack{\varepsilon_1 = 0\\ \varepsilon_2 = 0}} = 0$$

wird.

Es ist also
$$\int_{x_0}^{x_1} \{\lambda_0 [F]_y + \lambda [G]_y\} \eta \, dx = 0,$$
$$\int_{x_0}^{x_1} \{\lambda_0 [F]_y + \lambda [G]_y\} \zeta \, dx = 0.$$

Aus der ersten Gleichung kann man schließen, daß das Verhältnis der Konstanten λ_0 und λ nicht von ζ abhängt. Dann folgt aus der zweiten wegen der Willkür von ζ die Gleichung $\lambda_0[F]_y + \lambda[G]_y = 0$. Wenn nicht $\lambda_0 = 0$ ist, d. h. wenn nicht

$$(G_{y'})' - G_y = 0 \, * \tag{52}$$

ist, dann darf $\lambda_0 = 1$ gesetzt werden, und es gilt

$$\frac{d}{dx} \frac{\partial (F + \lambda G)}{\partial y'} - \frac{\partial (F + \lambda G)}{\partial y} = 0. \tag{53}$$

Wir haben also das Resultat: Abgesehen von dem Ausnahmefall, daß Gleichung (52) *besteht, erhalten wir die Eulersche Gleichung unseres Variationsproblems, indem wir mit einem geeigneten Parameter λ den Integranden $F^* = F + \lambda G$ bilden und die Variation dieses Integranden ohne Berücksichtigung der Nebenbedingung gleich Null setzen.*

Im allgemeinen Integral der Differentialgleichung (53) tritt außer den beiden Integrationskonstanten der Parameter λ auf. Diese drei Parameter sind aus den Randbedingungen und der Gleichung $K = c$ zu bestimmen.

Das einfachste Beispiel bietet das gewöhnliche isoperimetrische Problem, wobei $F = \sqrt{1 + y'^2}$ und $G = y$ ist. Man findet sofort

$$\frac{d}{dx} \frac{\partial}{\partial y'} \left(\sqrt{1 + y'^2} + \lambda y\right) - \frac{\partial}{\partial y} \left(\sqrt{1 + y'^2} + \lambda y\right) = 0$$

oder

$$\frac{d}{dx} \frac{y'}{\sqrt{1 + y'^2}} = \lambda,$$

woraus sich als Extremalen Kreise ergeben.

Ein weiteres Beispiel ist die Bestimmung der *Gleichgewichtslage* eines schweren, homogenen, in seinen Endpunkten aufgehängten *Fadens*. Hier wird $F = y\sqrt{1 + y'^2}$ und $G = \sqrt{1 + y'^2}$; wir erhalten, indem wir uns an die Integration der Eulerschen Differentialgleichung im Falle $F_x = 0$ erinnern (vgl. S. 178),

$$F^* - y' F^*_{y'} = (y + \lambda) \left(\sqrt{1 + y'^2} - \frac{y'^2}{\sqrt{1 + y'^2}}\right) = \frac{y + \lambda}{\sqrt{1 + y'^2}} = c,$$

$$y + \lambda = c \operatorname{Cof}\left(\frac{x}{c} + c_1\right);$$

die gesuchte Kurve ist also eine *Kettenlinie*.

---

* Wie man leicht sieht, ist diese Gleichung immer dann erfüllt, wenn es nur eine einzige Funktion gibt, die der gestellten Nebenbedingung genügt.

Zur Erläuterung des Ausnahmefalles betrachten wir etwa die Nebenbedingung $\int\limits_0^1 \sqrt{1+y'^2}\,dx = 1$, während $y(0) = 0$, $y(1) = 0$ ist. Hier gibt es offenbar nur die einzige vergleichsfähige Kurve $y = 0$, welche auch wirklich der Differentialgleichung (52) genügt. Was auch immer F sei, die Lösung kann keine andere als $y = 0$ sein[1].

2. Endliche Bedingungsgleichungen. Der nächst einfache Typus von Variationsproblemen mit Nebenbedingungen ist: Ein Integral $J = \int\limits_{x_0}^{x_1} F(x, y, z, y', z')\,dx$ stationär zu machen, während die zu bestimmenden Funktionen $y(x)$, $z(x)$ außer an die Randbedingungen $y(x_0) = y_0$, $y(x_1) = y_1$, $z(x_0) = z_0$, $z(x_1) = z_1$ noch an eine Nebenbedingung der Form

$$G(x, y, z) = 0 \tag{54}$$

geknüpft sind. Geometrisch gesprochen soll eine auf einer gegebenen Fläche gelegene Raumkurve $y(x)$, $z(x)$ durch die Extremumforderung festgelegt werden[2].

Zur Aufstellung der notwendigen Bedingungen für die Funktionen $y(x)$, $z(x)$ ist der naturgemäße Weg, die Gleichung $G = 0$ nach einer der Funktionen, etwa $z(x)$, aufzulösen und so das Problem auf das der Bestimmung einer unabhängigen Funktion $y(x)$ zurückzuführen. Diese Auflösung $z = g(x, y)$ ist nach elementaren Sätzen der Analysis sicher möglich, wenn für die betreffende Extremale $\frac{\partial G}{\partial z} \neq 0$ gilt. Wir können z' als Funktion von x, y und y' ansehen und also aus $F(x, y, z, y', z')$ eliminieren, indem wir die Relation $G_x + y' G_y + z' G_z = 0$ oder $z' = \frac{\partial g}{\partial y} y' + \frac{\partial g}{\partial x}$ beachten. Dann wird

$$F(x, y, z, y', z') = F\left(x, y, g(x, y), y', \frac{\partial g}{\partial x} + y' \frac{\partial g}{\partial y}\right),$$

und y muß der Eulerschen Differentialgleichung

$$\frac{d}{dx}\left(F_{y'} + F_{z'} \frac{\partial g}{\partial y}\right) - \left[F_y + F_z \frac{\partial g}{\partial y} + F_{z'}\left(\frac{\partial^2 g}{\partial x\,\partial y} + y' \frac{\partial^2 g}{\partial y^2}\right)\right] = 0$$

genügen, welche nach einfacher Umformung die Gestalt

$$(F'_{y'} - F_y) + (F'_{z'} - F_z) \frac{\partial g}{\partial y} = 0$$

annimmt. Da andererseits auch

$$G_y + G_z \frac{\partial g}{\partial y} = 0$$

---

[1] Über den Ausnahmefall vgl. Carathéodory, C.: Über die diskontinuierlichen Lösungen in der Variationsrechnung. Dissertation Göttingen 1904, S. 45ff.

[2] Man beachte, daß in der geometrischen Darstellung die Koordinate x bevorzugt ist, so daß nicht alle auf der Fläche $G = 0$ liegenden Kurven gleichberechtigt erscheinen.

ist, so muß die Proportion

$$(F'_{y'} - F_y) : (F'_{z'} - F_z) = G_y : G_z$$

bestehen. Also ist entweder längs der Extremalen identisch $G_y = G_z = 0$ (was der oben gemachten Voraussetzung widerspricht), oder es gibt einen Proportionalitätsfaktor $\lambda = \lambda(x)$, für den

$$(55) \qquad F'_{y'} - F_y + \lambda G_y = 0, \quad F'_{z'} - F_z + \lambda G_z = 0$$

wird. Setzen wir $F^* = F + \lambda G$, so kann man das Resultat in der Form der auf F^* bezüglichen Eulerschen Gleichungen schreiben

$$-[F^*]_y = F^{*\prime}_{y'} - F^*_y = 0, \qquad -[F^*]_z = F^{*\prime}_{z'} - F^*_z = 0.$$

Notwendige Bedingungen für das Extremum sind also diese Gleichungen, es sei denn, daß für die Extremale gleichzeitig die beiden Gleichungen

$$G_y = 0, \qquad G_z = 0$$

bestehen, aus denen wegen der Relation $G_x + y'G_y + z'G_z = 0$ die dritte $G_x = 0$ folgt.

Die Faktoren λ, die wir hier und im vorigen Beispiel eingeführt haben, nennt man auch hier wie bei den analogen Überlegungen der Differentialrechnung *Eulersche oder Lagrangesche Multiplikatoren. Bei beiden Aufgabentypen liegt formal die Sachlage gleichartig, indem nämlich mit dem Multiplikator λ der Ausdruck $F + \lambda G = F^*$ gebildet und die Eulerschen Gleichungen für diesen Ausdruck aufgestellt werden. Der Unterschied ist nur der, daß im ersten Falle λ eine Konstante, im zweiten Falle λ eine Funktion $\lambda(x)$ von x ist. Die Eulerschen Gleichungen zusammen mit der Nebenbedingung und den Randbedingungen ergeben gerade die richtige Anzahl der Bedingungen zur Festlegung der Extremalen.*

Das einfachste Beispiel für den zuletzt behandelten Fall von Nebenbedingungen liefert die Bestimmung der *geodätischen Linien auf einer gegebenen Fläche $G(x, y, z) = 0$.* Hier ist $F = \sqrt{1 + y'^2 + z'^2}$, und wir erhalten zur Bestimmung der geodätischen Linien, wenn wir diese in Parameterdarstellung $x = x(t)$, $y = y(t)$, $z = z(t)$ gegeben denken,

$$\frac{d}{dt}\frac{\dot x}{\sqrt{\dot x^2 + \dot y^2 + \dot z^2}} : \frac{d}{dt}\frac{\dot y}{\sqrt{\dot x^2 + \dot y^2 + \dot z^2}} : \frac{d}{dt}\frac{\dot z}{\sqrt{\dot x^2 + \dot y^2 + \dot z^2}} = G_x : G_y : G_z$$

oder

$$\frac{d}{dt}\frac{\dot x}{\sqrt{\dot x^2 + \dot y^2 + \dot z^2}} - \lambda G_x = 0,$$

$$\frac{d}{dt}\frac{\dot y}{\sqrt{\dot x^2 + \dot y^2 + \dot z^2}} - \lambda G_y = 0,$$

$$\frac{d}{dt}\frac{\dot z}{\sqrt{\dot x^2 + \dot y^2 + \dot z^2}} - \lambda G_z = 0,$$

drei Gleichungen, die zusammen mit der vierten $G = 0$ die geodätischen Linien und den Multiplikator $\lambda(x)$ bestimmen. Diese Darstellung der geodätischen Linien hat vor der früheren den Vorzug, die geometrischen

Haupteigenschaften der Linien unmittelbarer hervortreten zu lassen, nämlich z. B. die Tatsache, daß die Schmiegungsebene der geodätischen Linie durch die Flächennormale geht. Der Beweis kann dem Leser überlassen bleiben.

3. Differentialgleichungen als Nebenbedingungen. Während bei dem eben behandelten Problemtypus der Multiplikator λ eigentlich nur einen formal eleganten Kunstgriff bedeutete, wird er auch für das Wesen der Sache unentbehrlich, wenn man allgemeinere Nebenbedingungen der Form

$$G(x, y, z, y', z') = 0 \tag{56}$$

heranzieht, wobei der Ausdruck $G(x, y, z, y', z')$ nicht durch Differentiation eines Ausdrucks $H(x, y, z)$ nach x entsteht, d. h. *ein nicht integrabler Differentialausdruck ist.* Man nennt solche Nebenbedingungen auch *„nichtholonome" Bedingungen.* Ein einfaches Beispiel einer solchen Bedingung ist $y' - z = 0$. Wäre diese Bedingung holonom, d. h. äquivalent mit einer endlichen Bedingung $H(x, y, z) = \text{konst.}$, so könnten die Werte von x, y und z nicht überall unabhängig voneinander gewählt werden, während man doch aber offensichtlich zu jedem vorgegebenen Wertsystem x, y, z noch das y' gemäß der Bedingung $y' - z = 0$ wählen kann. Nichtholonome Bedingungen treten in der Mechanik dann auf, wenn in die Bedingungsgleichungen außer den Ortskoordinaten noch die Richtungen der Bewegung eingehen, z. B. bei der Bewegung eines Schiffes, eines Schlittschuhes oder beim Rollen einer Kugel.

Die früher behandelten Probleme mit Nebenbedingungen lassen sich als Spezialfälle unseres jetzigen allgemeinen Problems auffassen. Für das Problem unter 2. ist dies selbstverständlich. Aber auch das eigentliche isoperimetrische Problem können wir einordnen. Die Spezialisierung besteht hier darin, daß in F die Größen z, z' gar nicht auftreten, während die Nebenbedingung die Form $z' - G(x, y, y') = 0$ hat. Randbedingungen sind

$$y(x_0) = y_0, \quad y(x_1) = y_1, \quad z(x_0) = 0, \quad z(x_1) = c.$$

Auch der Fall des gewöhnlichen Minimumproblems mit höheren Ableitungen unter dem Integralzeichen ist ein Spezialfall des hier betrachteten Problems. Z. B. ist das Problem des Extremums von $\int_{x_0}^{x_1} F(x, y, y', y'')\,dx$ äquivalent mit dem des Extremums von $\int_{x_0}^{x_1} F(x, y, y', z')\,dx$ unter der Nebenbedingung $z - y' = 0$.

In allen diesen Fällen erhalten wir, wie man leicht sieht, die notwendigen Bedingungen einheitlich durch die folgende Regel: *Wenn nicht durch die Lösung die zum Ausdruck G gehörigen Eulerschen Gleichungen erfüllt sind, muß es einen Multiplikator $\lambda(x)$ geben, so daß die zum Ausdruck $F^* = F + \lambda G$ gehörigen Eulerschen Gleichungen erfüllt sind.*

Diese Multiplikatorregel gilt auch für das allgemeine oben formulierte Problem. Wir wollen aber hier auf die Durchführung des Beweises verzichten, indem wir den Leser auf die Literatur verweisen[1].

Endlich sei betont, daß alle unsere Überlegungen und Resultate auch dann gültig bleiben, wenn die Anzahl der unbekannten Funktionen und die Anzahl der Nebenbedingungen größer ist. Wenn es sich um die Bestimmung von Funktionen mehrerer unabhängiger Variabler handelt, bleiben die Resultate zweifellos ebenfalls bestehen, doch ist der Beweis im Falle von Differentialgleichungen als Nebenbedingungen noch nicht allgemein gelungen.

§ 8. Der invariante Charakter der Eulerschen Differentialgleichungen.

1. Der Eulersche Ausdruck als Gradient im Funktionenraume. — Invarianz des Eulerschen Ausdruckes. Der stationäre Charakter einer Funktion $f(x_1, \ldots, x_n)$ an einer bestimmten Stelle ist gleichbedeutend mit dem Bestehen der Gleichung

$$\operatorname{grad} f = 0,$$

wobei $\operatorname{grad} f$ den Gradienten der Funktion f, d. h. den Vektor mit den Komponenten $f_{x_1}, \ldots, f_{x_n}$ im n-dimensionalen Raume bezeichnet. Dieser Gradientenvektor hat folgende charakteristische Eigenschaft: Sind die n Variablen $x_1, \ldots, x_n$ sämtlich irgendwie differenzierbar von einem Parameter t abhängig, so geht $f(x_1, \ldots, x_n)$ in eine Funktion von t über, und es wird

$$\dot{f}(t) = \sum_{i=1}^{n} \dot{x}_i f_{x_i} = \dot{\mathfrak{v}} \operatorname{grad} f, \tag{57}$$

wobei der Punkt die Differentiation nach t und $\mathfrak{v}$ den „*Verschiebungsvektor*" mit den Komponenten $\dot{x}_i$ bezeichnet; die Änderung der Funktion ist also das innere Produkt von Verschiebungsvektor des Argumentpunktes und Gradientenvektor.

Man kann nun den Eulerschen Differentialausdruck, dessen Verschwinden den stationären Charakter einer Funktionenfunktion kennzeichnet, ganz analog als *Gradienten im Funktionenraum* auffassen.

Im Falle eines Integrales

$$J[u] = \int_{x_0}^{x_1} F(x, \varphi, \varphi')\, dx$$

z. B. denken wir uns die Argumentfunktion u außer von der unabhängigen Veränderlichen x noch von einem Parameter t abhängig. Es wird dann $J[\varphi] = J(t)$ eine Funktion von t, und nach den Regeln für

[1] Vgl. HILBERT, D.: Zur Variationsrechnung, Math. Ann. Bd. 62, S. 351—370. 1906. — In den auf S. 233 genannten Lehrbüchern von BOLZA und HADAMARD findet man gleichfalls eine ausführliche Darstellung.

die erste Variation ergibt sich, wenn wir am Rande des Intervalles die Werte von u unabhängig von dem Werte des Parameters t festhalten,

$$\dot{J}(t) = \int_{x_0}^{x_1} \dot{\varphi}(x)\,[F]_\varphi\, dx\,,$$

wobei der Punkt wieder Differentiation nach t bedeutet. Diese Formel steht in völliger Analogie zu der obigen Formel (57) für die Funktion $f(x_1, \ldots, x_n)$. Wir drücken diese Analogie dadurch aus, daß wir den Ausdruck $[F]_\varphi$ als Gradienten von $J[\varphi]$ im Funktionenraume bezeichnen.

Ganz allgemein wird man als *Gradienten einer Funktionenfunktion* $J[\varphi]$ *stets einen Ausdruck* $G[\varphi]$ *in* φ *bezeichnen, wenn bei Ersetzung von* u *durch eine noch von einem weiteren Parameter* t *abhängige Funktionenschar eine Darstellung der Form*

$$\frac{d}{dt} J[\varphi] = \int_{x_0}^{x_1} \dot{\varphi}\, G[\varphi]\, dx$$

besteht.

So ist z. B. unter der Voraussetzung $K(x, y) = K(y, x)$ der Ausdruck $2\int_0^1 K(x, y)\,\varphi(y)\, dy$ der Gradient der Funktionenfunktion $\int_0^1\int_0^1 K(x, y)\,\varphi(x)\,\varphi(y)\, dx\, dy$.

Der bekannten Invarianteneigenschaft eines Funktionsgradienten bei Transformation der unabhängigen Veränderlichen entspricht ein analoges invariantes oder besser kovariantes Verhalten der Eulerschen Differentialausdrücke, wenn die im Integral vorkommenden Funktionen auf neue unabhängige Veränderliche transformiert werden. Diese Invarianteneigenschaften wollen wir durch einfache Transformationsgleichungen formulieren.

Führen wir dazu im einfachsten Falle statt x die Veränderliche ξ ein und setzen wir

$$F(x, y, y') = F\left(x(\xi), y, \frac{\frac{dy}{d\xi}}{\frac{dx}{d\xi}}\right) = \Phi\left(\xi, y, \frac{dy}{d\xi}\right),$$

so daß $\int_{x_0}^{x_1} F\, dx = \int_{\xi_0}^{\xi_1} \Phi \frac{dx}{d\xi}\, d\xi$ wird, so ist

$$(58)\quad \begin{cases} \displaystyle\int_{x_0}^{x_1} [F]_y\, \eta\, dx = \frac{\partial}{\partial\varepsilon}\int_{x_0}^{x_1} F(x, y + \varepsilon\eta, y' + \varepsilon\eta')\, dx \Bigg|_{\varepsilon=0} \\ \displaystyle\qquad = \frac{\partial}{\partial\varepsilon}\int_{\xi_0}^{\xi_1} \Phi\left(\xi, y + \varepsilon\eta, \frac{dy}{d\xi} + \varepsilon\frac{d\eta}{d\xi}\right)\frac{dx}{d\xi}\, d\xi \Bigg|_{\varepsilon=0} \\ \displaystyle\qquad = \int_{\xi_0}^{\xi_1} \left[\Phi\frac{dx}{d\xi}\right]_y \eta\, d\xi\,, \end{cases}$$

also wegen der Willkür bei der Wahl von η (Willkür bis auf das Verschwinden an den Enden)

$$[F]_y = \frac{d\xi}{dx}\left[\Phi \frac{dx}{d\xi}\right]_y. \tag{59}$$

Im Falle zweier unabhängiger Veränderlichen wird ebenso:

$$F(x, y, u, u_x, u_y) = F(x(\xi,\eta), y(\xi,\eta), u, u_\xi \xi_x + u_\eta \eta_x, u_\xi \xi_y + u_\eta \eta_y)$$
$$= \Phi(\xi, \eta, u, u_\xi, u_\eta);$$
$$\iint\limits_G F\,dx\,dy = \iint\limits_G \Phi \frac{\partial(x,y)}{\partial(\xi,\eta)}\,d\xi\,d\eta,$$
$$\iint\limits_G [F]_u \zeta\,dx\,dy = \iint\limits_G \left[\Phi \frac{\partial(x,y)}{\partial(\xi,\eta)}\right]_u \zeta\,d\xi\,d\eta,$$

$$[F]_u = \frac{\partial(\xi,\eta)}{\partial(x,y)}\left[\Phi \frac{\partial(x,y)}{\partial(\xi,\eta)}\right]_u. \tag{60}$$

Ganz analog transformiert sich der Eulersche Ausdruck für mehr als zwei unabhängige Veränderliche.

Die in unseren Formeln ausgedrückte Invarianzeigenschaft erlaubt uns bei der Transformation unserer Differentialausdrücke auf neue unabhängige Veränderliche — abgesehen von formaler Übersichtlichkeit — eine erhebliche Ersparnis an Rechenarbeit, da wir auf die Durchführung der Transformation der zweiten Ableitungen verzichten dürfen.

2. Transformation von Δu. Polarkoordinaten. Wir betrachten als wichtigstes Beispiel den Integranden $u_x^2 + u_y^2 + u_z^2$. Durch die Transformation $x = x(\xi_1, \xi_2, \xi_3)$, $y = y(\xi_1, \xi_2, \xi_3)$, $z = z(\xi_1, \xi_2, \xi_3)$ möge das Quadrat des Linienelementes $dx^2 + dy^2 + dz^2$ in den Ausdruck $\sum_{i,k} g_{ik}\,d\xi_i\,d\xi_k$ übergehen; dabei ist $g_{ik} = \frac{\partial x}{\partial \xi_i}\frac{\partial x}{\partial \xi_k} + \frac{\partial y}{\partial \xi_i}\frac{\partial y}{\partial \xi_k} + \frac{\partial z}{\partial \xi_i}\frac{\partial z}{\partial \xi_k}$, und die Determinante a dieser Größen ist das Quadrat der Funktionaldeterminante von x, y, z nach ξ_1, ξ_2, ξ_3. Man errechnet leicht

$$u_x^2 + u_y^2 + u_z^2 = \sum_{i,k} g^{ik} u_i u_k \qquad \left(u_i = \frac{\partial u}{\partial \xi_i}\right),$$

worin die Größen g^{ik} definiert sind durch

$$g^{ik} = \frac{\partial \xi_i}{\partial x}\frac{\partial \xi_k}{\partial x} + \frac{\partial \xi_i}{\partial y}\frac{\partial \xi_k}{\partial y} + \frac{\partial \xi_i}{\partial z}\frac{\partial \xi_k}{\partial z}$$

und den Gleichungen genügen

$$\sum_i g_{ik} g^{il} = \begin{cases} 0 & \text{für } k \neq l, \\ 1 & \text{für } k = l. \end{cases}$$

Daher erhalten wir

$$\Delta u = \frac{1}{\sqrt{a}} \sum_i \frac{\partial}{\partial \xi_i}\left(\sqrt{a} \sum_k g^{ik} u_k\right) \tag{61}$$

als allgemeine Formel für die Transformation von Δu auf krummlinige Koordinaten ξ_1, ξ_2, ξ_3. Ist speziell $g_{12} = g_{13} = g_{23} = 0$, d. h.

ist das neue Koordinatensystem auch rechtwinklig, indem sich die Koordinatenflächen $\xi_1 =$ konst., $\xi_2 =$ konst., $\xi_3 =$ konst. senkrecht schneiden, so wird einfach

$$(62)\quad \Delta u = \frac{1}{\sqrt{g_{11} g_{22} g_{33}}} \left\{ \frac{\partial}{\partial \xi_1}\left(u_1 \sqrt{\frac{g_{22} g_{33}}{g_{11}}}\right) + \frac{\partial}{\partial \xi_2}\left(u_2 \sqrt{\frac{g_{11} g_{33}}{g_{22}}}\right) + \frac{\partial}{\partial \xi_3}\left(u_3 \sqrt{\frac{g_{11} g_{22}}{g_{33}}}\right) \right\}.$$

Nehmen wir beispielsweise *Polarkoordinaten* r, φ, ϑ:

$$x = r \cos\varphi \sin\vartheta, \qquad y = r \sin\varphi \sin\vartheta, \qquad z = r \cos\vartheta,$$

$$ds^2 = dr^2 + r^2 \sin^2\vartheta \, d\varphi^2 + r^2 d\vartheta^2,$$

so ergibt sich nach kurzer Rechnung

$$(63)\qquad \Delta u = \frac{1}{r^2 \sin\vartheta} \left\{ \frac{\partial}{\partial r}(r^2 u_r \sin\vartheta) + \frac{\partial}{\partial \varphi}\left(\frac{u_\varphi}{\sin\vartheta}\right) + \frac{\partial}{\partial \vartheta}(u_\vartheta \sin\vartheta) \right\}.$$

Bei nur zwei unabhängigen Veränderlichen ξ, η gelten selbstverständlich die entsprechenden Formeln. Nämlich, wenn

$$ds^2 = e\, d\xi^2 + 2f\, d\xi\, d\eta + g\, d\eta^2$$

ist, so erhalten wir die invariante Gestalt des Differentialausdruckes

$$(64)\qquad \Delta u = \frac{1}{\sqrt{eg - f^2}} \left\{ \frac{\partial}{\partial \xi}\left(\frac{g u_\xi - f u_\eta}{\sqrt{eg - f^2}}\right) + \frac{\partial}{\partial \eta}\left(\frac{e u_\eta - f u_\xi}{\sqrt{eg - f^2}}\right) \right\}.$$

Speziell in Polarkoordinaten wird

$$(65)\qquad ds^2 = dr^2 + r^2 d\varphi^2, \qquad \Delta u = \frac{1}{r}\left\{ \frac{\partial}{\partial r}(r u_r) + \frac{\partial}{\partial \varphi}\left(\frac{u_\varphi}{r}\right) \right\}.$$

3. Elliptische Koordinaten[1]. Ein weiteres sehr wichtiges Beispiel bieten die elliptischen Koordinaten. Sie werden definiert als die drei Wurzeln ϱ, σ, τ der Gleichung dritten Grades in s

$$(66)\qquad \frac{x^2}{s - e_1} + \frac{y^2}{s - e_2} + \frac{z^2}{s - e_3} = 1,$$

wobei e_1, e_2, e_3 gegebene reelle Zahlen sind. Sie sind reell für reelle x, y, z und genügen, wenn $e_1 > e_2 > e_3$ ist, den Ungleichungen

$$\varrho \geqq e_1 \geqq \sigma \geqq e_2 \geqq \tau \geqq e_3.$$

Die Flächen $\varrho =$ konst., $\sigma =$ konst., $\tau =$ konst. sind Ellipsoide, einschalige Hyperboloide bzw. zweischalige Hyperboloide. Die rechtwinkligen Koordinaten drücken sich durch die elliptischen folgendermaßen aus:

$$(67)\qquad \left\{ \begin{aligned} x^2 &= \frac{(\varrho - e_1)(\sigma - e_1)(\tau - e_1)}{(e_1 - e_2)(e_1 - e_3)}, \qquad y^2 = \frac{(\varrho - e_2)(\sigma - e_2)(\tau - e_2)}{(e_2 - e_3)(e_2 - e_1)}, \\ z^2 &= \frac{(\varrho - e_3)(\sigma - e_3)(\tau - e_3)}{(e_3 - e_1)(e_3 - e_2)}, \end{aligned} \right.$$

[1] Vgl. Jacobi, C. G. J.: Vorlesungen über Dynamik (gehalten in Königsberg im Wintersemester 1842/43, herausgegeben von A. Clebsch, Berlin 1866, abgedruckt als Supplementband in den Gesammelten Werken, Berlin 1884), 26. Vorlesung, wo man die Einzelheiten der Rechnung nachsehen möge. Ausdrücklich sei darauf hingewiesen, daß die folgenden Betrachtungen sich unmittelbar auf mehr als 3 Dimensionen verallgemeinern lassen.

und das Linienelement wird

$$(68)\quad \begin{cases} 4ds^2 = \dfrac{(\varrho-\sigma)(\varrho-\tau)}{(\varrho-e_1)(\varrho-e_2)(\varrho-e_3)}\,d\varrho^2 + \dfrac{(\sigma-\tau)(\sigma-\varrho)}{(\sigma-e_1)(\sigma-e_2)(\sigma-e_3)}\,d\sigma^2 \\ \qquad + \dfrac{(\tau-\varrho)(\tau-\sigma)}{(\tau-e_1)(\tau-e_2)(\tau-e_3)}\,d\tau^2. \end{cases}$$

Diese Form legt nahe, als neue Variable

$$t_1 = \int^{\varrho} \frac{d\lambda}{\sqrt{f(\lambda)}}, \qquad t_2 = \int^{\sigma} \frac{d\lambda}{\sqrt{f(\lambda)}}, \qquad t_3 = \int^{\tau} \frac{d\lambda}{\sqrt{f(\lambda)}}$$

$$\text{mit}\quad f(\lambda) = 4(\lambda-e_1)(\lambda-e_2)(\lambda-e_3)$$

einzuführen. Ist $e_1 + e_2 + e_3 = 0$, was durch die Substitution $s = s' + \frac{1}{3}(e_1 + e_2 + e_3)$ zu erreichen ist, und setzt man ∞ als untere Grenze an die Integrale, so wird einfach

$$\varrho = \wp(t_1), \qquad \sigma = \wp(t_2), \qquad \tau = \wp(t_3),$$

wobei $\wp$ die Weierstraßsche $\wp$-Funktion[1] bedeutet, ferner wird

$$ds^2 = (\varrho-\sigma)(\varrho-\tau)\,dt_1^2 + (\sigma-\tau)(\sigma-\varrho)\,dt_2^2 + (\tau-\varrho)(\tau-\sigma)\,dt_3^2$$

und nach (62) für eine Funktion T der Koordinaten t_i:

$$(69)\quad \begin{cases} \Delta T = \dfrac{1}{(\sigma-\tau)(\tau-\varrho)(\varrho-\sigma)}\left\{\dfrac{\partial}{\partial t_1}\left((\tau-\sigma)\dfrac{\partial T}{\partial t_1}\right) + \dfrac{\partial}{\partial t_2}\left((\varrho-\tau)\dfrac{\partial T}{\partial t_2}\right) + \dfrac{\partial}{\partial t_3}\left((\sigma-\varrho)\dfrac{\partial T}{\partial t_3}\right)\right\} \\ \quad = \dfrac{1}{(\varrho-\sigma)(\varrho-\tau)}\dfrac{\partial^2 T}{\partial t_1^2} + \dfrac{1}{(\sigma-\tau)(\sigma-\varrho)}\dfrac{\partial^2 T}{\partial t_2^2} + \dfrac{1}{(\tau-\varrho)(\tau-\sigma)}\dfrac{\partial^2 T}{\partial t_3^2}. \end{cases}$$

Die Einführung der Integrale t_i bringt noch den besonderen Vorteil mit sich, daß die rechtwinkligen Koordinaten eindeutige Funktionen der t_i werden; in den Ausdrücken

$$(70)\quad \begin{cases} x = \dfrac{\sqrt{\wp(t_1)-e_1}\,\sqrt{\wp(t_2)-e_1}\,\sqrt{\wp(t_3)-e_1}}{\sqrt{e_1-e_2}\,\sqrt{e_1-e_3}}, \\ y = \dfrac{\sqrt{\wp(t_1)-e_2}\,\sqrt{\wp(t_2)-e_2}\,\sqrt{\wp(t_3)-e_2}}{\sqrt{e_2-e_3}\,\sqrt{e_2-e_1}}, \\ z = \dfrac{\sqrt{\wp(t_1)-e_3}\,\sqrt{\wp(t_2)-e_3}\,\sqrt{\wp(t_3)-e_3}}{\sqrt{e_3-e_1}\,\sqrt{e_3-e_2}} \end{cases}$$

hängen bekanntlich die Wurzeln im Zähler nach Festsetzung des Vorzeichens eindeutig von t_1, t_2, t_3 ab. Durchläuft der Punkt x, y, z einen Oktanten, so durchläuft jede der Größen ϱ, σ, τ das ihr zugewiesene Intervall, und wenn eine von ihnen einen der Endwerte annimmt, so rückt der Punkt x, y, z in die Teile der Grenzebenen des Oktanten, die in Abb. 1 angegeben sind. Die Ebenen sind darin nach außen durch

[1] Vgl. HURWITZ-COURANT: Vorlesungen über allgemeine Funktionentheorie und elliptische Funktionen. 3. Aufl. Berlin 1929. S. 161—171.

ein Ellipsoid $\varrho = \varrho_1 > e_1$ abgeschnitten; die sie zerlegenden Kurven sind Teile der

$$\text{,,}\textit{Fokalellipse}\text{``} \quad \left(x = 0\,,\ \frac{y^2}{e_1 - e_2} + \frac{z^2}{e_1 - e_3} = 1\right)$$

und der

$$\text{,,}\textit{Fokalhyperbel}\text{``} \quad \left(y = 0\,,\ \frac{x^2}{e_2 - e_1} + \frac{z^2}{e_2 - e_3} = 1\right).$$

Bedeuten nun ω die reelle und ω' die rein imaginäre Periode der Integrale t_i, d. h. ist

$$\omega = 2\int_{e_1}^{\infty} \frac{d\lambda}{\sqrt{f(\lambda)}}\,, \quad \omega' = 2\int_{-\infty}^{e_3} \frac{d\lambda}{\sqrt{f(\lambda)}}\,,$$

so kann man t_1 von 0 bis $\frac{\omega}{2}$, t_2 von $\frac{\omega}{2}$ bis $\frac{\omega + \omega'}{2}$, t_3 von $\frac{\omega + \omega'}{2}$ bis $\frac{\omega'}{2}$ variieren lassen und erhält die Punkte des Oktanten. Verdoppelt man die Strecke für jedes t_i, so durchläuft der Punkt den ganzen Raum. Soll eine eindeutige Funktion der t_i auch im Raume eindeutig sein, so muß sie bei allen Substitutionen der t_i ungeändert bleiben, die x, y und z in sich überführen, z. B. wenn man t_1 und t_2 durch $\omega - t_1$ und $\omega - t_2$ ersetzt.

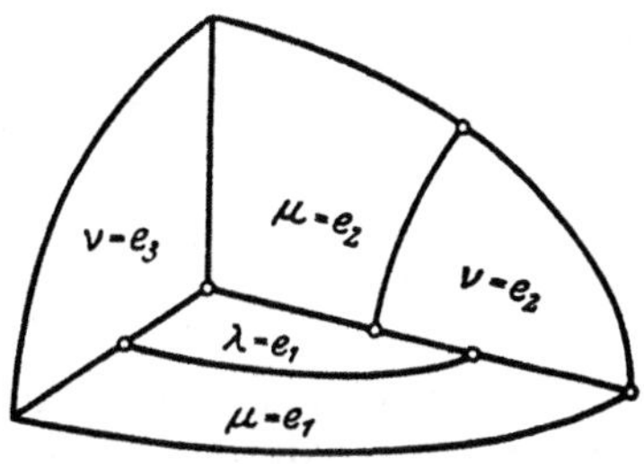

Abb. 1. Konfokale Flächen zweiter Ordnung.

Setzen wir $t_1 = u$, $t_2 = \frac{\omega}{2} + iv$, $t_3 = \frac{\omega'}{2} + w$, $\wp(t_1) = f(u)$, $\wp(t_2) = g(v)$, $\wp(t_3) = h(w)$, so können wir u, v und w reell nehmen. Dann wird

$$(71) \qquad \left\{\begin{aligned} ds^2 &= [f(u) - g(v)]\,[f(u) - h(w)]\,du^2 \\ &\quad + [f(u) - g(v)]\,[g(v) - h(w)]\,dv^2 \\ &\quad + [f(u) - h(w)]\,[g(v) - h(w)]\,dw^2, \end{aligned}\right.$$

und hierin sind bei reellen u, v, w alle Koeffizienten nicht negativ, da $f(u) \geqq e_1 \geqq g(v) \geqq e_2 \geqq h(w) \geqq e_3$ ist, während bei der symmetrischen Gestalt in t_1, t_2, t_3 zu berücksichtigen war, daß dt_2 rein imaginär ist und daher mit dem negativen Wert des Koeffizienten von dt_2^2 der definite Charakter von ds^2 gewahrt wurde.

Von den *Ausartungen der elliptischen Koordinaten* erwähnen wir hier (außer den Polarkoordinaten, die auch als eine Ausartung aufgefaßt werden können) nur die *rotationselliptischen* und *-parabolischen*. Läßt man zwei der Größen e_i, etwa e_1 und e_2, zusammenfallen, so erhält man

$$(72) \qquad \frac{x^2 + y^2}{s - e_1} + \frac{z^2}{s - e_3} = 1\,.$$

Die beiden Wurzeln $s = \lambda_1$, $s = \lambda_2$ dieser Gleichung sind zusammen mit dem durch

$$x = r\cos\varphi\,, \quad y = r\sin\varphi\,, \quad r^2 = x^2 + y^2$$

definierten Winkel φ die neuen Koordinaten. Hier ist

$$(73)\qquad r^2 = \frac{(\lambda_1 - e_1)(\lambda_2 - e_1)}{e_3 - e_1}, \qquad z^2 = \frac{(\lambda_1 - e_3)(\lambda_2 - e_3)}{e_1 - e_3},$$

$$ds^2 = r^2 d\varphi^2 + \frac{\lambda_1 - \lambda_2}{4(\lambda_1 - e_1)(\lambda_1 - e_3)} d\lambda_1^2 + \frac{\lambda_2 - \lambda_1}{4(\lambda_2 - e_1)(\lambda_2 - e_3)} d\lambda_2^2$$

$$(74)\qquad = r^2 d\varphi^2 + (\lambda_1 - \lambda_2)(dt_1^2 - dt_2^2)$$

mit

$$(75)\qquad t_i = \int^{\lambda_i} \frac{d\lambda}{\sqrt{4(\lambda - e_1)(\lambda - e_3)}}.$$

Daraus ergibt sich

$$(76)\qquad \Delta T = \frac{1}{r^2}\frac{\partial^2 T}{\partial \varphi^2} + \frac{1}{r(\lambda_1 - \lambda_2)}\left[\frac{\partial}{\partial t_1}\left(r\frac{\partial T}{\partial t_1}\right) - \frac{\partial}{\partial t_2}\left(r\frac{\partial T}{\partial t_2}\right)\right].$$

Läßt man hier noch einen Scheitel der Ellipsoide ins Unendliche rücken, so erhält man durch einen Grenzübergang[1] die *rotationsparabolischen Koordinaten* als Wurzeln λ_1, λ_2 der Gleichung

$$(77)\qquad \frac{x^2 + y^2}{s - e_1} - 2z + s - e_1 = 0,$$

wobei sich r und z folgendermaßen ausdrücken

$$(78)\qquad r^2 = -(\lambda_1 - e_1)(\lambda_2 - e_1), \qquad 2z = 2e_1 - \lambda_1 - \lambda_2.$$

Als Koordinaten eines Raumpunktes dienen hier λ_1, λ_2 und φ. Das Linienelement wird

$$ds^2 = r^2 d\varphi^2 + \frac{\lambda_1 - \lambda_2}{4(\lambda_1 - e_1)} d\lambda_1^2 + \frac{\lambda_2 - \lambda_1}{4(\lambda_2 - e_1)} d\lambda_2^2$$

$$(74)\qquad = r^2 d\varphi^2 + (\lambda_1 - \lambda_2)(dt_1^2 - dt_2^2)$$

mit

$$(79)\qquad t_i = \int^{\lambda_i} \frac{d\lambda}{\sqrt{4(\lambda - e_1)}} = \sqrt{\lambda_i - e_1},$$

und der Differentialausdruck ΔT hat die Gestalt

$$(76)\qquad \Delta T = \frac{1}{r^2}\frac{\partial^2 T}{\partial \varphi^2} + \frac{1}{r(\lambda_1 - \lambda_2)}\left[\frac{\partial}{\partial t_1}\left(r\frac{\partial T}{\partial t_1}\right) - \frac{\partial}{\partial t_2}\left(r\frac{\partial T}{\partial t_2}\right)\right].$$

Läßt man in den obigen Ausdrücken des Linienelements die Glieder weg, in denen φ auftritt, so hat man ohne weiteres die Formeln für elliptische bzw. parabolische Koordinaten in der r, z-Ebene. Für ΔT erhält man in beiden Fällen gemäß Formel (64)

$$\Delta T = \frac{1}{\lambda_1 - \lambda_2}\left(\frac{\partial^2 T}{\partial t_1^2} - \frac{\partial^2 T}{\partial t_2^2}\right),$$

[1] Selbstverständlich lassen sich diese Koordinaten auch ohne Berufung auf das Vorangehende ganz einfach definieren, indem man von dem System (77) konfokaler Rotationsparaboloide ausgeht.

wobei der Zusammenhang zwischen λ_i und t_i durch die Formel

$$t_i = \int^{\lambda_i} \frac{d\lambda}{\sqrt{4(\lambda - e_1)(\lambda - e_3)}}$$

bzw. durch

$$t_i = \sqrt{\lambda_i - e_1}$$

gegeben wird.

§ 9. Transformation von Variationsproblemen in die kanonische und involutorische Gestalt.

Die Multiplikatormethode von LAGRANGE führt zu verschiedenen, für theoretische und praktische Zwecke gleich wichtigen Transformationen eines Variationsproblems.

Durch diese Transformationen können wir einem Problem andere äquivalente gegenüberstellen, derart, daß bei äquivalenten Problemen gleichzeitig stationäres Verhalten eintritt. Dabei gelangen wir einmal zu gewissen formalen durch ihren symmetrischen und übersichtlichen Charakter wichtigen Umgestaltungen des Variationsproblemes; darüber hinaus aber werden wir in einer großen Klasse von Fällen einem Minimumproblem mit dem Minimumwert d ein äquivalentes Maximumproblem mit demselben Wert d als Maximum zuordnen können und so unmittelbar eine Handhabe für das praktische Problem der numerischen Eingrenzung von d gewinnen [1].

1. Transformation bei gewöhnlichen Minimumproblemen mit Nebenbedingungen. Wir schicken zum besseren Verständnis einige Bemerkungen über gewöhnliche Minimumprobleme bei endlich vielen unabhängigen Veränderlichen voraus und stellen an die Spitze unserer Umformungen das folgende von selbst einleuchtende Prinzip: *Wenn eine Funktion $f(x_1, \ldots, x_n)$ unter gewissen Nebenbedingungen an der Stelle $x_i = \xi_i$ $(i = 1, \ldots, n)$ einen stationären Wert hat und wenn von den Zahlen ξ_i eine Relation $r(\xi_1, \ldots, \xi_n) = 0$ erfüllt ist, so bleibt f an der Stelle $x_i = \xi_i$ auch dann stationär, wenn man zu den Nebenbedingungen von vornherein noch die weitere Bedingung $r(x_1, \ldots, x_n) = 0$ hinzufügt.*

Wir gehen nun zunächst aus von dem Problem

I: *$f(x, y)$ soll stationär gemacht werden unter der Nebenbedingung $g(x, y) = 0$; dabei sollen die üblichen Stetigkeits- und Differenzierbarkeitsbedingungen erfüllt sein, und es soll für die stationäre Stelle $g_x^2 + g_y^2 \neq 0$ sein.* Die Multiplikatorregel sagt dann: man ersetze unser Problem I durch das äquivalente Problem

---

[1] Auf diesen praktischen Gesichtspunkt können wir erst in Band II systematisch eingehen. Es sei hier jedoch auf die Arbeit von E. TREFFTZ „Ein Gegenstück zum Ritzschen Verfahren", Verhdl. d. 2. Int. Kongr. für Technische Mechanik, Zürich 1927, S. 131, verwiesen, wo zuerst auf die angedeutete Art eine solche Eingrenzung vorgenommen wurde.

II: $F(x, y; \lambda) = f(x, y) + \lambda g(x, y)$ *ist als Funktion der drei Argumente* x, y, λ *stationär zu machen.*

Die Bedingungsgleichung $dF = 0$ ist dann gleichbedeutend mit den drei Gleichungen $f_x + \lambda g_x = 0$, $f_y + \lambda g_y = 0$, $g = 0$. Nimmt man dieses Problem II zum Ausgangspunkt, so gelangt man nach unserem allgemeinen Prinzip sofort zum Problem I, indem man die für die Lösung von II von selbst erfüllte Bedingung $g = 0$ ausdrücklich hinzufügt.

Man kann aber auch aus Problem II ein neues äquivalentes Problem — äquivalent heißt, daß der stationäre Charakter an derselben Stelle eintritt — herleiten, indem man die beiden anderen für die Lösung von II erfüllten Gleichungen als Nebenbedingungen hinzufügt. So gelangt man zu dem Problem

III: $F(x, y; \lambda) = f + \lambda g$ *stationär zu machen unter der Nebenbedingung* $f_x + \lambda g_x = 0$, $f_y + \lambda g_y = 0$.

Setzen wir voraus, daß sich aus den beiden letzten Gleichungen in der Umgebung der stationären Stelle x und y als Funktionen von λ berechnen lassen, so entsteht durch Einsetzung dieser Werte die Funktion $F(x, y; \lambda) = \psi(\lambda)$, und wir erhalten das neue, wiederum mit dem Vorangehenden äquivalente Problem

IV: $\psi(\lambda)$ *soll stationär gemacht werden.*

Wir wollen nun unsere Aussagen verschärfen, indem wir bei unseren Funktionen über den nur stationären Charakter hinaus nach dem Eintreten eines Minimums oder Maximums fragen. Nehmen wir zunächst an, bei Problem I, das wir dann mit I' bezeichnen, besitze f an der Stelle $\bar{x}, \bar{y}$ ein wirkliches Minimum $f(\bar{x}, \bar{y}) = d$. Dann betrachten wir das Problem

II': $F(x, y; \lambda) = f + \lambda g =$ Min. bei *festgehaltenem* λ und nehmen an, es existiere hier, wenn λ in einer gewissen Umgebung des durch die Lagrangesche Multiplikatorregel definierten Wertes $\lambda = \bar{\lambda}$ beliebig gewählt wird, ein wirkliches Minimum, das wir mit $d_\lambda = \psi(\lambda)$ bezeichnen und das durch die Gleichungen $f_x + \lambda g_x = 0$, $f_y + \lambda g_y = 0$ charakterisiert ist. Dann ist sicherlich

$$d_\lambda \leqq d.$$

Denn das Problem I' mit dem Minimum d entsteht aus dem Problem II' mit dem Minimumwert d_λ, wenn man zu diesem die den Vergleichungsbereich einschränkende Bedingung $g = 0$ hinzufügt. Machen wir die weitere Voraussetzung, daß für jedes λ in der Umgebung von $\lambda = \bar{\lambda}$ durch die Gleichungen $f_x + \lambda g_x = 0$ und $f_y + \lambda g_y = 0$ **eindeutig** x und y als Funktionen von λ bestimmt sind, so wird $d_{\bar{\lambda}} = d$, also ist

$$d = \text{Max.}\, d_\lambda,$$

d. h. d ist das *Maximum des Minimums* $\psi(\lambda)$ *von* $F = f + \lambda g$, wobei das Minimum bei festem λ und dann das Maximum hinsichtlich λ zu nehmen ist. Wir können also auch unter unserer Voraussetzung d charakterisieren durch das Problem

III': $F(x, y; \lambda) = f + \lambda g = Max. = d$ *unter der Nebenbedingung* $f_x + \lambda g_x = 0$, $f_y + \lambda g_y = 0$.

Zur geometrischen Erläuterung unserer Maximum-Minimumbetrachtung diene das Problem: $f = (x+1)^2 + y^2 =$ Min. unter der Nebenbedingung $g = 2x = 0$. Geometrisch: Auf der vertikalen Parabel, welche durch Schnitt des Paraboloids $z = (x+1)^2 + y^2$ im x, y, z-Raum mit der Ebene $x = 0$ entsteht, ist der tiefste Punkt, der Scheitelpunkt, zu suchen. Man findet sofort für den betreffenden kleinsten Wert von $z = (x+1)^2 + y^2$ die Zahl $d = 1$. Betrachten wir nun bei einem festen λ das Paraboloid $z = f + \lambda g = (x + \lambda + 1)^2 + y^2 - 2\lambda - \lambda^2$, so erkennen wir, daß dieses Paraboloid stets unsere obige Parabel enthält und daß der Scheitel dieses Paraboloids tiefer liegt als der Scheitel der Parabel. Indem wir λ variieren, bewegen wir den Scheitel des Paraboloids. Er wird dabei höchstens in den Scheitel der festen Parabel rücken, aber ihn nie übersteigen können. Der Parabelscheitel ist also der höchste unter den tiefsten Punkten unserer Paraboloide.

2. Die involutorische Transformation der einfachsten Variationsprobleme. Ähnliche Überlegungen führen zur Umgestaltung von Variationsproblemen.

Die Grundlage hierzu liefert analog zu Nr. 1 das folgende allgemeine Prinzip: *Wenn eine Funktionenfunktion* $J[u, v, \ldots]$ *unter gegebenen Stetigkeits- und Nebenbedingungen für ein gewisses Funktionensystem* $u, v, \ldots$ *stationär wird und wenn dieses Funktionensystem einer oder mehreren Relationen genügt, so bleibt* J *auch dann noch für dieses Funktionensystem stationär, wenn man von vornherein eine oder mehrere der betreffenden Relationen zu den Nebenbedingungen des Problems hinzufügt.*

Wir wollen Relationen, die sich durch Nullsetzen der Variation ergeben (also Eulersche Gleichungen und natürliche Randbedingungen), als *natürliche Bedingungen* und von vornherein festgesetzte Neben- oder Randbedingungen als *Zwangsbedingungen* bezeichnen. Dann folgt aus unserem Prinzip: *Fügt man bei einem Variationsproblem eine oder mehrere zugehörige natürliche Bedingungen ausdrücklich als Zwangsbedingungen hinzu, so bleibt für das neue Problem der stationäre Charakter des betrachteten Ausdrucks erhalten.*

Wir behandeln zunächst den einfachsten Problemtypus

I: $J = \int_{x_0}^{x_1} F(x, u, u')\,dx =$ *stationärer Wert unter den üblichen Stetigkeitsbedingungen, den Randbedingungen*

(80) $$u(x_0) - u_0 = 0, \qquad u(x_1) - u_1 = 0$$

und der Nebenbedingung

$$\frac{du}{dx} - u' = 0. \tag{81}$$

Wir fassen also dabei das Variationsproblem von vornherein als ein solches für zwei Funktionen u, u' mit der Differentialgleichungsnebenbedingung (81) auf. Die Multiplikatorregel zeigt, daß die Lösungen von I zugleich Lösungen des folgenden Problems sind:

$$\text{II:}\quad H[u, u', \lambda; \mu_0, \mu_1] = \int_{x_0}^{x_1} \left[F + \lambda\left(\frac{du}{dx} - u'\right)\right] dx$$
$$- \mu_0(u(x_0) - u_0) + \mu_1(u(x_1) - u_1)$$

stationär zu machen, *wobei* $u(x)$, $u'(x)$, $\lambda(x)$ *und die Parameter* μ_0 *und* μ_1 *zu bestimmen sind und es sich um ein freies Problem, d. h. ein Problem ohne Randbedingungen oder Nebenbedingungen handelt.* Die Variationsgleichungen, d. h. die Eulerschen Differentialgleichungen und die natürlichen Randbedingungen des Problems lauten hier:

$$F_{u'} - \lambda = 0, \tag{82}$$

$$F_u - \frac{d\lambda}{dx} = 0, \tag{83}$$

$$\frac{du}{dx} - u' = 0 \tag{84}$$

für das Innere des Intervalls und

$$\lambda(x_0) + \mu_0 = 0, \qquad \lambda(x_1) + \mu_1 = 0; \tag{85}$$

$$u(x_0) - u_0 = 0, \qquad u(x_1) - u_1 = 0, \tag{86}$$

wie man ohne weiteres durch Nullsetzen der ersten Variation findet. Selbstverständlich entsteht durch Elimination von λ, μ_0, μ_1 die Eulersche Differentialgleichung für $u(x)$.

Wenden wir unser allgemeines Prinzip auf das Problem II an, indem wir die Bedingungen $\frac{du}{dx} - u' = 0$, $u(x_0) - u_0 = 0$, $u(x_1) - u_1 = 0$ als Zwangsbedingungen hinzufügen, so gelangen wir wieder zu Problem I zurück. Nehmen wir dagegen die Gleichungen (82), (83), (85), die den natürlichen Bedingungen von Problem I entsprechen, so entsteht eine Transformation, die erst in neuerer Zeit durch FRIEDRICHS entdeckt wurde und die für die Anwendungen wichtig ist[1]. Das in dieser Weise entstehende Problem III läßt sich als ein Problem vom selben Typus wie Problem I darstellen, indem wir aus dem Integral H die Ableitung du/dx

---

[1] FRIEDRICHS, K.: „Ein Verfahren der Variationsrechnung, . . .". Nachrichten der Ges. d. Wiss. zu Göttingen 1929. S. 13—20.

durch Produktintegration herausschaffen und sodann durch die Gleichungen

(87) $$F_{u'} = p, \quad F_u = p', \quad pu' + p'u - F = \Psi$$

neue Argumentfunktionen p, p' und den neuen Integranden $\Psi(x, p, p')$ einführen.

Damit diese „Legendresche" Transformation einen Sinn hat, müssen wir verlangen, daß sich aus den beiden ersten Gleichungen u und u' als Funktionen von p, p' und x ausdrücken und dann in die linke Seite der letzten Gleichung einsetzen lassen. Dies ist sicher der Fall, wenn die Voraussetzung

(88) $$F_{u'u'} F_{uu} - (F_{uu'})^2 \neq 0$$

erfüllt ist für alle Wertsysteme x, u, u' des zugrunde gelegten Bereiches. Man erhält so das zu I äquivalente Problem[1]

IV: $$-\int_{x_0}^{x_1} \Psi(x, p, p')\, dx + p(x_1)\, u_1 - p(x_0)\, u_0$$

stationär zu machen unter der Nebenbedingung

$$\frac{dp}{dx} - p' = 0\,,$$

ohne daß Randbedingungen gestellt sind.

Die natürlichen Bedingungen des Problems IV lauten

$$\frac{d}{dx} \Psi_{p'} - \Psi_p = 0$$

für das Innere und

$$\Psi_{p'}|_{x_0} - u_0 = 0\,, \quad \Psi_{p'}|_{x_1} - u_1 = 0$$

für den Rand. Auf Grund unserer allgemeinen Herleitung müssen sie mit den Zwangsbedingungen des Problems I identisch sein. In der Tat bestätigt man dies sofort aus der Umkehrung

$$\Psi_{p'} = u\,, \quad \Psi_p = u', \quad up' + u'p - \Psi = F$$

der Legendreschen Transformation (87).

Vermöge derselben Formeln erkennt man, daß die Friedrichssche Transformation, angewandt auf das freie Problem IV, wieder zum Ausgangsproblem I zurückführt. *Diese Transformation hat also involutorischen Charakter, und es gehen bei ihr die natürlichen Bedingungen des einen Problems in die Zwangsbedingungen des anderen über.*

Eine besondere Betrachtung erfordert der ausgeartete Spezialfall, wo der Integrand F des Variationsproblems nicht explizit oder höchstens linear von u abhängt, also die Gestalt hat:

$$F(x, u, u') = g(x, u') + uf(x)\,.$$

---

[1] Dieses läßt sich als Analogon zu Problem IV von Nr. 1 auffassen.

Die vorhin betrachtete Legendresche Transformation ist dann nicht mehr für beliebig vorgegebenes p und p' umkehrbar. Es ergibt sich aber sofort durch die sinngemäße Anwendung unseres Transformationsprinzips, daß mit dem ursprünglichen Variationsproblem I das folgende äquivalent ist:

$$-\int_{x_0}^{x_1} \Phi(p)\,dx + p(x_1)\,u_1 - p(x_0)\,u_0 = \text{stat.}$$

unter der Nebenbedingung $dp/dx = f(x)$. Hierbei hängen p und $\Phi(p)$ mit den Ausdrücken des ursprünglichen Problems durch die Transformation

$$p = g_{u'}, \quad -\Phi(p) = g(u') - u'p$$

zusammen, und es ist angenommen, daß sich aus der Gleichung $g_{u'} = p$ umgekehrt u' durch p ausdrücken läßt. Das neue Problem weist gegenüber dem ursprünglichen eine prinzipielle Vereinfachung auf. Die Nebenbedingung nämlich liefert durch Quadratur die gesuchte Funktion $p(x)$ bis auf einen additiven Parameter. Das *Variationsproblem geht* also in diesem ausgearteten Fall *in* ein *gewöhnliches Extremumproblem* zur Bestimmung eines Parameters *über*.

Entsprechend zu Nr. 1 erheben wir die Frage, wie durch unsere Transformationen, bei denen es uns ja zunächst lediglich auf stationäre Werte ankam, das Minimum- oder Maximumverhalten unserer Ausdrücke beeinflußt wird.

Die Wiederholung der Überlegungen aus Nr. 1 führt zu folgendem Resultat: *Wenn beim ursprünglichen Problem I (das wir dann als I' bezeichnen) ein Minimumwert d vorliegt, so wird beim involutorisch entsprechenden Problem IV (das wir dann als IV' bezeichnen) derselbe Wert d als Maximumwert auftreten.*

Wie in Nr. 1 gilt diese Behauptung nur unter einschränkenden Bedingungen; und zwar verlangen wir, daß bei willkürlich gegebenem, stückweise stetig differenzierbarem $\lambda(x)$ der Ausdruck H, der bei Problem II auf S. 202 zugrunde gelegt wurde, ein noch von λ abhängiges Minimum d_λ besitzt, wenn wir von vornherein $\lambda(x_1) + \mu_1 = 0$, $\lambda(x_0) + \mu_0 = 0$ voraussetzen[1]. Es entsteht so, wenn wir die Ableitung von u durch Produktintegration herausschaffen, Problem II':

$$H = \int_{x_0}^{x_1} \left[F + \lambda\left(\frac{du}{dx} - u'\right)\right] dx \qquad - \mu_0(u(x_0) - u_0) + \mu_1(u(x_1) - u_1)$$

$$= \int_{x_0}^{x_1} \left[F - \frac{d\lambda}{dx}u - \lambda u'\right] dx \qquad - \lambda(x_0)\,u_0 + \lambda(x_1)\,u_1$$

[1] Ohne Voraussetzung dieser bei der Lösung ja von selbst erfüllten Gleichung würde bei beliebigen λ, μ ein Minimum sicherlich nicht vorliegen können.

zum Minimum zu machen bei festem $\lambda(x)$. Die zugehörigen Lösungsfunktionen u und u' dieses Problems genügen dann den Gleichungen

$$(89) \qquad F_{u'} - \lambda = 0, \qquad F_u - \frac{d\lambda}{dx} = 0.$$

Wir machen nun weiter entsprechend zu Nr. 1 die Voraussetzung, daß diese Gleichungen (89) bei beliebigem λ und $d\lambda/dx$ die Funktionen u und u' eindeutig bestimmen.

Da das Problem I′ mit dem Minimumwert d aus unserem jetzigen Problem II′ durch Hinzufügung der verschärfenden Nebenbedingungen $\frac{du}{dx} - u' = 0$, $u(x_0) - u_0 = 0$, $u(x_1) - u_1 = 0$ entsteht, so ist gewiß $d \geqq d_\lambda$.

Andererseits sind für die Lösung von Problem I′ die Gleichungen (89) mit $\lambda = \bar\lambda = F_{u'}$ erfüllt, und es ist auf Grund der Eindeutigkeitsvoraussetzung $d_{\bar\lambda} = d$.

Es ergibt sich somit

$$d = \text{Max.}\, d_\lambda .$$

Das Problem, d_λ zum Maximum zu machen, ist aber gerade das Problem IV′, und daraus folgt unsere Behauptung.

Ein hinreichendes Kriterium dafür, daß unsere Voraussetzungen erfüllt sind, ist das Bestehen der Gleichungen

$$(90) \qquad F_{u'u'} F_{uu} - (F_{uu'})^2 > 0, \qquad F_{u'u'} > 0$$

für alle u, x des betrachteten Bereiches und beliebiges u'. Wir sahen schon auf S. 186, daß dann tatsächlich eine Lösung der Eulerschen Gleichung bei I′ auch ein Minimum liefert. Ebenso aber folgt aus diesen Ungleichungen auch die Existenz des Minimums d_λ von II′; denn die Gleichungen (89) zusammen mit den Ungleichungen (90) drücken aus, daß der Integrand in H schon für sich an jeder Stelle x einen Minimumwert für die fraglichen Größen u und u' besitzt; um so mehr gilt dies dann für H.

Zum Schluß sei darauf hingewiesen, daß wir den oben gekennzeichneten Übergang vom Minimumproblem zum Maximumproblem bei der Friedrichsschen Transformation unter der Voraussetzung (90) ganz direkt folgendermaßen beweisen können, wobei auch diese Transformation selbst von neuem gewonnen wird. Die Taylorsche Entwicklung liefert mit Rücksicht auf die Ungleichungen (90) sofort die Ungleichung

$$F(u, u') - F(v, v') - (u - v) F_v - (u' - v') F_{v'} \geqq 0,$$

wobei das Gleichheitszeichen dann und nur dann gilt, wenn $u = v$, $u' = v'$ ist. Schreiben wir den obigen Ausdruck in der Gestalt

$$F(u, u') - [F(v, v') - vF_v - v'F_{v'}] - uF_v - u'F_{v'}$$

und denken uns v und v' vermöge der Legendreschen Transformation

$$p = F_{v'}, \quad p' = F_v, \quad \Psi(x, p, p') = v p' + v' p - F$$

durch Größen p und p' ersetzt, dann besteht für beliebige u, u', p, p' die Ungleichung

$$F(x, u, u') + \Psi(x, p, p') - u p' - u' p \geqq 0,$$

wobei das Gleichheitszeichen dann und nur dann auftritt, wenn p und p' den Funktionen $v = u$, $v' = u'$ entsprechen. Integrieren wir diese Ungleichung zwischen den Grenzen x_0 und x_1, wobei wir u, u', p, p' als Funktionen von x betrachten, die wir den Zwangsbedingungen

$$\frac{du}{dx} - u' = 0, \quad \frac{dp}{dx} - p' = 0, \quad \begin{aligned} u(x_0) - u_0 &= 0, \\ u(x_1) - u_1 &= 0 \end{aligned}$$

unterwerfen, so erkennen wir, daß die linke Seite sicher nicht negativ sein kann; andererseits wird sie dann und nur dann Null, wenn für u die Lösung des Problems I' und für p die Lösung des Problems IV' eingesetzt wird. Das Problem

$$\int_{x_0}^{x_1} [F + \Psi - u p' - u' p]\, dx$$

$$= \int_{x_0}^{x_1} F\, dx + \int_{x_0}^{x_1} \Psi\, dx + u_0 p(x_0) - u_1 p(x_1) = \text{Min.}$$

unter den eben angegebenen Zwangsbedingungen besitzt also diese Lösung und den Minimumwert Null. Diese Aussage ist gleichbedeutend mit der obigen Aussage über das Verhältnis der beiden Probleme I' und IV'.

3. Die Transformation des Variationsproblems in die kanonische Gestalt. Unter das in Nr. 2 allgemein formulierte Prinzip ordnet sich eine andere seit langem bekannte und wichtige Transformation unter, die *Transformation in die kanonische Gestalt.* An die Stelle der Eulerschen Differentialgleichung zweiter Ordnung tritt dabei ein System von Differentialgleichungen erster Ordnung. Diese Transformation, die kein genaues Analogon in Nr. 1 hat, entsteht, wenn man zu Problem II die Gleichungen (82) und (86) als Zwangsbedingungen hinzunimmt. So ergibt sich zunächst das Problem

$$\text{II a:} \qquad \int_{x_0}^{x_1} \left[F(x, u, u') + F_{u'} \left(\frac{du}{dx} - u' \right) \right] dx$$

stationär zu machen unter den Randbedingungen $u(x_0) = u_0$, $u(x_1) = u_1$, wobei u und u' als zwei unabhängige Argumentfunktionen anzusehen sind.

Führen wir statt u' eine neue Argumentfunktion[1]

$$p = F_{u'},$$

und statt des Integranden $F(x, u, u')$ den neuen Integranden

$$\Phi(x, u, p) = p u' - F(x, u, u')$$

ein — wir machen hierzu ausdrücklich die Voraussetzung

$$F_{u'u'} \neq 0,$$

so daß sich aus $p = F_{u'}$ umgekehrt u' als Funktion von p, u und x bestimmen läßt —, so ergibt sich das äquivalente Problem

$$\text{IIb:} \qquad \int_{x_0}^{x_1} \left[p \frac{du}{dx} - \Phi(x, u, p) \right] dx = \text{stationärer Wert}$$

unter den Randbedingungen $u(x_0) = u_0$, $u(x_1) = u_1$. Hierbei hängen die in den äquivalenten Problemen I und IIb auftretenden Größen durch die *Legendresche Transformation*

$$F_{u'} = p, \qquad p u' - F = \Phi$$

zusammen, deren Umkehrung, wie man leicht sieht, durch die Gleichungen

$$\Phi_p = u', \qquad p u' - \Phi = F$$

gegeben wird.

Wir nennen diese Gestalt des Variationsproblems die *kanonische Gestalt*. Die Bildung der Variationsgleichungen nach p und u ergibt die *kanonischen Differentialgleichungen des Variationsproblems:*

$$\frac{dp}{dx} + \Phi_u = 0, \qquad \frac{du}{dx} - \Phi_p = 0.$$

Ganz entsprechend können wir auch ein Variationsproblem für n gesuchte Funktionen $u_1(x), \ldots, u_n(x)$ der unabhängigen Veränderlichen x in die kanonische Gestalt überführen.

Hinsichtlich des Extremumverhaltens sei, ohne auf die Kriterien im einzelnen einzugehen, erwähnt: Wenn beim Problem I ein Minimumwert d vorliegt, so wird beim kanonischen Problem d ein Maximum-Minimum werden, indem zunächst bei festgehaltenem p ein Minimum durch Variation von u zu suchen ist und dann durch Variation von p dieser noch von p abhängige Minimumwert zum Maximum d gemacht werden soll.

4. Verallgemeinerungen. Es bedarf keiner besonderen Ausführung, daß und wie sich unsere Transformationstheorie verallgemeinern läßt sowohl für den Fall des Auftretens von mehr gesuchten Funktionen und von höheren Ableitungen als auch für den Fall, daß die Argumentfunktionen von mehr unabhängigen Veränderlichen abhängen. Wir begnügen uns mit der Behandlung eines besonders einfachen — dem

[1] p ist also gleich dem bei II auftretenden Multiplikator.

ausgearteten Fall von Nr. 2 entsprechenden — Beispiels bei zwei unabhängigen Veränderlichen, nämlich der Transformation des klassischen Dirichletschen Variationsproblemes:

$$\text{I} \qquad \frac{1}{2}\iint\limits_G \left[\left(\frac{\partial u}{\partial x}\right)^2 + \left(\frac{\partial u}{\partial y}\right)^2\right] dx\,dy = \text{Min.},$$

wobei u eine im Gebiet G stückweise stetig differenzierbare Funktion mit fest vorgegebenen Randwerten $\bar{u} = f(s)$ ist. Der Rand Γ von G möge dabei eine stückweise stetig gekrümmte Kurve mit der Bogenlänge s sein.

Ersetzen wir in unserem Problem die beiden partiellen Ableitungen durch die Buchstaben p und q und fügen dafür die Nebenbedingungen $\frac{\partial u}{\partial x} - p = 0$, $\frac{\partial u}{\partial y} - q = 0$ hinzu, so liefert die Multiplikatorregel sofort als äquivalentes Problem:

$$\text{II} \qquad \iint\limits_G \left[\frac{1}{2}(p^2 + q^2) + \lambda\left(\frac{\partial u}{\partial x} - p\right) + \mu\left(\frac{\partial u}{\partial y} - q\right)\right] dx\,dy$$

$$- \int\limits_\Gamma \varrho(s)\,[\bar{u} - f(s)]\,ds = \text{stat.}$$

Dabei sind $\lambda(x, y)$, $\mu(x, y)$ und $\varrho(s)$ Multiplikatoren. Indem wir das Doppelintegral dieses Problems durch partielle Integration umformen, erhalten wir für das Problem II die Gestalt:

$$\iint\limits_G \left[\frac{1}{2}(p^2 + q^2) - u\left(\frac{\partial \lambda}{\partial x} + \frac{\partial \mu}{\partial y}\right) - \lambda p - \mu q\right] dx\,dy$$

$$+ \int\limits_\Gamma \left[\bar{u}\left(\lambda\frac{\partial x}{\partial n} + \mu\frac{\partial y}{\partial n} - \varrho(s)\right) + \varrho(s)\,f(s)\right] ds = \text{stat.}$$

Dabei bedeutet $\partial/\partial n$ Differentiation nach der äußeren Normalen, und mit einem Querstrich sind wie auch sonst die Randwerte bezeichnet. Indem wir von den Eulerschen Gleichungen bzw. den natürlichen Randbedingungen dieses Problems die folgenden ausdrücklich als Nebenbedingung hinzufügen:

$$p - \lambda = 0, \qquad q - \mu = 0;$$

$$\frac{\partial \lambda}{\partial x} + \frac{\partial \mu}{\partial y} = 0, \qquad \lambda\frac{\partial x}{\partial n} + \mu\frac{\partial y}{\partial n} - \varrho = 0,$$

erhalten wir das äquivalente Problem:

$$\text{III} \qquad -\tfrac{1}{2}\iint\limits_G (p^2 + q^2)\,dx\,dy + \int\limits_\Gamma \varrho(s)\,f(s)\,ds = \text{stat.}$$

unter den Nebenbedingungen

$$\varrho(s) - \bar{p}\frac{\partial x}{\partial n} - \bar{q}\frac{\partial y}{\partial n} = 0$$

am Rande und
$$\frac{\partial p}{\partial x} + \frac{\partial q}{\partial y} = 0$$
im Innern. Die Friedrichssche Transformation ist damit ausgeführt.

Wir gelangen zu einer Vereinfachung, indem wir die eine Nebenbedingung durch Einführung einer Funktion $v(x, y)$ befriedigen vermöge der Gleichungen
$$p = \frac{\partial v}{\partial y}, \qquad q = -\frac{\partial v}{\partial x}.$$
Es wird dann
$$p \frac{\partial x}{\partial n} + q \frac{\partial y}{\partial n} = \frac{\partial v}{\partial s},$$
wobei rechts die Differentiation der Randwerte in Richtung der positiven Tangente von Γ zu nehmen ist, und unser Problem geht über in Problem

IV
$$-\frac{1}{2}\iint\limits_G \left[\left(\frac{\partial v}{\partial x}\right)^2 + \left(\frac{\partial v}{\partial y}\right)^2\right] dx\,dy + \int\limits_\Gamma \frac{\partial v}{\partial s} f(s)\,ds = \text{stat.}$$

Das Randintegral rechts können wir übrigens leicht durch partielle Integration in die Form
$$-\int\limits_\Gamma v f'(s)\,ds$$
setzen. Dieses neue Problem hat hinsichtlich des Integranden denselben Typus wie das Problem I. Während die Lösung des Problemes I eine der Potentialgleichung $\Delta u = \frac{\partial^2 u}{\partial x^2} + \frac{\partial^2 u}{\partial y^2} = 0$ genügende Funktion mit den Randwerten $f(s)$ definiert, liefert dieses zweite Problem ebenfalls eine Potentialfunktion v, die sich vermöge der natürlichen Randbedingungen als die zu u konjugierte Potentialfunktion erweist.

Die weitere Tatsache, daß einem Minimum bei Problem I ein gleich großes Maximum bei Problem IV entspricht, erkennen wir am besten daraus, daß durch Subtraktion der Integralausdrücke von I und IV und eine leichte Umformung der Ausdruck:
$$\iint\limits_G \left[\left(\frac{\partial u}{\partial x} - \frac{\partial v}{\partial y}\right)^2 + \left(\frac{\partial u}{\partial y} + \frac{\partial v}{\partial x}\right)^2\right] dx\,dy$$
entsteht. Problem I und Problem IV zusammen sind äquivalent mit dem Problem, dieses letzte Integral unter der einzigen Randbedingung $\bar{u} = f(s)$ zum Minimum zu machen. Das Minimum hat den Wert Null und wird angenommen, wenn u die Lösung der betreffenden Randwertaufgabe der Potentialtheorie und v die dazu konjugierte, den Differentialgleichungen $\frac{\partial u}{\partial x} = \frac{\partial v}{\partial y}$, $\frac{\partial u}{\partial y} = -\frac{\partial v}{\partial x}$ genügende Potentialfunktion ist.

§ 10. Variationsrechnung und Differentialgleichungen der mathematischen Physik.

1. Allgemeines. Bei der Aufstellung und Behandlung der meisten Differentialgleichungen der mathematischen Physik erweist sich die Variationsrechnung als zuverlässiger Führer. Handelt es sich um Probleme des — stabilen — Gleichgewichts, so kann man das *Variationsprinzip vom Minimum der potentiellen Energie* zum Ausgangspunkt nehmen, während die Gesetze der Bewegungsvorgänge ihre einfachsten Formulierungen an Hand des „*Variationsprinzipes von Hamilton*" finden. Wir wollen in diesem Paragraphen, ausgehend von diesen beiden Prinzipien, die wichtigsten typischen Differentialgleichungsprobleme der mathematischen Physik formulieren.

Betrachten wir zunächst den Fall eines Systems von endlich vielen — etwa n — Freiheitsgraden. Die Lage des Systemes möge durch die Werte der n Parameter $q_1, q_2, \ldots, q_n$ charakterisiert sein, deren Bestimmung als Funktionen der Zeit t unser Ziel ist. Wir denken uns das System in seinen mechanischen Eigenschaften festgelegt durch seine *kinetische Energie* $T(\dot{q}_1, \ldots, \dot{q}_n, q_1, \ldots, q_n, t)$, welche eine Funktion der n Geschwindigkeiten $\dot{q}_i$, der n Koordinaten q_i und der Zeit t ist, und zwar eine quadratische Form in den Geschwindigkeiten:

$$T = \sum_{i,k=1}^{n} P_{ik}(q_1, \ldots, q_n, t)\, \dot{q}_i \dot{q}_k\,,$$

und zweitens durch seine *potentielle Energie* $U(q_1, \ldots, q_n, t)$, welche wir als eine Funktion von $q_1, q_2, \ldots, q_n$ und t annehmen. Das Hamiltonsche Prinzip besagt nun: *Zwischen zwei Zeitmomenten* t_0 *und* t_1 *verläuft die Bewegung so, daß die Funktionen* $q_i(t)$ *das Integral:*

$$J = \int_{t_0}^{t_1} (T - U)\, dt$$

stationär machen, verglichen mit solchen benachbarten Funktionen $\bar{q}_i(t)$, *für welche* $\bar{q}_i(t_0) = q_i(t_0)$ *und* $\bar{q}_i(t_1) = q_i(t_1)$ *ist.* Oder: *Die wirkliche Bewegung macht das Integral* J *stationär gegenüber allen benachbarten virtuellen Bewegungen, die im selben Zeitintervall von der Ausgangslage des Systems zur Endlage führen.*

Nach § 3 ergeben sich aus dem Hamiltonschen Prinzip sofort *die allgemeinen Lagrangeschen Bewegungsgleichungen*

$$\frac{d}{dt}\frac{\partial T}{\partial \dot{q}_i} - \frac{\partial}{\partial q_i}(T - U) = 0 \qquad (i = 1, 2, \ldots, n)\,. \tag{91}$$

Den Übergang von den Bewegungsgleichungen zu den *Bedingungen des Gleichgewichtes* erhalten wir unter der Voraussetzung, daß T und

U von t nicht explizit abhängen, indem wir in (91) die Ableitungen nach der Zeit gleich Null setzen. Es ergibt sich

(92) $$\frac{\partial U}{\partial q_i} = 0 .$$

D. h.: Ein mechanisches System mit der potentiellen Energie $U(q_1, \ldots, q_n)$ ist für ein Wertsystem der Koordinaten $q_1, \ldots, q_n$ dann und nur dann im Gleichgewicht, wenn dort die potentielle Energie einen stationären Wert hat.

Für die Stabilität des Gleichgewichtes ist darüber hinaus notwendig und hinreichend, daß an der betreffenden Stelle U ein Minimum besitzt.

Diese Tatsache kann man unter Heranziehung der Bewegungsgleichungen beweisen; wir ziehen es aber vor, sie bei Gleichgewichtsproblemen als unabhängiges Postulat an die Spitze zu stellen.

Einen besonders einfachen Charakter nimmt eine Bewegung an, wenn sie sich in der Nähe einer stabilen Gleichgewichtslage eines Systems abspielt. Ohne Beschränkung der Allgemeinheit wollen wir annehmen, daß die betrachtete Gleichgewichtslage durch das Verschwinden sämtlicher Koordinaten q_i gekennzeichnet ist. Beschränken wir uns dann weiter auf solche der Gleichgewichtslage benachbarte Bewegungszustände, bei welchen wir höhere Potenzen der Koordinaten und ihrer zeitlichen Ableitungen gegen niedere vernachlässigen dürfen, so können wir — unter der Voraussetzung, daß t in T und U nicht explizit vorkommt — T als positiv-definite quadratische Form in den $\dot{q}_i$ mit konstanten Koeffizienten a_{ik} ansehen:

$$T = \sum_{i,k=1}^{n} a_{ik} \dot{q}_i \dot{q}_k$$

und ebenso U als positiv definite quadratische Form in den q_i mit konstanten Koeffizienten b_{ik}:

$$U = \sum_{i,k=1}^{n} b_{ik} q_i q_k .$$

Die Bewegungsgleichungen gehen also über in die linearen Differentialgleichungen zweiter Ordnung mit konstanten Koeffizienten

$$\sum_{k=1}^{n} a_{ik} \ddot{q}_k + \sum_{k=1}^{n} b_{ik} q_k = 0 ,$$

welche die „*kleinen Schwingungen*“ um eine stabile Gleichgewichtslage beherrschen und im nächsten Kapitel diskutiert werden sollen.

Ganz analog werden wir nun auch bei Systemen der Kontinuumsmechanik, deren Lage nicht mehr durch endlich viele Koordinaten bestimmt ist, vom Hamiltonschen Prinzip bzw. dem Prinzip des Minimums der potentiellen Energie ausgehen. Nur sind hier eben potentielle und kinetische Energie nicht mehr Funktionen von endlich vielen Veränderlichen und deren Ableitungen, sondern werden ihrerseits wieder durch Integrale über die von dem System eingenommenen Räume, Flächen oder Linien dargestellt.

2. Schwingende Saite (Seil) und schwingender Stab. Das einfachste Beispiel liefert die homogene schwingende Saite (oder das Seil), welche in ihrer — einem stabilen Gleichgewicht entsprechenden — Ruhelage die Strecke $0 \leqq x \leqq l$ der x-Achse einnimmt, unter dem Einfluß einer konstanten Spannung μ steht und kleine transversale Schwingungen um die Ruhelage ausführen kann. Bezeichnen wir mit $u(x, t)$ die senkrecht zur x-Achse gemessene Entfernung eines Punktes der Saite aus seiner Ruhelage, so handelt es sich um die Bestimmung der Funktion $u(x, t)$. Die vorausgesetzte „Kleinheit" der Bewegung bringen wir dadurch zum Ausdruck, daß wir höhere Potenzen der Funktion u und ihrer Ableitungen gegenüber niederen Potenzen vernachlässigen. Wir nehmen fürs erste an, die Saite sei an ihren Endpunkten befestigt, d. h. es sei $u(0, t) = u(l, t) = 0$. Die kinetische Energie der Saite wird durch das Integral $\frac{1}{2}\int_0^l \varrho u_t^2 \, dx = T$ gegeben, wenn ϱ die Massendichte der Saite bezeichnet. Die potentielle Energie U wird proportional der Längenvergrößerung gegenüber der Länge im Ruhezustand zu setzen sein, wobei der Proportionalitätsfaktor gleich der Spannung μ ist. Nun ist die Änderung der Länge $\int_0^l \sqrt{1 + u_x^2}\, dx - l$ der Saite bei Vernachlässigung der Glieder höherer Ordnung gleich $\frac{1}{2}\int_0^l u_x^2 \, dx$, und daher erhalten wir für die potentielle Energie den Ausdruck

$$U = \frac{1}{2}\int_0^l \mu u_x^2 \, dx .$$

Das Hamiltonsche Prinzip verlangt jetzt, das Doppelintegral

$$\int_{t_0}^{t_1} (T - U)\, dt = \frac{1}{2}\int_{t_0}^{t_1}\int_0^l (\varrho u_t^2 - \mu u_x^2)\, dx\, dt$$

stationär zu machen, wobei zum Vergleich alle stetigen mit stückweise stetigen ersten Ableitungen versehenen Funktionen $u(x, t)$ zugelassen sind, welche für $x = 0$ und $x = l$ verschwinden und für $t = t_0$ und $t = t_1$ mit den der tatsächlichen Bewegung entsprechenden Funktionen $u(x, t_0)$ bzw. $u(x, t_1)$ übereinstimmen. Somit ergibt sich aus den allgemeinen Prinzipien der Variationsrechnung bei konstantem ϱ und μ sofort die partielle Differentialgleichung der schwingenden Saite

$$\varrho u_{tt} - \mu u_{xx} = 0 . \tag{93}$$

Wirkt eine äußere Kraft $f(x, t)$ auf die Saite, so tritt zu dem Ausdruck der potentiellen Energie noch das Zusatzglied $\int_0^l f(x, t) u\, dx$, so daß wir jetzt als Differentialgleichung

(94) $$\varrho u_{tt} - \mu u_{xx} + f(x, t) = 0$$

gewinnen.

Das stabile Gleichgewicht einer Saite unter dem Einfluß einer äußeren Kraft wird nach dem Minimumprinzip durch das Minimum des Integrals $\int_0^l \left(\frac{\mu}{2} u_x^2 + f u\right) dx$ gegeben, wobei naturgemäß die äußere Kraft $f(x)$ von der Zeit unabhängig vorausgesetzt ist; es folgt die auch als Spezialfall aus der Bewegungsgleichung sich ergebende Eulersche Gleichung

$$\mu u_{xx} - f(x) = 0 .$$

Um die entsprechenden Gleichungen für die Zustände eines *transversal beweglichen Stabes* aufzustellen, gehen wir aus von der Definition des Stabes als eines eindimensionalen, in der Ruhelage geradlinigen Kontinuums, dessen potentielle Energie bei Deformation proportional dem über die Stablänge erstreckten Integral des Quadrates der Krümmung ist. Setzen wir wieder voraus, daß wir höhere Potenzen der Deformationsfunktion $u(x, t)$ und ihrer Ableitungen gegen niedrigere Potenzen vernachlässigen dürfen, so erhalten wir für die potentielle Energie der Deformation einen Ausdruck der Form $\frac{\mu}{2}\int_0^l u_{xx}^2\, dx$, während die kinetische Energie denselben Ausdruck wie bei der Saite behält. Als Differentialgleichung der Bewegung ergibt sich nach dem Hamiltonschen Prinzip, falls wir noch allgemein das Auftreten einer äußeren Kraft $f(x, t)$ voraussetzen:

$$\varrho u_{tt} + \mu u_{xxxx} + f(x, t) = 0 ,$$

während für das Gleichgewicht unter dem Einfluß einer äußeren Kraft $f(x)$ die Bedingung

$$\mu u_{xxxx} + f(x) = 0$$

besteht.

Entscheidend für die Lösung unserer Variationsprobleme ist die Frage, welche Randbedingungen bzw. sonstigen Zwangsbedingungen vorgeschrieben sind. Anstatt feste Randbedingungen vorzuschreiben, wie z. B. $u(0) = u(l) = 0$ bei der Saite, oder $u(0) = u_x(0) = u(l) = u_x(l) = 0$ beim eingespannten Stab, können wir auch die Ränder freilassen, wobei sich nach den Methoden von § 5 bei der Saite die natürlichen Randbedingungen

(95) $$u_x(0, t) = u_x(l, t) = 0$$

bzw. beim Stab

(96) $u_{xx}(0,t) = u_{xx}(l,t) = 0, \qquad u_{xxx}(0,t) = u_{xxx}(l,t) = 0$

ergeben.

Sind die Endpunkte der Saite nicht absolut fest, sondern durch elastische Kräfte festgehalten, so tritt zu den Ausdrücken für die potentielle Energie von den Endpunkten her noch je ein Term $h_1 \frac{\mu}{2} u^2(0,t)$ bzw. $h_2 \frac{\mu}{2} u^2(l,t)$. Diese Terme ändern die Bewegungsgleichung (94) nicht, wohl aber ergeben sich jetzt wie in § 5 die natürlichen Randbedingungen

$$u_x(0,t) = h_1 u(0,t), \qquad u_x(l,t) = -h_2 u(l,t).$$

Im übrigen sei auf den Anhang dieses Kapitels verwiesen, wo in Nr. 15 die Diskussion allgemeinerer Randbedingungen usw. für den Fall des Stabes näher durchgeführt wird.

3. Membran und Platte. Prinzipiell nicht anders liegen die Verhältnisse bei der ebenen Membran und Platte. Unter einer Membran verstehen wir einen flächenhaften, in der Ruhelage ebenen elastischen Körper, dessen potentielle Energie sich proportional der Änderung des Flächeninhaltes ändert, wobei wir den Proportionalitätsfaktor als Spannung bezeichnen. In der Ruhelage möge die Membran ein Stück G der x, y-Ebene bedecken; mit $u(x,y)$ sei die Deformation senkrecht zur Ruheebene bezeichnet, und diese Deformation sei wieder klein in dem Sinne, daß höhere Potenzen von u, u_x, u_y gegenüber niederen vernachlässigt werden dürfen. Dann wird der Ausdruck $\iint_G \sqrt{u_x^2 + u_y^2 + 1}\, dx\, dy$ für den Flächeninhalt durch $\iint_G \left(1 + \frac{u_x^2 + u_y^2}{2}\right) dx\, dy$ zu ersetzen sein, und als gesuchte potentielle Energie ergibt sich bis auf einen konstanten Faktor das Doppelintegral

(97) $$\tfrac{1}{2}\iint_G (u_x^2 + u_y^2)\, dx\, dy.$$

Wir behandeln zunächst das *Gleichgewichtsproblem* der *Membran.* Setzen wir voraus, daß die Durchbiegung $u(x,y)$ der Membran am Rande Γ des Gebietes G vorgeschriebene Werte $\bar{u} = \bar{u}(s)$ besitzt — s bedeutet die Bogenlänge von Γ — und daß auf die Membran keinerlei äußere Kräfte wirken, so wird die Gleichgewichtslage durch folgendes Variationsproblem charakterisiert: Die der Gleichgewichtslage entsprechende Durchbiegung $u(x,y)$ ist diejenige Funktion, für welche das Integral $\iint_G (u_x^2 + u_y^2)\, dx\, dy$ einen möglichst kleinen Wert erhält, wenn zur Konkurrenz alle im abgeschlossenen Bereich G stetigen Funktionen u mit den vorgeschriebenen Randwerten $\bar{u}(s)$ zugelassen sind, welche im

Innern stetige erste und stückweise stetige zweite Ableitungen[1] besitzen. Die Eulersche Differentialgleichung lautet

$$\Delta u = u_{xx} + u_{yy} = 0\,.$$

Das Problem des Gleichgewichts ist also äquivalent mit dem durch diese Differentialgleichung und die vorgeschriebene Randbedingung gegebenen *Randwertproblem* dieser *partiellen Differentialgleichung* (der *Potentialgleichung*).

Nehmen wir etwas allgemeiner an, daß auf die Membran eine äußere Kraft wirkt, deren Flächendichte im Innern durch eine Funktion $f(x,y)$ gegeben wird, daß ferner der Rand der Membran frei beweglich ist und einer äußeren Kraft von der Liniendichte $p(s)$ unterliegt, endlich, daß der Rand durch elastische Kräfte an seine Ruhelage gebunden ist, wobei die Stärke der elastischen Bindung durch einen Elastizitätsmodul der Dichte $\sigma(s)$ charakterisiert wird. Dann wird die potentielle Energie einer Membran mit der Durchbiegung $u(x,y)$ durch den Ausdruck

$$\iint\limits_G \left[\frac{\mu}{2}(u_x^2 + u_y^2) + f u\right] dx\,dy + \int\limits_\Gamma \left[p(s)\,u + \frac{1}{2}\sigma(s)\,u^2\right] ds$$

gegeben. Wiederum erhalten wir die Gleichgewichtslage, indem wir dieses Integral durch eine Funktion $u(x,y)$ zum Minimum machen, wobei für die Zulassung zur Konkurrenz keinerlei Randbedingungen, sondern lediglich die oben formulierten Stetigkeitsbedingungen zu stellen sind. Die Eulersche Differentialgleichung (Gleichgewichtsbedingung im Innern) lautet, wenn wir $\mu = 1$ nehmen,

$$\Delta u - f(x,y)\,,$$

und als natürliche Randbedingung ergibt sich

$$\frac{\partial u}{\partial n} + \sigma u + p(s) = 0\,.$$

Beide Forderungen zusammen stellen wiederum eine Randwertaufgabe dar.

Wir gelangen übrigens von diesem allgemeinen Fall zu dem der Differentialgleichung $\Delta u = f$ mit den Randwerten $u = 0$ zurück, indem wir $p = 0$ setzen und σ über alle Grenzen wachsen lassen.

Ist $\sigma = 0$, so kann unser Gleichgewichtsproblem im allgemeinen keine Lösung besitzen. Physikalisch ist von vornherein plausibel, daß bei beliebigen äußeren Kräften eine völlig frei über dem Gebiet bewegliche Membran keine stabile Gleichgewichtslage haben wird, daß vielmehr hierfür von vornherein ein Gleichgewicht der äußeren Kräfte Voraussetzung sein muß. In der Tat ergibt sich dies Resultat auch

[1] Es wird übrigens für die spätere Behandlung dieses Problems von Wichtigkeit sein, daß wir die Stetigkeitsvoraussetzung über die zweiten Ableitungen aufgeben dürfen, ohne daß die Lösung des Problems sich ändert.

sofort aus dem Variationsprinzip: Damit unser Energieausdruck im Falle $\sigma = 0$ überhaupt eine untere Grenze besitzt, ist notwendig, daß die Gleichung

$$\iint\limits_G f\,dx\,dy + \int\limits_\Gamma p\,ds = 0 \tag{98}$$

besteht. Man erkennt dies, indem man in den Energieausdruck für die Durchbiegung u einen konstanten Wert c einsetzt. Der Energieausdruck wird dann das c-fache der linken Seite von Gleichung (98) und könnte durch Wahl eines absolut genommen hinreichend großen Wertes von c beliebig groß negativ gemacht werden, wenn diese linke Seite nicht verschwindet. Stellen wir aber diese Bedingung (98), so wird die Lösung des Variations- oder Gleichgewichtsproblems wiederum nicht eindeutig bestimmt sein, da wir zu ihr eine beliebige Konstante additiv hinzufügen können, ohne an dem Wert des Energieausdruckes und damit auch an seinem Minimum etwas zu ändern. Um die Lösung eindeutig zu machen, werden wir also noch eine weitere Bedingung hinzufügen. Man wählt hierzu gewöhnlich die Bedingung

$$\iint\limits_G u\,dx\,dy = 0\,,$$

welche besagt, daß man den Schwerpunkt der Membran in der Ruhelage festhält.

Zu den Gleichungen der Bewegung einer Membran gelangen wir mit Hilfe des Hamiltonschen Prinzipes, indem wir für die kinetische Energie den Ausdruck

$$T = \frac{\varrho}{2}\iint\limits_G u_t^2\,dx\,dy \tag{99}$$

zugrunde legen. Das Hamiltonsche Prinzip verlangt dann, wenn eine äußere Kraft mit der Dichte $f(x, y, t)$ auf die Membranfläche und eine Randkraft mit der Liniendichte $p(s, t)$ am Rande wirkt, und wenn am Rande weiter eine elastische Bindung $\sigma(s)$ vorliegt, den Ausdruck

$$\int\limits_{t_0}^{t_1}\iint\limits_G \left[\frac{\varrho}{2}u_t^2 - \frac{\mu}{2}(u_x^2 + u_y^2) - f(x, y, t)\,u\right] dx\,dy\,dt - \frac{\mu}{2}\int\limits_{t_0}^{t_1}\int\limits_\Gamma \sigma u^2\,ds\,dt + \int\limits_{t_0}^{t_1} p u\,dt$$

stationär zu machen. Die Eulersche Differentialgleichung des Problems lautet:

$$\mu\Delta u - \varrho u_{tt} - f(x, y, t) = 0\,,$$

und die natürlichen Randbedingungen werden

$$\frac{\partial u}{\partial n} + \sigma u + p(s) = 0\,. \tag{100}$$

Handelt es sich um eine eingespannte Membran, bei welcher die Werte am Rande als Funktionen der Bogenlänge vorgegeben sind, so tritt an Stelle der Bedingung (100) die Bedingung der Vorgabe dieser Randwerte.

Während beim Gleichgewichtsproblem durch das Minimumprinzip sofort ein Randwertproblem einer Differentialgleichung in der Form geliefert wird, wie es tatsächlich auftritt, und hier das Variationsproblem, wie wir später sehen werden, den Kern des Problems sachgemäß trifft, liegt die Bedeutung des Hamiltonschen Prinzips für den Bewegungsvorgang vor allem in der einfachen formalen Aufstellung der Differentialgleichung. Um ihre Lösung festzulegen, braucht man, abgesehen von den sich ergebenden oder von vornherein gestellten räumlichen Randbedingungen, aber noch andere, auf die Zeitvariable bezügliche Bedingungen. Nach dem Hamiltonschen Prinzip erscheinen die zur Konkurrenz zugelassenen Funktionen für zwei feste Zeitmomente t_0 und t_1 vorgeschrieben. Bei den Bewegungsproblemen der mathematischen Physik sind jedoch im allgemeinen nicht von vornherein zeitliche Bedingungen dieser Art vorgegeben. Vielmehr wird im allgemeinen, abgesehen von den Randbedingungen, der *Anfangszustand* gegeben sein; d. h. für die Funktionen $u(x,y,t)$ und $u_t(x,y,t)$ werden die Werte zur Zeit $t=0$ vorgeschrieben sein. Wir werden also für das Bewegungsproblem ein gemischtes Anfangs- und Randwertproblem zu behandeln haben.

Ganz analog liegen die Verhältnisse bei der Platte.

Unter einer Platte verstehen wir einen flächenhaften, in der Ruhelage ebenen elastischen Körper, dessen potentielle Energie bei einer Deformation durch ein Integral über eine quadratische Form der Hauptkrümmungen der bei der Biegung entstehenden Fläche gegeben wird. Bezeichnen wir die Hauptkrümmungsradien der deformierten Platte mit ϱ_1, ϱ_2, so wird die potentielle Energie ein Ausdruck der Form $A\left(\frac{1}{\varrho_1^2}+\frac{1}{\varrho_2^2}\right)+\frac{2B}{\varrho_1\varrho_2}$, worin A und B Materialkonstanten sind; wegen der vorausgesetzten Kleinheit von u, u_x, ... kann man setzen

$$\frac{2}{\varrho_1}+\frac{2}{\varrho_2}=\Delta u=u_{xx}+u_{yy}, \qquad \frac{1}{\varrho_1\varrho_2}=u_{xx}u_{yy}-u_{xy}^2.$$

Die gesuchte potentielle Energie der Verbiegung ist also gegeben durch einen Ausdruck der Form

$$U_1=\iint_G[(\Delta u)^2-2(1-\mu)(u_{xx}u_{yy}-u_{xy}^2)]\,dx\,dy \tag{101}$$

bis auf einen Materialfaktor, den wir gleich 1 setzen.

Zu ihr treten noch die Energien der Flächenkräfte, Randkräfte und unter Umständen auch vorgegebener Biegungsmomente am Rande:

$$U_2=\iint_G f\,u\,dx\,dy+\int_\Gamma p(s)\,u\,ds+\int_\Gamma m(s)\frac{\partial u}{\partial n}\,ds,$$

wobei die Dichte der Flächenkräfte bzw. Randkräfte bzw. normal zur Randkurve wirkenden Biegungsmomente durch $f(x,y)$, $p(s)$, $m(s)$ gegeben ist.

Das Gleichgewicht ist wieder dadurch charakterisiert, daß $U_1 + U_2$ durch eine geeignete zulässige Funktion $u(x,y)$ zum Minimum gemacht wird, wobei als Konkurrenzbedingung Stetigkeit der Ableitungen von u bis zur vierten Ordnung vorausgesetzt wird. (Tatsächlich kann man, ohne die Lösung des Problems zu beeinflussen, diese Bedingungen stark mildern.) Um die Eulerschen Gleichungen bzw. die natürlichen Randbedingungen für unser Minimumproblem zu formulieren, haben wir nach § 5 die Variation $\delta U = \delta U_1 + \delta U_2$ zu bilden und gleich Null zu setzen. Es ergibt sich

$$\delta U_1 = \iint\limits_G (\Delta\Delta u\, \delta u)\, dx\, dy - \int\limits_\Gamma M\, \delta \frac{\partial u}{\partial n}\, ds - \int\limits_\Gamma P\, \delta u\, ds,$$

wobei

$$M(u) = -\mu \Delta u - (1-\mu)(u_{xx} x_n^2 + 2 u_{xy} x_n y_n + u_{yy} y_n^2),$$

$$P(u) = \frac{\partial}{\partial n} \Delta u + (1-\mu) \frac{\partial}{\partial s} (u_{xx} x_n x_s + u_{xy}(x_n y_s + x_s y_n) + u_{yy} y_n y_s)$$

gesetzt ist. (Dabei sind x_n, y_n bzw. x_s, y_s die Richtungscosinus der äußeren Normalen bzw. des Tangentenvektors.) Aus $\delta U = 0$ erhält man als Gleichgewichtsbedingung einmal die Eulersche Differentialgleichung

$$\Delta\Delta u + f = 0,$$

andererseits, da am Rande keinerlei Bedingungen gestellt waren, die natürlichen Randbedingungen

$$P(u) + p = 0, \qquad M(u) + m = 0.$$

Ist die Platte am Rande eingespannt, d. h. haben am Rande u und $\partial u/\partial n$ die vorgeschriebenen Werte Null, so fallen diese natürlichen Bedingungen weg und sind durch die Bedingungen $u = 0$, $\frac{\partial u}{\partial n} = 0$ zu ersetzen, während der gestützten Platte, d. h. der Platte, bei welcher zwar der Rand, nicht aber dort die Tangentialebene festgehalten ist, die Randbedingungen

$$(102) \quad u = 0, \quad \mu \Delta u - (1-\mu)(x_n^2 u_{xx} + y_n^2 u_{yy} + 2 x_n y_n u_{xy}) = 0$$

zugehören[1].

Zur Formulierung der Differentialgleichung für die Bewegung der Platte (Differentialgleichung der schwingenden Platte) gelangen wir

[1] Es ist bei den Variationsproblemen der Platte bemerkenswert, daß der Ausdruck $u_{xx} u_{yy} - u_{xy}^2$ als Divergenzausdruck zwar auf die Eulersche Differentialgleichung keinen Einfluß hat, aber für die Gestalt der natürlichen Randbedingungen entscheidend ist.

wiederum nach dem Hamiltonschen Prinzip, indem wir für die kinetische Energie den Ausdruck (99) heranziehen. Es ergeben sich so die Bedingungsgleichungen

$$\mu \Delta \Delta u + \varrho u_{tt} = 0$$

bzw. allgemeiner

$$\mu \Delta \Delta u + \varrho u_{tt} + f(x, y, t) = 0$$

mit den jeweils entsprechenden Randbedingungen wie oben bei der im Gleichgewicht befindlichen Platte. Diese Randbedingungen müssen zur Charakterisierung eines wirklichen Vorganges noch charakterisiert werden durch Anfangsbedingungen, welche den Anfangszustand, d. h. die Funktionen $u(x,y,0)$ und $u_t(x,y,0)$ festlegen.

§ 11. Ergänzungen und Aufgaben zum vierten Kapitel.

1. Variationsproblem zu gegebener Differentialgleichung. Zu einer gegebenen gewöhnlichen Differentialgleichung zweiter Ordnung $y'' = f(x,y,y')$ läßt sich stets eine Funktion $F(x,y,y')$ finden, so daß $[F]_y = 0$ nach y'' aufgelöst mit der Differentialgleichung identisch ist. Vgl. Bolza, O.: Vorlesungen über Variationsrechnung, S. 37—39.

2. Reziprozität bei isoperimetrischen Problemen. Die Extremalen des Problems $J = \int_{x_0}^{x_1} F(x,y,y')\,dx =$ Extr. unter der Bedingung $K = \int_{x_0}^{x_1} G(x,y,y')\,dx =$ konst. sind dieselben wie die des Problems $K =$ Extr., $J =$ konst., abgesehen von dem singulären Fall (§ 7, 1).

3. Kreisförmige Lichtstrahlen. Ist die Geschwindigkeit des Lichtes proportional zu y, so sind die Lichtstrahlen Kreise um Punkte der x-Achse als Mittelpunkte.

4. Das Problem der Dido, mit einer Kurve von gegebener Länge ein möglichst großes Gebiet zu umspannen, werde dahin abgeändert, daß das Land nicht überall gleich wertvoll ist, sondern etwa die Fruchtbarkeit eine Funktion $\varrho(x,y)$ des Ortes ist. Es handelt sich also darum, dem Integral $\iint_G \varrho\,dx\,dy$, erstreckt über das umspannte Gebiet, einen möglichst großen Wert zu erteilen. Man stelle die Differentialgleichung der Extremalen auf.

5. Beispiel eines räumlichen Problems. Die Kugel ist diejenige geschlossene Fläche, die unter allen Flächen, welche das gleiche Volumen einschließen, den kleinsten Flächeninhalt hat. (Literaturangaben bei Blaschke, W.: Kreis und Kugel. Leipzig 1916.)

Fragt man nach der Fläche mit kleinstem Inhalt, die bei gegebener Randkurve mit einer gegebenen, von derselben Randkurve begrenzten Fläche ein gegebenes Volumen begrenzt, so ergeben sich als Extremalen die Flächen konstanter mittlerer Krümmung. Läßt man die Nebenbedingung bezüglich des Volumens fortfallen, so kommt man auf die schon in § 3, 4 aufgestellte Differentialgleichung der *Minimalflächen*

$$(1 + z_y^2)\, z_{xx} - 2 z_x z_y z_{xy} + (1 + z_x^2)\, z_{yy} = 0,$$

die das Verschwinden der mittleren Krümmung anzeigt.

6. Das isoperimetrische Problem auf einer krummen Fläche hat als Lösungen die Kurven konstanter geodätischer Krümmung. (Vgl. Blaschke, W.: Vorlesungen über Differentialgeometrie und geometrische Grundlagen von Einsteins Relativitätstheorie, Bd. 1, 3. Aufl., S. 154—155. Berlin 1930.)

7. Die Indikatrix und ihre Anwendungen[1]. Bei dem Problem, das Integral $\int_{t_0}^{t_1} \mathfrak{F}(x, y, \dot{x}, \dot{y})\, dt$ zum Extremum zu machen ($\mathfrak{F}$ ist positiv-homogen erster Ordnung in $\dot{x}, \dot{y}$), betrachten wir bei festen x, y die Kurve

$$\mathfrak{F}(x, y, \xi, \eta) = 1$$

in der ξ, η-Ebene. Sie heißt *Eichkurve* oder *Indikatrix*. An ihr lassen sich viele wichtige Beziehungen geometrisch deuten. Ganz entsprechend ist beim räumlichen Problem $\mathfrak{F}(x, y, z, \xi, \eta, \zeta) = 1$ die Gleichung der Eichfläche im ξ, η, ζ-Raum.

Die Richtung $(\delta x, \delta y)$ ist transversal zu $(\dot{x}, \dot{y})$, wenn $\mathfrak{F}_{\dot{x}}\,\delta x + \mathfrak{F}_{\dot{y}}\,\delta y = 0$ ist. Nun ist aber die Gleichung der Tangente an die Eichkurve im Punkt $\left(\frac{\dot{x}}{\mathfrak{F}}, \frac{\dot{y}}{\mathfrak{F}}\right)$:

$$\left(\xi - \frac{\dot{x}}{\mathfrak{F}}\right)\mathfrak{F}_{\dot{x}} + \left(\eta - \frac{\dot{y}}{\mathfrak{F}}\right)\mathfrak{F}_{\dot{y}} = 0$$

oder

$$\xi\,\mathfrak{F}_{\dot{x}} + \eta\,\mathfrak{F}_{\dot{y}} = 1.$$

Also ist die transversale Richtung die der Tangente an die Eichkurve im Treffpunkt mit der Halbgeraden, die vom Nullpunkt nach dem Punkt $\dot{x}, \dot{y}$ führt. Fragen wir z. B., bei welchen Problemen Transversalität senkrechtes Schneiden bedeutet, so sehen wir, daß die Eichkurve die Geraden durch den Nullpunkt senkrecht schneiden, d. h. daß sie ein Kreis um den Nullpunkt sein muß. Wegen der Homogenität folgt daraus $\mathfrak{F}(x, y, \dot{x}, \dot{y}) = \varphi(x, y)\sqrt{\dot{x}^2 + \dot{y}^2}$. Soll die Beziehung zwischen Extremalen- und Transversalenrichtung symmetrisch sein, so muß, wenn man zur Tangente in einem Punkt P der Eichkurve die Parallele durch den Nullpunkt O zieht, die Tangente in ihrem Schnittpunkt mit der Eichkurve parallel zu OP sein.

Besonders lehrreich ist die Betrachtung an der Eichkurve bei der Behandlung der *gebrochenen Extremalen*, d. h. solcher Lösungskurven eines Extremumproblems, welche im Punkt x_0, y_0 einen Knick haben.

---

[1] Vgl. Carathéodory, C.: Über die starken Maxima und Minima bei einfachen Integralen. Math. Ann. Bd. 62, S. 449—503. 1906.

Wir fragen, wann eine Kurve, die den Punkt (x_0, y_0) mit (x, y) verbindet und hier in der Richtung $(\dot{x}^-, \dot{y}^-)$ eintrifft, dann in der Richtung $(\dot{x}^+, \dot{y}^+)$ weitergeht und in (x_2, y_2) endigt, ein Extremum liefern kann. Auf den Stücken, wo die Kurve eine stetig veränderliche Tangente hat, muß sie wie immer den Eulerschen Gleichungen genügen. Um die Verhältnisse an der Knickstelle zu untersuchen, denken wir die Extremale als Glied einer Schar ebenfalls gebrochener Kurven

$$x(t) + \varepsilon\xi(t), \qquad y(t) + \varepsilon\eta(t)$$

mit stetig differenzierbaren, an den Enden verschwindenden Funktionen ξ und η und bilden die erste Variation, d.h. differenzieren nach ε und setzen $\varepsilon = 0$. Tun wir dies für die beiden Bögen einzeln, so bleiben nur die dem Knickpunkt zukommenden Randglieder stehen; die äußeren Randglieder verschwinden, da wir die Endpunkte festhalten, die Integrale wegen der Extremaleneigenschaft der Bögen. Es bleibt also

$$\begin{aligned}&\xi(t_1)\,\mathfrak{F}_{\dot{x}}(x_1, y_1, \dot{x}_1^-, \dot{y}_1^-) + \eta(t_1)\,\mathfrak{F}_{\dot{y}}(x_1, y_1, \dot{x}_1^-, \dot{y}_1^-)\\ -\;&\xi(t_1)\,\mathfrak{F}_{\dot{x}}(x_1, y_1, \dot{x}_1^+, \dot{y}_1^+) - \eta(t_1)\,\mathfrak{F}_{\dot{y}}(x_1, y_1, \dot{x}_1^+, \dot{y}_1^+) = 0,\end{aligned}$$

und da $\xi(t_1)$ und $\eta(t_1)$ willkürlich sind, so folgt die „*Weierstraß-Erdmannsche Eckenbedingung*"

$$\begin{aligned}\mathfrak{F}_{\dot{x}}(x_1, y_1, \dot{x}_1^-, \dot{y}_1^-) &= \mathfrak{F}_{\dot{x}}(x_1, y_1, \dot{x}_1^+, \dot{y}_1^+),\\ \mathfrak{F}_{\dot{y}}(x_1, y_1, \dot{x}_1^-, \dot{y}_1^-) &= \mathfrak{F}_{\dot{y}}(x_1, y_1, \dot{x}_1^+, \dot{y}_1^+);\end{aligned}$$

d.h. die Tangenten in den Treffpunkten der Vektoren $(\dot{x}_1^-, \dot{y}_1^-)$ und $(\dot{x}_1^+, \dot{y}_1^+)$ mit der Eichkurve fallen zusammen. Die beiden Richtungen der Kurve im Knickpunkt sind die der Strahlen vom Ursprung nach den Berührungspunkten einer Doppeltangente der Eichkurve.

8. Variation bei veränderlichem Gebiet. Wenn bei einem Integral $J = \int_{x_0}^{x_1} F(x, u, u')\,dx$ nicht nur die Funktion $u(x)$, sondern auch die Integrationsgrenzen x_0 und x_1 mit einem Parameter ε variabel sind, so erhält man für die erste Variation des Integrals zu dem üblichen Ausdruck noch einen von der Variation des Gebietes herrührenden Zusatzausdruck, und zwar ergibt sich:

$$\delta J = \int_{x_0}^{x_1} \{[F]_u\,\delta u + (F_{u'}\,\delta u)'\}\,dx + (F\,\delta x)_{x_0}^{x_1}, \tag{103}$$

wobei

$$\delta u = \varepsilon\left(\frac{\partial u(x;\varepsilon)}{\partial\varepsilon}\right)_{\varepsilon=0}, \qquad \delta x_1 = \varepsilon\left(\frac{\partial x_1(\varepsilon)}{\partial\varepsilon}\right)_{\varepsilon=0}, \qquad \delta x_0 = \varepsilon\left(\frac{\partial x_0(\varepsilon)}{\partial\varepsilon}\right)_{\varepsilon=0}$$

gesetzt wurde und $[F]_u$ die Eulersche Ableitung von F bedeutet.

Eine ähnliche Formel gilt für zwei (und natürlich auch für mehr) Dimensionen, wenn der Integrationsbereich G mit einem Parameter ε veränderlich ist. Um die Variation des Integrals

$$J = \iint_G F(x, y, u, u_x, u_y)\, dx\, dy$$

zu bilden, denken wir den vom Parameter ε abhängigen Bereich G^*, in welchem wir die laufenden Koordinaten mit x^* und y^* bezeichnen, durch eine — als umkehrbar eindeutig und stetig differenzierbar vorausgesetzte — Transformation

$$(104) \qquad \begin{cases} x^* = X(x, y; \varepsilon), \\ y^* = Y(x, y; \varepsilon) \end{cases}$$

auf den ursprünglichen Bereich G mit den Koordinaten x, y abgebildet, so daß für $\varepsilon = 0$ die identische Transformation entsteht. In G^* ordnen wir der Stelle x^*, y^* einen neuen Funktionswert $u^* = u^*(x^*, y^*; \varepsilon)$ zu, den wir in seiner Abhängigkeit von den alten Veränderlichen mit

$$(104\text{a}) \qquad u^* = U(x, y; \varepsilon)$$

bezeichnen. Es gilt also die Relation

$$u^*(X, Y; \varepsilon) \equiv U(x, y; \varepsilon).$$

In die Flächenschar $u^*(x^*, y^*; \varepsilon)$ — deren einzelne Individuen durch die Gleichungen (104), (104a) bei festem ε in Parameterdarstellung mit x und y als Parametern gegeben sind — ist unsere Ausgangsfunktion $u(x; y)$ für $\varepsilon = 0$ eingebettet.

Nunmehr bilden wir das Integral

$$J(\varepsilon) = \iint_{G(\varepsilon)} F[x^*, y^*, u^*(x^*, y^*; \varepsilon), u^*_{x^*}(x^*, y^*; \varepsilon)\, u^*_{y^*}(x^*, y^*; \varepsilon)]\, dx^*\, dy^*$$

und transformieren es durch Einführung von x, y als unabhängigen Veränderlichen auf das feste Gebiet G:

$$J(\varepsilon) = \iint_G F[X, Y, u^*(X, Y; \varepsilon), u^*_{x^*}(X, Y; \varepsilon), u^*_{y^*}(X, Y; \varepsilon)]\, \frac{\partial(X, Y)}{\partial(x, y)}\, dx\, dy.$$

Dann haben wir die Variation durch Differentiation nach ε für $\varepsilon = 0$ zu bilden. Zur bequemen Ausdrucksweise führen wir die Bezeichnungen ein:

$$\delta x = \varepsilon \left(\frac{\partial X}{\partial \varepsilon}\right)_{\varepsilon=0}, \qquad \delta y = \varepsilon \left(\frac{\partial Y}{\partial \varepsilon}\right)_{\varepsilon=0},$$

$$\delta u = \varepsilon \left(\frac{\partial U(x, y; \varepsilon)}{\partial \varepsilon}\right)_{\varepsilon=0} = \varepsilon \left(\frac{\partial u^*(X, Y; \varepsilon)}{\partial \varepsilon}\right)_{\varepsilon=0},$$

$$\delta u_x = \varepsilon \left(\frac{\partial u^*_{x^*}(x, y; \varepsilon)}{\partial \varepsilon}\right)_{\varepsilon=0}, \qquad \delta u_y = \varepsilon \left(\frac{\partial u^*_{y^*}(x, y; \varepsilon)}{\partial \varepsilon}\right)_{\varepsilon=0}.$$

Dann wird

$$\delta J = \iint\limits_G [F_x \delta x + F_y \delta y + F_u \delta u + F_{u_x} \delta u_x + F_{u_y} \delta u_y + F(\delta x)_x + F(\delta y)_y] \, dx \, dy .$$

Diesem Integral können wir eine andere Form geben, wenn wir an Stelle der obigen Variationen der verschiedenen Funktionen u^* die Variationen bei festgehaltener Argumentenstelle heranziehen, nämlich

$$\bar{\delta} u = \varepsilon \left(\frac{\partial}{\partial \varepsilon} u^*(x, y; \varepsilon) \right)_{\varepsilon = 0},$$

wobei wir x, y statt der unabhängigen Veränderlichen x^*, y^* geschrieben haben und wobei die Variation $\bar{\delta} u$ auf der Stelle mit der Variation δu bei Verrückung des Argumentes durch die Beziehung

$$\delta u = \bar{\delta} u + u_x \delta x + u_y \delta y \tag{105}$$

zusammenhängt. Entsprechend gilt

$$\delta u_x = (\bar{\delta} u)_x + u_{xx} \delta x + u_{xy} \delta y ,$$
$$\delta u_y = (\bar{\delta} u)_y + u_{yx} \delta x + u_{yy} \delta y .$$

Durch Einführung dieser Ausdrücke in δJ gewinnt man

$$\delta J = \iint\limits_G \{[F]_u \bar{\delta} u + (F_{u_x} \bar{\delta} u)_x + (F_{u_y} \bar{\delta} u)_y + (F \delta x)_x + (F \delta y)_y\} \, dx \, dy$$

oder

$$\delta J = \iint\limits_G [F]_u \bar{\delta} u \, dx \, dy + \int\limits_\Gamma \left(F_{u_x} \frac{\partial x}{\partial n} + F_{u_y} \frac{\partial y}{\partial n} \right) \bar{\delta} u \, ds + \int\limits_\Gamma F \left(\delta x \frac{\partial x}{\partial n} + \delta y \frac{\partial y}{\partial n} \right) ds ,$$

wenn n die äußere Normale und s die Bogenlänge des Randes Γ von G ist. (Die Herleitung dieser letzten Formel ist übrigens auch direkt auf anschaulichem Wege leicht durchführbar, indem man die Variation von J zerspaltet in einen bei festgehaltenem Gebiet entstehenden Bestandteil und in einen Ausdruck, der von der Variation des Gebietes herrührt; dabei stellt man die Gebietsvariation dar durch Verschiebung der Randpunkte in der Normalenrichtung um einen zu ε proportionalen vom Randpunkt abhängigen Verschiebungsvektor n.)

9. Die Sätze von E. Noether über invariante Variationsprobleme. Integrale in der Punktmechanik[1]**.** Durch die von dem kontinuierlichen Parameter α abhängende Transformation

$$\begin{cases} x^* = X^*(x, y, u; \alpha), \\ y^* = Y^*(x, y, u; \alpha), \\ u^* = U^*(x, y, u; \alpha) \end{cases} \tag{106}$$

[1] Noether, E.: Invariante Variationsprobleme. Nachr. Ges. Göttingen (math.-phys. Kl.), S. 235—257. 1918.

werde jeder Fläche $u = u(x,y)$ eine von α abhängende Schar von Flächen $u^* = u^*(x^*, y^*; \alpha)$ zugeordnet, deren Parameterdarstellung (mit x, y als Parametern) durch

$$\begin{aligned} x^* &= X^*(x, y, u(x, y); \alpha) = X(x, y; \alpha), \\ y^* &= Y^*(x, y, u(x, y); \alpha) = Y(x, y; \alpha), \\ u^* &= U^*(x, y, u(x, y); \alpha) = U(x, y; \alpha) \end{aligned}$$

gegeben ist. Dem Werte Null des Parameters α entspreche die identische Transformation.

Wir machen nun die Voraussetzung, das Integral

$$J = \iint_G F(x, y, u, u_x, u_y)\, dx\, dy$$

möge sich bei Anwendung der Transformation (106) nicht ändern, d. h. es sei für jedes Gebiet G

$$J^* = \iint_{G^*} F(x^*, y^*, u^*, u^*_{x^*}, u^*_{y^*})\, dx^*\, dy^* = \iint_G F\, dx\, dy,$$

worin G^* das Gebiet ist, das der Punkt x^*, y^* durchläuft, wenn x, y das Gebiet G durchläuft. Dann ist offenbar

$$\delta J = \alpha \left(\frac{\partial J^*}{\partial \alpha}\right)_{\alpha=0} = 0,$$

und man erhält auf Grund der vorigen Nummer

$$\text{(107)} \qquad \left\{ \begin{aligned} 0 = \iint_G \Big\{ [F]_u \bar{\delta} u &+ \frac{\partial}{\partial x}(F_{u_x} \bar{\delta} u) + \frac{\partial}{\partial y}(F_{u_y} \bar{\delta} u) \\ &+ \frac{\partial}{\partial x}(F\, \delta x) + \frac{\partial}{\partial y}(F\, \delta y) \Big\}\, dx\, dy. \end{aligned} \right.$$

Dabei ist genau wie früher gesetzt:

$$\text{(108)} \qquad \left\{ \begin{aligned} \delta x &= \alpha \left(\frac{\partial X^*}{\partial \alpha}\right)_{\alpha=0} = \alpha \left(\frac{\partial X}{\partial \alpha}\right)_{\alpha=0}, \\ \delta y &= \alpha \left(\frac{\partial Y^*}{\partial \alpha}\right)_{\alpha=0} = \alpha \left(\frac{\partial Y}{\partial \alpha}\right)_{\alpha=0}, \end{aligned} \right.$$

und ebenso ist unter Beachtung von (105):

$$\text{(109)} \qquad \bar{\delta} u = \alpha \left(\frac{\partial U}{\partial \alpha}\right)_{\alpha=0} - (U_x + U_u u_x)_{\alpha=0}\, \delta x - (U_y + U_u u_y)_{\alpha=0}\, \delta y.$$

Da Gleichung (107) nach Voraussetzung für jedes Gebiet G gilt, muß der Integrand der rechten Seite verschwinden, d. h. es ist

$$[F]_u \bar{\delta} u + \frac{\partial}{\partial x}(F_{u_x} \bar{\delta} u + F\, \delta x) + \frac{\partial}{\partial y}(F_{u_y} \bar{\delta} u + F\, \delta y) = 0.$$

Entsprechende Formeln erhält man bei mehr abhängigen Veränderlichen. Bleibt z. B. das Integral $J = \iint_G F(x, y, u, v, u_x, v_x, u_y, v_y)\, dx\, dy$ bei den kontinuierlichen Transformationen

$$\begin{aligned} x^* &= X(x, y, u, v; \alpha), \qquad & y^* &= Y(x, y, u, v; \alpha), \\ u^* &= U(x, y, u, v; \alpha), \qquad & v^* &= V(x, y, u, v; \alpha) \end{aligned}$$

ungeändert, so ergibt sich

$$[F]_u \bar{\delta u} + [F]_v \bar{\delta v} + \frac{\partial}{\partial x}(F_{u_x}\bar{\delta u} + F_{v_x}\bar{\delta v} + F\,\delta x)$$
$$+ \frac{\partial}{\partial y}(F_{u_y}\bar{\delta u} + F_{v_y}\bar{\delta v} + F\,\delta y) = 0.$$

wobei jetzt

$$\text{(109a)}\quad \begin{cases} \bar{\delta u} = \alpha\left(\frac{\partial U}{\partial \alpha}\right)_{\alpha=0} - (U_x + U_u u_x + U_v v_x)_{\alpha=0}\,\delta x \\ \qquad\qquad - (U_y + U_u u_y + U_v v_y)_{\alpha=0}\,\delta y, \\ \bar{\delta v} = \alpha\left(\frac{\partial V}{\partial \alpha}\right)_{\alpha=0} - (V_x + V_u u_x + V_v v_x)_{\alpha=0}\,\delta x \\ \qquad\qquad - (V_y + V_u u_y + V_v v_y)_{\alpha=0}\,\delta y \end{cases}$$

ist.

Die Übertragung auf eine oder mehr als zwei unabhängige Variable oder gesuchte Funktionen liegt auf der Hand. Bei einer unabhängigen Variablen erhält man durch Integration für die Extremalen ein erstes Integral

$$F_{u'}\,\delta u + F_{v'}\,\delta v + F\,\delta x = \alpha \cdot \text{konst.},$$

worin die Ausdrücke δu, δv, δx nach (108) bzw. (109a) entsprechenden Formeln als Funktionen von x bekannt sind.

Man bestätigt dies an dem Beispiel $\int_{x_0}^{x_1} F(u, u')\,dx = \text{Min}$. Da der Integrand x nicht explizite enthält, bleibt er invariant gegenüber der kontinuierlichen Transformation

$$x^* = x + \alpha, \qquad u^* = u;$$

man erhält also für die Extremalen das Integral $F - u'F_{u'} = \text{konst.}$ — ein Resultat, das wir bereits in § 4 abgeleitet haben.

Kennt man eine mehrere Parameter enthaltende Schar von Transformationen, die das Integral J ungeändert lassen, so erhält man ebenso viele linear unabhängige Kombinationen der Eulerschen Ausdrücke in Divergenzgestalt bzw. ebenso viele linear unabhängige erste Integrale.

Diese Tatsachen werden erläutert durch die *Integrale der Punktmechanik*. Die Bahnkurven der Punkte eines freien Massensystems werden gegeben durch die Extremalen des Problems

$$\delta J = \delta\int_{t_0}^{t_1}(T - U)\,dt = 0,$$

worin $T = \frac{1}{2}\sum m(\dot{x}^2 + \dot{y}^2 + \dot{z}^2)$ ist und die potentielle Energie nur von der gegenseitigen Lage der Massenpunkte abhängt, d. h. sich bei Lagenänderung des gesamten Systems nicht ändert.

Dieses Integral gestattet z. B. die kontinuierliche Transformation

$$t^* = t, \qquad x^* = x + \alpha, \qquad y^* = y, \qquad z^* = z$$
$$(\text{also}\quad \delta t = \delta y = \delta z = 0; \qquad \delta x = \alpha)$$

oder

$$t^* = t, \qquad x^* = x\cos\alpha + y\sin\alpha, \qquad y^* = -x\sin\alpha + y\cos\alpha, \qquad z^* = z$$

$$(\text{also} \quad \delta t = \delta z = 0; \qquad \delta x = \alpha y, \qquad \delta y = -\alpha x).$$

Daraus folgt nach dem Obigen

$$T_{\dot x} = \sum m\dot x = \text{konst.},$$

$$y T_{\dot x} - x T_{\dot y} = \sum m(y\dot x - x\dot y) = \text{konst.};$$

das ist mit den durch Vertauschung der x, y, z entstehenden Integralen zusammen der *Schwerpunkt-* bzw. der *Flächensatz.*

Ähnlich ergibt sich das *Energieintegral,* falls T und U die Zeit nicht explizit enthalten, aus der Bemerkung, daß das Integral $\int_{t_0}^{t_1}(T - U)\,dt$ die Transformation $t' = t + \alpha$, $\delta t = \alpha$ gestattet.

Näheres siehe bei BESSEL-HAGEN, E.: Über die Erhaltungssätze der Elektrodynamik, Math. Ann. Bd. 84, S. 258—276. 1921.

Bleibt das Integral J ungeändert bei Transformationen, die eine willkürliche Funktion p der unabhängigen Variablen und ihre Ableitungen bis zur k^{ten} Ordnung enthalten:

$$x^* = X\left(x, y, u, v, p(x,y), \frac{\partial}{\partial x}p(x,y), \ldots, \frac{\partial^k}{\partial y^k}p(x,y)\right),$$

$$\ldots\ldots\ldots\ldots\ldots\ldots\ldots\ldots\ldots,$$

so erhält man eine identisch verschwindende Linearkombination der Eulerschen Ausdrücke und ihrer totalen Ableitungen bis zur k^{ten} Ordnung, d. h. die Eulerschen Gleichungen sind nicht unabhängig voneinander.

Das einfachste Beispiel ist die homogene Form der einfachen Integrale

$$J = \int_{t_0}^{t_1} \mathfrak{F}(x, y, \dot x, \dot y)\,dt.$$

Das Integral ändert sich nicht, wenn man t, $x(t)$, $y(t)$, $\dot x(t)$, $\dot y(t)$ ersetzt durch $t(\tau)$, $x(t(\tau))$, $y(t(\tau))$, $\frac{dx(t(\tau))}{d\tau}$, $\frac{dy(t(\tau))}{d\tau}$. Demgemäß sind die Eulerschen Ausdrücke $[\mathfrak{F}]_x$, $[\mathfrak{F}]_y$ verbunden durch die Beziehung

$$\dot x[\mathfrak{F}]_x + \dot y[\mathfrak{F}]_y = 0.$$

[Vgl. Formel (31) auf S. 170.]

Betreffs genauerer Angaben, Verallgemeinerungen und Anwendungen in der Mechanik, Elektrodynamik und Relativitätstheorie vergleiche man den obengenannten Aufsatz von E. NOETHER und die dort angegebenen Arbeiten.

10. Transversalität bei mehrfachen Integralen. Soll das Integral

$$\iint_G F(x, y, z, x_u, y_u, z_u, x_v, y_v, z_v)\,du\,dv$$

zum Minimum werden unter der Bedingung, daß der Rand der Fläche $[x(u,v), y(u,v), z(u,v)]$ auf einer gegebenen Fläche $\varphi(x,y,z) = 0$ liegt, so findet man durch formale Übertragung des bei Kurven angewandten Verfahrens die Randbedingung

$$\begin{vmatrix} F_{x_u} & F_{x_v} & \varphi_x \\ F_{y_u} & F_{y_v} & \varphi_y \\ F_{z_u} & F_{z_v} & \varphi_z \end{vmatrix} = 0;$$

doch ist die Notwendigkeit dieser Bedingung bisher noch nicht bewiesen worden. (Vgl. BOLZA, O.: Vorlesungen über Variationsrechnung, S. 670.)

11. Eulersche Differentialausdrücke auf krummen Flächen. Ist $p = p(\xi, \eta)$, $q = q(\xi, \eta)$, $r = r(\xi, \eta)$ die Parameterdarstellung einer krummen Fläche im p,q,r-Raume, $ds^2 = e\,d\xi^2 + 2f\,d\xi\,d\eta + g\,d\eta^2$ das Linienelement auf der Fläche, so wird der Ausdruck

$$Q[u,u] = \frac{g u_\xi^2 - 2f u_\xi u_\eta + e u_\eta^2}{eg - f^2}$$

unabhängig von der Wahl der Parameter. Der zu dem Oberflächenintegral

$$\iint_G Q[u,u]\sqrt{eg - f^2}\, d\xi\, d\eta$$

gehörige Eulersche Differentialausdruck ist

$$\Delta u = \frac{\partial}{\partial \xi}\left[\frac{g u_\xi - f u_\eta}{\sqrt{eg - f^2}}\right] + \frac{\partial}{\partial \eta}\left[\frac{-f u_\xi + e u_\eta}{\sqrt{eg - f^2}}\right],$$

und

$$\frac{\Delta u}{\sqrt{eg - f^2}}$$

ist von der Parameterwahl unabhängig.

12. Das Thomsonsche Prinzip der Elektrostatik. In einem Kondensator, d. h. in dem Zwischengebiet G zweier geschlossener Flächen Γ_1, Γ_2 im Raum, seien u, v, w die Komponenten der elektrischen Feldstärke. Die Bedingung der Quellenfreiheit

$$u_x + v_y + w_z = 0 \tag{110}$$

sei erfüllt und ferner die Ladung Q bzw. $-Q$ auf den beiden Oberflächen Γ_1 und Γ_2 vorgeschrieben:

$$\left\{\begin{aligned} &\iint_{\Gamma_1} (u x_n + v y_n + w z_n)\, do = Q, \\ &\iint_{\Gamma_2} (u x_n + v y_n + w z_n)\, do = -Q. \end{aligned}\right. \tag{111}$$

(Zu den Bezeichnungen s. S. 218.)

Dann verlangt das elektrostatische Gleichgewicht, daß die Feldenergie (bis auf einen Materialfaktor):

$$\frac{1}{2}\iint\limits_{G}(u^2 + v^2 + w^2)\,dx\,dy\,dz$$

einen möglichst kleinen Wert besitzt. Nach der Lagrangeschen Multiplikatorenmethode ergibt sich, wenn $\lambda(x,y,z)$ und μ_1, μ_2 die Multiplikatoren von (110) und (111) sind, als Eulersche Gleichung

$$(112)\qquad u = \lambda_x, \qquad v = \lambda_y, \qquad w = \lambda_z$$

und als natürliche Randbedingung

$$(113)\qquad \begin{cases} \lambda = \mu_1 = \text{konst.} \quad \text{auf} \quad \Gamma_1, \\ \lambda = \mu_2 = \text{konst.} \quad \text{auf} \quad \Gamma_2. \end{cases}$$

D. h. der Feldvektor mit den Komponenten u, v, w ist der Gradient eines Potentials λ, das auf den Oberflächen konstant ist und das der Potentialgleichung $\Delta\lambda = 0$ genügt. Ohne Anwendung der Multiplikatorenmethode kann man dies Ergebnis auch gewinnen, indem man die Nebenbedingung dadurch eliminiert, daß man den Vektor (u, v, w) als Rotation eines anderen Vektors darstellt.

13. Gleichgewichtsprobleme beim elastischen Körper. — Prinzip von Castigliano. Zur Formulierung der Gleichgewichtsbedingungen beim dreidimensionalen elastischen Körper stellen wir einige Definitionen und Grundtatsachen der klassischen Elastizitätstheorie zusammen, ohne auf die physikalische Bedeutung genau einzugehen.

Der betrachtete Körper möge in der Ruhelage ein stückweise glatt begrenztes Gebiet G des (x,y,z)-Raumes ausfüllen. Aus dieser Ruhelage werde der Körper durch irgendwelche Kräfte in eine neue Gleichgewichtslage gebracht, wobei jeder Punkt (x,y,z) eine Verschiebung mit den Komponenten u, v, w erleidet. Durch die Definitionsgleichungen

$$(114)\qquad \begin{cases} \varepsilon_{11} = u_x, & \varepsilon_{12} = \frac{1}{2}(u_y + v_x), & \varepsilon_{13} = \frac{1}{2}(u_z + w_x), \\ \varepsilon_{21} = \frac{1}{2}(v_x + u_y), & \varepsilon_{22} = v_y, & \varepsilon_{23} = \frac{1}{2}(v_z + w_y), \\ \varepsilon_{31} = \frac{1}{2}(w_x + u_z), & \varepsilon_{32} = \frac{1}{2}(w_y + v_z), & \varepsilon_{33} = w_z \end{cases}$$

führt man die Deformationsgrößen und die Dilatation

$$\varepsilon = \varepsilon_{11} + \varepsilon_{22} + \varepsilon_{33}$$

ein. Die bei der Deformation entstehenden elastischen Kräfte werden durch das System der neun Spannungskomponenten

$$\begin{matrix} S_{11} & S_{12} & S_{13} \\ S_{21} & S_{22} & S_{23} \\ S_{31} & S_{32} & S_{33} \end{matrix}$$

charakterisiert, welche auch Funktionen des Ortes sind und der Symmetriebedingung $S_{12} = S_{21}$, $S_{23} = S_{32}$, $S_{31} = S_{13}$ genügen.

Die Spannungen und Deformationen hängen zusammen durch das Hookesche Gesetz:

$$(115)\quad \begin{cases} S_{11} = a\varepsilon_{11} + b\varepsilon, & S_{12} = a\varepsilon_{12}, & S_{13} = a\varepsilon_{13}, \\ S_{21} = a\varepsilon_{21}, & S_{22} = a\varepsilon_{22} + b\varepsilon, & S_{23} = a\varepsilon_{23}, \\ S_{31} = a\varepsilon_{31}, & S_{32} = a\varepsilon_{32}, & S_{33} = a\varepsilon_{33} + b\varepsilon, \end{cases}$$

wobei a und b Materialkonstanten sind.

An dem Punkt (x,y,z) des Körpers möge eine Volumkraft angreifen, deren Dichte die Komponenten P_1, P_2, P_3 besitzt. An der Oberfläche möge im Punkte x, y, z eine Kraft angreifen, deren Flächendichte die Komponenten p_1, p_2, p_3 besitzt. Dann lauten die Gleichgewichtsbedingungen im Innern:

$$(116)\quad \begin{cases} \dfrac{\partial S_{11}}{\partial x} + \dfrac{\partial S_{21}}{\partial y} + \dfrac{\partial S_{31}}{\partial z} + P_1 = 0, \\ \dfrac{\partial S_{12}}{\partial x} + \dfrac{\partial S_{22}}{\partial y} + \dfrac{\partial S_{32}}{\partial z} + P_2 = 0, \\ \dfrac{\partial S_{13}}{\partial x} + \dfrac{\partial S_{23}}{\partial y} + \dfrac{\partial S_{33}}{\partial z} + P_3 = 0, \end{cases}$$

während auf der Oberfläche

$$(117)\quad \begin{cases} S_{11} x_n + S_{21} y_n + S_{31} z_n - p_1 = 0, \\ S_{12} x_n + S_{22} y_n + S_{32} z_n - p_2 = 0, \\ S_{13} x_n + S_{23} y_n + S_{33} z_n - p_3 = 0 \end{cases}$$

gilt.

Das Problem besteht nun darin, den Spannungs- und Verschiebungszustand zu bestimmen, wenn gegeben sind im Innern die Volumkräfte P_1, P_2, P_3, auf einem Teil Γ_1 des Randes die Oberflächenkräfte p_1, p_2, p_3 und auf einem anderen Teil Γ_2 die Verschiebungen[1]. Auf Γ_2 soll also

$$(118)\quad u = \bar{u}, \qquad v = \bar{v}, \qquad w = \bar{w}$$

sein.

Der Gleichgewichtszustand wird wiederum charakterisiert durch das Prinzip vom Minimum der potentiellen Energie:

$$\text{I:}\quad U[u, v, w] \equiv \tfrac{1}{2}\iiint\limits_G [\varepsilon_{11} S_{11} + 2\varepsilon_{12} S_{12} + \varepsilon_{22} S_{22} + 2\varepsilon_{23} S_{23} + \varepsilon_{33} S_{33} + 2\varepsilon_{31} S_{31}]\, dx\, dy\, dz$$
$$- \iiint\limits_G (P_1 u + P_2 v + P_3 w)\, dx\, dy\, dz - \iint\limits_{\Gamma_1} (p_1 u + p_2 v + p_3 w)\, do.$$

Dabei sind als Argumentfunktionen für die Variation die Verschiebungen u, v, w anzusehen, die auf Γ_2 die vorgeschriebenen Werte annehmen.

[1] Es könnten auch an der Oberfläche die Normalverschiebung und die Tangentialkraft oder die Tangentialverschiebung und die Normalkraft vorgegeben sein. Selbstverständlich kann auch Γ_1 oder Γ_2 mit der ganzen Oberfläche zusammenfallen.

Die Spannungen S sind nach (115) durch die Deformationen ε und diese nach (114) durch die Verschiebungen ausgedrückt zu denken.

Durch Variation ergeben sich ohne Schwierigkeit die Gleichgewichtsbedingungen (116) in G und (117) auf Γ_1.

Man kann das Gleichgewicht anstatt durch das Prinzip vom Minimum der potentiellen Energie auch durch das Minimum der Formänderungsarbeit charakterisieren. Dieses sogenannte Castiglianosche Prinzip und seine Äquivalenz mit dem vorigen ergibt sich am einfachsten als Anwendung der Friedrichsschen Transformation. Zu diesem Zweck versieht man die ursprünglichen Zwangsbedingungen (114) und (118) mit Multiplikatoren und fügt sie integriert zum Ausdrucke U hinzu. Die Hookeschen Gleichungen (115) werden dabei nur als Definitionsgleichungen für S aufgefaßt und bleiben unberührt. Wir bestimmen dann nach dem früheren Schema die Multiplikatoren aus den sich ergebenden Variationsgleichungen und gelangen schließlich zu folgendem, mit dem ursprünglichen äquivalenten Variationsproblem

$$\text{II:}\quad \tfrac{1}{2}\iiint\limits_G [\varepsilon_{11}S_{11}+2\varepsilon_{12}S_{12}+\varepsilon_{22}S_{22}+2\varepsilon_{23}S_{23}+\varepsilon_{33}S_{33}+2\varepsilon_{31}S_{31}]\,dx\,dy\,dz$$

$$-\iint\limits_{\Gamma_2}(\bar{p}_1\bar{u}+\bar{p}_2\bar{v}+\bar{p}_3\bar{w})\,do = \text{Min.}$$

Hier ist zu variieren nach den Spannungen S unter den Nebenbedingungen (116) und (117) auf Γ_1. Die Deformationen ε sind nach (115) und die „Reaktionskräfte" $\bar{p}$ auf Γ_2 nach (117) durch die Spannungen ausgedrückt zu denken.

Die Variationsgleichungen des Problems sind die sog. „Kompatibilitätsbedingungen", die wir nicht explizite hinschreiben. Infolge der allgemeinen Theorie sind sie äquivalent mit der Tatsache, daß es „Verschiebungen" u, v, w gibt, die mit den Spannungen durch (114) und (115) zusammenhängen und auf Γ_2 die Werte $\bar{u}, \bar{v}, \bar{w}$ annehmen.

Die Bedeutung der vorangehenden Betrachtung liegt theoretisch in der Dualität der Variationsprobleme. In der Mechanik hat das Castiglianosche Prinzip eine besondere Bedeutung dadurch, daß es in speziellen Fällen eine einfachere praktische Behandlung ermöglicht als das Prinzip von der potentiellen Energie. Das gilt z. B. für das entsprechende Prinzip der Balkenbiegungstheorie, das sich auf ein gewöhnliches Minimumproblem reduziert.

14. Das Prinzip von Castigliano in der Balkentheorie. Die Ableitung des Castiglianoschen Prinzips in der Balkenbiegungslehre aus dem Prinzip von der potentiellen Energie verfolgen wir an einem typischen Beispiel. Betrachten wir einen Balken, der am linken Ende $x = -l$ eingespannt, in der Mitte $x = 0$ gestützt und am rechten Ende $x = l$ durch eine Kraft P_1 und ein Moment M_1 belastet wird. Überdies trage er die Last $q(x)$ auf der Längeneinheit. Ist $u(x)$ die vertikale Durchbiegung, so ist

$$U = \int_{-l}^{+l} [\tfrac{1}{2}(u'')^2 - q u]\, dx - P_1 u(l) + M_1 u'(l)$$

die potentielle Energie. Im Gleichgewicht ist sie ein Minimum, wenn alle stetigen mit stetigen ersten und stückweise stetigen zweiten Ableitungen versehenen Funktionen $u(x)$ zugelassen sind, die den Bedingungen

(119) $$u(-l) = 0, \qquad u'(-l) = 0, \qquad u(0) = 0$$

genügen. Die natürlichen Gleichungen für die Lösung formulieren wir nach Einführung von $M(x) = -u''(x)$ (des Biegemomentes bis auf einen Materialfaktor). Sie lauten: Im Inneren der beiden Teilstrecken ist $M(x)$ mit ersten und zweiten Ableitungen stetig, und es gilt:

(120) $$\begin{cases} M''(x) - q(x) = 0, \\ M(-0) - M(+0) = 0, \\ M(l) - M_1 = 0, \\ M'(l) - P_1 = 0. \end{cases}$$

Zum Castiglianoschen Prinzip gelangt man dann durch folgende Transformation des obigen Variationsproblems: 1. Man ersetzt $u''(x)$ in U durch $-M(x)$. 2. Man versieht die Gleichung $M(x) + u''(x) = 0$ und die Gleichungen (120) mit Multiplikatoren und addiert die linken Seiten zu U. 3. Aus den durch Variation nach u und M entstehenden Gleichungen drückt man die Multiplikatoren durch M aus und setzt sie ein. Das Negative des so entstehenden Ausdruckes, die „Formänderungsarbeit“:

$$\tfrac{1}{2} \int_{-l}^{+l} M^2(x)\, dx$$

ist dann zum Minimum zu machen unter Zulassung aller Funktionen $M(x)$, die in jeder der Teilstrecken zweimal stetig differenzierbar sind und den Nebenbedingungen (119) genügen.

Aus diesen Nebenbedingungen läßt sich die Funktion $M(x)$ bis auf eine Integrationskonstante bestimmen (etwa eine der Auflagerkräfte oder das Einspannmoment), und das Variationsproblem reduziert sich auf ein gewöhnliches Minimumproblem zur Bestimmung dieser Konstanten.

Es ist klar, wie die Transformation bei anders belasteten und gelagerten Balken aussehen wird; offenbar hat das Castiglianosche Prinzip nur Sinn, wenn mehr als zwei Auflager- oder Einspannbedingungen gestellt sind, d. h. im „statisch unbestimmten Falle“; denn sonst läßt sich $M(x)$ allein schon aus den natürlichen Bedingungen berechnen.

15. Das Variationsproblem der Knickung. Wird ein Stab an beiden Enden durch eine Kraft P in der Längsrichtung gedrückt, so befindet er sich im stabilen oder labilen Gleichgewicht, d. h. nach einer kleinen seitlichen Ausbiegung kehrt er in die Gleichgewichtslage zurück, oder er „knickt" aus, je nachdem P unterhalb oder oberhalb eines Wertes P_0, der „Knickkraft", liegt. Im ersten Fall besitzt der ungeknickte Stab ein Minimum der potentiellen Energie gegenüber kleinen Ausbiegungen, im zweiten nicht.

Hat der Stab in der Gleichgewichtslage die Länge 1 und ist $u(x)$ $(0 \leqq x \leqq l)$ die seitliche Ausbiegung, so ist die dabei zusätzlich entstehende potentielle Energie — bis auf einen Materialfaktor —

$$U = \int_0^l (u'')^2 \, dx - P \int_0^l (u')^2 \, dx .$$

Der erste Term ist die Biegungsenergie, der zweite die potentielle Energie der Verlängerung (wie beim Seil).

Für genügend kleine Werte von P† hat das Minimum von U bei der Randbedingung $u(0) = u(l) = 0$ den Wert Null. Für genügend große P kann U negativ werden; man braucht nämlich bei beliebiger zulässiger Funktion u nur

$$P > \frac{\int_0^l (u'')^2 \, dx}{\int_0^l (u')^2 \, dx}$$

zu wählen. Die Knickkraft P_0, der größte Wert von P, bei dem das Minimum von U noch Null ist, läßt sich offenbar erklären als das Minimum von

$$\frac{\int_0^l (u'')^2 \, dx}{\int_0^l (u')^2 \, dx}$$

unter der Randbedingung $u(0) = u(l) = 0$; oder, was gleichwertig ist, als das Minimum von

$$\int_0^l (u'')^2 \, dx$$

unter der Nebenbedingung

$$\int_0^l (u')^2 \, dx = 1$$

---

† Z. B. wenn $P < 1/l^2$ ist. Denn wegen $\int_0^l u' \, dx = 0$ gibt es eine Stelle x_0, wo $u'(x_0) = 0$ ist; dann ist

$$u'(x) = \int_{x_0}^x u'' \, dx , \qquad (u')^2 \leqq l \int_0^l (u'')^2 \, dx , \qquad \int_0^l (u')^2 \, dx \leqq l^2 \int_0^l (u'')^2 \, dx .$$

bei $u(0) = u(l) = 0$. Man sagt, $P_0 = \lambda$ ist der erste Eigenwert der Differentialgleichung

$$u'''' + \lambda u'' = 0$$

mit den Randbedingungen $u(0) = u(l) = 0$, $u''(0) = u''(l) = 0$. Solche Eigenwertprobleme und ihre Behandlung durch die Variationsrechnung werden in den nächsten beiden Kapiteln erörtert.

Literatur zum vierten Kapitel.

Wegen ausführlicherer Literaturangaben sei auf die vorzügliche Bibliographie von LECAT verwiesen:

LECAT, M.: Bibliographie du calcul des variations 1850—1913. Gand-Paris 1913.

LECAT, M.: Bibliographie du calcul des variations depuis les origines jusqu'à 1850 comprenant la liste des travaux, qui ont préparé ce calcul. Gand-Paris 1916.

Hier seien nur die wichtigsten Lehrbücher genannt:

Lehrbücher und Zusammenfassungen.

Enzyklopädie der math. Wiss., folgende Artikel:

KNESER, A.: Variationsrechnung. Bd. 2 A, Artikel 8, S. 571—625. Abgeschlossen 1900.

ZERMELO, E. und HAHN, H.: Weiterentwicklung der Variationsrechnung in den letzten Jahren. Bd. 2 A, Artikel 8 a, S. 626—641. Abgeschlossen 1904.

HELLINGER, E.: Die allgemeinen Ansätze der Mechanik der Kontinua. Bd. 4 D, Artikel 30, S. 601—694. Abgeschlossen 1913.

Französische Ausgabe der Enzyklopädie:

LECAT, M.: Calcul des variations, Tome II, vol. 6, Artikel 31, S. 1—288. Abgeschlossen 1913.

MOIGNO, M. et LINDELÖF, L. L.: Calcul des variations. Paris 1861.

KNESER, A.: Lehrbuch der Variationsrechnung. Braunschweig 1925.

BOLZA, O.: Vorlesungen über Variationsrechnung. Leipzig und Berlin 1909.

HADAMARD, J.: Leçons sur le calcul des variations I. Paris 1910.

TONELLI, L.: Fondamenti di Calcolo delle Variazioni I u. II. Bologna 1921 u. 1923.

VIVANTI, G.: Elementi del Calcolo delle Variazioni. 1923.

BLISS, G. A.: Calculus of Variations. Chicago 1924.

Fünftes Kapitel.

Die Schwingungs- und Eigenwertprobleme der mathematischen Physik.

In Kap. IV, § 10, haben uns die Variationsprinzipien der Physik zu typischen Randwert- bzw. Anfangswertproblemen für Gleichgewichts- und Bewegungsvorgänge kontinuierlich ausgebreiteter physikalischer Systeme geführt. Die im einzelnen dort aufgestellten Probleme tragen sämtlich linearen Charakter. In den Rahmen systematischer Vollständigkeit werden wir die Behandlung dieser Probleme erst später in Band II bei der allgemeinen Theorie der partiellen Differentialgleichungen einordnen. Jedoch wollen wir in diesem und im nächsten Kapitel eine Reihe der wichtigsten Züge aus der Theorie linearer Differentialgleichungsprobleme darstellen, insbesondere soweit sie sich auf Schwingungsvorgänge beziehen. Dabei wird die Methode der Eigenfunktionen im Mittelpunkt der Betrachtung stehen.

§ 1. Vorbemerkungen über lineare Differentialgleichungen.

Wir schicken einige allgemeine Bemerkungen über lineare Probleme voraus.

1. Allgemeines. — Das Superpositionsprinzip. Allgemein verstehen wir unter einem *linearen homogenen Differentialausdruck* oder *Differentialoperator* eine der Funktion u zugeordnete Funktion

$$L[u] = Au + Bu_x + \cdots + Cu_{xx} + \cdots$$

d. h. eine lineare homogene Kombination der Funktion u und ihrer Ableitungen bis zu einer gegebenen Ordnung — der *Ordnung des Differentialausdruckes* —, wobei die Koeffizienten gegebene Funktionen der unabhängigen Veränderlichen sind. Die grundlegende, für einen solchen Differentialoperator geltende Beziehung wird durch die Gleichung

$$L[c_1 u_1 + c_2 u_2] = c_1 L[u_1] + c_2 L[u_2] \tag{1}$$

gegeben, wo c_1, c_2 beliebige Konstanten sind. Eine Gleichung der Form

$$L[u] = f(x, y, \cdots),$$

wo f eine gegebene Funktion der unabhängigen Veränderlichen ist, stellt die allgemeinste lineare Differentialgleichung dar. Ist $f \equiv 0$, so heißt die Differentialgleichung homogen, andernfalls unhomogen.

Lineare homogene Differentialoperatoren sind nur ein spezielles, allerdings im folgenden fast ausschließlich behandeltes Beispiel linearer homogener Funktionaloperatoren. Ein anderer solcher Operator wird z. B. gegeben durch den uns von den Integralgleichungen her bekannten Integralausdruck

$$\iint\limits_G K(x, y; \xi, \eta)\, u(\xi, \eta)\, d\xi\, d\eta$$

oder durch den Operator

$$\Theta[u] = \frac{2}{h^2\pi}\int\limits_0^{2\pi} \{u(x + h\cos\vartheta, y + h\sin\vartheta) - u(x, y)\}\, d\vartheta$$

oder durch den Differenzenoperator

$$\frac{1}{h^2}\{u(x+h, y) + u(x-h, y) + u(x, y+h) + u(x, y-h) - 4u(x, y)\}.$$

Die beiden letzten gehen, wie man leicht bestätigt, im Limes für $h \to 0$ in den Differentialoperator Δu über, vorausgesetzt, daß u stetige Ableitungen bis zur zweiten Ordnung besitzt. Die Bedingung, daß eine lineare Kombination solcher linearen Operatoren einer bekannten Funktion gleich ist, liefert eine lineare Funktionalgleichung, wofür außer den Differentialgleichungen auch Integralgleichungen oder Differenzengleichungen Beispiele sind. Dabei wird die obige Gleichung (1) allgemein für den linearen homogenen Charakter eines Operators $L[u]$ kennzeichnend sein.

Die Lösungen einer homogenen Differentialgleichung — und allgemein einer homogenen Funktionalgleichung — besitzen die fundamentale *Superpositionseigenschaft:* Wenn u_1, u_2 zwei Lösungen sind, so ist für willkürliche Werte der Konstanten c_1, c_2 auch $c_1u_1 + c_2u_2$ eine Lösung. Allgemeiner kann man beliebig viele partikuläre Lösungen u_1, $u_2, \ldots$ mit Konstanten $c_1, c_2, \ldots$ zu einer neuen Lösung $c_1u_1 + c_2u_2 + \cdots$ kombinieren. Eine konvergente Reihe $\sum\limits_{n=1}^{\infty} c_n u_n$, die aus einer unendlichen Folge von Lösungen u_1, u_2, ... zusammengesetzt ist, stellt gewiß dann eine Lösung dar, wenn sich die Differentialoperation $L[u]$ gliedweise auf die Summe anwenden läßt.

Kennt man eine Lösung $u(x, y, \ldots; \alpha)$ der Funktionalgleichung $L[u] = 0$, welche noch von einem willkürlichen Parameter α abhängt, so kann man sich neue Lösungen in folgender Form verschaffen:

$$v = \int w(\alpha)\, u(x, y, \ldots; \alpha)\, d\alpha,$$

wobei $w(\alpha)$ eine willkürliche Funktion ist, das Integrationsgebiet willkürlich gewählt werden kann und nur die Einschränkung zu machen ist, daß das Integral existiert und die Ausführung des Prozesses L unter dem Integral gestattet ist, was für Differentialoperatoren jedenfalls bei stückweise stetigem $w(\alpha)$ und endlich bleibendem Integrationsgebiet zutrifft.

Beherrscht man die homogene Gleichung vollständig, so braucht man zur Beherrschung der unhomogenen nur die Kenntnis einer einzigen Lösung; denn man erhält alle Lösungen der unhomogenen Gleichung durch Addition einer speziellen zu allen Lösungen der homogenen.

2. Homogene und unhomogene Probleme. Randbedingungen. Die Probleme, mit denen wir es zu tun haben, bestehen darin, daß erstens eine lineare Differentialgleichung, zweitens aber auch weitere Bedingungen, nämlich Randbedingungen oder Anfangsbedingungen, zu erfüllen sind (vgl. Kap. IV, § 10). Wir sagen, daß das Problem homogenen Charakter besitzt, wenn mit einer Lösung u auch cu bei beliebigem, konstantem c gleichzeitig eine Lösung ist. Außer der Differentialgleichung selbst muß hierfür auch die Randbedingung homogen sein. Solche homogene Randbedingungen bestehen vorzugsweise in Bedingungsgleichungen zwischen den Werten, welche die gesuchte Funktion u und ihre Ableitungen $u_x, \ldots$ auf dem Rande Γ des betrachteten Gebietes G annehmen. Die einfachste solche Bedingung ist $u = 0$, oder auch $\partial u/\partial n = 0$, unter $\partial/\partial n$ wie sonst Differentiation in Richtung der äußeren Normalen verstanden.

Liegen für u lineare unhomogene Randbedingungen vor, etwa indem (nicht überall verschwindende) Randwerte $u = f$ vorgegeben sind, so können wir folgendermaßen zu einem äquivalenten Problem mit homogenen Randbedingungen gelangen. Wir nehmen an, es handle sich um die homogene Gleichung $L[u] = 0$ und es lassen sich die Randwerte f stetig so ins Innere von G fortsetzen, daß $L[f] = g$ eine in G stetige Funktion des Ortes wird; dann erhalten wir für $v = f - u$ sofort die Differentialgleichung $L[v] = g$ mit der homogenen Randbedingung $v = 0$. Ist umgekehrt eine unhomogene Gleichung mit homogenen Randbedingungen vorgelegt und ist eine spezielle Lösung der unhomogenen Gleichung bekannt, so erhält man durch Subtraktion ein Problem mit homogener Gleichung und unhomogenen Randbedingungen. Allgemein können wir sagen: *Eine homogene Differentialgleichung mit unhomogenen Randbedingungen ist äquivalent einer unhomogenen Differentialgleichung mit homogenen Randbedingungen.*

3. Formale Beziehungen. Adjungierte Differentialausdrücke. Greensche Formeln. Wir wollen kurz einige formale, auf lineare Differentialausdrücke bezügliche Zusammenhänge erörtern und zusammenstellen. Dabei werden wir vorzugsweise solche Differentialausdrücke betrachten, welche wie in Kap. IV, § 10 aus einem Variationsproblem mit homogenem quadratischem Integranden hervorgehen, sogenannte *sich selbst adjungierte Differentialausdrücke.*

a) Eine unabhängige Veränderliche. Zu dem quadratischen Ausdruck

$$Q[u,u] = a u'^2 + 2 b u' u + d u^2,$$

wo a, b, d gegebene Funktionen von x sind und $u(x)$ die Argumentfunktion bedeutet, gehört der symmetrische Bilinearausdruck:

$$Q[u,v] = a u' v' + b(u' v + v' u) + d u v,$$

so daß

$$Q[u+v, u+v] = Q[u,u] + 2 Q[u,v] + Q[v,v]$$

wird.

Integriert man den Ausdruck $Q[u,v]$ über ein Intervall $x_0 \ldots x_1$, so kann man durch Produktintegration die Ableitungen von v vertreiben und erhält die „*Greensche Formel*"

$$(2) \qquad \int_{x_0}^{x_1} Q[u,v]\,dx = -\int_{x_0}^{x_1} v\,L[u]\,dx + (a u' + b u)\,v\,\Big|_{x_0}^{x_1},$$

wobei der Differentialausdruck

$$L[u] = (a u')' + (b' - d)\,u$$

bis auf den Faktor -2 mit dem Eulerschen Differentialausdruck zum Integranden $Q[u,u]$ übereinstimmt. Wegen der Symmetrie von $Q[u,v]$ ergibt sich ebenso

$$(2\text{a}) \qquad \int_{x_0}^{x_1} Q[u,v]\,dx = -\int_{x_0}^{x_1} u\,L[v]\,dx + (a v' + b v)\,u\,\Big|_{x_0}^{x_1}$$

und aus (2) und (2a) die symmetrische Greensche Formel

$$(2\text{b}) \qquad \int_{x_0}^{x_1} (v L[u] - u L[v])\,dx = a(u' v - v' u)\,\Big|_{x_0}^{x_1}.$$

Geht man statt von einem symmetrischen Bilinearausdruck $Q[u,v]$ von einem beliebigen Bilinearausdruck

$$B[u,v] = a u' v' + b u' v + c u v' + d u v$$

aus, so ergeben sich durch das entsprechende Verfahren der Produktintegration Formeln der Gestalt

$$(3) \qquad \begin{cases} \displaystyle\int_{x_0}^{x_1} B[u,v]\,dx = -\int_{x_0}^{x_1} v\,L[u]\,dx + (a u' + c u)\,v\,\Big|_{x_0}^{x_1} \\ \displaystyle\qquad\qquad = -\int_{x_0}^{x_1} u\,M[v]\,dx + (a v' + b v)\,u\,\Big|_{x_0}^{x_1}, \end{cases}$$

$$(4) \qquad \int_{x_0}^{x_1} (v L[u] - u M[v])\,dx = [a(u' v - v' u) + (c - b)\,u v]\,\Big|_{x_0}^{x_1}.$$

Der Differentialausdruck

$$M[v] = (av')' + (bv)' - cv' - dv$$

wird dem Differentialausdruck

$$L[u] = (au')' - bu' + (cu)' - du$$

umkehrbar eindeutig zugeordnet durch die Forderung, daß sich das Integral auf der linken Seite von (4) allein durch die Funktionswerte und ihre Ableitungen am Rande ausdrücken läßt. Diese beiden Ausdrücke heißen zueinander *adjungiert*. Ist identisch $L[u] = M[u]$, so heißt der Differentialausdruck $L[u]$ *sich selbst adjungiert;* er läßt sich wie oben aus einem quadratischen Ausdruck $Q[u, u]$ ableiten.

Geht man von dem Differentialausdruck

$$pu'' + ru' + qu$$

aus, so findet man für den adjungierten Ausdruck sofort

$$(pv)'' - (rv)' + qv,$$

und man erkennt somit als notwendige und hinreichende Bedingung dafür, daß ein Differentialausdruck sich selbst adjungiert ist, das Bestehen der Relation

$$p' = r.$$

Vermöge der Relationen $a = p$, $b' - d = q$ kann man dann zu $(pu')' + qu$ einen zugehörigen quadratischen Ausdruck $Q[u,u]$ auf mannigfache Weise konstruieren.

Durch Multiplikation mit einem geeigneten, nicht verschwindenden Faktor $\varrho(x)$ kann man einen beliebigen linearen Differentialausdruck $pu'' + ru' + qu$ in einen sich selbst adjungierten verwandeln; man hat nur

$$\varrho(x) = e^{\int \frac{r - p'}{p} dx}$$

zu setzen. Ebensogut kann man den Differentialausdruck $pu'' + ru' + qu$ zu einem sich selbst adjungierten machen, indem man statt x eine neue unabhängige Variable einführt, nämlich

$$x' = \int e^{-\int \frac{r - p'}{p} dx} dx,$$

oder statt u die neue abhängige Variable

$$v = u\, e^{\int \frac{r - p'}{p} dx}.$$

b) Mehrere unabhängige Veränderliche. Bei linearen partiellen Differentialgleichungen zweiter Ordnung ergeben sich ganz analoge Umformungen. Ihr Prinzip wird klar an dem wichtigsten Beispiel des quadratischen Integranden

$$Q[u, u] = p(u_x^2 + u_y^2) + qu^2$$

mit der Polarform

$$Q[u, v] = p(u_x v_x + u_y v_y) + q u v.$$

Integriert man $Q[u,v]$ über einen Bereich G mit stückweise glattem Rand Γ, so ergibt sich durch Produktintegration die Greensche Formel

$$\iint_G Q[u,v]\,dx\,dy = -\iint_G v\,L[u]\,dx\,dy + \int_\Gamma p v \frac{\partial u}{\partial n}\,ds \tag{5}$$

mit

$$L[u] = (p u_x)_x + (p u_y)_y - q u,$$

vorausgesetzt, daß im abgeschlossenen Bereich G die Funktion v stetig ist und stückweise stetige erste Ableitungen besitzt, während bei u Stetigkeit der ersten und stückweise Stetigkeit der zweiten Ableitungen gefordert wird. Mit s wird dabei die Bogenlänge, mit $\partial/\partial n$ die Differentiation nach der äußeren Normalen bezeichnet.

Genügt v denselben Bedingungen wie u, so dürfen wir in der Formel u mit v vertauschen und erhalten durch Subtraktion beider Formeln die symmetrische *Greensche Formel*

$$\iint_G (v\,L[u] - u\,L[v])\,dx\,dy = \int_\Gamma p\left(v\frac{\partial u}{\partial n} - u\frac{\partial v}{\partial n}\right)ds. \tag{5a}$$

Unser — selbstadjungierter[1] — Differentialausdruck $L[u]$ geht für $p = 1$, $q = 0$ in den Potentialausdruck Δu, die Formeln (5) und (5a) in die bekannten Greenschen Formeln der Potentialtheorie über.

4. Lineare Funktionalgleichungen als Grenzfälle und Analoga von Systemen linearer Gleichungen. Man kann alle Differentialgleichungen als Grenzfälle von Differenzengleichungen auffassen, indem man die Differentialquotienten durch entsprechende Differenzenquotienten ersetzt, wobei der Zuwachs der unabhängigen Veränderlichen, die sogenannte Maschenweite, den Wert h haben soll und die Funktionswerte von u lediglich in den Punkten $x, y, \ldots$ eines Gitters betrachtet werden, dessen Koordinaten ganzzahlige Vielfache von h sind. Die Differentialgleichung geht dann über in ein System von linearen Gleichungen für die Funktionswerte von u in diesen Gitterpunkten. In ähnlicher Weise kann man auch Integralgleichungen und andere Funktionalgleichungen durch Systeme linearer Gleichungen ersetzen. Wir werden im zweiten Bande diesen Gedanken zum Ausgangspunkt einer ausführlichen Behandlung von Differentialgleichungen wählen, begnügen uns aber hier damit, die Analogie zwischen Differentialgleichungen und Differenzengleichungen als heuristisches Prinzip zu benutzen, indem wir die Vermutung an die Spitze stellen, daß die Probleme für lineare Differentialgleichungen ein ganz analoges Verhalten zeigen wie die entsprechenden Probleme für lineare Gleichungen, aus denen die Differentialgleichungsprobleme durch Grenzübergang

[1] Genau wie bei gewöhnlichen linearen Differentialgleichungen kann man auch einem partiellen Differentialausdruck $L[u]$ einen adjungierten $M[v]$ zuordnen durch die Forderung, daß der Ausdruck $v\,L[u] - u\,M[v]$ ein Divergenzausdruck wird.

hervorgehen. Diese Vermutung wird sich unter sehr allgemeinen Voraussetzungen bestätigen.

Insbesondere besteht bei unseren linearen Differentialgleichungsproblemen die *Alternative:* Wenn ein zu einem homogenen Differentialausdruck gehöriges homogenes Problem als einzige Lösung $u = 0$ besitzt, so besitzt das unhomogene Problem stets eine und nur eine Lösung. Besitzt dagegen das homogene Problem eine nichttriviale Lösung, so wird das unhomogene nur unter einschränkenden linearen Bedingungen und dann mehrdeutig lösbar sein. Wie in Kap. I wird eine besondere Rolle der Fall spielen, daß in dem homogenen Differentialausdruck ein Parameter λ linear auftritt. Uns interessieren gerade diejenigen Werte von λ, die *Eigenwerte* unseres Problems, für welche das homogene Problem eine nichttriviale Lösung, eine *Eigenfunktion*, besitzt.

Bei den linearen Differentialgleichungsproblemen der Kontinuumphysik, die uns im folgenden beschäftigen werden, entspricht der Ersetzung durch Differenzengleichungen die Ersetzung des Kontinuums durch ein System von endlich vielen Freiheitsgraden.

§ 2. Systeme von endlich vielen Freiheitsgraden.

Wir betrachten, wie in Kap. IV, § 10, ein System von n Freiheitsgraden mit den allgemeinen Koordinaten $q_1, \ldots, q_n$, dessen kinetische bzw. potentielle Energie durch quadratische Formen

$$T = \sum_{h,k=1}^{n} a_{hk} \dot{q}_h \dot{q}_k; \qquad U = \sum_{h,k=1}^{n} b_{hk} q_h q_k$$

mit konstanten Koeffizienten a_{hk}, b_{hk} gegeben sind.

Die Form T ist ihrer Natur nach positiv-definit. Von U setzen wir positive Definitheit voraus und wissen dann, daß für $q_1 = q_2 = \cdots = q_n = 0$ stabiles Gleichgewicht eintritt. Setzt man für einige der Koordinaten q_h von Null verschiedene Werte fest oder unterwirft die q_h sonstigen unhomogenen Zwangsbedingungen, so wird sich ein neuer Gleichgewichtszustand einstellen, welcher von der ursprünglichen Ruhelage $q_h = 0$ verschieden ist. (Diese letzte Fragestellung, bei endlich vielen Freiheitsgraden ohne spezifisches mathematisches Interesse, führt durch Grenzübergang $n \to \infty$ zu den typischen Randwertproblemen der partiellen Differentialgleichungen.)

1. Hauptschwingungen. Normalkoordinaten. Allgemeine Theorie des Bewegungsvorganges. Das allgemeine Bewegungsproblem unseres Systems wird durch die Differentialgleichungen

$$\sum_{k=1}^{n} (a_{hk} \ddot{q}_k + b_{hk} q_k) = P_h(t) \qquad (h = 1, 2, \ldots, n) \tag{6}$$

$$(a_{hk} = a_{kh}, \quad b_{hk} = b_{kh})$$

formuliert, wobei die Funktionen $P_h(t)$ die Komponenten der gegebenen äußeren Kraft darstellen und eine solche Lösung $q_h(t)$ dieses Differentialgleichungssystems gesucht ist, bei welcher die Funktionswerte $q_h(0)$ und $\dot{q}_h(0)$ $(h = 1, 2, \ldots, n)$ (Anfangslage und Anfangsgeschwindigkeit) vorgegeben sind. Sind die äußeren Kräfte $P_h(t)$ gleich Null, so sprechen wir von einer *freien Bewegung* oder *freien Schwingung des Systems.*

Die vollständige Beherrschung des Bewegungsvorganges ergibt sich leicht mit Hilfe der Theorie der quadratischen Formen, wie sie in Kap. I entwickelt wurde. Wir betrachten die beiden positiv definiten quadratischen Formen

$$G = \sum_{h,k=1}^{n} a_{hk} x_h x_k, \qquad F = \sum_{h,k=1}^{n} b_{hk} x_h x_k$$

und bringen sie durch eine lineare Transformation

$$x_h = \sum_{k=1}^{n} \tau_{hk} \xi_k, \qquad \xi_h = \sum_{k=1}^{n} \tilde{\tau}_{hk} x_k \tag{7}$$

der Variablen $x_1, x_2, \ldots, x_n$ in die Gestalt

$$G = \sum_{h=1}^{n} \xi_h^2, \qquad F = \sum_{h=1}^{n} \lambda_h \xi_h^2,$$

was wegen des definiten Charakters von U und T mit positiven Werten $\lambda_1, \lambda_2, \ldots, \lambda_n$ möglich ist. Indem wir entsprechend gemäß (7) in den Gleichungen (6) statt der Koordinaten $q_1, \ldots, q_n$ neue, die sogenannten *Normalkoordinaten* $\eta_1, \ldots, \eta_n$ durch die Gleichungen

$$q_h = \sum_{k=1}^{n} \tau_{hk} \eta_k, \qquad \eta_h = \sum_{k=1}^{n} \tilde{\tau}_{hk} q_k \tag{7a}$$

einführen, wird

$$T = \sum_{h=1}^{n} \dot{\eta}_h^2, \qquad U = \sum_{h=1}^{n} \lambda_h \eta_h^2,$$

und die Bewegungsgleichungen transformieren sich in die Gestalt

$$\ddot{\eta}_h + \lambda_h \eta_h = N_h(t),$$

wobei

$$N_h(t) = \sum_{l} P_l(t) \tau_{lh}$$

die „Normalkoordinaten" der äußeren Kraft sind. In diesen Differentialgleichungen sind alle als Funktion der Zeit t gesuchten Koordinaten η_h voneinander getrennt.

Im übrigen ist es vielfach zweckmäßig, dem Begriff der Normalkoordinaten eine etwas weitere Fassung zu geben, indem man darunter solche Koordinaten versteht, bei welchen die Energien die Form

$$T = c \sum_{h=1}^{n} \dot{\eta}_h^2, \qquad U = \sum_{h=1}^{n} \lambda_h^* \eta_h^2$$

haben, wobei dann $\lambda_h = \lambda_h^*/c = \nu_h^2$ ist.

Bei dem freien Problem gilt $N_h(t) = 0$, und wir erhalten die Lösung sofort in der Form

$$(8)\qquad \begin{aligned} \eta_h &= y_h \cos \nu_h (t - \varphi_h) & \left(\nu_h = \sqrt{\lambda_h}\right) \\ &= a_h \cos \nu_h t + b_h \sin \nu_h t & (h = 1, 2, \ldots, n). \end{aligned}$$

Hierin sind die a_h, b_h oder die y_h, φ_h willkürliche Integrationskonstanten. Wir nennen diejenige freie Bewegung, bei welcher alle Normalkoordinaten außer der h^{ten} Null sind, während die Bewegung der h^{ten} Normalkoordinate durch die Gleichung $\eta_h = y_h \cos \nu_h (t - \varphi_h)$ gegeben wird, die h^{te} *Hauptschwingung* oder *Eigenschwingung* des Systems mit der *Amplitude* y_h und der *Phase* φ_h. Wenn wir schlechthin von der h^{ten} Hauptschwingung sprechen, meinen wir die Funktion $\eta_h = \cos \nu_h t$, nehmen also für die Amplitude den Wert 1 und für die Phase den Wert 0. Die Zahlen ν_i heißen die *Eigenschwingungszahlen* oder *Eigenfrequenzen* oder mit einem der Akustik entnommenen Ausdruck die *Tonhöhen* des Systems. In den ursprünglichen Koordinaten q_k ausgedrückt, erhalten wir die h^{te} Hauptschwingung vermöge der Transformationsformeln (7a), indem wir in diesen für η_h den Wert $\cos \nu_h t$, für alle anderen η den Wert 0 einsetzen.

Jede freie Bewegung des Systems ist eine Superposition verschiedener Eigenschwingungen mit verschiedenen Phasen und Amplituden. In den $2n$ Integrationskonstanten $a_1, \ldots, a_n$, $b_1, \ldots, b_n$ haben wir genau so viele willkürliche Parameter zur Verfügung, wie nötig sind, um die Lösung einem willkürlich vorgegebenen Anfangszustand, d. h. vorgegebenen Anfangswerten und Anfangsgeschwindigkeiten der Koordinaten anzupassen.

Um formal die Lösung dieses Anfangswertproblems darzustellen, denken wir uns die Größen $q_1, \ldots, q_n$ zu einem n-dimensionalen Vektor $\mathfrak{q}$ zusammengefaßt. Bezeichnen wir mit $\mathfrak{e}_i$ den Vektor mit den Komponenten $\tau_{1i}, \tau_{2i}, \ldots, \tau_{ni}$ $(i = 1, 2, \ldots, n)$, so ergibt sich nach (7a) und (8)

$$\mathfrak{q}(t) = \sum_{i=1}^{n} \mathfrak{e}_i y_i \cos \nu_i (t - \varphi_i).$$

Diese Darstellung für die allgemeine freie Bewegung führt dann sofort, indem wir den gegebenen Anfangszustand durch die Vektoren $\mathfrak{q}(0)$ und $\dot{\mathfrak{q}}(0)$ charakterisieren, zu den Gleichungen

$$(9)\qquad \begin{cases} \mathfrak{q}(0) = \sum\limits_{i=1}^{n} \mathfrak{e}_i y_i \cos(\nu_i \varphi_i), \\ \dot{\mathfrak{q}}(0) = \sum\limits_{i=1}^{n} \mathfrak{e}_i y_i \nu_i \sin(\nu_i \varphi_i). \end{cases}$$

Nehmen wir der Einfachheit halber an, daß die Form G schon die Einheitsform $G = \sum_{i=1}^{n} x_i^2$ ist, so bilden die „*Eigenvektoren*“ $\mathfrak{e}_i$ ein vollständiges orthogonales Vektorensystem (vgl. Kap. I, § 1), und man erhält aus (9) durch Multiplikation mit $\mathfrak{e}_h$ die Relationen

$$\mathfrak{e}_h \mathfrak{q}(0) = y_h \cos(\nu_h \varphi_h),$$
$$\mathfrak{e}_h \dot{\mathfrak{q}}(0) = \nu_h y_h \sin(\nu_h \varphi_h),$$

mit deren Hilfe die Amplituden y_h und die Phasen φ_h ohne weiteres bestimmbar sind.

Wir fügen hier die Bemerkung ein, daß die Eigenschwingungen als solche Bewegungen des Systems definiert werden können, bei denen die gegenseitigen Verhältnisse der Koordinaten q_k von der Zeit unabhängig sind, bei denen also q_k die Form $q_k = v_k g(t)$ mit zeitlich konstantem v_k hat. Man gelangt durch diesen Ansatz sofort von den Gleichungen (6) mit $P_i = 0$ zu den Gleichungen

$$\frac{\sum_{k=1}^{n} b_{ik} v_k}{\sum_{k=1}^{n} a_{ik} v_k} = -\frac{\ddot{g}(t)}{g(t)}.$$

Indem man beachtet, daß hier rechts eine von i und t unabhängige Konstante steht, die wir λ nennen, ergibt sich sofort für die quadratischen Formen G und F das durch die Gleichungen

$$\sum_{k=1}^{n} (b_{ik} - \lambda a_{ik}) v_k = 0 \qquad (i = 1, 2, \ldots, n)$$

formulierte Eigenwertproblem, womit der Anschluß an die obige auf der Transformation beruhende Betrachtung gewonnen ist.

Um nunmehr noch das Problem der *erzwungenen Bewegung*, bei dem die äußeren Kräfte $P_h(t)$ nicht sämtlich verschwinden, zu erledigen, genügt es, für die allgemeinen Differentialgleichungen $\ddot{\eta}_h + \lambda_h \eta_h = N_h(t)$ eine einzige Lösung anzugeben.

Diejenige Lösung, für welche $\eta_h(0) = 0$ und $\dot{\eta}_h(0) = 0$ ist, lautet[1]

$$\eta_h(t) = \frac{1}{\sqrt{\lambda_h}} \int_0^t N_h(\tau) \sin\sqrt{\lambda_h}(t - \tau)\, d\tau, \tag{10}$$

und die allgemeine erzwungene Bewegung entsteht dann durch Superposition dieser speziellen mit der allgemeinsten freien Bewegung.

Ist die äußere Kraft $N_h(t)$ rein periodisch mit einer Frequenz ω_h, etwa $N_h(t) = \alpha_h \cos\omega_h(t - \delta)$, so zeigt die Formel (10), solange $\omega_h^2 \neq \lambda_h$ ist, daß die Bewegung der Koordinate η_h durch Superposition einer reinen Schwingung der Frequenz ω_h und einer Eigenschwingung der Frequenz $\sqrt{\lambda_h}$ entsteht. Ist jedoch $\omega_h^2 = \lambda_h$ oder tritt, wie man sagt,

[1] Diese Lösung kann man sich so entstanden denken, daß man die kontinuierlich wirkende äußere Kraft in diskontinuierliche im Zeitabstande Δt wirkende Stöße auflöst und dann den Grenzübergang $\Delta t \to 0$ ausführt.

Resonanz ein, so folgt die erzwungene Bewegung von η_h nicht mehr dem Rhythmus der Anregung $N_h(t)$, sondern es wird, wie aus Formel (10) leicht folgt,

$$\eta_h(t) = \frac{\alpha_h t}{2\omega_h} \sin\omega_h(t-\delta) + \frac{\alpha_h \sin\omega_h\delta}{2\omega_h^2} \sin\omega_h t,$$

und es bleibt $|\eta_h|$ mit wachsendem t nicht beschränkt.

2. Allgemeine Eigenschaften der schwingenden Systeme. Ordnet man die Quadrate $\lambda_1, \ldots, \lambda_n$ der Schwingungszahlen nach wachsender Größe: $\lambda_1 \leqq \lambda_2 \leqq \cdots \leqq \lambda_n$, so läßt sich λ_p nach Kap. I, § 4 definieren als das Maximum, welches das Minimum der quadratischen Form $F = \sum_{h,k=1}^{n} b_{hk} x_h x_k$ annehmen kann, wenn die Variablen erstens der Nebenbedingung $G = \sum_{h,k=1}^{n} a_{hk} x_h x_k = 1$ und zweitens noch $p-1$ weiteren Nebenbedingungen der Form

$$\sum_{h=1}^{n} \alpha_{hj} x_h = 0 \qquad (j = 1, 2, \ldots, p-1) \tag{11}$$

mit beliebig gewählten α_{hj} unterworfen werden. Daraus ergeben sich sofort einige allgemeine Sätze über diese Schwingungszahlen bzw. die ihnen entsprechenden Tonhöhen, die schon im Kap. I, § 4 ohne Erörterung ihrer physikalischen Bedeutung ausgesprochen und bewiesen wurden:

Satz I: Der p^{te} Oberton eines schwingenden Systems ist der höchste unter den Grundtönen aller Systeme, welche aus dem gegebenen durch Auferlegung von p irgendwie gewählten Bindungen der Form (11) *entstehen.*

Satz II: Geht ein System S durch Auferlegung von r Zwangsbedingungen der Form (11) *in ein „r-fach gebundenes" System S' über, so sind die Schwingungszahlen $\nu_1', \ldots, \nu_{n-r}'$ des gebundenen Systems nicht kleiner als die entsprechenden Schwingungszahlen $\nu_1, \ldots, \nu_{n-r}$ des freien Systems, aber auch nicht größer als die Schwingungszahlen $\nu_{r+1}, \ldots, \nu_n$ des freien Systems, d. h., es gelten die Beziehungen*

$$\lambda_p \leqq \lambda_p' \leqq \lambda_{p+r} \qquad \text{bzw.} \qquad \nu_p \leqq \nu_p' \leqq \nu_{p+r}. \qquad (p = 1, 2, \ldots, n-r)$$

Satz III: Bei Vergrößerung der Trägheit fällt der Grundton und jeder Oberton oder nimmt wenigstens nicht zu.

Dabei verstehen wir unter einer Vergrößerung der Trägheit den Übergang zu einem System mit einer solchen kinetischen Energie T', daß $T' - T$ nie negativ ist; die potentielle Energie soll dabei unverändert bleiben.

Satz IV: Bei einer Versteifung des Systems steigt der Grundton und jeder Oberton oder nimmt jedenfalls nicht ab.

Dabei bezeichnen wir als Versteifung den Übergang zu einem System mit gleicher kinetischer Energie, dessen potentielle Energie jedoch um eine nicht negative Form vermehrt ist.

Es bedarf kaum einer besonderen Erwähnung, daß sich Grundton und Obertöne im entgegengesetzten Sinne ändern wie nach Satz II bis IV, wenn wir Zwangsbedingungen aufheben, Massen vermindern oder das System lockern, d. h. zu einem System S' übergehen, demgegenüber S als versteift erscheint.

§ 3. Die schwingende Saite.

Wir haben gesehen, daß man bei endlich vielen Freiheitsgraden die Gesamtheit der Bewegungen beherrscht, wenn man speziell die synchronen Schwingungen kennt. Dasselbe gilt nun auch bei kontinuierlichen schwingungsfähigen Systemen. Wir werden bei ihnen solche freie Schwingungen aufsuchen, bei denen die Elongation u sich als Produkt eines nur von der Zeit abhängigen Faktors $g(t)$ mit einem nur vom Ort abhängigen Faktor $v(x)$, dem sogenannten Gestaltsfaktor oder der *Schwingungsform*, darstellen läßt (*stehende Schwingungen*). Einen beliebigen Schwingungsvorgang kann man dann durch Superposition von solchen synchronen Schwingungen darstellen.

Diese Zusammenhänge werden wir an einer Reihe wichtiger Beispiele entwickeln.

1. Freie Bewegungen der homogenen Saite. Wir betrachten zunächst das einfachste Beispiel, die Differentialgleichung

$$(12) \qquad c u_{xx} = \varrho u_{tt} \quad \text{oder} \quad u_{xx} = \mu^2 u_{tt} \qquad \left(\mu = \sqrt{\frac{\varrho}{c}}\right)$$

der eingespannten homogenen Saite mit den Randbedingungen $u(0,t) = u(\pi,t) = 0$ (vgl. Kap. IV, § 10, S. 212). Die Zeiteinheit denken wir uns der einfacheren Schreibweise wegen so gewählt, daß $\mu = 1$ wird. Wir fragen nun gemäß unserem allgemeinen Programm nach solchen der Gleichung (12) genügenden Funktionen, welche sich in einen nur von der Zeit und einen nur vom Ort abhängigen Faktor zerspalten, also in der Gestalt $u = v(x)\, g(t)$ darstellen lassen. Die Differentialgleichung (12) läßt sich dann in die Gestalt

$$\frac{v''(x)}{v(x)} = \frac{\ddot{g}(t)}{g(t)}$$

setzen, woraus sich ergibt, daß beide Seiten gleich ein und derselben Konstanten $-\lambda$ sein müssen, da die eine Seite nicht von x, die andere nicht von t abhängt. Aus der Randbedingung $v(0)\, g(t) = v(\pi)\, g(t) = 0$ folgt $v(0) = v(\pi) = 0$.

Die Funktion $v(x)$ ist also gemäß der Differentialgleichung

$$(13) \qquad v'' + \lambda v = 0$$

und den Randbedingungen

$$(13\text{a}) \qquad v(0) = v(\pi) = 0$$

zu bestimmen. Diese Forderungen können nicht für beliebige Werte der Konstanten λ erfüllt werden. Vielmehr ergibt sich aus der Gestalt $c_1 e^{\sqrt{-\lambda}x} + c_2 e^{-\sqrt{-\lambda}x}$ der allgemeinen Lösung der Differentialgleichung (13), daß die Randbedingungen dann und nur dann erfüllbar sind, wenn $\lambda = n^2$ das Quadrat einer ganzen Zahl n ist. Die zugehörigen Lösungen lauten $v_n = \sin n x$; die Zahlen $1, 2^2, 3^2, \ldots$, und die Funktionen $\sin x$, $\sin 2x, \ldots$ nennen wir die *Eigenwerte* bzw. *Eigenfunktionen* des durch die Differentialgleichung (13) und die Randbedingungen (13a) definierten „*Eigenwertproblems*".

Für $g(t)$ ergibt sich allgemein $g = a \cos n t + b \sin n t$ mit willkürlichen Konstanten a, b. Somit haben wir für jedes positive ganzzahlige n eine Lösung der Differentialgleichung (12) in der Form $\sin n x (a_n \cos n t + b_n \sin n t)$; die so dargestellten sinusförmigen oder harmonischen Bewegungen heißen die *Eigenschwingungen* der Saite; die Zahlen $n = \nu_n$ sind die zugehörigen *Eigenfrequenzen*. Allgemeinere Lösungen können wir in der Gestalt

$$u = \sum_n \sin n x \, (a_n \cos n t + b_n \sin n t)$$

ansetzen, wobei die Summe entweder endlich viele Glieder oder auch unendlich viele Glieder besitzen darf; in dem letzten Falle ist allerdings ausdrücklich vorauszusetzen, daß die Reihe gleichmäßig konvergiert und sich nach jeder der beiden Variablen zweimal gliedweise differenzieren läßt.

Es entsteht die Frage, ob wir durch geeignete Wahl der Koeffizienten a_n, b_n die Lösung einem willkürlich durch die Funktionen $u(x, 0) = \varphi(x)$, $u_t(x, 0) = \psi(x)$ vorgegebenen Anfangszustand anpassen können, so daß also

$$\varphi(x) = \sum_{n=1}^{\infty} a_n \sin n x, \qquad \psi(x) = \sum_{n=1}^{\infty} n b_n \sin n x$$

wird. Nun besagt der Entwicklungssatz der Theorie der Fourierschen Reihen, daß die obigen Reihenentwicklungen durch geeignete Bestimmung der Konstanten a_n, b_n möglich sind. Die mit den so bestimmten Koeffizienten gebildete Reihe stellt dann in der Tat die gewünschte Lösung dar[1].

Ganz analoge Resultate erhalten wir, wenn die Saite anderen Randbedingungen unterworfen ist. Ist z. B. der Anfangspunkt fest, d. h. $u(0, t) = 0$, und der Endpunkt gemäß der Gleichung $u_x = -h u$ $(h > 0)$ elastisch an seine Ruhelage gebunden[2], so ergibt sich durch den Ansatz

---

[1] Dabei setzen wir die Funktionen φ, ψ, φ', φ'', ψ' als stückweise glatt voraus; man kann diese weitgehenden Voraussetzungen allerdings vermeiden, wenn man auf die Entwicklung der Funktionen und ihrer Ableitungen verzichtet und sich darauf beschränkt, sie lediglich durch ihre Fourierschen Koeffizienten zu charakterisieren.

[2] Vgl. Kap. IV, § 10, S. 214, wo diese Randbedingung aus dem Auftreten eines zusätzlichen Randgliedes in der potentiellen Energie abgeleitet wurde.

$u(x, t) = v(x) g(t)$ für $v(x)$ das Eigenwertproblem: Es sollen Konstanten $\lambda = \nu^2$ bestimmt werden, so daß die Differentialgleichung $v'' + \lambda v = 0$ bei den Randbedingungen $v(0) = 0$, $v'(\pi) + h v(\pi) = 0$ eine nicht identisch verschwindende Lösung v besitzt. Die erste Randbedingung zeigt, daß v die Form $\sin \nu x$ besitzen muß, und die zweite Randbedingung liefert für ν die transzendente Gleichung $h \sin \nu\pi = -\nu \cos \nu\pi$. Man erhält, falls $h \neq 0$ ist, die Wurzeln dieser Gleichung graphisch, indem man die aufeinanderfolgenden Äste der Kurve $z = \operatorname{tg} \nu\pi$ in der z, ν-Ebene mit der Geraden $z = -\frac{1}{h}\nu$ zum Schnitt bringt. Es ergibt sich also wieder eine Folge von Eigenwerten $\lambda_1, \lambda_2, \ldots$ mit zugehörigen Eigenfunktionen $\sin \nu_1 x, \sin \nu_2 x, \ldots$ und Eigenschwingungen $(a \cos \nu_1 t + b \sin \nu_1 t) \sin \nu_1 x, \ldots$. Übrigens erhält man unmittelbar für die n^{te} Eigenfrequenz ν_n die *„asymptotische" Relation* $\lim\limits_{n\to\infty} \frac{\nu_n}{n} = 1$.

Ist speziell das Ende der Saite „frei", d. h. ist $h = 0$, also $u_x = 0$, so wird $\nu_n = n - \frac{1}{2}$, und es ergibt sich

$$v_n = \sin(n - \tfrac{1}{2}) x .$$

Als Lösung von (12) werden wir wieder eine Reihe der Form

$$u(x, t) = \sum_n \sin \nu_n x (a_n \cos \nu_n t + b_n \sin \nu_n t)$$

ansetzen können und erwarten, daß wir durch geeignete Wahl der Konstanten a_n, b_n diese Lösung einem willkürlichen Anfangszustand anpassen können. Zur Bestätigung dieser Vermutung werden wir die Frage der *Entwickelbarkeit einer willkürlichen Funktion* $w(x)$ *für das Intervall* $0 \leqq x \leqq \pi$ *nach den Funktionen* $\sin \nu_n x$, *den Eigenfunktionen der Differentialgleichung* (12), mit den Randbedingungen

$$(14) \qquad v(0) = 0, \qquad h v(\pi) = -v'(\pi)$$

zu untersuchen haben, was in § 14 durchgeführt werden soll. Schon hier aber sei auf die *Orthogonalitätseigenschaft* der Funktionen $v_n = \sin \nu_n x$ hingewiesen; es ist nämlich

$$(15) \qquad \int_0^\pi v_n v_m \, dx = 0 \quad \text{für} \quad \nu_n \neq \nu_m ,$$

wie man unmittelbar bestätigt, indem man die Gleichung $v_n'' + \nu_n^2 v_n = 0$ mit v_m, die Gleichung $v_m'' + \nu_m^2 v_m = 0$ mit v_n multipliziert, sodann die Differenz bildet und integriert. Es ergibt sich

$$(\nu_n^2 - \nu_m^2) \int_0^\pi v_n v_m \, dx + \int_0^\pi \frac{d}{dx} (v_n' v_m - v_m' v_n) \, dx = 0 ,$$

woraus wegen (14) die Orthogonalitätseigenschaft folgt.

2. Erzwungene Bewegungen. Die Bewegung der Saite bei festen Endpunkten unter dem Einfluß einer beliebigen äußeren Kraft $Q(x,t)$ ergibt sich aus der unhomogenen Differentialgleichung

$$u_{xx} = u_{tt} - Q(x,t). \tag{16}$$

Wir denken uns, um dieses Problem zu behandeln, die Funktion $Q(x,t)$ zur Zeit t nach den Eigenfunktionen $\sin nx$ entwickelt:

$$Q(x,t) = \sum_{n=1}^{\infty} Q_n(t) \sin nx, \qquad Q_n(t) = \frac{2}{\pi}\int_0^{\pi} Q(x,t) \sin nx\, dx$$

und ebenso die gesuchte Lösung in der Form

$$u(x,t) = \sum_{n=1}^{\infty} q_n(t) \sin nx, \qquad q_n(t) = \frac{2}{\pi}\int_0^{\pi} u(x,t) \sin nx\, dx$$

angesetzt. Der Differentialgleichung (16) suchen wir nun zu genügen, indem wir die unendliche Folge von gewöhnlichen Differentialgleichungen

$$-n^2 q_n(t) = \ddot{q}_n(t) - Q_n(t) \tag{17}$$

auflösen, was (vgl. S. 243) durch die Funktionen

$$q_n(t) = \frac{1}{n}\int_0^{t} \sin n(t-t')\, Q_n(t')\, dt' + a_n \cos nt + b_n \sin nt \tag{17a}$$

mit willkürlichen Konstanten a_n, b_n erfolgt. Die Konstanten a_n, b_n müssen den gegebenen Anfangsbedingungen gemäß bestimmt werden, so daß — die Konvergenz der Reihe und ihre gliedweise Differenzierbarkeit vorausgesetzt — die Summe $\sum_n q_n(t) \sin nx$ die gewünschte Lösung der Gleichung (16) darstellt. — Ein anderer Weg zur Behandlung der inhomogenen Gleichung wird in § 5, 2 und § 14, 1 in allgemeinerem Zusammenhang entwickelt werden.

Man kann bei den erzwungenen Bewegungen die Benutzung des Entwicklungssatzes vermeiden. Wir betrachten dazu die Größen $Q_n(t)$ und $q_n(t)$ als die durch die obigen Gleichungen definierten Fourierschen Koeffizienten von $Q(x,t)$ und $u(x,t)$ — die Existenz dieser Lösung ist dabei vorausgesetzt — und fassen als Aufgabe die Bestimmung der Größen $q_n(t)$ durch die Größen $Q_m(t)$ auf. Indem wir die Gleichung (16) mit $\sin nx$ multiplizieren und dann über das Grundgebiet integrieren, erhalten wir nach Umformung der linken Seite durch Produktintegration sofort (17) und gewinnen somit wieder Formel (17a). Wegen der Vollständigkeit des orthogonalen Funktionensystems $\sin nx$ ist die Funktion $u(x,t)$ durch die so gewonnenen Entwicklungskoeffizienten eindeutig charakterisiert.

Von besonderem Interesse ist wie in § 2 wieder der Fall, daß $Q_n(t)$ rein periodisch ist:

$$Q_n(t) = a\cos\omega t + b\sin\omega t .$$

Dann wird, wenn $\omega^2 \neq n^2$ ist, $q_n(t)$ sich additiv zusammensetzen aus einer rein periodischen Funktion der Frequenz ω und solchen der Frequenz n, während $q_n(t)$ im Falle der Resonanz $\omega^2 = n^2$ nicht beschränkt bleibt. (Vgl. S. 244.)

Die Verhältnisse bei der homogenen schwingenden Saite sind typisch für allgemeinere kontinuierliche schwingende Systeme, welche den Gegenstand der weiteren Untersuchungen dieses Kapitels bilden. Wesentlich ist die Aufsuchung der Eigenschwingungen und deren Vollständigkeit bzw. der Entwicklungssatz. Im Gegensatz zu dem Fall der homogenen Saite werden wir uns bei diesen Sätzen jedoch nicht auf eine vorliegende Theorie wie die der Fourierschen Reihen berufen können. Wir werden ihre Beweise — um den Gedankengang nicht zu unterbrechen — in § 14 nachholen.

3. Die allgemeine unhomogene Saite und das Sturm-Liouvillesche Eigenwertproblem. Wir betrachten nunmehr den allgemeinen Fall der unhomogenen Saite

$$(p u_x)_x = \varrho u_{tt},$$

in der $p(x)$ den Elastizitätsmodul, multipliziert mit dem Querschnitt, und $\varrho(x)$ die Masse bezogen auf die Längeneinheit bezeichnet. Die Aufgabe ist, Lösungen dieser Gleichung zu suchen, die gewissen homogenen Randbedingungen genügen. Man versucht eine Lösung in der Form $u = v(x)g(t)$ zu finden und gelangt mit diesem Ansatz unmittelbar zu der Gleichung

$$(p v')' : v\varrho = \ddot{g} : g ,$$

welche nur dann erfüllt sein kann, wenn jede der beiden Seiten gleich einer und derselben Konstanten $-\lambda$ ist. Für die Funktion $v(x)$ ergibt sich dann die Differentialgleichung

$$(p v')' + \lambda \varrho v = 0 , \tag{18}$$

während g der Differentialgleichung $\ddot{g} + \lambda g = 0$ genügen muß. Setzen wir $\lambda = \nu^2$ — daß negative Werte von λ nicht in Betracht kommen, wird sich bald von selbst ergeben —, so wird also u die Form haben

$$u = v(x)(a\cos\nu t + b\sin\nu t) ,$$

während die Funktion $v(x)$ aus der Differentialgleichung (18) gemäß den Randbedingungen zu bestimmen ist. Wie im Spezialfall der homogenen Saite entsteht das *Eigenwertproblem, diejenigen „Eigenwerte“ λ der Differentialgleichung* (18) *zu bestimmen, für welche es eine den Randbedingungen genügende, nicht identisch verschwindende Lösung gibt.* Diese Lösung heißt die zum Eigenwert λ gehörige *Eigenfunktion*; sie ist nur bis auf einen willkürlichen konstanten Faktor bestimmt. Als Randbedingungen für Anfangs- bzw. Endpunkt kommen vor allem in Frage je eine der folgenden Typen[1]:

1. $v(0) = 0$ und $v(\pi) = 0$ (eingespannte Saite).
2. $h_0 v(0) = v'(0)$ und $-h_1 v(\pi) = v'(\pi)$ (elastisch befestigtes Ende).
3. $v'(0) = 0$ und $v'(\pi) = 0$ (freies Ende).

oder die Bedingung

4. $v(0) = v(\pi)$ und $p(0)\,v'(0) = p(\pi)\,v'(\pi)$,

welche im Falle $p(0) = p(\pi)$ als Periodizitätsbedingung aufgefaßt werden kann.

Wir betonen, daß gemäß der physikalischen Natur unseres Problems die Funktionen p und ϱ für $0 \leqq x \leqq \pi$ positiv sind, und machen ausdrücklich diese Voraussetzung; ferner müssen h_0, h_1 positiv sein, wenn die Ruhelage eine stabile Gleichgewichtslage sein soll[2].

Das so formulierte Problem heißt nach seinen ersten und erfolgreichsten Bearbeitern das *Sturm-Liouvillesche Eigenwertproblem.* Es läßt sich noch etwas verallgemeinern, wenn man statt (18) die Differentialgleichung

$$(pv')' - qv + \lambda \varrho v = 0 \tag{19}$$

betrachtet, wobei q eine gegebene stetige Funktion ist. Es ist für manche Betrachtungen von Bedeutung, daß man die Differentialgleichung (18) bzw. (19) durch Transformation der unabhängigen bzw. abhängigen Veränderlichen auf einfache Normalformen bringen kann. Z. B. erhält man durch die Transformation $z = v\sqrt{\varrho}$ die Form

$$\frac{d}{dx}(p^* z') - (q^* - \lambda)\, z = 0, \tag{20}$$

wobei

$$p^* = \frac{p}{\varrho}, \qquad q^* = -\frac{1}{\sqrt{\varrho}} \frac{d}{dx}\left(p \frac{d}{dx} \frac{1}{\sqrt{\varrho}}\right) + \frac{q}{\varrho}$$

ist. Ebenso kann man für $q = 0$ die Differentialgleichung in die Form

$$z'' + \lambda \sigma z = 0, \qquad \sigma = \varrho p$$

transformieren, indem man statt x eine neue Variable $\xi = \int \frac{dx}{p(x)}$ einführt und dann wieder ξ durch x ersetzt.

Eine andere wichtige Transformation der Differentialgleichung (19) wird gegeben durch

$$u = \sqrt[4]{p\varrho}\, v, \qquad t = \int_0^x \sqrt{\frac{\varrho}{p}}\, dx, \qquad l = \int_0^\pi \sqrt{\frac{\varrho}{p}}\, dx. \tag{20a}$$

---

[1] Daß gerade diese Typen ausgezeichnet sind, läßt sich am einfachsten aus den Gesichtspunkten der Variationsrechnung begründen (vgl. Kap. IV und VI).

[2] Vgl. Kap. IV, § 10, 2.

Dabei geht (19) über in

$$u'' - ru + \lambda u = 0, \tag{19a}$$

wobei r eine stetige Funktion bedeutet[1].

Den Eigenfunktionen v und den — positiven — Eigenwerten λ der Differentialgleichung (19) entsprechen Eigenschwingungen der Saite mit der Frequenz $\nu = \sqrt{\lambda}$, dargestellt durch die Funktionen

$$v(x)(a_\nu \cos \nu t + b_\nu \sin \nu t).$$

Wiederum liefern die Eigenfunktionen unserer Sturm-Liouvilleschen Probleme Systeme orthogonaler Funktionen, und zwar ergibt sich diese Eigenschaft ohne Kenntnis der speziellen Eigenschaften der Funktionen allein aus der Differentialgleichung. Sind nämlich λ_n, λ_m zwei verschiedene Eigenwerte, v_n, v_m zugehörige Eigenfunktionen, so erhält man wie oben in Nr. 1

$$(\lambda_n - \lambda_m)\int_0^\pi \varrho v_n v_m \, dx + \int_0^\pi \frac{d}{dx}(p[v_n' v_m - v_n v_m'])\, dx = 0,$$

und hier ist der zweite Ausdruck wegen des homogenen Charakters der Randbedingungen gleich Null, so daß tatsächlich für die Funktionen $\sqrt{\varrho}\, v_i$ die Orthogonalitätsbeziehung

$$\int_0^\pi \varrho v_n v_m \, dx = 0$$

besteht. Diese Funktionen können und wollen wir als normiert annehmen. *Wir werden im § 14 zeigen: Die Eigenwerte λ der Differentialgleichung (19) bei gegebenen Randbedingungen bilden nach der Größe geordnet eine abzählbare Folge $\lambda_1, \lambda_2, \lambda_3, \ldots$ und das zugehörige System der Eigenfunktionen liefert ein vollständiges orthogonales Funktionensystem. Ferner: Jede den Randbedingungen des Eigenwertproblems genügende stetige Funktion $f(x)$ mit stückweise stetigen ersten und zweiten Ableitungen ist in eine absolut und gleichmäßig konvergente Reihe*

$$f = \sum_{n=1}^{\infty} c_n v_n, \qquad c_n = \int_0^\pi \varrho f v_n \, dx$$

nach den Eigenfunktionen entwickelbar. Dieser Entwicklungssatz ermöglicht die Anpassung der Lösung

$$u(x, t) = \sum_{n=1}^{\infty} v_n(x)(a_n \cos \nu_n t + b_n \sin \nu_n t)$$

an einen vorgegebenen Anfangszustand.

---

[1] Es ist $r = \frac{f''}{f} + \frac{q}{\varrho}$ mit $f = \sqrt[4]{p\varrho}$.

Die Eigenwerte λ des Sturm-Liouvilleschen Problems sind, ausgenommen die des Problems mit Periodizitätsbedingungen[1], sämtlich *einfach*, d. h. es kann zu einem Eigenwert λ nicht zwei voneinander linear unabhängige Eigenfunktionen v, v^* geben; gäbe es nämlich zwei solche, so würde in der Form $cv + c^* v^*$ jede Lösung von (19) enthalten sein; jede solche Lösung müßte dann denselben vorgegebenen homogenen Randbedingungen genügen, was mit der Tatsache im Widerspruch steht, daß man z. B. eine Lösung mit willkürlich vorgegebenem $v(0)$ und $v'(0)$ finden kann, während die Randbedingungen 1. 2. 3. eine Beziehung zwischen $v(0)$ und $v'(0)$ enthalten.

Die Eigenwerte $\lambda = \nu^2$ sind für $q \geqq 0$, $h_0 \geqq 0$, $h_1 \geqq 0$ sämtlich positiv. Es ist nämlich

$$\lambda = \lambda \int_0^\pi \varrho v^2 \, dx = -\int_0^\pi [(p v')' v - q v^2] \, dx = \int_0^\pi (p v'^2 + q v^2) \, dx - p v' v \Big|_0^\pi ,$$

und hier ist die rechte Seite auf Grund der Randbedingungen 1. bis 4. positiv. *Der positive Charakter der Eigenwerte ist wesentlich dafür, daß alle Eigenfunktionen Schwingungsvorgängen entsprechen. Sobald ein Eigenwert negativ wird, tritt an Stelle der betreffenden Eigenschwingung ein aperiodischer Verlauf, was, wie wir später sehen werden, auch bei negativem q nur endlich oft vorkommen kann*[2].

Was endlich die *erzwungenen Bewegungen der Saite* betrifft, so kann man entweder so vorgehen wie in Nr. 2 bei der homogenen Saite. In dem speziellen Fall jedoch, wo in der unhomogenen Differentialgleichung $(p u_x)_x = \varrho u_{tt} - Q(x,t)$ die erregende Kraft periodisch von der Form $Q(x,t) = \varphi(x) e^{i\omega t}$ ist, wendet man gewöhnlich das folgende Verfahren an[3]: man setzt die Lösung u in der Form $u = v(x) e^{i\omega t}$ an und erhält sofort für $v(x)$ die zu (18) gehörige unhomogene Gleichung

$$(p v')' + \lambda \varrho v = -\varphi(x) \qquad (\lambda = \omega^2).$$

Um die Entwicklungskoeffizienten

$$\gamma_n = \int_0^\pi \varrho v v_n \, dx$$

der Lösung $v(x)$ zu bestimmen, multiplizieren wir unsere Differentialgleichung mit $v_n(x)$, integrieren über das Grundgebiet, formen das erste Glied mit Produktintegration um und berücksichtigen die Differentialgleichung für v_n; dann ergibt sich sofort $\gamma_n(\lambda - \lambda_n) = c_n$, also

$$\gamma_n = \frac{c_n}{\lambda - \lambda_n} \quad \text{mit} \quad c_n = \int_0^\pi \varphi v_n \, dx .$$

---

[1] Bei diesen ist $\lambda = n^2$ für $n = 1, 2, 3, \ldots$ ein zweifacher Eigenwert von $y'' + \lambda y = 0$ mit den beiden Eigenfunktionen $\sin nx$ und $\cos nx$.

[2] Vgl. Kap. VI, § 2.

[3] Vgl. hierzu das algebraische Analogon in Kap. I, § 3, 6.

Diese Behandlungsmethode verliert ihren Sinn im Falle der Resonanz, d. h. wenn die erregende Frequenz $\sqrt{\lambda} = \omega$ mit einer der Eigenfrequenzen $\sqrt{\lambda_n} = \omega_n$ übereinstimmt und der betreffende Koeffizient c_n von Null verschieden ist.

Den Fall einer beliebigen erregenden Kraft $Q(x,t)$ führt man auf den behandelten Spezialfall zurück, indem man mit Hilfe einer Fourierschen Reihe oder eines Fourierschen Integrals die Kraft $Q(x, t)$ als Funktion von t spektral zerlegt (vgl. Kap. II, § 5 und 6).

§ 4. Der schwingende Stab.

Bei der Differentialgleichung

$$\frac{\partial^4 u}{\partial x^4} + \frac{\partial^2 u}{\partial t^2} = 0$$

der *Transversalschwingungen eines homogenen Stabes* — wir beschränken uns hier der Kürze halber auf den homogenen Stab, da der unhomogene uns keine weiteren neuen Gesichtspunkte gegenüber den in § 3 entwickelten lehren würde — handelt es sich wiederum um die Bestimmung der Eigenschwingungen, welche wir durch den Ansatz $u = v(x)g(t)$ erhalten. Es ergibt sich wie früher

$$-\frac{v^{IV}}{v} = \frac{\ddot{g}}{g} = -\lambda,$$

d. h.

(21) $$v^{IV} - \lambda v = 0, \qquad \ddot{g} + \lambda g = 0,$$

wobei die Konstante λ so zu bestimmen ist, daß der Stab an seinen Endpunkten den vorgeschriebenen Randbedingungen genügt. Wir nehmen die Länge des Stabes wieder gleich π, als Ruhelage des Stabes das Intervall $0 \leqq x \leqq \pi$ und unterscheiden verschiedene Arten von Randbedingungen (vgl. Kap. IV, § 10):

1. $v''(x) = v'''(x) = 0$ für $x = 0$ und $x = \pi$ (freies Ende).
2. $v(x) = v''(x) = 0$ für $x = 0$ und $x = \pi$ (gestütztes Ende).
3. $v(x) = v'(x) = 0$ für $x = 0$ und $x = \pi$ (eingespanntes Ende).
4. $v'(x) = v'''(x) = 0$ für $x = 0$ und $x = \pi$.
5. $v(0) = v(\pi)$, $v''(0) = v''(\pi)$, und $v'(0) = v'(\pi)$, $v'''(0) = v'''(\pi)$ (Periodizität).

Für alle diese Fälle lassen sich die Eigenfunktionen und Eigenwerte explizit angeben, da man das allgemeine Integral der ersten Differentialgleichung (21) kennt, nämlich, wenn $\lambda \neq 0$[1] ist und $\sqrt[4]{\lambda} = \nu$ gesetzt wird:

---

[1] Daß $\lambda \geqq 0$ ist, beweist man analog wie in § 3.

$$v = c_1 \cos\nu x + c_2 \sin\nu x + c_3 e^{\nu x} + c_4 e^{-\nu x}$$

oder

$$v = \xi_1 \cos\nu x + \xi_2 \sin\nu x + \xi_3 \mathfrak{Cos}\,\nu x + \xi_4 \mathfrak{Sin}\,\nu x .$$

Für $\lambda = 0$ artet die allgemeine Lösung aus in ein Polynom dritten Grades $v = \xi_1 + \xi_2 x + \xi_3 x^2 + \xi_4 x^3$.

Die vier homogenen Randbedingungen, denen der Stab unterworfen ist, ergeben nun vier homogene Gleichungen der Form $\sum_{k=1}^{4} a_{ik}\xi_k = 0$ $(i = 1, 2, 3, 4)$ für die vier Größen $\xi_1, \xi_2, \xi_3, \xi_4$, welche das Verschwinden der Determinante $|a_{ik}|$ fordern, d. h. eine gewisse transzendente Gleichung für die Eigenwerte λ. Jede Wurzel dieser Gleichung liefert eine oder mehrere als normiert wählbare Eigenfunktionen. Speziell erhalten wir für den *beiderseits freien Stab* als transzendente Gleichung für ν die Beziehung:

$$\mathfrak{Cos}\,\nu\pi \cos\nu\pi = 1;$$

die zugehörigen, noch nicht normierten Eigenfunktionen sind, abgesehen von der zum zweifachen Eigenwert $\lambda = 0$ gehörigen Funktion $\xi_1 + \xi_2 x$,

$$v = (\sin\nu\pi - \mathfrak{Sin}\,\nu\pi)(\cos\nu x + \mathfrak{Cos}\,\nu x)$$
$$- (\cos\nu\pi - \mathfrak{Cos}\,\nu\pi)(\sin\nu x + \mathfrak{Sin}\,\nu x) .$$

Die Lösung für den *beiderseits eingespannten Stab* erhalten wir aus der obigen Lösung (abgesehen von der zu $\lambda = 0$ gehörigen Eigenfunktion) für den freien Stab durch zweimalige Differentiation, da die so entstehende Funktion erstens der Differentialgleichung, zweitens den Randbedingungen des eingespannten Stabes genügt; und zwar erhält man so jede Eigenfunktion des eingespannten Stabes, da man von einer solchen durch zweimalige unbestimmte Integration bei geeigneter Wahl der Integrationskonstanten zu einer Eigenfunktion des freien Stabes gelangt. Die Eigenwerte sind die Lösungen derselben transzendenten Gleichung wie vorhin; die Eigenfunktionen werden gegeben durch den Ausdruck

$$v = (\sin\nu\pi - \mathfrak{Sin}\,\nu\pi)(-\cos\nu x + \mathfrak{Cos}\,\nu x)$$
$$-(\cos\nu\pi - \mathfrak{Cos}\,\nu\pi)(-\sin\nu x + \mathfrak{Sin}\,\nu x) .$$

Beim Stabproblem ist im Gegensatz zu dem der schwingenden Saite das Auftreten mehrfacher Eigenwerte keineswegs ausgeschlossen. Z. B. besitzt das Problem des beiderseits freien Stabes für den Eigenwert Null die beiden voneinander unabhängigen normierten Eigenfunktionen $v = \frac{1}{\sqrt{\pi}}$ und $v = x\sqrt{\frac{3}{\pi^3}}$. Beim Übergang zum eingespannten Stab durch zweimalige Differentiation gehen diese beiden Eigenfunktionen und der zugehörige Eigenwert $\lambda = 0$ verloren.

In allen Fällen bilden die Eigenfunktionen der Differentialgleichung (21) ein orthogonales Funktionensystem, wie wir wiederum nach der alten Methode schließen. Sind nämlich λ_n, λ_m zwei verschiedene Eigenwerte und sind v_n, v_m zugehörige Eigenfunktionen, so folgt durch zweimalige Teilintegration

$$(\lambda_m - \lambda_n)\int_0^\pi v_n v_m\,dx = (v_n v_m''' - v_m v_n''' - v_n' v_m'' + v_m' v_n'')\Big|_0^\pi,$$

und hier ist die rechte Seite wegen der homogenen Randbedingungen Null. *Die Vollständigkeit des Eigenfunktionensystems und die Entwickelbarkeit willkürlicher Funktionen mit stetigen ersten und zweiten und stückweise stetigen dritten und vierten Ableitungen gilt auch hier,* wie sich aus den späteren Ausführungen (§ 14) ergeben wird.

Im übrigen verläuft die Theorie der Transversalbewegungen des Stabes ganz analog der Theorie der Saite und braucht hier nicht weiter ausgeführt zu werden.

§ 5. Die schwingende Membran.

1. Das allgemeine Eigenwertproblem der homogenen Membran. Die Differentialgleichung $\Delta u = u_{tt}$ der schwingenden homogenen Membran führt ebenso wie in den bisher erörterten Fällen zu einem Eigenwertproblem, nur daß hier die Differentialgleichung, für welche das Eigenwertproblem sich ergibt, eine partielle Differentialgleichung wird. Die Membran möge das Gebiet G der x, y-Ebene mit der Berandung Γ bedecken; die übrigen Voraussetzungen und Bezeichnungen bleiben ebenfalls dieselben wie in Kap. IV, § 10, Nr. 3. Als Randbedingung nehmen wir zunächst die einfachste, nämlich $u = 0$, d. h. wir betrachten die *eingespannte Membran.* Der Ansatz $u(x,y,t) = v(x,y)\,g(t)$ liefert sofort für die Funktionen $v(x,y)$, $g(t)$ die Beziehung

$$\frac{\Delta v}{v} = \frac{\ddot{g}}{g} = -\lambda,$$

aus der folgt, daß λ eine Konstante sein muß, die wir gleich ν^2 setzen. Die Funktion $v(x,y)$ ergibt sich wie oben aus dem *Eigenwertproblem,* den Parameter λ als „*Eigenwert*" so zu bestimmen, daß es eine zugehörige, in G mit ihren Ableitungen stetige Funktion $v(x,y)$ gibt, welche der Differentialgleichung

$$\Delta v + \lambda v = 0 \qquad (22)$$

genügt, am Rande verschwindet und normiert gewählt werden kann. Die Eigenwerte λ müssen positive Zahlen sein, wie das schon durch die Schreibweise $\lambda = \nu^2$ ausgedrückt ist. In der Tat folgt durch Anwendung der Greenschen Formel (vgl. § 1) auf die mit v multiplizierte Gleichung (22)

$$\iint_G (v_x^2 + v_y^2)\,dx\,dy = -\iint_G v\,\Delta v\,dx\,dy = \lambda \iint_G v^2\,dx\,dy,$$

woraus sich das positive Vorzeichen von λ ergibt. Danach wird die allgemeine Lösung der Differentialgleichung $\frac{\ddot{g}}{g} = -\lambda = -\nu^2$ die Gestalt $g = a\cos\nu t + b\sin\nu t$ haben, also eine periodische Funktion der Zeit sein. Die Lösung

$$u(x, y, t) = v(x, y)\,(a\cos\nu t + b\sin\nu t)$$

der Schwingungsgleichung entspricht dann einer *Eigenschwingung mit der Frequenz* $\nu = \sqrt{\lambda}$.

Die Existenz der Eigenschwingungen, genauer die Existenz einer unendlichen abzählbaren Folge von Eigenwerten $\lambda_1, \lambda_2, \lambda_3, \ldots$ und zugehörigen Eigenfunktionen $v_1(x,y), v_2(x,y), v_3(x,y), \ldots$, werden wir in § 14 nachweisen, ebenso die zugehörigen *Entwicklungssätze* bzw. *Vollständigkeitssätze*. Schon hier sei aber auf die *Orthogonalitätseigenschaft* der Eigenfunktionen hingewiesen, die sich in dem Satze ausspricht: Zwei zu verschiedenen Eigenwerten λ_i und λ_k gehörige Eigenfunktionen v_i, v_k sind zueinander orthogonal, d. h., es gilt

$$\iint_G v_i v_k \, dx\, dy = 0.$$

Der Beweis erfolgt nach dem uns schon geläufigen Muster, indem wir mit Hilfe der Greenschen Formel und der Randbedingung $u = 0$ schließen

$$(\lambda_i - \lambda_k)\iint_G v_i v_k \, dx\, dy = -\iint_G (v_k \Delta v_i - v_i \Delta v_k)\, dx\, dy = 0\,.$$

Die Bewegung einer frei schwingenden eingespannten Membran bei willkürlich vorgegebenen Anfangsbedingungen $u(x,y,0) = f(x,y)$, $u_t(x,y,0) = g(x,y)$ läßt sich wie früher durch Entwicklung nach den Eigenfunktionen darstellen, nämlich in der Form

$$u(x, y, t) = \sum_{n=1}^{\infty} v_n(x, y)\,(a_n \cos\nu_n t + b_n \sin\nu_n t)\,, \tag{23}$$

wobei die Koeffizienten a_n, b_n durch die Anfangsbedingungen als

$$a_n = \iint_G f(x, y)\, v_n(x, y)\, dx\, dy\,, \qquad b_n = \frac{1}{\nu_n}\iint_G g(x, y)\, v_n(x, y)\, dx\, dy$$

festgelegt sind. Hierbei ist stillschweigend vorausgesetzt, daß die Reihe (23) konvergiert und sich hinreichend oft gliedweise differenzieren läßt.

Ganz analog wie bei der eingespannten Membran liegen die Verhältnisse, wenn entsprechend einer elastischen Bindung der Membran am Rande eine Randbedingung der Form $\frac{\partial u}{\partial n} = -\sigma u$ gegeben ist, wobei σ eine positive, im allgemeinen mit dem Orte am Rande veränderliche Größe bedeutet. Das Eigenwertproblem formuliert sich genau wie oben; ebenso ergibt sich die Lösung des Anfangswertproblems auf Grund des Entwicklungssatzes. Die Eigenwerte λ sind auch hier positive Zahlen. Multiplizieren wir nämlich die Differentialgleichung (22) mit v und integrieren über G, so ergibt sich mit Rücksicht auf die Greensche Formel aus § 1 und die Randbedingung $\sigma v + \frac{\partial v}{\partial n} = 0$ sofort

$$\lambda = \lambda \iint_G v^2\,dx\,dy = \iint_G (v_x^2 + v_y^2)\,dx\,dy + \int_\Gamma \sigma v^2\,ds.$$

Die Zahlen $\nu = \sqrt{\lambda}$ sind die Frequenzen der entsprechenden Eigenschwingungen. Die zu verschiedenen Eigenwerten λ_i, λ_k gehörigen Eigenfunktionen sind zueinander orthogonal.

Von Interesse ist der Grenzfall $\sigma = 0$ der *freien Membran*, der durch geeignete Vorrichtungen auch physikalisch realisiert werden kann. Während bei allen anderen Randbedingungen jeder Eigenwert positiv ist, gibt es hier den Eigenwert $\lambda = 0$ mit der zugehörigen Eigenfunktion $v(x,y) = \text{konst.}$

2. Erzwungene Bewegungen. Auch die der Differentialgleichung

$$\Delta u = u_{tt} - Q(x, y, t) \tag{24}$$

genügenden erzwungenen Bewegungen der Membran lassen sich ganz nach dem Muster von § 3, 2 behandeln. Entweder entwickelt man die äußere Kraft $Q(x,y,t)$ und ebenso die gesuchte Funktion u in eine Reihe $Q(x, y, t) = \sum_{n=1}^{\infty} q_n(t)\,v_n(x, y)$ bzw. $u = \sum_{n=1}^{\infty} u_n(t)\,v_n(x, y)$ nach den Eigenfunktionen $v_n(x, y)$ der frei schwingenden Membran und bestimmt dann die Koeffizienten $u_n(t)$ aus den Differentialgleichungen

$$\ddot{u}_n + \lambda_n u_n = q_n;$$

oder man entwickelt, indem man eine periodische äußere Kraft annimmt, diese in eine Fouriersche Reihe; dann braucht man die Gleichung (24) nur für den Fall einer rein periodischen Kraft $\varphi(x,y)\,e^{i\omega t}$ durch eine Funktion $v(x,y)\,e^{i\omega t}$ zu lösen. Für die Funktion $v(x, y)$ ergibt sich sofort die Differentialgleichung

$$\Delta v + \lambda v = \varphi(x, y) \qquad (\lambda = \omega^2), \tag{25}$$

deren Lösung wir z. B. erhalten, indem wir $v(x, y)$ in eine Eigenfunktionenreihe $v = \sum_{n=1}^{\infty} \gamma_n v_n$ entwickeln; die Koeffizienten dieser Reihe bestimmen sich, wenn wir $c_n = \iint_G \varphi v_n\,dx\,dy$ setzen, analog wie auf S. 252 zu

$$\gamma_n = \frac{c_n}{\lambda - \lambda_n} \qquad (\lambda = \omega^2)$$

3. Knotenlinien. Ebenso wie bei einer Saite oder einem Stabe diejenigen Punkte ein besonderes Interesse darbieten, an welchen eine

Eigenfunktion v_n verschwindet, die „*Knotenpunkte*" der zugehörigen Eigenschwingung $v_n e^{i\nu_n t}$, spielen bei den Eigenschwingungen der Membran *Knotenlinien* eine Rolle, d. h. Kurven $v_n(x,y) = 0$. Längs dieser Knotenlinien bleibt die Membran bei Ausführung der Eigenschwingungen stets in Ruhe. Wir können hier nicht allgemein auf die Frage der Knotenlinien eingehen, kommen aber an Hand von Beispielen darauf zurück (vgl. auch Kap. VI, § 6).

4. Rechteckige Membran. Entsprechend der Tatsache, daß das Eigenwertproblem der Membran von der willkürlichen Wahl des Gebietes abhängt, steckt in dem allgemeinen Problem noch eine große Fülle von Einzelfragen, von denen wir hier einige besonders herausgreifen. Wir betrachten zunächst eine rechteckige Membran, welche das Gebiet $G(0 \leqq x \leqq a,\ 0 \leqq y \leqq b)$ bedeckt. Für die Randbedingungen $u = 0$ oder $\partial u/\partial n = 0$ lassen sich die Eigenwerte und Eigenfunktionen sofort angeben. Im ersten Falle sind die Eigenwerte die Zahlen $\lambda = \pi^2\left(\frac{n^2}{a^2} + \frac{m^2}{b^2}\right)$ $(n, m = 1, 2, 3, \ldots)$, die zugehörigen, übrigens nicht normierten, Eigenfunktionen die Produkte $\sin\frac{n\pi x}{a}\sin\frac{m\pi y}{b}$. Im zweiten Falle sind die Eigenwerte die Zahlen $\lambda = \pi^2\left(\frac{n^2}{a^2} + \frac{m^2}{b^2}\right)$ $(n, m = 0, 1, 2, \ldots)$, und die zugehörigen Eigenfunktionen werden durch $\cos\frac{m\pi x}{a}\cos\frac{n\pi y}{b}$ gegeben; hier ist auch $\lambda = 0$ ein Eigenwert, wie schon früher hervorgehoben wurde. (Es ist bemerkenswert, daß wir die Eigenfunktionen der eingespannten Membran aus denen der freien durch Differentiation nach x und y erhalten.)

Daß wir auf diese Art alle Eigenfunktionen des Problems erhalten haben, geht aus der Tatsache unmittelbar hervor, daß z. B. die Funktionen $\sin\frac{n\pi x}{a}\sin\frac{m\pi y}{b}$ für das Gebiet G ein vollständiges orthogonales Funktionensystem bilden, so daß eine weitere auf den angegebenen orthogonale Eigenfunktion nicht existieren kann. Jede andere Eigenfunktion müßte nämlich, falls ihr Eigenwert mit keinem der obigen λ übereinstimmt, orthogonal auf allen obigen Sinusprodukten sein; stimmt ihr Eigenwert mit einem der obigen λ überein und hängt sie nicht linear von den zu diesem Eigenwert gehörigen Sinusprodukten ab, so bleibt nach Subtraktion einer geeigneten Linearkombination dieser Sinusprodukte eine zu diesen und wie vorher auch zu den anderen Sinusprodukten orthogonale, also identisch verschwindende Funktion übrig.

Die Entwicklungssätze usw. reduzieren sich hier einfach auf die aus Kap. II bekannten Tatsachen über Fouriersche Reihen in zwei Variabeln.

Das Beispiel des Rechteckes zeigt uns, daß bei der Membran sehr wohl *mehrfache Eigenwerte* auftreten können. Dies tritt immer dann ein, wenn das Seitenverhältnis $a : b$ rational ist, weil dann die Gleichung $\frac{m^2}{a^2} + \frac{n^2}{b^2} = \frac{m'^2}{a^2} + \frac{n'^2}{b^2}$ stets nichttriviale Lösungen in ganzen Zahlen besitzt. Z. B. ist beim Quadrat $a = b = \pi$ eine solche Lösung $m' = n$, $n' = m$, wozu bei der Randbedingung $u = 0$ die Eigenfunktionen $\sin mx \sin ny$ und $\sin nx \sin my$ gehören. Die Frage nach der Vielfachheit eines Eigenwertes kommt dann auf das zahlentheoretische Problem hinaus, wie oft sich eine Zahl ν^2 als Summe $\nu^2 = n^2 + m^2$ von zwei Quadraten darstellen läßt[1].

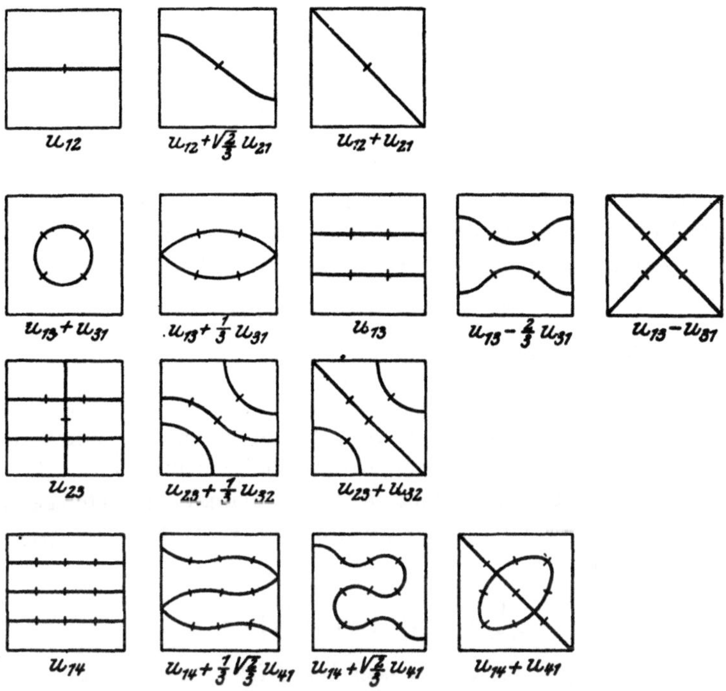

Abb. 2. Knotenlinien der quadratischen Membran.

Die Knotenlinien für die Eigenfunktionen $\sin nx \sin my$ sind einfach Parallelen zu den Koordinatenachsen. Bei mehrfachen Eigenwerten können aber noch ganz andere Knotenlinien auftreten, z. B. die Nullstellen der Funktion $\alpha \sin mx \sin ny + \beta \sin nx \sin my$ beim Quadrat. Die vorstehenden Abbildungen[2] geben einige charakteristische Beispiele dafür. Dabei ist zur Abkürzung $u_{mn} = \sin mx \sin ny$ gesetzt.

[1] Vgl. hierzu Dirichlet-Dedekind: Vorlesungen über Zahlentheorie, 4. Aufl., § 68, S. 164—166. Braunschweig 1894.

[2] Sie sind zum Teil dem im Literaturverzeichnis genannten Buch von Pockels entnommen.

5. Kreisförmige Membran. Besselsche Funktionen. Die kreisförmige Membran, deren Radius wir, nötigenfalls nach einer Änderung des Maßstabes, als 1 annehmen können, gestattet ebenfalls eine explizite Behandlung. Die Differentialgleichung ihres Eigenwertproblems nimmt in Polarkoordinaten nach Kap. IV, § 8, 2 die Gestalt an

$$v_{rr} + \frac{1}{r} v_r + \frac{1}{r^2} v_{\vartheta\vartheta} + \lambda v = 0 . \tag{26}$$

Wenn wir wieder den Fall der eingespannten Membran betrachten, so haben wir die Randbedingung $v(1, \vartheta) = 0$. Es liegt nahe, die Lösung der Differentialgleichung (26) durch den Ansatz $v(r, \vartheta) = f(r) h(\vartheta)$ zu versuchen, welcher sofort die Beziehung

$$\frac{r^2\left(f''(r) + \frac{1}{r} f'(r) + \lambda f(r)\right)}{f(r)} = -\frac{h''(\vartheta)}{h(\vartheta)} = c = \text{konst.}$$

liefert. Da die Funktion $v(r, \vartheta)$, also auch $h(\vartheta)$ eine periodische Funktion von ϑ mit der Periode 2π sein muß — sonst wäre v keine eindeutige Funktion des Ortes —, so folgt für c ein Wert $c = n^2$, wobei n eine beliebige nichtnegative ganze Zahl ist. Man erhält

$$h(\vartheta) = a \cos n\vartheta + b \sin n\vartheta$$

sowie für $f(r) = y$ die Differentialgleichung

$$r^2 y'' + r y' + (r^2 \lambda - n^2) y = 0, \tag{27}$$

und es handelt sich darum, Eigenwerte λ zu finden, für welche es eine bei $r = 0$ stetige Lösung dieser Differentialgleichung gibt, die obendrein noch der Randbedingung $f(1) = 0$ genügt. Durch die Transformation $r\sqrt{\lambda} = \varrho$ $(\lambda \neq 0)$ oder $kr = \varrho$, wenn wir $\lambda = k^2$ setzen, geht die Gleichung (27) in

$$\frac{d^2 y}{d\varrho^2} + \frac{1}{\varrho} \frac{dy}{d\varrho} + \left(1 - \frac{n^2}{\varrho^2}\right) y = 0 \tag{28}$$

über. Die Lösungen dieser „*Besselschen Differentialgleichung*", die sogenannten *Besselschen Funktionen,* spielen in der Analysis und mathematischen Physik eine besonders wichtige Rolle und werden uns später im Kap. VII noch ausführlicher beschäftigen. Hier sei nur hervorgehoben, daß wir durch den Potenzreihenansatz $y(\varrho) = \sum_{m=0}^{\infty} a_m \varrho^m$ aus (28) die Lösung

$$y(\varrho) = J_n(\varrho) = \frac{\varrho^n}{2^n n!}\left\{1 - \frac{\varrho^2}{2(2n+2)} + \frac{\varrho^4}{2 \cdot 4 (2n+2)(2n+4)} - + \cdots\right\}$$

erhalten, welche man die *Besselsche Funktion* n^{ter} *Ordnung* nennt. Die Reihe (29) konvergiert auf Grund der einfachsten Kriterien für jeden Wert von ϱ, d. h. die Besselschen Funktionen $J_n(\varrho)$ sind ganze transzendente Funktionen. Speziell gilt die Reihenentwicklung

$$J_0(\varrho) = 1 - \frac{\varrho^2}{2^2} + \frac{\varrho^4}{2^2 4^2} - \frac{\varrho^6}{2^2 4^2 6^2} + - \cdots .$$

Wir merken ferner die Relation

$$J_0'(\varrho) = -J_1(\varrho) \tag{29}$$

an, die sich aus der Reihenentwicklung sofort ergibt.

Die Lösungen von (27) erhalten wir nunmehr in der Form

$$y_n = J_n(kr) \qquad (k^2 = \lambda)\,, \tag{30}$$

wobei die Konstante k durch die Randbedingung $y_n(1) = 0$ zu bestimmen ist, d. h. durch die Bedingung $J_n(k) = 0$. Die Eigenwerte $\lambda = k^2$ von (27) sind also die Quadrate der Nullstellen der Besselschen Funktionen. Was die Existenz dieser Nullstellen anbetrifft, so werden wir später zeigen, daß tatsächlich jede der Funktionen J_n unendlich viele reelle Nullstellen besitzt, die wir $k_{n,m}$ $(m = 1, 2, 3, \ldots)$ nennen wollen. Mit dieser Bezeichnung schreiben sich die Eigenfunktionen in der Gestalt

$$J_n(k_{n,m} r)\,(\alpha \cos n\vartheta + \beta \sin n\vartheta)\,.$$

Dabei sind die Konstanten α, β noch beliebig, was uns zeigt, daß, abgesehen von den zu $n = 0$ gehörigen Eigenfunktionen, alle Eigenwerte mindestens zweifach sind, indem die linear unabhängigen Eigenfunktionen $J_n \cos n\vartheta$, $J_n \sin n\vartheta$ zu ihnen gehören. *Die Knotenlinien dieser Eigenfunktionen sind Kreise* $\varrho =$ konst. bzw. *Radien* $\vartheta =$ konst. Die Eigenschwingungen werden dargestellt durch

$$u = J_n(k_{n,m} r)\,(\alpha \cos n\vartheta + \beta \sin n\vartheta)\,(a \cos k_{n,m} t + b \sin k_{n,m} t)\,.$$

Wenn wir die allgemeinere Randbedingung $\frac{\partial u}{\partial r} = -\sigma u$ mit konstantem σ zugrunde legen, so bleibt fast alles in unseren obigen Überlegungen bestehen. Nur die Randbedingung, aus der die Eigenwerte zu bestimmen sind, lautet dann etwas anders, nämlich

$$k J_n'(k) = -\sigma J_n(k)\,.$$

Unsere Funktionen $J_n(k_{n,m} r)$ sind die einzigen Eigenfunktionen der Membran. Man kann den Beweis z. B. führen, indem man von der Bemerkung ausgeht, daß jede Eigenfunktion v eine mit stetigen Ableitungen bis zur zweiten Ordnung versehene Funktion von ϑ mit der Periode 2π ist, sich also in eine Fouriersche Reihe

$$v(r, \vartheta) = \sum_{n=-\infty}^{\infty} f_n(r)\, e^{in\vartheta}$$

entwickeln läßt. Geht man mit dieser Reihe in die Differentialgleichung (26) hinein, so ergibt sich sofort, daß jedes einzelne Glied $f_n(r)\,e^{in\vartheta}$ der Differentialgleichung genügt.

Aus dem allgemeinen Entwicklungssatz folgt, daß man eine am Rande verschwindende und sonst im Kreise mit ihren Ableitungen bis zur zweiten Ordnung stetige Funktion $w(r, \vartheta)$ in eine absolut und gleichmäßig konvergente Reihe der Form

$$w(r, \vartheta) = \sum_{n,m=0}^{\infty} a_{nm} J_n(k_{n,m} r) \cos n (\vartheta - \vartheta_{n,m})$$

entwickeln kann, worin z. B. für den Fall, daß w nicht von ϑ abhängt, *die Entwickelbarkeit einer willkürlichen, mit Ableitungen bis zur zweiten Ordnung stetigen und für* $r = 1$ *verschwindenden Funktion von* r *im Intervalle* $0 \leqq r \leqq 1$ *in eine Reihe nach den Besselschen Funktionen* $J_0(k_{0,m} r)$ enthalten ist.

Aus der allgemeinen Orthogonalitätsrelation für die Eigenfunktionen der Membrangleichung folgt für die Besselschen Funktionen bzw. für die Funktionen (30) durch Integration nach ϑ sofort die *Orthogonalitätsrelation*

$$\int_0^1 r J_n(k_{n,i} r) J_n(k_{n,j} r) \, dr = 0 \qquad (i \neq j),$$

die man auch direkt nach dem schon öfter angewandten Verfahren aus der Differentialgleichung (27) ableiten kann. Man erkennt übrigens unmittelbar, daß die Orthogonalität auch bei der allgemeineren Randbedingung $k J_n'(k) = -\sigma J_n(k)$ bestehen bleibt.

Zur Normierung dieser Funktionen $J_n(k_{n,m} r)$ bedienen wir uns zweckmäßigerweise der Relation

$$(31) \qquad 2\int_0^1 J_n^2(kr)\, r \, dr = J_n'^2(k),$$

die man folgendermaßen beweist: Wir multiplizieren die Differentialgleichung für $J_n(kr) = y$ nämlich:

$$(r y')' + \left(r k - \frac{n^2}{r}\right) y = 0$$

mit $r y'$ und integrieren von 0 bis r. Nach einigen Umformungen vermittels partieller Integration ergibt sich

$$2k \int_0^r r y^2 \, dr = (r y')^2 + (r^2 k^2 - n^2) y^2,$$

woraus für $r = 1$ wegen $y(1) = J_n(k) = 0$ die Gleichung (31) folgt.

Es sind also für die Gleichung (27) die Funktionen

$$\frac{\sqrt{2}}{J_n'(k_{n,m})} J_n(k_{n,m} r)$$

die *normierten Eigenfunktionen.* Näheres über die Besselschen Funktionen möge der Leser in Kap. VII und weiterhin in Spezialwerken nachsehen.

6. Die unhomogene Membran. Die verallgemeinerte Differentialgleichung der unhomogenen Membran

$$p\Delta u + p_x u_x + p_y u_y - qu = \varrho(x, y)\, u_{tt},$$

wobei p und ϱ überall in G positiv sind, führt auf ein Eigenwertproblem, welches dem allgemeinen Sturm-Liouvilleschen von § 3 analog ist, nämlich auf das Problem, diejenigen Werte von λ zu bestimmen, für welche die Differentialgleichung

$$L[v] + \lambda\varrho v = p\Delta v + p_x v_x + p_y v_y - qv + \lambda\varrho v = 0$$

eine normierte, den vorgegebenen homogenen Randbedingungen genügende Lösung besitzt. Mit Hilfe der Greenschen Formel

$$\iint\limits_G (v_2 L[v_1] - v_1 L[v_2])\, dx\, dy = \int\limits_\Gamma p\left(v_2 \frac{\partial v_1}{\partial n} - v_1 \frac{\partial v_2}{\partial n}\right) ds = 0$$

[Seite 239 Formel (5a)] ergibt sich wie oben für Eigenfunktionen v_i, v_j, die zu verschiedenen Eigenwerten λ_i, λ_j gehören, die Relation

$$\iint\limits_G \varrho v_i v_j\, dx\, dy = 0\,.$$

Wir wollen die Eigenfunktionen im allgemeinen so festlegen, daß die Funktionen $\sqrt{\varrho}\, v_i$ ein normiertes orthogonales Funktionensystem bilden, d. h. wir wollen

$$\iint\limits_G \varrho v_i^2\, dx\, dy = 1$$

setzen. Die *Existenz der Eigenwerte und der Vollständigkeits- bzw. der Entwicklungssatz*, welcher die Entwickelbarkeit einer den Randbedingungen genügenden und mit stetigen Ableitungen bis zur zweiten Ordnung versehenen Funktion $f(x, y)$ in eine Reihe $f = \sum\limits_{n=1}^{\infty} c_n v_n(x, y)$ mit $c_n = \iint\limits_G \varrho f v_n\, dx\, dy$ besagt, wird in § 14 dieses Kapitels in allgemeinem Zusammenhange behandelt werden.

§ 6. Die schwingende Platte.

1. Allgemeines. Bei der Differentialgleichung

$$\Delta\Delta u + u_{tt} = 0$$

der homogenen schwingenden Platte können wir uns kurz fassen, indem wir nur das prinzipiell gegenüber den früheren Entwicklungen neu Hinzukommende erwähnen. Das Eigenwertproblem, welches sich wieder durch den Ansatz $u = v(x,y)\, g(t)$ ergibt, lautet

$$\Delta\Delta v - \lambda v = 0 \tag{32}$$

mit $\lambda = \nu^2$, $g(t) = \alpha e^{\pm i\nu t}$ oder $g(t) = a\cos\nu t + b\sin\nu t$. Als Randbedingungen kommen z. B. in Betracht

$$u = 0, \quad \frac{\partial u}{\partial n} = 0, \quad \text{d. h.} \quad v = 0, \quad \frac{\partial v}{\partial n} = 0$$

(*eingespannte Platte*). Die *Orthogonalität zweier zu verschiedenen Eigenwerten gehöriger Eigenfunktionen* wird nach demselben Muster bewiesen wie früher, wobei die Greensche Formel (§ 1) benutzt wird. Der einzige prinzipielle Unterschied ist, daß hier zwei homogene Randbedingungen zur Charakterisierung des Eigenwertproblems gehören, entsprechend der Tatsache, daß wir es hier mit einer partiellen Differentialgleichung vierter Ordnung zu tun haben.

2. Kreisförmige Begrenzung. Die analytischen Schwierigkeiten des Problems sind naturgemäß wesentlich größer als bei der Membran. Z. B. gelingt es nicht, den Fall rechteckiger Begrenzung mit explizit bekannten Funktionen zu behandeln. Die einzige Begrenzung, für welche eine solche explizite Behandlung gelingt, ist der Kreis. Hier werden wir wieder auf Besselsche Funktionen geführt, wenn wir Polarkoordinaten r, ϑ einführen. Wir können mit $\lambda = k^4$ die Differentialgleichung in die ohne weiteres verständliche symbolische Gestalt

$$(\Delta\Delta - k^4)\, v = 0$$

oder

$$(\Delta - k^2)(\Delta + k^2)\, v = 0$$

setzen, wobei der Operator Δ die Bedeutung

$$\Delta = \frac{\partial^2}{\partial r^2} + \frac{1}{r}\frac{\partial}{\partial r} + \frac{1}{r^2}\frac{\partial^2}{\partial \vartheta^2}$$

hat. Denkt man sich v in eine Fouriersche Reihe entwickelt:

$$v = \sum_{n=-\infty}^{\infty} y_n(r)\, e^{i n \vartheta},$$

so muß jedes Glied der Reihe für sich der Differentialgleichung genügen und daher y_n eine Lösung von

$$\left(\frac{d^2}{dr^2} + \frac{1}{r}\frac{d}{dr} - \frac{n^2}{r^2} - k^2\right)\left(\frac{d^2}{dr^2} + \frac{1}{r}\frac{d}{dr} - \frac{n^2}{r^2} + k^2\right) y = 0$$

sein. Wir können sofort zwei voneinander unabhängige, für $r = 0$ reguläre Lösungen dieser Differentialgleichung angeben, nämlich $J_n(kr)$ und $J_n(ikr)$ mit $i = \sqrt{-1}$, und haben also in der Funktion

$$v(r, \vartheta) = J_n(kr)\,(a_1 \cos n\vartheta + b_1 \sin n\vartheta) + J_n(ikr)\,(a_2 \cos n\vartheta + b_2 \sin n\vartheta)$$

eine Lösung von (32). Um den Randbedingungen $v(1, \vartheta) = 0$, $v_r(1, \vartheta) = 0$ zu genügen, haben wir zu setzen

$$J_n(k)a_1 + J_n(ik)a_2 = 0, \qquad J_n(k)b_1 + J_n(ik)b_2 = 0,$$
$$J_n'(k)a_1 + iJ_n'(ik)a_2 = 0, \qquad J_n'(k)b_1 + iJ_n'(ik)b_2 = 0,$$

woraus sich für die Eigenfrequenz k die transzendente Gleichung

$$\frac{J_n'(k)}{J_n(k)} = \frac{i J_n'(i k)}{J_n(i k)}$$

ergibt; in ihr tritt, wie die Reihenentwicklungen von Seite 260 zeigen, die imaginäre Einheit i nicht mehr wirklich auf. Im einzelnen sei hier wieder auf die Literatur verwiesen.

§ 7. Allgemeines über die Methode der Eigenfunktionen.

Es ist nützlich, nach der Betrachtung der obigen Beispiele den Kern der Methode hervorzuheben.

1. Die Methode bei Schwingungs- und Gleichgewichtsproblemen. Die behandelten Probleme hatten folgenden Typus: Es sei G ein Bereich der unabhängigen Raumvariablen $x, \ldots$, und zwar je nach der Anzahl der unabhängigen Veränderlichen entweder ein Intervall der x-Achse oder ein stückweise glatt begrenztes Gebiet der x, y-Ebene oder des x, y, z-Raumes. Der Zustand eines den Bereich G ausfüllenden Kontinuums werde durch eine Funktion $u(x, \ldots; t)$ charakterisiert, deren identisches Verschwinden einer stabilen Gleichgewichtslage entspricht. $L[u]$ sei ein in G definierter, sich selbst adjungierter linearer Differentialausdruck hinsichtlich der Raumvariabeln $x, \ldots$, entsprungen durch Variation der zu dem System gehörigen potentiellen Energie, und $\varrho(x, \ldots)$ eine die Massendichte darstellende gegebene Ortsfunktion, $Q(x, \ldots; t)$ die gegebene äußere Kraft. Dann wird eine Lösung der Differentialgleichung

$$L[u] = \varrho u_{tt} - Q \tag{33}$$

gesucht, welche vorgegebenen homogenen die Zeit nicht enthaltenden Randbedingungen auf dem Rande Γ von G genügt und zu einem vorgegebenen, durch

$$u(x, \ldots; 0) = \varphi(x, \ldots), \qquad u_t(x, \ldots; 0) = \psi(x, \ldots)$$

definierten Anfangszustand gehört. Bei allen vorkommenden Funktionen wird Stetigkeit der Ableitungen bis zu jeder vorkommenden Ordnung vorausgesetzt.

Der Fall des Gleichgewichts ordnet sich ein, wenn wir annehmen, daß alle vorkommenden Funktionen von t unabhängig sind und keine Anfangsbedingungen gestellt werden. Wir erhalten dann statt des gemischten Anfangs-Randwertproblems der Schwingungen ein Randwertproblem des Gleichgewichts.

Unter den freien Bewegungen, d. h. den Lösungen der homogenen Differentialgleichung

$$L[u] = \varrho u_{tt}, \tag{33a}$$

welche den vorgelegten homogenen Randbedingungen genügen, zeichnet man die Eigenschwingungen durch die Forderung des *Synchronismus:*

$u = v(x, \ldots) g(t)$ aus. Jede solche Eigenschwingung gehört zu einem konstanten Werte λ, einem Eigenwert, derart, daß $\ddot{g} + \lambda g = 0$, also

$$g(t) = a \cos\sqrt{\lambda}\, t + b \sin\sqrt{\lambda}\, t$$

und

(34) $$L[v] + \lambda \varrho v = 0$$

ist, wobei v die oben für u gestellten Randbedingungen erfüllen muß. Das charakteristische Problem — *Eigenwertproblem* — besteht nun darin, Werte des Parameters λ — *Eigenwerte* — zu bestimmen, derart, daß die homogene Differentialgleichung (34) unter den vorgegebenen Randbedingungen nicht identisch verschwindende Lösungen besitzt (*Eigenfunktionen*). Die Schwingung, welche der ursprünglichen Gleichung (33a) genügt, hat dann die Darstellung

$$u = \left(a \cos\sqrt{\lambda}\, t + b \sin\sqrt{\lambda}\, t\right) v(x, \ldots).$$

Bei endlichem Grundgebiet G besteht im allgemeinen der folgende Sachverhalt: Die Eigenwerte λ bilden eine *abzählbare unendliche Folge* $\lambda_1, \lambda_2, \ldots$ Es gibt ein *System von entsprechenden Eigenfunktionen* v_1, $v_2, \ldots$, welches *vollständig* im Sinne von Kap. II, § 1 ist und den Orthogonalitätsrelationen[1]

$$\int_G \varrho v_i v_k \, d\tau = 0 \quad (i \neq k), \qquad \int_G \varrho v_i^2 \, d\tau = 1$$

genügt. Über die Vollständigkeit hinaus gilt sogar der *Entwicklungssatz*: Jede Funktion w mit stetigem $L[w]$, welche den vorgegebenen homogenen Randbedingungen genügt, läßt sich in eine absolut und gleichmäßig konvergente Reihe

$$w = \sum_{\nu=1}^{\infty} c_\nu v_\nu, \qquad c_\nu = \int_G \varrho w v_\nu \, d\tau$$

nach den Eigenfunktionen entwickeln.

Man erhält auf Grund dieser Tatsachen — die jeweils eines besonderen Beweises bedürfen (s. § 14) — eine unendliche Folge von Eigenschwingungen $\left(a_\nu \cos\sqrt{\lambda_\nu}\, t + b_\nu \sin\sqrt{\lambda_\nu}\, t\right) v_\nu(x, \ldots)$, aus denen wir durch Superposition die Lösung des Anfangswertproblems von (33a) durch geeignete Wahl der Konstanten a_ν und b_ν erhalten. Und zwar haben wir

$$a_\nu = \int_G \varrho \varphi v_\nu \, d\tau, \qquad b_\nu = \frac{1}{\sqrt{\lambda_\nu}} \int_G \varrho \psi v_\nu \, d\tau$$

zu setzen.

---

[1] Mit $\int_G f\, d\tau$ bezeichnen wir das Integral der Funktion $f(x, \ldots)$ über den Bereich G.

Bei der unhomogenen Gleichung (33) unter den homogenen Randbedingungen — nach § 1, 2 bedeutet die Voraussetzung homogener Randbedingungen bei einer unhomogenen Gleichung keine Beschränkung der Allgemeinheit — gewinnt man die Lösung $u(x, \ldots; t)$, indem man ihre Entwicklungskoeffizienten $\gamma_\nu(t)$ in bezug auf die v_ν bestimmt. Zu diesem Zwecke multipliziert man die Differentialgleichung (33) mit v_ν, integriert über G, formt die linke Seite mit Hilfe der Greenschen Formel (5a), § 1, unter Benutzung der Randbedingungen um, benutzt die Eigenwertgleichung für v_ν und erhält

$$\ddot{\gamma}_\nu + \lambda_\nu \gamma_\nu = -Q_\nu(t),$$

wobei $Q_\nu(t)$ der gegebene Entwicklungskoeffizient von $Q(x, \ldots; t)$ in bezug auf die v_ν ist. Eine spezielle Lösung unserer Differentialgleichung für γ_ν ist

$$\gamma_\nu = \frac{1}{\sqrt{\lambda_\nu}} \int_0^t \sin \sqrt{\lambda_\nu}\,(t - \tau)\, Q_\nu(\tau)\, d\tau .$$

Die mit diesen Entwicklungskoeffizienten gebildete Funktion wird eine partikuläre Lösung von (33), und jede andere Lösung gewinnt man durch Addition einer Lösung von (33a), so daß das vorliegende Anfangswertproblem auf das der homogenen Gleichung (33a) zurückgeführt ist.

Auch das Gleichgewichtsproblem, d. h. das Randwertproblem der Differentialgleichung

$$L[u] = -Q(x, \ldots)$$

bei homogenen Randbedingungen kann man mit Hilfe der Eigenfunktionen behandeln. Wir erhalten wie oben für die konstanten Entwicklungskoeffizienten γ_ν der gesuchten Lösung u in bezug auf die v_ν die Gleichung $\lambda_\nu \gamma_\nu = -Q_\nu$; also

$$\gamma_\nu = -\frac{1}{\lambda_\nu} \int_G \varrho\, Q\, v_\nu\, d\tau .$$

Nach dem Entwicklungssatz wird also die Lösung durch

$$u = -\sum_{\nu=1}^{\infty} \frac{v_\nu}{\lambda_\nu} \int_G \varrho\, Q\, v_\nu\, d\tau$$

gegeben. Dürften wir hier Summation und Integration vertauschen, so würden wir zu einer Funktion

$$K(x, \ldots; \xi, \ldots) = \sum_{\nu=1}^{\infty} \frac{v_\nu(x, \ldots)\, v_\nu(\xi, \ldots)}{\lambda_\nu}$$

gelangen, mit deren Hilfe sich die Lösung des Randwertproblemes in der Gestalt

$$u(x, \ldots) = -\int_G Q(\xi, \ldots)\, K(x, \ldots; \xi, \ldots)\, d\tau$$

schreiben läßt, wobei die Integration nach den Variablen $\xi, \ldots$ auszuführen ist. Diese Funktion K, die „*Greensche Funktion*“ von $L[u]$, werden wir in § 14 ganz anders charakterisieren und zum Ausgangspunkt einer eingehenderen, den formalen Rahmen übersteigenden Betrachtung machen.

2. Wärmeleitung und Eigenwertprobleme. In ganz ähnlicher Weise führt die Theorie der Wärmeleitung auf Eigenwertprobleme. Die Differentialgleichung der Wärmeleitung in homogenen isotropen Körpern lautet bei passender Wahl der Zeit- und Längeneinheit

$$L[u] = u_t ,$$

wobei u die Temperatur als Funktion des Ortes x, y, z und der Zeit t bedeutet. Die Ausstrahlung eines homogenen Körpers G mit der Oberfläche Γ in ein unendliches Medium konstanter Temperatur Null wird an der Oberfläche Γ durch eine Randbedingung der Form

$$\frac{\partial u}{\partial n} + \sigma u = 0$$

charakterisiert, wobei σ eine positive Materialkonstante ist; d. h. das *Temperaturgefälle nach dem Innern des Körpers ist dem Temperatursprung nach außen proportional.* Es handelt sich darum, eine Lösung der Wärmeleitungsgleichung unter diesen Randbedingungen zu finden, welche zur Zeit $t = 0$ in einen vorgegebenen Anfangszustand $\varphi(x, y, z)$ übergeht.

Wir machen für u den Ansatz $u = v(x, y, z)\, g(t)$ und erhalten sofort die Gleichung

$$\frac{L[v]}{v} = \frac{\dot{g}}{g} = -\lambda .$$

Es ergibt sich also für v das Eigenwertproblem: $L[v] + \lambda v = 0$ in G und $\frac{\partial v}{\partial n} + \sigma v = 0$ an der Oberfläche Γ; die zu einem Eigenwert λ und der Eigenfunktion v gehörige Lösung der Differentialgleichung hat die Form

$$u = a v e^{-\lambda t}.$$

Der Entwicklungssatz für die Eigenfunktionen gibt dann wie früher die Möglichkeit, die Lösung einem vorgegebenen Anfangszustand anzupassen, so daß $u(x, y, z; 0)$ gleich einer willkürlich vorgegebenen mit ihren Ableitungen erster und zweiter Ordnung in G stetigen und der Randbedingung genügenden Funktion $\varphi(x, y, z)$ wird. Ist nämlich $v_1, v_2, \ldots$ bzw. $\lambda_1, \lambda_2, \ldots$ das vollständige System der normierten Eigenfunktionen und Eigenwerte, so wird die gesuchte Lösung durch die Formel

$$u(x, y, z; t) = \sum_{n=1}^{\infty} c_n v_n(x, y, z)\, e^{-\lambda_n t}$$

gegeben, wobei $c_n = \iiint\limits_G \varphi\, v_n\, dx\, dy\, dz$ ist.

Es sei kurz bemerkt, daß wegen des positiven Charakters der Eigenwerte λ die Lösung $u(x, y, z; t)$ mit wachsendem t asymptotisch gegen Null strebt, wie physikalisch auch ohne weiteres plausibel ist.

Betrachten wir statt der homogenen Wärmeleitungsgleichung die inhomogene Gleichung

$$L[u] = u_t - Q(x, y, z),$$

wo die gegebene Funktion Q von der Zeit nicht abhängen soll, und stellen dieselben homogenen Randbedingungen wie oben, so erhält man nach unserer allgemeinen Methode eine Lösung $u(x, y, z; t)$, welche für $t \to \infty$ in die Lösung des entsprechenden Randwertproblems der Gleichung

$$L[u] = -Q(x, y, z)$$

übergeht.

3. Sonstiges Auftreten von Eigenwertproblemen. Auch sonst führen zahlreiche Fragen der Analysis auf Eigenwertprobleme, d. h. auf eine lineare Differentialgleichung (oder auch andere Funktionalgleichung) für eine Funktion u, in welcher linear ein Parameter λ auftritt, der als „Eigenwert" so zu bestimmen ist, daß ein homogenes Randwertproblem außer der trivialen Lösung $u = 0$ noch eine nichttriviale Lösung besitzt. Diese Fragestellung bietet sich oft dar, wenn eine der unabhängigen Veränderlichen von u in dem Problem ausgezeichnet ist. Man versucht dann, Lösungen zu finden, die sich als Produkt einer Funktion dieser einen Variablen und einer Funktion der übrigen darstellen lassen, um für diese letzte Funktion zu einem Eigenwertproblem zu gelangen. Wir werden in den nächsten Paragraphen noch eine Reihe solcher Probleme erörtern, welche aus ganz verschiedenen Quellen entspringen.

§ 8. Schwingungen dreidimensionaler Kontinua.

Bei Schwingungsproblemen dreidimensionaler Kontinua, z. B. in der Akustik, der Elastizitätstheorie oder der Elektrodynamik, die die Behandlung der Gleichung

$$\Delta u = u_{tt}$$

erfordern, wobei Δu der Potentialausdruck in drei Variabeln ist, wird man auf ein Eigenwertproblem der Form

$$\Delta u + \lambda u = 0$$

mit entsprechenden homogenen Randbedingungen geführt.

Es tritt nun oft der Fall ein, daß die spezielle Gestalt des Grundgebietes eine weitere Zerspaltung der Lösungen dieses Eigenwertproblems erlaubt und dadurch zu Eigenwertproblemen mit einer geringeren Anzahl von unabhängigen Veränderlichen führt.

Ein Beispiel gibt das zylindrische Gebiet, das über dem Gebiet G der x-, y-Ebene errichtet ist und von den Ebenen $z = 0$, $z = \pi$ begrenzt werden möge. Als Randbedingung nehmen wir etwa $u = 0$. Wir können dieses Problem durch den Ansatz $u = f(z)v(x,y)$ sofort auf das entsprechende für das ebene Gebiet G zurückführen; wir erhalten nämlich

$$-\frac{f''}{f} = \frac{\Delta v}{v} + \lambda = k = \text{konst.},$$

$$f = \sin\sqrt{k}\,z$$

mit $k = 1^2, 2^2, 3^2, \ldots$; für v bleibt die Gleichung $\Delta v + (\lambda - n^2)v = 0$, deren Eigenwerte sich von denen des ebenen Gebietes G nur durch den Summanden $-n^2$ unterscheiden und deren Eigenfunktionen mit denen des ebenen Gebietes G identisch sind.

Daß wir so unter den gegebenen Randbedingungen wieder alle Eigenfunktionen des Zylinders erhalten, folgt in der mehrfach durchgeführten Weise aus ihrer Vollständigkeit.

Nehmen wir speziell einen Zylinder, der über einem Rechteck errichtet ist, d. h. ein rechtwinkliges Parallelepiped, z. B. den Würfel $0 \leqq x, y, z \leqq \pi$, so erhalten wir auf diese Weise als beinahe selbstverständliche Lösung des Eigenwertproblems die Eigenwerte $l^2 + m^2 + n^2$ $(l, m, n = 1, 2, 3, \ldots)$ und die Eigenfunktionen $\sin lx \sin my \sin nz$.

Wir betrachten als weiteres Beispiel die *Schwingungsgleichung für das Gebiet einer Kugel* $x^2 + y^2 + z^2 \leqq 1$ mit dem Radius 1. Führen wir Polarkoordinaten r, ϑ, φ ein, so geht die Schwingungsgleichung über in (vgl. Kap. IV, § 8, 2)

$$\Delta u + \lambda u = \frac{1}{r^2 \sin\vartheta}\left[\frac{\partial}{\partial r}(r^2 u_r \sin\vartheta) + \frac{\partial}{\partial\varphi}\left(\frac{u_\varphi}{\sin\vartheta}\right) + \frac{\partial}{\partial\vartheta}(u_\vartheta \sin\vartheta)\right] + \lambda u = 0;$$

wir versuchen, ihr durch den Ansatz $u = Y(\vartheta,\varphi) f(r)$ zu genügen, wo Y nur von φ und ϑ, f nur von r abhängt. Es ergibt sich sofort

$$\frac{(r^2 f')' + \lambda r^2 f}{f} = -\frac{1}{Y\sin\vartheta}\left[\frac{\partial}{\partial\varphi}\left(\frac{Y_\varphi}{\sin\vartheta}\right) + \frac{\partial}{\partial\vartheta}(Y_\vartheta \sin\vartheta)\right] = k,$$

wobei k eine Konstante sein muß. Diese Konstante kann nicht willkürlich sein; sie muß so gewählt werden, daß die Differentialgleichung

$$\Delta^* Y + kY = \frac{1}{\sin\vartheta}\left[\frac{\partial}{\partial\varphi}\left(\frac{Y_\varphi}{\sin\vartheta}\right) + \frac{\partial}{\partial\vartheta}(Y_\vartheta \sin\vartheta)\right] + kY = 0$$

eine auf der ganzen Kugelfläche stetige Lösung, d. h. eine in φ mit der Periode 2π periodische und für $\vartheta = 0$ und $\vartheta = \pi$ noch reguläre (bei Annäherung an diese Punkte mit einem von φ unabhängigen Grenzwert versehene) Lösung besitzt. In Kap. VII, § 5 werden wir sehen, daß dieser Forderung nur für die Werte $k = n(n+1)$ $(n = 0, 1, 2, \ldots)$ genügt werden kann, und zwar durch die *Kugelfunktionen* $Y_n(\vartheta, \varphi)$ (vgl. auch § 9). Für $f(r)$ ergibt sich die Differentialgleichung

$$(r^2 f')' - n(n+1) f + \lambda r^2 f = 0,$$

welche als im Nullpunkt reguläre Lösungen die Funktionen $S_n(\sqrt{\lambda}r) = \frac{J_{n+\frac{1}{2}}(\sqrt{\lambda}r)}{\sqrt{r}}$ besitzt (vgl. § 5 und § 10). Der Parameter λ ist nunmehr aus der Randbedingung zu bestimmen, z. B. bei der Randbedingung $u = 0$ durch die Gleichung $J_{n+\frac{1}{2}}(\sqrt{\lambda}) = 0$, und wir haben, wenn wir mit $\lambda_{n,1}$, $\lambda_{n,2}$, ... die Wurzeln dieser Gleichung bezeichnen, Lösungen unseres Randwertproblems in der Form $u = Y_n(\vartheta, \varphi) S_n(\sqrt{\lambda_{n,h}}\, r)$. Daß wir so ein vollständiges orthogonales Funktionensystem und daher alle Eigenfunktionen und Eigenwerte unserer Differentialgleichung erhalten, werden wir später in Kap. VII, § 5 beweisen.

§ 9. Randwertproblem der Potentialtheorie und Eigenfunktionen.

Das Randwertproblem der Potentialtheorie verlangt die Bestimmung einer Funktion u, welche im Innern eines Bereichs G der Differentialgleichung $\Delta u = 0$ genügt und am Rande vorgeschriebene Werte annimmt. Dies Problem läßt sich nach § 1, 2 zurückführen auf die Lösung der unhomogenen Gleichung $\Delta u = f$ bei den Randwerten $u = 0$. Man kann die Lösung dieser Aufgabe nach der Methode von § 7 stets durch Entwicklung nach Eigenfunktionen von

$$\Delta v + \lambda v = 0$$

aufsuchen.

Bei geeigneten speziellen Bereichen G jedoch kann man in anderer, einfacherer Weise durch einen Zerspaltungsprozeß und Zurückführung auf Eigenfunktionen eines Differentialausdruckes mit weniger unabhängigen Veränderlichen zum Ziele gelangen, wie wir an einigen wichtigen Beispielen sehen wollen.

1. Kreis, Kugel, Kugelschale. Wir betrachten zunächst den Fall von zwei unabhängigen Veränderlichen x, y und nehmen für G den Kreis vom Radius 1 um den Nullpunkt. Transformieren wir den Ausdruck Δu auf Polarkoordinaten r, φ, so haben wir die Randwertaufgabe von

$$r(r u_r)_r + u_{\varphi\varphi} = 0$$

bei vorgegebenen Randwerten $u(1, \varphi) = f(\varphi)$ zu lösen, wobei $f(\varphi)$ eine mit der Periode 2π periodische stetige und mit stückweise stetiger erster Ableitung versehene Funktion ist. Die Aufsuchung von Lösungen der homogenen Gleichung — ohne Berücksichtigung der Randbedingung —, für welche eine Zerspaltung in der Form $u = v(r) w(\varphi)$ möglich ist, führt in der üblichen Weise sofort auf ein Eigenwertproblem

$$w'' + \lambda w = 0,$$

wobei als Randbedingungen die Periodizitätsbedingungen $w(0) = w(2\pi)$, $w'(0) = w'(2\pi)$ zu stellen sind. Dieses einfache Eigenwertproblem hat die Eigenwerte $\lambda = n^2$ (n ganzzahlig) und die zugehörigen Eigenfunktionen $w = a_n \cos n\varphi + b_n \sin n\varphi$. Für den Faktor $v(r)$ ergibt sich die Differentialgleichung $r(r v')' - n^2 v = 0$, für welche $v = r^n$

und $v = r^{-n}$ linear unabhängige Lösungen sind. Wir erhalten also partikuläre, im Einheitskreis reguläre Lösungen der ursprünglichen Differentialgleichung in der Form

$$(a_n \cos n\varphi + b_n \sin n\varphi) r^n$$

mit willkürlichen Koeffizienten a_n und b_n. Diese Lösungen können auch charakterisiert werden als die in x und y ganzen rationalen und vom n^{ten} Grade homogenen Lösungen der Differentialgleichung $\Delta u = 0$.

Durch den Superpositionsprozeß:

$$u = \sum_0^\infty r^n (a_n \cos n\varphi + b_n \sin n\varphi)$$

kann man auf Grund der Theorie der Fourierschen Reihe die gewünschte Lösung des Randwertproblems erhalten, indem man die Koeffizienten a, b aus der Reihenentwicklung der vorgeschriebenen Randwerte entnimmt. (Vgl. Kap. IV, § 2, S. 153.)

Ganz ähnlich liegen die Verhältnisse in drei Dimensionen, falls für G die Einheitskugel $x^2 + y^2 + z^2 \leqq 1$ gewählt wird. An Stelle der trigonometrischen Funktionen treten hier die *Laplaceschen Kugelfunktionen*. Wir erhalten nämlich durch Transformation der Differentialgleichung auf Polarkoordinaten r, ϑ, φ (vgl. S. 195 und 270) die Gleichung

$$(r^2 u_r)_r + \frac{1}{\sin^2\vartheta} u_{\varphi\varphi} + \frac{1}{\sin\vartheta} (u_\vartheta \sin\vartheta)_\vartheta = 0,$$

welche durch den Zerspaltungsansatz $u = v(r)\, Y(\vartheta, \varphi)$ auf die Differentialgleichung

$$(35) \qquad (r^2 v')' - \lambda v = 0$$

für v führt, deren allgemeine Lösung

$$v = c_1 r^{\alpha_1} + c_2 r^{\alpha_2}$$

lautet, wobei c_1 und c_2 willkürliche Konstanten sind und α_1, α_2 Wurzeln der quadratischen Gleichungen

$$\alpha(\alpha + 1) = \lambda$$

bedeuten.

Für Y erhalten wir das schon in § 8 aufgestellte Eigenwertproblem der Differentialgleichung

$$(36) \qquad \Delta^* Y + \lambda Y = \frac{1}{\sin\vartheta}\left[\frac{1}{\sin\vartheta} Y_{\varphi\varphi} + (Y_\vartheta \sin\vartheta)_\vartheta\right] + \lambda Y = 0$$

wobei der Eigenwert λ so bestimmt werden soll, daß die Differentialgleichung eine nicht identisch verschwindende und auf der ganzen Kugel zweimal stetig differenzierbare Lösung besitzt.

Um das Verhalten der Funktionen Y, das wir an den Polen der Kugel, d. h. bei $\vartheta = 0$ und $\vartheta = \pi$ verlangen wollen, zu erklären, geben wir uns Rechenschaft davon, daß der Ausdruck Δ gegen

Drehungen des Koordinatensystems invariant ist, und erkennen so, daß auch der Ausdruck Δ^* auf der Kugel, d. h. der aus Δ für $r = 1$ hervorgehende Ausdruck, bei Einführung anders orientierter Polarkoordinaten, d. h. eines anderen Systems von Längen- und Breitenkreisen, invariant bleiben muß und daß die Besonderheit der Differentialgleichung (36) für $\vartheta = 0$ und $\vartheta = \pi$ nur in der Unsymmetrie des Koordinatensystems begründet liegt. Infolgedessen verlangen wir, daß bei Drehung des Koordinatensystems die Pole der Kugel ihre Ausnahmestellung für die Funktion Y verlieren, d. h. daß Y als Ortsfunktion auf der Kugel überall denselben Stetigkeitsbedingungen genügt.

Zur Bestimmung von Eigenwerten λ und zugehörigen Eigenfunktionen Y gelangt man am einfachsten, wenn man analog zu § 8 nach den in x, y, z ganzen rationalen und vom n^{ten} Grade homogenen Lösungen $u = U_n$ von $\Delta u = 0$ fragt. Wir werden später (Kap. VII, § 5) sehen, daß es genau $2n+1$ linear unabhängige solche Potentiale n^{ten} Grades gibt. Indem wir sie nach Einführung der Polarkoordinaten in der Form $U_n = r^n Y_n(\vartheta, \varphi)$ schreiben, erkennen wir, daß wir in Y_n Lösungen der Differentialgleichung (36) vor uns haben. Der zu den $2n + 1$ Funktionen $Y_n(\vartheta, \varphi)$ gehörige Eigenwert berechnet sich zu

$$\lambda = n(n+1).$$

Daß wir in den so definierten Funktionen Y_n die Gesamtheit der Eigenfunktionen unseres Problems vor uns haben, wird sich in Kap. VII, § 5 zeigen.

Ferner wird sich die Vollständigkeitseigenschaft bzw. der Entwicklungssatz wie bei den Sturm-Liouvilleschen Funktionen ergeben. Infolgedessen können wir durch Superposition von Lösungen: $u = \sum r^n Y_n$ eine vorgeschriebenen Werten auf der Kugeloberfläche angepaßte Lösung von $\Delta u = 0$ finden.

Man erkennt leicht, daß zugleich mit der Funktion $u = r^n Y_n$ die im Nullpunkt singuläre Funktion $u = r^{-(n+1)} Y_n$ eine Lösung von $\Delta u = 0$ ist. Man kann infolgedessen durch Superposition von Lösungen der Gestalt $r^n Y_n$ und $r^{-(n+1)} Y_n$ eine Lösung von $\Delta u = 0$ finden, die auf zwei konzentrischen Kugeloberflächen vorgeschriebene Werte besitzt und in der zwischenliegenden Schale regulär ist.

Fragen wir speziell nach solchen Kugelfunktionen, welche nur von der Poldistanz ϑ, nicht aber von der Länge φ abhängen, indem wir also $Y_\varphi = 0$ setzen, so gelangen wir zur Differentialgleichung

$$\frac{1}{\sin\vartheta}(Y_\vartheta \sin\vartheta)_\vartheta + \lambda Y = 0,$$

welche durch die Transformation $x = \cos\vartheta$ in die Differentialgleichung der Legendreschen Polynome übergeht [vgl. (20) Kap. II]. Die Legendreschen Polynome $P_n(\cos\vartheta)$ sind also spezielle Kugelfunktionen.

Zu einer Verallgemeinerung der Kugelfunktionen gelangen wir, wenn wir ein beliebiges Gebiet G auf der Kugeloberfläche betrachten und die Differentialgleichung

$$\Delta^* Y + \lambda Y = 0 \tag{36}$$

durch eine in G reguläre Funktion $Y(\vartheta, \varphi)$ zu integrieren suchen, welche am Rande von G homogenen Randbedingungen genügt, z. B. verschwindet. Die zu diesem Gebiet gehörigen Eigenfunktionen $Y_1, Y_2, \ldots$ heißen allgemein Kugelflächenfunktionen[1]. Aus den obigen Rechnungen folgt, daß die Funktion $r^\alpha Y(\vartheta, \varphi) = u(x, y, z)$ eine im Kegel mit der Grundfläche in G und der Spitze im Kugelmittelpunkt, höchstens abgesehen vom Nullpunkt, stetige, der Differentialgleichung $\Delta u = 0$ genügende Funktion ist, wenn zwischen α und λ die Gleichung

$$\alpha(\alpha + 1) = \lambda$$

besteht.

Die Differentialgleichung $\Delta^* Y + \lambda Y = 0$ für die Kugelfunktionen ist ein spezieller Fall der allgemeinen Differentialgleichung

$$\Delta^* Y + \lambda Y = \frac{1}{\sqrt{eg - f^2}}\left(\frac{\partial}{\partial y}\,\frac{e\frac{\partial Y}{\partial y} - f\frac{\partial Y}{\partial x}}{\sqrt{eg - f^2}} + \frac{\partial}{\partial x}\,\frac{g\frac{\partial Y}{\partial x} - f\frac{\partial Y}{\partial y}}{\sqrt{eg - f^2}}\right) + \lambda Y = 0,$$

welche zu einer beliebigen krummen Fläche mit dem Linienelement $ds^2 = e\,dx^2 + 2f\,dx\,dy + g\,dy^2$ gehört und deren invarianter Charakter im Kap. IV § 8, 2 erwähnt worden ist. Wir können diese Differentialgleichung auffassen als die Schwingungsgleichung einer „krummen Membran", welche auf unserer Fläche liegt. Für die Kugelfläche geht sie bei Einführung von Polarkoordinaten in die Gleichung (36) über.

2. Zylindrisches Gebiet. Ein weiteres Beispiel bietet ein Zylinder, der über dem Gebiet G der x, y-Ebene errichtet und von den Ebenen $z = 0$, $z = \pi$ begrenzt ist. Wir denken uns die Randwerte auf dem Mantel als identisch Null gegeben, auf den ebenen Stirnflächen als beliebige zweimal stetig differenzierbare Funktionen, die an ihren Rändern Γ verschwinden. Nun machen wir für die Lösung von $\Delta u = 0$ den Ansatz $u = f(z)\,v(x,y)$ und erhalten sofort analog zu früher für f und v die Differentialgleichungen $\frac{f''}{f} = -\frac{\Delta v}{v} = \lambda$, in welchen λ so bestimmt werden muß, daß dazu eine Eigenfunktion $v(x,y)$ existiert, welche auf Γ verschwindet. Ist $v_1, v_2, \ldots$ das volle System der Eigenfunktionen mit den Eigenwerten $\lambda_1, \lambda_2, \ldots$, so lehrt der Entwicklungssatz, daß wir durch eine Reihe der Form $\sum_{n=1}^{\infty}\left(a_n e^{\sqrt{\lambda_n} z} + b_n e^{-\sqrt{\lambda_n} z}\right) v_n(x, y)$ für $z = 0$ und $z = \pi$ die vorgegebenen Randwerte auf den Stirnflächen darstellen

[1] Vgl. Thomson, W. und Tait, P. G.: Treatise on Natural Philosophy, Bd. 1, S. 171—218. Cambridge 1886.

können. Wir haben also in dieser Reihe die Lösung unseres Randwertproblems, falls diese Reihe gleichmäßig konvergiert und dasselbe auch noch gilt, nachdem wir sie ein- und zweimal nach beliebigen der Variablen x, y, z differenziert haben.

3. Das Lamésche Problem. Der im wesentlichen allgemeinste Fall, in welchem man die Randwertaufgabe der Potentialtheorie durch einen Zerspaltungsprozeß auf das Problem der Auffindung von Funktionen einer einzigen Variablen zurückführen kann, die ihrerseits durch ein Eigenwertproblem charakterisiert werden, ist der eines *konfokalen Rechtflaches*. Wir verstehen darunter ein Gebiet, welches begrenzt wird von je zwei Stücken zweier Ellipsoide, zweier einschaliger und zweier zweischaliger Hyperboloide, die sämtlich ein und derselben konfokalen Schar

$$\frac{x^2}{s-e_1}+\frac{y^2}{s-e_2}+\frac{z^2}{s-e_3}=1$$

angehören (vgl. Kap. IV, § 8, 3). *Fast alle sonst explizit behandelten Fälle der Randwertaufgabe lassen sich als Spezialfälle oder Grenzfälle dieses „Laméschen" Problems auffassen.* Führen wir in den Bezeichnungen von Kap. IV elliptische Koordinaten $\varrho = f(u)$, $\sigma = g(v)$, $\tau = h(w)$ ein, so geht die Potentialgleichung $\Delta T = 0$ über in

$$\Delta T = \frac{[g(v)-h(w)]\,T_{uu}+[f(u)-h(w)]\,T_{vv}+[f(u)-g(v)]\,T_{ww}}{[g(v)-h(w)]\,[f(u)-h(w)]\,[f(u)-g(v)]}=0\,.$$

Wir versuchen nun, dieser Gleichung zu genügen, indem wir den Ansatz

$$T = U(u)\,V(v)\,W(w)$$

machen; wir können dann der Differentialgleichung $\Delta T = 0$ genügen, wenn wir mit zwei beliebigen Konstanten λ, μ die drei gewöhnlichen Differentialgleichungen

$$U'' + [\lambda f(u) + \mu]\,U = 0\,, \tag{37}$$

$$V'' - [\lambda g(v) + \mu]\,V = 0\,, \tag{38}$$

$$W'' + [\lambda h(w) + \mu]\,W = 0 \tag{39}$$

befriedigen. Dabei liegen die Variablen u, v, w in verschiedenen Intervallen, welche durch die Bedingungen

$$\varrho_2 \leqq f(u) \leqq \varrho_1\,, \qquad \sigma_2 \leqq g(v) \leqq \sigma_1\,, \qquad \tau_2 \leqq h(w) \leqq \tau_1$$

festgelegt sind, denen Bedingungen

$$u_2 \leqq u \leqq u_1\,, \qquad v_2 \leqq v \leqq v_1\,, \qquad w_2 \leqq w \leqq w_1$$

entsprechen. Unser Rechtflach ist dabei gegeben durch Bedingungen der Form $\varrho_2 \leqq \varrho \leqq \varrho_1 \leqq \sigma_2 \leqq \sigma \leqq \sigma_1 \leqq \tau_2 \leqq \tau \leqq \tau_1$.

Wenn wir statt u, v, w die Koordinaten ϱ, σ, τ benutzen und ohne Unterscheidung die unabhängige Variable mit s, die abhängige mit Y

bezeichnen, so können wir die Gleichungen (37), (38), (39) in der gemeinsamen Form schreiben

$$\varphi(s)\frac{d^2Y}{ds^2}+\frac{\varphi'(s)}{2}\frac{dY}{ds}+(\lambda s+\mu)\,Y=0,$$

wobei

$$4(s-e_1)(s-e_2)(s-e_3)=\varphi(s)$$

gesetzt ist. Die Lösungen dieser Gleichung, der sogenannten *Laméschen Gleichung*, sind Funktionen, welche von der Wahl der Konstanten λ, μ abhängen und sich im allgemeinen nicht auf die elementaren transzendenten Funktionen zurückführen lassen. Sie führen den Namen *Lamésche Funktionen* und sind Gegenstand vieler Untersuchungen geworden, wenngleich man bisher noch verhältnismäßig wenig Mittel zu ihrer numerischen Beherrschung entwickelt hat. Wir begnügen uns hier mit der Aufstellung des zugehörigen Eigenwertproblems. Offenbar kann man die Randwertaufgabe der Potentialtheorie für ein konfokales Rechtflach lösen, wenn man sie für den speziellen Fall beherrscht, daß die vorgegebenen Randwerte auf fünf von den sechs Seitenflächen Null sind. Die Lösung des allgemeinen Randwertproblems stellt sich dann als Summe von sechs solchen speziellen Lösungen dar. Es möge nun z. B. $\tau=\tau_2$ diejenige Seitenfläche sein, für welche nicht der Randwert Null vorgeschrieben ist. Dann sehen wir uns veranlaßt, nach solchen Lösungen U, V, W der Laméschen Gleichungen (37), (38), (39) zu fragen, für welche die Bedingungen $U(u_1)=U(u_2)=V(v_1)=V(v_2)=W(w_1)=0$ bestehen, während für $W(w_2)$ keine Bedingung gestellt wird. Das Produkt

$$T=U(u)\,V(v)\,W(w)$$

wird dann eine Lösung von $\Delta T=0$ sein, die für $\varrho=\varrho_2$, $\varrho=\varrho_1$, $\sigma=\sigma_2$, $\sigma=\sigma_1$, $\tau=\tau_1$ verschwindet. Nun kann, wie sich herausstellen wird, den angegebenen Bedingungen nicht bei beliebiger Wahl der Konstanten λ, μ genügt werden. Wir stellen vielmehr das Problem, diese Konstanten so zu wählen, daß den Forderungen durch geeignete Lamésche Funktionen U, V genügt werden kann; es gibt dann auch immer eine zugehörige Funktion W. Damit haben wir ein neuartiges Eigenwertproblem, ein sogenanntes *zweiparametriges Eigenwertproblem*, vor uns, bei dem es sich um die Bestimmung von Paaren zusammengehöriger Eigenwerte λ, μ handelt, für welche die Differentialgleichung (37) eine für $u=u_1$ und $u=u_2$ sowie die Differentialgleichung (38) eine für $v=v_1$ und für $v=v_2$ verschwindende Lösung besitzt.

Auch bei diesem Eigenwertproblem bestehen ähnliche Verhältnisse wie beim gewöhnlichen einparametrigen Problem, nämlich die folgenden: *Es gibt unendlich viele Paare von Eigenwerten λ_i, μ_i und zugehörige Lösungen U_i, V_i des Eigenwertproblems. Jede in dem Rechteck $u_2\leqq u\leqq u_1$, $v_2\leqq v\leqq v_1$ mit ihren Ableitungen bis zur zweiten Ordnung* *stetige, am Rande des Rechtecks verschwindende Funktion von u, v ist in eine absolut und gleichmäßig konvergente Reihe der Form*

$$\sum_{i=1}^{\infty} c_i U_i(u) V_i(v)$$

entwickelbar, wobei rechts über alle zu Eigenwertpaaren gehörigen Laméschen Produkte $U_i(u) V_i(v)$ zu summieren ist. Diese Laméschen Produkte erfüllen im übrigen die Orthogonalitätsbedingung

$$\int_{u_2}^{u_1}\int_{v_2}^{v_1} [f(u) - g(v)]\, U_i(u) V_i(v)\, U_k(u) V_k(v)\, dv\, du = 0,$$

sobald sie zu verschiedenen Eigenwertpaaren gehören.

Zur Lösung unserer Randwertaufgabe ordnen wir den Funktionen U_i, V_i Funktionen $W_i(w)$ zu, die der Gleichung (39) mit $\lambda = \lambda_i$, $\mu = \mu_i$ genügen und die für $w = w_1$ verschwinden. (Daß es eine solche Lösung gibt, ist nach den allgemeinen Existenzsätzen der Differentialgleichungstheorie gesichert.) Die Funktionen $W_i(w)$ verschwinden für $w = w_2$ nicht; denn sonst wäre $T = UVW$ eine nicht verschwindende Lösung von $\Delta T = 0$ mit den Randwerten Null, was auf Grund elementarer Tatsachen der Potentialtheorie unmöglich ist (vgl. Bd. II).

Die auf $w = w_2$ vorgegebenen Randwerte können wir dann in der Form

$$\sum_{i=1}^{\infty} a_i W(w_2)\, U(u)\, V(v)$$

entwickeln, und die Reihe

$$\sum_{i=1}^{\infty} a_i U(u)\, V(v)\, W(w)$$

liefert die gewünschte Lösung der Randwertaufgabe der Potentialtheorie für unser Rechtflach. Hierbei müssen wir allerdings beachten, daß den vorgegebenen Oberflächenwerten von T in Anbetracht der obigen Formulierung des Entwicklungssatzes noch die Beschränkung auferlegt werden muß, auf allen Kanten des Rechtflaches zu verschwinden. In der Tat aber ist diese Beschränkung nicht nötig, worauf wir jedoch hier nicht eingehen wollen.

Wir wollen noch zeigen, daß unser zweiparametriges Eigenwertproblem sich in naturgemäßer Weise auf ein einparametriges der uns geläufigen Gestalt zurückführen läßt, allerdings auf das einer partiellen Differentialgleichung. Bilden wir nämlich die Funktion $Z(u,v) = U(u)\, V(v)$, wobei $U(u)$ der Differentialgleichung (37) und $V(v)$ der Differentialgleichung (38) genügt, so erhalten wir aus diesen beiden Gleichungen, wenn wir die erste mit V, die zweite mit U multiplizieren und dann addieren, die partielle Differentialgleichung

$$Z_{uu} + Z_{vv} + \lambda [f(u) - g(v)]\, Z = 0 \tag{40}$$

für die Funktion $Z(u,v)$. Der Eigenwert $\lambda = \lambda_i$ und die zugehörige Eigenfunktion $Z_i = U_i(u) V_i(v)$ lösen das Eigenwertproblem dieser Differentialgleichung für das Rechteck $G: u_2 \leqq u \leqq u_1$, $v_2 \leqq v \leqq v_1$ bei der Randbedingung $Z = 0$. (Wir hätten übrigens diese Differentialgleichung auch aus $\Delta T = 0$ durch den Ansatz $T = Z(u,v) W(w)$ erhalten können.) Die Differentialgleichung (40) hat die Form $\Delta Z + \lambda \varrho Z = 0$, wobei die Funktion $\varrho = f(u) - g(v)$ im ganzen Rechteck G positiv ist; wir haben daher hier ein Eigenwertproblem mit dem einen Parameter λ ganz im früheren Sinne vor uns, für welches die Fragen der Existenz der Eigenfunktionen und des Entwicklungssatzes sich vollkommen in das uns geläufige Schema einordnen. Indem wir die Beantwortung dieser Fragen vorwegnehmen[1], können wir also die Existenz unendlich vieler Eigenwerte $\lambda_1, \lambda_2, \ldots$ und zugehöriger am Rande verschwindender Eigenfunktionen $Z_1, Z_2, \ldots$ für das Rechteck G behaupten, nach welchen man willkürliche Funktionen im oben gekennzeichneten Rahmen entwickeln kann. Alles, was zu zeigen bleibt, ist, daß wirklich sämtliche Eigenfunktionen Z_i Laméscher Produkte $U(u) V(v)$ oder höchstens Summen endlich vieler zum selben Eigenwert λ gehöriger Lamécher Produkte sind.

Zu diesem Zwecke bezeichnen wir das vollständige System der Eigenwerte und Eigenfunktionen von (40) mit $\lambda_1, \lambda_2, \ldots$ bzw. $Z_1, Z_2, \ldots$ Ist λ_h ein Eigenwert, so betrachten wir nunmehr das Eigenwertproblem der gewöhnlichen Differentialgleichung

$$\frac{d^2X}{du^2} + [\lambda_h f(u) + \mu] X = 0$$

ebenfalls für die Randbedingung $X = 0$ bei $u = u_1$ und $u = u_2$. Wir bezeichnen die zugehörigen unendlich vielen Eigenwerte und normierten Eigenfunktionen mit $\mu_1, \mu_2, \ldots$ bzw. $X_1, X_2, \ldots$ Nach diesen können wir eine für $u = u_1$ und $u = u_2$ verschwindende, im Intervalle $u_2 \leqq u \leqq u_1$ mit den Ableitungen bis zur zweiten Ordnung stetige, sonst willkürliche Funktion entwickeln. Insbesondere gilt diese Entwickelbarkeit für die noch von v als Parameter abhängende Funktion $Z(u,v)$; wir schreiben die Entwicklung in der Form

$$Z(u,v) = \sum_{n=1}^{\infty} Y_n(v) X_n(u),$$

wobei

$$Y_n(v) = \int_{u_2}^{u_1} Z(u,v) X_n(u)\, du$$

gesetzt ist. Differenzieren wir Y_n zweimal nach v und formen wir durch partielle Integration um, so ergibt sich

[1] Siehe §§ 14 und 15.

$$\frac{d^2 Y_n}{d v^2} = \int_{u_2}^{u_1} Z_{vv}(u, v)\, X_n(u)\, du$$

$$= \int_{u_2}^{u_1} (-Z_{uu} - \lambda_h[f(u) - g(v)]Z)\, X_n\, du$$

$$= \int_{u_2}^{u_1} Z\left(-\frac{d^2 X_n}{du^2} - \lambda_h[f(u) - g(v)]\, X_n\right) du$$

$$= (\mu_n + \lambda_h g(v))\, Y_n\,,$$

d. h. die Funktion Y_n ist Eigenfunktion der Differentialgleichung (38) für das Gebiet $v_2 \leqq v \leqq v_1$ und die gegebene Randbedingung; mit anderen Worten, das Wertepaar λ_h, μ_n mit den zugehörigen Funktionen $X_n(u)$, $Y_n(v)$ ist eine Lösung unseres zweiparametrigen Eigenwertproblems — sofern nicht die betreffende Funktion $Y_n(v)$ identisch verschwindet. Nun ist aber den Ausgangsbetrachtungen zufolge das Produkt $X_n Y_n$ eine zum Eigenwert λ_h gehörige Eigenfunktion von (40), und jeder Eigenwert dieser Differentialgleichung kann zufolge der allgemeinen (erst im nächsten Kapitel zu begründenden) Theorie nur eine endliche Vielfachheit haben. Somit kann unter den Funktionen $X_n Y_n$ der beiden Variablen u und v nur eine endliche Anzahl k linear unabhängiger vorkommen. Außerdem dürfen wir annehmen, daß keine der Funktionen X_n und Y_n identisch verschwindet; denn sonst können wir das betreffende Glied einfach weglassen. Zwischen je $k+1$ Produkten $X_n Y_n$ besteht dann eine lineare Beziehung

$$\sum_{\nu=1}^{k+1} c_\nu X_{n_\nu} Y_{n_\nu} = 0\,.$$

Erteilen wir hierin den Variablen v einen Wert, für den alle Y_{n_ν} von Null verschieden sind, so erhalten wir eine lineare Gleichung zwischen den X_{n_ν}. Da aber zu verschiedenen Eigenwerten μ gehörige Eigenfunktionen linear unabhängig sind, können in der Darstellung $Z = \sum X_n Y_n$ überhaupt nur endlich viele Glieder auftreten, wie wir zeigen wollten.

Nun können wir eine mit den obengenannten Beschränkungen willkürliche Funktion nach den Eigenfunktionen Z_i entwickeln und erhalten damit das Ergebnis: Jede im Rechteck $u_2 \leqq u \leqq u_1$, $v_2 \leqq v \leqq v_1$ mit ihren Ableitungen bis zur zweiten Ordnung stetige, am Rande verschwindende Funktion läßt sich in eine Reihe Laméscher Produkte entwickeln.

§ 10. Probleme vom Sturm-Liouvilleschen Typus. — Singuläre Randpunkte.

Bei den Zerspaltungsprozessen, welche auf Eigenwertprobleme führen, ergeben sich häufig Eigenwertdifferentialgleichungen vom Sturm-Liouvilleschen Typus, d. h. von der Form

$$(pu')' - qu + \lambda \varrho u = 0,$$

jedoch gegenüber den im § 3 behandelten Fällen mit dem wesentlichen Unterschiede, daß in Endpunkten des Grundgebietes Singularitäten der Differentialgleichung auftreten, z. B. Verschwinden von $p(0)$. Für diese singulären Stellen ergeben sich dabei aus der Natur der Aufgabe Bedingungen, wie Stetigkeit oder Endlichbleiben der Lösung oder Unendlichwerden von nicht höherer als einer vorgeschriebenen Ordnung, und übernehmen dort die Rolle der homogenen Randbedingung.

1. Besselsche Funktionen. Ein Beispiel liefert die schon in § 5, 5 behandelte Besselsche Differentialgleichung

$$(41)\qquad (xu')' - \frac{n^2}{x}u + \lambda x u = 0,$$

die sich bei den verschiedensten Fragen der mathematischen Physik ergibt. Bei ihr ist nicht mehr die in § 3, 3 gemachte Voraussetzung erfüllt, daß $p > 0$ im ganzen Grundgebiet $0 \leqq x \leqq 1$ ist, vielmehr gilt $p(0) = 0$. Die Stelle $x = 0$ ist im Sinne der allgemeinen Theorie der linearen Differentialgleichungen ein *singulärer Punkt der Besselschen Differentialgleichung, und es stellt eine besondere Randbedingung für die Lösung dar, wenn wir Endlichbleiben in diesem Punkte verlangen.* Die Randbedingungen unseres Sturm-Liouvilleschen Problems lauten hier: Endlichbleiben für $x = 0$ und z. B. Verschwinden für $x = 1$. Die Eigenfunktionen sind Besselsche Funktionen $J_n(\sqrt{\lambda}\,x)$, wobei $\lambda = \lambda_{n,m}$ als Wurzel einer transzendenten Gleichung durch die Randbedingung bei $x = 1$ zu bestimmen ist.

Wenn wir statt der Besselschen Funktionen $u = J_n(\sqrt{\lambda}\,x)$ die zugehörigen Orthogonalfunktionen $z = \sqrt{x}\,J_n(\sqrt{\lambda}\,x)$ betrachten wollen, so können wir sie durch die Differentialgleichung

$$(42)\qquad z'' - \frac{n^2 - \frac{1}{4}}{x^2}z + \lambda z = 0$$

charakterisieren, welche sich ohne weiteres aus der Besselschen ergibt. (Es handelt sich hier um ein Beispiel zu der auf S. 250 allgemein ausgeführten Transformation.) Für die Funktion $\zeta = \frac{z}{x} = \frac{J_n(\sqrt{\lambda}\,x)}{\sqrt{x}}$ ergibt sich die Differentialgleichung

$$(43)\qquad (x^2\zeta')' - (n^2 - \tfrac{1}{4})\,\zeta + \lambda x^2 \zeta = 0.$$

2. Legendresche Funktionen beliebiger Ordnung. Ein Problem ähnlicher Art bietet die Sturm-Liouvillesche Differentialgleichung

$$(44)\qquad [(1 - x^2)u']' + \lambda u = 0$$

mit den Randbedingungen: u bleibt endlich für $x = +1$ und $x = -1$, die beiden singulären Stellen der Differentialgleichung. Das Grundgebiet ist $-1 \leqq x \leqq +1$. Aus Kap. II, § 8 wissen wir, daß die Werte $\lambda = n(n+1)$ Eigenwerte und die Legendreschen Funktionen $P_n(x)$ Eigenfunktionen sind.

Wir können leicht zeigen, daß *die Legendreschen Polynome die einzigen Lösungen dieses Eigenwertproblems sind.* Den Beweis entnimmt man z. B. ohne weiteres aus der schon aus Kap. II, § 8 bekannten Tatsache, daß die Legendreschen Funktionen ein vollständiges orthogonales Funktionensystem bilden. Unabhängig davon geben wir den folgenden direkten Beweis. Wir beachten, daß zugleich mit $u = f(x)$ auch die Funktion $f(-x)$ der obigen Differentialgleichung genügt und daß also dasselbe von den Funktionen $f(x) + f(-x)$ und $f(x) - f(-x)$ gilt, von denen die eine gerade, die andere ungerade ist und wenigstens eine nicht identisch verschwindet, da u als nicht identisch Null vorausgesetzt war. Wir brauchen also nur zu zeigen, daß jede gerade und jede ungerade Lösung u von (44), welche für $-1 \leqq x \leqq 1$ stetig ist, ein Legendresches Polynom ist und dabei λ eine Zahl der Form $n(n+1)$ sein muß. Setzen wir u in Form einer Potenzreihe an: $u = \sum_{\nu=0}^{\infty} a_\nu x^\nu$, so liefert (44) sofort die Rekursionsformel

$$a_\nu = \frac{(\nu-1)(\nu-2)-\lambda}{\nu(\nu-1)} a_{\nu-2}. \tag{45}$$

Ist u gerade, so sind alle a_ν mit ungeradem ν Null; ist u ungerade, so gilt dasselbe für a_ν mit geradem ν. Aus (45) folgt im Falle $\nu - 2h > 0$ sofort

$$a_\nu = \frac{1}{\nu}\left[1 - \frac{\lambda}{(\nu-1)(\nu-2)}\right]\left[1 - \frac{\lambda}{(\nu-3)(\nu-4)}\right]\cdots\left[1 - \frac{\lambda}{(\nu-2h+1)(\nu-2h)}\right] k a_k, \tag{46}$$

wenn $k = \nu - 2h$ gesetzt wird. Unsere Reihe für u bricht dann und nur dann ab, wenn λ die Form $n(n+1)$ hat; u stellt dann, wie man sofort sieht, das n^{te} Legendresche Polynom dar. Für alle anderen Werte von λ erhalten wir eine unendliche Potenzreihe, die nach elementaren Regeln für $|x| < 1$ konvergiert. Wir wählen k fest und so groß, daß alle Faktoren des obigen Produktes positiv sind (a_k darf als positiv angenommen werden). Da bei wachsendem ν das mit eckigen Klammern geschriebene Produkt rechts in (46) nach bekannten Sätzen gegen einen positiven Grenzwert strebt, so gilt für $\nu > k$ sicher $a_\nu > \frac{c}{\nu}$, wo c eine positive Konstante ist. Daher wird $\sum_{n=k}^{\nu} a_n x^n$ absolut genommen beliebig groß, wenn $|x|$ hinreichend nahe an 1 liegt und ν genügend groß gewählt wird. Hieraus aber folgt, daß $\lim_{x \to \pm 1} |u(x)| = \infty$ wird, daß also λ kein Eigenwert sein kann[1].

[1] Vgl. zur obigen Überlegung, die übrigens eng mit dem Raabeschen bzw. Gaußschen Konvergenzkriterium zusammenhängt, Kneser, A.: Zur Theorie der Legendreschen Polynome. Tôhoku math. Journ. Bd. 5, S. 1—7. 1914.

Aus der Differentialgleichung der Legendreschen Polynome können wir durch einen Gedanken von weiter tragender Allgemeinheit leicht andere Klassen von orthogonalen Eigenfunktionssystemen ableiten. Wenn wir nämlich die Gleichung (44) nach x differenzieren, so erhalten wir eine Differentialgleichung für die Funktion $u'(x)$, und genau wie oben folgt, daß nur für $\lambda = n(n+1)$ eine an beiden Endpunkten des Intervalles reguläre Lösung, nämlich $P'_n(x)$, existiert. Die so für $P'_n(x)$ entstehende Gleichung ist noch nicht sich selbst adjungiert. Wir machen sie zu einer sich selbst adjungierten, indem wir die Funktion $P'_n(x)\sqrt{1-x^2} = z_n$ als Unbekannte einführen. Dann lautet die neue Gleichung

$$[(1-x^2)z']' - \frac{z}{1-x^2} + \lambda z = 0;$$

die zugehörigen Eigenwerte sind $\lambda = n(n+1)$ $(n = 1, 2, 3, \ldots)$ mit den Eigenfunktionen

$$z_n = \sqrt{1-x^2}\, P'_n(x).$$

Die Funktionen $z_n = P_{n,1}(x)$ heißen *zugeordnete Legendresche Funktionen erster Ordnung*. (Die Funktionen $P_n(x) = P_{n,0}(x)$ werden wir gelegentlich als Legendresche Funktionen nullter Ordnung bezeichnen.) Die Legendreschen Funktionen $P_{n,1}$ genügen der Orthogonalitätsrelation

$$\int_{-1}^{1} P_{n,1} P_{m,1}\, dx = 0 \qquad \text{für} \qquad n \neq m.$$

Ebenso erhalten wir allgemein durch h-malige Differentiation von (44) für die Funktion

$$\sqrt{1-x^2}^{\,h} \frac{d^h}{dx^h} P_n(x) = P_{n,h}(x)$$

die Differentialgleichung

$$[(1-x^2)z']' - \frac{h^2 z}{1-x^2} + \lambda z = 0 \tag{47}$$

mit den Eigenwerten $\lambda = n(n+1)$ $(n = h, h+1, \ldots)$ und den zugehörigen Eigenfunktionen $P_{n,h}(x)$, welche ebenfalls zueinander orthogonal sind und *Legendresche Funktionen h^{ter} Ordnung* heißen. Ihre *Normierung* geschieht mit Hilfe der leicht zu bestätigenden Gleichung

$$\int_{-1}^{1} P_{n,h}^2\, dx = \frac{2}{2n+1} \frac{(n+h)!}{(n-h)!}.$$

Daß wir hiermit alle Eigenwerte und Eigenfunktionen von (47) erhalten, zeigt man ebenso wie bei den Legendreschen Polynomen.

3. Jacobische und Tschebyscheffsche Polynome. Eine Verallgemeinerung der Legendreschen Polynome bilden die *Jacobischen Polynome* aus Kap. II, § 9, deren Differentialgleichung wir in der folgenden ebenfalls Sturm-Liouvilleschen Form schreiben können:

$$[(1-x)^p(1+x)^q x(1-x)u']' + \lambda(1-x)^p(1+x)^q u = 0.$$

Zum n^{ten} Jacobischen Polynom gehört der Eigenwert $\lambda = n(p+n)$ bei den Randbedingungen: Endlichbleiben für $x = \pm 1$. Daß es andere Lösungen dieses Eigenwertproblems als die Jacobischen Polynome nicht gibt, folgt ebenso wie oben auf beiden Wegen.

Ein weiteres Beispiel bieten die *Tschebyscheffschen Polynome*, welche zu der Sturm-Liouvilleschen Differentialgleichung

$$(\sqrt{1-x^2}\,u')' + \frac{\lambda}{\sqrt{1-x^2}}\,u = 0$$

gehören, ebenfalls unter den Randbedingungen der Regularität bei $x = \pm 1$. Der zum Tschebyscheffschen Polynom $T_n(x)$ gehörige Eigenwert ist $\lambda = n^2$, und ebenso wie oben sind damit alle Eigenwerte und Eigenfunktionen erschöpft.

4. Hermitesche und Laguerresche Polynome. Ähnlich sind die Polynome $u = H_n(x)$ von HERMITE bzw. die zugehörigen *Hermiteschen Orthogonalfunktionen* $v = H_n e^{-\frac{x^2}{2}}$ als die Lösungen der folgenden Eigenwertprobleme (vgl. Kap. II, § 9, 4) charakterisiert:

(48) $$(e^{-x^2}u')' + \lambda e^{-x^2}u = 0$$

bzw.

(49) $$v'' + (1-x^2)v + \lambda v = 0$$

mit den Eigenwerten $\lambda = 0, 2, 4, 6, \ldots$ Das Grundgebiet ist die ganze Gerade $-\infty < x < +\infty$, und die Randbedingung zu (48) verlangt, daß die Eigenfunktion u für $x = \pm\infty$ nur wie eine endliche Potenz von x unendlich werden darf. Daß außer diesen Polynomen das Hermitesche Eigenwertproblem keine anderen Lösungen besitzt, kann man folgendermaßen zeigen: Wir schreiben die Differentialgleichung (48) in der Form $u'' - 2xu' + \lambda u = 0$ und setzen für u eine Potenzreihe $u = \sum_{n=0}^{\infty} a_n x^n$ an. Wie oben bei der Differentialgleichung (44) können wir annehmen, daß u eine gerade oder eine ungerade Funktion ist, daß also in der Potenzreihe nur gerade oder nur ungerade Potenzen von x vorkommen. Die Differentialgleichung liefert für die nicht verschwindenden Koeffizienten die Rekursionsformel $\frac{a_{n+2}}{a_n} = \frac{2n-\lambda}{(n+1)(n+2)}$, woraus zunächst folgt, daß unsere Reihe entweder abbricht — wenn nämlich $\lambda = 2n$ eine gerade ganze nichtnegative Zahl ist — und dann eben das Hermitesche Polynom H_n liefert oder daß sie unendlich viele nicht verschwindende Koeffizienten hat und für alle Werte von x konvergiert. Sobald $2n - \lambda$ positiv ist, haben alle auftretenden Koeffizienten a_n dasselbe Vorzeichen. Da nun im zweiten Falle Glieder $a_n x^n$ mit beliebig großem n auftreten, welche jede gegebene Potenz von x bei hinreichend großem x überwiegen, so kann u keine Eigenfunktion unseres Problems sein. Hiermit sind die Hermiteschen Polynome als die einzigen Lösungen des Eigenwertproblems nachgewiesen.

Die *Laguerreschen Polynome* wollen wir im Hinblick auf eine spätere Anwendung (S. 295) etwas eingehender behandeln. Hier ist das Grundgebiet die positive reelle Achse $0 \leqq x < \infty$, und die Eigenwertgleichung, welcher die Laguerreschen Polynome $u = L_n(x)$ für den Eigenwert $\lambda = n$ (n ganzzahlig positiv) genügen, lautet nach Kap. II, § 9

$$xu'' + (1 - x)u' + \lambda u = 0 \tag{50}$$

oder in selbstadjungierter Form

$$(x e^{-x} u')' + \lambda e^{-x} u = 0,$$

wobei wir als Randbedingungen fordern: Endlichbleiben für $x = 0$ und Unendlichwerden nicht höher als eine positive Potenz von x für $x \to \infty$. Für die zugehörigen Orthogonalfunktionen

$$v = \omega_n = e^{-\frac{x}{2}} L_n$$

findet man die Sturm-Liouvillesche Eigenwertgleichung

$$(xv')' + \left(\frac{1}{2} - \frac{x}{4}\right)v + \lambda v = 0,$$

wobei Regularität für $x = 0$ als Randbedingung verlangt wird. Endlich merken wir an, daß die später (S. 295) auftretenden Funktionen

$$w = S_n = x^{-\frac{1}{2}} \omega_n$$

der selbstadjungierten Eigenwertgleichung

$$(x^2 w')' - \frac{x^2 - 2x - 1}{4} w + \lambda x w = 0$$

genügen, wobei Verschwinden für $x = 0$ verlangt wird. Die entsprechenden Eigenwerte sind stets die positiven ganzen Zahlen $\lambda = n$.

Wie bei den Legendreschen Funktionen in Nr. 2 gelangen wir auch hier durch Differentiationsprozesse und Multiplikation mit geeigneten Faktoren zu Laguerreschen Funktionen höherer Ordnung, die ähnlichen Differentialgleichungen genügen. Zunächst folgt aus (50) durch m-malige Differentiation, daß die Funktionen

$$u = L_n^m(x) = \frac{d^m}{dx^m} L_n(x)$$

die Differentialgleichung

$$xu'' + (m + 1 - x)u' + (\lambda - m)u = 0 \tag{51}$$

befriedigen, welche in folgender selbstadjungierter Gestalt geschrieben werden kann:

$$(x^{m+1} e^{-x} u')' + x^m e^{-x} (\lambda - m) u = 0.$$

Die zugehörigen Orthogonalfunktionen

$$v = \omega_n^m = x^{\frac{m}{2}} e^{-\frac{x}{2}} L_n^m$$

befriedigen die Sturm-Liouvillesche Eigenwertgleichung

$$(51\text{a}) \qquad (xv')' + \left(\frac{1-m}{2} - \frac{x}{4} - \frac{m^2}{4x}\right)v + \lambda v = 0,$$

und die Funktionen

$$w = S_n^m = x^{-\frac{1}{2}}\omega_n^m$$

die Eigenwertgleichung

$$(x^2 w')' - \frac{x^2 + 2(m-1)x + m^2 - 1}{4} w + \lambda x w = 0$$

für die entsprechenden Eigenwerte $\lambda = n$, wo n eine ganze Zahl $\geqq m$ ist und die Randbedingungen sich nach dem Obigen von selbst verstehen.

Um zu zeigen, daß unsere Differentialgleichungen keine anderen Eigenwerte und Eigenfunktionen haben, gehen wir mit einem Potenzreihenansatz $u = \sum_0^\infty a_\nu x^\nu$ in (51) ein und finden sofort für die Koeffizienten durch Rekursion

$$a_\nu = \frac{a_0}{\nu!} \frac{(m-\lambda)\ldots(m-\lambda+\nu-1)}{(m+1)\ldots(m+\nu)}.$$

Wir erkennen, daß bei beliebig gegebenem λ die Koeffizienten dieser Reihe von einem bestimmten ν ab ein festes Vorzeichen haben und daß die Reihe für alle Werte von x konvergiert, also wirklich eine für $0 \leqq x < \infty$ reguläre Lösung von (51) darstellt. Für ganzzahliges positives $\lambda = n$ mit $n > m$ bricht die Reihe ab, stellt also ein Polynom dar. Für jedes andere λ gewinnen wir leicht eine Abschätzung der Form

$$|a_\nu| > \frac{c}{\nu!\,\nu^r},$$

wo c eine geeignete Konstante und r ebenfalls ein geeigneter positiv ganzzahliger Exponent ist. Hieraus aber folgt, daß unsere Lösung für $x \to \infty$ gegen Unendlich strebt, und zwar mindestens so stark wie e^x/x^r. Somit kann sie keine Eigenfunktion unseres Problems sein, und der Beweis ist geführt.

§ 11. Über das asymptotische Verhalten der Lösungen Sturm-Liouvillescher Differentialgleichungen.

Die spezielle Gestalt der Sturm-Liouvilleschen Differentialgleichungen gestattet unter allgemeinen Voraussetzungen über die Koeffizienten Aussagen über das Verhalten sämtlicher Lösungen abzuleiten, sei es bei wachsendem Parameter, sei es bei unendlich anwachsender unabhängiger Veränderlicher.

1. Beschränktheit bei unendlich anwachsender unabhängiger Variabler. Denken wir uns die Differentialgleichung gemäß S. 251, Formel (19a) in die Gestalt $u'' + \mu(x)u = 0$ gesetzt und setzen wir voraus, daß $\mu(x)$ für $x \to \infty$ einen positiven Grenzwert hat, den wir ohne Beschränkung der Allgemeinheit gleich 1 annehmen dürfen, so können wir mit $\mu = 1 + \varrho$ unserer Betrachtung die Differentialgleichung

$$u'' + u + \varrho u = 0 \tag{52}$$

zugrunde legen. Wir wollen die Annahme $\varrho \to 0$ durch die schärfere Annahme

$$|\varrho| < \frac{\alpha}{x}, \qquad |\varrho'| < \frac{\alpha}{x^2} \tag{53}$$

ersetzen, wo α eine positive Konstante ist. Unter dieser Voraussetzung behaupten wir, daß jede Lösung der Differentialgleichung (52) für $x \to \infty$ beschränkt ist — ein Verhalten, das man erwarten kann, weil die für große x benachbarte Differentialgleichung $u'' + u = 0$ nur beschränkte Lösungen besitzt.

Zum Beweise multiplizieren wir (52) mit u', integrieren von einer nachher passend zu fixierenden positiven Zahl a bis x und erhalten

$$u'^2\Big|_a^x + u^2\Big|_a^x = -2\int_a^x \varrho u u' dx = -\varrho u^2\Big|_a^x + \int_a^x \varrho' u^2 dx. \tag{54}$$

Man folgert hieraus sofort

$$u^2(x) \leqq u'^2(x) + u^2(x) \leqq C(a) + |\varrho(x)|\, u^2(x) + \int_a^x |\varrho'|\, u^2 dx,$$

wobei $C(a)$ ein nur von der unteren Grenze a abhängiger Ausdruck ist. Verstehen wir unter $M = M(x)$ den größten Wert der Funktion $u(\xi)$ im Intervall $a \leqq \xi \leqq x$, der etwa an der Stelle ξ angenommen werde, so folgt aus dieser Ungleichung und (53)

$$M^2 \leqq C(a) + \frac{M^2\alpha}{\xi} + M^2\alpha\left(\frac{1}{a} - \frac{1}{\xi}\right)$$

und somit

$$M^2\left(1 - \frac{\alpha}{a}\right) \leqq C(a).$$

Wählen wir nun $a \geqq 2\alpha$, so ergibt sich für M^2 unmittelbar die von x unabhängige Schranke $2C(a)$, und unsere Behauptung ist bewiesen.

2. Verschärfung des Resultates. (Besselsche Funktionen.) Wenn wir bei der Differentialgleichung $u'' + u + \varrho u = 0$ die gegen Nr. 1 verschärfte Voraussetzung machen, daß $\varrho(x)$ von höherer als erster Ordnung im Unendlichen verschwindet, daß z. B.[1]

$$\varrho(x) = O\left(\frac{1}{x^2}\right) \tag{55}$$

wird, so zieht die verschärfte Übereinstimmung der Differentialgleichung mit $u'' + u = 0$ nicht nur die Beschränktheit der Lösungen, sondern

[1] Wir benutzen hier die übliche Bezeichnungsweise, nach der unter $O(f(x))$ eine Funktion $g(x)$ verstanden wird, für die der Quotient $|g(x)/f(x)|$ bei wachsendem Argument beschränkt bleibt.

ihre asymptotische Übereinstimmung mit den trigonometrischen Funktionen nach sich.

Setzen wir

$$u = \alpha \sin(x + \delta), \qquad u' = \alpha \cos(x + \delta),$$

wo $\alpha(x)$ und $\delta(x)$ zu bestimmende Funktionen von x mit den Ableitungen α' und δ' sind (α kann übrigens nirgends verschwinden, weil sonst u und u' an einer Stelle gleichzeitig und daher wegen der Differentialgleichung (52) u identisch verschwinden würde), so können wir u'' und u' auf zweierlei Weise berechnen. Wir erhalten

$$u'' = \alpha' \cos(x + \delta) - \alpha(\delta' + 1)\sin(x + \delta) = -(1 + \varrho)\,\alpha \sin(x + \delta),$$

$$\operatorname{tg}(x + \delta) = \frac{\alpha'}{\alpha(\delta' - \varrho)};$$

$$u' = \alpha \cos(x + \delta) = \alpha' \sin(x + \delta) + \alpha(\delta' + 1)\cos(x + \delta),$$

$$\operatorname{tg}(x + \delta) = -\frac{\alpha\delta'}{\alpha'},$$

$$\operatorname{tg}^2(x + \delta) = -\frac{\delta'}{\delta' - \varrho},$$

$$\delta' = \varrho \sin^2(x + \delta), \tag{56}$$

$$\frac{\alpha'}{\alpha} = \frac{-\delta'}{\operatorname{tg}(x + \delta)} = \varrho \sin(x + \delta)\cos(x + \delta). \tag{57}$$

Hiernach haben α und δ für $x \to \infty$ je einen bestimmten Grenzwert. Es ist nämlich $\delta(x) = \delta(\beta) - \int\limits_x^\beta \delta'(\xi)\,d\xi$; lassen wir β über alle Grenzen wachsen, so konvergiert wegen (55) und (56) das Integral rechts, da der Integrand wie $1/x^2$ verschwindet. Also existiert $\lim\limits_{\beta\to\infty} \delta(\beta) = \delta_\infty$, und die obige Darstellung zeigt außerdem, daß

$$\delta(x) = \delta_\infty + O\left(\frac{1}{x}\right)$$

ist. Entsprechend ergibt sich aus der Formel (57) für $\frac{\alpha'}{\alpha} = \frac{d}{dx}\log\alpha$ die Beziehung

$$\alpha(x) = \alpha_\infty\left(1 + O\left(\frac{1}{x}\right)\right),$$

in der übrigens $\alpha_\infty \neq 0$ ist. Damit haben wir für jede Lösung u unserer Differentialgleichung die asymptotische Darstellung

$$u = \alpha \sin(x + \delta) = \alpha_\infty \sin(x + \delta_\infty) + O\left(\frac{1}{x}\right).$$

Dieses Resultat findet ohne weiteres Anwendung auf die Differentialgleichung

$$u'' + \left(1 - \frac{m^2 - \frac{1}{4}}{x^2}\right)u = 0,$$

deren Lösungen nach S. 280 mit den Lösungen $y_m(x)$ der Besselschen Differentialgleichung durch die Gleichungen

$$u = y_m \sqrt{x}$$

zusammenhängen.

Für diese Lösungen $y_m(x)$ der Besselschen Differentialgleichung gelten also stets asymptotische Formeln der Gestalt

$$y_m(x) = \frac{\alpha_\infty}{\sqrt{x}} \sin(x + \delta_\infty) + O\left(\frac{1}{x^{\frac{3}{2}}}\right).$$

Die Werte α_∞ und δ_∞ für die Besselsche Funktion $J_m(x)$ werden wir später in Kap. VII, § 6, 2 durch andere Betrachtungen bestimmen; es wird sich ergeben

$$\alpha_\infty = \sqrt{\frac{2}{\pi}}, \qquad \delta_\infty = -\frac{m\pi}{2} - \frac{\pi}{4}.$$

3. Beschränktheit bei wachsendem Parameter. Mit ähnlichen Überlegungen wie in Nr. 1 können wir den Satz beweisen: *Die Lösungen der Sturm-Liouvilleschen Gleichung (mit stetigem r)*

$$u'' - ru + \lambda u = 0 \tag{58}$$

für das Intervall $0 \leqq x \leqq 1$ *mit der Normierungsbedingung*

$$\int_0^1 u^2\,dx = 1$$

und den Randbedingungen $u(0) = u(1) = 0$ *bleiben, absolut genommen, unterhalb einer von* λ *und* x *unabhängigen Schranke.*

Zum Beweise multipliziert man wieder die Differentialgleichung mit u', integriert von 0 bis x und erhält

$$u'^2(x) + \lambda u^2(x) - 2\int_0^x r u u'\,dx = u'^2(0) + \lambda u^2(0). \tag{59}$$

Um die rechte Seite auszuwerten, integrieren wir diese Gleichung zwischen den Grenzen 0 und 1 und erhalten

$$u'^2(0) + \lambda u^2(0) = \int_0^1 u'^2\,dx + \lambda - 2\int_0^1 d\xi \int_0^\xi r u u'\,dx. \tag{60}$$

Setzen wir diesen Wert in (59) ein und schätzen die auftretenden Integrale nach der Schwarzschen Ungleichung ab, so ergibt sich

$$\lambda u^2 \leqq u'^2 + \lambda u^2 \leqq \lambda + \int_0^1 u'^2\,dx + C_1 \sqrt{\int_0^1 u'^2\,dx}\sqrt{\int_0^1 u^2\,dx}, \tag{61}$$

wo C_1 eine positive, nicht von x und nicht von λ abhängige Konstante bedeutet. Aus der Gleichung

$$\int_0^1 u'^2\,dx + \int_0^1 r u^2\,dx = \lambda,$$

die wir in bekannter Weise nach Multiplikation von (58) mit u aus der Greenschen Umformung erhalten, ergibt sich

$$\int_0^1 u'^2\,dx \leqq \lambda + C_2 \int_0^1 u^2\,dx$$

und somit durch Einsetzen in (61)

$$\lambda u^2(x) \leqq 2\lambda + C_3\sqrt{\lambda} + C_4,$$

wo C_2, C_3, C_4 wieder von x und λ unabhängige positive Zahlen sind. Mithin ist

$$u^2(x) \leqq 2 + \frac{C_3}{\sqrt{\lambda}} + \frac{C_4}{\lambda},$$

womit unsere Behauptung bewiesen ist.

Es sei schließlich bemerkt, daß unser Resultat und unser Beweisprinzip auch dann bestehen bleibt, wenn die Lösungen unserer Differentialgleichungen nicht mehr durch Randbedingungen eingeschränkt werden. Ausdrücklich aber weisen wir darauf hin, daß bei mehr unabhängigen Veränderlichen ein analoges Resultat nicht mehr gilt[1].

4. Asymptotische Darstellung der Lösungen. Über die Beschränktheit hinaus beweisen wir zunächst den folgenden Satz: **Zu jeder im Intervall $0 \leqq x \leqq 1$ normierten Lösung von $u'' - ru + \lambda u = 0$ mit $\lambda > 0$ gibt es eine Lösung v von $v'' + \lambda v = 0$, so daß**

$$u = v + O\left(\frac{1}{\sqrt{\lambda}}\right)$$

ist. Diese Formel gibt also für große Werte von λ eine asymptotische Darstellung der Lösungen u durch die trigonometrischen Funktionen v. Zum Beweise betrachten wir diejenige Lösung von $v'' + \lambda v = 0$, für welche $u(0) = v(0)$, $u'(0) = v'(0)$ wird; dann genügt $u - v = w$ der Gleichung

$$w'' + \lambda w = ru.$$

Multiplizieren wir diese mit $2w'$ und integrieren von 0 bis x, so erhalten wir wegen $w(0) = w'(0) = 0$

$$w'^2(x) + \lambda w^2(x) = 2\int_0^x r u w'\,dx. \tag{62}$$

Verstehen wir unter M den größten Wert von $|w(x)|$, unter M' den größten Wert von $|w'(x)|$, im Intervall $0 \leqq x \leqq 1$, so folgt aus (62) durch Anwendung der Schwarzschen Ungleichung auf die rechte Seite mit Rücksicht auf $\lambda > 0$ die Ungleichung

$$M'^2 \leqq M'C, \qquad M' \leqq C,$$

[1] Ein einfaches Gegenbeispiel liefern die normierten Eigenfunktionen $\frac{\sqrt{2}}{J_0'(k_{0,m})} J_0(k_{0,m} r)$ — vgl. S. 262 — der Differentialgleichung $\Delta u + \lambda u = 0$, die auf dem Rande des Einheitskreises verschwinden. (Vgl. W. Sternberg: Über die asymptotische Integration partieller Differentialgleichungen II. Math. Ann. Bd. 86, insbesondere S. 292—295).

wo C eine positive, nicht von λ und x abhängige Konstante ist; also folgt wegen (62)

$$\lambda M^2 \leqq C^2$$

und somit

$$M \leqq \frac{C}{\sqrt{\lambda}},$$

wie behauptet wurde.

5. Asymptotische Darstellung der Sturm-Liouvilleschen Eigenfunktionen. Für den Fall, daß es sich nicht um beliebige Lösungen der Differentialgleichung $(pu')' - qu + \lambda u = 0$, sondern um Eigenfunktionen, etwa für das Intervall $0 \leqq x \leqq \pi$ mit den Randbedingungen $u(0) = u(\pi) = 0$, handelt, wollen wir das Problem der asymptotischen Darstellung ein wenig anders stellen. Dazu denken wir uns zunächst die Differentialgleichung durch die auf S. 250 angegebene Transformation (20a) in die Gestalt

$$z'' - rz + \lambda z = 0 \tag{63}$$

gesetzt, wo die neue unabhängige Veränderliche t im Intervall $0 \leqq t \leqq l$ läuft und r eine in diesem Intervall stetige Funktion bedeutet. Wir wollen nun die n^{te}, zum Eigenwert λ_n gehörige Eigenfunktion z_n von (63) vergleichen mit der entsprechenden n^{ten} Eigenfunktion der Differentialgleichung $v'' + \lambda v = 0$.

Als bequemes Hilfsmittel benutzen wir die Tatsache, daß durch die Darstellung — einer „*Volterraschen Integralgleichung*" für z —

$$z(t) = a \sin\sqrt{\lambda}\, t + \frac{1}{\sqrt{\lambda}} \int_0^t r(\tau)\, z(\tau) \sin\sqrt{\lambda}\,(t-\tau)\, d\tau \tag{64}$$

mit beliebigem (konstanten) a diejenigen Lösungen von (63) gegeben werden, die für $t = 0$ verschwinden, wie man ohne weiteres aus S. 243, Formel (10) entnimmt, wenn man dort für N_i die Funktion rz einsetzt.

Da $z(t)$ nach Nr. 3 für alle λ beschränkt bleibt, folgt aus (64) sofort die Beschränktheit von a *. Daraus ergibt sich für a aus (64) und der Normierungsbedingung $\int_0^l z^2\, dt = 1$ die genaue Abschätzung

$$a = \sqrt{\frac{2}{l}} + O\left(\frac{1}{\sqrt{\lambda}}\right)$$

und die daraus folgende

$$z(t) - \sqrt{\frac{2}{l}} \sin\sqrt{\lambda}\, t = O\left(\frac{1}{\sqrt{\lambda}}\right).$$

* Die Beschränktheit von $z(t)$ läßt sich übrigens auch aus der Integraldarstellung (64) leicht direkt nachweisen.

Da der n^{te} Eigenwert λ_n der Differentialgleichung mit wachsendem n ins Unendliche strebt (vgl. Kap. VI, § 2, 2), so erhalten wir hieraus für die n^{te} Eigenfunktion $z_n(t)$ sofort die asymptotische Darstellung

$$z_n(t) = \sqrt{\frac{2}{l}} \sin\sqrt{\lambda_n}\, t + \frac{1}{\sqrt{\lambda_n}} O(1).$$

Nun gilt für λ_n die asymptotische Abschätzung (vgl. Kap. VI, § 2, 3)

$$\lambda_n = n^2 \frac{\pi^2}{l^2} + O(1).$$

Es ist somit $\sqrt{\lambda_n} = n\frac{\pi}{l} + O\left(\frac{1}{n}\right)$ und daher

$$\sin\sqrt{\lambda_n}\, t = \sin n \frac{\pi}{l} t + O\left(\frac{1}{n}\right).$$

Danach ergibt sich für die normierten Eigenfunktionen der Differentialgleichung $z'' - rz + \lambda z = 0$ die asymptotische Darstellung

$$z_n(t) = \sqrt{\frac{2}{l}} \sin n \frac{\pi}{l} t + O\left(\frac{1}{n}\right). \tag{65}$$

Entsprechend findet man nach Differentiation der Integralgleichung (64) die Formel

$$z_n'(t) = n\frac{\pi}{l}\sqrt{\frac{2}{l}} \cos n \frac{\pi}{l} t + O(1). \tag{66}$$

Für die ursprüngliche Differentialgleichung drückt sich das Resultat in den Beziehungen aus:

$$u_n(x) = c_n \frac{\sin\left(n\frac{\pi}{l}\int\limits_0^x \sqrt{\frac{\varrho}{p}}\, dx\right)}{\sqrt[4]{p\varrho}} + O\left(\frac{1}{n}\right), \tag{67}$$

wobei der Normierungsfaktor c_n festgelegt ist durch

$$\frac{1}{c_n^2} = \int\limits_0^\pi \frac{\sin^2\left(n\frac{\pi}{l}\int\limits_0^x \sqrt{\frac{\varrho}{p}}\, dx\right)}{\sqrt{p\varrho}}\, dx$$

und worin

$$l = \int\limits_0^\pi \sqrt{\frac{\varrho}{p}}\, dx$$

ist. Entsprechend wird

$$u_n'(x) = c_n \frac{n\pi}{l} \frac{\cos\left(n\frac{\pi}{l}\int\limits_0^x \sqrt{\frac{\varrho}{p}}\, dx\right)}{\sqrt[4]{p\varrho}} \sqrt{\frac{\varrho}{p}} + O(1). \tag{68}$$

In genau derselben Weise erhält man bei den allgemeineren homogenen Randbedingungen die asymptotischen Ausdrücke für die Eigenfunktionen und deren Ableitungen. Es ergeben sich die Ausdrücke

$$z_n(t) = \sqrt{\frac{2}{l}} \cos n \frac{\pi}{l} t + O\left(\frac{1}{n}\right) \tag{69}$$

bzw.

$$z_n'(t) = -\frac{n\pi}{l} \sqrt{\frac{2}{l}} \sin n \frac{\pi}{l} t + O(1), \tag{70}$$

die allgemein gelten, solange in der Randbedingung $z'(0) - hz(0) = 0$ der Koeffizient h endlich bleibt.

Aus unserer Volterraschen Integralgleichung (64) können wir nebenbei bemerkt sogar zu sehr viel genaueren Darstellungen der Eigenfunktionen bzw. ihrer Ableitungen gelangen, entsprechend dem schon in Kap. III hervorgehobenen Umstand, daß die *Neumannsche Reihe* einer solchen Volterraschen Integralgleichung beständig konvergiert[1]. Ohne auf die allgemeine Theorie zurückgreifen zu müssen, erhalten wir unmittelbar, indem wir in (64) für a den Wert 1 nehmen und damit auf die Normierung verzichten, sodann unter dem Integralzeichen rechts für $z(\tau)$ wieder den durch die Integralgleichung gegebenen Wert einsetzen und dies Verfahren wiederholen, mit der Abkürzung $v(t) = \sin\sqrt{\lambda}\, t$ die Formel

$$\tag{71} \left\{ \begin{aligned} z(t) = {} & v(t) + \frac{1}{\sqrt{\lambda}} \int_0^t d\tau_1\, v(\tau_1)\, r(\tau_1) \sin\sqrt{\lambda}\,(t-\tau_1) \\ & + \frac{1}{\lambda} \int_0^t d\tau_1 \int_0^{\tau_1} d\tau_2\, v(\tau_2)\, r(\tau_1)\, r(\tau_2) \sin\sqrt{\lambda}\,(t-\tau_1) \sin\sqrt{\lambda}\,(\tau_1-\tau_2) \\ & + \frac{1}{\sqrt{\lambda^3}} \int_0^t d\tau_1 \int_0^{\tau_1} d\tau_2 \int_0^{\tau_2} d\tau_3\, v(\tau_3)\, r(\tau_1)\, r(\tau_2)\, r(\tau_3) \sin\sqrt{\lambda}\,(t-\tau_1) \\ & \qquad\qquad \sin\sqrt{\lambda}\,(\tau_1-\tau_2) \sin\sqrt{\lambda}\,(\tau_2-\tau_3) \\ & + \cdots \\ & + \frac{1}{\sqrt{\lambda^n}} \int_0^t d\tau_1 \ldots \int_0^{\tau_{n-1}} d\tau_n\, z(\tau_n)\, r(\tau_1) \ldots r(\tau_n) \sin\sqrt{\lambda}\,(t-\tau_1) \ldots \\ & \qquad\qquad \sin\sqrt{\lambda}\,(\tau_{n-1}-\tau_n). \end{aligned} \right.$$

Wir sehen also, daß wir die nach fallenden Potenzen von $\sqrt{\lambda}$ fortschreitende Reihe ins Unendliche fortsetzen können und so eine für alle $\lambda > 0$ konvergente, nach fallenden Potenzen von $\sqrt{\lambda}$ fortschreitende Reihe für

[1] Vgl. Liouville, J.: Journ. de math. pures et appl. Bd. 1, 2 (1836/37) (siehe Literaturverzeichnis), wo die Volterrasche Integralgleichung und die Neumannsche Reihe vorkommen.

$z(t,\lambda)$ erhalten. Brechen wir die Reihe mit dem n^{ten} Gliede ab, so wird der Fehler von geringerer Größenordnung als $(1/\sqrt{\lambda})^n$. *Die Reihe zeigt also ein asymptotisches Verhalten.*

§ 12. Eigenwertprobleme mit kontinuierlichem Spektrum.

Die Eigenwerte der bisher behandelten Probleme bilden eine abzählbare, ins Unendliche wachsende Zahlenfolge. Wenn die Koeffizienten der Differentialgleichung in den Randpunkten des Grundgebietes singulär sind, vor allem aber, wenn das Grundgebiet sich ins Unendliche erstreckt, kann das Spektrum, d. h. die Gesamtheit der Eigenwerte, jedoch ein ganz anderes Verhalten zeigen. Insbesondere können Spektren auftreten, welche alle Zahlen eines λ-Intervalles enthalten, sogenannte *kontinuierliche Spektren*. Mit den zugehörigen Eigenfunktionen wird dann der Entwicklungssatz, in eine Integraldarstellung Fourierscher Art übergehen.

1. Die trigonometrischen Funktionen. Das einfachste solche Problem wird geliefert von der Eigenwertgleichung

$$u'' + \lambda u = 0$$

für das Intervall $-\infty < x < \infty$ und der „Randbedingung": u bleibt im Unendlichen beschränkt. Offenbar ist jede nichtnegative Zahl λ Eigenwert mit den Eigenfunktionen $\sin\sqrt{\lambda}\,x$, $\cos\sqrt{\lambda}\,x$. Das spezielle Fouriersche Integraltheorem von Kap. II, § 6 ersetzt für dieses Eigenwertproblem den Entwicklungssatz.

Man kann sich das Zustandekommen des kontinuierlichen Spektrums ebenso wie die Entstehung des Fourierschen Integrals aus dem Entwicklungssatz verständlich machen, indem man von einem Eigenwertproblem für ein endliches Intervall ausgeht und dann den Grenzübergang zum unendlichen Intervall durchführt.

2. Die Besselschen Funktionen. Ähnlich liegen die Verhältnisse bei dem Eigenwertproblem der Besselschen Differentialgleichung

$$(xu')' + \left(\lambda x - \frac{n^2}{x}\right)u = 0$$

für das Intervall $0 \leqq x < \infty$ und die Randbedingung des Endlichbleibens für $x = 0$ und $x \to \infty$. Alle Besselschen Funktionen $u = J_n(\sqrt{\lambda}\,x)$ für $\lambda \geqq 0$ sind Eigenfunktionen. Wir haben also ein kontinuierliches Spektrum aus allen nichtnegativen Werten von λ vor uns.

Auch hier wird der Entwicklungssatz durch ein Integraltheorem für die Darstellung einer willkürlichen Funktion $f(x)$ abgelöst, bei welchem als Integrationsgebiet das Spektrum, d. h. das Kontinuum der positiven Zahlen auftritt. Diese Integraldarstellung lautet

$$f(x) = \int_0^\infty t J_n(tx)\, g(t)\, dt, \qquad g(t) = \int_0^\infty \xi J_n(\xi t)\, f(\xi)\, d\xi.$$

Für ihre Gültigkeit sind hinreichend die Bedingungen, daß die Funktion $f(x)$ für $x \geqq 0$ stückweise glatt ist, daß das Integral

$$\int_0^\infty x\,|f(x)|\,dx$$

existiert und daß $f(0) = 0$ ist. Einen Beweis für dieses Integraltheorem werden wir erst später in Kap. VII, § 2 geben.

3. Das Eigenwertproblem der Schwingungsgleichung für die unendliche Ebene. Das Eigenwertproblem der Differentialgleichung

$$\Delta u + \lambda u = 0$$

für die ganze x, y-Ebene bei der Randbedingung des Beschränktbleibens im Unendlichen läßt sich sofort auf zwei verschiedene Arten lösen. Einmal können wir als Eigenfunktionen die sämtlichen Produkte der trigonometrischen Funktionen $u = \sin\alpha(x - \xi)\sin\beta(y - \eta)$ ansehen, wobei ξ, η und α, β beliebig sind und als Eigenwert die Zahl $\lambda = \alpha^2 + \beta^2$ erscheint. Eigenwert ist also wiederum jeder nichtnegative Wert λ, und zu jedem solchen Eigenwert gehört offenbar noch ein Kontinuum von Eigenfunktionen. Die zugehörige Integraldarstellung ist nichts anderes als das Fouriersche Integraltheorem für die Ebene (vgl. Kap. II, § 6).

Einen anderen Typus von Eigenfunktionen erhalten wir nach Einführung von Polarkoordinaten r, φ in der Gestalt

$$u = J_n(\sqrt{\lambda}\, r)\sin n\varphi, \qquad u = J_n(\sqrt{\lambda}\, r)\cos n\varphi$$

bei beliebigem ganzzahligen n und beliebigem nichtnegativen λ. Das Spektrum bleibt selbstverständlich auch hier das Kontinuum der nichtnegativen Zahlen $\lambda \geqq 0$, während zu jedem Eigenwert $\lambda > 0$ nur eine abzählbare Anzahl von Eigenfunktionen gehört, entsprechend dem ganzzahligen Charakter von n. Die Darstellung einer willkürlichen Funktion erfolgt hier durch Fouriersche Reihenentwicklung hinsichtlich n und durch Integraldarstellung jedes Koeffizienten hinsichtlich r gemäß der vorigen Nummer. (Vgl. Kap. VII, § 2.)

Diese letzteren Eigenfunktionen sind übrigens als Linearkombinationen von Sinusprodukten mit demselben Wert von $\lambda = \alpha^2 + \beta^2$ anzusehen. Es ist nämlich

$$J_n(\sqrt{\lambda}\, r)\, e^{in\varphi} = \frac{(-i)^n}{2\pi}\int_0^{2\pi} e^{int}\, e^{ix\sqrt{\lambda}\cos t + iy\sqrt{\lambda}\sin t}\, dt\,.$$

(Vgl. Kap. VII, § 2.)

4. Das Schrödingersche Eigenwertproblem. (Vgl. auch Kap. VI, § 5.) Im Zusammenhange mit der physikalischen Theorie der Quanten ist in neuerer Zeit SCHRÖDINGER[1] auf einen Typus von Eigenwertproblemen geführt worden, dessen Spektrum eine ganz andere Struktur

[1] SCHRÖDINGER, E.: Abhandlungen zur Wellenmechanik. Leipzig 1927.

als die vorher behandelten zeigt, nämlich aus einem kontinuierlichen und einem diskreten Teil besteht, wobei das diskrete Spektrum nicht ins Unendliche reicht, sondern einen Häufungspunkt im Endlichen besitzt. Beim einfachsten Schrödingerschen Problem handelt es sich um die Eigenwertgleichung

$$\Delta u + \frac{c}{r} u + \lambda u = 0 \tag{72}$$

im Raume, wobei c eine gegebene positive Konstante bedeutet, r, ϑ, φ Polarkoordinaten sind und von den Eigenfunktionen u Stetigkeit im Nullpunkt und Endlichbleiben für $r \to \infty$ verlangt wird. Multipliziert man die Differentialgleichung mit einer Kugelfunktion $Y_n(\vartheta, \varphi)$ und integriert über die Einheitskugel, so erhält man für die Funktion

$$v(r) = \int\int u(r, \vartheta, \varphi) Y_n(\vartheta, \varphi) \sin\vartheta \, d\vartheta \, d\varphi$$

in der üblichen Weise die Differentialgleichung

$$v_{rr} + \frac{2}{r} v_r + \left(\lambda + \frac{c}{r} - \frac{n(n+1)}{r^2}\right) v = 0, \tag{73}$$

und aus den Eigenfunktionen v dieser Gleichung bei denselben Randbedingungen wie oben für $r = 0$ und $r \to \infty$ erhält man durch die Produktbildung $u = vY_n$ Eigenfunktionen von (72).

Führen wir in naheliegender Weise hier statt λ als neuen Parameter die Größe

$$l = \frac{c}{2\sqrt{-\lambda}}$$

und statt r die Veränderliche

$$z = 2\sqrt{-\lambda}\, r$$

ein, so erhalten wir die Differentialgleichung

$$v_{zz} + \frac{2}{z} v_z + \left(-\frac{1}{4} + \frac{l}{z} - \frac{n(n+1)}{z^2}\right) v = 0,$$

welche wir in § 10 Formel (51a) aufgestellt haben. Aus den dort angestellten Betrachtungen folgt, daß bei reellem l, d. h. negativem λ, die Bedingung der Stetigkeit im Nullpunkt und des Endlichbleibens für $r \to \infty$ nur für ganzzahlige Werte $l > n$ erfüllt werden kann und daß die Lösungen durch die Ableitungen der Laguerreschen Polynome in der Gestalt

$$v = z^n e^{-\frac{z}{2}} L_{l+n}^{(2n+1)}(z)$$

gegeben werden. Für die ursprüngliche Differentialgleichung ergeben sich also die Werte

$$\lambda = -\frac{c^2}{4l^2}$$

und nur diese als negative Eigenwerte mit den zugehörigen Eigenfunktionen

$$u = r^n e^{-\frac{c}{2l}r} L_{l+n}^{(2n+1)}\left(\frac{c}{l} r\right) Y_n(\vartheta, \varphi).$$

Dabei kann n bei gegebenem ganzzahligen l alle ganzen Zahlen von 0 bis $l-1$ durchlaufen, und Y_n repräsentiert jeweils $2n+1$ linear unabhängige Kugelfunktionen. Das so gefundene diskrete Spektrum besteht aus unendlich vielen Zahlen mit dem Häufungspunkt Null.

Wir behaupten weiter, daß die Schrödingersche Gleichung (72) *jeden positiven Wert* λ *zum Eigenwert hat*, d. h. *das Kontinuum der nichtnegativen Zahlen als kontinuierliches Spektrum* besitzt.

Zum Beweise führen wir an Stelle von v in (73) die Funktion $w = rv$ ein; dann erhalten wir die Differentialgleichung

$$w'' + \left(\lambda + \frac{c}{r} - \frac{n(n+1)}{r^2}\right) w = 0,$$

welche den in § 11, Nr. 1 behandelten Typus besitzt. Ihre Lösungen w bleiben also für jedes positive λ beschränkt, und die Lösungen $v = w/r$ streben gegen Null bei unendlich anwachsendem r. Um nun zu erkennen, daß jeder positive Wert von λ Eigenwert ist, haben wir also nur die Existenz einer im Nullpunkt regulären und für alle r existierenden Lösung v nachzuweisen. Diese Tatsache kann man aus der allgemeinen Theorie der linearen Differentialgleichungen entnehmen. Man erhält aber eine solche Lösung auch unmittelbar nach dem schon mehrfach angewandten Verfahren in Gestalt einer beständig konvergenten Potenzreihe, am zweckmäßigsten, indem man die Differentialgleichung durch Einführung von $z = r^{-n} e^{i\sqrt{\lambda}r} v$ in eine solche Differentialgleichung für z verwandelt, bei welcher der Potenzreihenansatz zu einer zweigliedrigen Rekursionsformel führt.

§ 13. Störungsrechnung.

Wenn die Eigenwerte λ_n und zugehörigen normierten und orthogonalen Eigenfunktionen u_n der linearen selbstadjungierten Differentialgleichung

$$L(u_n) + \lambda_n u_n = 0 \tag{74}$$

für vorgegebenes Gebiet[1] und vorgegebene Randbedingungen bekannt sind, so kann man durch ein für die Anwendungen wichtiges Näherungsverfahren, die sogenannte *Störungsrechnung*, die Eigenwerte und Eigenfunktionen eines zu einer „benachbarten" oder „gestörten" Differentialgleichung

$$L(\bar{u}_n) - \varepsilon r \bar{u}_n + \bar{\lambda}_n \bar{u}_n = 0 \tag{75}$$

gehörigen Eigenwertproblems berechnen; dabei sollen Randbedingungen und Gebiet dieselben bleiben. Es bedeutet r eine gegebene, in dem Grundgebiet stetige Funktion und ε einen Parameter; $\bar{u}_n$ und $\bar{\lambda}_n$ sind

[1] Die Anzahl der Dimensionen des Gebietes ist dabei beliebig. Integrationen sind immer über das ganze Gebiet zu erstrecken; das Gebietselement wird dabei mit dg bezeichnet.

die Eigenfunktionen und Eigenwerte des neuen Problems. Wir setzen für das folgende voraus, daß sich sowohl die neuen Eigenwerte als auch die neuen Eigenfunktionen nach Potenzen des Störungsparameters ε entwickeln lassen, wobei wir auf den Beweis für die Möglichkeit einer solchen Entwicklung hier verzichten.

1. Einfache Eigenwerte. Wir setzen zunächst voraus, daß das ursprüngliche ungestörte Problem nur einfache Eigenwerte besitzt, und machen entsprechend unserer Voraussetzung den Ansatz

$$\bar{u}_n = u_n + \varepsilon v_n + \varepsilon^2 w_n + \cdots \tag{76}$$

$$\bar{\lambda}_n = \lambda_n + \varepsilon \mu_n + \varepsilon^2 \nu_n + \cdots \tag{77}$$

Dann ergeben sich durch Einsetzen in (75) sofort die Differentialgleichung (74) und weiter die Differentialgleichungen

$$L(v_n) + \lambda_n v_n = r u_n - \mu_n u_n, \tag{78}$$

$$L(w_n) + \lambda_n w_n = r v_n - \mu_n v_n - \nu_n u_n, \tag{79}$$

aus denen wir nacheinander die Störungen verschiedener Ordnung, d. h. die Größen $\mu_n, \nu_n, \ldots$ bzw. $v_n, w_n, \ldots$ berechnen können.

Wir führen zu diesem Zwecke als zu bestimmende Größen die Entwicklungskoeffizienten

$$a_{nj} = \int v_n u_j \, dg$$

der Funktion v_n nach den Eigenfunktionen u_j ein und erhalten, indem wir die Gleichung (78) mit u_l multiplizieren, über das Grundgebiet integrieren und links den ersten Term mit Hilfe der Greenschen Formel unter Berücksichtigung der Randbedingungen — etwa verschwindende Randwerte — umformen:

$$a_{nl}(\lambda_n - \lambda_l) = d_{nl} - \mu_n \delta_{nl},$$

wobei $\delta_{nl} = 0$ für $n \neq l$ und $\delta_{nn} = 1$ ist und zur Abkürzung

$$d_{nl} = \int r u_n u_l \, dg$$

gesetzt ist. Es ergibt sich also als Resultat für $l = n$

$$\mu_n = d_{nn} \tag{80}$$

und für $l \neq n$

$$a_{nl} = \frac{d_{nl}}{\lambda_n - \lambda_l}.$$

Der Wert a_{nn} ergibt sich aus der Normierungsforderung $\int \bar{u}_n^2 \, dg = 1$, die $\int u_n v_n \, dg = 0$ und damit $a_{nn} = 0$ liefert. Es ist also, wenn wir v_n nach den u_j entwickeln können,

$$v_n = \sum_{j=1}^{\infty}{}' \frac{d_{nj}}{\lambda_n - \lambda_j} u_j \qquad \left(d_{nj} = \int r u_n u_j \, dg\right), \tag{81}$$

wobei der Strich am Summenzeichen die Fortlassung des Gliedes mit $j = n$ verlangt.

Nach dieser Bestimmung der ersten Näherung ergibt sich die zweite

$$w_n = \sum_{j=1}^{\infty} b_{nj} u_j$$

analog mit Hilfe der Gleichung (79), aus welcher wie oben

$$b_{nl}(\lambda_n - \lambda_l) = \sum_{j=1}^{\infty} a_{nj} d_{jl} - \mu_n a_{nl} - \nu_n \delta_{nl} \tag{82}$$

folgt. Setzt man $n = l$, so erhält man das zweite Störungsglied für den Eigenwert, nämlich

$$\nu_n = \sum_{j=1}^{\infty} a_{nj} d_{jn},$$

während sich für $l \neq n$

$$b_{nl} = \frac{1}{\lambda_n - \lambda_l} \left\{ \sum_{j=1}^{\infty} a_{nj} d_{jl} - \mu_n a_{nl} \right\} \tag{83}$$

ergibt. Zur Bestimmung von b_{nn} hat man wieder die Normierungsbedingung $\int \overline{u}_n^2 dg = 1$ heranzuziehen und in ihr den Faktor von ε^2 gleich Null zu setzen. Es folgt leicht

$$b_{nn} = -\tfrac{1}{2} \sum_{j=1}^{\infty} a_{nj}^2, \tag{84}$$

womit die zweite Näherung völlig bestimmt ist.

In genau derselben Art lassen sich sukzessive die weiteren Näherungen finden.

2. Mehrfache Eigenwerte. Eine weitere Diskussion wird im Falle des Auftretens mehrfacher Eigenwerte oder, wie man auch sagt, im Falle der „Ausartung" nötig. Es genügt zum Verständnis der Betrachtung, wenn wir voraussetzen, daß der erste Eigenwert von (74) α-fach ist, daß also $\lambda_1 = \cdots = \lambda_\alpha = \lambda$ ist, während alle Eigenwerte λ_n mit $n > \alpha$ einfach sind. Die Komplikation, die sich jetzt einstellt, beruht darauf, daß im Falle eines mehrfachen Eigenwertes die Eigenfunktionen nur bis auf eine orthogonale Substitution bestimmt sind und daß bei einer Störung eine stetige Fortsetzung der einzelnen Eigenfunktionen erst nach geeigneter Wahl eines Systems von Eigenfunktionen zum mehrfachen Eigenwert erwartet werden kann (vgl. auch Kap. III, § 8, 4). Dementsprechend denken wir uns zunächst die α zum Eigenwert λ gehörigen Eigenfunktionen durch eine noch festzulegende orthogonale Transformation

$$u_n^* = \sum_{j=1}^{\alpha} \gamma_{nj} u_j \qquad (n = 1, 2, \ldots, \alpha)$$

in ein anderes System solcher Eigenfunktionen übergeführt und machen den Ansatz

$$\overline{u}_n = u_n^* + \varepsilon v_n + \varepsilon^2 w_n + \cdots,$$

wobei nunmehr sowohl die γ_{nj} als auch die Funktionen $v_n, w_n, \ldots$ zu bestimmen sind. Für $n > \alpha$ ist hierin $u_n^* = u_n$ zu setzen, und es ändert sich nichts gegen die Betrachtungen von Nr. 1, so daß wir uns hier auf die Fälle $n = 1, 2, \ldots, \alpha$ beschränken dürfen. Es ergeben sich für v_n bzw. w_n auf Grund unseres Ansatzes und der Differentialgleichung (75) die Gleichungen

$$L(v_n) + \lambda_n v_n = \sum_{j=1}^{\alpha} r\gamma_{nj} u_j - \mu_n \sum_{j=1}^{\alpha} r\gamma_{nj} u_j, \tag{85}$$

$$L(w_n) + \lambda_n w_n = r v_n - \mu_n v_n - \nu_n \sum_{j=1}^{\alpha} \gamma_{nj} u_j. \tag{86}$$

Multiplizieren wir (85) mit u_l und verfahren wie in Nr. 1, so ergibt sich mit den Bezeichnungen aus Nr. 1

$$a_{nl}(\lambda_n - \lambda_l) = \sum_{j=1}^{\alpha} (d_{jl} - \mu_n \delta_{jl}) \gamma_{nj}, \tag{87}$$

also speziell für $l = 1, 2, \ldots, \alpha$:

$$0 = \sum_{j=1}^{\alpha} (d_{jl} - \mu_n \delta_{jl}) \gamma_{nj} \qquad (l, n = 1, 2, \ldots, \alpha).$$

Aus diesen α^2 Gleichungen bestimmen sich nach den Methoden von Kap. I, § 2 bis auf die Reihenfolge die Größen $\mu_1, \ldots, \mu_\alpha$ als Wurzeln der charakteristischen Determinantengleichung $|d_{jl} - \mu_n \delta_{jl}| = 0$ eindeutig. Der Einfachheit halber setzen wir voraus, daß diese Wurzeln alle voneinander verschieden sind, d. h. daß die Form $\sum_{j,l} d_{jl} x_j x_l$ lauter verschiedene Eigenwerte besitzt. Dann ist auch die orthogonale Matrix (γ_{nj}) eindeutig bestimmt. Wir ersetzen nunmehr zur Bequemlichkeit der Schreibweise die Eigenfunktionen $u_n^* = \sum_{j=1}^{\alpha} \gamma_{nj} u_j$ wieder durch das Zeichen u_n; die Matrix (d_{nl}) ist also eine Diagonalmatrix mit den Elementen

$$d_{nn} = \mu_n$$

und den übrigen Elementen Null. Die Gleichungen (87) ergeben dann für $l > \alpha$ sofort

$$a_{nl} = \frac{d_{nl}}{\lambda_n - \lambda_l}. \tag{88}$$

Aus der Normierungsbedingung folgt wie in Nr. 1 $a_{nn} = 0$, während wir zur Bestimmung der Größen a_{nl} $(l, n = 1, 2, \ldots, \alpha, n \neq l)$ die Gleichungen (86) für die zweite Näherung heranziehen müssen, die für $l, n = 1, 2, \ldots, \alpha$ in

$$0 = \sum_{j=1}^{\infty} a_{nj} d_{jl} - \mu_n a_{nl} - \nu_n \delta_{nl}$$

oder unter Berücksichtigung der Tatsache, daß (d_{jl}) $(j, l = 1, 2, \ldots, \alpha)$ eine Diagonalmatrix mit den Diagonalelementen μ_n ist, in

$$0 = \sum_{j=\alpha+1}^{\infty} a_{nj} d_{jl} + a_{nl}\mu_l - \mu_n a_{nl} - \nu_n \delta_{nl}$$

übergehen. Für $l = n$ ergibt dies

(89) $$\nu_n = \sum_{j=\alpha+1}^{\infty} a_{nj} d_{jn},$$

worin die Koeffizienten a_{nj} nach (88) bereits bestimmt sind. Für $n \neq l$ erhalten wir

$$a_{nl} = \frac{1}{\mu_n - \mu_l} \sum_{j=\alpha+1}^{\infty} a_{nj} d_{jl}.$$

Zusammenfassend lautet das Ergebnis: Man wähle zum α-fachen Eigenwert $\lambda_1 = \lambda$ ein solches System normierter orthogonaler Eigenfunktionen $u_1, \ldots, u_\alpha$, daß die Matrix $d_{nl} = \int r u_n u_l dx$ Diagonalmatrix mit den Elementen d_{nn} wird. Dann wird die Störung erster Ordnung des Eigenwertes gegeben durch

$$\mu_n = d_{nn}$$

und die Eigenfunktionen durch

$$v_n = \sum_{j=1}^{\infty} a_{nj} u_j$$

mit

$$a_{nn} = 0$$

und

$$a_{nl} = \frac{d_{nl}}{\lambda_n - \lambda_l},$$

sobald mindestens ein Index l oder n größer als α ist, und

$$a_{nl} = \frac{1}{d_{nn} - d_{ll}} \sum_{j=\alpha+1}^{\infty} \frac{d_{nj} d_{jl}}{\lambda_n - \lambda_j},$$

sobald beide Indices l und n voneinander verschieden und nicht größer als α sind.

Genau entsprechend ergeben sich die Störungsglieder zweiter und höherer Ordnung, von denen übrigens nach (89) die Störung zweiter Ordnung des n-ten Eigenwertes

$$\nu_n = \sum_{j=\alpha+1}^{\infty} \frac{d_{nj}^2}{\lambda_n - \lambda_j}$$

wird.

3. Ein Beispiel zur Störungstheorie[1]. Wir betrachten das Problem einer in $x = 0$ und $x = \pi$ eingespannten, frei schwingenden Saite mit dem konstanten Elastizitätskoeffizienten $p = 1$ und einer Massendichte $\varrho(x)$, die sich für alle x aus dem Intervall $0 \leqq x \leqq \pi$ wenig von einem konstanten Wert ϱ_0 unterscheidet, also die Form hat

[1] Vgl. Rayleigh, J. W. S., The Theory of sound, 2. Aufl., Bd. I, S. 115—118. London 1894.

$\varrho(x) = \varrho_0 + \varepsilon\sigma(x)$, wo $\sigma(x)$ eine gegebene Funktion und ε einen „Störungsparameter" bedeutet. Das zugehörige Eigenwertproblem lautet nach § 3:

(90) $$\bar{u}_n'' + \bar{\lambda}_n(\varrho_0 + \varepsilon\sigma(x))\,\bar{u}_n = 0\,.$$

Für $\varepsilon = 0$ erhält man das ungestörte Problem $u_n'' + \lambda_n\varrho_0 u_n = 0$ mit der Lösung $\lambda_n = \frac{n^2}{\varrho_0}$, $u_n = \frac{1}{\sqrt{\frac{\pi}{2}\varrho_0}}\sin nx$.

Um die erste Näherung des gestörten Problems (90) zu erhalten, haben wir — da die Eigenwerte alle einfach sind — lediglich in den Formeln (80) bzw. (81) von Nr. 1

$$\lambda_n = \frac{n^2}{\varrho_0}, \qquad u_n = \frac{1}{\sqrt{\frac{\pi}{2}\varrho_0}}\sin nx$$

und

$$r(x) = -\lambda_n\sigma(x) = -\frac{n^2}{\varrho_0}\sigma(x)$$

zu setzen[1]. Man erhält so für die Störung erster Ordnung μ_n der Eigenwerte:

$$\mu_n = -\frac{n^2}{\varrho_0^2}\frac{2}{\pi}\int_0^\pi \sigma(x)\sin^2 nx\,dx$$

bzw. der Eigenfunktionen v_n:

(91) $$v_n = \sum_{j=1}^{\infty} a_{nj}u_j$$

mit

(92) $$a_{nj} = \frac{2}{\pi}\frac{n^2}{j^2 - n^2}\frac{1}{\varrho_0}\int_0^\pi \sigma(x)\sin nx\sin jx\,dx \qquad (j \neq n);$$

$$a_{nn} = 0\,.$$

Um diese Resultate auf ein Beispiel anzuwenden, berechnen wir mit Rayleigh die Verschiebung δx des ersten Knotenpunktes, der $n = 2$ entspricht und auf einer homogenen Saite in der Mitte liegt.

Da wir die Entwickelbarkeit von $\bar{u}_n$ nach Potenzen von ε angenommen haben, so können wir δx in der Form $\delta x = \varepsilon\tau + \varepsilon^2(\cdots)$ schreiben. Zur Bestimmung von τ ergibt sich die Gleichung

$$0 = \bar{u}_2\left(\frac{\pi}{2} + \varepsilon\tau + \cdots\right) = u_2\left(\frac{\pi}{2} + \varepsilon\tau + \cdots\right) + \varepsilon v_2\left(\frac{\pi}{2} + \varepsilon\tau + \cdots\right) + \varepsilon^2(\cdots)$$

$$= u_2\left(\frac{\pi}{2}\right) + \varepsilon\left[\tau u_2'\left(\frac{\pi}{2}\right) + v_2\left(\frac{\pi}{2}\right)\right] + \varepsilon^2(\cdots)\,.$$

[1] In Nr. 1 hatten wir allerdings vorausgesetzt, daß in dem Störungsglied $\varepsilon r(x)$ die Funktion $r(x)$ nicht von ε abhängt, während in dem entsprechenden Störungsglied von (90) die Funktion $\bar{\lambda}_n\sigma(x)$ noch von ε abhängt; da wir uns aber im folgenden nur für die Störungen erster Ordnung interessieren, darf, wie man leicht sieht, $r(x) = -\lambda_n\sigma(x)$ gesetzt werden, wo λ_n nicht mehr von ε abhängt.

Setzt man in dieser Gleichung den Koeffizienten von ε gleich Null und berücksichtigt man (91) und $u_2(x) = \text{konst.}\sin 2x$, so erhält man

$$\tau = -\frac{v_2\left(\frac{\pi}{2}\right)}{u_2'\left(\frac{\pi}{2}\right)} = a_{21} - a_{23} + a_{25} - + \cdots.$$

Wird z. B. die Inhomogenität dadurch bewirkt, daß im Punkte $x = \pi/4$ eine kleine Masse $\varrho_0 \varkappa$ angebracht wird, so erhält man für τ durch einen leicht auszuführenden Grenzübergang aus (92)

$$\begin{aligned}\tau &= \frac{4\varkappa}{\pi}\left(\frac{\sin\frac{\pi}{4}}{1^2-4} - \frac{\sin\frac{3\pi}{4}}{3^2-4} + \frac{\sin\frac{5\pi}{4}}{5^2-4} - \cdots\right)\\ &= \frac{4\varkappa}{\pi\sqrt{2}}\left(\frac{1}{1^2-4} - \frac{1}{3^2-4} - \frac{1}{5^2-4} + \cdots\right)\\ &= -\frac{2\varkappa}{\pi\sqrt{2}}\left(1 + \frac{1}{3} - \frac{1}{5} - \frac{1}{7} + \frac{1}{9} + \frac{1}{11} - \cdots\right).\end{aligned}$$

Der Wert der Reihe in der Klammer ist

$$\int_0^1 \frac{1+x^2}{1+x^4}\,dx = \frac{\pi}{4}\sqrt{2}.$$

Man erhält also $\tau = -\frac{\varkappa}{2}$.

§ 14. Die Greensche Funktion (Einflußfunktion) und die Zurückführung von Differentialgleichungsproblemen auf Integralgleichungen.

Wir erweitern nunmehr den Kreis unserer Betrachtungen durch einen prinzipiellen Schritt, indem wir als Ausgangspunkt nicht ein Schwingungs- oder Eigenwertproblem, sondern eine Randwertaufgabe nehmen und unabhängig von allem Vorangehenden für die Darstellung der Lösungen solcher Randwertaufgaben die Methode der Greenschen Funktion oder Einflußfunktion entwickeln. Dabei ergibt sich ganz von selbst die Zurückführung unserer Eigenwertdifferentialgleichungen auf symmetrische Integralgleichungen und damit ein Weg zur Erledigung der bisher noch offengebliebenen Frage nach der Existenz der Eigenfunktionen bzw. nach dem Vollständigkeits- und Entwicklungssatz.

1. Die Greensche Funktion und das Randwertproblem für gewöhnliche Differentialgleichungen. Wir betrachten zunächst einen linearen homogenen, sich selbst adjungierten Differentialausdruck zweiter Ordnung

$$L[u] = pu'' + p'u' - qu$$

für die Funktion $u(x)$ im Grundgebiete G: $x_0 \leqq x \leqq x_1$, worin p, p' und q stetige Funktionen von x sind und $p > 0$ ist; die zugehörige unhomogene Differentialgleichung lautet

(93) $$L[u] = -\varphi(x),$$

wobei $\varphi(x)$ eine in G stückweise stetige Funktion bedeutet. Es handelt sich um das Randwertproblem, eine Lösung $u = f(x)$ der Gleichung (93) zu finden, welche am Rande von G gegebenen homogenen Randbedingungen genügt, z. B. der Randbedingung $u = 0$*; zu seiner Diskussion liegt folgender Gedanke nahe: Wir deuten die Differentialgleichung (93) gemäß den früheren Überlegungen als die Gleichgewichtsbedingung einer Saite unter dem Einfluß einer über die Saite verteilten zeitlich konstanten Kraft, deren Dichte durch $\varphi(x)$ gegeben ist. Machen wir nun einen Grenzübergang von der kontinuierlich verteilten Kraft $\varphi(x)$ zu einer „*Einzelkraft*", d. h. einer nur in einem einzigen Punkte $x = \xi$ mit der Intensität 1 oder auch einer anderen Intensität angreifenden Kraft, und ist $\mathsf{K}(x, \xi)$ die Elongation der Saite unter dem Einfluß der Einzelkraft mit der Intensität 1, wobei stets die der Saite auferlegten Randbedingungen gewahrt bleiben sollen, so wird man die Wirkung der kontinuierlich verteilten Kraft $\varphi(x)$ als Superposition der Wirkungen kontinuierlich verteilter Einzelkräfte auffassen können, deren Dichte an der Stelle ξ gleich $\varphi(\xi)$ ist; man kann also erwarten, daß die gesuchte Lösung in der Form

$$u(x) = \int_{x_0}^{x_1} \mathsf{K}(x, \xi)\, \varphi(\xi)\, d\xi \tag{94}$$

erscheint. Die Funktion $\mathsf{K}(x, \xi)$, welche wir als *Einflußfunktion* oder als *Greensche Funktion* des Differentialausdruckes $L[u]$ bezeichnen, muß ihrer Definition nach für jeden Wert des Parameters ξ den vorgegebenen Randbedingungen bei $x = x_0$ und $x = x_1$ genügen; daraus folgt unmittelbar, daß die in der Gleichung (94) durch den Kern $\mathsf{K}(x, \xi)$ mit der Quellendichte $\varphi(x)$ quellenmäßig dargestellte Funktion $u(x)$ ebenfalls diesen Randbedingungen genügt.

Die Einflußfunktion $\mathsf{K}(x, \xi)$ muß überall außer an der Stelle $x = \xi$ der Differentialgleichung

$$L[\mathsf{K}] = 0$$

genügen, da sie ja der Kraft Null für $x \neq \xi$ entspricht. An der Stelle $x = \xi$ muß die Funktion $\mathsf{K}(x, \xi)$ eine Singularität aufweisen, auf welche wir durch folgende Plausibilitätsbetrachtung geführt werden: Wir denken uns die Einzelkraft entstanden durch Grenzübergang aus einer Kraft $\varphi_\varepsilon(x)$, die für $|x - \xi| > \varepsilon$ in G Null ist und deren Gesamtintensität durch die Gleichung

$$\int_{\xi-\varepsilon}^{\xi+\varepsilon} \varphi_\varepsilon(x)\, dx = 1$$

* Es sei nochmals daran erinnert, daß man auf dieses Problem die Randwertaufgabe der homogenen Differentialgleichung bei unhomogenen Randbedingungen zurückführen kann. (Vgl. § 1, 2.)

gegeben wird. Die zugehörige Elongation der Saite werde mit $\mathsf{K}_\varepsilon(x,\xi)$ bezeichnet; sie genügt also der Gleichung $L[\mathsf{K}_\varepsilon] = (p\mathsf{K}'_\varepsilon)' - q\mathsf{K}_\varepsilon = -\varphi_\varepsilon(x)$. Wir integrieren diese Gleichung zwischen den Grenzen $\xi - \delta$ und $\xi + \delta$, wobei $\delta \geqq \varepsilon$ ganz beliebig so gewählt werden darf, daß das Integrationsintervall noch ins Grundgebiet G fällt, und erhalten

$$\int_{\xi-\delta}^{\xi+\delta} \left(\frac{d}{dx}\left(p\frac{d\mathsf{K}_\varepsilon}{dx}\right) - q\mathsf{K}_\varepsilon\right) dx = -1 .$$

Machen wir nun zunächst den Grenzübergang $\varepsilon \to 0$ und nehmen an, daß dabei K_ε gegen eine stetige und abgesehen von $x = \xi$ stetig differenzierbare Funktion $\mathsf{K}(x,\xi)$ konvergiert, so ergibt sich, indem wir nunmehr auch δ gegen Null streben lassen, für $\mathsf{K}(x,\xi)$ sofort die Beziehung

$$\lim_{\delta\to 0} \frac{d\mathsf{K}(x,\xi)}{dx}\bigg|_{x=\xi-\delta}^{x=\xi+\delta} = -\frac{1}{p(\xi)},$$

welche die Singularität der Greenschen Funktion charakterisiert.

Diese heuristische Überlegung kehren wir nunmehr um und machen sie so zu einer strengen mathematischen Theorie. Wir definieren von vornherein als *Greensche Funktion* des Differentialausdruckes $L[u]$ bei gegebenen homogenen Randbedingungen eine Funktion $\mathsf{K}(x,\xi)$ von x und ξ, welche folgende Bedingungen befriedigt:

1. $\mathsf{K}(x,\xi)$ ist bei festem ξ eine stetige Funktion von x und erfüllt die vorgegebenen homogenen Randbedingungen.

2. Die Ableitungen erster und zweiter Ordnung von K nach x sind, abgesehen von der Stelle $x = \xi$, überall in G stetig; an der Stelle $x = \xi$ macht die erste Ableitung einen Sprung, gegeben durch

$$\frac{d\mathsf{K}(x,\xi)}{dx}\bigg|_{x=\xi-0}^{x=\xi+0} = -\frac{1}{p(\xi)}. \tag{95}$$

3. Außer an der Stelle $x = \xi$ genügt K als Funktion von x überall in G der Differentialgleichung $L[\mathsf{K}] = 0$.

Eine stetige Funktion, welche die Bedingungen 2, 3, aber nicht notwendig die homogenen Randbedingungen erfüllt, nennt man, nebenbei bemerkt, „*Grundlösung*" der Differentialgleichung $L[u] = 0$.

In der Tat leistet nun die so definierte Greensche Funktion das Gewünschte. Es bestehen nämlich die folgenden, nach dem Obigen plausiblen Zusammenhänge. *Wenn $\varphi(x)$ eine stetige oder stückweise stetige Funktion von x ist, so genügt die Funktion*

$$u(x) = \int_{x_0}^{x_1} \mathsf{K}(x,\xi)\,\varphi(\xi)\,d\xi \tag{96}$$

der Differentialgleichung

$$L[u] = -\varphi(x) \tag{97}$$

und den Randbedingungen. Genügt umgekehrt die Funktion $u(x)$ der Differentialgleichung (97) *und den Randbedingungen, so wird sie durch* (96) *dargestellt.* Zum Beweise der ersten Behauptung brauchen wir nur die elementaren Regeln über Differentiation eines Integrals nach einem Parameter anzuwenden. Danach erhalten wir unter Berücksichtigung von (95) der Reihe nach die folgenden Gleichungen:

$$u'(x) = \int_{x_0}^{x_1} K'(x, \xi)\, \varphi(\xi)\, d\xi;$$

$$u''(x) = \int_{x_0}^{x} K''(x, \xi)\, \varphi(\xi)\, d\xi + \int_{x}^{x_1} K''(x, \xi)\, \varphi(\xi)\, d\xi$$
$$+ K'(x, x - 0)\, \varphi(x) - K'(x, x + 0)\, \varphi(x)$$
$$= \int_{x_0}^{x_1} K''(x, \xi)\, \varphi(\xi)\, d\xi + (K'(x + 0, x) - K'(x - 0, x))\, \varphi(x)$$
$$= \int_{x_0}^{x_1} K''(x, \xi)\, \varphi(\xi)\, d\xi - \frac{\varphi(x)}{p(x)};$$

also

$$p u'' + p' u' - q u = \int_{x_0}^{x_1} (p K'' + p' K' - q K)\, \varphi(\xi)\, d\xi - \varphi(x),$$

womit wegen $L[K] = 0$ der gewünschte Nachweis erbracht ist.

Zum Nachweis der Umkehrung benutzen wir wieder die Greensche Formel § 1, (2b), setzen darin $v = K$ und wenden sie auf die beiden Integrationsgebiete $x_0 \leqq x \leqq \xi$ und $\xi \leqq x \leqq x_1$ an. Aus der Sprungrelation und den Randbedingungen folgt dann unmittelbar die Formel (96) mit Vertauschung von x und ξ.

In genau derselben Weise erhalten wir allgemeiner, wenn u nicht den gegebenen homogenen Randbedingungen wie K — etwa $u(x_0) = u(x_1) = 0$ — unterworfen wird, für u die Darstellung

$$u(x) = \int_{x_0}^{x_1} K(x, \xi)\, \varphi(\xi)\, d\xi + p K' u \Big|_{x_0}^{x_1},$$

worin für $\varphi = 0$ die Darstellung der Lösung der Randwertaufgabe für die homogene Differentialgleichung $L[u] = 0$ durch die Randwerte enthalten ist.

Die Greensche Funktion eines sich selbst adjungierten Differentialausdruckes ist symmetrisch in Parameter und Argument, d. h. es gilt

$$K(x, \xi) = K(\xi, x).$$

Der Beweis folgt fast unmittelbar aus der Greenschen Formel § 1, (2b), wenn wir dort $v = K(x, \eta)$, $u = K(x, \xi)$ einsetzen und das Integrationsgebiet aus den drei getrennt zu behandelnden Stücken $x_0 \leqq x \leqq \xi$,

$\xi \leqq x \leqq \eta$, $\eta \leqq x \leqq x_1$ zusammensetzen; die Berücksichtigung der Sprungrelation (95) an den Stellen $x = \xi$ und $x = \eta$ und der Randbedingungen ergibt dann die Behauptung. *Die Symmetrie der Greenschen Funktion ist in vielen Fällen der prägnante Ausdruck einer in der Physik häufig vorkommenden Reziprozität: Wenn die Kraft* 1, *an der Stelle* ξ *angebracht, die Wirkung* $\mathrm{K}(x, \xi)$ *an der Stelle* x *hervorbringt, so bringt die Kraft* 1, *an der Stelle* x *angreifend, in* ξ *dieselbe Wirkung hervor.*

2. Die Konstruktion der Greenschen Funktion und die Greensche Funktion im erweiterten Sinne. Zur Konstruktion einer Greenschen Funktion für $L[u]$ bei den vorgeschriebenen Randbedingungen verfahren wir folgendermaßen. Wir betrachten eine Lösung $u_0(x)$ der Differentialgleichung $L[u] = 0$, die für $x = x_0$ der vorgegebenen Randbedingung genügt, etwa verschwindet, dann ist $c_0 u_0(x)$ die allgemeinste solche Lösung; ebenso sei $c_1 u_1(x)$ die Schar der Lösungen von $L[u] = 0$, welche der Randbedingung für $x = x_1$ genügen. Nun sind zwei Fälle möglich. Entweder die beiden Scharen sind voneinander verschieden — was als der allgemeine Fall zu gelten hat —, oder sie fallen zusammen. Im ersten Falle sind die Funktionen u_0, u_1 linear voneinander unabhängig, d. h. es ist einem bekannten Satze zufolge $u_0 u_1' - u_0' u_1 \neq 0$*; und es kann eine Kurve der ersten Schar eine der zweiten Schar nie im Grundgebiete berühren (da sich in dem Berührungspunkt sofort ein Widerspruch zu dieser Gleichung ergeben würde). Wir können also die beiden Konstanten c_0, c_1 so wählen, daß der Schnittpunkt zu einer vorgegebenen Abszisse $x = \xi$ im Intervalle G gehört und der Sprung der Ableitung dort genau den Wert $-\frac{1}{p(\xi)}$ besitzt; auf diese Art erhalten wir die Greensche Funktion explizit durch die Formeln

$$\begin{aligned} x \leqq \xi:\ u &= -\frac{1}{c} u_1(\xi)\, u_0(x) \\ x \geqq \xi:\ u &= -\frac{1}{c} u_0(\xi)\, u_1(x) \end{aligned} \qquad c = p(\xi)\,[u_0(\xi)\, u_1'(\xi) - u_0'(\xi)\, u_1(\xi)] = \text{konst.}$$

womit die gewünschte Konstruktion geleistet ist.

Im zweiten Falle unterscheiden sich u_0 und u_1 nur durch einen konstanten Faktor; jede Lösung der einen Schar gehört auch der anderen an. In diesem Falle genügt also die Funktion $u_0(x)$ nicht nur der Anfangs-, sondern auch der Endbedingung; die Differentialgleichung $L[u] = 0$ besitzt also die den Randbedingungen genügende, nicht identisch verschwindende Lösung $u_0(x)$, was wir auch so ausdrücken können: $\lambda = 0$ ist ein Eigenwert von $L[u] + \lambda u = 0$. Es versagt somit die obige Konstruktion, es existiert keine Greensche Funktion.

---

* Es ist nämlich $\Delta = u_0 u_1' - u_0' u_1 = c/p$ mit konstantem c, wie man leicht bestätigt, indem man für die linke Seite aus der gegebenen Differentialgleichung die Differentialgleichung $p\Delta' + \Delta p' = 0$ herleitet.

Unsere Betrachtungen lehren uns — da nach Nr. 1 mit der Konstruktion der Greenschen Funktion die eindeutige Lösbarkeit der homogenen Randwertaufgabe für die Differentialgleichung $L[u] = -\varphi(x)$ gesichert ist — daß die folgende *Alternative* besteht: *Entweder besitzt bei den vorgegebenen homogenen Randbedingungen die Differentialgleichung $L[u] = -\varphi(x)$ für jede gegebene rechte Seite φ eine eindeutig bestimmte Lösung $u(x)$, oder die homogene Gleichung $L[u] = 0$ besitzt eine nicht identisch verschwindende Lösung.*

Weiter wird sich ergeben: *Im zweiten Falle ist für die Lösbarkeit des Problemes für $L[u] = -\varphi(x)$ notwendig und hinreichend, daß mit den Lösungen $u_0(x)$ der homogenen Gleichung $L[u_0] = 0$ für die rechte Seite $\varphi(x)$ die Orthogonalitätsbeziehung*

$$\int_{x_0}^{x_1} \varphi(x)\, u_0(x)\, dx = 0$$

erfüllt ist.

Daß die Bedingung notwendig ist, ergibt sich sofort, wenn man die Differentialgleichung $L[u] + \varphi(x) = 0$ mit der Funktion $u_0(x)$ multipliziert, über das Gebiet G integriert und die Greensche Formel unter Berücksichtigung der Randbedingungen anwendet. Daß die Bedingung auch hinreicht, folgt, wenn wir an Stelle der Greenschen Funktion eine *Greensche Funktion im erweiterten Sinne* einführen. Auch zu ihr führt eine einfache, der physikalischen Anschauung entspringende heuristische Überlegung. Wir erinnern daran (vgl. S. 253), daß ein Eigenwert λ und eine zugehörige normierte Eigenfunktion u die Bedeutung besitzt, daß unsere Saite unter dem Einfluß einer äußeren Kraft der Form $-\psi(x)\, e^{i\sqrt{\lambda}\, t}$ unstabil wird (Resonanz), falls nicht $\int_{x_0}^{x_1} \psi(x)\, u(x)\, dx = 0$ ist. Für den hier vorliegenden Fall $\lambda = 0$ bedeutet das Instabilität unter dem Einfluß einer zeitlich konstanten äußeren Kraft; insbesondere wird unter dem Einfluß einer Einzelkraft mit beliebigem Angriffspunkt die Saite sich nicht in eine Gleichgewichtslage einstellen. Wollen wir eine solche Einzelkraft auf das System wirken lassen, ohne daß das System sich beliebig weit aus seiner Ruhelage entfernt, so müssen wir es zuerst durch eine fest gegebene zeitlich konstante Gegenkraft stützen. Diese Gegenkraft können wir beliebig wählen, nur nicht gerade orthogonal zu der Eigenfunktion $u_0(x)$, weil sie dann gegenüber der Erregung der Eigenfrequenz Null unwirksam wäre. Am bequemsten nehmen wir die Gegenkraft in der symmetrischen Form $\psi(x) = -u_0(x)\, u_0(\xi)$ an; dann wird die Einflußfunktion $\mathsf{K}(x, \xi)$ einer im Punkte $x = \xi$ angreifenden Einzelkraft außer den Randbedingungen noch, abgesehen vom Punkte $x = \xi$, der Differentialgleichung

$$L[\mathsf{K}] = u_0(x)\, u_0(\xi)$$

genügen und bei $x = \xi$ die Sprungbedingung (95) befriedigen müssen. Die Lösung dieses Problems ist nur bis auf eine willkürliche additive Funktion $c(\xi)\,u_0(x)$ bestimmt; wir beseitigen diese Unbestimmtheit durch die Forderung

$$\int_{x_0}^{x_1} \mathsf{K}(x,\xi)\,u_0(x)\,dx = 0$$

und nennen die so definierte Funktion $\mathsf{K}(x,\xi)$ die Greensche Funktion im erweiterten Sinne zum Differentialausdruck $L[u]$. Durch Benutzung der Voraussetzung, daß $L[u]$ ein sich selbst adjungierter Differentialausdruck ist, ergibt sich genau wie S. 305 die *Symmetrieeigenschaft*

$$\mathsf{K}(x,\xi) = \mathsf{K}(\xi, x)$$

der Greenschen Funktion im erweiterten Sinne.

Der Leser mag sich diese Überlegungen an dem einfachsten Beispiele der beiderseits freien homogenen Saite veranschaulichen (vgl. auch § 15, 1). Hier ist $u_0 =$ konst. Eigenfunktion für $\lambda = 0$, und wir werden als Gegenkraft längs der Saite überall dieselbe konstante Kraft nehmen.

Die Konstruktion der Greenschen Funktion im erweiterten Sinne verläuft wieder genau so wie oben die der gewöhnlichen Greenschen Funktion. Es bedarf dazu nur des Nachweises folgender Tatsache: Wenn $L[u] = 0$ eine den Randbedingungen genügende nicht identisch verschwindende Lösung u_0 besitzt, so kann $L[v] = u_0(\xi)\,u_0(x)$ keine solche Lösung besitzen. In der Tat würde aus der letzten Gleichung durch Multiplikation mit $u_0(x)$ und Integration über das Grundgebiet unter Berücksichtigung der Randbedingungen folgen $u_0(\xi)\int_{x_0}^{x_1} u_0(x)^2\,dx = \int_{x_0}^{x_1} v(x)\,L[u_0]\,dx = 0$, was mit der Voraussetzung $\int_{x_0}^{x_1} u_0(x)^2\,dx \neq 0$ im Widerspruch steht.

Die Greensche Funktion im erweiterten Sinne leistet genau dieselben Dienste wie früher die gewöhnliche Greensche Funktion. Wir brauchen nur zu beachten, daß die Lösung $w(x)$ einer Differentialgleichung $L[w] = -\varphi(x)$ nur bis auf eine beliebige additive Funktion $c u_0(x)$ bestimmt ist und daher durch die Forderung $\int_{x_0}^{x_1} w u_0\,dx = 0$ festgelegt werden kann. Nunmehr sprechen wir den Satz aus: *Besteht zwischen einer zu $u_0(x)$ orthogonalen und den Randbedingungen genügenden Funktion $w(x)$ mit stetiger erster und stückweise stetiger zweiter Ableitung und der stückweise stetigen Funktion $\varphi(x)$ die Relation*

$$L[w] = -\varphi(x),$$

so besteht auch die Relation

$$w(x) = \int_{x_0}^{x_1} K(x, \xi)\, \varphi(\xi)\, d\xi. \tag{98}$$

Umgekehrt folgt aus der letzten Relation, falls $\varphi(x)$ zu $u_0(x)$ orthogonal ist, die vorangehende. — Diese Umkehrung enthält den zweiten Teil des oben (S. 307) ausgesprochenen Satzes. —

Der Beweis wird genau so geführt wie der entsprechende bei der gewöhnlichen Greenschen Funktion, wobei nur weiter zu beachten ist, daß jede Funktion $w(x)$ der Form (98) auf $u_0(x)$ orthogonal sein muß, weil die Greensche Funktion $K(x, \xi)$ es ist.

Bei unseren Differentialgleichungen zweiter Ordnung ist $\lambda = 0$ jedenfalls ein einfacher Eigenwert, wie wir früher schon erkannten. Im Hinblick auf allgemeinere Fälle sei jedoch hier kurz angegeben, daß man im Falle eines mehrfachen Eigenwertes $\lambda = 0$ in der einfachsten symmetrischen Art die Konstruktion der erweiterten Greenschen Funktion erreicht, indem man die Gegenkraft in der Form

$$\psi(x) = -u_0(x)\, u_0(\xi) - u_1(x)\, u_1(\xi) - \cdots$$

wählt, worauf dann alle Betrachtungen wie früher verlaufen. Dabei bedeuten $u_0, u_1, \ldots$ die zum Eigenwert $\lambda = 0$ gehörigen normierten orthogonalen Eigenfunktionen.

3. Äquivalenz von Differentialgleichungs- und Integralgleichungsproblem. Mit Hilfe der Greenschen Funktion gelangen wir nun zu einer Beherrschung der früher diskutierten Eigenwertprobleme, indem wir von der Differentialgleichung zu einer Integralgleichung übergehen. Wir betrachten eine von einem Parameter λ abhängige lineare Schar von Differentialgleichungen

$$L[u] + \lambda \varrho u = \psi(x) \qquad (\varrho(x) > 0), \tag{99}$$

wo $\psi(x)$ eine stückweise stetige, $\varrho(x)$ eine positive stetige Funktion ist und u den vorgegebenen Randbedingungen, etwa $u = 0$, genügen soll. Mit Hilfe der Greenschen Funktion von $L[u]$, deren Existenz bei den gegebenen Randbedingungen wir hier voraussetzen, erhalten wir aus der Formel (94) für $\varphi(x) = \lambda \varrho u - \psi$ nun sofort die mit (99) vollständig äquivalente Gleichung

$$u(x) = \lambda \int_{x_0}^{x_1} K(x, \xi)\, \varrho(\xi)\, u(\xi)\, d\xi + g(x), \tag{100}$$

wobei

$$g(x) = -\int_{x_0}^{x_1} K(x, \xi)\, \psi(\xi)\, d\xi$$

eine gegebene stetige Funktion von x ist. Die Bestimmung einer Lösung u von (99) bei den vorgegebenen Randbedingungen ist also äquivalent mit der Auflösung der Integralgleichung (100). Der homogenen Gleichung

$$L[u] + \lambda \varrho u = 0 \tag{101}$$

entspricht die homogene Integralgleichung

$$u(x) = \lambda \int_{x_0}^{x_1} \mathsf{K}(x, \xi)\, \varrho(\xi)\, u(\xi)\, d\xi$$

oder, wenn wir

$$u(x) \sqrt{\varrho(x)} = z(x)$$

als neue unbekannte Funktion einführen, die Integralgleichung mit $\sqrt{\varrho(x)}$ multiplizieren und $K(x, \xi) = \mathsf{K}(x, \xi) \sqrt{\varrho(x)\, \varrho(\xi)}$ setzen,

$$z(x) = \lambda \int_{x_0}^{x_1} K(x, \xi)\, z(\xi)\, d\xi\,. \tag{102}$$

Der Kern $K(x, \xi)$ unserer Integralgleichung (102) ist symmetrisch, da $L[u]$ sich selbst adjungiert ist[1]; wir können alle entsprechenden Sätze aus Kap. III anwenden und erhalten aus ihnen sofort die folgenden — zum Teil allerdings schon aus Nr. 2 ersichtlichen — Resultate für die Differentialgleichung (99):

Zwischen dem Randwertproblem der unhomogenen Differentialgleichung (99) und dem Randwertproblem der homogenen Differentialgleichung (101) bei den vorgegebenen homogenen Randbedingungen besteht die Alternative: *Bei einem fest gewählten Wert von* λ *besitzt entweder die homogene Differentialgleichung* (101) *nur die identisch verschwindende Lösung — „λ ist kein Eigenwert von* (101)*" —; dann besitzt die unhomogene Gleichung* (99) *bei beliebig gewähltem* $\psi(x)$ *eine und nur eine Lösung. Oder für einen Wert* $\lambda = \lambda_i$ *besitzt die homogene Gleichung* (101) *eine nicht identisch verschwindende Lösung* u_i *— „λ_i ist ein Eigenwert von* (101) *mit der zugehörigen Eigenfunktion* u_i*" —; dann ist für die Lösbarkeit der unhomogenen Differentialgleichung* (99) *mit* $\lambda = \lambda_i$ *das Bestehen der Relation*

$$\int_{x_0}^{x_1} \varrho u_i \psi\, dx$$

mit allen zum Eigenwert λ_i *gehörigen Eigenfunktionen* u_i *notwendig und hinreichend.*

Ferner: *Es gibt eine Folge von Eigenwerten* $\lambda_1, \lambda_2, \ldots$ — mit $\lambda_n \to \infty$ — *und zugehörige Eigenfunktionen* $u_1, u_2, \ldots,$ *welche ein den Orthogonalitätsrelationen*

$$\int_{x_0}^{x_1} \varrho u_i u_k\, dx = 0 \qquad (i \neq k)\,, \qquad \int_{x_0}^{x_1} \varrho u_i^2\, dx = 1$$

[1] Auf dieser Folgerung und ihren weiteren Konsequenzen beruht die Bedeutung dieser über $L[u]$ gemachten Voraussetzung.

genügendes unendliches Funktionensystem bilden. Jede mit Hilfe der Greenschen Funktion $\mathsf{K}(x, \xi)$ *durch eine stückweise stetige Funktion* $\varphi(\xi)$ *quellenmäßig in der Form*

$$w(x) = \int_{x_0}^{x_1} \mathsf{K}(x, \xi)\, \varphi(\xi)\, d\xi$$

darstellbare Funktion $w(x)$ *läßt sich in eine absolut und gleichmäßig konvergente Reihe*

$$w(x) = \sum_{n=1}^{\infty} c_n u_n(x), \qquad c_n = \int_{x_0}^{x_1} w \varrho u_n\, dx$$

nach den Eigenfunktionen entwickeln.

Wir können die Gesamtheit der nach diesem Satz entwickelbaren Funktionen noch anders und einfacher charakterisieren. Infolge der Grundeigenschaft der Greenschen Funktion folgt nämlich aus (94) die Gleichung $L[w] = -\varphi(x)$; umgekehrt, wenn wir irgendeine den Randbedingungen genügende und mit stetiger erster sowie stückweise stetiger zweiter Ableitung versehene Funktion $w(x)$ betrachten, können wir durch die Gleichung $L[w] = -\varphi(x)$ zu ihr eine Quellenverteilung $\varphi(x)$ hinzukonstruieren. Wir erhalten also das Resultat: *Jede den Randbedingungen genügende, mit stetiger erster und stückweise stetiger zweiter Ableitung versehene Funktion* $w(x)$ *läßt sich in eine absolut und gleichmäßig konvergente Reihe* $w(x) = \sum_{n=1}^{\infty} c_n u_n(x)$ *entwickeln.*

Aus diesem Satze folgt unmittelbar, *daß die Eigenfunktionen ein vollständiges orthogonales Funktionensystem bilden.* Denn jede in G stetige Funktion läßt sich im Mittel beliebig genau durch eine stetige, den Randbedingungen genügende Funktion mit stetiger erster und zweiter Ableitung approximieren, also dem eben genannten Entwicklungssatz zufolge auch durch ein endliches Aggregat der Form $\sum_{n=1}^{m} c_n u_n(x)$.

Zu einer *Verschärfung des Entwicklungssatzes* führt uns die schon früher gemachte Bemerkung, daß alle Eigenwerte positiv sind[1], daß also in der Sprache der Integralgleichungstheorie der Kern $K(x, \xi)$ definit ist. Da außerdem $K(x, \xi)$ eine stetige Funktion von x und ξ ist, so können wir den Mercerschen Satz aus Kap. III, § 5, 4 anwenden und schließen, daß die Reihenentwicklung des Kernes

$$(103)\qquad K(x, \xi) = \sqrt{\varrho(x)\varrho(\xi)} \sum_{n=1}^{\infty} \frac{u_n(x)\, u_n(\xi)}{\lambda_n} \quad \text{bzw.} \quad \mathsf{K}(x, \xi) = \sum_{n=1}^{\infty} \frac{u_n(x)\, u_n(\xi)}{\lambda_n}$$

absolut und gleichmäßig konvergiert. Diese Formel, welche Greensche Funktion und Eigenfunktionen explizit verknüpft und kurz die *bilineare Relation* genannt wird, stellt bei konstantem ξ eine Reihen-

[1] Vgl. S. 252.

entwicklung einer stetigen Funktion mit stückweise stetiger erster Ableitung dar. Indem wir eine lineare Kombination

$$S = \alpha_1 \mathsf{K}(x, \xi_1) + \alpha_2 \mathsf{K}(x, \xi_2) + \cdots$$

bilden, erhalten wir eine stetige Funktion, deren erste Ableitung an vorgegebenen Stellen $\xi_1, \xi_2, \ldots$ vorgegebene Sprünge $-\frac{\alpha_1}{p(\xi_1)}, -\frac{\alpha_2}{p(\xi_2)}, \ldots$ macht und die sich in eine absolut und gleichmäßig konvergente Eigenfunktionenreihe entwickeln läßt. Da wir von jeder Funktion mit stückweise stetigen ersten und zweiten Ableitungen eine solche spezielle Funktion S abziehen können, daß die Differenz den Bedingungen des obigen Entwicklungssatzes genügt, so erhalten wir unmittelbar das Resultat: *Für die Gültigkeit des Entwicklungssatzes reicht es hin, wenn die erste und zweite Ableitung der stetigen Funktion $w(x)$ stückweise stetig sind.*

Wir haben bisher in dieser Nummer die Voraussetzung gemacht, daß es eine Greensche Funktion zu $L[u]$ gibt, d. h. nach Nr. 2, daß $\lambda = 0$ kein Eigenwert unserer Differentialgleichung $L[u] + \lambda \varrho u = 0$ ist; trifft diese Voraussetzung nicht zu, so brauchen wir lediglich die gewöhnliche Greensche Funktion durch die Greensche Funktion im erweiterten Sinne zu ersetzen, und es bleiben sodann alle weiteren Überlegungen, die sich auf die Zurückführung des Eigenwertproblems von (101) auf ein Integralgleichungsproblem beziehen, unverändert gültig. Für den Entwicklungssatz kommt als weitere Bedingung immer noch die Orthogonalität auf der zu $\lambda = 0$ gehörigen Eigenfunktion $u_0(x)$ hinzu. Diese Bedingung aber verschwindet aus der endgültigen Formulierung des Entwicklungssatzes vollständig, wenn wir die zum Eigenwert $\lambda = 0$ gehörigen Eigenfunktionen mitzählen. Wir werden übrigens später (Kap. VI, § 1) bei einer anderen Behandlungsmethode des Eigenwertproblems auf Grund der Variationsrechnung ganz deutlich sehen, daß tatsächlich das Auftreten eines Eigenwertes Null keinerlei Besonderheit bedeutet.

Zum Schluß sei noch die Entwicklung der Lösung für die inhomogene Gleichung (99) nach den Eigenfunktionen gegeben. Entsprechend unserem früheren, in § 3, 3 gegebenen Schema, das jetzt durch den Entwicklungssatz gerechtfertigt ist, oder auch direkt aus dem Integralgleichungssatz aus Kap. III, Formel (56) erhalten wir die Lösung

$$u(x) = \sum_{n=1}^{\infty} \gamma_n u_n(x) \quad \text{mit} \quad \gamma_n = \frac{c_n}{\lambda - \lambda_n}, \qquad c_n = \int_{x_0}^{x_1} u_n(x) \psi(x)\, dx.$$

Sie setzt die Tatsache in Evidenz, daß die Lösbarkeit der Gleichung (99), falls $\lambda = \lambda_i$ ein Eigenwert ist, zur Bedingung das Bestehen der Orthogonalitätsrelation $\int_{x_0}^{x_1} \psi u_i \, dx = 0$ hat. Physikalisch gesprochen: *Ist die äußere Kraft in Resonanz mit einer Eigenschwingung, so gibt es dann und nur dann einen stationären Zustand, wenn diese Kraft an dem rein in der betreffenden Eigenschwingung sich bewegenden System keine Arbeit leistet.*

4. Gewöhnliche Differentialgleichungen höherer Ordnung. Bei gewöhnlichen Differentialgleichungen höherer Ordnung treten keine wesentlich neuen Gesichtspunkte auf. Wir können uns daher auf die kurze Betrachtung eines typischen Beispieles beschränken, nämlich der Differentialgleichung $u^{IV} - \lambda u = 0$ bzw. $u^{IV} - \lambda \varrho u = 0$ des homogenen bzw. unhomogenen Stabes (vgl. § 4). Wir verstehen wiederum unter der Einflußfunktion oder Greenschen Funktion $K(x, \xi)$ die Elongation des Stabes unter dem Einfluß einer im Punkte $x = \xi$ angreifenden Einzelkraft im Gleichgewichte bei den vorgegebenen homogenen Randbedingungen. Genau wie oben erhalten wir für diese Funktion die folgenden charakteristischen Bedingungen:

1. Die Funktion $K(x, \xi)$ ist für jeden Parameterwert ξ mit ihren beiden ersten Ableitungen stetig und genügt den vorgegebenen homogenen Randbedingungen.

2. Für jeden von $x = \xi$ verschiedenen Wert ist auch die dritte und vierte Ableitung nach x stetig. Für $x = \xi$ gilt dagegen die Sprungbedingung

$$\lim_{\varepsilon \to 0} [K'''(\xi + \varepsilon, \xi) - K'''(\xi - \varepsilon, \xi)] = -1 .$$

3. Außer für $x = \xi$ ist überall die Differentialgleichung

$$K^{IV}(x, \xi) = 0$$

befriedigt.

Die charakteristische Haupteigenschaft der Greenschen Funktion drückt sich in folgendem Zusammenhange aus: Wenn zwischen einer stetigen, den Randbedingungen genügenden Funktion $u(x)$ mit stetigen Ableitungen erster, zweiter, dritter und stückweise stetiger Ableitung vierter Ordnung einerseits und einer stückweise stetigen Funktion $\varphi(x)$ andererseits die Relation

$$L[u] = u^{IV} = -\varphi(x)$$

besteht, so besteht auch die Relation

$$u(x) = \int_{x_0}^{x_1} K(x, \xi) \varphi(\xi) \, d\xi$$

und umgekehrt.

Das Eigenwertproblem der Differentialgleichung

$$u^{IV} - \lambda \varrho u = 0 ,$$

der zugehörige Entwicklungssatz, die Theorie der unhomogenen Gleichung

$$u^{IV} - \lambda \varrho u = -\psi(x)$$

usw. erledigen sich hier genau wie die entsprechenden Fragen in Nr. 3 durch Zurückführung auf eine Integralgleichung mit dem symmetrischen Kern $K(x, \xi) = \mathsf{K}(x, \xi)\sqrt{\varrho(x)\varrho(\xi)}$. *Das Resultat ist die Existenz eines unendlichen Systems von Eigenwerten* $\lambda_1, \lambda_2, \ldots$ *und zugehörigen Eigenfunktionen* $u_1, u_2, \ldots$, *so daß die Funktionen* $\sqrt{\varrho}\, u_i$ *ein vollständiges orthogonales Funktionensystem bilden und sich jede den Randbedingungen genügende, mit stetigen Ableitungen bis zur dritten und stückweise stetigen Ableitungen vierter Ordnung versehene Funktion* $w(x)$ *nach ihnen in eine absolut und gleichmäßig konvergente Reihe entwickeln läßt. Weiter lehrt der Mercersche Satz*[1] *das Bestehen der bilinearen Relation*

$$\mathsf{K}(x, \xi) = \sum_{n=1}^{\infty} \frac{u_n(x)\, u_n(\xi)}{\lambda_n},$$

aus welcher sich ergibt, daß wir die Gültigkeit des Entwicklungssatzes ohne weiteres auch auf solche Funktionen ausdehnen können, deren dritte Ableitung nur noch stückweise stetig ist.

Die Frage der Existenz und Konstruktion der Greenschen Funktion bzw. der Greenschen Funktion im erweiterten Sinne bietet hier keine neuen Schwierigkeiten; sie wird im nächsten Paragraphen an Hand von Beispielen erläutert werden.

5. Partielle Differentialgleichungen. Genau dieselben Gedanken wie bei gewöhnlichen Differentialgleichungen führen auch bei partiellen zur Greenschen Funktion und zur Anwendung der Integralgleichungsmethode. Wir betrachten als Beispiel die partielle Differentialgleichung zweiter Ordnung

$$\Delta v = -\varphi(x, y)$$

in der x, y-Ebene für ein Gebiet G bei einer homogenen Randbedingung, z. B. $v = 0$, welche die Gestalt einer eingespannten, unter dem Einfluß einer zeitlich konstanten Kraft der Dichte $\varphi(x, y)$ im Gleichgewicht befindlichen Membran charakterisiert. Die Lösung dieser Gleichung können wir wiederum mit Hilfe einer Greenschen Funktion $\mathsf{K}(x, y; \xi, \eta)$ erhalten, welche den Einfluß einer im Punkte ξ, η angreifenden Einzelkraft darstellt. Diese Funktion muß überall außer im Punkte $x = \xi$, $y = \eta$ mit ihren Ableitungen bis zur zweiten Ordnung stetig sein und der Differentialgleichung $\Delta \mathsf{K} = 0$ genügen, ferner die gegebene homogene Randbedingung befriedigen und schließlich im *Quellpunkt* $x = \xi$, $y = \eta$ eine die *Einzelkraft* charakterisierende Singularität besitzen. Die Natur dieser Singularität ergibt sich, indem man den Quellpunkt mit

---

[1] Vgl. Kap. III, § 5, 4; der definite Charakter des Kernes folgt hier ebenso wie beim Problem der schwingenden Saite (vgl. S. 311).

einem Kreise k vom Radius ε umgibt, eine äußere Kraft der Dichte $\varphi_\varepsilon(x,y)$ annimmt, welche außerhalb k gleich Null ist und für welche $\iint\limits_k \varphi_\varepsilon(x, y)\,dx\,dy = 1$ gilt, und die Greensche Funktion $K(x,y;\xi,\eta)$ als Grenzwert für verschwindendes ε derjenigen Lösung $K_\varepsilon(x,y;\xi,\eta)$ von $\Delta K = -\varphi_\varepsilon$ auffaßt, welche der gegebenen Randbedingung genügt. Indem man die Gleichung $\Delta K = -\varphi_\varepsilon$ über den Kreis vom Radius $\delta \geqq \varepsilon$ mit der Peripherie $\varkappa$ integriert und die Greensche Formel (5a) auf S. 239 anwendet, erhält man

$$\int\limits_\varkappa \frac{\partial}{\partial r} K_\varepsilon\,ds = -1\,,$$

unter $r = \sqrt{(x-\xi)^2 + (y-\eta)^2}$ den Abstand des Punktes x,y vom Punkte ξ,η, unter s die Bogenlänge auf $\varkappa$ verstanden. Wir werden daher unsere zu charakterisierende Greensche Funktion der Forderung

$$\int\limits_\varkappa \frac{\partial}{\partial r} K(x,y;\xi,\eta)\,ds = -1$$

zu unterwerfen haben. Dieser Forderung genügen wir, indem wir verlangen, daß K in der Umgebung des Quellpunktes die Gestalt hat

$$K(x,y;\xi,\eta) = -\frac{1}{2\pi}\log r + \gamma(x,y;\xi,\eta)\,,$$

wobei $\gamma(x,y;\xi,\eta)$ mit seinen Ableitungen erster und zweiter Ordnung bezüglich x und y stetig ist (und, da $\log r$ für $r \neq 0$ der Potentialgleichung genügt, selbst eine reguläre Potentialfunktion ist).

Wir kehren nun diese heuristische Betrachtung um, indem wir eine Greensche Funktion K durch folgende Forderungen definieren:

1. Die Funktion $K(x,y;\xi,\eta)$ ist, abgesehen vom Quellpunkte $x=\xi$, $y=\eta$, mit ihren Ableitungen erster und zweiter Ordnung stetig. Sie hat die Form

$$K(x,y;\xi,\eta) = -\frac{1}{2\pi}\log r + \gamma(x,y;\xi,\eta)\,,$$

wo $\gamma(x,y;\xi,\eta)$ mit den Ableitungen bis zur zweiten Ordnung stetig ist.

2. K genügt den vorgegebenen homogenen Randbedingungen.

3. Überall, außer im Quellpunkt, ist die Differentialgleichung $\Delta K = 0$ erfüllt.

Die so definierte Greensche Funktion genügt der *Symmetriebedingung*

$$K(x,y;\xi,\eta) = K(\xi,\eta;x,y)\,.$$

Der Beweis dieses Symmetriegesetzes, welches wieder genau dieselbe physikalische *Reziprozität* ausdrückt, die wir früher hervorgehoben haben, ergibt sich auch hier fast unmittelbar aus der Greenschen Formel. Wir wenden diese Formel für die Funktionen $K(x,y;\xi,\eta)$ und $K(x,y;\xi',\eta')$ auf ein Gebiet an, welches aus G entsteht, indem man um die Punkte

ξ, η bzw. ξ', η' je einen Kreis k bzw. k' vom Radius ε ausschneidet; führt man dann unter Berücksichtigung der Singularitätseigenschaft der Greenschen Funktion den Grenzübergang $\varepsilon \to 0$ aus, so erhält man unmittelbar — das Randintegral über den Rand Γ von G verschwindet wegen der Randbedingung — die Symmetrieformel in der Gestalt $\mathsf{K}(\xi', \eta'; \xi, \eta) = \mathsf{K}(\xi, \eta; \xi', \eta')$.

Die Grundeigenschaft der Greenschen Funktion drückt sich hier wiederum in folgendem Zusammenhange aus: Ist $u(x,y)$ irgendeine den homogenen Randbedingungen — etwa $u = 0$ — genügende, in G stetige und mit stetigen ersten und stückweise stetigen zweiten Ableitungen versehene Funktion und gilt

$$L[u] = \Delta u = -\varphi(x, y),$$

so besteht die Relation

$$u(x, y) = \iint_G \mathsf{K}(x, y; \xi, \eta)\, \varphi(\xi, \eta)\, d\xi\, d\eta.$$

Ist andererseits $\varphi(x,y)$ irgendeine mit ihren Ableitungen erster Ordnung in G stetige Funktion, so genügt die in G stetige Funktion

$$u(x, y) = \iint_G \mathsf{K}(x, y; \xi, \eta)\, \varphi(\xi, \eta)\, d\xi\, d\eta$$

der Randbedingung, besitzt stetige erste und zweite Ableitungen und genügt der Differentialgleichung

$$\Delta u = -\varphi(x, y).$$

Man beachte, daß im zweiten Teil für die Funktion $\varphi(x,y)$ eine schärfere Differenzierbarkeitsvoraussetzung gemacht wird als im ersten Teil, was bei gewöhnlichen Differentialgleichungen nicht notwendig war.

Der erste Teil des Satzes folgt wieder fast unmittelbar aus der Greenschen Formel (5a) S. 239. Wir wenden diese für $v = \mathsf{K}(x,y; \xi, \eta)$ auf das Gebiet $G - k$ an, welches aus G entsteht, wenn man um den Punkt x, y einen kleinen Kreis k vom Radius ε mit der Peripherie $\varkappa$ ausschneidet; da im Integrationsgebiet $\Delta \mathsf{K} = 0$ ist und das Randintegral über den Rand Γ verschwindet, so bleibt

$$\int_\varkappa \left(u \frac{\partial \mathsf{K}}{\partial n} - \mathsf{K} \frac{\partial u}{\partial n}\right) ds = \iint_{G-k} \mathsf{K}\, \varphi(\xi, \eta)\, d\xi\, d\eta.$$

Beim Grenzübergang $\varepsilon \to 0$ strebt $\int_\varkappa u \frac{\partial \mathsf{K}}{\partial n} ds$ gegen u, $\int_\varkappa \mathsf{K} \frac{\partial u}{\partial n} ds$ gegen Null, woraus sich das gewünschte Resultat

$$u = \iint_G \mathsf{K} \varphi\, d\xi\, d\eta$$

ergibt. Der zweite Teil des Satzes wird am einfachsten mit Hilfe eines von RIEMANN eingeführten Kunstgriffes bewiesen, wobei die vorausgesetzte Stetigkeit der ersten Ableitungen von $\varphi(x,y)$ benutzt wird[1]. Wir zerlegen die Funktion $u(x, y) = \iint\limits_G \mathsf{K}(x, y; \xi, \eta)\, \varphi(\xi, \eta)\, d\xi\, d\eta$ in zwei Summanden, welche der Zerlegung $\mathsf{K} = -\frac{1}{2\pi}\log r + \gamma(x, y; \xi, \eta)$ der Greenschen Funktion entsprechen, nämlich $u = \psi + \chi$, mit

$$2\pi\psi(x, y) = -\iint\limits_G \varphi(\xi, \eta) \log r\, d\xi\, d\eta\,,$$

$$\chi(x, y) = \iint\limits_G \gamma(x, y; \xi, \eta)\, \varphi(\xi, \eta)\, d\xi\, d\eta\,.$$

Da die Funktion $\gamma(x, y; \xi, \eta)$ überall mit ihren Ableitungen bis zur zweiten Ordnung stetig ist, so können wir $\Delta\chi$ durch Differentiation unter dem Integralzeichen bilden und erhalten wegen $\Delta\gamma = 0$ sofort auch $\Delta\chi = 0$. Wir brauchen also, um Δu zu berechnen, nur $\Delta\psi$ zu bilden. Die erste Ableitung ψ_x können wir noch durch Differentiation unter dem Integralzeichen erhalten. Bei Einführung von Polarkoordinaten r, ϑ nimmt das Integral $\iint\limits_G \varphi(\xi, \eta) \log r\, d\xi\, d\eta$ die Gestalt $\iint\limits_G \varphi\, r \log r\, dr\, d\vartheta$ an; differenzieren wir vor Einführung der Polarkoordinaten nach x, so erhält das Integral die Gestalt $\iint\limits_G \varphi \cos\vartheta\, dr\, d\vartheta$, wobei der Integrand stetig bleibt. Wir erhalten, wenn wir zur Abkürzung für den Augenblick $-\frac{\log r}{2\pi} = S(x, y; \xi, \eta)$ setzen,

$$\psi_x = \iint\limits_G S_x \varphi\, d\xi\, d\eta\,.$$

Hier beachten wir nun die Tatsache, daß $S_x = -S_\xi$ ist, so daß wir auch schreiben können

$$\psi_x = -\iint\limits_G S_\xi \varphi\, d\xi\, d\eta\,,$$

und diese Formel erlaubt uns, durch Teilintegration die Ableitung S_ξ herauszuschaffen, so daß wir dann noch einmal unter dem Integral differenzieren können. Wir erhalten

$$\psi_x = -\int\limits_\Gamma S\varphi\, d\eta + \iint\limits_G S\varphi_\xi\, d\xi\, d\eta$$

und weiter

$$\psi_{xx} = -\int\limits_\Gamma S_x\varphi\, d\eta + \iint\limits_G S_x\varphi_\xi\, d\xi\, d\eta = \int\limits_\Gamma S_\xi\varphi\, d\eta - \iint\limits_G S_\xi\varphi_\xi\, d\xi\, d\eta\,.$$

---

[1] Tatsächlich genügt die bloße Stetigkeit von φ nicht, um einen Schluß auf die Existenz stetiger zweiter Ableitungen zu erlauben; die im Text gemachte Voraussetzung ist allerdings schärfer als nötig.

Ebenso ergibt sich

$$\psi_{yy} = -\int_{\Gamma} S_{\eta} \varphi \, d\xi - \iint_{G} S_{\eta} \varphi_{\eta} \, d\xi \, d\eta$$

und somit

$$\Delta \psi = \int_{\Gamma} \frac{\partial S}{\partial n} \varphi \, ds - \iint_{G} (S_{\xi} \varphi_{\xi} + S_{\eta} \varphi_{\eta}) \, d\xi \, d\eta \, .$$

Wenn wir nun rechts das Doppelintegral nicht über das ganze Gebiet G erstrecken, sondern über ein Gebiet G_{ε}, welches aus G durch Ausschneiden eines kleinen Kreises k mit dem Radius ε und der Peripherie $\varkappa$ um (x, y) entsteht, so können wir schreiben

$$\Delta \psi = \int_{\Gamma} \frac{\partial S}{\partial n} \varphi \, ds - \lim_{\varepsilon \to 0} \iint_{G_{\varepsilon}} (S_{\xi} \varphi_{\xi} + S_{\eta} \varphi_{\eta}) \, d\xi \, d\eta \, .$$

Hier formen wir rechts das Doppelintegral nach der Greenschen Formel um und erhalten, da in G überall $\Delta S = 0$ ist,

$$\Delta \psi = \int_{\Gamma} \frac{\partial S}{\partial n} \varphi \, ds - \int_{\Gamma} \frac{\partial S}{\partial n} \varphi \, ds + \lim_{\varepsilon \to 0} \int_{\varkappa} \frac{\partial S}{\partial n} \varphi \, ds = \lim_{\varepsilon \to 0} \int_{\varkappa} \frac{\partial S}{\partial n} \varphi \, ds \, .$$

Das rechts übrigbleibende Randintegral über $\varkappa$ geht aber für $\varepsilon \to 0$ in $-\varphi(x, y)$ über, wie wir schon früher sahen, und somit ist das Bestehen der „*Poissonschen Gleichung*“ $\Delta f = -\varphi$ bewiesen.

Für die Potentialgleichung in drei Dimensionen $\Delta u = -\varphi(x, y, z)$ und für das zugehörige Eigenwertproblem der Gleichung

$$\Delta u + \lambda u = 0$$

erhalten wir wörtlich entsprechende Resultate. Nur tritt hier eine andere Singularität für die Greensche Funktion auf, nämlich die Singularität $\frac{1}{4\pi r} = \frac{1}{4\pi \sqrt{(x-\xi)^2 + (y-\eta)^2 + (z-\zeta)^2}}$, derart, daß die Greensche Funktion $K(x, y, z; \xi, \eta, \zeta)$ die Form $K(x, y, z; \xi, \eta, \zeta) = \frac{1}{4\pi r} + \gamma(x, y, z; \xi, \eta, \zeta)$ besitzen muß, wobei $\gamma(x, y, z; \xi, \eta, \zeta)$ mit den Ableitungen erster und zweiter Ordnung stetig ist. Die Funktion $1/4\pi r$ selbst ist eine *Grundlösung der Differentialgleichung* $\Delta u = 0$ (vgl. S. 304 und 326).

Die Frage nach der *Existenz der Greenschen Funktion* ist im Falle partieller Differentialgleichungen keineswegs mehr so leicht zu erörtern wie bei gewöhnlichen Differentialgleichungen. Wir werden den allgemeinen Existenzbeweis erst später im Zusammenhang mit den direkten Methoden der Variationsrechnung erbringen und müssen uns hier darauf beschränken, entweder die Existenz der Greenschen Funktion zu postulieren oder aber uns mit denjenigen Fällen zu begnügen, in denen uns wie im nächsten Paragraphen die explizite Aufstellung der Greenschen Funktion gelingt. Hat man aber erst einmal die Greensche Funktion, so verlaufen die weiteren Überlegungen durchaus parallel mit denen bei gewöhnlichen Differentialgleichungen. Wir betrachten hier — mit $\varrho > 0$ — das Eigenwertproblem für die Differentialgleichung

$$\Delta v + \lambda \varrho(x, y) v = 0 \tag{104}$$

bei den gegebenen homogenen Randbedingungen. Zufolge der Grundeigenschaft der Greenschen Funktion folgt aus (104) sofort die homogene Integralgleichung

$$v(x, y) = \lambda \iint_G \mathsf{K}(x, y; \xi, \eta) \varrho(\xi, \eta) v(\xi, \eta) d\xi d\eta .$$

Betrachten wir also den symmetrischen Kern

$$K = \mathsf{K}\sqrt{\varrho(x, y) \varrho(\xi, \eta)},$$

so genügt die Funktion

$$u(x, y) = \sqrt{\varrho(x, y)} v(x, y)$$

der symmetrischen homogenen Integralgleichung

$$u(x, y) = \lambda \iint_G K(x, y; \xi, \eta) u(\xi, \eta) d\xi d\eta, \tag{105}$$

und wegen der Umkehrbarkeit der Beziehungen ist also das Eigenwertproblem der Differentialgleichung (104) mit dem der symmetrischen Integralgleichung (105) vollständig äquivalent. Diese Integralgleichung gestattet die Anwendung der Theorie von Kap. III, da der Kern zwar an einer Stelle des Integrationsgebietes unendlich wird, aber doch nur so, daß das Integral $\iint_G K(x, y; \xi, \eta)^2 d\xi d\eta$ existiert und eine stetige Funktion der Variablen x, y ist. *Es folgt also die Existenz der Eigenwerte $\lambda_1, \lambda_2, \ldots$ und eines zugehörigen Systems von Eigenfunktionen $v_1, v_2, \ldots$ bzw. $u_1, u_2, \ldots$*, wobei wir die Funktionen u_n als normiert annehmen können.

Ist $w(x,y)$ irgendeine Funktion mit stetigen ersten und zweiten Ableitungen, welche der Randbedingung genügt, so läßt sie sich nach unserem Satze über die Greensche Funktion quellenmäßig in der Form

$$w(x, y) = \iint_G K(x, y; \xi, \eta) h(\xi, \eta) d\xi d\eta$$

durch die Funktion $h = -\Delta w$ darstellen. Wir erhalten also das Resultat: *Jede mit stetigen Ableitungen bis zur zweiten Ordnung versehene, den Randbedingungen genügende Funktion $w(x,y)$ läßt sich in eine absolut und gleichmäßig konvergente Reihe $w = \sum_{n=1}^{\infty} c_n v_n(x, y)$, $c_n = \iint_G \varrho w v_n dx dy$ nach den Eigenfunktionen entwickeln. Die normierten Eigenfunktionen $\sqrt{\varrho} v_n$ bilden also ein vollständiges orthogonales Funktionensystem.*

Zum Unterschied gegenüber gewöhnlichen Differentialgleichungen muß hier hervorgehoben werden, daß wegen des Unendlichwerdens der

Greenschen Funktion der Mercersche Satz nicht angewandt werden kann, so daß wir trotz des positiv definiten Charakters des Kernes nicht auf das Bestehen der Gleichung

$$\mathsf{K}(x, y; \xi, \eta) = \sum_{n=1}^{\infty} \frac{v_n(x, y)\, v_n(\xi, \eta)}{\lambda_n}$$

schließen können. Unsere allgemeine Theorie beweist lediglich die weniger besagende Relation

$$\lim_{m \to \infty} \iint_G \left(\mathsf{K} - \sum_{n=1}^{m} \frac{v_n(x, y)\, v_n(\xi, \eta)}{\lambda_n}\right)^2 dx\, dy = 0.$$

Die Betrachtungen bei der allgemeinen sich selbst adjungierten Differentialgleichung

$$p\, \Delta v + p_x v_x + p_y v_y - q v + \lambda \varrho v = 0$$

verlaufen durchaus parallel den eben durchgeführten, so daß wir uns damit begnügen können, festzustellen, daß auch die Ergebnisse wörtlich dieselben bleiben. Der einzige hervorzuhebende Unterschied ist, daß jetzt die Greensche Funktion die Form haben muß

$$\mathsf{K}(x, y; \xi, \eta) = -\frac{a(x, y; \xi, \eta)}{2\pi p(\xi, \eta)} \log r + \gamma(x, y; \xi, \eta),$$

wobei $\gamma(x, y; \xi, \eta)$ in der Umgebung des Quellpunktes mit den Ableitungen bis zur zweiten Ordnung stetig ist (aber im allgemeinen nicht mehr der Differentialgleichung genügen wird) und a eine passend zu bestimmende mit stetigen Ableitungen bis zur zweiten Ordnung versehene Funktion bezeichnet, für welche identisch $a(\xi, \eta; \xi, \eta) = 1$ gilt.

Bei *partiellen Differentialgleichungen höherer Ordnung* ist ebenfalls der einzige wesentliche Unterschied die andere Form der zur Greenschen Funktion gehörigen Singularität. Betrachten wir etwa — in zwei unabhängigen Variablen — die Differentialgleichung der Platte

$$\Delta \Delta v = -\varphi(x, y),$$

so werden wir die Greensche Funktion außer durch die Randbedingungen und durch die Forderung $\Delta\Delta \mathsf{K} = 0$ dadurch festzulegen haben, daß wir ihr die Gestalt vorschreiben

$$\mathsf{K} = -\frac{1}{8\pi} r^2 \log r + \gamma(x, y; \xi, \eta),$$

wobei $\gamma(x, y; \xi, \eta)$ eine mit ihren Ableitungen bis zur vierten Ordnung stetige Funktion ist. Daß die angegebene Singularität tatsächlich die richtige ist, d. h. einer Einzelkraft entspricht, wird der Leser leicht selbst bestätigen. Im übrigen sei betont, daß die Funktion $r^2 \log r$ selbst eine „Grundlösung" von $\Delta\Delta v = 0$ ist.

In diesem Falle lehrt uns der Übergang zur Integralgleichung wieder die *Existenz der Eigenwerte und eines zugehörigen vollständigen Orthogonalsystems von Eigenfunktionen, nach denen sich jede den Randbedingungen genügende, mit stetigen Ableitungen bis zur vierten Ordnung versehene Funktion im Grundgebiet G in eine absolut und gleichmäßig konvergente Reihe entwickeln läßt.*

§ 15. Beispiele für Greensche Funktionen.

1. Gewöhnliche Differentialgleichungen. Um die Theorien des vorigen Paragraphen an Beispielen zu erläutern, betrachten wir die wichtigsten der früher behandelten Differentialgleichungen.

Die Greensche Funktion des Ausdruckes

$$L[u] = u''$$

bei den Randbedingungen $u(0) = u(1) = 0$ ist für das Intervall $(0, 1)$

$$K(x, \xi) = \begin{cases} (1-\xi)x & \text{für} \quad x \leqq \xi, \\ (1-x)\xi & \text{für} \quad x \geqq \xi. \end{cases}$$

Bei den Randbedingungen $u(0) = 0$, $u'(1) = 0$ wird die Greensche Funktion

$$K(x, \xi) = \begin{cases} x & \text{für} \quad x \leqq \xi, \\ \xi & \text{für} \quad x \geqq \xi. \end{cases}$$

Für das Intervall $-1 \leqq x \leqq +1$ und die Randbedingungen

$$u(-1) = u(1) = 0$$

ergibt sich

$$K(x, \xi) = -\tfrac{1}{2}\{|x-\xi| + x\xi - 1\},$$

was man auch durch Transformation aus dem ersten Beispiel erhalten kann. Für das Intervall $0 \leqq x \leqq 1$ bei den Randbedingungen $u(0) = -u(1)$, $u'(0) = -u'(1)$ dagegen gilt

$$K(x, \xi) = -\tfrac{1}{2}|x-\xi| + \tfrac{1}{4}.$$

Die Greensche Funktion des zur Besselschen Funktion nullter Ordnung $J_0(x)$ gehörigen Differentialausdruckes

$$L[u] = xu'' + u'$$

für das Intervall $0 \leqq x \leqq 1$ und die Randbedingungen „$u(1) = 0$, $u(0)$ endlich“ lautet

$$K(x, \xi) = \begin{cases} -\log\xi & \text{für} \quad x \leqq \xi, \\ -\log x & \text{für} \quad x \geqq \xi, \end{cases}$$

was man alles auf Grund der allgemeinen Regeln des vorigen Paragraphen leicht ableitet und bestätigt. Die zu den Randbedingungen „$u(1) = 0$, $u(0)$ endlich“ gehörige Greensche Funktion des Differentialausdruckes

$$L[u] = (xu')' - \frac{n^2}{x}u,$$

der der Besselschen Funktion $J_n(x)$ zugeordnet ist [vgl. (28)], lautet

$$K(x, \xi) = \frac{1}{n}\left[\left(\frac{x}{\xi}\right)^n - (x\,\xi)^n\right] \qquad (x \leqq \xi)$$

bzw.

$$K(x, \xi) = \frac{1}{n}\left[\left(\frac{\xi}{x}\right)^n - (x\,\xi)^n\right] \qquad (x \geqq \xi).$$

Als weiteres Beispiel betrachten wir den Differentialausdruck

$$L[u] = ((1 - x^2)u')' - \frac{h^2}{1 - x^2}u,$$

der für $h = 0, 1, 2, \ldots$ zu den Legendreschen Kugelfunktionen nullter, erster usw. Ordnung gehört. Das zugehörige Intervall sei $-1 \leqq x \leqq +1$, die Randbedingungen: Endlichbleiben an beiden Endpunkten. Man kann sofort eine bei $x = -1$ endlich bleibende Lösung von $L[u] = 0$ angeben, nämlich $c_1\left(\frac{1+x}{1-x}\right)^{\frac{h}{2}}$, ebenso eine für $x = +1$ endlich bleibende Lösung $c_2\left(\frac{1-x}{1+x}\right)^{\frac{h}{2}}$. Aus diesen setzt sich nach den Regeln von § 14, 2 die Greensche Funktion folgendermaßen zusammen:

$$K(x, \xi) = \frac{1}{2h}\left(\frac{1+x}{1-x}\,\frac{1-\xi}{1+\xi}\right)^{\frac{h}{2}} \qquad (x \leqq \xi)$$

bzw.

$$K(x, \xi) = \frac{1}{2h}\left(\frac{1+\xi}{1-\xi}\,\frac{1-x}{1+x}\right)^{\frac{h}{2}} \qquad (x \geqq \xi).$$

Nur für $h = 0$ versagt dieses Verfahren, und muß es auch nach unserer allgemeinen Theorie, da für $h = 0$ die Gleichung $L[u] = 0$ die durchweg reguläre, beiden Randbedingungen genügende normierte Lösung $u = 1/\sqrt{2}$ besitzt. Hier also muß eine Greensche Funktion im erweiterten Sinne aufgestellt werden, welche der Differentialgleichung

$$L[u] = \tfrac{1}{2}$$

genügt. Wir finden sehr leicht für diese Funktion den Ausdruck

$$K(x, \xi) = \begin{cases} -\frac{1}{2}\log[(1-x)(1+\xi)] + c & \text{für} \quad x \leqq \xi, \\ -\frac{1}{2}\log[(1+x)(1-\xi)] + c & \text{für} \quad x \geqq \xi, \end{cases}$$

wobei $c = \log 2 - \frac{1}{2}$ ist.

Als weiteres einfaches Beispiel für das Auftreten einer Greenschen Funktion im erweiterten Sinne sei der Differentialausdruck

$$L[u] = u''$$

betrachtet für das Intervall $-1 \leqq x \leqq +1$ und die Randbedingungen der Periodizität $u(-1) = u(1)$, $u'(-1) = u'(1)$. Da hier $1/\sqrt{2}$ eine reguläre, beiden Randbedingungen genügende Lösung von $L[u] = 0$ ist (es handelt sich physikalisch um die beiderseits freie Saite), so müssen wir eine Greensche Funktion im erweiterten Sinne aus der Differentialgleichung

$$u'' = \tfrac{1}{2}$$

konstruieren. Wir erhalten leicht

$$K(x,\xi) = -\tfrac{1}{2}|x-\xi| + \tfrac{1}{4}(x-\xi)^2 + \tfrac{1}{6}.$$

Mit allen diesen Greenschen Funktionen als Kernen können wir nun die entsprechenden Integralgleichungen bilden, doch ist es nicht nötig, diese explizit hinzuschreiben. Dagegen wollen wir, die folgenden zu unseren Beispielen gehörigen Bilinearformeln betrachten:

$$\frac{2}{\pi^2}\sum_{n=1}^{\infty}\frac{\sin n\pi x \sin n\pi\xi}{n^2} = \begin{cases}(1-\xi)\,x & (x \leqq \xi),\\ (1-x)\,\xi & (x \geqq \xi),\end{cases}$$

$$\frac{2}{\pi^2}\sum_{n=0}^{\infty}\frac{\sin(n+\frac{1}{2})\pi x \sin(n+\frac{1}{2})\pi\xi}{(n+\frac{1}{2})^2} = \begin{cases}x & (x \leqq \xi),\\ \xi & (x \geqq \xi),\end{cases}$$

$$K(x,\xi) = \sum_{n=1}^{\infty}\frac{(n+\frac{1}{2})\,P_n(x)\,P_n(\xi)}{n(n+1)}$$

mit

$$K(x,\xi) = \begin{cases}-\frac{1}{2}\log[(1-x)(1+\xi)] + \log 2 - \frac{1}{2} & \text{für } x \leqq \xi,\\ -\frac{1}{2}\log[(1+x)(1-\xi)] + \log 2 - \frac{1}{2} & \text{für } x \geqq \xi.\end{cases}$$

Besonders hervorheben wollen wir schließlich noch die Greenschen Funktionen und Integralgleichungen, welche zu den Polynomen bzw. den Orthogonalfunktionen von HERMITE und LAGUERRE gehören.

Die Differentialgleichung (49) der Hermiteschen Orthogonalfunktionen:

$$u'' + (1-x^2)\,u + \lambda u = 0$$

besitzt für die Randbedingungen der Regularität im Unendlichen $\lambda = 0$ als Eigenwert. Um die Notwendigkeit der Konstruktion einer erweiterten Greenschen Funktion zu vermeiden, betrachten wir den Wert $\lambda = -2$, welcher sicher kein Eigenwert ist (vgl. S. 283), und konstruieren demgemäß die Greensche Funktion zum Differentialausdruck

$$L[u] = u'' - (1+x^2)\,u$$

bei der Randbedingung des Verschwindens für $x = \pm\infty$. Um die allgemeine Lösung der Differentialgleichung $L[u] = 0$ zu erhalten, gehen wir von der Bemerkung aus, daß $u(x) = e^{\frac{x^2}{2}}$ eine Lösung von $L[u] = 0$ ist. Wir setzen die allgemeine Lösung in der Form $u = we^{\frac{x^2}{2}}$ an und erhalten für w sofort die Differentialgleichung

$$w'' + 2w'x = 0,$$

die außer der selbstverständlichen Lösung $w =$ konst. noch die Lösungen

$$w = c_1\int_{c_2}^{x} e^{-x^2}\,dx$$

besitzt. Somit ergibt sich:

$$u = c_1 e^{\frac{x^2}{2}} \int_{c_2}^{x} e^{-x^2} dx .$$

Die für $x = +\infty$ bzw. $x = -\infty$ verschwindenden partikulären Lösungen ergeben sich hieraus als

$$a e^{\frac{x^2}{2}} \int_{x}^{\infty} e^{-x^2} dx \qquad \text{bzw.} \qquad b e^{\frac{x^2}{2}} \int_{-\infty}^{x} e^{-x^2} dx .$$

Aus ihnen erhalten wir für die Greensche Funktion sofort den Ausdruck[1]

$$\mathrm{K}(x, \xi) = \begin{cases} \dfrac{1}{\sqrt{\pi}} e^{\frac{x^2+\xi^2}{2}} \displaystyle\int_{-\infty}^{x} e^{-t^2} dt \int_{\xi}^{\infty} e^{-t^2} dt & \text{für} \quad x \leqq \xi , \\ \dfrac{1}{\sqrt{\pi}} e^{\frac{x^2+\xi^2}{2}} \displaystyle\int_{-\infty}^{\xi} e^{-t^2} dt \int_{x}^{\infty} e^{-t^2} dt & \text{für} \quad x \geqq \xi . \end{cases}$$

Der Faktor $1/\sqrt{\pi}$ kommt dabei durch die Normierung des Sprunges auf Grund der Integralformel

$$\frac{1}{\sqrt{\pi}} \int_{-\infty}^{\infty} e^{-t^2} dt = 1$$

zustande.

Die Differentialgleichung $L[u] + \lambda u = 0$ bzw. die Integralgleichung $u(x) = \lambda \int_{-\infty}^{\infty} \mathrm{K}(x, \xi) u(\xi) d\xi$ besitzt die Eigenwerte $\lambda = 2n + 2$ $(n = 0, 1, 2, \ldots)$ und die Eigenfunktionen

$$e^{-\frac{x^2}{2}} H_n(x) .$$

Die Laguerreschen Orthogonalfunktionen $e^{-\frac{x}{2}} L_n(x)$ genügen der Differentialgleichung

$$x u'' + u' + \left(\frac{1}{2} - \frac{x}{4}\right) u + \lambda u = 0$$

für die Eigenwerte $\lambda = n$ $(n = 0, 1, 2, \ldots)$. Wir betrachten die Differentialgleichung für den speziellen Wert $\lambda = -1$ und definieren

$$L[u] = x u'' + u' - \left(\frac{1}{2} + \frac{x}{4}\right) u .$$

Die Differentialgleichung $L[u] = 0$ hat die spezielle Lösung $e^{\frac{x}{2}}$. Wir setzen die allgemeine Lösung in der Form an

$$u = w e^{\frac{x}{2}}$$

---

[1] Vgl. NEUMANN, R.: Die Entwicklung willkürlicher Funktionen usw. Diss. Breslau 1912.

und erhalten dann für w ganz ähnlich wie oben

$$w = c_1 \int_{c_2}^{x} \frac{e^{-t}}{t}\, dt\,,$$

so daß die beiden partikulären Lösungen, die für $x = 0$ regulär sind bzw. für $x = +\infty$ verschwinden, durch die Ausdrücke

$$a e^{\frac{x}{2}} \qquad \text{bzw.} \qquad b e^{\frac{x}{2}} \int_{x}^{\infty} \frac{e^{-t}}{t}\, dt$$

gegeben werden. Aus ihnen setzt sich die Greensche Funktion für die in § 10, 4 aufgestellten Randbedingungen wie folgt zusammen:

$$K(x, \xi) = \begin{cases} e^{\frac{x+\xi}{2}} \displaystyle\int_{\xi}^{\infty} \frac{e^{-t}}{t}\, dt & \text{für} \quad x \leqq \xi\,, \\ e^{\frac{x+\xi}{2}} \displaystyle\int_{x}^{\infty} \frac{e^{-t}}{t}\, dt & \text{für} \quad x \geqq \xi\,. \end{cases}$$

Der Differentialausdruck

$$L[u] = u''$$

für das Intervall $-\infty < x < \infty$ mit den Randbedingungen des Endlichbleibens besitzt keine Greensche Funktion, entsprechend der Tatsache, daß die homogene Gleichung $u'' = 0$ die im Unendlichen reguläre Lösung $u =$ konst. hat. Dagegen gehört zu dem Differentialausdruck

$$L[u] = u'' - u$$

die Greensche Funktion

$$\tfrac{1}{2} e^{-|x-\xi|}\,,$$

und die mit ihr gebildete singuläre Integralgleichung

$$\varphi(x) = \frac{\lambda}{2} \int_{-\infty}^{\infty} e^{-|x-\xi|} \varphi(\xi)\, d\xi$$

besitzt als Streckenspektrum alle Werte $\lambda = 1 + s^2 \geqq 1$ mit den Eigenfunktionen $\frac{\cos s x}{\sqrt{\pi}}$, $\frac{\sin s x}{\sqrt{\pi}}$ (vgl. § 12). Die bilineare Relation wird hier repräsentiert durch die Integralformel

$$\frac{1}{\pi} \int_{0}^{\infty} \frac{\cos s x \cos s \xi + \sin s x \sin s \xi}{1 + s^2}\, ds = \frac{1}{\pi} \int_{0}^{\infty} \frac{\cos s (x - \xi)}{1 + s^2}\, ds = \frac{1}{2} e^{-|x-\xi|}\,.$$

Als Beispiel einer Greenschen Funktion zu einem Differentialausdruck vierter Ordnung betrachten wir die zu $L[u] = u^{IV}$ für das Intervall $0 \leqq x \leqq 1$ gehörige Greensche Funktion bei den Randbedingungen $u(0) = u(1) = u'(0) = u'(1) = 0$ (beiderseits eingespannter Stab). Man erhält ohne Schwierigkeiten

$$K(x, \xi) = \frac{x^2(\xi - 1)^2}{6}(2x\xi + x - 3\xi) \qquad \text{für} \qquad x \leqq \xi$$

und entsprechend für $x \geqq \xi$.

2. Greensche Funktion von Δu für Kreis und Kugel. Die einfachsten und interessantesten Beispiele Greenscher Funktionen für partielle Differentialgleichungen liefert der Potentialausdruck Δu für ebene oder räumliche Gebiete. Für einige Gebiete gelingt es, die Greenschen Funktionen explizit durch bekannte transzendente Funktionen auszudrücken.

Dabei ist es zweckmäßig, sich die anschauliche Bedeutung der schon früher eingeführten Singularitätenfunktionen für die Potentialgleichung vor Augen zu halten, wobei wir wegen einer ausführlicheren Behandlung auf die systematische Darstellung der Potentialtheorie in Band II verweisen. Betrachten wir den Raum von drei Dimensionen, so ist die Funktion $\frac{1}{r} = \frac{1}{\sqrt{(x-\xi)^2 + (y-\eta)^2 + (z-\zeta)^2}}$ *das Newtonsche Potential einer im Quellpunkte ξ, η, ζ konzentrierten Masse der Größe 1, d. h. wir erhalten durch Differentiation nach irgendeiner Koordinate x, y, z die negativen Komponenten des Kraftfeldes, welches nach dem Newtonschen Anziehungsgesetz die Masse 1 im Quellpunkt um sich herum verbreitet.* Haben wir in einem Raumstück G eine stetige Massenverteilung mit der Dichte $\varrho(x, y, z)$, so stellt sich ihr Potential durch ein Integral der Form

$$u(x, y, z) = \iiint \varrho(\xi, \eta, \zeta) \frac{1}{\sqrt{(x-\xi)^2 + (y-\eta)^2 + (z-\zeta)^2}} \, d\xi \, d\eta \, d\zeta$$

dar, wobei das Integrationsgebiet eben dieses Raumstück ist. Dieses Potential der Massenbelegung ϱ genügt außerhalb G der Gleichung $\Delta u = 0$, in G — sofern ϱ differenzierbar ist — der Gleichung $\Delta u = -4\pi\varrho$, wie wir oben sahen.

Haben wir im Raumstück G eine Verteilung diskreter Massenpunkte, so erhalten wir das zugehörige Potential durch entsprechende Summation über die einzelnen Massenpunkte.

Im Falle zweier unabhängiger Variabler x, y liegen die Verhältnisse ähnlich. Hier tritt die Funktion $\log 1/r$ an die Stelle von $1/r$, und wir sprechen daher von einem *logarithmischen Potential.*

Wir betrachten die einfachste Randbedingung, nämlich $u = 0$, und stellen zunächst die Greensche Funktion für Kreis und Kugel auf. Zu beiden führt uns die elementargeometrische Tatsache, daß der Kreis bzw. die Kugel der geometrische Ort für alle Punkte ist, deren Abstände von zwei Punkten P_1, P_2 ein konstantes Verhältnis haben; genauer, wenn $P_1: (\xi, \eta)$ bzw. (ξ, η, ζ) irgendein Punkt im Innern des Kreises

$x^2 + y^2 = 1$ bzw. der Kugel $x^2 + y^2 + z^2 = 1$ ist und der Punkt P_2 mit den Koordinaten $\frac{\xi}{\xi^2+\eta^2}$, $\frac{\eta}{\xi^2+\eta^2}$ bzw. $\frac{\xi}{\xi^2+\eta^2+\zeta^2}$, $\frac{\eta}{\xi^2+\eta^2+\zeta^2}$, $\frac{\zeta}{\xi^2+\eta^2+\zeta^2}$ sein Spiegelpunkt ist (also notwendig außerhalb liegt), wenn ferner r_1, r_2 die Entfernungen des beliebigen Punktes $P: (x, y)$ bzw. (x,y,z) von P_1 und P_2 bedeuten, so ist das Verhältnis $r_1 : r_2$ konstant, wenn sich der Punkt P auf der Kreisperipherie bzw. der Kugeloberfläche bewegt, und zwar ist der Wert dieses Verhältnisses gleich $\sqrt{\xi^2+\eta^2}$ bzw. $\sqrt{\xi^2+\eta^2+\zeta^2}$. Nun beachten wir, daß die Funktionen $-\frac{1}{2\pi}\log r_1$, $-\frac{1}{2\pi}\log r_2$ bzw. die Funktionen $\frac{1}{4\pi r_1}$, $\frac{1}{4\pi r_2}$ Lösungen von $\Delta u = 0$ sind und daß $-\frac{1}{2\pi}\log r_1$ bzw. $\frac{1}{4\pi r_1}$ gerade die richtige für eine Grundlösung vorgeschriebene Singularität im Punkte P_1 besitzt. Somit haben wir in den Funktionen

$$\mathrm{K}(x, y; \xi, \eta) = -\frac{1}{2\pi}\log\frac{r_1}{r_2} + \frac{1}{2\pi}\log\sqrt{\xi^2+\eta^2}$$

bzw.

$$\mathrm{K}(x, y, z; \xi, \eta, \zeta) = \frac{1}{4\pi}\left(\frac{1}{r_1} - \frac{1}{r_2\sqrt{\xi^2+\eta^2+\zeta^2}}\right)$$

gerade die zu der Randbedingung $u = 0$ gehörigen Greenschen Funktionen für Kreis und Kugel; denn diese Funktionen verschwinden auf der Oberfläche.

3. Greensche Funktion und konforme Abbildung. Im Falle von zwei unabhängigen Variablen kann man sich ganz allgemein die funktionentheoretische Tatsache zunutze machen, daß die Greensche Funktion die konforme Abbildung des Gebietes G auf den Einheitskreis liefert. Es sei $\zeta = f(x + iy)$ eine analytische Funktion, welche das Gebiet G so auf den Einheitskreis der ζ-Ebene konform abbildet, daß der Punkt ξ, η aus G in den Nullpunkt des Einheitskreises übergeht; dann ist $-\frac{1}{2\pi}\log|f(x+iy)|$ die gesuchte Greensche Funktion von G. Wir besitzen daher die Greensche Funktion für alle solche Gebiete, welche wir konform auf einen Kreis abbilden können. Daß dies alle stückweise glatt berandeten einfach zusammenhängenden Gebiete sind, ist einer der wichtigsten Sätze der Funktionentheorie[1].

4. Die Greensche Funktion der Potentialgleichung für eine Kugeloberfläche. Ein einfaches Beispiel für das Auftreten einer Greenschen Funktion im erweiterten Sinne liefert uns die Differentialgleichung $\Delta^* u = 0$ (s. § 8 und § 9, 1) mit der Bedingung der Regularität auf der ganzen Kugelfläche außer im Quellpunkt. Da die Funktion $u = 1/\sqrt{4\pi}$ dieser Bedingung genügt, so muß man eine Greensche Funktion im erweiterten Sinne konstruieren, welche der Differentialgleichung $\Delta^* u = 1/4\pi$ genügt.

[1] Vgl. HURWITZ-COURANT: Funktionentheorie, 3. Aufl. (Berlin 1929), S. 389 bis 423, insbesondere S. 390—398.

Man erhält diese Funktion sehr leicht, indem man von der Invarianzeigenschaft des Ausdruckes $\Delta^* u$ gegenüber beliebigen Drehungen der Kugel Gebrauch macht. Legen wir den Quellpunkt P_1 der Greenschen Funktion zunächst in den Nordpol $\vartheta = 0$, so sehen wir sofort, daß wir die Differentialgleichung $\Delta^* u = 1/4\pi$ durch die nur von der Koordinate ϑ abhängige Funktion $-\frac{1}{2\pi}\log\left(2\sin\frac{\vartheta}{2}\right)$ befriedigen können. Wegen der Drehungsinvarianz ist also, wenn wir mit $\varrho(\vartheta,\varphi;\vartheta_1,\varphi_1)$ den sphärischen Abstand zweier Punkte $P:(\vartheta,\varphi)$ und $P_1:(\vartheta_1,\varphi_1)$ der Kugeloberfläche bezeichnen,

$$\mathsf{K}(\vartheta,\varphi;\vartheta_1,\varphi_1) = -\frac{1}{2\pi}\log\left(2\sin\frac{\varrho}{2}\right)$$

eine nur für $P = P_1$ nichtreguläre Lösung von $\Delta^* u = 1/4\pi$. Da diese Funktion außerdem für $P = P_1$ genau die richtige Singularität aufweist, so stellt sie die gesuchte Greensche Funktion dar. Nimmt man sie als Kern einer Integralgleichung

$$-2\pi Y(\vartheta,\varphi) = \lambda \iint\limits_G \log\left(2\sin\frac{\varrho}{2}\right) Y(\vartheta_1,\varphi_1)\, d\vartheta_1\, d\varphi_1 ,$$

so gehören also zu ihr die $(2n+1)$-fachen Eigenwerte $\lambda = n(n+1)$ und die entsprechenden Eigenfunktionen $Y = Y_n(\vartheta,\varphi)$ und keine anderen.

5. Die Greensche Funktion der Gleichung $\Delta u = 0$ für ein Rechtflach[1]. Die Begrenzungsebenen des Rechtflachs seien $x = \pm\frac{a}{2}$, $y = \pm\frac{b}{2}$, $z = \pm\frac{c}{2}$. Dann konstruiert man zur Herstellung der zur Randbedingung $u = 0$ gehörigen Greenschen Funktion mit den oben festgesetzten Eigenschaften in natürlicher Verallgemeinerung des bei der Kugel (§ 15, 2) benutzten Verfahrens das zum Ausgangsrechtflach gehörige Gitter mit den Eckpunkten $((k+\frac{1}{2})a,\ (m+\frac{1}{2})b,\ (n+\frac{1}{2})c)$ $(k, m, n = 0, \pm 1, \pm 2, \ldots)$ und spiegelt den Punkt (ξ,η,ζ) wiederholt an den Gitterebenen. Dadurch ergibt sich ein System von Punkten $(ka + (-1)^k\xi,\ mb + (-1)^m\eta,\ nc + (-1)^n\zeta)$. Wir denken uns in jedem dieser Punkte je eine Masseneinheit konzentriert, und zwar eine positive oder negative, je nachdem, ob $k + m + n$ gerade oder ungerade ist. Man wird dann vermuten, daß das Potential einer solchen Massenverteilung in den Gitterebenen gleich Null ist, weil dort die Beiträge der einzelnen Masseneinheiten sich wegheben. So kommt man auf den folgenden Ansatz für K *:

$$\mathsf{K} = \frac{1}{4\pi}\sum_{k=-\infty}^{\infty}\sum_{m=-\infty}^{\infty}\sum_{n=-\infty}^{\infty}\frac{(-1)^{k+m+n}}{\sqrt{N(k,m,n;\xi,\eta,\zeta;x,y,z)}} \tag{106}$$

---

[1] Die Konvergenzbetrachtungen und die Durchführung der Rechnungen dieser Nummer verdanken wir Herrn A. Ostrowski.

* Vgl. B. Riemann und K. Hattendorf: Schwere, Elektrizität und Magnetismus, S. 84–88. Hannover 1880.

mit

$$N(k, m, n; \xi, \eta, \zeta; x, y, z) = [ka + (-1)^k \xi - x]^2 + [mb + (-1)^m \eta - y]^2 + [nc + (-1)^n \zeta - z]^2.$$

Hier muß allerdings, da die Konvergenz höchstens bedingt sein kann, die Summationsfolge noch genauer diskutiert werden. Wir bezeichnen zu diesem Zwecke allgemein den Ausdruck $\varphi(k+1) - \varphi(k)$, wo $\varphi(k)$ eine beliebige Funktion von k ist, mit $\Delta_k \varphi(k)$. Dann können wir im Ausdruck für K bei festem k und m die innere Summe nach n unter Weglassung des Faktors $(-1)^{k+m}$ so schreiben:

$$N'(k, m) = \sum_{n=\pm 1, \pm 3, \ldots} \Delta_n \frac{1}{\sqrt{N(k, m, n)}} = -\sum_{n=0, \pm 2, \pm 4, \ldots} \Delta_n \frac{1}{\sqrt{N(k, m, n)}},$$

da $\lim\limits_{|n| \to \infty} N(k, m, n) = \infty$ ist. Dieselbe Transformation wendet man auf die Summen nach m und k an und erhält, da $\lim\limits_{|m| \to \infty} N'(k, m) = 0$ ist, wie sogleich bewiesen werden wird,

$$N''(k) = \sum_{m=\pm 1, \pm 3, \ldots} \Delta_m N'(k, m) = -\sum_{m=0, \pm 2, \pm 4, \ldots} \Delta_m N'(k, m),$$

ferner

$$\mathsf{K} = \frac{1}{4\pi} \sum_{k=\pm 1, \pm 3, \ldots} \Delta_k N''(k) = -\frac{1}{4\pi} \sum_{k=0, \pm 2, \pm 4, \ldots} \Delta_k N''(k),$$

da auch $\lim\limits_{|k| \to \infty} N''(k) = 0$ gilt. Zusammenfassend erhalten wir die Transformation

$$\mathsf{K} = \pm \frac{1}{4\pi} \sum_k \sum_m \sum_n \Delta_k \Delta_m \Delta_n \frac{1}{\sqrt{N(k, m, n)}}, \tag{107}$$

wo jeder der drei Summationsindizes entweder über alle geraden oder über alle ungeraden ganzen Zahlen von $-\infty$ bis $+\infty$ läuft und vor der ganzen Summe das Vorzeichen + oder − steht, je nachdem, ob die Summation eine gerade oder ungerade Anzahl von Malen über alle geraden ganzen Zahlen läuft.

Zum Nachweis aller unserer Behauptungen genügt der Beweis der absoluten Konvergenz der letzten Summe. Dieser Beweis folgt unmittelbar aus der Abschätzung ihres allgemeinen Gliedes:

$$\tag{108} \left\{ \begin{aligned} & \left| \Delta_k \Delta_m \Delta_n \frac{1}{\sqrt{N(k, m, n)}} \right| \\ & < \frac{(d_1|k| + c_1)(d_2|m| + c_2)(d_3|n| + c_3)}{(\sqrt{k^2 + m^2 + n^2})^7} < \frac{c}{(k^2 + m^2 + n^2)^2} \end{aligned} \right.$$

für $x^2 + y^2 + z^2 < h, \quad \xi^2 + \eta^2 + \zeta^2 < h, \quad k^2 + m^2 + n^2 > c_4(h),$

$$d_1 = d_1(h), \quad \ldots, \quad c_3 = c_3(h), \quad c = c(h).$$

Diese Abschätzung ergibt sich durch dreimalige Anwendung des Mittelwertsatzes der Differentialrechnung und aus der Ungleichung zwischen dem arithmetischen und geometrischen Mittel.

Zugleich ergibt sich auch die Gleichmäßigkeit der Konvergenz in $x, y, z, \xi, \eta, \zeta$, wenn nur über k, m, n mit $k^2 + m^2 + n^2 > c_4(h)$ summiert wird, so daß $N(k,m,n)$ für kein Tripel dieser k, m, n verschwindet.

Dieselbe Überlegung ergibt die absolute und in $x, y, z, \xi, \eta, \zeta$ gleichmäßige Konvergenz aller durch gliedweise Differentiation gebildeten partiellen Ableitungen der Summe (107) für $x^2 + y^2 + z^2 < h$, $\xi^2 + \eta^2 + \zeta^2 < h$, $k^2 + m^2 + n^2 > c_4(h)$.

Nunmehr folgt ohne Schwierigkeit, daß (107) die gesuchte Greensche Funktion ist; natürlich haben (106) und (107) nur so lange Bedeutung, als kein $N(k,m,n)$ verschwindet. Daß die Forderungen 1 und 3 (§ 14, 5) erfüllt sind, bedarf keines Beweises. Für die Forderung 2 etwa in der Ebene $x = a/2$ benutzen wir die Darstellung

$$\mathsf{K} = \frac{1}{4\pi} \sum_{k=\pm 1, \pm 3, \ldots} \Delta_k N''(k).$$

Da für $x = a/2$ die endlichen Summen $\sum\limits_{k=\pm 1, \pm 3, \ldots, \pm(l+1)} \Delta_k N''(k)$ verschwinden, weil sich die einzelnen Glieder paarweise wegheben, ergibt sich $\mathsf{K} = 0$. Ebenso zeigt man, daß die Forderung 2 in den anderen Ebenen des Gitters erfüllt ist.

Die Summe (106) hat bereits RIEMANN durch ein Integral über gewisse Thetaprodukte dargestellt. Diese Riemannsche Darstellung läßt sich folgendermaßen ableiten. Wir gehen von der Gleichung

$$\frac{2}{\sqrt{\pi}} \int_0^\infty e^{-st^2}\, dt = \frac{1}{\sqrt{s}} \qquad (s > 0)$$

aus und setzen in ihr für s den Ausdruck $N(k,m,n; x,y,z; \xi,\eta,\zeta)$ ein. Dann ergibt sich

$$\mathsf{K} = \frac{1}{2\pi\sqrt{\pi}} \sum_k \sum_m \sum_n \Delta_k \Delta_m \Delta_n \int_0^\infty e^{-Nt^2}\, dt.$$

Könnten wir hier die Summation mit der Integration vertauschen, so würde folgen

$$(109)\quad \mathsf{K} = \frac{1}{2\pi\sqrt{\pi}} \int_0^\infty \sum_k \sum_m \sum_n \Delta_k \Delta_m \Delta_n e^{-Nt^2}\, dt = \frac{1}{2\pi\sqrt{\pi}} \int_0^\infty f_1 f_2 f_3\, dt,$$

wo die drei Faktoren unter dem Integralzeichen gegeben sind durch

$$f_1 = \sum_{k=-\infty}^{\infty} (-1)^k\, e^{-t^2[ka + (-1)^k \xi - x]^2},$$

$$f_2 = \sum_{m=-\infty}^{\infty} (-1)^m\, e^{-t^2[mb + (-1)^m \eta - y]^2},$$

$$f_3 = \sum_{n=-\infty}^{\infty} (-1)^n\, e^{-t^2[nc + (-1)^n \zeta - z]^2}$$

und sich durch die Thetafunktion

$$\vartheta_{00}(z,\tau) = \vartheta_0(z,\tau) = \sum_{\nu=-\infty}^{\infty} e^{i\pi\nu^2\tau}\, e^{2i\pi\nu z}$$

ausdrücken lassen.

Es handelt sich vor allem darum, die Formel (109) zu beweisen, und dabei macht der Punkt $t = 0$ die Hauptschwierigkeit, da die drei Reihen in der Nähe des Wertes $t = 0$ nicht gleichmäßig konvergieren. Wir beweisen zunächst, daß man die Summation nach k mit der Integration vertauschen kann:

$$(110)\quad \frac{1}{2\pi\sqrt{\pi}}\int_0^\infty f_1 f_2 f_3\, dt = \frac{1}{2\pi\sqrt{\pi}}\sum_{k=-\infty}^{\infty}(-1)^k\int_0^\infty f_2 f_3\, e^{-t^2[ka+(-1)^k\xi-x]^2}\, dt.$$

Die Vertauschbarkeit der Summation mit der Integration von 1 bis ∞ ist leicht einzusehen. In der Tat gilt für den Rest der Summe f_1 für $t > 1$, $p > P(\xi, x) > 2$ die Abschätzung

$$\left|\sum_{|k|>p}(-1)^k e^{-t^2[ka+(-1)^k\xi-x]^2}\right| < e^{-\frac{a^2}{4}t^2}\sum_{|k|>p} e^{-\frac{a^2}{2}t^2k^2}$$

$$< \frac{2e^{-\frac{a^2}{4}t^2}}{a^2}\sum_{|k|>p}\frac{1}{k^2} < \frac{2}{a^2}e^{-\frac{a^2}{4}t^2}\frac{1}{p-1} < \frac{4}{pa^2}e^{-\frac{a^2t^2}{4}},$$

und das Integral hierüber von 1 bis ∞ konvergiert mit gegen ∞ wachsendem p gegen Null. Andererseits bleiben f_2, f_3 auf der Strecke von 1 bis ∞ offenbar gleichmäßig beschränkt.

Um die Vertauschbarkeit der Summation mit der Integration von 0 bis 1 nachzuweisen, wird es nach einem bekannten Satz genügen, die Beschränktheit der Partialsummen des Integranden zu zeigen. Nun ist aber jede der beiden Summen $\sum_{k=0}^{\infty}$ und $\sum_{k=1}^{\infty}$, in welche sich f_1 zerlegen läßt, eine alternierende Reihe, deren Glieder von einem bestimmten k an monoton abnehmen, und zwar hängt dieses k nur von ξ und x, nicht von t ab. Daher ist der Wert jeder Partialsumme der beiden Summen für alle $t > 0$ zwischen festen Grenzen enthalten. Andererseits gilt Entsprechendes auch für die Partialsummen von f_2 und f_3, so daß auch f_2 und f_3 selbst für $t > 0$ gleichmäßig beschränkt sind. Damit wird der genannte Satz anwendbar, und die Gleichung (110) ist bewiesen. Eine genau analoge Überlegung beweist auch die Vertauschbarkeit der Summationen nach m und n mit der Integration in den einzelnen Gliedern auf der rechten Seite von (109), so daß nunmehr die ganze Relation (109) bewiesen ist.

Wir stellen nun K durch die Funktion ϑ_{00} dar. Es ist

$$f_1 = e^{-t^2(x-\xi)^2}\vartheta_{00}\left(-\frac{2at^2i(x-\xi)}{\pi}, \frac{4a^2t^2i}{\pi}\right)$$
$$-e^{-t^2(x+\xi)^2}\vartheta_{00}\left(-\frac{2at^2i(x+\xi)}{\pi}, \frac{4a^2t^2i}{\pi}\right),$$
$$f_2 = e^{-t^2(y-\eta)^2}\vartheta_{00}\left(-\frac{2bt^2i(y-\eta)}{\pi}, \frac{4b^2t^2i}{\pi}\right)$$
$$-e^{-t^2(y+\eta)^2}\vartheta_{00}\left(-\frac{2bt^2i(y+\eta)}{\pi}, \frac{4b^2t^2i}{\pi}\right),$$
$$f_3 = e^{-t^2(z-\zeta)^2}\vartheta_{00}\left(-\frac{2ct^2i(z-\zeta)}{\pi}, \frac{4c^2t^2i}{\pi}\right)$$
$$-e^{-t^2(z+\zeta)^2}\vartheta_{00}\left(-\frac{2ct^2i(z+\zeta)}{\pi}, \frac{4c^2t^2i}{\pi}\right).$$

Auf die einzelnen Faktoren wenden wir die Transformationsformel für die Thetafunktion an:

$$\vartheta_{00}(z,\tau) = e^{-\frac{\pi i}{\tau}z^2}\frac{1}{\sqrt{-i\tau}}\vartheta_{00}\left(\frac{z}{\tau}, -\frac{1}{\tau}\right)$$

mit dem Hauptwert für die Wurzel. Setzen wir noch

$$q_x = e^{-\frac{\pi^2}{4a^2t^2}}, \qquad q_y = e^{-\frac{\pi^2}{4b^2t^2}}, \qquad q_z = e^{-\frac{\pi^2}{4c^2t^2}},$$

so ergibt sich

$$f_1 = \frac{\sqrt{\pi}}{2at}\left[\vartheta_{00}\left(-\frac{x-\xi}{2a}, \frac{\pi i}{4a^2t^2}\right) - \vartheta_{00}\left(-\frac{x+\xi}{2a}, \frac{\pi i}{4a^2t^2}\right)\right]$$
$$= \frac{\sqrt{\pi}}{2at}\left[\sum_{k=-\infty}^{+\infty} q_x^{k^2} e^{-\frac{k(x-\xi)\pi i}{a}} - \sum_{k=-\infty}^{+\infty} q_x^{k^2} e^{-\frac{k(x+\xi)\pi i}{a}}\right]$$
$$(111) \qquad = \frac{\sqrt{\pi}}{at}\sum_{k=1}^{\infty} q_x^{k^2}\left(\cos\frac{k\pi(x-\xi)}{a} - \cos\frac{k\pi(x+\xi)}{a}\right)$$
$$= \frac{2\sqrt{\pi}}{at}\sum_{k=1}^{\infty} q_x^{k^2}\sin\frac{k\pi x}{a}\sin\frac{k\pi\xi}{a}.$$

Analoge Ausdrücke ergeben sich für f_2, f_3, und wir erhalten für K:

$$\mathsf{K} = \frac{4}{abc}\int_0^\infty \frac{1}{t^3}\sum_{k=1}^{\infty}\sum_{m=1}^{\infty}\sum_{n=1}^{\infty}\sin\frac{k\pi x}{a}\sin\frac{k\pi\xi}{a}\cdots\sin\frac{n\pi\zeta}{c}\, e^{-\frac{\pi^2}{4t^2}\left(\frac{k^2}{a^2}+\frac{m^2}{b^2}+\frac{n^2}{c^2}\right)}dt.$$

Hier führen wir $1/t^2 = \tau$ als neue Integrationsvariable ein und erhalten

$$\mathsf{K} = \frac{2}{abc}\int_0^\infty \sum_{k=1}^{\infty}\ \sum_{m=1}^{\infty}\ \sum_{n=1}^{\infty} e^{-\frac{\pi^2}{4}\tau\left(\frac{k^2}{a^2}+\frac{m^2}{b^2}+\frac{n^2}{c^2}\right)}\sin\frac{k\pi x}{a}\cdots\sin\frac{n\pi\zeta}{c}\,d\tau.$$

Diese Formel ist ein vollwertiger Ersatz für die Entwicklung der Greenschen Funktion nach den Eigenfunktionen:

$$\mathsf{K}(x,y,z;\xi,\eta,\zeta) = \frac{8}{abc\pi^2}\sum_{k=1}^{\infty}\sum_{m=1}^{\infty}\sum_{n=1}^{\infty}\frac{\sin\frac{k\pi x}{a}\sin\frac{k\pi\xi}{a}\cdots\sin\frac{n\pi\zeta}{c}}{\frac{k^2}{a^2}+\frac{m^2}{b^2}+\frac{n^2}{c^2}},$$

die man formal erhält, wenn man Summation und Integration vertauscht, deren Konvergenz aber noch nicht bewiesen ist.

Als der einfachste Ausdruck für K folgt aus (109) für $\tau = 1/t^2$:

$$\mathsf{K} = \frac{1}{32abc}\int_0^{\infty}\left\{\left[\vartheta_{00}\left(-\frac{x-\xi}{2a},\ \frac{\pi i\tau}{4a^2}\right) - \vartheta_{00}\left(-\frac{x+\xi}{2a},\ \frac{\pi i\tau}{4a^2}\right)\right]\cdots\right.$$

$$\left.\left[\vartheta_{00}\left(-\frac{z-\zeta}{2c},\ \frac{\pi i\tau}{4c^2}\right) - \vartheta_{00}\left(-\frac{z+\zeta}{2c},\ \frac{\pi i\tau}{4c^2}\right)\right]\right\}d\tau.$$

6. Die Greensche Funktion von Δu für das Innere eines Rechtecks. Das Rechteck R sei achsenparallel, mit einer Ecke im Ursprung und den anderen Ecken $(a,0)$, $(0,b)$, (a,b). Der Quellpunkt sei (ξ,η), der Aufpunkt (x,y). Ist $\mathsf{K}(x,y;\xi,\eta)$ die zur Randbedingung $u=0$ gehörige Greensche Funktion, so muß K als Funktion von x und y im Innern von R eine Lösung von $\Delta u = 0$ sein, auf dem Rande verschwinden und nur im Punkte (ξ,η) singulär werden wie $-\frac{1}{2\pi}\log r$, wo $r=\sqrt{(x-\xi)^2+(y-\eta)^2}$ ist. Es liegt nun nahe, ähnlich wie im Falle eines Rechtflaches, das zum Rechteck R gehörige Gitter zu konstruieren, den Punkt (ξ,η) an den Gittergeraden wiederholt zu spiegeln und jeden der so entstehenden Punkte als Quelle oder Senke von der Intensität 1 aufzufassen, je nachdem, ob er aus (ξ,η) durch eine gerade oder ungerade Anzahl von Spiegelungen an den Gittergeraden entsteht.

Um das Potential X der so entstehenden Massenbelegung zu bilden, könnten wir ähnlich wie vorhin durch Summation einer unendlichen Reihe vorgehen. Es ist jedoch bequemer, unter Heranziehung der Funktionentheorie die zugehörige analytische Funktion $\varphi(x+iy) = X+iY$ zu bilden, deren reeller Teil X ist. Dann muß

$$f(x+iy) = e^{2\pi(X+iY)} = e^{2\pi\varphi(x+iy)}$$

in (ξ,η) und den durch Spiegelungen daraus hervorgehenden Punkten einfache Nullstellen bzw. Pole haben. Man setze nun je vier Rechtecke unseres Gitters zu Rechtecken eines neuen Gitters zusammen. Dann besitzt $f(x+iy)$ in jedem Rechteck des neuen Gitters zwei einfache Nullstellen und zwei einfache Pole, die symmetrisch in bezug auf den Nullpunkt verteilt und bzw. mod $(2a, 2b)$ kongruent sind:

Nullstellen: (ξ,η), $(-\xi,-\eta)$,

Pole: $(-\xi,\eta)$, $(\xi,-\eta)$.

Die einfachste analytische Funktion dieser Art ist die elliptische Funktion, die im Periodenrechteck mit den Ecken (a, b), $(-a, b)$, $(a, -b)$, $(-a, -b)$ die obigen Nullstellen und Pole hat und sich durch die zugehörige σ-Funktion wie folgt darstellen läßt:

$$f(z) = \frac{\sigma(z-\xi-i\eta)\,\sigma(z+\xi+i\eta)}{\sigma(z-\xi+i\eta)\,\sigma(z+\xi-i\eta)},$$

wo

$$\sigma(z) = z\prod_{\omega}{}'\left[\left(1-\frac{z}{2\omega}\right)e^{\frac{z}{2\omega}+\frac{1}{8}\frac{z^2}{\omega^2}}\right], \quad \omega = ka + lbi \qquad \begin{matrix}(k = 0, \pm 1, \ldots)\\ (l = 0, \pm 1, \ldots)\end{matrix}$$

ist[1]. Setzt man in den Ausdruck von $f(z)$ diese Darstellung ein und multipliziert faktorenweise, so ergibt sich, wenn $e^{\frac{\xi\eta i}{\omega^2}} = 1$ für $\omega = 0$ gesetzt wird,

$$f(z) = \prod_{\omega = ka+lbi}\left[\frac{(z+\zeta-2\omega)(z-\zeta-2\omega)}{(z+\bar\zeta-2\omega)(z-\bar\zeta-2\omega)}\,e^{\frac{\xi\eta i}{\omega^2}}\right]. \qquad \begin{pmatrix}\zeta = \xi + i\eta, \\ \bar\zeta = \xi - i\eta; \\ k = 0, \pm 1, \ldots, \\ l = 0, \pm 1, \ldots\end{pmatrix}$$

Hier haben wir nur noch zu verifizieren, daß die Randbedingung erfüllt ist, d. h. daß $f(z)$ auf dem Rande von R den absoluten Betrag 1 hat. Für $z = x = \Re(z)$ hat der Faktor mit $\omega = 0$ bereits den absoluten Betrag 1, und die den übrigen ω entsprechenden Faktoren lassen sich paarweise entsprechend den konjugiert komplexen ω so zusammenfassen, daß der Zähler des einen Paares konjugiert komplex zum Nenner des anderen ist. Für $z = x + ib$ multiplizieren wir zunächst nach l und dann nach k. Im Produkt nach l können wir den Exponentialfaktor $e^{\frac{\xi\eta i}{\omega^2}}$ weglassen, da die Summe $\sum \frac{1}{\omega^2}$ über l bei festem k absolut konvergiert und einen reellen Wert hat. Die übrigbleibenden Faktoren fassen wir paarweise so zusammen, daß, wenn dem einen Faktor $\omega = ka + lbi$ zugeordnet ist, dem zweiten $\omega = ka - (l-1)bi$ entspricht. Dann sieht man sofort, daß das Produkt eines solchen Paares den absoluten Betrag 1 hat. Für $z = iy$ aber multiplizieren wir zuerst nach l und fassen für $|k| > 0$ je zwei solche Teilprodukte zusammen, die den Werten $\pm k$ entsprechen. Dann können wir wiederum von dem Exponentialfaktor absehen, da $\sum \frac{1}{\omega^2}$ über l absolut konvergiert und einen reellen Wert hat. Die übrigen Faktoren fassen wir dann paarweise so zusammen, daß dem einen Faktor $\omega = ka + lbi$, dem anderen $\omega = -ka + lbi$ entspricht. Dann besitzt jedes solche Produkt den absoluten Betrag 1. Endlich wird der Fall $z = a + iy$ erledigt, indem man Faktoren zusammenfaßt, die $\omega = ka + lbi$ und $\omega = -(k-1)a + lbi$ entsprechen, und dann nach l multipliziert. So ergibt sich für die gesuchte Greensche Funktion die Darstellung

[1] Der Strich am Produktzeichen Π bedeutet hier, daß $\omega = 0$ auszulassen ist.

$$\mathsf{K}(x, y; \xi, \eta) = -\frac{1}{2\pi}\Re\left(\log\frac{\sigma(z-\zeta, \omega_1, \omega_2)\,\sigma(z+\zeta, \omega_1, \omega_2)}{\sigma(z-\bar\zeta, \omega_1, \omega_2)\,\sigma(z+\bar\zeta, \omega_1, \omega_2)}\right)$$

$$(z = x + iy, \quad \zeta = \xi + i\eta, \quad \bar\zeta = \xi - i\eta, \quad \omega_1 = a, \quad \omega_2 = ib).$$

Diese soeben konstruierte Greensche Funktion können wir nach den Eigenfunktionen $\frac{2}{\sqrt{ab}}\sin k\frac{\pi}{a}x\sin m\frac{\pi}{b}y$ in eine, von einer Umgebung des Quellpunktes abgesehen, absolut und gleichmäßig konvergente Reihe entwickeln, da die Theorie der Fourierschen Reihen die Entwickelbarkeit einer nur mit einer logarithmischen Unstetigkeit behafteten Funktion lehrt. Diese Reihenentwicklung lautet

$$\mathsf{K}(x, y; \xi, \eta) = \frac{4}{ab\pi^2}\sum_{m=1}^{\infty}\sum_{k=1}^{\infty}\frac{\sin k\frac{\pi}{a}x\sin m\frac{\pi}{b}y\sin k\frac{\pi}{a}\xi\sin m\frac{\pi}{b}\eta}{\frac{m^2}{b^2}+\frac{k^2}{a^2}}$$

und ist ein Beispiel für die Gültigkeit der allgemein nicht bewiesenen Bilinearformel.

7. Die Greensche Funktion für einen Kreisring. Wir nehmen die beiden begrenzenden Kreise so an, daß ihr Mittelpunkt im Ursprung liegt, das Produkt ihrer Radien gleich 1 ist (was durch eine geeignete Wahl der Längeneinheit zu erreichen ist), und bezeichnen demgemäß den Radius des inneren Kreises k_1 mit $q^{\frac{1}{2}}$, den Radius des äußeren Kreises k_2 mit $q^{-\frac{1}{2}}$, wobei q ein echter Bruch ist. Ist dann c der Quellpunkt, den wir vorläufig als positiv-reell annehmen, $z = x + iy$ der Aufpunkt, beide innerhalb des Kreisringes R, so reduziert sich unsere Aufgabe auf das folgende funktionentheoretische Problem: Es ist eine analytische Funktion $f(z)$ zu bestimmen, die in c eine einfache Nullstelle hat, sonst in R regulär ist und auf dem Rande von R den absoluten Betrag 1 hat. Aus $f(z)$ wird dann die gesuchte Greensche Funktion mit dem Quellpunkt c und dem Aufpunkt z nach der Formel zu erhalten sein:

$$\mathsf{K}(x, y; \xi, \eta) = -\frac{1}{2\pi}\Re\log f(z).$$

Wir versuchen nun, die gesuchte Funktion $f(z)$ über die beiden Kreise hinaus fortzusetzen, um so hinreichend viele funktionentheoretische Daten zu ihrer Konstruktion zu finden. Zu dem Zwecke ordnen wir jedem Punkt z in R einen Punkt z_1 innerhalb k_1 durch die Gleichung $zz_1 = q$ zu. Rückt z gegen die Peripherie von k_1, so ist dasselbe auch mit z_1 der Fall, und zwar rückt dann offenbar z_1 gegen den konjugiert komplexen Punkt. Nun ist aber $f(z)$ wegen der Symmetrie der Annahmen als eine reelle Funktion anzusehen, d. h. eine solche, die in reellen Punkten reelle Werte und allgemeiner in konjugiert komplexen Punkten konjugiert komplexe Werte annimmt. Daher strebt $f(z)\,f\left(\frac{q}{z}\right)$ gegen den reellen positiven Wert $|f(z_0)|^2$, wenn z gegen einen Punkt z_0

der Peripherie des Kreises k_1 rückt. Andererseits ist aber $f(z)$ auf k_1 vom absoluten Betrag 1. Daher gilt für $f(z)$ auf k_1 die Gleichung

$$f(z)\,f\left(\frac{q}{z}\right) = 1, \tag{112}$$

und diese Gleichung gilt dann identisch für alle z. Ebenso liefert die Spiegelung an k_2 die zweite Funktionalgleichung

$$f(z)\,f\left(\frac{1}{q\,z}\right) = 1. \tag{113}$$

Da $f(z)$ in c eine einfache Nullstelle hat, folgt durch sukzessive Anwendung dieser Relationen, daß $f(z)$ in

$$c, \qquad q^{\pm 2} c, \qquad q^{\pm 4} c, \quad \ldots$$

einfache Nullstellen und in den Punkten

$$q^{\pm 1} c^{-1}, \qquad q^{\pm 3} c^{-1}, \qquad q^{\pm 5} c^{-1}, \quad \ldots$$

einfache Pole hat, also in den Nullstellen und Polen mit der Funktion

$$F(z) = \left(1 - \frac{z}{c}\right) \frac{\prod\limits_{\nu=1}^{\infty}\left(1 - q^{2\nu}\frac{z}{c}\right)\left(1 - q^{2\nu}\frac{c}{z}\right)}{\prod\limits_{\nu=1}^{\infty}\left(1 - q^{2\nu-1}\,c\,z\right)\left(1 - q^{2\nu-1}\frac{1}{c\,z}\right)}$$

übereinstimmt. Für diese Funktion $F(z)$ gelten aber folgende Funktionalgleichungen vom Typus (112) und (113):

$$F(z)\,F\left(\frac{q}{z}\right) = 1, \qquad F(z)\,F\left(\frac{1}{q\,z}\right) = \frac{1}{q\,c^2},$$

wie man durch eine einfache Rechnung bestätigt. Daher kann man die Konstanten a, b so bestimmen, daß $a z^b F(z)$ den Funktionalgleichungen (112), (113) genügt und auf k_1, k_2 den absoluten Betrag 1 hat, da a, b reelle Konstanten werden. Man erhält die Werte

$$a = \pm \sqrt{c}\, q^{\frac{1}{4}}, \qquad b = -\frac{1}{2} - \frac{\log c}{\log q}.$$

Wir wählen für a das negative Vorzeichen und erhalten

$$f(z) = q^{\frac{1}{4}}\, z^{-\frac{\log c}{\log q}} \left(\sqrt{\frac{z}{c}} - \sqrt{\frac{c}{z}}\right) \frac{\prod\limits_{\nu=1}^{\infty}\left(1 - q^{2\nu}\frac{z}{c}\right)\left(1 - q^{2\nu}\frac{c}{z}\right)}{\prod\limits_{\nu=1}^{\infty}\left(1 - q^{2\nu-1}\,c\,z\right)\left(1 - q^{2\nu-1}\frac{1}{c\,z}\right)}.$$

Dieser Ausdruck läßt sich durch die Thetafunktionen

$$\vartheta_1(z) = -i\,C\,q^{\frac{1}{4}}\left(e^{i\pi z} - e^{-i\pi z}\right) \prod_{\nu=1}^{\infty}\left(1 - q^{2\nu} e^{2i\pi z}\right)\left(1 - q^{2\nu} e^{-2i\pi z}\right),$$

$$\vartheta_0(z) = C \prod_{\nu=1}^{\infty}\left(1 - q^{2\nu-1} e^{2i\pi z}\right)\left(1 - q^{2\nu-1} e^{-2i\pi z}\right)$$

mit

$$C = \prod_{\nu=1}^{\infty} (1 - q^{2\nu})$$

ausdrücken. Setzt man $z = e^{2i\pi v}$, $c = e^{2i\pi\alpha}$, so folgt

$$f(z) = i z^{-\frac{2i\pi\alpha}{\log q}} \frac{\vartheta_1(v-\alpha)}{\vartheta_0(v+\alpha)},$$

und der Realteil von $\log f(z)$ verschwindet auf k_1, k_2 natürlich auch für komplexe c innerhalb R, so daß unsere Aufgabe wirklich gelöst ist.

§ 16. Ergänzungen zum fünften Kapitel.

1. Beispiele zur schwingenden Saite. a) Gezupfte Saite. Wir wollen für den Fall der gezupften Saite die Lösung durch Superposition von synchronen Schwingungen darstellen. Zur Zeit $t = 0$ sei der Saite an der Stelle $x = b$ eine Elongation h erteilt, welche linear bis in die beiden Endpunkte fortzusetzen ist; die Anfangsgeschwindigkeit sei Null. Dann hat die Entwicklung der Elongation $u(x, t)$ die Gestalt

$$u(x, t) = \sum_{n=0}^{\infty} a_n \sin n x \cos n t,$$

wobei

$$\begin{aligned} a_n &= \frac{2}{\pi} \int_0^{\pi} u(x, 0) \sin n x \, dx \\ &= \frac{2h}{\pi} \left(\int_0^b \frac{x}{b} \sin n x \, dx + \int_b^{\pi} \frac{\pi - x}{\pi - b} \sin n x \, dx \right) \\ &= \frac{2h}{n^2 b(\pi - b)} \sin n b \end{aligned}$$

ist; es gilt also

$$u(x, t) = \frac{2h}{b(\pi - b)} \sum_{n=1}^{\infty} \frac{\sin n b \sin n x}{n^2} \cos n t.$$

b) Impulsanregung. Analog kann der Fall behandelt werden, in dem die Saite aus ihrer Gleichgewichtslage durch einen Impuls an der Stelle $x = b$ aus der Ruhelage in Schwingung versetzt wird. Man erhält

$$u(x, t) = \sum_{n=1}^{\infty} b_n \sin n x \sin n t,$$

$$n b_n = \frac{2}{\pi} \int_0^{\pi} u_t(x, 0) \sin n x \, dx.$$

Hier muß nun ein Grenzübergang vollzogen werden, indem die Anregungsstrecke sich auf den Punkt $x = b$ zusammenzieht, doch so, daß das Integral $\int_0^{\pi} u_t(x, 0)\, dx = \pi U$ konstant bleibt. Man erhält in der Grenze:

$$b_n = 2U\frac{\sin nb}{\pi n},$$

$$u(x,t) = 2U\sum_{n=1}^{\infty}\frac{\sin nx \sin nb}{\pi n}\sin nt.$$

c) Erzwungene Bewegungen. Die allgemeine Lösung der Differentialgleichung der erzwungenen Schwingung

$$u_{tt} - u_{xx} = f(x)\cos nt$$

mit periodischer äußerer Kraft lautet

$$u = -\frac{2}{\pi}\cos nt\sum_{\nu=1}^{\infty}\sin\nu x\frac{\int\limits_0^{\pi} f(x)\sin\nu x\,dx}{n^2-\nu^2} + \sum_{\nu=1}^{\infty}\sin\nu x(a_\nu\sin\nu t + b_\nu\cos\nu t).$$

Setzt man

$$\frac{2}{\pi}\int\limits_0^{\pi} f(x)\sin\nu x\,dx = c_\nu,$$

so erhält man bei den Anfangsbedingungen $u(x,0) = 0$, $u_t(x,0) = 0$ für das zugehörige Integral

$$u(x,t) = -\sum_{\nu=1}^{\infty}\sin\nu x\frac{c_\nu}{n^2-\nu^2}(\cos nt - \cos\nu t).$$

Hier überwiegt im allgemeinen das Glied

$$\frac{-c_\nu}{n^2-\nu^2}\sin\nu x(\cos nt - \cos\nu t),$$

sobald n sich dem Werte ν nähert. Man übersieht das Verhalten dieses Gliedes am besten, wenn man es in der Form darstellt

$$\frac{2c_\nu}{n^2-\nu^2}\sin\nu x\sin\frac{n+\nu}{2}t\sin\frac{n-\nu}{2}t;$$

diesen Ausdruck kann man als Darstellung einer Schwingung $\sin\frac{n+\nu}{2}t$ mit variabler Amplitude $\sin\frac{n-\nu}{2}t$ auffassen. Die Schwingung wird wiederholt abwechselnd stärker und schwächer, man hat die Erscheinung der „Schwebungen". In der Grenze, für $n \to \nu$, erhält das betreffende Glied die Gestalt

$$\frac{c_\nu}{\nu}\sin\nu x\sin\nu t\cdot\frac{t}{2},$$

die Amplitude wächst also mit der Zeit ins Unendliche.

2. Schwingungen des frei herabhängenden Seils und Besselsche Funktionen. Ein homogenes Seil von der Länge und vom Gewichte 1 hänge längs der der Richtung der Schwere entgegengesetzten x-Achse, und zwar am Punkte $x = 1$, so daß das freie Ende im Punkte $x = 0$

liegt. Ist dann u die Verrückung senkrecht zur x-Achse, so ergibt sich[1] für u die Differentialgleichung

$$\frac{\partial^2 u}{\partial t^2} = \frac{\partial}{\partial x}\left(x \frac{\partial u}{\partial x}\right).$$

Der Ansatz

$$u = q(t)\,\varphi(x)$$

führt zur Zerlegung

$$\frac{\ddot q}{q} = -\lambda = \frac{(x\varphi')'}{\varphi}$$

und der Nebenbedingung: $\varphi(1) = 0$, $\varphi(0)$ bleibt endlich.

Daraus erhält man

$$\varphi(x) = c\,J_0\left(2\sqrt{\lambda x}\right),$$

wobei $J_0(x)$ die Besselsche Funktion von der Ordnung 0 bedeutet und wobei sich aus der Forderung $J_0(2\nu) = 0$ eine Folge von Eigenfrequenzen $\nu = \sqrt{\lambda}$ bestimmt.

8. Weitere Beispiele für explizit lösbare Fälle der Schwingungsgleichung. — Funktionen von Mathieu.

a) Kreissektor. Die Schwingungsgleichung $\Delta u + \lambda u = 0$ für einen in Polarkoordinaten dargestellten Kreissektor $0 \leqq r \leqq 1$, $0 \leqq \vartheta \leqq \alpha$ wird wieder durch den Ansatz $u = f(r)\,g(\vartheta)$ gelöst. Es ergibt sich nach dem Muster von § 9, als System der Eigenfunktionen

$$u_n = \sin\frac{n\pi\vartheta}{\alpha}\, J_{\frac{n\pi}{\alpha}}\left(\sqrt{\lambda_{n,m}}\,r\right),$$

wobei als Randbedingung $u = 0$ genommen ist, $J_{\frac{n\pi}{\alpha}}$ die Besselsche Funktion des Index $\frac{n\pi}{\alpha}$ bedeutet (vgl. Kap. VII) und die Eigenwerte $\lambda_{n,m}$ aus der transzendenten Gleichung $J_{\frac{n\pi}{\alpha}}\left(\sqrt{\lambda_{n,m}}\right) = 0$ bestimmt werden müssen.

b) Ellipse. Die Lösung des Eigenwertproblems für die Ellipse ergibt sich durch Einführung elliptischer Koordinaten (s. Kap. IV, § 8, 3). Es wird

$$\Delta T + \lambda T = \frac{1}{\lambda_1 - \lambda_2}\left(\frac{\partial^2 T}{\partial t_1^2} - \frac{\partial^2 T}{\partial t_2^2}\right) + \lambda T = 0,$$

und der Ansatz $T = U(t_1)\,V(t_2)$ führt auf die Gleichung

$$\frac{U''}{U} - \frac{V''}{V} = -\lambda(\lambda_1 - \lambda_2),$$

die dann und nur dann erfüllt wird, wenn U und V Lösungen der Differentialgleichungen

$$U'' = -(\lambda\lambda_1 + \mu)\,U, \qquad V'' = -(\lambda\lambda_2 + \mu)\,V$$

oder

$$\frac{d^2 U}{d\lambda_1^2} + \frac{1}{2}\left(\frac{1}{\lambda_1 - e_1} + \frac{1}{\lambda_1 - e_2}\right)\frac{dU}{d\lambda_1} = \frac{-\lambda\lambda_1 + \mu}{(\lambda_1 - e_1)(\lambda_1 - e_2)}\,U$$

und entsprechend für V sind.

---

[1] Vgl. Kneser, A.: Integralgleichungen, S. 39—43.

Setzen wir
$$\frac{2\lambda_1 - e_1 - e_2}{e_1 - e_2} = \mathfrak{Cof}\, u\,,$$
$$\frac{2\lambda_2 - e_1 - e_2}{e_1 - e_2} = \cos v\,,$$

so sind u und v reell; es ergeben sich Gleichungen der Form
$$\frac{d^2 U}{d u^2} = -(\lambda' \mathfrak{Cof}\, u + \mu')\, U\,,$$
$$\frac{d^2 V}{d v^2} = (\lambda' \cos v + \mu')\, V\,.$$

Die Lösungen dieser Differentialgleichungen, die ja durch die Substitution $u = iv$ ineinander übergehen, heißen *Funktionen des elliptischen Zylinders oder Mathieusche Funktionen*[1].

c) Zyklisches Viereck und Zyklidensechsflach. Alle behandelten speziellen Bereiche, für welche wir die Schwingungsgleichung und die Potentialgleichung durch Zerspaltung lösen konnten, sind Spezialfälle oder Grenzfälle eines Viereckes oder Sechsflaches aus einem konfokalen System von zyklischen Kurven oder Zykliden (vgl. § 9, 3).

4. Parameter in den Randbedingungen[2]. Wir erwähnen noch kurz, wie man gewisse Randwertprobleme mit Parametern in den Randbedingungen auf Integralgleichungen zurückführen kann. Es sei etwa die Differentialgleichung $\Delta u = 0$ vorgelegt mit folgender Randbedingung auf der regulären Randkurve Γ eines ganz im Endlichen liegenden einfach zusammenhängenden Gebietes G:
$$\frac{\partial u}{\partial n} + \lambda u + h(s) = 0\,,$$
wo n die äußere Normale, λ der Parameter, $h(s)$ eine gegebene Funktion der Bogenlänge s auf Γ bedeutet. Man benutze diejenige Greensche Funktion $\mathsf{K}(x,y;\xi,\eta)$ des Gebietes G, deren Normalableitungen auf dem Rande verschwinden. Dann ergibt die Greensche Formel:
$$u(\xi,\eta) = \int_\Gamma [\lambda u(x,y) + h(s)]\, \mathsf{K}(x,y;\xi,\eta)\, ds\,,$$
wo der Punkt x, y die Kurve Γ durchläuft. Unter Benutzung der Parameterdarstellung $x = a(s)$, $y = b(s)$ für Γ liefern die Werte von $\mathsf{K}(x,y;\xi,\eta)$ eine symmetrische Funktion $K(s,\sigma)$ von zwei Variablen s, σ:
$$K(s,\sigma) = \mathsf{K}(a(s), b(s); a(\sigma), b(\sigma))\,.$$
Setzt man noch
$$u(a(s), b(s)) = \varphi(s)\,,$$
$$\int_\Gamma K(s,\sigma)\, h(s)\, ds = f(\sigma)\,,$$

[1] Vgl. Whittaker, E. T. und G. N. Watson: A course of modern Analysis. 3. Aufl., S. 404–428. Cambridge 1920.

[2] Vgl. Hilbert, D.: Integralgleichungen, S. 77–81.

so erhält die obige Relation für u die Gestalt

$$f(\sigma) = \varphi(\sigma) - \lambda \int_{\Gamma} K(s, \sigma)\, \varphi(s)\, ds .$$

Da die Bestimmung von u aus $\varphi(s)$ nur die Lösung der ersten Randwertaufgabe erfordert, haben wir nur diese Integralgleichung zu untersuchen, deren Kern nur für $\sigma = s$ logarithmisch unendlich wird, so daß die allgemeine Theorie auf diesen Kern ohne weiteres anwendbar wird.

Analoge Betrachtungen gelten für die allgemeine sich selbst adjungierte Differentialgleichung zweiter Ordnung vom elliptischen Typus.

5. Greensche Tensoren für Differentialgleichungssysteme. Der Gedanke, welcher der Einführung der Greenschen Funktion zugrunde liegt, läßt sich fast ohne Modifikation auf Probleme ausdehnen, bei denen es sich um Systeme von Differentialgleichungen handelt, z. B. um die Bestimmung eines Vektors $\mathfrak{u}: (u_1, u_2, u_3)$ aus einer Differentialgleichung $L[\mathfrak{u}] = -\mathfrak{f}$, wobei $\mathfrak{f}: (f_1, f_2, f_3)$ ein gegebener Vektor ist. Unter einem zu vorgegebenen homogenen Randbedingungen, z. B. $\mathfrak{u} = 0$ gehörigen *Greenschen Tensor* $\mathfrak{G}$ der Differentialgleichung $L[\mathfrak{u}] = -\mathfrak{f}$ verstehen wir eine Matrix

$$\mathfrak{G}(x, y, z; \xi, \eta, \zeta) = \begin{pmatrix} \mathsf{K}_{11} & \mathsf{K}_{12} & \mathsf{K}_{13} \\ \mathsf{K}_{21} & \mathsf{K}_{22} & \mathsf{K}_{23} \\ \mathsf{K}_{31} & \mathsf{K}_{32} & \mathsf{K}_{33} \end{pmatrix}$$

von der Eigenschaft, daß die Differentialgleichung $L[\mathfrak{u}] = -\mathfrak{f}$ mit der Formel

$$\mathfrak{u}(x, y, z) = \iiint \mathfrak{G}(x, y, z; \xi, \eta, \zeta)\, \mathfrak{f}(\xi, \eta, \zeta)\, d\xi\, d\eta\, d\zeta$$

äquivalent ist und daß jeder in dieser Form dargestellte Vektor $\mathfrak{u}$ die Randbedingungen befriedigt. Dabei verstehen wir unter $\mathfrak{G}\mathfrak{f}$ den Vektor, der durch die übliche Multiplikation der Matrix $\mathfrak{G}$ mit dem Vektor $\mathfrak{f}$ entsteht, d. h. den Vektor mit den Komponenten

$$\mathsf{K}_{11} f_1 + \mathsf{K}_{12} f_2 + \mathsf{K}_{13} f_3, \quad \mathsf{K}_{21} f_1 + \mathsf{K}_{22} f_2 + \mathsf{K}_{23} f_3, \quad \mathsf{K}_{31} f_1 + \mathsf{K}_{32} f_2 + \mathsf{K}_{33} f_3 .$$

Jede Kolonne des Greenschen Tensors stellt einen Vektor $\mathfrak{k}_i$ dar, der, abgesehen vom *Quellpunkte* $x = \xi$, $y = \eta$, $z = \zeta$, mit seinen Ableitungen stetig ist und der Differentialgleichung $L[\mathfrak{k}_i] = 0$ und den Randbedingungen genügt. Die Art seiner Singularität im Quellpunkte entnimmt man leicht seiner ebenso wie im Falle einer einzelnen Differentialgleichung bestehenden Bedeutung als Einflußfunktion einer im Quellpunkte $x = \xi$, $y = \eta$, $z = \zeta$ angreifenden Einzelkraft. Der Greensche Tensor genügt den Symmetriebedingungen

$$\mathsf{K}_{ii}(x, y, z; \xi, \eta, \zeta) = \mathsf{K}_{ii}(\xi, \eta, \zeta; x, y, z),$$
$$\mathsf{K}_{ik}(x, y, z; \xi, \eta, \zeta) = \mathsf{K}_{ki}(\xi, \eta, \zeta; x, y, z),$$

sobald, wie wir voraussetzen wollen, der Differentialausdruck $L[\mathfrak{u}]$ sich selbst adjungiert ist, d. h. sich durch Variation eines quadratischen

Differentialausdruckes im Vektor $\mathfrak{u}$ und seiner ersten Ableitung ergibt. Mit Hilfe des Greenschen Tensors erledigt sich das Eigenwertproblem usw. für die Differentialgleichung $L[\mathfrak{u}] + \lambda\mathfrak{u} = 0$ ganz analog wie im gewöhnlichen Falle[1].

6. Analytische Fortsetzung der Lösungen der Gleichung $\Delta u + \lambda u = 0$. Ist eine Lösung von $\Delta u + \lambda u = 0$ in einem abgeschlossenen Gebiete G mit geradlinigem Begrenzungsstück l nebst ihren Ableitungen bis zur zweiten Ordnung stetig und verschwindet auf l die Funktion u bzw. die normale Ableitung $\partial u/\partial n$, so setzen wir die Funktion u in das aus G durch Spiegelung an l entstehende Gebiet G' fort, indem wir spiegelbildlich entsprechenden Punkten entgegengesetzt gleiche bzw. gleiche Werte von u zuweisen. Dann ist die Gesamtfunktion im Gesamtgebiet $G + G'$ eine mit ihren Ableitungen bis zur zweiten Ordnung stetige Lösung von $\Delta u + \lambda u = 0$ †. Ähnliche Sätze gelten für die Plattengleichung $\Delta\Delta u + \lambda u = 0$. Man kann die Voraussetzung des Satzes ähnlich wie beim Spiegelungsprinzip in der Funktionentheorie noch weiter mildern, wozu der Leser die Hilfsmittel an späteren Stellen dieses Buches findet.

7. Ein Satz über die Knotenlinien der Lösungen von $\Delta u + \lambda u = 0$. *Schneiden sich im Innern eines Gebietes der (x, y)-Ebene, in welchem u regulär*[2] *ist, mehrere Äste der Kurve $u = 0$, so bilden in diesem Schnittpunkt die sämtlichen dort zusammentreffenden Knotenlinien ein gleichwinkliges Strahlensystem miteinander.* Man beweise diesen Satz, indem man die Funktion u an der betreffenden Stelle in eine Potenzreihe entwickelt.

8. Beispiel für einen Eigenwert unendlich hoher Ordnung. Wir betrachten ein beliebiges ebenes Gebiet G, z. B. einen Kreis, und für diesen die Eigenwertaufgabe von $\Delta\Delta u - \lambda u = 0$ mit den Randbedingungen $\Delta u = 0$, $\frac{\partial}{\partial n}\Delta u = 0$. Wir erhalten leicht unendlich viele Eigenwerte λ_h und Eigenfunktionen u_h dieses Problems, indem wir beachten, daß die Funktionen $\Delta u_h = v_h$ Eigenfunktionen der eingespannten Platte sein müssen, sofern nicht etwa Δu_h identisch Null ist. So gelangen wir zu Eigenwerten, die mit denen der eingespannten Platte übereinstimmen und zu denen noch Null als Eigenwert von unendlicher Vielfachheit hinzutritt. Für $\lambda = 0$ genügt nämlich jede der unendlich vielen linear voneinander unabhängigen, in G regulären Potentialfunktionen der Gleichung $\Delta\Delta u + \lambda u = 0$ bei den vorgegebenen Randbedingungen.

---

[1] Vgl. Hilbert, D.: Integralgleichungen, S. 206—212.

† Vgl. Courant, R.: Beweis des Satzes usw. Math. Zeitschrift Bd. 1, S. 321—328. 1918.

[2] Es ist nicht schwer zu sehen, daß jede mit ihrer Ableitung stetige Lösung u eine reguläre analytische Funktion von x und y ist (vgl. auch Bd. II).

9. Grenzen für die Gültigkeit der Entwicklungssätze. Für unsere Entwicklungssätze nach den Eigenfunktionen der Differentialgleichung

$$L[u] + \lambda \varrho u = 0$$

hatten wir als Voraussetzung immer $\varrho > 0$ zugrunde gelegt. Daß diese Voraussetzung wesentlich ist, zeigt folgendes Beispiel: Es sei in der Differentialgleichung $y'' + \lambda \varrho y = 0$ für ein beliebiges Teilintervall des Grundgebietes $\varrho = 0$. Dann muß jede Eigenfunktion in diesem Teilintervall linear sein; mithin kann der Entwicklungssatz nicht für „willkürliche" Funktionen gelten.

Literatur zum fünften Kapitel.

BÔCHER, M.: Über die Reihenentwicklungen der Potentialtheorie. Leipzig 1894. — Leçons sur les méthodes de Sturm. Paris 1917.

COURANT, R.: Zur Theorie der kleinen Schwingungen. Zeitschr. für angew. Math. u. Mech. Bd. 2, S. 278–285. 1922.

HILBERT, D.: Grundzüge einer allgemeinen Theorie der linearen Integralgleichungen. Leipzig und Berlin 1912.

HORT, W.: Technische Schwingungslehre. 2. Aufl. Berlin 1922.

KNESER, A.: Die Integralgleichungen und ihre Anwendungen in der mathematischen Physik. 2. Aufl. Braunschweig 1922.

POCKELS, F.: Über die partielle Differentialgleichung $\Delta u + k^2 u = 0$ und deren Auftreten in der mathematischen Physik. Leipzig 1891.

RAYLEIGH, J. W.: The Theory of Sound, 2 Bde. London 1894, 1896.

RIEMANN, B. und HATTENDORF, K.: Schwere, Elektrizität und Magnetismus. Hannover 1880.

WEBER, H.: Die partiellen Differentialgleichungen der mathematischen Physik. 2 Bde. 4. Aufl. Braunschweig 1900, 1901. 5. Aufl. Braunschweig 1910, 1912.

v. MISES, R., und FRANK, PH.: Die partiellen Differential- und Integralgleichungen der Mechanik und Physik. Leipzig und Berlin 1925, 1927.

WHITTAKER, E. T. und WATSON, G. N.: A Course of Modern Analysis. 3. Aufl. Cambridge 1920.

Sechstes Kapitel.

Anwendung der Variationsrechnung auf die Eigenwertprobleme.

Schon im vorigen Kapitel haben wir auf den engen Zusammenhang zwischen dem Eigenwertproblem einer Differentialgleichung und dem einer quadratischen Form hingewiesen. Die Eigenwertprobleme unserer Differentialgleichungen sind geradezu äquivalent mit dem Problem der Hauptachsentransformation einer quadratischen Form, allerdings einer von unendlich vielen Variablen. Bedeutet nämlich z. B. $U = \frac{1}{2}\int\limits_0^\pi p\left(\frac{\partial u}{\partial x}\right)^2 dx$, $T = \frac{1}{2}\int\limits_0^\pi \varrho u^2\, dx$ die potentielle bzw. die kinetische Energie eines eindimensionalen Kontinuums, so brauchen wir nur den Ansatz $u = \sum\limits_{\nu=1}^{\infty} f_\nu(t) \sin\nu x$ zu machen, p und ϱ in eine Fouriersche Reihe entwickelt zu denken und die beiden Ausdrücke U und T für potentielle und kinetische Energie als quadratische Formen der unendlich vielen Variablen (Koordinaten) f_ν bzw. $\dot{f}_\nu$ zu betrachten. Wenn es gelingt, eine orthogonale Substitution

$$f_\nu = \sum_{\mu=1}^{\infty} t_{\nu\mu} q_\mu \qquad \text{bzw.} \qquad \dot{f}_\nu = \sum_{\mu=1}^{\infty} t_{\nu\mu} \dot{q}_\mu \qquad (\nu = 1, 2, \cdots)$$

dieser Variablen in neue q_μ bzw. $\dot{q}_\mu$ so zu bestimmen, daß dabei die Formen U und T in die Gestalt

$$T = \sum_{\nu=1}^{\infty} \dot{q}_\nu^2, \qquad U = \sum_{\nu=1}^{\infty} \lambda_\nu q_\nu^2$$

übergehen, so werden die Zahlen λ_ν gerade die Eigenwerte unseres Schwingungsproblems. Da nun die Eigenwerte einer quadratischen Form durch einfache Extremaleigenschaften charakterisiert sind, so liegt es nahe, diese Charakterisierung auch hier in Betracht zu ziehen, wo es sich nicht mehr um endlich viele Variable handelt. Anstatt aber die Grenzübergänge und Konvergenzuntersuchungen durchzuführen, die zu einer strengen Begründung dieser heuristischen Gedanken erforderlich wären, ziehen wir es vor, ohne einen Übergang zu einer Darstellung durch unendlich viele Koordinaten mit Hilfe der allgemeinen Methoden der Variationsrechnung die fraglichen Extremumseigenschaften direkt zu formulieren und auszunutzen.

Dabei treten an Stelle der beiden quadratischen Formen U und T zwei homogene quadratische Funktionalausdrücke. Wir werden auf diese Weise nicht nur zu einer neuen einfachen Behandlungsweise der Eigenwertprobleme des vorigen Kapitels und wichtiger Verallgemeinerungen geführt, sondern gewinnen darüber hinaus insbesondere bei mehreren unabhängigen Veränderlichen wesentliche Einsichten in das Verhalten der Eigenwerte und Eigenfunktionen.

§ 1. Die Extremumseigenschaften der Eigenwerte.

1. Die klassischen Extremumseigenschaften. Wir betrachten das Eigenwertproblem einer sich selbst adjungierten partiellen Differentialgleichung zweiter Ordnung

$$(1)\qquad L[u] + \lambda\varrho u = (p u_x)_x + (p u_y)_y - q u + \lambda \varrho u = 0, \qquad (p > 0,\ \varrho > 0)$$

wobei wir zwei unabhängige Veränderliche x, y annehmen und das Grundgebiet G von einer oder mehreren stetigen Kurven Γ mit stückweise stetiger Tangente begrenzt denken. Die Randbedingung möge die Form $u = 0$ oder die allgemeinere Form $\frac{\partial u}{\partial n} + \sigma u = 0$ haben, wobei σ eine stückweise stetige Funktion des Ortes auf dem Rande Γ sei und $\partial/\partial n$ Differentiation nach der äußeren Normalen bedeute. Für die mit diesen Eigenwertproblemen äquivalenten Variationsprobleme sind die folgenden quadratischen Funktionalausdrücke maßgebend:

$$(2)\qquad \mathfrak{D}[\varphi] = D[\varphi] + \int_\Gamma p\sigma\varphi^2\,ds$$

mit

$$(2\text{a})\qquad D[\varphi] = \iint_G p(\varphi_x^2 + \varphi_y^2)\,dx\,dy + \iint_G q\varphi^2\,dx\,dy$$

und

$$(3)\qquad H[\varphi] = \iint_G \varrho\varphi^2\,dx\,dy$$

und die hierzu gehörigen Polarausdrücke

$$\mathfrak{D}[\varphi,\psi] = D[\varphi,\psi] + \int_\Gamma p\sigma\varphi\psi\,ds,$$

$$D[\varphi,\psi] = \iint_G p(\varphi_x\psi_x + \varphi_y\psi_y)\,dx\,dy + \iint_G q\varphi\psi\,dx\,dy,$$

$$H[\varphi,\psi] = \iint_G \varrho\varphi\psi\,dx\,dy.$$

Mit ihnen gelten die Relationen

$$\mathfrak{D}[\varphi+\psi] = \mathfrak{D}[\varphi] + 2\mathfrak{D}[\varphi,\psi] + \mathfrak{D}[\psi],$$
$$H[\varphi+\psi] = H[\varphi] + 2H[\varphi,\psi] + H[\psi].$$

Von den Argumentfunktionen φ verlangen wir Stetigkeit in G mit Einschluß des Randes Γ und stückweise Stetigkeit der ersten Ableitungen.

Wir gewinnen nun die Eigenwerte λ_ν und die zugehörigen Eigenfunktionen u_ν der Differentialgleichung (1) auf Grund der folgenden Minimumeigenschaften: *Unter allen zulässigen Funktionen ist diejenige, welche den Ausdruck* $\mathfrak{D}[\varphi]$ *bei der Nebenbedingung* $H[\varphi] = 1$ *zum Minimum macht, eine Eigenfunktion* u_1 *der Differentialgleichung* (1) *bei der natürlichen Randbedingung* $\frac{\partial\varphi}{\partial n} + \sigma\varphi = 0$; *der Minimumwert von* $\mathfrak{D}$ *ist der zugehörige Eigenwert. Stellen wir bei dem freien Minimumproblem außer der Normierungsbedingung*

$$H[\varphi] = 1 \tag{3a}$$

noch die weitere Nebenbedingung

$$H[\varphi, u_1] = 0,$$

so ergibt sich als Lösung wiederum eine Eigenfunktion u_2 *von* (1) *bei derselben Randbedingung, und der Minimumwert* $\mathfrak{D}[u_2] = \lambda_2$ *ist der zugehörige Eigenwert. Allgemein wird sukzessive durch das Minimumproblem:* $\mathfrak{D}[\varphi] =$ *Minimum unter der Normierungsbedingung* $H[\varphi] = 1$ *und den Nebenbedingungen*

$$H[\varphi, u_i] = 0 \qquad (i = 1, 2, \ldots, n-1)$$

eine Eigenfunktion u_n *von* (1) *bei der Randbedingung* $\frac{\partial\varphi}{\partial n} + \sigma\varphi = 0$ *definiert, und der zugehörige Eigenwert* λ_n *ist gleich dem Minimumwerte* $\mathfrak{D}[u_n]$.

Statt $\mathfrak{D}$ unter der Normierungsbedingung $H[\varphi] = 1$ zum Minimum zu machen, kann man unter Verzicht auf diese Bedingung das Minimum des Quotienten $\mathfrak{D}[\varphi]/H[\varphi]$ aufsuchen, wobei dann die Lösungsfunktion nur bis auf einen beliebigen Proportionalitätsfaktor bestimmt ist.

Im Falle der Randbedingung $u = 0$ sind an Stelle der obigen hinsichtlich des Randes freien Variationsprobleme wörtlich dieselben Aufgaben zu stellen mit dem Unterschiede, daß zu den Zulassungsbedingungen noch die Randbedingung $\varphi = 0$ hinzugefügt wird. Es fällt dann in $\mathfrak{D}[\varphi]$ von selbst der vom Rande herrührende Bestandteil $\int_\Gamma p\,\sigma\,\varphi^2\,ds$ fort.

Daß unsere Minimumprobleme tatsächlich Lösungen mit stetigen zweiten Ableitungen besitzen, bedarf eines besonderen Beweises. Wir werden diesen Nachweis im zweiten Bande im Rahmen der direkten Methoden der Variationsrechnung nachholen und wollen an dieser Stelle die Lösbarkeit der betreffenden Minimumprobleme postulieren.

Wir haben zunächst zu zeigen, daß die Lösungen der Variationsprobleme auch Eigenfunktionen unseres Differentialgleichungsproblems sind, und sodann, daß wir mit ihnen alle Eigenfunktionen des Differentialgleichungsproblems erhalten. Die zweite Behauptung werden wir in § 3 dadurch beweisen, daß wir die Vollständigkeit des aus dem Variationsproblem gewonnenen Funktionensystems $u_1, u_2, \ldots$ feststellen. Um die erste Behauptung einzusehen, könnten wir uns auf die allgemeine Multiplikatorregel des Kap. IV, § 7 stützen. Wir wollen jedoch den Nachweis unabhängig hiervon führen.

Wir betrachten zunächst das erste der Variationsprobleme und dürfen seine Lösung u_1 von vornherein normiert, d. h. der Bedingung $H[u_1] = 1$ genügend annehmen. Ist nun ζ eine denselben Bedingungen wie φ genügende, im übrigen willkürliche Funktion, ε eine willkürliche Konstante, so muß für jeden Wert dieser Konstanten ε und $u = u_1$, $\lambda = \lambda_1$

$$\mathfrak{D}[u + \varepsilon\zeta] \geqq \lambda H[u + \varepsilon\zeta]$$

sein oder, was mit Rücksicht auf $\mathfrak{D}[u] = \lambda H[u]$ auf dasselbe herauskommt,

$$2\varepsilon\left\{\mathfrak{D}[u,\zeta] - \lambda H[u,\zeta] + \frac{\varepsilon}{2}\left(\mathfrak{D}[\zeta] - \lambda H[\zeta]\right)\right\} \geqq 0$$

gelten. Diese Ungleichung kann nur dann für einen beliebigen Wert von ε bestehen, wenn die Gleichung

(4) $$\mathfrak{D}[u,\zeta] - \lambda H[u,\zeta] = 0$$

gilt, d. h. wenn die erste Variation des Ausdruckes $\mathfrak{D} - \lambda H$ verschwindet. Formen wir nun den Ausdruck $\mathfrak{D}[u,\zeta]$ gemäß der Greenschen Formel

$$\mathfrak{D}[u,\zeta] = -\iint_G \zeta L[u]\,dx\,dy + \int_\Gamma p\sigma\,\zeta u\,ds$$

(vgl. Kap. V, § 1) um, so ergibt sich wegen der Willkür der Funktion ζ unmittelbar die Gleichung (1) für $u = u_1$ und $\lambda = \lambda_1$. Bei dem zweiten Minimumproblem, bei welchem noch die Nebenbedingung $H[\varphi, u_1] = 0$ hinzugefügt ist, können wir zunächst die Gültigkeit der Gleichung (4) für $u = u_2$ und $\lambda = \lambda_2$ nur unter der Voraussetzung

(5) $$H[\zeta, u_1] = 0$$

für die Funktion ζ schließen. Ist nun η eine beliebige stetige und mit stückweise stetigen Ableitungen erster und zweiter Ordnung versehene Funktion, so bestimmen wir die Zahl t derart, daß die Funktion $\zeta = \eta + t u_1$ der Bedingung (5) genügt, d. h. wir setzen $t = -H[u_1, \eta]$. Weiter beachten wir, daß wir in der Gleichung (4) für ζ speziell auch die Funktion u_2 einsetzen dürfen und daß sich daher wegen der Bedingungsgleichung

(6) $$H[u_2, u_1] = 0$$

sofort

(7) $$\mathfrak{D}[u_2, u_1] = 0$$

ergibt. Setzen wir nun in die Gleichung (4) unsere Funktion $\zeta = \eta + t u_1$ ein, so folgt mit $u = u_2$, $\lambda = \lambda_2$

$$\mathfrak{D}[u, \eta] - \lambda H[u, \eta] + t(\mathfrak{D}[u, u_1] - \lambda H[u, u_1]) = 0$$

oder mit Rücksicht auf die Gleichungen (6) und (7)

$$\mathfrak{D}[u, \eta] - \lambda H[u, \eta] = 0\,, \tag{4a}$$

d. h. die Gleichung (4) gilt auch für willkürliche Funktionen η oder ζ ohne Rücksicht auf die Nebenbedingung (5). Hieraus aber folgt unmittelbar wie oben die Gültigkeit der Gleichung (1) für $u = u_2$, $\lambda = \lambda_2$. Indem wir ebenso fortfahren, erkennen wir, daß allgemein für die Lösungen u_i bzw. die Minimumwerte λ_i das Bestehen unserer Eigenwertgleichung (4a) folgt; für die gemäß (3a) normierten Lösungen unserer Probleme bestehen die Relationen

$$\left\{\begin{array}{ll} \mathfrak{D}[u_i] = \lambda_i\,, & \mathfrak{D}[u_i, u_k] = 0\,, \\ H[u_i] = 1\,, & H[u_i, u_k] = 0\,. \end{array}\right\} \qquad (i \neq k) \tag{8}$$

Die so gewonnenen Eigenwerte genügen jedenfalls der Beziehung

$$\lambda_{n-1} \leqq \lambda_n\,; \tag{9}$$

denn beim n^{ten} Eigenwert unseres Minimumproblems ist der Bereich der konkurrenzfähigen Funktionen φ gegenüber dem $(n-1)^{\text{ten}}$ eingeschränkt. Es kann also das Minimum λ_n nicht kleiner als das vorangehende λ_{n-1} sein.

Durch unsere Variationsprobleme haben wir eine unendliche Folge von Eigenwerten und Eigenfunktionen des zugehörigen Differentialgleichungsproblems erhalten. Daß die so durch Variationsprobleme definierten Eigenwerte und Eigenfunktionen auch wirklich das gesamte zu unserem Eigenwertproblem für die Differentialgleichung gehörige System darstellen, wird sich in § 3, 1 aus der Vollständigkeit ergeben.

2. Ergänzungen und Verallgemeinerungen[1]. Es braucht kaum hervorgehoben zu werden, daß wir in genau entsprechender Weise auch die anderen Eigenwertprobleme des vorigen Kapitels in die Variationsrechnung einordnen können. Es ist ganz gleichgültig, ob es sich um mehrfache Integrale oder einfache handelt und ob die zugehörigen Eulerschen Differentialgleichungen von zweiter oder höherer Ordnung werden. Z. B. gehört das Eigenwertproblem der Sturm-Liouvilleschen Differentialgleichung

$$(p u')' - q u + \lambda \varrho u = 0$$

mit den Randbedingungen $u'(0) - h_1 u(0) = 0$, $u'(\pi) + h_2 u(\pi) = 0$ zu einem Variationsproblem der Form

$$\mathfrak{D}[\varphi] = \int_0^\pi (p\varphi'^2 + q\varphi^2)\,dx + h_1 p(0)\,\varphi(0)^2 + h_2 p(\pi)\,\varphi(\pi)^2 = \text{Min.}$$

[1] Vgl. R. Courant: „Über die Anwendung der Variationsrechnung ....“ Acta math. 49.

ohne Randbedingungen; durch spezielle Wahl von h_1 und h_2 erhält man beliebige der betrachteten homogenen Randbedingungen, wenn man noch unendlichen h_1 und h_2 als Grenzfall die Randbedingungen $u(0) = 0$ und $u(\pi) = 0$ entsprechen läßt.

Auch bei den singulären Grenzfällen der Sturm-Liouvilleschen Differentialgleichungen lassen sich die Eigenwerte und Eigenfunktionen durch entsprechende Variationsprobleme charakterisieren. Es genügt, die Formulierung für die Legendreschen Polynome und die Besselschen Funktionen zu geben. Man erhält die Legendreschen Polynome, indem man das freie Problem mit

$$\mathfrak{D}[\varphi] = \int_{-1}^{+1} (1 - x^2)\, \varphi'^2\, dx, \qquad H[\varphi] = \int_{-1}^{+1} \varphi^2\, dx$$

betrachtet. Die nullte Besselsche Funktion $J_0(x\sqrt{\lambda})$ entspringt aus dem für $x = 0$ freien Problem mit

$$\mathfrak{D}[\varphi] = \int_0^1 x\, \varphi'^2\, dx, \qquad H[\varphi] = \int_0^1 x\, \varphi^2\, dx$$

und die Besselschen Funktionen $m$ter Ordnung mit $m \geqq 1$ aus dem Problem mit

$$\mathfrak{D}[\varphi] = \int_0^1 \left(x\, \varphi'^2 + \frac{m^2}{x}\, \varphi^2 \right) dx, \qquad H[\varphi] = \int_0^1 x\, \varphi^2\, dx$$

unter der Randbedingung $\varphi(0) = 0$.

Für selbstadjungierte Differentialgleichungen höherer Ordnung und höherer Dimensionen, z. B. die Differentialgleichung der schwingenden Platte

$$\Delta\Delta u - \lambda u = 0, \tag{10}$$

ergeben sich ganz analoge Resultate. Es ist hierbei, etwa wenn wir die eingespannte Platte betrachten (vgl. Kap. IV, § 10),

$$\mathfrak{D}[\varphi] = D[\varphi] = \iint_G (\Delta\varphi)^2\, dx\, dy, \qquad H[\varphi] = \iint_G \varphi^2\, dx\, dy$$

und

$$\varphi = \frac{\partial \varphi}{\partial n} = 0$$

auf dem Rande Γ von G zu setzen, und es bleiben mit diesen Bezeichnungen alle Überlegungen und Formeln von Nr. 1 wörtlich bestehen.

Aber noch andere in Kap. V nicht ausdrücklich behandelte Typen von Eigenwertproblemen fügen sich ganz zwanglos in das hier gegebene Schema. Erinnern wir uns daran, daß $\frac{1}{2} H[\varphi]$ der kinetischen Energie unseres Kontinuums mit der Massendichte ϱ entspricht, während $\frac{1}{2} \mathfrak{D}[\varphi]$ die potentielle Energie darstellt, so liegt es nahe, neben der kontinuierlich über das Gebiet G verbreiteten Massenverteilung noch konzentrierte Massenbestandteile anzunehmen, z. B. im Falle eines eindimensionalen Bereiches G punktförmige Massen. Eine solche Annahme führt dazu, statt des Ausdrucks H den Ausdruck

$$(11)\qquad \mathfrak{H}[\varphi] = \int_G \varrho\,\varphi^2\,dx + \sum_{\nu=1}^{h} b_\nu\,\varphi(x_\nu)^2$$

zu betrachten, wobei die Stellen $x_1, \ldots, x_h$ gegebene Stellen des Bereiches G bezeichnen und die b_ν gegebene Konstanten sind. Ein solcher Ansatz entspricht der Annahme, daß in den Punkten $x_1, \ldots, x_h$ Massen der Größe b_ν konzentriert sind, die wir übrigens durchweg als nicht negativ annehmen wollen. Ganz entsprechend liegt es nahe, auch allgemeinere Ausdrücke

$$(12)\qquad \mathfrak{D}[\varphi] = \int_G p\,\varphi'^2\,dx + \int_G q\,\varphi^2\,dx + \sum_{\nu=1}^{h} a_\nu\,\varphi(x_\nu)^2$$

zu betrachten. Für solche „*belastete Probleme*" ergeben sich mit genau denselben Bezeichnungen und Überlegungen aus Nr. 1 Eigenwerte und Eigenfunktionen. Diese Eigenfunktionen genügen der Differentialgleichung

$$(13)\qquad L[u] + \lambda\varrho u = (p u')' - q u + \lambda\varrho u = 0,$$

abgesehen von den Stellen $x_1, \ldots, x_h$. An diesen Stellen treten für die Ableitungen ganz von selbst natürliche Randbedingungen bzw. *Sprungbedingungen* auf, die sich ohne weiteres durch Bildung der ersten Variation ergeben. Die mit $\sqrt{\varrho}$ multiplizierten Eigenfunktionen unserer Probleme sind nicht mehr zueinander orthogonal, vielmehr lauten die entsprechenden Bedingungen[1]

$$(14)\qquad \int_G \varrho\,u_i u_j\,dx + \sum_{\nu=1}^{h} b_\nu\,u_i(x_\nu)\,u_j(x_\nu) = \begin{cases} 0 & \text{für } i \neq j, \\ 1 & \text{für } i = j. \end{cases}$$

Ein weiteres Beispiel liefern die Ausdrücke

$$(15)\qquad \mathfrak{D}[\varphi] = \int_G p\,\varphi'^2\,dx + \int_G q\,\varphi^2\,dx$$

und

$$(15\,\text{a})\qquad \mathfrak{H}[\varphi] = \int_G \varrho\,\varphi^2\,dx + \int_G\int_G k(x,y)\,\varphi(x)\,\varphi(y)\,dx\,dy,$$

wo $k(x, y)$ eine gegebene symmetrische Funktion von x und y ist und wir der Einfachheit halber voraussetzen wollen, daß $\mathfrak{H}[\varphi]$ negativer Werte nicht fähig sei. Statt der Eigenwertdifferentialgleichung erhalten wir durch das Verfahren aus Nr. 1 die *Integrodifferentialgleichung*

$$(16)\qquad (p u')' - q u + \lambda\Big(\varrho u + \int_G k(x,y)\,u(y)\,dy\Big) = 0$$

[1] H. Kneser hat hierzu die Bezeichnung „belastete Orthogonalität" vorgeschlagen.

etwa bei der Randbedingung $u = 0$. Die Orthogonalitätsrelationen lauten für die Eigenfunktionen dieses Problems ausgeschrieben[1]

$$\int_G u_i(x)\, u_j(x)\, dx + \iint_{G\,G} k(x,y)\, u_i(x)\, u_j(y)\, dx\, dy = \begin{cases} 0 & \text{für } i \neq j, \\ 1 & \text{für } i = j. \end{cases}$$

3. Eigenwertprobleme für Bereiche mit getrennten Bestandteilen. Folgende allgemeine Bemerkung, die für alle Eigenwertprobleme gilt, welche auf Differentialgleichungen führen, wird später für uns wichtig sein:

Besteht unser Gebiet G aus mehreren voneinander getrennten Gebieten G′, G″, ..., welche ihrerseits keine gemeinsamen inneren Punkte, wohl aber gemeinsame Randpunkte haben dürfen, so besteht die Gesamtheit der Eigenwerte und Eigenfunktionen aus den entsprechenden Eigenwerten und Eigenfunktionen der Teilgebiete G′, G″, ... zusammengenommen, wobei jede dieser Eigenfunktionen nur in einem der Teilgebiete als von Null verschieden zu nehmen und in den übrigen identisch Null zu setzen ist.

Physikalisch bedeutet dies die selbstverständliche Tatsache, daß bei einem Schwingungsvorgang, der mehrere voneinander getrennte Gebilde erfaßt, diese Gebilde unabhängig voneinander schwingen.

Zum mathematischen Beweis unserer Behauptung kann man entweder von der Definition der Eigenfunktionen durch das Differentialgleichungsproblem ausgehen. Man braucht dann lediglich zu beachten, daß die oben für je einen Teilbereich G', G'', ... definierten und außerhalb identisch verschwindenden Eigenfunktionen sowie lineare Kombinationen aus solchen zum selben Eigenwert gehörigen Funktionen auch Eigenfunktionen von G sind und daß umgekehrt jede Eigenfunktion von G für mindestens einen der Teilbereiche nicht identisch verschwindende Eigenfunktion sein muß. — Man kann aber auch ohne Schwierigkeit auf Grund der Definition der Eigenwerte durch unsere Variationsprobleme schrittweise die Eigenwerte des Gesamtgebietes mit denen der Teilgebiete identifizieren.

4. Die Maximum-Minimum-Eigenschaft der Eigenwerte. Ebenso wie in Kap. I bei den quadratischen Formen können wir die hier gegebene rekurrente Definition des n^{ten} Eigenwertes und der zugehörigen Eigenfunktion durch eine independente Definition ersetzen, bei der man zur Charakterisierung des n^{ten} Eigenwertes und der n^{ten} Eigenfunktion die Kenntnis der vorangehenden nicht vorauszusetzen braucht.

Wir betrachten irgendeines der bisher untersuchten Variationsprobleme, wobei wir die Bezeichnungen aus Nr. 1 beibehalten, und modifizieren das Problem dadurch, daß wir den Funktionen φ statt

---

[1] Man kann sie, wenn man außer den Eigenfunktionen $u_i(x)$ die Funktionen $v_i(x) = u_i(x) + \int_G k(x,y)\, u_i(y)\, dy$ einführt, auch als „*Biorthogonalitätsrelationen*" zwischen dem Funktionensystem u_i und dem Funktionensystem v_i auffassen, d. h. in der Form

$$\int_G u_i v_j\, dx = \begin{cases} 0 & \text{für } i \neq j \\ 1 & \text{für } i = j \end{cases}$$

schreiben.

der Bedingungen $H[\varphi, u_i] = 0$ $(i = 1, 2, \ldots, n-1)$ die $n-1$ veränderten Bedingungen

$$H[\varphi, v_i] = 0 \qquad (i = 1, 2, \ldots, n-1)$$

auferlegen, wobei $v_1, v_2, \ldots, v_{n-1}$ irgendwie gewählte in G stückweise stetige Funktionen sind. Ob und wann das so entstehende Variationsproblem eine Lösung besitzt, bleibe dahingestellt. Jedenfalls aber werden die Integrale $D[\varphi]$ oder allgemeiner die Ausdrücke $\mathfrak{D}[\varphi]$ unter den gestellten Bedingungen eine *untere Grenze* besitzen, welche von den Funktionen $v_1, v_2, \ldots, v_{n-1}$ abhängig ist und mit $d\{v_1, v_2, \ldots, v_{n-1}\}$ bezeichnet werden soll. Wir behaupten, daß wir die Eigenfunktionen u_n und Eigenwerte λ_n, die sukzessive durch Variationsprobleme definiert waren, nach dieser Modifikation des Problems durch folgenden Satz charakterisieren können:

Es seien $n-1$ in G stückweise stetige Funktionen $v_1, v_2, \ldots v_{n-1}$ gegeben, und es sei $d\{v_1, \ldots, v_{n-1}\}$ das Minimum bzw. die untere Grenze aller Werte, welche der Ausdruck $\mathfrak{D}[\varphi]:H[\varphi]$ annehmen kann, wenn φ irgendeine in G stetige und mit stückweise stetigen Ableitungen versehene Funktion ist, welche den Bedingungen

$$H[\varphi, v_i] = 0 \qquad (i = 1, 2, \ldots, n-1) \tag{17}$$

genügt. Dann ist λ_n gleich dem größten Wert, den diese untere Grenze d annehmen kann, wenn für $v_1, v_2, \ldots, v_{n-1}$ alle zulässigen Funktionensysteme in Betracht gezogen werden. Dieses Maximum-Minimum wird erreicht für $u = u_n$ und $v_1 = u_1, v_2 = u_2, \ldots, v_{n-1} = u_{n-1}$.

Im Falle der Randbedingung $u = 0$ ist unser Variationsproblem nicht als freies Problem zu betrachten, sondern durch die Zwangsbedingung $\varphi = 0$ auf Γ zu verschärfen.

Zum Beweise dieses Satzes bemerken wir zunächst, daß für $v_i = u_i$ $(1 \leqq i \leqq n-1)$ tatsächlich nach Definition $d\{v_1, \ldots, v_{n-1}\} = \lambda_n$ ist. Zweitens wollen wir zeigen, daß bei beliebiger Wahl von $v_1, \ldots, v_{n-1}$ jedenfalls $d\{v_1, \ldots, v_{n-1}\} \leqq \lambda_n$ ist. Hierzu brauchen wir nur eine spezielle, den Bedingungen $H[\varphi, v_i] = 0$ $(i = 1, 2, \ldots, n-1)$ genügende Funktion φ zu bestimmen, für welche $\mathfrak{D}[\varphi] \leqq \lambda_n$ gilt. Wir erreichen dies durch eine passende lineare Kombination der ersten n Eigenfunktionen $\varphi = \sum_{i=1}^{n} c_i u_i$ mit Konstanten $c_1, \ldots, c_n$. Dabei ergeben die $n-1$ Relationen (17) $n-1$ lineare homogene Bedingungen für die n Größen $c_1, \ldots, c_n$, sind also stets erfüllbar; die Gleichung $H[\varphi] = \sum_{i=1}^{n} c_i^2 = 1$ liefert lediglich die Normierung des noch unbestimmten Proportionalitätsfaktors. Nunmehr folgt aus $\mathfrak{D}[\varphi] = \sum_{i,k=1}^{n} c_i c_k \mathfrak{D}[u_i, u_k]$ sofort wegen $\mathfrak{D}[u_i, u_k] = 0$ $(i \neq k)$ und $\mathfrak{D}[u_i] = \lambda_i$ [vgl. (8)]

$$\mathfrak{D}[\varphi] = \sum_{i=1}^{n} c_i^2 \lambda_i$$

und somit wegen

$$\sum_{i=1}^{n} c_i^2 = 1 \qquad \text{und} \qquad \lambda_n \geqq \lambda_i \qquad (i = 1, \ldots, n)$$

$$\mathfrak{D}[\varphi] \leqq \lambda_n .$$

Also ist erst recht das Minimum $d\{v_1, \ldots, v_{n-1}\}$ nicht größer als λ_n, und somit tatsächlich λ_n der größte Wert, den dieses Minimum annehmen kann.

§ 2. Allgemeine Folgerungen aus den Extremumseigenschaften der Eigenwerte.

1. Allgemeine Sätze. Die Fruchtbarkeit der Resultate des vorangehenden Paragraphen beruht darauf, daß man die Maximum-Minimum-Eigenschaft mit gewissen einfachen Prinzipien der Variationsrechnung in Zusammenhang bringen kann. Das erste dieser Prinzipien besagt, *daß durch Verschärfung der Bedingungen in einem Minimumproblem der Wert des Minimums nicht verkleinert wird und daß umgekehrt bei Milderung der Bedingungen das Minimum fällt oder jedenfalls nicht wächst.* Das zweite Prinzip lautet: *Wenn für denselben Bereich konkurrenzfähiger Funktionen φ zwei Minimumprobleme vorliegen und für jede Funktion φ des Konkurrenzbereiches der zum Minimum zu machende Ausdruck beim ersten Problem nicht kleiner als beim zweiten ist, so ist auch das Minimum beim ersten nicht kleiner als beim zweiten.*

Die Anwendung unserer Prinzipien für den Vergleich von Eigenwerten bei verschiedenen Problemen würde bei der klassischen Minimumdefinition der Eigenwerte auf die Schwierigkeit stoßen, daß die Konkurrenzbereiche infolge der Nebenbedingungen nicht übereinstimmen. Bei der Maximum-Minimum-Definition jedoch ist eine solche Übereinstimmung vorhanden und daher die Anwendung unserer Prinzipien möglich.

Für die Schwingungsvorgänge der Physik können wir aus dem ersten Prinzip unmittelbar eine bedeutsame Folgerung ziehen. Wir betrachten irgendein schwingungsfähiges System, dessen Eigenschwingungen durch ein Eigenwertproblem der hier behandelten Art charakterisiert werden. Dann beachten wir, daß irgendwelche Zwangsbedingungen, unter denen das System seine Schwingungen auszuführen genötigt wird, sich mathematisch als Nebenbedingungen für die in dem Variationsproblem auftretenden Konkurrenzfunktionen φ äußern. Werden in dem Maximum-Minimum-Problem die Bedingungen für φ verschärft, so wird jedesmal bei festgehaltenem System der Funktionen $v_1, v_2, \ldots, v_{n-1}$ die untere Grenze $d\{v_1, v_2, \ldots, v_{n-1}\}$ vergrößert oder jedenfalls nicht verkleinert; mithin gilt dasselbe für das Maximum dieser unteren Grenzen, den n^{ten} Eigenwert. Entsprechend wird der Wert des Maximum-Minimums, d. h. der n^{te} Eigenwert, verkleinert oder jedenfalls nicht vergrößert, wenn die Bedingungen für die Funktionen φ gemildert werden.

Physikalisch besagt dies:

Satz 1: *Wird ein schwingungsfähiges System gezwungen, unter Zwangsbedingungen zu schwingen, so ändern sich der Grundton und jeder Oberton nie anders als in steigendem Sinne. Werden umgekehrt Bedingungen, unter denen ein System schwingt, aufgehoben, so ändern sich der Grundton und jeder Oberton nie anders als in abnehmendem Sinne.*

Beispielsweise müssen sich bei einer *eingespannten schwingenden elastischen Membran* der Grundton und sämtliche Obertöne in dem angegebenen wachsenden Sinne ändern, wenn die Membran außer am Rande noch sonst an Linien- oder Flächenstücken festgehalten wird. Dagegen werden sich der Grundton und alle Obertöne bei einer Membran in fallendem Sinne ändern, wenn sie einen Riß erhält, oder bei einer *schwingenden Platte*, wenn das Material einen „*Sprung*" bekommt. Im letzteren Falle werden nämlich für die Konkurrenzfunktionen φ bzw. für deren Ableitungen an der Stelle des Risses oder Sprunges die Bedingungen der Stetigkeit aufgehoben.

Mathematisch ergibt sich aus unserem Prinzip eine Reihe von wichtigen *allgemeinen Sätzen über die Eigenwertverteilung* bei den betrachteten Randwertaufgaben. Der erste Satz bezieht sich auf die Randbedingung $u = 0$ und vergleicht die Eigenwertverteilung eines Gebietes mit der von Teilgebieten. Der zweite Satz leistet das Entsprechende für die Randbedingung $\partial u/\partial n = 0$. Die weiteren Sätze beziehen sich auf die allgemeineren Randbedingungen und vergleichen die Spektren[1] der Differentialgleichung für verschiedene Formen dieser Randbedingungen.

Satz 2: *Es seien G', G'', G''', ... endlich viele Teilgebiete des Gebietes G, welche keine gemeinsamen inneren Punkte haben. Dann ist die Anzahl $A(\lambda)$ der unterhalb einer Grenze λ gelegenen Eigenwerte der Differentialgleichung $L[u] + \lambda\varrho u = 0$ für das Gebiet G bei der Randbedingung $u = 0$ mindestens so groß wie die gesamte Anzahl der unter derselben Grenze λ gelegenen Eigenwerte der Teilgebiete $G^{(i)}$ bei derselben Randbedingung.*

Dieser Satz läßt sich auch so aussprechen: *Bei der Randbedingung $u = 0$ ist der n^{te} Eigenwert λ_n des Gebietes G höchstens gleich der n^{ten} Zahl λ_n^* aus der Gesamtmenge der nach steigender Größe geordneten, in ihrer richtigen Vielfachheit gezählten Eigenwerte der Teilgebiete $G^{(i)}$.*

Der Beweis ergibt sich unmittelbar aus folgender Überlegung. Legt man in dem Maximum-Minimum-Problem, welches den Eigenwert λ_n definiert, den Funktionen φ die neue Bedingung auf, an allen Rändern der Teilgebiete $G^{(i)}$ und in dem ganzen, zu keinem der $G^{(i)}$ gehörigen Teile von G zu verschwinden, so wird einerseits dem oben formulierten Grundprinzip zufolge der Wert des Maximum-Minimums nicht verkleinert. Andererseits ist das neu entstehende Maximum-Minimum-Problem gerade dasjenige, welches den n^{ten} Eigenwert des aus den

[1] Unter Spektrum verstehen wir wie früher die Gesamtheit der Eigenwerte.

getrennten Gebieten G', G'', ... bestehenden Gebietes definiert, d. h. der neue Wert des Maximum-Minimums ist gleich λ_n^*. und somit gilt $\lambda_n \leqq \lambda_n^*$, wie behauptet wurde.

Insbesondere ergibt sich aus dem bewiesenen Satze eine wichtige Eigenschaft der zur Randbedingung $u = 0$ gehörigen Eigenwerte λ_n, die man zweckmäßig als die *Eigenschaft der Monotonie* bezeichnen kann.

Satz 3: *Der zur Randbedingung $u = 0$ gehörige n^{te} Eigenwert eines Gebietes G ist nie größer als der zur selben Randbedingung gehörige n^{te} Eigenwert eines Teilgebietes*[1].

Der in Satz 2 ausgesprochenen Tatsache steht für die Randbedingung $\partial u/\partial n = 0$ eine entsprechende gegenüber.

Satz 4: *Es seien G', G'', G''', ... eine endliche Anzahl von Teilgebieten, welche das Gebiet G lückenlos ausfüllen und keine inneren Punkte gemeinsam haben. Dann ist die Anzahl $B(\varkappa)$ der unterhalb einer Grenze $\varkappa$ gelegenen, zur Randbedingung $\partial u/\partial n = 0$ gehörigen Eigenwerte der Differentialgleichung $L[u] + \lambda \varrho u = 0$ für das Gebiet G kleiner oder höchstens gleich der gesamten Anzahl der zur selben Randbedingung gehörigen, unter derselben Grenze $\varkappa$ gelegenen Eigenwerte der Differentialgleichung für die Teilgebiete $G^{(i)}$.*

Man kann diesen Satz auch folgendermaßen aussprechen: *Es sei $\varkappa_n^*$ die n^{te} der nach wachsender Größe geordneten Zahlen aus der Gesamtmenge der zu den Teilgebieten $G^{(i)}$ und der Randbedingung $\partial u/\partial n = 0$ gehörigen Eigenwerte, wobei jeder mit der richtigen Vielfachheit zu zählen ist, dann ist der n^{te} Eigenwert $\varkappa_n$ des Gebietes G für dieselbe Randbedingung größer oder gleich der Zahl $\varkappa_n^*$.*

Auch hier folgt der Beweis fast unmittelbar durch Anwendung des ersten unserer allgemeinen Prinzipien auf das Maximum-Minimum-Problem, welches den n^{ten} Eigenwert $\varkappa_n$ von G charakterisiert. Denn wenn wir in diesem Problem den zur Konkurrenz zuzulassenden Funktionen φ gestatten, auf den in G verlaufenden Randlinien der Gebiete $G^{(i)}$ derart unstetig zu sein, daß sie beim Überschreiten dieser Linien endliche Sprünge machen, so wird durch diese Milderung der Bedingungen der Wert des Maximum-Minimums verkleinert oder jedenfalls nicht vergrößert. Andererseits definiert das modifizierte Maximum-Minimum-Problem nach § 1, S. 352 gerade den n^{ten} zur natürlichen Randbedingung $\partial u/\partial n = 0$ gehörigen Eigenwert des Gebietes, welches aus den getrennten Gebieten $G^{(i)}$ besteht, d. h. den Wert $\varkappa_n^*$. Hiermit ist die Relation $\varkappa_n \geqq \varkappa_n^*$ bewiesen.

Die nachfolgenden Sätze geben Aufschluß über das *gegenseitige Verhältnis der Spektren* der Differentialgleichung *bei den verschiedenen Arten der vorkommenden Randbedingungen.*

[1] Er ist sogar stets kleiner, wenn es sich um ein echtes Teilgebiet handelt, wie man mittels der Schlußweise von § 6 leicht feststellen kann.

Satz 5: *Es sei* λ_n *der* n^{te} *zur Randbedingung* $u=0$ *gehörige Eigenwert der Differentialgleichung* $L[u]+\lambda\varrho u=0$ *für das Gebiet* G, μ_n *der* n^{te} *Eigenwert für die Randbedingung* $\frac{\partial u}{\partial n}+\sigma u=0$ *oder allgemeiner* $\frac{\partial u}{\partial n}+\sigma u=0$ *auf einem Teile* Γ' *des Randes* Γ, $u=0$ *auf dem übrigen Teile* Γ'' *des Randes. Dann ist stets*

$$\mu_n \leqq \lambda_n.$$

Dies ergibt sich folgendermaßen. Wenn wir in dem Maximum-Minimum-Problem, welches ohne Auferlegung von Randbedingungen den n^{ten} Eigenwert μ_n von G als das Maximum des Minimums von $\mathfrak{D}[\varphi]$ charakterisiert, der Funktion φ die weitere Bedingung auferlegen, auf dem Rande Γ von G zu verschwinden, so wird sicher der Wert des einzelnen Minimums und somit auch des Maximum-Minimums vergrößert oder nicht verkleinert. Andererseits ist dieser neue Maximum-Minimum-Wert offenbar mit λ_n identisch, da infolge der auferlegten Bedingung jetzt $\mathfrak{D}[\varphi]=D[\varphi]$ wird. Es gilt also $\mu_n \leqq \lambda_n$, wie behauptet wurde.

Bei den Anwendungen des Satzes 5 müssen wir beachten, daß die Anzahlen der betreffenden Eigenwerte unterhalb einer gegebenen Grenze in der umgekehrten Größenbeziehung stehen wie die Eigenwerte selbst.

Zusatz zu Satz 5: *Die Aussage von Satz 5 bleibt bestehen, wenn man die Randbedingung* $\frac{\partial u}{\partial n}+\sigma u=0$ *nicht überall, sondern nur auf einem Teile des Randes* Γ *durch die Bedingung* $u=0$ *ersetzt.*

Der Beweis verläuft genau so wie der des Satzes 5 selbst.

Satz 6: *Wenn in der Randbedingung* $\frac{\partial u}{\partial n}+\sigma u=0$ *auf* Γ *die Funktion* σ *entweder an jeder Stelle vergrößert oder verkleinert wird, so kann sich jeder einzelne Eigenwert nur im selben Sinne ändern.*

Auch diese sehr bemerkenswerte Tatsache ist eine unmittelbare Folge der Maximum-Minimum-Eigenschaft auf Grund des zweiten der obengenannten Prinzipien. Denn der Ausdruck $\mathfrak{D}[\varphi]$ ändert sich bei gleichsinniger Änderung der Funktion σ für jedes φ im selben Sinne wie σ, also auch seine untere Grenze bei gegebenen v_i und damit das Maximum dieser unteren Grenze.

Wir erkennen aus den Sätzen 5 und 6, daß die Eigenwerte für die verschiedenen Randbedingungen in charakteristischen Beziehungen zueinander stehen. Ändert man die Funktion σ an jeder Stelle monoton von 0 bis ∞, so wächst jeder einzelne Eigenwert μ monoton von dem Werte, den er bei der Randbedingung $\partial u/\partial n=0$ hat, bis zu dem Werte, den er bei der Randbedingung $u=0$ erhält; mit anderen Worten besagt der Satz, daß *unter den betrachteten Randbedingungen* $u=0$ *die schärfste und, wenn* σ *nichtnegativ wird,* $\partial u/\partial n=0$ *die mildeste ist.* Daß tatsächlich der Grenzwert des Eigenwertes μ_n bei ins Unendliche wachsendem σ gleich λ_n ist, beweist man am besten, indem man auf die Natur der Eigenfunktionen näher eingeht. Da dies erst später geschehen soll, verzichten wir darauf, an dieser Stelle den Beweis auszuführen. (Vgl. Bd. II.)

Wir werden in Nr. 6 erkennen, *daß dieses Wachstum stetig vor sich geht.* Weiter wird die Untersuchung der asymptotischen Eigenwertverteilung zeigen, daß trotz des gekennzeichneten Verhaltens der Eigenwerte das asymptotische Verhalten des n^{ten} Eigenwertes unabhängig von der Randbedingung bleibt, daß sich also das Wachstum des Eigenwertes bei Wachsen der Funktion σ nur in einem im Vergleich mit der Größe des Eigenwertes bei hinreichend großem n beliebig geringen Spielraum vollzieht.

Die in Satz 5 und 6 formulierten Tatsachen haben sämtlich eine einfache *physikalische Bedeutung.* Die Randbedingung $\frac{\partial u}{\partial n} + \sigma u = 0$ entspricht einem mit elastischen Kräften gehaltenen Rande, wobei die Größe der festhaltenden Kraft durch die Funktion σ bestimmt ist. (Vgl. S. 246). Unsere Sätze besagen nämlich, daß bei wachsender Intensität dieser elastischen Bindung jede Eigenfrequenz wächst. Die Bedingung $u = 0$ stellt den Fall dar, wo diese Kraft unendlich groß geworden ist, d. h. der Rand absolut festgehalten wird.

Schließlich gestattet uns die Maximum-Minimum-Eigenschaft des n^{ten} Eigenwertes mit Hilfe des zweiten zu Beginn des Paragraphen aufgestellten Prinzipes, ohne Schwierigkeiten die Abhängigkeit der Eigenwerte von den Koeffizienten der Differentialgleichung und dem Gebiet G zu untersuchen.

Satz 7: *Wenn in der Differentialgleichung $L[u] + \lambda \varrho u = 0$ der Koeffizient ϱ an jeder Stelle im selben Sinne verändert wird, so ändert sich bei jeder Randbedingung der n^{te} Eigenwert im entgegengesetzten Sinne; wird der Koeffizient p oder q überall gleichsinnig verändert, so ändert sich jeder Eigenwert im selben Sinne.* (Im Falle der Randbedingung $\frac{\partial u}{\partial n} + \sigma u = 0$ ist hierbei $\sigma \geqq 0$ vorauszusetzen.)

In der Tat, es werde zunächst p überall gleichsinnig verändert. Dann ändert sich für jede konkurrenzfähige Funktion φ der Wert des Ausdruckes $\mathfrak{D}[\varphi]$ monoton im selben Sinne, mithin auch die untere Grenze dieser Werte bei festen v_i, also auch das Maximum dieser unteren Grenzen, der n^{te} Eigenwert. Wird ϱ monoton verändert, etwa in $\varrho' \geqq \varrho$, so wird für eine beliebige konkurrenzfähige Funktion φ

$$\mathfrak{D}[\varphi] : \iint\limits_G \varrho \varphi^2 \, dx \, dz \leqq \mathfrak{D}[\varphi] : \iint\limits_G \varrho' \varphi^2 \, dx \, dz .$$

Man erkennt also, daß die untere Grenze der linken Seite bei festgehaltenen Funktionen v_i nicht kleiner bzw. nicht größer wird als die untere Grenze der rechten Seite, wobei aber bei der Bildung der unteren Grenze dieses letzten Quotienten in den Nebenbedingungen an Stelle der Funktionen v_i entsprechend der Verwandlung von ϱ in ϱ' die Funktionen $v_i' = v_i \frac{\varrho}{\varrho'}$ zu treten haben. Da das System der Funktionen v_i zugleich mit dem der Funktionen v_i' den ganzen Bereich der zulässigen Funktionensysteme erschöpft, so folgt ebenso wie oben, daß die Maxima der betrachteten unteren Grenzen in der umgekehrten Größenbeziehung zueinander stehen wie die Funktionen ϱ und ϱ'.

2. Das unendliche Anwachsen der Eigenwerte. Wir wollen zeigen: *bei unseren Variations-Eigenwertproblemen wachsen die Eigenwerte* λ_n *unbeschränkt;* insbesondere hat also jeder Eigenwert nur endliche Vielfachheit, und es können nur endlich viele Eigenwerte negativ sein. Die wichtigste aus dem unendlichen Anwachsen der Eigenwerte sich ergebende Folgerung ist, wie wir in § 3, 1 sehen werden, die Vollständigkeitseigenschaft unseres Eigenfunktionensystems und daher seine Identität mit dem entsprechenden Eigenfunktionensystem der Differentialgleichung.

Zum Beweise — bei dem wir von der Voraussetzung $q > 0$ keinen Gebrauch machen — bezeichnen wir mit p_M, q_M, ϱ_M die größten mit p_m, q_m, ϱ_m die kleinsten Werte der Funktionen p, q, ϱ in G und betrachten zunächst den Fall der Randbedingung $u = 0$. Ersetzen wir in $\mathfrak{D}$ und H die Funktionen p, q, ϱ durch die Konstanten p_m, q_m, ϱ_M bzw. durch die Konstanten p_M, q_M, ϱ_m, so entstehen neue Eigenwertprobleme mit den Eigenwerten λ_n' bzw. λ_n'', und es gilt nach Satz 7 $\lambda_n' \leqq \lambda_n \leqq \lambda_n''$. Nun erkennen wir sofort, daß die Eigenwerte λ_n' ins Unendliche anwachsen. Im Falle einer unabhängigen Veränderlichen z. B. können wir das zugehörige Differentialgleichungseigenwertproblem explizite durch trigonometrische Funktionen lösen, wobei als Eigenwerte die Zahlen $\frac{p_m \nu^2 + q_m}{\varrho_M}$, $\nu = 1, 2, \ldots$ auftreten; da unsere aus dem Variationsproblem entspringenden Eigenwerte λ_n'' sicher in dieser Zahlenfolge enthalten sind, so folgt sofort unsere Behauptung $\lambda_n \to \infty$.

Nehmen wir die oben genannte hieraus zu ziehende Folgerung vorweg, wonach die aus dem Variationsproblem entspringenden Eigenwerte nicht nur eine Teilmenge der Gesamtheit der Eigenwerte der Differentialgleichung bilden, sondern mit ihr übereinstimmen, d. h. in unserem Falle, daß

$$\lambda_n' = \frac{p_m n^2 + q_m}{\varrho_M}, \qquad \lambda_n'' = \frac{p_M n^2 + q_M}{\varrho_m}$$

ist, so erkennen wir, daß der Quotient λ_n / n^2 bei wachsendem n zwischen endlichen positiven Grenzen bleibt.

Um bei mehr Dimensionen für beliebiges Gebiet G die Eigenwerte λ_n' abzuschätzen, vergleichen wir sie mit den Eigenwerten λ_n^* für ein ganz in G liegendes Quadrat, die ihrerseits wiederum ganz unter den Eigenwerten der entsprechenden Differentialgleichung enthalten sind. Von diesen wissen wir aus Kap. V, § 14, daß sie mit wachsendem n gegen unendlich streben, und somit folgt dasselbe auch für λ_n, da wegen Satz 3 und 7 $\lambda_n^* \leqq \lambda_n' \leqq \lambda_n$ ist.

Wir verzichten auf die Fortführung dieser Betrachtungen bei anderen Randbedingungen, zumal bald die genauere asymptotische Abschätzung der Eigenwerte das unendliche Anwachsen von selbst zeigen wird. Dagegen sei kurz eine ganz andere — indirekte — Beweismethode für diese Tatsache angegeben, welche keinerlei Kenntnis von Lösungen der Variationsprobleme in speziellen Fällen voraussetzt und daher prinzipiell vorzuziehen ist[1].

Im Falle einer unabhängigen Variabeln nehmen wir an, unser Problem besäße unendlich viele Eigenwerte $\lambda_1, \lambda_2, \ldots$ absolut genommen unterhalb einer positiven Schranke; dann folgt mit Rücksicht auf die Beschränktheit von

$$\lambda_n = \int_{x_1}^{x_2} (p u_n'^2 + q u_n^2)\, dx + h_1 u_n(x_1)^2 + h_2 u_n(x_2)^2 \qquad \text{und} \qquad \int_{x_1}^{x_2} \varrho u_n^2\, dx$$

sofort die Beschränktheit von

$$\int_{x_1}^{x_2} u_n'^2\, dx \qquad \text{und} \qquad \int_{x_1}^{x_2} u_n^2\, dx\,,$$

wenn die Konstanten h_1 und h_2 nichtnegativ sind — von dieser Voraussetzung kann man sich aber leicht auf Grund der Bemerkungen in Nr. 5 befreien.

Nunmehr stützen wir uns auf folgenden Hilfssatz: Wenn für eine Menge von Funktionen $\varphi(x)$ die Integrale $\int_G \varphi'^2\, dx$ und $\int_G \varphi^2\, dx$ beschränkt sind, so sind die Funktionen $\varphi(x)$ gleichgradig stetig und gleichmäßig beschränkt. (Vgl. Kap. II, S. 49.) Mithin läßt sich auf Grund des Häufungsstellenprinzips (Kap. II, § 2) eine gleichmäßig konvergente Teilfolge aus den Eigenfunktionen u_n herausgreifen. Bezeichnen wir diese Teilfolge wieder mit u_n, so wird sicherlich $\lim_{n, m \to \infty} H[u_n - u_m] = 0$; andererseits aber ist wegen der Orthogonalitätseigenschaft der u_n für $n \neq m$

$$H[u_n - u_m] = 2\,.$$

Mit der Aufzeigung dieses Widerspruches ist unser Satz bewiesen.

Im Falle von mehr, z. B. zwei Veränderlichen verfährt man genau so auf Grund des folgenden Hilfssatzes, dessen Beweis wir hier unterdrücken[2].

Wenn für eine Menge von Funktionen $\varphi(x, y)$ im Gebiete G gleichzeitig die Ausdrücke

$$\iint_G (\varphi_x^2 + \varphi_y^2)\, dx\, dy \qquad \textit{und} \qquad \iint_G \varphi^2\, dx\, dy$$

[1] Diese Methode rührt von Fr. Rellich her: „Ein Satz über mittlere Konvergenz". Gött. Nachr. (math.-phys. Kl.) 1930.

[2] Siehe Rellich: l. c.

beschränkt bleiben, so kann man aus den Funktionen φ eine Teilfolge φ_n auswählen, für welche

$$\lim_{n,m\to\infty} \iint_G (\varphi_n - \varphi_m)^2 \, dx \, dy = 0$$

gilt.

3. Asymptotisches Verhalten der Eigenwerte beim Sturm-Liouvilleschen Problem. Bei dem Sturm-Liouvilleschen Problem erlaubt die Maximum-Minimum-Eigenschaft in einfacher Weise nicht nur die *Bestimmung der Größenordnung des n^{ten} Eigenwertes, sondern geradezu seine asymptotische Berechnung.* Wir transformieren die Differentialgleichung $(py')' - qy + \lambda\varrho y = 0$ durch die S. 250 angegebene Transformation auf die Gestalt

$$z'' - rz + \lambda z = 0 \tag{18}$$

für das Gebiet $0 \leqq t \leqq l$, wobei $r(t)$ eine stetige Funktion ist und aus den ursprünglichen homogenen Randbedingungen analoge neue entstehen. Wir betrachten hier zunächst den Fall $y(0) = y(\pi) = 0$, also $z(0) = z(l) = 0$. Das Maximum-Minimum-Problem liefert uns die Eigenwerte — wir nehmen in dieser Nummer die später (§ 3, 1) zu beweisende Tatsache vorweg, daß die aus dem Variationsproblem entspringenden Eigenfunktionen und Eigenwerte mit den zur Differentialgleichung gehörigen übereinstimmen — als Maxima der Minima eines Ausdruckes

$$\int_0^l (z'^2 + rz^2) \, dx .$$

Lassen wir hierin das Glied rz^2 weg, betrachten also den Integralausdruck

$$\int_0^l z'^2 \, dx ,$$

so unterscheidet er sich, sobald z der Bedingung

$$\int_0^l z^2 \, dx = 1$$

genügt, von dem obigen Ausdruck um nicht mehr als die endliche feste Schranke r_M (Maximum des Betrages von r). Also sind die Maximinima des ersten Ausdruckes, d. h. die gesuchten Eigenwerte, von denen des zweiten um nicht mehr als r_M verschieden. Die Maximinima des zweiten Integrals sind aber die Eigenwerte $\mu_n = n^2 \frac{\pi^2}{l^2}$ von $z'' + \mu z = 0$ für das Intervall $(0, l)$, und so ergibt sich wegen $\lim\limits_{n\to\infty} \mu_n = \infty$ unmittelbar *die asymptotische Formel*

$$\lambda_n = \mu_n + O(1) , \tag{19}$$

wo, wie früher (S. 286), $O(1)$ eine Zahl bedeutet, die bei wachsendem n beschränkt bleibt. Wenn wir auf unsere alten Bezeichnungen zurückgehen, so folgt

$$\lim_{n\to\infty} \frac{n^2}{\lambda_n} = \frac{1}{\pi^2}\left(\int_0^\pi \sqrt{\frac{\varrho}{p}}\,dx\right)^2. \tag{19a}$$

Genau dieselbe Abschätzung läßt sich bei beliebigen anderen Randbedingungen herleiten, wenn man beachtet, daß das asymptotische Verhalten der Eigenwerte bei der Differentialgleichung $z'' + \mu z = 0$ von der Randbedingung unabhängig ist. (Vgl. auch § 4.)

4. Singuläre Differentialgleichungen. Unsere asymptotische Abschätzung läßt sich leicht auf Fälle übertragen, wo die Differentialgleichung Singularitäten aufweist. Wir begnügen uns mit der Behandlung der Besselschen Differentialgleichung:

$$x u'' + u' + \left(x\lambda - \frac{m^2}{x}\right) u = 0,$$

deren Lösungen die Besselschen Funktionen $J_m(x\sqrt{\lambda})$ sind, wobei für λ z. B. bei der Randbedingung: Endlichkeit im Nullpunkt und $u(1) = 0$ die Quadrate $\lambda_{m,n}$ der Nullstellen von J_m als Eigenwerte auftreten (vgl. S. 280). Im Falle $m \geqq 1$ ist es zweckmäßig, die Funktionen $v = \sqrt{x}\, J_m(x\sqrt{\lambda})$ mit der Eigenwertgleichung

$$v'' + \left(\lambda - \frac{4m^2 - 1}{4x^2}\right) v = 0$$

zu betrachten und ihre Eigenwerte anstatt wie in § 1 Nr. 2 durch das Maximum-Minimum des Quotienten $D[\varphi]:H[\varphi]$ mit

$$D[\varphi] = \int_0^1 \left(\varphi'^2 + \frac{4m^2 - 1}{4x^2}\varphi^2\right) dx, \qquad H[\varphi] = \int_0^1 \varphi^2\, dx$$

zu charakterisieren, wobei als Randbedingung $\varphi(0) = \varphi(1) = 0$ gestellt wird. Wegen $m \geqq 1$ ist sicher $D[\varphi] \geqq \int_0^1 \varphi'^2\, dx$, also $\lambda_n \geqq n^2\pi^2$. Andererseits erhalten wir eine Abschätzung von λ_n nach oben, indem wir die Zulassungsbedingung dadurch verschärfen, daß wir für ein sogleich passend zu bestimmendes Intervall $0 \leqq x \leqq \varepsilon$ die Bedingung $\varphi(x) = 0$ stellen und überdies in $D[\varphi]$ den zweiten Bestandteil durch die Konstante $\frac{4m^2 - 1}{4\varepsilon^2}\int_0^1 \varphi^2\, dx = \frac{c}{\varepsilon^2}$ majorisieren. Es ergibt sich dann sofort $\lambda_n \leqq \frac{n^2\pi^2}{(1-\varepsilon)^2} + \frac{c}{\varepsilon^2}$. Lassen wir nunmehr ε mit $\frac{1}{n}$ geeignet gegen Null streben, setzen wir z. B. $\varepsilon = \frac{1}{\sqrt{n}}$, so folgt $\lim\limits_{n\to\infty} \frac{\lambda_n}{n^2\pi^2} \leqq 1$; also ergibt sich die asymptotische Formel

$$\lim_{n\to\infty} \frac{\lambda_n}{n^2\pi^2} = 1$$

für die Nullstellen $\sqrt{\lambda_{m,n}}$ von J_m in Übereinstimmung mit den Formeln für die regulären Probleme. Genau dieselbe Beziehung findet man auch für die anderen in Frage kommenden Randbedingungen, z. B. die Randbedingung $u'(1) = 0$.

Unser Resultat dehnt sich sofort auf die Nullstellen der nullten Besselschen Funktion aus, wenn wir die Relation $J_0'(x) = -J_1(x)$ beachten (vgl. S. 261). Es ergibt sich aus ihr, daß die Eigenwerte des Besselschen Problems bei der Randbedingung $u(1) = 0$ mit denen für $m = 1$ bei der Randbedingung $u'(1) = 0$ identisch sind (vom ersten Eigenwert Null abgesehen). Hieraus folgt sofort die Gültigkeit der asymptotischen Formel für $m = 0$†.

5. Weitere Bemerkungen über das Anwachsen der Eigenwerte. — Auftreten negativer Eigenwerte. Wenn in den Variationsproblemen aus Nr. 5 die Funktion σ bzw. die Zahlen h_1, h_2 nicht negativ sind — wie wir bisher voraussetzten — und dasselbe von q gilt[1], so ist von vornherein klar, daß kein Eigenwert negativ sein kann. Nun zeigt die Betrachtung von Nr. 2: *Ist die Funktion q nicht durchweg positiv, so können höchstens endlich viele negative Eigenwerte auftreten. Dasselbe gilt aber auch, wenn die Funktion σ oder die Konstanten h_1, h_2 negative Werte annehmen können.* Diese Tatsache folgt sofort daraus, daß auch in diesem Falle die Eigenwerte mit wachsendem n gegen Unendlich streben.

Um dies einzusehen, betrachten wir der Kürze halber den Fall eines eindimensionalen Problems mit dem Grundgebiet $0 \leqq x \leqq \pi$ und schätzen die vom Rande herrührenden negativen Bestandteile folgendermaßen ab: Es ist

$$|y(0) - y(\xi)| = \left| \int_0^\xi y'\,dx \right|,$$

wenn ξ eine Stelle im Intervall $0 \leqq x \leqq t$ bedeutet und über den Wert von t mit der Einschränkung $0 < t \leqq \pi$ noch verfügt werden soll. Also gilt zufolge der Schwarzschen Ungleichung:

$$|y(0) - y(\xi)| \leqq \sqrt{t} \sqrt{\int_0^\pi y'^2\,dx}$$

und somit, wenn p_m das Minimum von p bedeutet,

$$|y(0)| \leqq |y(\xi)| + \sqrt{\frac{t}{p_m}} \sqrt{\int_0^\pi p\,y'^2\,dx}.$$

Wenn nun die Bedingung $\int_0^\pi \varrho y^2\,dx = 1$ besteht, so gibt es einen Zwischenwert ξ, so daß $y(\xi)^2 \leqq \frac{1}{t\varrho_m}$ ist, wo ϱ_m das Minimum von ϱ bezeichnet. Also ist

$$|y(0)| \leqq \frac{1}{\sqrt{t\varrho_m}} + \sqrt{\frac{t}{p_m}} \sqrt{\int_0^\pi p\,y'^2\,dx}.$$

† Einen anderen Beweis für $m = 0$ vgl. in § 7, 10.

[1] Die Funktion p wird ebenso wie ϱ stets als nichtnegativ vorausgesetzt.

Nunmehr verfügen wir über t gemäß der Forderung

$$\frac{1}{t} = \sqrt{\int_0^\pi p y'^2 dx},$$

sobald das Integral unter der Wurzel oberhalb der festen Schranke $1/\pi^2$ liegt; dann wird t in das Intervall $0 \leqq x \leqq \pi$ fallen. Sonst setzen wir $t = \pi$. So ergibt sich

$$y(0)^2 \leqq c \sqrt{\int_0^\pi p y'^2 dx} + c_1,$$

wobei c und c_1 von $y(x)$ unabhängige Konstanten sind. Hieraus ergibt sich sofort für jede zulässige Funktion y, da auch für $y(\pi)$ eine analoge Abschätzung besteht, die Gültigkeit der wichtigen Beziehung

$$|h_1 y(0)^2 + h_2 y(\pi)^2| \leqq C_1 \sqrt{\left|\int_0^\pi p y'^2 dx\right|} + C_2,$$

wobei C_1, C_2 geeignete Konstanten sind. Ferner ist sicher

$$\left|\int_0^\pi q y^2 dx\right| \leqq C_3.$$

Wir erhalten also schließlich

$$\mathfrak{D}[y] \geqq \int_0^\pi p y'^2 dx - C_4 \sqrt{\int_0^\pi p y'^2 dx} - C_5 \geqq \frac{1}{2}\int_0^\pi p y'^2 dx - C_6.$$

Da nun die Eigenwerte, die zum Integral $\int_0^\pi p y'^2 dx$ gehören, ins Unendliche anwachsen, gilt dasselbe auch von den zu $\mathfrak{D}[y]$ gehörigen Eigenwerten. Mithin kann es auch hier nur endlich viele negative Eigenwerte geben.

Ganz analog gilt für zweidimensionale Probleme eine Abschätzung der Form

$$\left|\int_\Gamma p \sigma \varphi^2 ds\right| \leqq c_1 \sqrt{|D[\varphi]|} + c_2, \tag{20}$$

und aus dieser Abschätzung ergeben sich dieselben Folgerungen über den wesentlich positiven Charakter der Eigenwerte[1]. Schließlich sei darauf hingewiesen, daß sich mit ganz analogen Überlegungen auch für die allgemeinen Eigenwertprobleme von § 1, Nr. 2 das unendliche Anwachsen der Eigenwerte ergibt[2].

6. Stetigkeitseigenschaften der Eigenwerte. Wenn zunächst die Funktion ϱ in ϱ' geändert wird und dabei $0 < (1-\varepsilon)\varrho \leqq \varrho' \leqq (1+\varepsilon)\varrho$

[1] Vgl. Courant, R.: Über die Eigenwerte bei den Differentialgleichungen der mathematischen Physik. Math. Zeitschr. Bd. 7, S. 1—57. 1920; insbesondere S. 13—17.

[2] Vgl. Courant, R.: Über die Anwendung der Variationsrechnung ... Acta math. 49.

ist, unter ε eine positive Zahl verstanden, so muß nach Satz 7 der n^{te} Eigenwert der Differentialgleichung für die Funktion ϱ' zwischen den n^{ten} Eigenwerten liegen, die wir erhalten, wenn wir in der Differentialgleichung ϱ durch $\varrho(1-\varepsilon)$ bzw. $\varrho(1+\varepsilon)$ ersetzen. Das aber ist offenbar der n^{te} Eigenwert der ursprünglichen Differentialgleichung, multipliziert mit den Faktoren $(1-\varepsilon)^{-1}$ bzw. $(1+\varepsilon)^{-1}$. Wenn ε hinreichend klein genommen wird, so liegen diese beiden Zahlen beliebig nahe beieinander; damit ist bewiesen, *daß der n^{te} Eigenwert sich stetig mit der Funktion ϱ ändert.*

Ebenso hängt der n^{te} Eigenwert stetig von q ab. Es folgt nämlich aus der Relation $\varrho \geqq \varrho_m$, wo ϱ_m eine positive Konstante ist,

$$1 = \iint_G \varrho \varphi^2 \, dx \, dy \geqq \varrho_m \iint_G \varphi^2 \, dx \, dy .$$

Somit ist für alle zulässigen Funktionen φ das Integral $\iint_G \varphi^2 \, dx \, dy$ beschränkt. Daraus ergibt sich, daß bei hinreichend kleiner Änderung der Funktion q sich der Ausdruck $\mathfrak{D}[\varphi]$ beliebig wenig ändert, und zwar gleichmäßig für alle zulässigen Funktionen φ. Also gilt dasselbe für das Maximum-Minimum von $\mathfrak{D}[\varphi]$.

In ähnlicher Weise erkennt man die Stetigkeit der Eigenwerte in ihrer Abhängigkeit von der in der Randbedingung auftretenden Funktion σ. Wir dürfen wiederum von vornherein in dem Variationsproblem voraussetzen, daß die Ausdrücke $\mathfrak{D}[\varphi]$ unterhalb einer festen Schranke liegen[1]. Dann liegt auch nach der Abschätzung (20) das Randintegral $\int_\Gamma \varphi^2 \, ds$ und daher auch $\int_\Gamma p \sigma \varphi^2 \, ds$ unterhalb einer festen Schranke. Ändern wir also in dem Randintegral $\int_\Gamma p \sigma \varphi^2 \, ds$ die Funktion σ um hinreichend wenig ab, so ändert sich auch dieses Randintegral um gleichmäßig beliebig wenig, somit gilt dasselbe für $\mathfrak{D}[\varphi]$ und daher auch für das Maximum-Minimum von $\mathfrak{D}[\varphi]$.

Ganz entsprechend ergibt sich die stetige Abhängigkeit von p.

Zusammenfassend erhalten wir das Resultat:

Satz 8: *Der n^{te} Eigenwert der Differentialgleichung $L[u] + \lambda \varrho u = 0$ ändert sich für alle betrachteten Randbedingungen stetig mit den Koeffizienten der Differentialgleichung.*

---

[1] Etwa unterhalb des zur Randbedingung $u = 0$ gehörigen n^{ten} Eigenwertes eines beliebigen im Innern von G liegenden Quadrates. Denn den Sätzen 3 und 5 zufolge ist der n^{te} Eigenwert von G bei der ursprünglichen Randbedingung sicher höchstens gleich dem eines solchen Quadrates bei der Randbedingung $u = 0$. Die Festsetzung dieser oberen Schranke für $\mathfrak{D}[\varphi]$ kann also an der Lösung des Maximum-Minimum-Problems nichts ändern.

Satz 9: *Der n^{te} Eigenwert ändert sich stetig mit der in der Randbedingung $\frac{\partial u}{\partial n} + \sigma u = 0$ auftretenden Funktion σ.*

Wir untersuchen schließlich die Stetigkeitseigenschaften des n^{ten} *Eigenwertes als Funktion des Gebietes G* und wollen dabei zeigen, daß der n^{te} Eigenwert eines Gebietes G' den n^{ten} Eigenwert des Gebietes G bei entsprechenden Randbedingungen beliebig genau approximiert, wenn das Gebiet G durch das Gebiet G' hinreichend genau approximiert wird. *Dabei müssen wir jedoch den Begriff der Approximation eines Gebietes G durch ein anderes G' genügend scharf fassen.* Sobald in den Randbedingungen normale Ableitungen auftreten, werden wir uns nicht mehr, wie es in der analysis situs üblich ist, damit begnügen können, daß sich die Ränder von G' und G punktweise approximieren, wir werden vielmehr verlangen müssen, daß auch die *Normalen* des Randes von G' die des Randes von *G approximieren.* In der Tat kann man zeigen, daß bei der milderen Auffassung der Approximation der n^{te} Eigenwert nicht eine stetige Funktion des Gebietes zu sein braucht[1].

Analytisch können wir die Approximation des Gebietes G durch das Gebiet G' im schärferen Sinne folgendermaßen kennzeichnen.

Das Gebiet G gehe mit Einschluß des Randes punktweise in das Gebiet G' mit Einschluß des Randes über durch Transformationsgleichungen der Form

$$x' = x + g(x, y), \qquad y' = y + h(x, y), \tag{21}$$

[1] Als einfachstes Beispiel für dieses Vorkommnis diene folgendes: Es sei $L[\varphi] = \Delta\varphi$, $\varrho = 1$. G sei ein Quadrat von der Seite 1. Außerhalb G, zu G parallel orientiert und der Mitte einer der Seiten von G gegenüber werde ein zweites Quadrat G_ε von der Seitenlänge ε im Abstande ε angebracht und sodann sein Inneres mit dem von G durch einen schmalen, senkrecht aufsetzenden Steg S verbunden, welcher von zwei im Abstand η parallelen Geraden der Länge ε begrenzt wird. Das Gebiet G' möge aus den beiden Quadraten G und G_ε sowie dem Stege S bestehen. Der erste Eigenwert von G' bei der Randbedingung $\partial u/\partial n = 0$ ist Null, die zugehörige Eigenfunktion ist $u_1 =$ konst. Wenn nun zu jedem ε die Breite η des Streifens S hinreichend klein gewählt wird, so kann auch der zweite Eigenwert von G' beliebig klein gemacht werden. Betrachten wir nämlich eine Funktion φ in G', welche in G_ε gleich $-1/\varepsilon$, in G gleich einer Konstanten c ist und in S linear von c nach $-1/\varepsilon$ abfällt. Die Konstante c sei so bestimmt, daß das über G' erstreckte Integral von φ verschwindet. Wenn ε hinreichend klein ist, wird sich c von 0 beliebig wenig unterscheiden. Das Integral $D[\varphi]$ über G' wird also von der Größenordnung η/ε^3. Wenn daher η z. B. gleich ε^4 gewählt wird, so ist dieses Integral beliebig klein, während das Integral von φ^2 über G' sich beliebig wenig von 1 unterscheidet. Daher ist der klassischen Minimaleigenschaft der Eigenwerte und Eigenfunktionen zufolge erst recht der zweite Eigenwert von G' beliebig klein. Läßt man ε gegen Null konvergieren, so konvergiert der zweite Eigenwert von G' sicherlich gegen Null, wenn η/ε^3 gegen Null konvergiert. Der zweite Eigenwert von G ist jedoch positiv; also ist er nicht der Grenzwert des zweiten Eigenwertes von G', obwohl der Rand von G' gegen den von G konvergiert.

wobei die Funktionen g, h im ganzen Gebiet stetig und mit stückweise stetigen ersten Ableitungen versehen sind und wobei diese Funktionen ebenso wie ihre ersten Ableitungen absolut genommen unterhalb einer hinreichend kleinen positiven Schranke ε liegen. Wenn dies der Fall ist, so sagen wir, *daß das Gebiet G durch das Gebiet G' mit der Genauigkeit ε approximiert wird.*

Konvergiert ε gegen Null und ändert sich G' entsprechend, so sagen wir, daß G' stetig in G übergeht. Nunmehr gilt, wie wir zeigen wollen, der folgende Satz:

Satz 10: *Der n^{te} Eigenwert der Differentialgleichung $L[u] + \lambda\varrho u = 0$ bei irgendeiner der betrachteten Randbedingungen ändert sich stetig, wenn das Gebiet G in dem gekennzeichneten Sinne stetig deformiert wird.*

Zum Beweise betrachten wir eine Folge von Gebieten G', für welche die oben eingeführte Zahl ε gegen Null konvergiert. Wir lösen die Gleichungen (21) nach x und y auf, setzen

$$\varphi(x, y) = \varphi'(x', y'), \quad p(x, y) = p'(x', y') \quad \text{usw.}, \quad \sigma(x(s), y(s)) = \tau(s)$$

und transformieren die beiden Integrale, aus denen sich $\mathfrak{D}[\varphi]$ zusammensetzt, in ein Integral über das Gebiet G' und eines über seinen Rand Γ'.

Dabei entsteht ein Eigenwertvariationsproblem für das Gebiet G mit Koeffizienten, die sich vom ursprünglichen beliebig wenig unterscheiden. Danach ist die stetige Abhängigkeit mit analogen Methoden zu beweisen, die zu Satz 8 und 9 führten. Wir wollen jedoch den Gedankengang noch einmal im einzelnen durchführen.

Das Integral $D[\varphi]$ geht über in das Integral

$$(22) \quad \iint\limits_{G'} \left(p'[(\varphi'_{x'}(1+g_x) + \varphi'_{y'}h_x)^2 + (\varphi'_{x'}g_y + \varphi'_{y'}(1+h_y))^2] + q'\varphi'^2\right) M^{-1} dx'\,dy',$$

wobei zur Abkürzung für die bei hinreichend kleinem ε beliebig wenig von 1 verschiedene Funktionaldeterminante

$$M = \left(1 + \frac{\partial g}{\partial x}\right)\left(1 + \frac{\partial h}{\partial y}\right) - \frac{\partial g}{\partial y}\frac{\partial h}{\partial x}$$

gesetzt ist. Für das Randintegral ergibt sich

$$\int\limits_{\Gamma} p\sigma\varphi^2\,ds = \int\limits_{\Gamma'} p'\tau(s)\varphi'^2\frac{ds}{ds'}\,ds'.$$

Hierbei bedeutet ds' das Linienelement des Randes Γ' von G'.

Setzen wir allgemein

$$D'[\psi] = \iint\limits_{G'} (p(\psi_x^2 + \psi_y^2) + q\psi^2)\,dx\,dy, \quad \mathfrak{D}'[\psi] = D'[\psi] + \int\limits_{\Gamma'} p\tau(s)\psi^2\,ds',$$

so unterscheidet sich der Integrand in (22) von dem in $D'[\varphi']$ durch den Faktor M^{-1}, den von 1 beliebig wenig verschiedenen Faktor $p:p'$ und additive Glieder, in denen $\varphi'^2_{x'}$, $\varphi'^2_{y'}$, $\varphi'_{x'}$, $\varphi'_{y'}$ und φ'^2 mit Faktoren multipliziert erscheinen, die mit ε gegen Null konvergieren. Mit Hilfe der Ungleichung

$$2\left|\iint_{G'} \varphi'_{x'}\,\varphi'_{y'}\,dx'\,dy'\right| \leqq \iint_{G'} (\varphi'^2_{x'} + \varphi'^2_{y'})\,dx'\,dy'$$

ergibt sich die Beziehung

$$D[\varphi] = (1+\delta)\,D'[\varphi'],$$

worin δ hier wie im folgenden eine — wenn auch nicht immer dieselbe — mit ε gegen Null strebende Größe bezeichnet. Nun unterscheidet sich ds/ds' bei hinreichend kleinem ε beliebig wenig von 1; daher wird

$$\int_{\Gamma'} p'\,\tau(s)\,\varphi'^2\,\frac{ds}{ds'}\,ds' = (1+\delta)\int_{\Gamma'} p\,\tau(s)\,\varphi'^2\,ds'$$

und im ganzen

$$\mathfrak{D}[\varphi] = (1+\delta)\,\mathfrak{D}'[\varphi'].$$

Wir haben ferner die Nebenbedingungen (3a), (17) von § 1 für die Funktionen φ zu transformieren und erhalten

$$\iint_G \varrho\,\varphi^2\,dx\,dy = \iint_{G'} \varrho'\,M^{-1}\,\varphi'^2\,dx'\,dy' = 1,$$

$$\iint_G \varrho\,\varphi\,v_i\,dx\,dy = \iint_{G'} \varrho'\,M^{-1}\varphi'\,v_i\,dx'\,dy' = 0 \qquad (i = 1, 2, \ldots, n-1).$$

Multiplizieren wir die Funktionen φ' und v_i mit — bei kleinem ε von 1 beliebig wenig verschiedenen — konstanten Faktoren, so daß für die neuen entstehenden Funktionen φ'' und v'_i die Relationen

$$\iint_{G'} \varrho\,\varphi''^2\,dx'\,dy' = 1,$$

$$\iint_{G'} \varrho\,\varphi''\,v'_i\,dx'\,dy' = 0 \qquad (i = 1, 2, \ldots, n-1)$$

gelten, so wird erstens

$$\mathfrak{D}[\varphi] = (1+\delta)\,\mathfrak{D}'[\varphi''];$$

zweitens genügt die Funktion φ'' den Bedingungen des Maximum-Minimum-Problems, welches den n^{ten} Eigenwert von G' charakterisiert, wobei die Funktionen v'_i die Rolle der Funktionen v_i in G spielen. Da nun der Bereich sämtlicher zulässiger Funktionensysteme v'_i zugleich mit dem der Funktionensysteme v_i durchlaufen wird, so folgt, daß auch das Maximum-Minimum der linken Seite sich von dem der rechten nur um einen — mit gegen Null konvergierendem ε — gegen 1 konvergierenden Faktor unterscheiden kann. Damit ist aber Satz 10 bewiesen. Wir erkennen gleichzeitig aus der obigen Entwicklung, daß dieser Satz sich folgendermaßen präzisieren läßt:

Zusatz zu Satz 10: *Wenn ein Gebiet G' in ein Gebiet G durch die Transformation* (21) *übergeht und dabei* $\left|\frac{\partial g}{\partial x}\right| < \varepsilon$, $\left|\frac{\partial g}{\partial y}\right| < \varepsilon$, $\left|\frac{\partial h}{\partial x}\right| < \varepsilon$, $\left|\frac{\partial h}{\partial y}\right| < \varepsilon$ *ist, unter ε eine beliebig kleine positive Zahl verstanden, so gibt es eine nur von ε abhängige, mit ε zugleich gegen Null konvergierende Zahl η derart, daß die n^{ten} Eigenwerte μ_n, μ_n' der Gebiete G und G' für irgendwelche der betrachteten Randbedingungen und jedes n der Beziehung*

$$\left|\frac{\mu_n'}{\mu_n} - 1\right| < \eta$$

genügen.

Für die Randbedingung $u = 0$, bei welcher keinerlei normale Ableitung auftritt, gilt naturgemäß der Stetigkeitssatz in weiterem Umfange:

Satz 11: *Der n^{te} Eigenwert der Differentialgleichung $L[u] + \lambda \varrho u = 0$ für die Randbedingung $u = 0$ ist auch dann noch eine stetige Funktion des Gebietes G, wenn bei der stetigen Deformation des Gebietes die Stetigkeit der Veränderung der Normalen nicht mehr gefordert wird.*

Man kann nämlich die Ränder zweier Gebiete G und G', welche hinreichend benachbart sind, ohne daß in benachbarten entsprechenden Randpunkten auch die Normalen benachbarte Richtungen besitzen müssen, stets zwischen die Ränder zweier im engeren Sinne hinreichend benachbarter Gebiete B und B' einschließen. Da nun der n^{te} Eigenwert für die Randbedingung $u = 0$ nach Satz 3 eine monotone Funktion des Gebietes ist, so liegen die n^{ten} Eigenwerte von G und G' zwischen denen von B und B', welche nach Satz 10 ihrerseits benachbart sind. Damit ist Satz 11 bewiesen.

Die letzten Betrachtungen liefern uns, wenn wir nicht den Grenzübergang $\varepsilon \to 0$ ausführen, das folgende allgemeinere Resultat:

Gehen zwei Gebiete G und G' auseinander durch eine Punkttransformation der obigen Art hervor, für welche der absolute Betrag der Funktionaldeterminante zwischen endlichen positiven Grenzen bleibt, und bedeutet λ_n bzw. λ_n' den n^{ten} Eigenwert des Gebietes G bzw. G', so liegt der Quotient λ_n/λ_n' für hinreichend große n zwischen positiven, von n unabhängigen Schranken.

§ 3. Der Vollständigkeitssatz und der Entwicklungssatz.

1. Die Vollständigkeit der Eigenfunktionen. Bei den in § 1 und 2 betrachteten Variationsproblemen für den Quotienten $\mathfrak{D}[\varphi]:\mathfrak{H}[\varphi]$ hatte sich für die Eigenwerte die Beziehung

$$\lim_{n \to \infty} \lambda_n = \infty$$

ergeben. Wesentlich hierfür war der positiv-definite Charakter von $\mathfrak{H}[\varphi]$, der sich darin ausspricht, daß $\mathfrak{H}[\varphi]$ nur positiver Werte fähig ist und nur zugleich mit dem Integranden φ verschwindet. Wir wollen nunmehr gestützt auf die obige Limesbeziehung den Vollständigkeitssatz in folgender Form beweisen:

Das System der zum Quotienten $\mathfrak{D}[\varphi]:\mathfrak{H}[\varphi]$ gehörigen Eigenfunktionen ist vollständig, und zwar in dem Sinne, daß für jede stetige Funktion f und jede noch so kleine positive Größe ε eine lineare Kombination von endlich vielen Eigenfunktionen

$$\alpha_1 u_1 + \alpha_2 u_2 + \cdots + \alpha_n u_n = \omega_n$$

gebildet werden kann, für welche

$$\mathfrak{H}[f - \omega_n] < \varepsilon$$

wird. Die beste Approximation, d. h. der kleinste Wert von $\mathfrak{H}[f - \omega_n]$ wird bei den Fourierschen Entwicklungskoeffizienten

$$\alpha_i = c_i = \mathfrak{H}[f, u_i]$$

erreicht; mit ihnen gilt die Vollständigkeitsrelation

$$\mathfrak{H}[f] = \sum_{i=1}^{\infty} c_i^2. \tag{23}$$

Wir bemerken zunächst: Daß die in bezug auf $\mathfrak{H}$ günstigste mittlere Approximation von f durch eine Kombination der ersten n Eigenfunktionen, d. h. der kleinste Wert von $\mathfrak{H}[f - \omega_n]$, erreicht wird für $\alpha_i = c_i = \mathfrak{H}[f, u_i]$ (also durch Koeffizienten, die unabhängig von n sind), ergibt sich in genau derselben Weise wie bei beliebigen Orthogonalfunktionen unter Berücksichtigung der Relationen (8) aus § 1. Aus der Beziehung

$$0 \leqq \mathfrak{H}\left[f - \sum_{i=1}^{n} c_i u_i\right] = \mathfrak{H}[f] - \sum_{i=1}^{n} c_i^2$$

folgt nun unmittelbar die Konvergenz der unendlichen Reihe $\sum_{i=1}^{\infty} c_i^2$ und genauer die Besselsche Ungleichung $\sum_{i=1}^{\infty} c_i^2 \leqq \mathfrak{H}[f]$.

Um zu beweisen, daß nicht nur diese Ungleichung, sondern die Vollständigkeitsgleichung (23) gilt, nehmen wir zunächst an, daß die Funktion f den beim zugehörigen Variationsproblem geforderten Zulassungsbedingungen genügt. Dann besitzt die Funktion

$$\varrho_n = f - \sum_{i=1}^{n} c_i u_i$$

die Orthogonalitätseigenschaften

$$\mathfrak{H}[\varrho_n, u_i] = 0 \qquad (i = 1, \ldots, n)$$

und also nach § 1 (7) auch die Orthogonalitätseigenschaften

$$\mathfrak{D}[\varrho_n, u_i] = 0 \qquad (i = 1, \ldots, n). \tag{24}$$

Wegen der ersten von ihnen und wegen der Minimumeigenschaft von λ_{n+1} gilt

$$\lambda_{n+1}\mathfrak{H}[\varrho_n] \leqq \mathfrak{D}[\varrho_n]. \tag{25}$$

Andererseits bleibt $\mathfrak{D}[\varrho_n]$ beschränkt. Denn es ist

$$\mathfrak{D}[f] = \mathfrak{D}\left[\sum_{i=1}^{n} c_i u_i\right] + 2\mathfrak{D}\left[\sum_{i=1}^{n} c_i u_i, \varrho_n\right] + \mathfrak{D}[\varrho_n],$$

also wegen der obigen Relationen (24)

$$\mathfrak{D}[f] = \mathfrak{D}\left[\sum_{i=1}^{n} c_i u_i\right] + \mathfrak{D}[\varrho_n].$$

Nun ist $\mathfrak{D}\left[\sum_{i=1}^{n} c_i u_i\right] = \sum_{i=1}^{n} \lambda_i c_i^2$ und bleibt also, da nur endlich viele Eigenwerte negativ sein können, bei wachsendem n oberhalb einer festen Schranke; somit ist $\mathfrak{D}[\varrho_n]$ nach oben beschränkt.

Wegen der Relation (25) und des unendlichen Anwachsens von λ_{n+1} gilt also für $n \to \infty$

$$\mathfrak{H}[f] - \sum_{i=1}^{n} c_i^2 = \mathfrak{H}[\varrho_n] \to 0,$$

womit die Vollständigkeitsrelation und mit ihr die Vollständigkeit (23) bewiesen ist.

Genügt die stetige Funktion f nicht den Zulassungsbedingungen des Problems, so kann man sie sicherlich durch eine diesen Bedingungen genügende Funktion f^* so approximieren, daß $\mathfrak{H}[f - f^*] < \varepsilon/4$ wird, sodann f^* durch eine Funktion $f_n^* = \sum_{i=1}^{n} c_i^* u_i$, so daß $\mathfrak{H}[f^* - f_n^*] < \varepsilon/4$ wird. Dann ist mit Rücksicht auf

$$\mathfrak{H}[f - f_n^*] = \mathfrak{H}[f - f^*] + \mathfrak{H}[f^* - f_n^*] + 2\mathfrak{H}[f - f^*, f^* - f_n^*]$$

und auf die Schwarzsche Ungleichung gewiß $\mathfrak{H}[f - f_n^*] < \varepsilon$ und wegen der Minimumeigenschaft von ϱ_n erst recht $\mathfrak{H}[\varrho_n] < \varepsilon$, womit die Vollständigkeitseigenschaft auch für nur stetige Funktionen f bewiesen ist.

Aus der so bewiesenen Vollständigkeitseigenschaft der Lösungen unserer Variationsprobleme ergibt sich nun, daß wir in ihnen wirklich die Gesamtheit der Eigenfunktionen unseres entsprechenden Differentialgleichungsproblemes gewonnen haben (vgl. die in Kap. V öfter, z. B. S. 259, angewandte Schlußweise).

Übrigens folgert man leicht aus der Vollständigkeitsrelation (23) die für ein Paar von Funktionen f und g gültige allgemeinere Vollständigkeitsrelation

(23a) $$\mathfrak{H}[f, g] = \sum_{i=1}^{n} \mathfrak{H}[f, u_i]\, \mathfrak{H}[g, u_i].$$

2. Der Entwicklungssatz. Es bereitet im Falle einer unabhängigen Variablen keine Schwierigkeit, in Erweiterung des Vollständigkeitssatzes die Sätze über die Entwicklung willkürlicher Funktionen nach Eigenfunktionen von unserem jetzigen Standpunkte aus zu beweisen und zwar unter wesentlich verringerten Voraussetzungen gegenüber Kap. V. Wir wollen zeigen: *Jede den Zulassungsbedingungen eines Eigenwertvariationsproblems genügende Funktion $f(x)$ läßt sich in eine* *absolut und gleichmäßig konvergente Reihe* $\sum_{n=1}^{\infty} c_n u_n$ *nach den Eigenfunktionen entwickeln.*

Wegen der Vollständigkeit des orthogonalen Funktionensystems $\sqrt{\varrho}\, u_n$ genügt es, zu zeigen, daß die Reihe $\sum_{n=1}^{\infty} c_n u_n$ mit $c_n = \int_0^{\pi} \varrho f u_n\, dx$ gleichmäßig konvergiert (vgl. Kap. II, S. 44). Zum Beweise betrachten wir wieder die Funktion $\varrho_n = f - \sum_{\nu=1}^{n} c_\nu u_\nu$. Es ist, wie wir oben S. 370 sahen,

$$\mathfrak{D}[\varrho_n] = \mathfrak{D}[f] - \sum_{\nu=1}^{n} c_\nu^2 \lambda_\nu .$$

Für genügend große n, etwa $n \geqq N$ ist $\lambda_{n+1} \geqq 0$, also $\mathfrak{D}[\varrho_n] \geqq 0$; mithin konvergiert die Reihe $\sum_{\nu=1}^{\infty} c_\nu^2 \lambda_\nu$, da ihre Glieder für $\nu > N$ nicht negativ sind. Nun wird zufolge der Schwarzschen Ungleichung

$$\left(\sum_{n=h}^{k} c_n u_n(x)\right)^2 \leqq \sum_{n=h}^{k} c_n^2 \lambda_n \sum_{n=h}^{k} \frac{u_n^2(x)}{\lambda_n} \leqq \sum_{n=1}^{\infty} c_n^2 \lambda_n \sum_{n=h}^{\infty} \frac{u_n^2(x)}{\lambda_n} .$$

Wir wissen nun aus Kap. V, § 11, 3, daß $|u_n(x)| < C$ bleibt, wobei C eine von n unabhängige Konstante ist. Da λ_n/n^2 nach § 2, 2 und 3 zwischen endlichen Schranken bleibt, und da $\sum_{n=1}^{\infty} \frac{1}{n^2}$ konvergiert, so wird $\sum_{n=h}^{k} \frac{u_n^2(x)}{\lambda_n}$ bei hinreichend großem h und k gleichmäßig für alle x beliebig klein und somit ebenfalls $\sum_{n=h}^{k} |c_n u_n(x)|$; das heißt aber, die obige Reihe konvergiert absolut und gleichmäßig, womit der behauptete Entwicklungssatz bewiesen ist.

Unsere Überlegungen und Resultate behalten ihre Gültigkeit auch für den Fall von Singularitäten, wie bei den Legendreschen und Besselschen Eigenfunktionen. Jedoch gilt unser Beweis für den Entwicklungssatz hier nur, wenn wir eine — beliebig kleine — Umgebung der singulären Stellen ausschließen, da wir für eine solche Umgebung die Beschränktheit der normierten Eigenfunktionen nicht bewiesen haben.

3. Verschärfung des Entwicklungssatzes. Die asymptotischen Ausdrücke, die wir in Kap. V, § 11, 5 für die Sturm-Liouvilleschen Eigenfunktionen gefunden haben, erlauben uns, in einfachster Weise den bewiesenen Entwicklungssatz wesentlich zu verallgemeinern, und zwar den Satz zu beweisen, *daß jede im Grundgebiete stückweise stetige Funktion mit quadratisch integrierbarer erster Ableitung*[1] *sich in eine*

[1] Wir meinen mit quadratischer Integrierbarkeit der Ableitung, daß das Integral über das Quadrat der Ableitung für jedes der endlich vielen Intervalle des Grundgebietes endlich bleibt, für welche die Funktion stetig ist.

Reihe nach den Eigenfunktionen entwickeln läßt, welche in allen von Sprungstellen der Funktion freien abgeschlossenen Teilgebieten absolut und gleichmäßig konvergiert und in den Sprungstellen wie die Fouriersche Reihe das arithmetische Mittel des rechten und linken Grenzwertes darstellt. (Man beachte, daß dieser Satz von den zu entwickelnden Funktionen *nicht* die Erfüllung der Randbedingungen verlangt.)

Wir denken uns zunächst wie in § 2, 3 die Differentialgleichung auf die Form

$$z'' - rz + \lambda z = 0 \tag{18}$$

für die Funktion $z(t)$ im Intervall $0 \leqq t \leqq l$ gebracht. Sodann betrachten wir die Reihe

$$G(t, \tau) = \sum_{n=1}^{\infty} \frac{z_n(t)\, z_n(\tau)}{\lambda_n},$$

worin z_n die n^{te} Eigenfunktion der obigen Differentialgleichung, etwa für die Randbedingung $z = 0$, bedeutet.

Die Anwendung der asymptotischen Formeln (70) und (71) aus Kap. V sowie der Formel (19) ergibt

$$G(t, \tau) = \frac{2}{\pi} \sum_{n=1}^{\infty} \frac{\sin n \frac{\pi}{l} t \cos n \frac{\pi}{l} \tau}{n} + \sum_{n=1}^{\infty} \psi_n(t, \tau),$$

wobei $\psi_n(t, \tau) = O(1/n^2)$ ist, so daß sich $G(t, \tau)$ nur additiv um eine absolut und gleichmäßig konvergente Reihe unterscheidet von

$$G^*(t, \tau) = \frac{2}{\pi} \sum_{n=1}^{\infty} \frac{\sin n \frac{\pi}{l} t \cos n \frac{\pi}{l} \tau}{n}$$

$$= \frac{1}{\pi} \sum_{n=1}^{\infty} \frac{1}{n} \left(\sin n \frac{\pi}{l} (t + \tau) + \sin n \frac{\pi}{l} (t - \tau) \right).$$

Von dieser Reihe wissen wir aber aus Kap. II, § 5, 1: Bei festem τ $(0 < \tau \leqq l)$ konvergiert sie absolut und gleichmäßig für alle t eines abgeschlossenen Intervalles, welches den Bedingungen $|t + \tau| > \varepsilon$, $|t - \tau| > \varepsilon$ mit $\varepsilon > 0$ genügt, was wegen $\tau > 0$, $t > 0$ besagt, daß das Intervall den Punkt $t = \tau$ nicht enthalten darf. Während also die Reihe für $t \neq \tau$ eine stetige Funktion darstellt, besitzt ihre Summe für $t = \tau$ einen endlichen Sprung und ist dort, wiederum nach Kap. II, § 5 gleich dem arithmetischen Mittel der beiderseitigen Grenzwerte.

Wenn wir bei einer willkürlichen Funktion, die den obengenannten Bedingungen genügt, durch Addition einer geeigneten Summe

$$\sum_i a_i G(t, \tau_i)$$

die Unstetigkeiten beseitigen und, wenn nötig, die Randbedingung erfüllen, so erhalten wir eine Funktion, welche die Voraussetzungen des bereits in Nr. 2 bewiesenen allgemeinen Entwicklungssatzes erfüllt und somit in eine gleichmäßig konvergente Reihe nach den Eigenfunktionen entwickelt werden kann. Die hinzugefügte Summe aber ist nach den soeben erhaltenen Ergebnissen darstellbar durch eine Reihe nach Eigenfunktionen, welche die in dem obigen Satz behaupteten Eigenschaften besitzt. Damit ist der oben ausgesprochene Satz zunächst für die Entwicklung nach den Eigenfunktionen der Differentialgleichung (18) bewiesen. Transformieren wir die Variablen z, t wieder zurück in y, x und demgemäß die Differentialgleichung in die allgemeine Sturm-Liouvillesche Gestalt, so erhalten wir unmittelbar den Entwicklungssatz auch für die Eigenfunktionen $y_n(x)$ der ursprünglichen Differentialgleichung, da diese aus den Eigenfunktionen z_n bis auf konstante Faktoren durch Multiplikation mit derselben nirgends verschwindenden Funktion entstehen.

§ 4. Die asymptotische Verteilung der Eigenwerte.

Unsere in § 2 gewonnenen Resultate und Methoden gestatten uns, auch bei mehreren unabhängigen Variablen mühelos das asymptotische Verhalten des n^{ten} Eigenwertes bei wachsendem n zu verfolgen, was wir bei einer unabhängigen Variabeln schon in § 2, 2 und 3 taten. Das hervorstechende und für prinzipielle physikalische Fragen wichtige Ergebnis dieser Untersuchungen wird sein, *daß für Differentialgleichungen mit konstanten Koeffizienten das asymptotische Verhalten der Eigenwerte nicht von der Gestalt, sondern lediglich von der Größe des Grundgebietes abhängt.*

1. Die Differentialgleichung $\Delta u + \lambda u = 0$ für ein Rechteck. Wir gehen von der Bemerkung aus, daß wir für ein Rechteck mit den Seitenlängen a und b nach Kap. V, § 5, 4 die Eigenfunktionen und Eigenwerte von $\Delta u + \lambda u = 0$ explizite angeben können, und zwar bei der Randbedingung $u = 0$ durch die Ausdrücke — bis auf einen Normierungsfaktor —

$$\sin\frac{l\pi x}{a}\sin\frac{m\pi y}{b}, \qquad \pi^2\left(\frac{l^2}{a^2}+\frac{m^2}{b^2}\right) \qquad (l, m = 1, 2, 3, \ldots),$$

bei der Randbedingung $\partial u/\partial n = 0$ durch die Ausdrücke

$$\cos\frac{l\pi x}{a}\cos\frac{m\pi y}{b}, \qquad \pi^2\left(\frac{l^2}{a^2}+\frac{m^2}{b^2}\right) \qquad (l, m = 0, 1, 2, 3, \ldots).$$

Bezeichnet man die Anzahl der unterhalb einer Grenze λ gelegenen Eigenwerte im ersten Falle mit $A(\lambda)$, im zweiten Falle mit $B(\lambda)$, so sind diese Anzahlen identisch mit den Anzahlen der ganzzahligen Lösungen der Ungleichung

$$\frac{l^2}{a^2}+\frac{m^2}{b^2} \leqq \frac{\lambda}{\pi^2},$$

wobei im ersten Falle $l > 0, m > 0$, im zweiten $l \geqq 0$, $m \geqq 0$ vorgeschrieben ist. Für die gesuchten Anzahlen $A(\lambda)$ und $B(\lambda)$ lassen sich nun einfache *asymptotische Ausdrücke* bei großem λ angeben. Die Anzahl $A(\lambda)$ z. B. ist genau gleich der Anzahl der Gitterpunkte im positiven Quadranten der Ellipse $\frac{x^2}{a^2} + \frac{y^2}{b^2} = \frac{\lambda}{\pi^2}$. Bei hinreichend großem λ wird der Quotient aus dem Flächeninhalt dieses Ellipsenquadranten und der Anzahl der in ihm liegenden Gitterpunkte beliebig nahe an 1 liegen. Ordnet man nämlich jedem Gitterpunkt das rechts oben von ihm gelegene Gitterquadrat zu, so enthält der von diesen Quadraten gebildete Bereich den Ellipsenquadranten; läßt man dagegen die vom Ellipsenbogen durchschnittenen Quadrate weg — ihre Anzahl sei $R(\lambda)$ —, so ist der übrigbleibende Bereich im Ellipsenquadranten enthalten. Wir haben also die Ungleichung zwischen den Flächeninhalten

$$A(\lambda) - R(\lambda) \leqq \lambda \frac{ab}{4\pi} \leqq A(\lambda).$$

Der in zwei aufeinanderfolgenden Randquadraten eines Quadranten enthaltene Ellipsenbogen hat aber bei hinreichend großem λ mindestens die Länge 1; daher ist $R(\lambda) - 1$ höchstens gleich der doppelten Länge der Viertelellipse, und diese wächst nur proportional mit $\sqrt{\lambda}$. So ergibt sich die gesuchte asymptotische Formel $\lim\limits_{\lambda \to \infty} \frac{A(\lambda)}{\lambda} = \frac{ab}{4\pi}$ oder

$$A(\lambda) \sim \lambda \frac{ab}{4\pi}.$$

Genauer können wir schreiben

$$A(\lambda) = \frac{ab}{4\pi}\lambda + \vartheta c \sqrt{\lambda},$$

wobei c eine von λ unabhängige Konstante, $|\vartheta| < 1$ ist. Diese Darstellung gilt für beide betrachteten Randbedingungen, d. h. auch für $B(\lambda)$, da die Anzahl der Gitterpunkte auf den gradlinigen Randstücken des Ellipsenquadranten asymptotisch gleich $\frac{a+b}{\pi}\sqrt{\lambda}$ ist. Denken wir uns die Eigenwerte nach wachsender Größe in eine Reihe $\lambda_1, \lambda_2, \lambda_3, \ldots$ geordnet, so können wir hieraus *asymptotisch den n^{ten} Eigenwert berechnen*, indem wir $A(\lambda_n) = n$ bzw. $B(\lambda_n) = n$ setzen. Es ergibt sich

$$\lambda_n \sim \frac{4\pi}{ab} A(\lambda_n) \sim \frac{4\pi}{ab} n$$

oder

$$\lim_{n \to \infty} \frac{\lambda_n}{n} = \frac{4\pi}{ab}.$$

2. Die Differentialgleichung $\Delta u + \lambda u = 0$ bei Gebieten, welche aus endlich vielen Quadraten oder Würfeln bestehen. Wir betrachten nunmehr die Differentialgleichung $\Delta u + \lambda u = 0$ für ein Gebiet G, das sich in endlich viele, etwa h, kongruente Quadrate — bzw. im Falle von drei unabhängigen Variablen Würfel — der Seitenlänge a zerlegen läßt. Wir werden solche Gebiete als „Quadratgebiete" bzw. „Würfelgebiete" bezeichnen. Der Flächeninhalt bzw. das Volumen von G ist dann $f = ha^2$ bzw. $V = ha^3$.

Im folgenden werden wir mit dem Buchstaben ϑ stets eine zwischen -1 und $+1$ liegende Zahl, mit dem Buchstaben c oder C eine positive Konstante bezeichnen und uns die Freiheit gestatten, gelegentlich, wenn ein Mißverständnis ausgeschlossen erscheint, die Unterscheidung verschiedener solcher Werte ϑ bzw. c oder C durch Indices usw. fortzulassen.

Es sei nun $A(\lambda)$ bzw. $B(\lambda)$ die Anzahl der unterhalb einer Grenze λ gelegenen Eigenwerte der Differentialgleichung $\Delta u + \lambda u = 0$ für das Gebiet G — wir betrachten zunächst den Fall von zwei unabhängigen Veränderlichen — und die Randbedingung $u = 0$ bzw. $\partial u/\partial n = 0$. Bezeichnen wir mit $A_{Q_1}(\lambda), A_{Q_2}(\lambda), \ldots, A_{Q_h}(\lambda)$ die entsprechenden Anzahlen für die Teilquadrate bei der Randbedingung $u = 0$, mit $B_{Q_1}(\lambda)$, $B_{Q_2}(\lambda), \ldots, B_{Q_h}(\lambda)$ diese Anzahlen bei der Randbedingung $\partial u/\partial n = 0$, so gilt nach Nr. 1

$$A_Q(\lambda) = \frac{a^2}{4\pi}\lambda + \vartheta c a\sqrt{\lambda}, \qquad B_Q(\lambda) = \frac{a^2}{4\pi}\lambda + \vartheta' c\, a\sqrt{\lambda}, \tag{26}$$

und es besagt Satz 5 in Verbindung mit Satz 2 und 4 (vgl. § 2)

$$A_{Q_1}(\lambda) + \cdots + A_{Q_h}(\lambda) \leqq A(\lambda) \leqq B_{Q_1}(\lambda) + \cdots + B_{Q_h}(\lambda).$$

Da aber diese Anzahlen $A_{Q_i}(\lambda)$, $B_{Q_i}(\lambda)$ übereinstimmend durch die Gleichungen (26) gegeben werden, so schließen wir

$$A(\lambda) = \frac{f}{4\pi}\lambda + \vartheta c a\sqrt{\lambda}.$$

Mit anderen Worten, es gilt folgender Satz:

Satz 12: *Die Anzahl $A(\lambda)$ der unterhalb einer Grenze λ gelegenen Eigenwerte der Differentialgleichung $\Delta u + \lambda u = 0$ für ein Quadratgebiet vom Flächeninhalt f ist bei allen oben betrachteten Randbedingungen asymptotisch gleich*

$$\frac{f}{4\pi}\lambda,$$

d. h. es gilt

$$\lim_{\lambda\to\infty} \frac{A(\lambda)}{f\lambda} = \frac{1}{4\pi}. \tag{27}$$

Genauer besteht für alle hinreichend großen λ die Beziehung

$$\left|\frac{4\pi A(\lambda)}{f\lambda} - 1\right| < \frac{C}{\sqrt{\lambda}}, \tag{28}$$

worin C eine von λ unabhängige Konstante bedeutet.

Bezeichnet man mit ϱ_n den n^{ten} zu einer der betrachteten Randbedingungen gehörigen Eigenwert, so ist die Aussage dieses Satzes bzw. der Gleichung (28) äquivalent mit der Gleichung

$$\varrho_n = \frac{4\pi}{f} n + \vartheta c \sqrt{n}, \tag{29}$$

wo wieder $-1 \leqq \vartheta \leqq 1$ und c eine von n unabhängige Konstante bedeutet. Man braucht, um dies einzusehen, in (28) nur $A(\varrho_n) = n$ zu setzen.

Die Gültigkeit des Satzes 12 bleibt bestehen, auch wenn etwa in der Randbedingung $\frac{\partial u}{\partial n} + \sigma u = 0$ die Funktion σ negative Werte annehmen kann. Wir schließen dies wiederum mit Hilfe der Überlegung aus § 2, 5. Vorab bemerken wir, daß nach Satz 5 der n^{te} Eigenwert μ_n bei der betrachteten Randbedingung $\frac{\partial u}{\partial n} + \sigma u = 0$ jedenfalls nicht größer sein kann als der n^{te} Eigenwert λ_n bei der Randbedingung $u = 0$. Wir dürfen also von vornherein voraussetzen, daß der Ausdruck

$$\mathfrak{D}[\varphi] = D[\varphi] + \int_\Gamma p \sigma \varphi^2 \, ds,$$

dessen Maximum-Minimum ja μ_n ist, die Grenze λ_n für keine der zur Konkurrenz in dem Variationsproblem zugelassenen Funktionen φ übersteigt; die Lösung des Maximum-Minimumproblems wird dadurch nicht geändert.

Nun ist nach § 2, 5

$$\left| \int_\Gamma p \sigma \varphi^2 \, ds \right| < c_1 \sqrt{|D[\varphi]|} + c_2,$$

wobei c_1, c_2 numerische Konstante bedeuten; es wird also

$$D[\varphi] - c_1 \sqrt{|D[\varphi]|} - c_2 < \mathfrak{D}[\varphi] < D[\varphi] + c_1 \sqrt{|D[\varphi]|} + c_2.$$

Aus der Annahme $\mathfrak{D}[\varphi] \leqq \lambda_n$ folgt

$$D[\varphi] - c_1 \sqrt{|D[\varphi]|} - c_2 < \lambda_n,$$

und hieraus wiederum ergibt sich, daß $D[\varphi]$ mit n nicht stärker wachsen kann als λ_n, d. h. daß eine Relation der Form

$$D[\varphi] < c_3 \lambda_n$$

gelten muß, unter c_3 wiederum eine Konstante verstanden. Mithin wird, da ja die Beziehung (29) für $\varrho_n = \lambda_n$ gilt, unter den über φ gemachten Voraussetzungen

$$D[\varphi] - c_4 \sqrt{n} \leqq \mathfrak{D}[\varphi] \leqq D[\varphi] + c_4 \sqrt{n},$$

und diese Beziehung gilt für die unteren Grenzen der Ausdrücke $\mathfrak{D}[\varphi]$ und $D[\varphi]$ bei gegebenen Funktionen $v_1, v_2, \ldots, v_{n-1}$, mithin auch für die Maxima dieser unteren Grenzen. Dieses Maximum ist für $D[\varphi]$ der n^{te} zur Randbedingung $\partial u / \partial n = 0$ gehörige Eigenwert, für den die Beziehung (29) schon bewiesen ist. Daher folgt sie nun unmittelbar auch für das Maximum der unteren Grenze von $\mathfrak{D}[\varphi]$, den betrachteten n^{ten} Eigenwert μ_n bei der Randbedingung $\frac{\partial u}{\partial n} + \sigma u = 0$, und diese Beziehung ist mit der Aussage von Satz 12 gleichbedeutend.

Wenn statt zweier unabhängiger Variablen drei vorliegen, so ändern sich in der vorangehenden Betrachtung nur die Ausdrücke $A_Q(\lambda)$, $B_Q(\lambda)$ für die Anzahlen der unterhalb einer Grenze λ gelegenen Eigenwerte bei den Randbedingungen $u = 0$ bzw. $\partial u/\partial n = 0$, und zwar wird

$$\text{(26a)} \quad A_Q(\lambda) = \frac{1}{6\pi^2} a^3 \lambda^{\frac{3}{2}} + \vartheta c a^2 \lambda, \qquad B_Q(\lambda) = \frac{1}{6\pi^2} a^3 \lambda^{\frac{3}{2}} + \vartheta c a^2 \lambda.$$

Somit erhalten wir jetzt das Resultat:

Satz 13: *Die Anzahl $A(\lambda)$ der unterhalb einer Grenze λ gelegenen Eigenwerte der Differentialgleichung $\Delta u + \lambda u = 0$ für ein aus endlich vielen kongruenten Würfeln bestehendes Polyeder vom Rauminhalt V ist bei allen betrachteten Randbedingungen asymptotisch gleich $\frac{V}{6\pi^2}\lambda^{\frac{3}{2}}$, d. h. es gilt*

$$\text{(27a)} \qquad \lim_{\lambda\to\infty} \frac{A(\lambda)}{V\lambda^{\frac{3}{2}}} = \frac{1}{6\pi^2}.$$

Genauer besteht bei hinreichend großem λ die Formel

$$\text{(28a)} \qquad \left| \frac{6\pi^2 A(\lambda)}{V\lambda^{\frac{3}{2}}} - 1 \right| < C\frac{1}{\sqrt{\lambda}},$$

wobei C eine von λ unabhängige Konstante ist[1].

3. Ausdehnung des Resultates auf die allgemeine Differentialgleichung $L[u] + \lambda\varrho u = 0$. Um die gewonnenen Sätze über die asymptotische Eigenwertverteilung auf die allgemeine sich selbst adjungierte Differentialgleichung (1) zu übertragen, denken wir uns die Quadrateinteilung bzw. Würfeleinteilung des Gebietes G durch mehrfach fortgesetzte Halbierung der Seitenlänge a so verfeinert, daß in jedem der entstehenden Elementargebiete die Differenz zwischen dem größten und kleinsten Wert der Funktionen p bzw. ϱ unterhalb einer vorgegebenen hinreichend kleinen positiven Zahl ε bleibt. Wir beachten ferner, *daß die Funktion q auf die asymptotische Eigenwertverteilung überhaupt keinen Einfluß ausüben kann,* da der Ausdruck $\mathfrak{D}[\varphi]$ und mit ihm sein Maximum-Minimum sich bei Streichung der Funktion q nur um einen beschränkten Betrag ändert, nämlich um weniger als q_M/ϱ_m; q_M und ϱ_m haben dabei entsprechende Bedeutung wie früher. Wir nehmen demgemäß in den folgenden Entwicklungen $q = 0$ an.

[1] Eine schärfere allgemeine Abschätzung des bei der asymptotischen Abschätzung von $A(\lambda)$ gemachten Fehlers ist allgemein nicht möglich, da beim Quadrat bzw. beim Würfel die angegebene Größenordnung des Fehlers wirklich erreicht wird.

Die weitere Betrachtung werde für den Fall eines ebenen Quadratgebietes G durchgeführt. Die Anzahl der Quadrate, aus denen G besteht, sei wiederum h, ihre Seitenlänge a; mit $A'(\lambda)$ werde die Anzahl der unterhalb einer Grenze λ gelegenen Eigenwerte der Differentialgleichung $L[u] + \lambda \varrho u = 0$ für das Gebiet G bezeichnet, wobei als Randbedingung irgendeine der betrachteten genommen werden kann, die Bedingung $\frac{\partial u}{\partial n} + \sigma u = 0$ jedoch zunächst unter der einschränkenden Voraussetzung $\sigma \geqq 0$. Die Teilquadrate bezeichnen wir mit Q_1, $Q_2, \ldots, Q_h$, die zugehörigen Anzahlen der unterhalb einer Grenze λ gelegenen Eigenwerte der Differentialgleichung für die Randbedingung $u = 0$ mit $A'_{Q_1}(\lambda), \ldots, A'_{Q_h}(\lambda)$, für die Randbedingung $\partial u/\partial n = 0$ mit $B'_{Q_1}(\lambda), \ldots, B'_{Q_h}(\lambda)$. Nach Satz 2, 4 und 5 ist wieder

$$(30) \qquad A'_{Q_1}(\lambda) + \cdots + A'_{Q_h}(\lambda) \leqq A'(\lambda) \leqq B'_{Q_1}(\lambda) + \cdots + B'_{Q_h}(\lambda).$$

Nun folgt aus Satz 7 unter Berücksichtigung von (23)

$$A'_{Q_i}(\lambda) \geqq \frac{\varrho_m^{(i)}}{p_M^{(i)}} A_{Q_i}(\lambda), \qquad B'_{Q_i}(\lambda) \leqq \frac{\varrho_M^{(i)}}{p_m^{(i)}} B_{Q_i}(\lambda),$$

wenn mit $p_M^{(i)}$, $\varrho_M^{(i)}$ die Maxima, mit $p_m^{(i)}$, $\varrho_m^{(i)}$ die Minima der betreffenden Funktionen in dem Quadrate Q_i bezeichnet werden und $A_{Q_i}(\lambda)$, $B_{Q_i}(\lambda)$ wie in der vorigen Nummer die durch die Gleichungen (26) gegebenen Anzahlen der entsprechenden Eigenwerte für die Differentialgleichung $\Delta u + \lambda u = 0$ bedeuten. Denn ersetzt man in der Differentialgleichung (1) p durch $p_M^{(i)}$, ϱ durch $\varrho_m^{(i)}$, so wird nach Satz 7 jeder der Eigenwerte vergrößert oder jedenfalls nicht verkleinert, ihre Anzahl unterhalb einer Grenze λ also verkleinert oder nicht vergrößert. Andererseits geht dabei die Differentialgleichung (1) in die Differentialgleichung $\Delta u + \lambda \frac{\varrho_m^{(i)}}{p_M^{(i)}} u = 0$ über, deren Eigenwerte die mit $\frac{p_M^{(i)}}{\varrho_m^{(i)}}$ multiplizierten Eigenwerte der Differentialgleichung $\Delta u + \lambda u = 0$ sind. Das Entsprechende gilt, wenn p durch $p_m^{(i)}$, ϱ durch $\varrho_M^{(i)}$ ersetzt wird.

Ferner ist, da ϱ und p stetige Funktionen sind,

$$\iint_G \frac{\varrho}{p}\, dx\, dy = a^2 \sum_{i=1}^{h} \frac{\varrho_m^{(i)}}{p_M^{(i)}} + \delta = a^2 \sum_{i=1}^{h} \frac{\varrho_M^{(i)}}{p_m^{(i)}} + \delta',$$

wobei die Zahlen $|\delta|$, $|\delta'|$ beliebig klein werden, wenn nur die anfängliche Quadrateinteilung hinreichend fein, d. h. a hinreichend klein gewählt ist. Somit ergibt sich durch Anwendung von (30) ganz ebenso wie in Nr. 2

$$A(\lambda) = \frac{\lambda}{4\pi} \iint_G \frac{\varrho}{p}\, dx\, dy + \lambda \delta'' + \vartheta c \sqrt{\lambda},$$

wo auch $|\delta''|$ beliebig klein ist, und dies ist nichts anderes als folgende Aussage über die asymptotische Eigenwertverteilung:

Satz 14: *Die Anzahl $A(\lambda)$ der zur Differentialgleichung $L[u] + \lambda\varrho u = 0$ gehörigen, unterhalb einer Grenze λ gelegenen Eigenwerte eines Quadratgebietes G ist für jede der betrachteten Randbedingungen asymptotisch gleich* $\frac{\lambda}{4\pi}\iint\limits_G \frac{\varrho}{p}\, dx\, dy$, *d. h. es gilt*

$$\lim_{\lambda\to\infty} \frac{A(\lambda)}{\lambda} = \frac{1}{4\pi}\iint\limits_G \frac{\varrho}{p}\, dx\, dy\,. \tag{31}$$

Die ursprüngliche Voraussetzung $\sigma \geqq 0$ erkennt man hier genau so wie in Nr. 2 als überflüssig.

Dieselben Überlegungen für den Raum durchgeführt ergeben folgendes Resultat:

Satz 15: *Die Anzahl der zur Differentialgleichung $L[u] + \lambda\varrho u = 0$ gehörigen, unterhalb einer Grenze λ gelegenen Eigenwerte eines Würfelgebietes G ist für alle hier betrachteten Randbedingungen asymptotisch gleich*

$$\frac{1}{6\pi^2}\lambda^{\frac{3}{2}}\iiint\limits_G \left(\frac{\varrho}{p}\right)^{\frac{3}{2}} dx\, dy\, dz,$$

d. h. es gilt die Relation

$$\lim_{\lambda\to\infty} \frac{A(\lambda)}{\lambda^{\frac{3}{2}}} = \frac{1}{6\pi^2}\iiint\limits_G \left(\frac{\varrho}{p}\right)^{\frac{3}{2}} dx\, dy\, dz\,. \tag{32}$$

Zum Schluß sei noch darauf hingewiesen, daß die Überlegungen der beiden letzten Nummern sich genau ebenso für einen *allgemeineren Bereich* durchführen lassen, der aus endlich vielen beliebigen *Rechtecken bzw. Quadern* zusammengesetzt ist.

4. Die Gesetze der asymptotischen Eigenwertverteilung für einen beliebigen Bereich. Um die asymptotischen Spektralgesetze der vorangehenden Nummern auf beliebige Bereiche zu erweitern, müssen wir diese Bereiche durch Quadrate bzw. Kuben von innen heraus ausschöpfen. Dabei werden wir neue Überlegungen lediglich anzustellen haben, um den Einfluß des bei jeder Approximation übrigbleibenden Randstreifens abzuschätzen.

Zunächst setzen wir voraus, daß G ein ebener Bereich sei, dessen Rand überall stetig gekrümmt ist, und betrachten ferner nur die Differentialgleichung $\Delta u + \lambda u = 0$.

Wir schicken eine Reihe von Bemerkungen voraus, welche sich auf die zu dieser Differentialgleichung und zur Randbedingung $\partial u/\partial n = 0$ gehörigen Eigenwerte bzw. deren Anzahl unterhalb einer gegebenen Grenze für gewisse einfache Gebiete beziehen.

Es sei zunächst G ein rechtwinklig-gleichschenkliges Dreieck mit der Kathete a. Jede Eigenfunktion des Dreiecks ist auch Eigenfunktion des durch Spiegelung an der Hypotenuse entstehenden Quadrates für dieselbe Randbedingung $\partial u/\partial n = 0$. Denn man erkennt ohne weiteres, daß sich die Eigenfunktion in das gespiegelte Dreieck fortsetzen läßt, indem man spiegelbildlich zur Hypotenuse gelegenen Punkten denselben Funktionswert zuweist; dabei wird die Randbedingung $\partial u/\partial n = 0$ auf dem ganzen Rande des Quadrates erfüllt. Der n^{te} Eigenwert des Dreiecks ist also zugleich Eigenwert des Quadrates; mithin ist der n^{te} Eigenwert des Quadrates sicher nicht größer als der des Dreiecks, oder die *Anzahl der unterhalb einer Grenze gelegenen Eigenwerte für das Dreieck bei der Randbedingung $\partial u/\partial n = 0$ ist höchstens gleich der entsprechenden Anzahl für das Quadrat,* d. h. der durch Formel (26) angegebenen Zahl.

Zweitens sei G ein beliebiges rechtwinkliges Dreieck mit den Katheten a und b, wobei $b < a$ vorausgesetzt werde. Die Kathete a falle in die x-Achse, die Kathete b in die y-Achse. Wir verwandeln durch die Transformation $\xi = x,\ \eta = \frac{a}{b} y$ das Dreieck G in ein rechtwinklig-gleichschenkliges Dreieck G' mit der Kathete a. Hierbei geht der Ausdruck $D[\varphi]$ über in

$$D[\varphi] = \iint\limits_{G'} \left[\left(\frac{\partial \varphi}{\partial \xi}\right)^2 + \frac{a^2}{b^2}\left(\frac{\partial \varphi}{\partial \eta}\right)^2\right] \frac{b}{a}\, d\xi\, d\eta$$

und die Nebenbedingung $H[\varphi] = 1$ in

$$\iint\limits_{G'} \varphi^2 \frac{b}{a}\, d\xi\, d\eta = 1,$$

während die anderen Nebenbedingungen $H[\varphi, v_i] = 0$ aus § 1, 4 bei der Transformation ihre Gestalt überhaupt nicht ändern. Wir können also unter Weglassung des unwesentlichen in beiden Integralen auftretenden konstanten Faktors b/a den n^{ten} Eigenwert $\varkappa_n$ des Dreiecks G als das Maximum-Minimum des über G' erstreckten Integrals

$$\iint\limits_{G'} \left[\left(\frac{\partial \varphi}{\partial \xi}\right)^2 + \left(\frac{a}{b}\right)^2\left(\frac{\partial \varphi}{\partial \eta}\right)^2\right] d\xi\, d\eta$$

charakterisieren, wobei im übrigen das Maximum-Minimum ganz im üblichen Sinne zu verstehen ist. Da nun sicherlich wegen $a/b \geqq 1$

$$\iint\limits_{G'} \left[\left(\frac{\partial \varphi}{\partial \xi}\right)^2 + \frac{a^2}{b^2}\left(\frac{\partial \varphi}{\partial \eta}\right)^2\right] d\xi\, d\eta \geqq \iint\limits_{G'} \left[\left(\frac{\partial \varphi}{\partial \xi}\right)^2 + \left(\frac{\partial \varphi}{\partial \eta}\right)^2\right] d\xi\, d\eta$$

gilt, so ist auch das Maximum-Minimum der linken Seite mindestens gleich dem der rechten Seite, d. h. dem n^{ten} Eigenwert für das rechtwinklige gleichschenklige Dreieck G', also erst recht größer als der n^{te} Eigenwert eines Quadrates der Seite a. *Mithin ist bei der Randbedingung $\partial u/\partial n = 0$ die Anzahl der unterhalb einer Grenze gelegenen Eigenwerte eines rechtwinkligen Dreiecks, dessen Katheten höchstens gleich a sind, sicher nicht größer als die entsprechende Anzahl der Eigenwerte für das Quadrat der Seite a und also erst recht nicht größer als die entsprechende Anzahl für jedes größere Quadrat.*

Ebenso ist die *Anzahl der Eigenwerte für ein beliebiges Rechteck* unterhalb einer Grenze sicher nicht größer als die entsprechende Anzahl für ein Quadrat, dessen Seite mindestens gleich der größeren Rechtecksseite ist.

Aus diesen Tatsachen in Verbindung mit Satz 4 erhält man ohne weiteres die Möglichkeit, die Anzahl der Eigenwerte unterhalb einer gegebenen Grenze nach oben abzuschätzen, wenn das betrachtete Gebiet aus einer endlichen Anzahl von Rechtecken und rechtwinkligen Dreiecken zusammengesetzt ist.

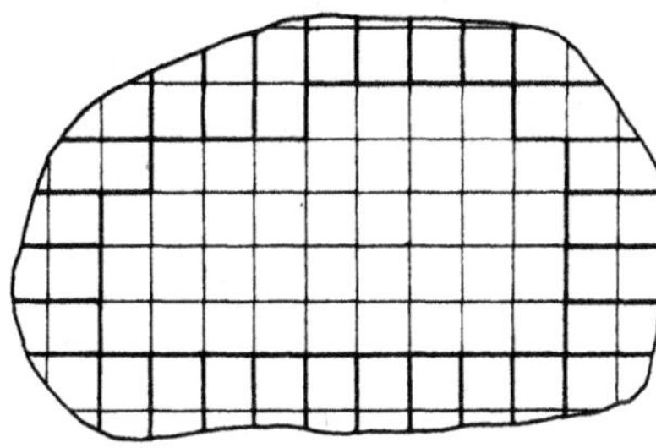

Abb. 3.

Diese Ergebnisse wenden wir an, um den Einfluß des Randstreifens, der bei einer Ausschöpfung von G durch Quadrate übrigbleibt, auf die Eigenwertverteilung zu beurteilen. Hierzu muß zuerst dieser Randstreifen definiert werden. Wir nehmen an, es sei, nötigenfalls durch mehrmalige Halbierung der Seitenlänge, die Quadrateinteilung der Ebene so fein geworden, daß bei jedem in einem der Quadrate liegenden Randstücke von G die Normale sich um weniger als einen vorgegebenen kleinen Winkel η dreht, über dessen Kleinheit wir uns die Verfügung vorbehalten. Wir können dann, wie in der Abb. 3, den Rand Γ durch eine Anzahl r aneinander anschließender Elementargebiete $E_1, E_2, \ldots, E_r$ folgender Art begleiten: Jedes Gebiet E wird entweder begrenzt von zwei zueinander senkrechten Geraden AB, AC der Quadrateinteilung, deren Länge zwischen a und $3a$ liegt, und einem Stück BC des Randes (Abb. 4), oder es ist begrenzt von einer Seite AB der Quadrateinteilung, zwei dazu senkrechten Strecken AC, BD mit Längen zwischen a und $3a$ und einem Stück CD des Randes (Abb. 5). Aus r solchen Gebieten setzen wir einen Randstreifen S zusammen, so daß nach Abtrennung dieses Streifens von G ein Quadratgebiet, bestehend aus h Quadraten $Q_1, Q_2, \ldots, Q_h$, übrigbleibt[1]. Die Anzahl r ist offenbar kleiner als eine von a unabhängige,

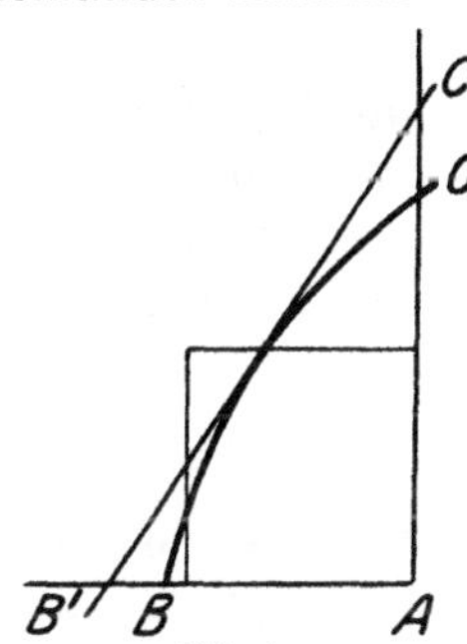

Abb. 4.

[1] Davon, wie diese Konstruktion durchzuführen ist, wird sich der Leser selbst Rechenschaft geben können. Man beginne damit, die Randkurve in endlich viele Bögen von drei Arten einzuteilen. Auf den Bögen der ersten Art bilde die Tangente mit der x-Achse, auf denen der zweiten Art mit der y-Achse Winkel von höchstens $30°$; auf denen der dritten Art bilde sie mit keiner der Achsen Winkel von weniger als $20°$. Die Endpunkte der Bögen erster bzw. zweiter Art sollen rationale Abszissen bzw. Ordinaten haben. Eine hinreichend enge Quadrateinteilung, auf deren Seiten diese Endpunkte liegen, ermöglicht die im Text geschilderte Konstruktion.

wesentlich von der Länge des Randes abhängende Konstante C dividiert durch a.

Um die Anzahl $B_E(\lambda)$ der unterhalb einer Grenze λ gelegenen, zur Differentialgleichung $\Delta u + \lambda u = 0$ und der Randbedingung $\partial u / \partial n = 0$ gehörigen Eigenwerte eines der Gebiete E nach oben abzuschätzen, haben wir wieder für den n^{ten} Eigenwert eine untere Grenze aufzusuchen. Zu diesem Zwecke ziehen wir durch einen beliebigen Punkt des krummlinigen Randstückes von E die Tangente. Diese begrenzt zusammen mit den geradlinigen Randstücken von E ein Gebiet vom Typus $AB'C'$ (Abb. 4), d. h. bei hinreichend kleinem η ein rechtwinkliges Dreieck mit Katheten kleiner als $4a$ oder ein Trapez vom Typus $ABC'D'$, bei dem ebenfalls die Seiten AC', BD' kleiner als $4a$ sind (Abb. 5), je nachdem, welchem Typus das Gebiet E angehört. Die Gebiete $AB'C'$ bzw. $ABC'D'$ wollen wir mit E' bezeichnen. Nun kann man das Gebiet E stets in das Gebiet E' durch eine Transformation von der Form (21) überführen, wie sie in § 2 betrachtet wurde. Bei Gebieten des ersten Typus sei etwa A der Pol eines Polarkoordinatensystems mit den Koordinaten ϑ, ϱ, und $\varrho = f(\vartheta)$ sei die Gleichung der krummen Linie BC, $\varrho = g(\vartheta)$ die Gleichung der Geraden $B'C'$. Dann wird durch die Gleichungen

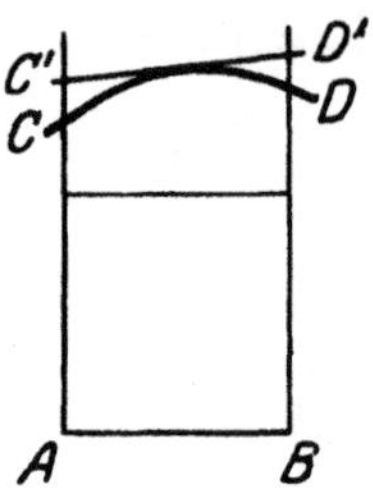

Abb. 5.

$$\vartheta' = \vartheta, \qquad \varrho' = \varrho \frac{g(\vartheta)}{f(\vartheta)}$$

die Transformation des krummlinigen Dreiecks E auf das geradlinige E' vermittelt. Im Falle des zweiten Typus $ABCD$ liege AB in der x-Achse, $y = g(x)$ sei die Gleichung der Geraden $C'D'$ und $y = f(x)$ die Gleichung der krummen Linie CD. Dann betrachten wir die Transformation

$$x' = x, \qquad y' = y \frac{g(x)}{f(x)}.$$

Wenn wir voraussetzen, daß die zugrunde gelegte Strecke a hinreichend klein, also auch die totale Drehung der Tangente an dem Kurvenbogen CB bzw. CD hinreichend klein genommen wird, so haben offenbar die hier betrachteten Transformationen genau die Gestalt (21), und die dort mit ε bezeichnete Größe wird beliebig klein. Nach dem Zusatz zu Satz 10 unterscheiden sich dann aber die entsprechenden n^{ten} Eigenwerte für die Gebiete E und E' nur um einen für alle n gleichmäßig wenig von 1 verschiedenen Faktor. Mithin gilt dasselbe auch für die entsprechenden Anzahlen $B_E(\lambda)$ und $B_{E'}(\lambda)$ der unterhalb einer Grenze λ gelegenen, zur Randbedingung $\partial u / \partial n = 0$ gehörigen Eigenwerte.

Da nun das Gebiet E' entweder ein rechtwinkliges Dreieck mit Seiten kleiner als $4a$ ist oder sich aus einem solchen Dreieck und einem Rechteck mit Seiten kleiner als $3a$ zusammensetzt, so folgt, sobald nur a

hinreichend klein genommen ist, jedenfalls für die Anzahl $B_E(\lambda)$ von einem gewissen λ ab

$$(33) \qquad B_E(\lambda) < c_1 a^2 \lambda + c_2 a \sqrt{\lambda},$$

wo c_1, c_2 geeignet zu wählende numerische Konstanten bedeuten.

Nunmehr sind wir in der Lage, für das Gebiet G die asymptotischen Eigenwertgesetze zu beweisen. Es sei also $A(\lambda)$ wieder die Anzahl der unterhalb einer Grenze λ gelegenen Eigenwerte unserer Differentialgleichung $\Delta u + \lambda u = 0$ für das Gebiet G und irgendeine der betrachteten Randbedingungen, wobei wir wieder zuerst gegebenenfalls die Voraussetzung $\sigma \geqq 0$ machen. Eine Quadrateinteilung der Ebene durch Quadrate mit der Seitenlänge a führe zu einer Zerlegung des Gebietes G in h Quadrate $Q_1, Q_2, \ldots, Q_h$ und r Randgebiete $E_1, E_2, \ldots, E_r$. Wie früher bezeichnen wir die Anzahlen der zu den Quadraten gehörigen unterhalb λ liegenden Eigenwerte mit $A_i(\lambda)$ bzw. $B_i(\lambda)$, je nachdem die Randbedingung $u = 0$ oder $\partial u/\partial n = 0$ gestellt ist. Mit $A_{E_i}(\lambda)$ bzw. $B_{E_i}(\lambda)$ werden die entsprechenden Zahlen für die Gebiete E_i bezeichnet [von den letzteren brauchen wir jedoch nur die Zahlen $B_{E_i}(\lambda)$].

Gemäß den Gleichungen (26) ist

$$A_i(\lambda) = \frac{a^2}{4\pi}\lambda + a\,\vartheta_1 c_1 \sqrt{\lambda}, \qquad B_i(\lambda) = \frac{a^2}{4\pi}\lambda + a\,\vartheta_2 c_2 \sqrt{\lambda},$$

und nach (33) gilt

$$B_{E_i}(\lambda) = \vartheta_3\left(c_3 \lambda a^2 + a c_4 \sqrt{\lambda}\right),$$

wobei, wie stets, mit $\vartheta_1, \vartheta_2, \ldots$ Zahlen zwischen -1 und $+1$, mit $c_1, c_2, \ldots$ irgendwelche von a, i und λ unabhängige Konstanten bezeichnet werden.

Nach den Sätzen 5, 2 und 4 ist

$$A_1(\lambda) + A_2(\lambda) + \cdots + A_h(\lambda) \leqq A(\lambda) \leqq B_1(\lambda) + \cdots + B_h(\lambda) + B_{E_1}(\lambda) + \cdots + B_{E_r}(\lambda);$$

ferner ist jedenfalls

$$A_1(\lambda) + \cdots + A_h(\lambda) = \frac{h a^2}{4\pi}\lambda + \vartheta_1 c_1 h a \sqrt{\lambda} = \lambda\left(\frac{h a^2}{4\pi} + \frac{\vartheta_1 c_1 h a}{\sqrt{\lambda}}\right),$$

$$\begin{aligned} B_1(\lambda) + \cdots + B_h(\lambda) &+ B_{E_1}(\lambda) + \cdots + B_{E_r}(\lambda) \\ &= \frac{h a^2}{4\pi}\lambda + \vartheta_2 c_2 h a \sqrt{\lambda} + \vartheta_3 r a^2 \lambda c_3 + \vartheta_3 r a c_4 \sqrt{\lambda} \\ &= \lambda\left[\left(\frac{h a^2}{4\pi} + \vartheta_3 c_3 r a^2\right) + (h a \vartheta_2 c_2 + r a \vartheta_3 c_4)\frac{1}{\sqrt{\lambda}}\right]. \end{aligned}$$

Da nun $a r < c_5$, also $a^2 r$ bei hinreichend kleinem a beliebig klein ist, da ferner bei hinreichend kleinem a für jedes noch so kleine δ gilt

$$|h a^2 - f| < \delta,$$

so folgt aus diesen Ungleichungen unmittelbar das asymptotische Gesetz

$$\lim_{\lambda \to \infty} \frac{4\pi A(\lambda)}{\lambda f} = 1.$$

Denn wir haben die Größe a frei zur Verfügung und können, etwa indem wir ein festes hinreichend kleines a wählen, die Faktoren von λ in den obigen Ungleichungen für hinreichend große λ beliebig nahe an den Wert $f/4\pi$ bringen.

Auch wenn wir die Voraussetzung $\sigma \geqq 0$ fallen lassen, erhalten wir nunmehr dasselbe asymptotische Gesetz mittels derselben Schlüsse, wie sie an analoger Stelle in Nr. 2 ausgeführt wurden. Zusammenfassend ergibt sich also das Resultat:

Satz 16: *Bei allen betrachteten Randbedingungen ist die Anzahl $A(\lambda)$ der unterhalb einer Grenze λ gelegenen Eigenwerte der Differentialgleichung $\Delta u + \lambda u = 0$ für das Gebiet G asymptotisch gleich $\lambda f/4\pi$, d. h. es gilt*

$$\lim_{\lambda\to\infty} \frac{4\pi A(\lambda)}{\lambda f} = 1, \tag{34}$$

wobei f den Flächeninhalt des Gebietes bedeutet.

Beim Beweise hatten wir zunächst angenommen, daß der Rand Γ von G keine Ecken besitzt. Die Überlegungen sowie das Resultat bleiben jedoch im wesentlichen unverändert, wenn Ecken in endlicher Anzahl zugelassen werden.

Ebenso bleiben die vorangehenden Überlegungen gültig, wenn statt der Differentialgleichung $\Delta u + \lambda u = 0$ die allgemeinere Differentialgleichung $L[u] + \lambda \varrho u = 0$ zugrunde gelegt wird. Es ergibt sich genau in derselben Weise wie in Nr. 3 als Resultat

Satz 17: *Die Anzahl $A(\lambda)$ der zur Differentialgleichung $L[u] + \lambda \varrho u = 0$ gehörigen, unterhalb einer Grenze λ gelegenen Eigenwerte des Gebietes G ist für jede der betrachteten Randbedingungen asymptotisch gleich $\frac{\lambda}{4\pi}\iint\limits_G \frac{\varrho}{p}\,dx\,dy$, d. h. es gilt*

$$\lim_{\lambda\to\infty} \frac{A(\lambda)}{\lambda} = \frac{1}{4\pi}\iint\limits_G \frac{\varrho}{p}\,dx\,dy.$$

Ähnliche Überlegungen, wie sie hier für die Ebene durchgeführt sind, ergeben für das Eigenwertproblem im Raume die folgenden Resultate:

Satz 18: *Die Anzahl $A(\lambda)$ der zur Differentialgleichung $\Delta u + \lambda u = 0$ gehörigen, unterhalb einer Grenze λ gelegenen Eigenwerte eines räumlichen Gebietes G mit dem Volumen V ist für alle betrachteten Randbedingungen asymptotisch gleich $\frac{\lambda^{\frac{3}{2}}}{6\pi^2}V$, d. h. es gilt*

$$\lim_{\lambda\to\infty} \frac{A(\lambda)}{\lambda^{\frac{3}{2}} V} = \frac{1}{6\pi^2}. \tag{35}$$

Satz 19: *Die entsprechende Anzahl für die allgemeinere Differentialgleichung $L[u] + \lambda\varrho u = 0$ ist asymptotisch gleich $\frac{\lambda^{\frac{3}{2}}}{6\pi^2}\iiint\limits_G \left(\frac{\varrho}{p}\right)^{\frac{3}{2}} dx\,dy\,dz$, d. h. es gilt*

$$\lim_{\lambda\to\infty} \frac{A(\lambda)}{\lambda^{\frac{3}{2}}} = \frac{1}{6\pi^2}\iiint\limits_G \left(\frac{\varrho}{p}\right)^{\frac{3}{2}} dx\,dy\,dz. \tag{36}$$

Dabei ist vorausgesetzt, daß G von endlich vielen Flächenstücken mit stetiger Krümmung begrenzt wird, welche sich gegenseitig nicht berühren, wohl aber Ecken und Kanten bilden dürfen.

5. Die Gesetze der asymptotischen Eigenwertverteilung für die Differentialgleichung $\Delta u + \lambda u = 0$ in verschärfter Form. Unsere Theorie gibt uns die Möglichkeit, die in den obigen Sätzen ausgesprochenen asymptotischen Eigenwertgesetze noch weiter zu präzisieren, d. h. eine *Abschätzung für den Fehler* zu finden, den wir machen, wenn wir den Ausdruck $A(\lambda)$ durch den gefundenen asymptotischen Wert ersetzen. Wir wollen die Untersuchung für die Differentialgleichung $\Delta u + \lambda u = 0$ durchführen.

Zu diesem Zwecke brauchen wir nur die bei der Exhaustion des Gebietes G durch Elementarquadrate bzw. -würfel gegebenen Möglichkeiten besser auszunutzen, indem wir diese Gebiete nicht zahlreicher und kleiner als nötig annehmen. Es sei G zunächst ein ebenes Gebiet. Wir bauen es folgendermaßen auf: Zuerst wird eine Quadrateinteilung der Ebene etwa mit der Seitenlänge 1 zugrunde gelegt. Es mögen hiervon die h_0 Quadrate $Q_1^0, Q_2^0, \ldots, Q_{h_0}^0$ ganz ins Innere von G fallen. Sodann werden sämtliche Quadrate in vier kongruente Quadrate von der Seitenlänge $\frac{1}{2}$ zerlegt. Von diesen Quadraten mögen h_1 Quadrate $Q_1^1, Q_2^1, \ldots, Q_{h_1}^1$ ins Innere von G, aber nicht ins Innere eines der Quadrate Q_i^0 fallen. Nunmehr wird die Quadrateinteilung wiederum durch Halbierung der Seitenlänge verfeinert, und man gelangt zu h_2 neuen Quadraten $Q_1^2, Q_2^2, \ldots, Q_{h_2}^2$ mit der Seitenlänge $1/2^2$, welche im Innern von G liegen, aber keinem der früheren Quadrate Q_i^0 oder Q_i^1 angehören, usw. Nach t Schritten gelangt man zu h_t Quadraten $Q_1^t, Q_2^t, \ldots, Q_{h_t}^t$ der Seitenlänge $1/2^t$. Gemäß den Vorschriften der vorigen Nummer richten wir es so ein, daß der Exhaustionsrest aus r Elementargebieten $E_1, E_2, \ldots, E_r$ der dort definierten Art besteht, wobei die dort mit a bezeichnete Zahl gleich $1/2^t$ zu setzen ist.

Für die Zahlen h_i und r gelten bei unseren Voraussetzungen über den Rand die Beziehungen

$$h_i < 2^i c\,, \qquad r < 2^t c\,, \tag{37}$$

wobei c eine von i und t unabhängige, wesentlich durch die Länge des Randes bedingte Konstante ist[1].

Wir bezeichnen wieder die Anzahlen der unterhalb einer Grenze λ gelegenen Eigenwerte für die Gebiete Q_m^i, E_m mit $A_m^i(\lambda)$, $A_{E_m}(\lambda)$, wenn die Randbedingung $u=0$, mit $B_m^i(\lambda)$, $B_{E_m}(\lambda)$, wenn die Randbedingung $\partial u/\partial n = 0$ zugrunde gelegt ist. Jedenfalls gilt nach Satz 2, 4, 5, wenn die Funktion σ im Falle der Randbedingung $\frac{\partial u}{\partial n} + \sigma u = 0$ nichtnegativ ist,

[1] Diese Ungleichheiten drücken aus, daß der Gesamtumfang der Quadrate Q^i bzw. Q^t die Größenordnung des Umfanges von G nicht übersteigt.

$$(38)\quad \begin{cases} A(\lambda) \leqq (B_1^0 + B_2^0 + \cdots + B_{h_0}^0) + \cdots + (B_1^t + B_2^t + \cdots + B_{h_t}^t) \\ \qquad\qquad + (B_{E_1} + B_{E_2} + \cdots + B_{E_r}), \\ A(\lambda) \geqq (A_1^0 + A_2^0 + \cdots + A_{h_0}^0) + \cdots + (A_1^t + A_2^t + \cdots + A_{h_t}^t). \end{cases}$$

Nun ist die rechte Seite der ersten dieser Ungleichungen zufolge den Gleichungen (26) und der Gleichung (33) der vorigen Nummer gleich

$$\frac{1}{4\pi}\left(h_0 + \frac{h_1}{2^2} + \frac{h_2}{2^4} + \cdots + \frac{h_t}{2^{2t}} + \frac{r\vartheta c}{2^{2t}}\right)\lambda$$
$$+ \vartheta_1 c_2 \left(h_0 + \frac{h_1}{2} + \frac{h_2}{2^2} + \cdots + \frac{h_t}{2^t} + \frac{r}{2^t}\right)\sqrt{\lambda}\,;$$

also folgt, da

$$h_0 + \frac{h_1}{2^2} + \cdots + \frac{h_t}{2^{2t}} = f - \vartheta_2 c_2 \frac{r}{2^{2t}}$$

ist, mit Rücksicht auf (37), daß diese rechte Seite die Gestalt hat

$$\frac{1}{4\pi}\left(f + \frac{c\vartheta_3 c_3}{2^t}\right)\lambda + \vartheta_4 c_4 (t+2)\sqrt{\lambda}\,.$$

Somit ergibt sich für diesen Ausdruck schließlich die bei hinreichend großem t gültige Ungleichung

$$(39)\quad (B_1^0 + \cdots + B_{h_0}^0) + \cdots + (B_{E_1} + \cdots + B_{E_r}) \leqq \frac{f}{4\pi}\lambda + C\left(\frac{\lambda}{2^t} + t\sqrt{\lambda}\right),$$

in welcher, wie immer, mit dem Buchstaben C eine von λ und t unabhängige Konstante gemeint ist.

Wählen wir nun die Zahl t, welche noch verfügbar ist, so, daß die beiden Summanden in der Klammer annähernd gleich werden, nämlich t etwa gleich der größten in $\frac{1}{2}\frac{\log\lambda}{\log 2}$ enthaltenen ganzen Zahl, so folgt aus (38) und (39) für genügend große λ

$$(40)\qquad A(\lambda) \leqq \frac{f}{4\pi}\lambda + C\sqrt{\lambda}\log\lambda\,.$$

Genau dieselbe Gestalt ergibt sich für die untere Schranke des Ausdruckes $A(\lambda)$ mit negativem C.

Diese Überlegungen gelten zunächst nur, wenn die gegebenenfalls in der Randbedingung auftretende Funktion σ nirgends negativ wird, weil nur dann die erste Ungleichung (38) gesichert ist. Doch zeigt genau dieselbe Überlegung wie in Nr. 2 auf Grund der Ungleichung (20) aus § 2, 5, daß auch bei Verzicht auf die einschränkende Bedingung die Grenzen in der obigen Form bestehen bleiben. Wir erhalten also allgemein das schärfere asymptotische Gesetz:

Satz 20: *Für alle betrachteten Randbedingungen wächst die Differenz*

$$A(\lambda) - \frac{f}{4\pi}\lambda$$

mit wachsendem λ sicher nicht stärker an als der Ausdruck

$$\sqrt{\lambda}\log\lambda\,.$$

Dieselben Überlegungen, für den Raum durchgeführt, ergeben

Satz 21: *Für alle betrachteten Randbedingungen strebt bei dem Problem für ein räumliches Gebiet vom Volumen V die Differenz*

$$A(\lambda) - \frac{V}{6\pi^2}\lambda^{\frac{3}{2}}$$

mit wachsendem λ nicht stärker gegen Unendlich als der Ausdruck

$$\lambda \log \lambda .$$

§ 5. Eigenwertprobleme vom Schrödingerschen Typus.

Wir haben in Kap. V, § 12 im Anschluß an SCHRÖDINGER ein Eigenwertproblem für ein unendliches Grundgebiet betrachtet und die Eigentümlichkeiten des betreffenden Spektrums studiert. Wir wollen nun andeuten, wie man ihre Behandlung in die Variationsrechnung einordnen kann; allerdings ergibt sich dabei noch keineswegs eine befriedigende Beherrschung der Probleme. Wir werden aber nicht nur im Schrödingerschen Fall, sondern bei einem umfassenderen Typus von Eigenwertproblemen für den unendlichen Raum, die einem Produktansatz nicht mehr zugänglich sind, erkennen, daß das Spektrum eine Folge von abzählbar unendlich vielen wachsenden negativen Eigenwerten enthält.

Die Eigenwertgleichung sei

$$\Delta u + V u + \lambda u = 0 , \tag{41}$$

wobei für $u(x, y, z)$ die Forderung des Endlichbleibens im Unendlichen gestellt wird. Der Koeffizient $V(x,y,z)$ — die negative potentielle Energie — soll überall im Raume positiv sein und im Unendlichen verschwinden gemäß den für genügend große r gültigen Ungleichungen

$$\frac{A}{r^{\alpha}} \leqq V \leqq \frac{B}{r^{\beta}} , \tag{42}$$

wobei A und B positive Konstanten sind und für die Exponenten

$$0 < \beta \leqq \alpha < 2$$

gelten soll. V darf ferner im Nullpunkt[1] unendlich werden, und zwar höchstens wie C/r^{γ} mit $0 \leqq \gamma < 2$. Dabei bedeutet r den Abstand des Punktes x, y, z vom Nullpunkt.

Bezeichnen wir mit $\int \ldots dg$ die Integration über den ganzen x, y, z-Raum, so lautet das zum Eigenwert λ_n und der Eigenfunktion u_n führende Variationsproblem in der gewohnten Schreibweise folgendermaßen:

$$J[\varphi] = \int (\varphi_x^2 + \varphi_y^2 + \varphi_z^2 - V\varphi^2)\, dg = \text{Max. Min.} \tag{43}$$

[1] Auch auf den Fall, daß V an endlich vielen Stellen singulär wird wie oben im Nullpunkt, läßt sich die folgende Überlegung unschwer übertragen.

unter den Nebenbedingungen

$$(44)\qquad \begin{cases} \int \varphi^2\, dg = 1\,, \\ \int \varphi v_\nu\, dg = 0 \qquad (\nu = 1, \ldots, n-1)\,. \end{cases}$$

Dabei soll $\varphi(x, y, z)$ mit den ersten Ableitungen stetig und über den ganzen Raum quadratisch integrierbar sein, und ferner soll $\int V\varphi^2 dg$ existieren; mit $v_1, \ldots, v_{n-1}$ sind wiederum stückweise stetige Funktionen bezeichnet.

Wir beweisen zunächst, daß unser Variationsproblem einen Sinn hat, d. h. daß unser Integral $J[\varphi]$ unter den gegebenen Bedingungen nach unten beschränkt ist. Wir brauchen hierzu nur die aus den Voraussetzungen über V unmittelbar folgende Tatsache zu benutzen, daß überall

$$V \leqq \frac{a}{r^2} + b$$

gilt, wobei bei hinreichend groß positiv gewählter Konstanten b die positive Konstante a beliebig klein positiv gewählt werden kann. Es ist somit

$$(45)\qquad \int V\varphi^2 dg \leqq a\int \frac{1}{r^2}\varphi^2 dg + b\int \varphi^2 dg\,.$$

Nun verwenden wir die Integralungleichung

$$(46)\qquad \int \frac{1}{r^2}\varphi^2 dg \leqq 4\int (\varphi_x^2 + \varphi_y^2 + \varphi_z^2)\, dg\,,$$

die wir folgendermaßen beweisen: Setzen wir $\psi = \varphi\sqrt{r}$, so wird

$$\varphi_x^2 + \varphi_y^2 + \varphi_z^2 = \frac{1}{r}(\psi_x^2 + \psi_y^2 + \psi_z^2) - \frac{1}{r^2}\psi\psi_r + \frac{1}{4r^3}\psi^2\,,$$

also ist

$$\int (\varphi_x^2 + \varphi_y^2 + \varphi_z^2)\, dg \geqq -\int \frac{1}{2r^2}(\psi^2)_r\, dg + \frac{1}{4}\int \frac{1}{r^3}\psi^2 dg\,.$$

Das erste Glied rechts läßt sich explizite ausintegrieren und liefert, weil $\int \varphi^2 dg$ nach Voraussetzung existiert, den Wert Null[1]. Es bleibt somit die behauptete Ungleichung stehen. Mit ihrer Hilfe folgt aus (45)

$$J[\varphi] \geqq (1 - 4a)\int (\varphi_x^2 + \varphi_y^2 + \varphi_z^2)\, dg - b\,,$$

und wenn — was erlaubt ist — $a < \frac{1}{4}$ gewählt wird,

$$J[\varphi] \geqq -b\,,$$

womit die Beschränktheit von $J[\varphi]$ und damit der Eigenwerte von (41) nach unten bewiesen ist.

---

[1] Es muß nämlich eine Folge von Werten $R_1, R_2, \ldots, R_n, \ldots$ geben, so daß die Integrale $\frac{1}{R_n}\int \varphi^2 do$ — erstreckt über die Oberflächen der Kugeln mit dem Radius R_n — mit unendlich anwachsendem R_n gegen Null streben. Man integriere zunächst über diese Kugeln und gehe dann zum unendlichen Gebiet über.

Um jetzt die Eigenwerte nach oben abzuschätzen, verschärfen wir in unserem Variationsproblem die Zulassungsbedingungen durch die Zusatzforderung, daß φ außerhalb einer Kugel K_R um den Nullpunkt mit dem Radius R identisch verschwinden soll. Der n^{te} Eigenwert $\nu_n(R)$ des so entstehenden Problems für die Kugel K_R genügt nach unseren allgemeinen Prinzipien sicher der Beziehung $\nu_n(R) \geqq \lambda_n$; er läßt sich andererseits leicht durch die Eigenwerte $\mu_n(R)$ der Differentialgleichung $\Delta u + \mu u = 0$ für die Kugel K_R mit verschwindenden Randwerten abschätzen. Es ist nämlich wegen der Voraussetzung (42) $V \geqq \frac{A}{R^\alpha}$ in K_R (für genügend große R) und

$$\int\limits_{K_R} (\varphi_x^2 + \varphi_y^2 + \varphi_z^2 - V\varphi^2)\, dg \leqq \int\limits_{K_R} (\varphi_x^2 + \varphi_y^2 + \varphi_z^2)\, dg - \frac{A}{R^\alpha} \int\limits_{K_R} \varphi^2\, dg\,.$$

Somit folgt sofort $\qquad \nu_n(R) \leqq \mu_n(R) - \frac{A}{R^\alpha}\,.$

Nun ist aber $\mu_n(R) = \frac{1}{R^2}\mu_n(1)$, wo $\mu_n(1)$ die Eigenwerte der Einheitskugel sind. Wir erhalten schließlich

$$\lambda_n \leqq \frac{\mu_n(1)}{R^2} - \frac{A}{R^\alpha}\,.$$

Für genügend großes R wird bei gegebenem n wegen $\alpha < 2$ die rechte Seite sicher negativ.

Damit ist bewiesen, daß unsere Variationsprobleme eine Folge monoton nicht abnehmender negativer Eigenwerte liefern.

Um nachzuweisen, daß diese Eigenwerte mit wachsendem n gegen Null streben, schätzt man sie (vgl. dagegen nächste Seite) durch die schon als explizite bekannt vorausgesetzten Eigenwerte $\varkappa_n$ des speziellen Schrödingerschen Problemes für $V = c/r$ ab, für welche die Relation $\varkappa_n \to 0$ aus Kap. V, § 12, 4 als bekannt angesehen wird. Man beachte zu dem Zweck nur, daß eine Ungleichung $V \leqq \frac{a}{r^2} + \frac{b}{r} + k$ gilt, wo bei hinreichend groß gewähltem b die positiven Konstanten a und k beliebig klein gewählt werden dürfen. Damit wird nach unseren Prinzipien unter Verwendung von (45) offenbar

$$\lambda_n \geqq (1 - 4a)\,\varkappa_n - k$$

mit $c = \frac{b}{1-4a}$. Daraus folgt dann, daß mit wachsendem n der Eigenwert λ_n einmal den Wert $-2k$ übersteigt und somit gegen Null konvergiert, da k beliebig klein genommen werden darf.

Das Auftreten eines kontinuierlichen Spektrums positiver Eigenwerte kann man sich plausibel machen, indem man das Eigenwertproblem für das unendliche Gebiet als Grenzfall von Eigenwertproblemen für endliche Gebiete, etwa die Kugeln K_R bei wachsendem Radius R, betrachtet. Zwar nimmt der n^{te} Eigenwert $\nu_n(R)$ bei wachsendem R monoton ab und strebt, wie sich zeigen läßt, gegen den n^{ten} Eigenwert λ_n

des unendlichen Gebietes. Aber doch ist jede positive Zahl Häufungswert von Eigenwerten $\nu_n(R)$; denn es gibt bei endlichem Gebiete beliebig große positive Eigenwerte $\nu_n(R)$, und wenn wir n mit R geeignet wachsen lassen, so können wir uns jeder positiven Zahl nähern.

Die Tatsache, daß sich die *Eigenwerte bei Null häufen*, kann man auch ähnlich wie beim Beweis des unendlichen Anwachsens der Eigenwerte beim endlichen Gebiet folgendermaßen beweisen, ohne die explizite Kenntnis der Lösungen eines speziellen Problems zu benutzen.

Auf Grund der Annahme, daß die Eigenwerte unterhalb einer festen negativen Schranke bleiben, können wir nämlich eine Folge von Funktionen $\varphi_1, \varphi_2, \ldots \varphi_\nu, \ldots$ konstruieren, für welche erstens die Integrale $D[\varphi] = \int (\varphi_x^2 + \varphi_y^2 + \varphi_z^2)\,dg$ und $H[\varphi] = \int \varphi^2\,dg$ unterhalb einer festen Schranke bleiben, und für die zweitens das Integral $F[\varphi] = \int V\varphi^2\,dg$ oberhalb einer festen positiven Schranke bleibt, während die Orthogonalitätsrelation $F[\varphi_\nu, \varphi_\mu] = 0$ besteht. Infolge der ersten dieser Eigenschaften kann man dann nach einem Hilfssatz, auf den wir sogleich zurückkommen werden, aus den Funktionen φ_ν eine Teilfolge φ_n auswählen, derart, daß $F[\varphi_n - \varphi_m] \underset{n, m \to \infty}{\to} 0$ gilt. Hieraus würde aber wegen $F[\varphi_n, \varphi_m] = 0$ die Beziehung $F[\varphi_n] + F[\varphi_m] \to 0$ folgen, was im Widerspruch zu den zweiten der obigen Eigenschaften steht.

Die Folge der Funktionen φ_ν konstruieren wir nun folgendermaßen: Wir gehen aus von dem obigen Variationsproblem (43), welches den ersten Eigenwert λ_1 liefert. Wir können sicher eine Funktion φ_1 finden, für welche

$$J[\varphi_1] = D[\varphi_1] - F[\varphi_1] \leqq \lambda_1 + \varepsilon \qquad (\varepsilon > 0)$$

gilt, während

$$H[\varphi_1] = 1$$

ist. Wir gehen dann über zu dem Variationsproblem (43), (44), welches den zweiten Eigenwert λ_2 liefert und erhalten (nach der Maximum-Minimum-Eigenschaft) als Minimum einen Wert, der sicher nicht größer ist als λ_2 wenn wir als Nebenbedingung die Gleichung

$$\int V\varphi\varphi_1\,dg = F[\varphi, \varphi_1] = 0$$

stellen. Wir können also sicher eine Funktion φ_2 finden, für welche

$$D[\varphi_2] - F[\varphi_2] \leqq \lambda_2 + \varepsilon$$

gilt, während

$$H[\varphi_2] = 1\,, \quad F[\varphi_1, \varphi_2] = 0$$

ist. In dieser Weise fortfahrend erhalten wir eine Funktionsfolge $\varphi_1, \varphi_2, \ldots, \varphi_\nu, \ldots$ für welche

$$D[\varphi_\nu] - F[\varphi_\nu] \leqq \lambda_\nu + \varepsilon\,,$$
$$H[\varphi_\nu] = 1\,, \quad F[\varphi_\mu, \varphi_\nu] = 0 \quad (\mu = 1, \ldots, \nu - 1)$$

gilt. Blieben nun die Zahlen λ_ν unterhalb der Schranke -2ε, so wäre bei genügend kleinem ε gewiß für alle unsere Funktionen

$$D[\varphi_\nu] - F[\varphi_\nu] \leqq -\varepsilon. \tag{47}$$

Aus dieser Ungleichung folgern wir zunächst, daß $D[\varphi_\nu]$ beschränkt bleibt; denn es ist nach Ungleichung (45), (46)

$$F[\varphi] \leqq 4aD[\varphi] + bH[\varphi]$$

und also

$$(1-4a)D[\varphi] \leqq b.$$

Andererseits ergibt sich aus unserer Ungleichung (47) sofort, daß $F[\varphi] \geqq \varepsilon$ ist. Unsere Funktionen φ_ν besitzen also in der Tat die gewünschten Eigenschaften.

Es bleibt noch der Beweis des erwähnten Hilfssatzes: Ist eine Folge von Funktionen φ_ν vorgelegt, für welche $D[\varphi]$ und $H[\varphi]$ beschränkt sind, dann gibt es in ihr eine Teilfolge φ_n, so daß

$$F[\varphi_n - \varphi_m] \underset{n,m\to\infty}{\to} 0$$

gilt.

Dieser Satz ist eine Verallgemeinerung des früher (§ 2, 2) erwähnten Hilfssatzes von RELLICH, auf Grund dessen sich das unendliche Anwachsen der Eigenwerte beim endlichen Gebiet nachweisen ließ. Wir beschränken uns auf den Fall, wo die Funktion V im Nullpunkt regulär ist; (wenn V im Nullpunkte von geringerer als der zweiten Potenz singulär wird, so kann man durch ähnliche Abschätzungen wie im folgenden zum Ziele kommen).

Zum Beweise schließen wir nun das Unendliche durch eine Folge von Kugeln K_i mit den Radien R_i aus. Auf Grund des oben erwähnten früheren Hilfssatzes können wir eine Teilfolge φ_n der Funktionen φ_ν finden, für welche $F[\varphi_n - \varphi_m]$ gegen Null strebt, sobald das Integral nur über das Innere der Kugel K_1 erstreckt wird. Aus dieser Folge können wir wieder eine Teilfolge auswählen, derart daß das über die Kugel K_2 erstreckte Integral $F[\varphi_n - \varphi_m]$ gegen Null strebt. Wir fahren so fort und bilden in üblicher Weise die Diagonalfolge, die wir wieder mit φ_n bezeichnen. Wir wissen, daß für sie das Integral $F[\varphi_n - \varphi_m]$ gegen Null strebt, wenn es über eine beliebige der Kugeln K_i erstreckt wird. Um zu zeigen, daß dasselbe der Fall ist, wenn wir das Integral über den ganzen Raum erstrecken, haben wir nur zu zeigen, daß das Integral, über das Äußere der Kugel K_i erstreckt, unterhalb einer von n und m unabhängigen Schranke bleibt, die mit unendlich anwachsendem R gegen Null strebt. Zu dem Zweck brauchen wir nur zu beachten, daß für genügend große R und $r \geqq R$ die Abschätzung $V \leqq \frac{B}{r^\beta} \leqq \frac{B}{R^\beta}$ vorausgesetzt war (42), so daß also für die über das Äußere der Kugel mit dem Radius R erstreckten Integrale

$$F[\varphi_n - \varphi_m] \leqq \frac{B}{R^\beta} H[\varphi_n - \varphi_m] \leqq \frac{4B}{R^\beta}$$

gilt. Damit ist unsere Behauptung bewiesen.

§ 6. Die Knoten der Eigenfunktionen.

Während wir in den vorangehenden Paragraphen über das Verhalten der Eigenwerte präzise Aussagen von großer Allgemeinheit machen konnten, bietet das Studium der allgemeinen Eigenschaften von Eigenfunktionen wesentlich größere Schwierigkeiten und ist noch lange nicht so weit gefördert wie das der Eigenwerte, was bei der Mannigfaltigkeit der durch Eigenwertprobleme definierten Funktionenklassen nicht wundernehmen kann. Einige spezielle dieser Funktionen werden wir im nächsten Kapitel näher studieren, während wir uns im vorliegenden Paragraphen mit allgemeineren Untersuchungen über die Eigenfunktionen befassen.

Ein besonderes Interesse bieten diejenigen Stellen des Grundgebietes G dar, in welchen eine Eigenfunktion verschwindet. Je nachdem, ob wir es mit Problemen in einer, zwei, drei usw. Dimensionen zu tun haben, sprechen wir von *Knotenpunkten, Knotenlinien, Knotenflächen* usw. Allgemein gebrauchen wir das Wort *Knoten*[1].

Wir schicken die Bemerkung voraus, deren Beweis sich unmittelbar aus dem unten folgenden Satz ergibt, *daß die erste Eigenfunktion eines Eigenwertproblems keine Knoten im Innern des Grundgebietes besitzen kann.* Sie muß also überall dasselbe Vorzeichen haben, und *jede andere Eigenfunktion,* die auf ihr orthogonal steht, *muß daher Knoten besitzen.*

Danach lassen sich über die Lage bzw. Dichte der Knoten einige allgemeine Aussagen machen. Betrachten wir z. B. die Differentialgleichung $\Delta u + \lambda u = 0$ bei der Randbedingung $u = 0$. Ist G' ein Gebiet, welches ganz in G liegt und keine Punkte von Knoten von u_n enthält, so betrachten wir das kleinste von Knoten der Funktion u_n begrenzte und G' enthaltende Teilgebiet G'' von G. Für dieses Gebiet G'' muß die Funktion u_n die erste Eigenfunktion, λ_n der kleinste Eigenwert sein. Andererseits ist nach unserem allgemeinen Satz 3 der erste Eigenwert von G'' nicht größer als der erste Eigenwert γ von G', und mithin ist $\gamma \geqq \lambda_n$. Ist z. B. G' ein Kreis vom Radius a, so ist $\gamma = \tau^2$, wo τ die kleinste Wurzel der Gleichung $J_0(a\tau) = 0$ ist. Es wird also $\gamma = k_{0,1}^2/a^2$, wenn wir in Übereinstimmung mit Kap. V, § 5, 5 mit $k_{0,1}$ die erste Nullstelle der nullten Besselschen Funktion bezeichnen. Mithin erhalten wir $a^2 \leqq \frac{k_{0,1}^2}{\lambda_n}$, eine Beziehung, welche über die Dichtigkeit des Netzes der Knotenlinien so viel aussagt, wie man im allgemeinen erwarten kann. Berücksichtigt man die asymptotische Beziehung $\lambda_n \backsim 4\pi \frac{n}{f}$ aus § 4, so erkennt man, daß bei hinreichend großem n jeder Kreis, dessen Flächeninhalt größer als $k_{0,1}^2 f/4n$ ist, Knotenlinien

[1] Daß Knoten bei unseren Differentialgleichungen stückweise glatte Kurven bzw. Flächen bilden und das Grundgebiet in stückweise glatt berandete Teilgebiete zerlegen, sei hier postuliert.

der n^{ten} Eigenfunktion enthalten muß. Nehmen wir statt eines Kreises ein Quadrat der Seitenlänge a, so ergibt sich entsprechend $a^2 \leqq 2\frac{\pi^2}{\lambda_n}$. Ganz analoge Aussagen wird der Leser bei anderen Problemen mit einer oder mehreren Variablen selbst ableiten können.

Ferner kann man über die Knoten einer Eigenfunktion den folgenden allgemeinen Satz beweisen: *Ordnet man die Eigenfunktionen einer sich selbst adjungierten Differentialgleichung zweiter Ordnung* $L[u] + \lambda\varrho u = 0\,(\varrho > 0)$ *für ein Gebiet G bei beliebigen homogenen Randbedingungen nach wachsenden Eigenwerten, so teilt die n^{te} Eigenfunktion u_n durch ihre Nullstellen das Gebiet in nicht mehr als n Teilgebiete. Dabei werden über die Anzahl der unabhängigen Veränderlichen keinerlei Voraussetzungen gemacht*[1].

Der Einfachheit halber beziehen wir uns beim Beweise auf ein Gebiet G der x,y-Ebene bei der Randbedingung $u = 0$. Es sei λ_n der n^{te} Eigenwert, also das Maximum-Minimum des zugehörigen Integrals $D[\varphi]$ unter der vorgeschriebenen Randbedingung und den Nebenbedingungen

$$\iint_G \varrho\varphi^2\,dx\,dy = 1, \tag{48}$$

$$\iint_G \varrho\varphi v_i\,dx\,dy = 0 \qquad (i = 1, 2, \ldots, n-1). \tag{49}$$

Wir nehmen an, daß die zugehörige Eigenfunktion u_n durch ihre Nullstellen das Gebiet G in mehr als n Teilgebiete $G_1, G_2, \ldots, G_n, G_{n+1}, \ldots$ zerlege und definieren n Funktionen $w_1, w_2, \ldots, w_n$, von denen w_i in G_i mit u_n bis auf einen Normierungsfaktor übereinstimmt und außerhalb G_i verschwindet, während

$$\iint_G \varrho w_i^2\,dx\,dy = 1$$

wird. Für eine lineare Kombination $\varphi = c_1 w_1 + \cdots + c_n w_n$, die selbst der Normierungsbedingung

$$\iint_G \varrho\varphi^2\,dx\,dy = c_1^2 + \cdots + c_n^2 = 1$$

genügt, erkennt man durch Produktintegration sofort das Bestehen der Gleichung

$$D[\varphi] = \lambda_n,$$

indem man beachtet, daß w_i der Gleichung $L[w_i] + \lambda_n\varrho w_i = 0$ genügt. Da man nun offenbar bei beliebig gegebenen Funktionen v_i stets die Koeffizienten c_i so bestimmen kann, daß außer (48) auch die Bedingungen (49)

---

[1] Vgl. Courant, R.: Ein allgemeiner Satz zur Theorie der Eigenfunktionen selbstadjungierter Differentialausdrücke. Nachr. Ges. Göttingen (math.-phys. Kl.) 1923, Sitzung vom 13. Juli.

von φ erfüllt werden, so kann der n^{te} Eigenwert λ_n' des Gebietes $G' = G_1 + G_2 + \cdots + G_n$ für dieselbe Differentialgleichung und die Randbedingung $u = 0$ nicht größer als λ_n sein; er ist genau gleich λ_n, weil er nach Satz 2, § 2, 1 auch nicht kleiner als λ_n werden kann. Daraus folgt aber wieder nach Satz 3, daß für jedes Teilgebiet G'' von G, welches selber G' in sich enthält, der n^{te} Eigenwert genau gleich λ_n wird. Die für eine beliebige Anzahl m derartiger Gebiete $G', G'', G''', \ldots, G^{(m)}$, von denen jedes das vorangehende enthält, auf diese Weise erhaltenen Eigenfunktionen $u_n^{(1)}, u_n^{(2)}, \ldots, u_n^{(m)}$ bilden, wenn wir sie jeweils außerhalb des entsprechenden Intervalls in G als identisch Null fortsetzen, ein System von m linear unabhängigen[1] Funktionen, die alle in G der Differentialgleichung $L[u_n^{(i)}] + \lambda_n \varrho u_n^{(i)} = 0$ genügen. Eine lineare Kombination

$$\varphi = \gamma_1 u_n^{(1)} + \cdots + \gamma_m u_n^{(m)}$$

mit nicht durchweg verschwindenden Koeffizienten γ_i kann dann so bestimmt werden, daß die $m - 1$ Bedingungen

$$\iint\limits_G \varrho \varphi v_i \, dx \, dy = 0 \qquad (i = 1, 2, \ldots, m - 1)$$

erfüllt sind, und da φ wegen der linearen Unabhängigkeit der $u_n^{(i)}$ nicht identisch verschwinden kann, läßt sich gleichzeitig durch Multiplikation mit einem geeigneten Faktor die Normierung (48) erreichen. Dann muß aber wegen der Maximum-Minimum-Eigenschaft der m^{ten} Eigenfunktion

$$D[\varphi] \geqq \lambda_m$$

werden. Andererseits erhält man durch Ausrechnung mit Hilfe der Produktintegration

$$D[\varphi] = \lambda_n .$$

Wegen $\lim\limits_{n\to\infty} \lambda_n = \infty$ wird aber für hinreichend große m sicher $\lambda_m > \lambda_n$; also ergibt sich ein Widerspruch, der die Unmöglichkeit unserer obigen Annahme von mehr als n Gebieten $G_1, G_2, \ldots$ beweist. Daß der Beweis unseres Satzes auch bei einer anderen Anzahl von Variablen genau entsprechend verläuft, bedarf kaum der Hervorhebung[2].

---

[1] Daß diese Funktionen linear unabhängig sind, sieht man unmittelbar, wenn man berücksichtigt, daß $u_n^{(h)}$ in keinem Teilgebiet von $G^{(h)}$ identisch Null sein kann. Diese bei gewöhnlichen Differentialgleichungen aus dem Eindeutigkeitssatze folgende Tatsache ist bei partiellen eine Folge des elliptischen Charakters, worauf wir später in Bd. 2 noch zurückkommen werden.

[2] Der hier bewiesene Satz läßt sich folgendermaßen verallgemeinern: Jede Linearkombination der ersten n Eigenfunktionen teilt durch ihre Knoten das Gebiet in nicht mehr als n Teilgebiete. Vgl. die demnächst erscheinende Göttinger Dissertation von H. Hermann.

Der so bewiesene allgemeine Satz läßt für den speziellen Fall des Sturm-Liouvilleschen Eigenwertproblems $(py')' - qy + \lambda\varrho y = 0$ eine bemerkenswerte Präzisierung zu. Hier teilt nämlich die n^{te} Eigenfunktion das Grundgebiet auch in nicht weniger als n Teile, so daß also der Satz gilt: *Die n^{te} Eigenfunktion bei einem Sturm-Liouvilleschen Problem teilt durch ihre Knotenpunkte das Grundgebiet in genau n Teile.* Der Beweis wird gewöhnlich durch eine Kontinuitätsbetrachtung geführt, die hier kurz wiedergegeben sei. Wir beschränken uns der Kürze halber auf die Differentialgleichung $y'' + \lambda\varrho y = 0$. Mit $y(x, \lambda)$ bezeichnen wir eine von dem Parameter λ stetig abhängende, für $x = 0$ verschwindende Lösung dieser Differentialgleichung. Es ergibt sich sofort die Identität

$$y(x, \lambda_1)\, y'(x, \lambda) - y(x, \lambda)\, y'(x, \lambda_1) = (\lambda_1 - \lambda) \int_0^x \varrho\, y(x, \lambda)\, y(x, \lambda_1)\, dx.$$

Ist nun $x = \xi$ eine positive Nullstelle von $y(x, \lambda)$, so folgt

$$y(\xi, \lambda_1)\, y'(\xi, \lambda) = (\lambda_1 - \lambda) \int_0^\xi \varrho\, y(x, \lambda)\, y(x, \lambda_1)\, dx.$$

Es sei nun $\lambda_1 > \lambda$ und so nahe bei λ, daß das Integral rechts positiv bleibt. Dann müssen $y(\xi, \lambda_1)$ und $y'(\xi, \lambda)$ dasselbe Vorzeichen haben. Nehmen wir an, daß bei $x = \xi$ die Funktion $y(x, \lambda)$ von negativen zu positiven Werten übergeht, daß also $y'(\xi, \lambda)$ positiv ist — $y'(\xi, \lambda)$ kann nicht zugleich mit $y(\xi, \lambda)$ verschwinden —, so ist auch $y(\xi, \lambda_1)$ positiv. Da $y(x, \lambda_1)$ sich von $y(x, \lambda)$ bei hinreichend kleinem $\lambda_1 - \lambda$ beliebig wenig unterscheidet, also in der Nähe von $x = \xi$ von negativen Werten zu positiven übergehen muß, so liegt eine Nullstelle von $y(x, \lambda_1)$ links von ξ, und wir können[1] sagen: *Bei stetiger Vergrößerung von λ rücken die Nullstellen der Funktion $y(x, \lambda)$ sämtlich nach links.* Für die erste Eigenfunktion gibt es im Innern des Grundgebietes keine Nullstelle, sondern nur in den beiden Enden. Wächst λ vom ersten Eigenwert bis zum zweiten Eigenwert, so rückt dabei die zweite Nullstelle von rechts in das Innere des Intervalls, und zwar so lange, bis der Endpunkt des Intervalls zu einer dritten Nullstelle der Funktion wird usw., wodurch der behauptete Satz evident wird[2].

---

[1] Daß bei Vergrößerung von λ nicht mehr Nullstellen zwischen 0 und ξ entstehen und daß keine verlorengehen können, folgt daraus, daß nie zugleich y und y' an derselben Stelle verschwinden können.

[2] Eine andere, die Kontinuitätsmethode vermeidende Wendung erhält unser Beweis, wenn wir von dem folgenden, nicht auf eine unabhängige Veränderliche beschränkten Satze ausgehen: Verschwindet eine in einem abgeschlossenen Bereiche B zweimal stetig differenzierbare Lösung u von $L[u] + \lambda\varrho u = 0$ am Rande Γ von B, ohne im Innern das Zeichen zu wechseln, und ist v eine Lösung von $L[v] + \mu\varrho v = 0$ mit $\mu > \lambda$, so muß v in B das Vorzeichen wechseln. (Dabei

Die hier bewiesene Tatsache beruht im Gegensatz zu dem obigen allgemeinen Resultate ganz wesentlich auf dem Umstande, daß man es mit einer gewöhnlichen Differentialgleichung zu tun hat. Bei Eigenwertproblemen partieller Differentialgleichungen kann es vorkommen, daß noch beliebig große Werte von n existieren, für welche die Knoten der Eigenfunktion u_n das ganze Grundgebiet in nur zwei Teile teilen. Beispiele hierfür[1] liefert in einfachster Weise die Differentialgleichung $\Delta u + \lambda u = 0$ für ein Quadrat: $0 \leqq x \leqq \pi$, $0 \leqq y \leqq \pi$. Man erkennt

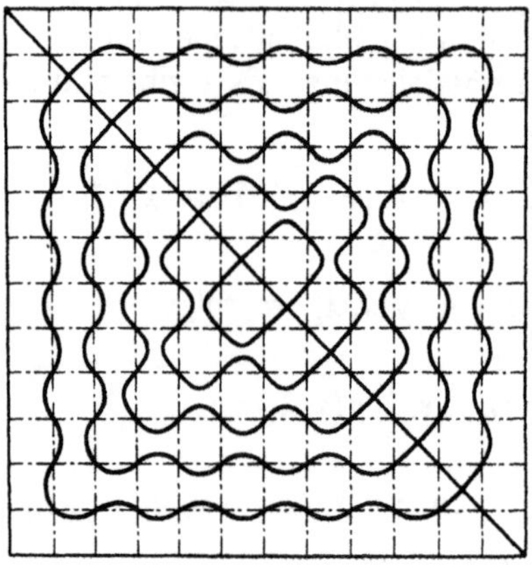

Abb. 6.

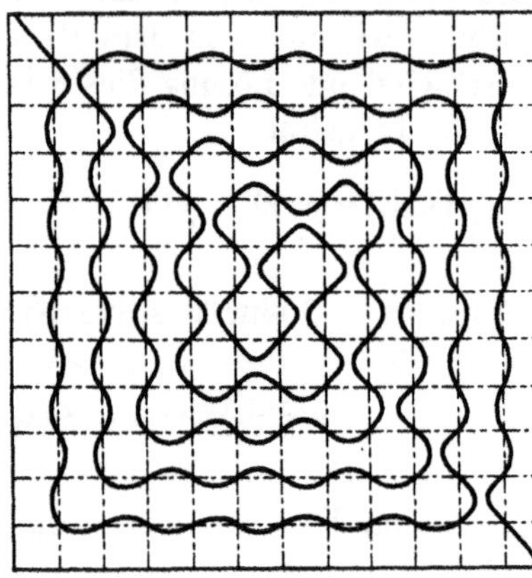

Abb. 7.

hier leicht, daß die zu den Eigenwerten $\lambda = 4r^2 + 1$ gehörigen Eigenfunktionen $\sin 2rx \cos y + \mu \cos 2rx \sin y$, wenn μ eine genügend nahe an 1 gelegene positive Konstante ist, nur eine einzige Knotenlinie be-

---

ist selbstverständlich ausgeschlossen, daß u oder v in B identisch verschwindet.) Der Beweis folgt sofort, indem wir mit Hilfe der Greenschen Formel — etwa unter der Annahme zweier unabhängiger Veränderlicher — schließen:

$$\iint_B (v L[u] - u L[v])\, dx\, dy = (\mu - \lambda) \iint_B \varrho u v\, dx\, dy = \int_\Gamma v \frac{\partial u}{\partial n}\, ds,$$

wobei $\partial/\partial n$ Differentiation nach der äußeren Normalen von Γ bedeutet. Ohne Beschränkung der Allgemeinheit dürfen wir annehmen, daß u und v in B positive Werte besitzen; da auf Γ sicherlich $\partial u/\partial n \leqq 0$ ist, so wird dann der Ausdruck rechts in unserer Gleichung nicht positiv, während der mittlere Ausdruck positiv sein müßte, falls v in B nicht das Vorzeichen wechselte.

Wenden wir dieses Resultat auf das Sturm-Liouvillesche Problem mit verschwindenden Randwerten an, so erkennen wir, daß von zwei Eigenfunktionen diejenige mit größerer Nullstellenzahl zum größeren Eigenwert gehören muß; denn ein Intervall zwischen zwei geeigneten Nullstellen der Eigenfunktion mit weniger Nullstellen muß als echtes Teilintervall ein solches zwischen zwei Nullstellen der anderen Eigenfunktion enthalten. Da die erste Eigenfunktion keine Nullstelle im Innern hat und die n^{te} nicht mehr als $n-1$ besitzen kann, so muß sie demnach genau $(n-1)$ mal im Grundgebiet verschwinden, wie behauptet wurde.

[1] Vgl. Stern, A.: Bemerkungen über asymptotisches Verhalten von Eigenwerten und Eigenfunktionen. Diss. Göttingen 1925.

sitzen. Wie diese Knotenlinie durch Auflösung eines Systems von Linien entsteht, veranschaulichen die Abb. 6 und 7 im Falle $r = 12$.

§ 7. Ergänzungen und Aufgaben zum sechsten Kapitel.

1. Ableitung der Minimumeigenschaften der Eigenwerte aus ihrer Vollständigkeit. Wir haben in diesem Kapitel aus der Vollständigkeit der durch das Variationsproblem definierten Eigenfunktionen deren Identität mit der Gesamtheit der Lösungen der entsprechenden Differentialgleichung bewiesen. Umgekehrt kommt es vor, z. B. im Falle der trigonometrischen und der Legendreschen Funktionen, daß man für das Eigenwertproblem einer Differentialgleichung ein vollständiges Funktionensystem als Lösungen kennt. Dann kann man die Identität dieses Funktionensystems mit dem durch die Extremumseigenschaften definierten folgendermaßen direkt beweisen: Es handle sich um die Differentialgleichung

$$L[u] + \lambda \varrho u = 0$$

für das zweidimensionale Gebiet G und die Randbedingung $u = 0$. Die Eigenfunktionen des Differentialgleichungsproblems seien $u_1, u_2, \ldots$, die zugehörigen Eigenwerte $\lambda_1, \lambda_2, \ldots$ Wir zeigen zunächst, daß für alle in G mit ihrer ersten Ableitung stetigen und mit einer stückweise stetigen zweiten Ableitung versehenen Funktionen φ, die auf dem Rande Γ verschwinden und den Bedingungen

$$\iint_G \varrho \varphi^2 \, dx \, dy = 1, \tag{50}$$

$$\iint_G \varrho \varphi u_i \, dx \, dy = 0 \qquad (i = 1, 2, \ldots, n-1) \tag{51}$$

genügen, das Integral

$$D[\varphi] \geqq \lambda_n$$

wird. Aus der Greenschen Formel folgt nämlich wegen der Randbedingung $\varphi = 0$:

$$D[\varphi] = -\iint_G \varphi L[\varphi] \, dx \, dy,$$

und die Vollständigkeitsrelation [vgl. Formel (23a), S. 370], angewandt für die Funktionen φ und $L[\varphi]/\varrho$, ergibt weiter

$$D[\varphi] = -\sum_{i=1}^{\infty} \gamma_i \iint_G u_i L[\varphi] \, dx \, dy \tag{52}$$

mit

$$\gamma_i = \iint_G \varrho \varphi u_i \, dx \, dy.$$

Aus (52) folgt nach der Greenschen Formel unter Berücksichtigung von $L[u_i] = -\lambda_i \varrho u_i$:

$$D[\varphi] = \sum_{i=1}^{\infty} \lambda_i \gamma_i^2. \tag{53}$$

Da nun nach (51)

$$\gamma_i = 0 \quad \text{für} \quad i = 1, 2, \ldots, n-1$$

und nach (50) wegen der Vollständigkeitsrelation

$$\sum_{i=1}^{\infty} \gamma_i^2 = 1$$

ist, so folgt unmittelbar, wenn die λ_i nach wachsender Größe geordnet sind:

$$D[\varphi] \geqq \lambda_n.$$

Man erhält ferner, wie schon früher gezeigt, durch einfache Ausrechnung

$$D[u_n] = \lambda_n,$$

so daß die Minimaleigenschaft der n^{ten} Eigenfunktion gegenüber den oben bezeichneten Funktionen φ bereits bewiesen ist. Daß sie auch für solche Funktionen φ besteht, von denen nur Stetigkeit und Existenz einer stückweise stetigen ersten Ableitung vorausgesetzt wird, folgt aus dem Umstande, daß man eine solche Funktion mit ihrer Ableitung stets durch Funktionen der oben gekennzeichneten Klasse derart approximieren kann, daß sich die zugehörigen Integrale $D[\varphi]$ beliebig wenig unterscheiden. (Vgl. hierzu die Überlegungen in Kap. IV, § 3, 7.)

2. Charakterisierung der ersten Eigenfunktion durch ihre Nullstellenfreiheit. Auf S. 392 wurde die erste Eigenfunktion durch ihre Nullstellenfreiheit charakterisiert. Für diese Tatsache sei hier ein anderer Beweis gegeben, der auf einer — auch sonst in der Variationsrechnung benutzten — von Jacobi herrührenden Methode beruht. *(Methode der multiplikativen Variation.)*

Wir können uns dabei auf den Fall der Gleichung

$$\Delta u - q u + \lambda u = 0$$

beschränken. Wir haben dann zu beweisen: Gibt es eine Lösung u dieser Gleichung, welche am Rande Γ eines Gebietes G verschwindet, aber nirgends im Innern, so ist

$$\mathfrak{D}[\varphi] = \iint_G (\varphi_x^2 + \varphi_y^2 + q\varphi^2)\, dx\, dy \geqq \lambda \iint_G \varphi^2\, dx\, dy$$

für alle zulässigen Funktionen φ, wobei das Gleichheitszeichen nur für $\varphi = \text{konst.}\, u$ gilt. Zum Beweise denken wir uns jede solche Funktion φ in der Form

$$\varphi = \eta u$$

dargestellt. Das ist möglich, weil u in G nicht verschwindet. Es wird dann

$$\mathfrak{D}[\varphi] = \iint_G [u^2(\eta_x^2 + \eta_y^2) + 2 u u_x \eta \eta_x + 2 u u_y \eta \eta_y + (u_x^2 + u_y^2)\eta^2 + q u^2 \eta^2]\, dx\, dy.$$

Setzen wir $2\eta\eta_x = (\eta^2)_x$, $2\eta\eta_y = (\eta^2)_y$ und wenden wir Produktintegration an, so ergibt sich, da die auftretenden Randintegrale verschwinden,

$$\mathfrak{D}[\varphi] = \iint_G [u^2(\eta_x^2 + \eta_y^2) - u\Delta u \eta^2 + q u^2 \eta^2]\, dx\, dy.$$

Verwenden wir die Differentialgleichung für u, so ergibt sich

$$\mathfrak{D}[\varphi] = \iint_G [u^2(\eta_x^2 + \eta_y^2) + \lambda u^2 \eta^2]\, dx\, dy \geqq \lambda \iint_G u^2 \eta^2\, dx\, dy = \lambda \iint_G \varphi^2\, dx\, dy,$$

wobei das Gleichheitszeichen nur für $\eta_x = \eta_y = 0$, d. h. für $\eta = \text{const.}$ steht, w. z. b. w.

3. Andere Minimumeigenschaften der Eigenwerte. Man beweise folgenden Satz: Das Problem, den Integralausdruck

$$\mathsf{D}[v_1, \ldots, v_n] = \mathfrak{D}[v_1] + \cdots + \mathfrak{D}[v_n]$$

zum Minimum zu machen, wobei zur Konkurrenz alle Systeme von n zueinander orthogonalen, normierten, im Grundgebiet mit stückweise stetigen Ableitungen versehenen Funktionen zugelassen werden, wird gelöst durch die Funktionen $v_i = u_i$ oder irgendein durch orthogonale Transformation aus diesen Funktionen entstehendes Funktionensystem. Dabei sind die Funktionen $u_1, \ldots, u_n$ die ersten n Eigenfunktionen des Gebietes. Der Minimalwert ist gleich der Summe der ersten n Eigenwerte $\lambda_1 + \cdots + \lambda_n$.

Man beweise ferner folgenden Satz: Sind $v_1, v_2, \ldots, v_{n-1}$ stetige Funktionen in G und bedeutet $d\{v_1, v_2, \ldots, v_{n-1}\}$ die untere Grenze des Integralausdruckes $\mathfrak{D}[\varphi]$, wobei φ außer den üblichen Stetigkeitsbedingungen noch der einzigen Nebenbedingung

$$\iint_G \varrho \varphi^2\, dx\, dy - \sum_{i=1}^{n-1} \left(\iint_G \varrho \varphi v_i\, dx\, dy \right)^2 = 1$$

unterworfen wird, so ist der n^{te} Eigenwert λ_n gleich dem Maximum von $d\{v_1, v_2, \ldots, v_{n-1}\}$, welches für $v_1 = u_1, \ldots, v_{n-1} = u_{n-1}$; $\varphi = u_n$ angenommen wird.

Diese Formulierung ist deshalb bemerkenswert, weil sie nur die eine quadratische Nebenbedingung braucht und auf die linearen verzichten kann. Allerdings muß man dafür eine etwas kompliziertere aus dem üblichen Rahmen der isoperimetrischen Probleme herausfallende Gestalt der Nebenbedingung in Kauf nehmen.

Die Übertragung dieser Formulierung auf das entsprechende elementare Problem bei quadratischen Formen soll dem Leser als Aufgabe überlassen bleiben.

Andere, für manche Anwendungen nützliche Formulierungen des Eigenwertproblems geben wir an Hand des Beispiels der Differentialgleichung $\Delta u + \lambda u = 0$ bei der Randbedingung $u = 0$:

$$H[\varphi] = \iint_G \varphi^2\, dx\, dy = \text{Min. Max.}$$

unter den Nebenbedingungen

$$D[\varphi] = \iint_G (\varphi_x^2 + \varphi_y^2)\,dx\,dy = 1\,,$$

$$D[\varphi, v_i] = 0 \qquad (i = 1, \ldots, n-1)\,,$$

wobei der Sinn der Minimum-Maximum-Problemstellung sich unmittelbar ergibt.

Äquivalent ist ferner das Problem, unter denselben Nebenbedingungen den Ausdruck

$$\iint (\Delta\varphi)^2\,dx\,dy$$

zum Maximum-Minimum zu machen, wobei nunmehr von den Vergleichsfunktionen φ Stetigkeit der ersten und stückweise Stetigkeit der zweiten Ableitungen verlangt werden muß.

4. Asymptotische Eigenwertverteilung bei der schwingenden Platte. Für die Differentialgleichung $\Delta\Delta u - \lambda u = 0$ der schwingenden Platte gilt bei den Randbedingungen $u = 0$ und $\partial u/\partial n = 0$ (eingespannte Platte) die asymptotische Abschätzung

$$A(\lambda) \sim \frac{f}{4\pi}\sqrt{\lambda}\,,$$

woraus folgt

$$\lambda_n \sim \left(\frac{4\pi n}{f}\right)^2.$$

Dabei ist wie früher $A(\lambda)$ die Anzahl der Eigenwerte unterhalb der Schranke λ, ferner λ_n der n^{te} Eigenwert und f der Flächeninhalt der Platte. Wir können also auch sagen: Der n^{te} Eigenwert der eingespannten Platte ist mit wachsendem n asymptotisch gleich dem Quadrate des n^{ten} Eigenwertes der eingespannten Membran. Insbesondere hängt er wiederum nur von der Größe, nicht von der Gestalt der Platte ab. Analoges gilt in drei Dimensionen[1].

5. Man leite die Gesetze der asymptotischen Eigenwertverteilung für die Sturm-Liouvillesche Differentialgleichung (vgl. die Resultate von § 2, 3) sowie für gewöhnliche Differentialgleichungen vierter Ordnung nach der Methode von § 4, 3 ab.

6. Man stelle die Gesetze der asymptotischen Eigenwertverteilung auf für elliptische sich selbst adjungierte Differentialgleichungen, die aus einem beliebigen definiten quadratischen Variationsproblem entspringen.

7. Man führe die Behandlung zweiparametriger Eigenwertprobleme (siehe das Lamésche Problem aus Kap. V, § 9, 3) mit Methoden der Variationsrechnung durch.

8. Parameter in den Randbedingungen. Die Eigenwertprobleme, bei denen, wie in Kap. V, § 16, 4 der Parameter in der Randbedingung

[1] Vgl. Courant, R.: Über die Schwingungen eingespannter Platten. Math. Zeitschr. Bd. 15, S. 195—200. 1922.

auftritt, lassen sich vom Standpunkte der Variationsrechnung aus ebenfalls leicht beherrschen. Im Falle der Differentialgleichung $\Delta u = 0$ und der Randbedingung $\partial u/\partial n = \lambda u$ handelt es sich darum, ein Integral

$$\iint (\varphi_x^2 + \varphi_y^2)\, dx\, dy$$

zum Minimum zu machen, während für das Randintegral von φ^2 eine Beziehung

$$\int \varphi^2 ds = 1$$

besteht und außerdem noch geeignete lineare Nebenbedingungen gestellt werden. Der Leser möge diesen Ansatz weiter verfolgen.

Im Falle, daß G der Einheitskreis ist, werden die Lösungen dieses Problems durch die Potentialfunktionen $r^n \cos n\vartheta$, $r^n \sin n\vartheta$ gegeben; die Eigenwerte sind $\lambda_n = n^2$.

Im allgemeinen Falle zeigt sich durch Anwendung der Methoden dieses Kapitels leicht, daß λ_n die Ordnung n^2 besitzt, und es folgt daher aus § 3, Nr. 1 die Vollständigkeit der Eigenfunktionen in bezug auf den Ausdruck $\mathfrak{H}[\varphi] = \int\limits_\Gamma \varphi^2 ds$, d. h. die Randwerte der Eigenfunktionen bilden ein vollständiges System von Funktionen in s, woraus sich wiederum schließen läßt, daß jede in G reguläre Potentialfunktion im Mittel durch unsere Eigenfunktionen approximiert werden kann.

9. Eigenwertprobleme für geschlossene Flächen. Das Eigenwertproblem der Laplaceschen Kugelfunktionen stellt das einfachste Beispiel für ein Problem auf einer geschlossenen Fläche dar, wobei Regularität auf der ganzen Fläche an Stelle der Randbedingungen tritt. Die Theorie dieser Eigenwertprobleme knüpft sich genau nach der im Kap. VI entwickelten Methode an ein Minimumproblem bzw. Maximum-Minimum-Problem für einen Quotienten $\mathfrak{D}:\mathfrak{H}$ an, wo $\mathfrak{D}$ ein quadratischer mit den Ableitungen von φ gebildeter Ausdruck und $\mathfrak{H}[\varphi]$ ein positiv-definiter quadratischer Ausdruck ohne Ableitungen, gebildet für die geschlossene Fläche als Integrationsgebiet, ist. Die Theorie dieser Eigenwertprobleme läßt sich auch auf andere quadratische Differentialausdrücke auf geschlossenen Flächen übertragen.

10. Eigenwertabschätzungen beim Auftreten von singulären Punkten. Wir haben in § 2, 4 das Auftreten singulärer Punkte an dem Beispiel der Besselschen Eigenwertprobleme behandelt, wobei der Fall der Besselschen Funktionen nullter Ordnung eine Sonderbetrachtung mit Benutzung spezieller Eigenschaften der Besselschen Funktionen nötig machte. Hier soll gezeigt werden, wie man durch einen methodisch allgemeinen auch sonst anwendbaren Gedanken jene Sonderbetrachtung vermeiden kann. Es handelt sich um das zu den Ausdrücken

$$D[\varphi] = \int_0^1 x\, \varphi'^2\, dx, \qquad H[\varphi] = \int_0^1 x\, \varphi^2\, dx$$

gehörige Eigenwertproblem ohne Randbedingung für den Punkt $x=0$ und etwa mit der Randbedingung $\varphi(1)=0$. Nach Einführung von $\sqrt{x}\varphi$ als gesuchte Funktion gewinnt man für den n^{ten} Eigenwert λ_n unseres Problemes leicht die Abschätzung $\lambda_n \leqq n^2\pi^2$, für die Anzahl $A(\lambda)$ der unterhalb λ gelegenen Eigenwerte also $A(\lambda) \geqq \frac{1}{\pi}\sqrt{\lambda}$.

Zur Abschätzung von λ_n nach unten, also von $A(\lambda)$ nach oben — diese Abschätzung ist hier unsere spezifische Aufgabe — wählen wir eine beliebig kleine positive Zahl ε zwischen 0 und 1 und beachten, daß $A(\lambda) \leqq B_1(\lambda) + B_2(\lambda)$ gilt, wo B_1, B_2 die Anzahlen der unterhalb λ gelegenen Eigenwerte für die Ausdrücke

$$D_1 = \int_0^\varepsilon x\varphi'^2\,dx,\quad H_1 = \int_0^\varepsilon x\varphi^2\,dx \quad \text{bzw.} \quad D_2 = \int_\varepsilon^1 x\varphi'^2\,dx,\quad H_2 = \int_\varepsilon^1 x\varphi^2\,dx$$

sind, wobei die Stetigkeit der Funktion φ an der Stelle $x=\varepsilon$ aufgehoben ist, so daß beide Male der Punkt $x=\varepsilon$ als freier Endpunkt auftritt. Für $B_2(\lambda)$ ergibt sich nach den üblichen Methoden dieses Kapitels die asymptotische Beziehung $\frac{B_2(\lambda)}{\sqrt{\lambda}} \to \frac{1}{\pi}(1-\varepsilon)$, und es bleibt als Aufgabe die Abschätzung von $B_1(\lambda)$, die wir folgendermaßen erreichen: Wir majorisieren H_1 durch $H_1^* = \varepsilon\int_0^\varepsilon \varphi^2\,dx$ und minorisieren D_1 durch $D_1^* = \int_0^\varepsilon x\left(1-\frac{x}{\varepsilon}\right)\varphi'^2\,dx$. Es wird nun in unmittelbar verständlicher Bezeichnung $B_1(\lambda) < B_1^*(\lambda)$. Andererseits können wir die Eigenfunktionen und Eigenwerte des neu entstandenen Eigenwertproblemes explizite angeben, indem wir das Intervall $0 \leqq x \leqq \varepsilon$ durch die Transformation $x = (1+\xi)\frac{\varepsilon}{2}$ auf das Intervall $-1 \leqq \xi \leqq 1$ transformieren. Als Eigenfunktionen ergeben sich die Legendreschen Polynome in ξ und als Eigenwerte die Zahlen $\frac{n(n+1)}{\varepsilon^2}$. Somit wird nunmehr $B_1(\lambda) \leqq B_1^*(\lambda) \leqq \varepsilon(1+\delta)\sqrt{\lambda}$, wo jedenfalls δ mit wachsendem λ gegen Null strebt. Wir erhalten nunmehr, da wir ε beliebig klein wählen konnten, durch Zusammenfassung unserer Ergebnisse fast unmittelbar die asymptotische Abschätzung

$$\lim_{\lambda\to\infty} \frac{A(\lambda)}{\sqrt{\lambda}} = \frac{1}{\pi}.$$

11. Minimumsätze für Membran und Platte. Unter allen eingespannten Membranen oder Platten von gegebenem Umfang oder Flächeninhalt, gegebener konstanter Dichte und Elastizität haben die kreisförmigen den tiefsten Grundton. (Zum Beweis vgl. für den Fall gegebenen Umfanges die erste unten zitierte Arbeit, für den Fall gegebenen Flächeninhalts die Arbeiten von FABER[1] und E. KRAHN[2].)

12. Minimumprobleme bei variabler Massenverteilung. Man beweise folgende Sätze, welche interessante Beispiele zur Variationsrechnung darstellen:

Der Grundton einer eingespannten Saite gegebener gleichmäßiger Spannung, auf welcher eine gegebene Gesamtmasse verteilt ist, wird möglichst tief, wenn die Gesamtmasse im Mittelpunkt konzentriert ist.

Man beweise die analogen Resultate für eine Membran und eine Platte.

13. Knotenpunkte beim Sturm-Liouvilleschen Problem und Maximum-Minimum-Prinzip. Der Satz aus § 6, daß die n^{te} Eigenfunktion eines Sturm-Liouvilleschen Problems das Grundgebiet durch ihre Nullstellen in n Teile teilt, ergibt sich auch auf Grund der folgenden Betrachtungen[3]. Hält man bei einer schwingungsfähigen Saite $n-1$ beliebig gewählte innere Punkte fest, so ist der Grundton des entstehenden aus n unabhängigen Saiten bestehenden Systems identisch mit dem tiefsten unter den Grundtönen der Teilsysteme. (Vgl. § 1, 3.) Die Grundschwingung des zerlegten Systems wird dann gegeben durch die Grundschwingung des betreffenden Teilsystems und Ruhelage der übrigen Teilsysteme. Der Grundton des zerlegten Systems wird nun bei Abänderung der vorgeschriebenen Knotenpunkte möglichst hoch, wenn die entstehenden n Teilsysteme sämtlich denselben Grundton haben. Denn hätten zwei benachbarte Teilsysteme verschiedene Grundtöne, so könnte man durch Verrückung des beiden gemeinsamen Knotens den Grundton des einen erhöhen, den des anderen erniedrigen, bis beide Töne gleich hoch sind. In dem betrachteten Extremfalle kann nun die Grundschwingung des zerlegten Systems durch eine stetig differenzierbare Funktion repräsentiert werden, welche eine zu der betreffenden Schwingungszahl gehörige in jenen $n-1$ Punkten verschwindende Eigenfunktion des ursprünglichen Gesamtsystems darstellt. Also: *Hält man eine Saite in $n-1$ Punkten fest und sucht durch geeignete Wahl dieser Punkte den Grundton des zerlegten Systems möglichst hoch zu machen, so ergibt sich als Lösung eine Eigenfunktion des ursprünglichen Systems mit $n-1$ inneren Nullstellen.* Nennen wir die gewonnenen Eigenwerte μ_n, die zugehörigen Eigenfunktionen v_n, so ist jedenfalls $\mu_{n+1} \geqq \mu_n$, weil es sicherlich ein durch zwei passende benachbarte Nullstellen von v_n definiertes Intervall gibt, welches als echtes Teilintervall dasjenige zwischen zwei Nullstellen von v_{n+1} enthält und weil einer Verkleinerung des Intervalls eine Erhöhung des Grundtons entspricht. (Vgl. S. 396, Anm.)

[1] FABER, G.: Beweis, daß unter allen homogenen Membranen von gleicher Fläche ... Bayr. Akad. 1923.

[2] KRAHN, E.: Über eine von Rayleigh formulierte Minimaleigenschaft des Kreises. Math. Ann. 94.

[3] Vgl. HOHENEMSER: Ingenieurarchiv 1930, 3. Heft, wo ähnliche Betrachtungen aufgestellt werden.

Indem wir wie früher mit λ_n die Gesamtheit der wachsend geordneten Eigenwerte der Saite bezeichnen, erkennen wir, daß jedenfalls $\mu_n \geqq \lambda_n$ gilt, da ja die μ_n unter den λ_n enthalten sein müssen. Andrerseits ist die Festhaltung eines vorgeschriebenen Knotenpunktes lediglich ein Spezialfall bzw. Grenzfall einer linearen Nebenbedingung, wie wir sie in § 1, 4 für unsere die Eigenwerte λ_n definierenden Variationsprobleme betrachtet haben. Das Maximum des Minimums bei Beschränkung auf solche spezielle Nebenbedingungen, d. h. die Zahl μ_n, kann also nicht größer sein als das Maximum des Minimums, wenn beliebige lineare Nebenbedingungen zugelassen werden, d. h. als λ_n. Somit ist $\mu_n \leqq \lambda_n$ und daher mit Rücksicht auf das obige Resultat $\mu_n = \lambda_n$. Der Nullstellensatz über die Sturm-Liouvilleschen Eigenfunktionen ist damit bewiesen.

Literatur zum sechsten Kapitel.

COURANT, R.: Beweis des Satzes, daß von allen homogenen Membranen gegebenen Umfanges und gegebener Spannung die kreisförmige den tiefsten Grundton besitzt. Math. Zeitschr. Bd. 1, S. 321—328. 1918. — Über die Eigenwerte bei den Differentialgleichungen der mathematischen Physik. Ib. Bd. 7, S. 1—57. 1920. — Über die Schwingungen eingespannter Platten. Ib. Bd. 15, S. 195 bis 200. 1922. — Ein allgemeiner Satz zur Theorie der Eigenfunktionen selbstadjungierter Differentialausdrücke. Nachr. Ges. Göttingen (math.-phys. Kl.) 1923, Sitzung vom 13. Juli. — Über die Anwendung der Variationsrechnung ... Acta math. 49.

KNESER, A.: Integralgleichungen; vgl. Literatur zu Kap. III.

LIOUVILLE, J.: Mémoire sur le développement des fonctions ou parties de fonctions en séries dont les divers termes sont assujetis à satisfaire à une même équation différentielle du second ordre contenant un paramètre variable. J. math. pures et appl. Ser. 1, Bd. 1, S. 253—265. 1836. — Ib. Bd. 2, S. 16—35, 418—436. 1837.

WEYL, H.: Das asymptotische Verteilungsgesetz der Eigenwerte linearer partieller Differentialgleichungen (mit einer Anwendung auf die Theorie der Hohlraumstrahlung). Math. Ann. Bd. 71, S. 441—479. 1912. — Über die Abhängigkeit der Eigenschwingungen einer Membran von deren Begrenzung. J. f. d. reine u. angew. Math. Bd. 141, S. 1—11. 1912. — Über das Spektrum der Hohlraumstrahlung. Ib. S. 163—181. — Über die Randwertaufgabe der Strahlungstheorie und asymptotische Spektralgesetze. Ib. Bd. 143, S. 177—202. 1913.

RICHARDSON, R. G. D.: Das Jacobische Kriterium der Variationsrechnung und die Oszillationseigenschaften linearer Differentialgleichungen zweiter Ordnung. Erste Mitteilung Math. Ann. 68, S. 279, Zweite Mitteilung Math. Ann. 71, S. 214. — Über die notwendigen und hinreichenden Bedingungen für das Bestehen eines Kleinschen Oszillationstheorems. Math. Ann. 73, S. 289.

Es sei hier die Gelegenheit benutzt, darauf hinzuweisen, daß Herr RICHARDSON in einem leider nicht veröffentlichten Manuskript, welches kurz vor dem Kriege als Entwurf einer Abhandlung der Redaktion der Mathematischen Annalen vorgelegen hat, das Eigenwertproblem elliptischer Differentialgleichungen behandelte und auf anderen Wegen Resultate erzielte, die mit denen des vorliegenden Kapitels weitgehende Berührungspunkte aufweisen; insbesondere gilt das für das Verhalten der Eigenwerte beim Anwachsen des Gebietes bzw. der Koeffizienten in der Randbedingung und ihre Abhängigkeit von den Koeffizienten der Differentialgleichung, ebenso wie für die Sätze über die Nullstellen der Eigenfunktionen.

Siebentes Kapitel.

Spezielle durch Eigenwertprobleme definierte Funktionen.

§ 1. Vorbemerkungen über lineare Differentialgleichungen zweiter Ordnung.

Wir wollen in diesem Kapitel auf einige der schon früher definierten Funktionenklassen näher eingehen, nämlich auf die Besselschen Funktionen, die Legendreschen Funktionen und die allgemeinen Laplaceschen Kugelfunktionen. Dabei werden wir uns auf einen etwas allgemeineren Standpunkt stellen als in den vorangehenden Kapiteln. Wir wollen nämlich die unabhängige Variable beliebige komplexe Werte durchlaufen lassen und demgemäß unsere Funktionen als Funktionen einer komplexen Variablen mit Hilfe der Methoden der Funktionentheorie untersuchen. Auch werden wir nicht nur die oben genannten Funktionen, sondern die Gesamtheit der Lösungen der betreffenden Differentialgleichungen, denen diese Funktionen genügen, ins Auge fassen. Wir wollen als bekannt voraussetzen, daß jede solche lineare Differentialgleichung auch bei komplexer unabhängiger Variabler $z = x + iy$ zwei linear unabhängige Lösungen besitzt, aus denen sich die allgemeinste mit konstanten Koeffizienten linear zusammensetzen läßt, und daß alle Lösungen, abgesehen von festen durch die Koeffizienten gegebenen singulären Punkten, reguläre analytische Funktionen von z sind. Durch solche lineare Differentialgleichungen werden zahlreiche neue und wichtige Funktionenklassen definiert, die sich nicht unmittelbar auf die elementaren Funktionen reduzieren lassen, aber vielfach durch Integrale über elementare Funktionen ausgedrückt werden können.

Um Lösungen einer linearen Differentialgleichung

$$L[u] + \mu u = 0$$

in Form einer Integraldarstellung zu erhalten, bedient man sich zweckmäßigerweise in vielen Fällen der *Methode der Integraltransformation*, die wir hier erst allgemein schildern. Man führt statt der unbekannten Funktion $u(z)$ eine neue unbekannte Funktion $v(\zeta)$ der komplexen Variablen $\zeta = \xi + i\eta$ durch eine Gleichung

$$(1) \qquad u(z) = \int_C K(z, \zeta)\, v(\zeta)\, d\zeta$$

ein, wobei der Transformationskern $K(z, \zeta)$, der in jeder der komplexen Variablen analytisch sein soll, und der Integrationsweg C jeweils geeignet zu bestimmen sind. Die Differentialgleichung geht alsdann über in

$$\int_C (L[K] + \mu K) v(\zeta)\, d\zeta = 0,$$

wobei sich der Differentiationsprozeß L auf die Variable z bezieht und die Vertauschbarkeit des Prozesses L mit der Integration vorausgesetzt wird.

Verfügt man nun über K, indem man $L[K]$ durch einen nur in bezug auf die Variable ζ gebildeten Differentialausdruck $A[K]$ ersetzt, also $K(z, \zeta)$ der partiellen Differentialgleichung

$$L[K] = A[K]$$

unterwirft, und vertreibt sodann durch Produktintegration, deren Anwendung wir wieder als erlaubt voraussetzen, die Ableitungen von K, so geht unser obiges Integral über in

$$\int_C K(z, \zeta)(B[v] + \mu v)\, d\zeta;$$

dabei ist $B[v]$ der zu $A[v]$ adjungierte Differentialausdruck (vgl. Kap. V, § 1). Zu diesem Integral tritt noch ein Randbestandteil, den wir durch geeignete Wahl des Integrationsweges zum Verschwinden bringen können. Falls die partielle Differentialgleichung, für deren Wahl man weitgehenden Spielraum hat, und die transformierte Differentialgleichung

$$B[v] + \mu v = 0$$

in einfacher Weise explizite gelöst werden können, und zwar derart, daß die obigen Voraussetzungen zutreffen, so erhält man durch diese Methode die Lösung $u(z)$ in der angegebenen Integralform.

In der Analysis treten solche Integraltransformationen in verschiedener Gestalt auf. Für den Kern

$$K(z, \zeta) = e^{z\zeta} \quad \text{bzw.} \quad e^{iz\zeta}$$

z. B. erhalten wir die *Transformation von Laplace*, für

$$K(z, \zeta) = (z - \zeta)^{\alpha}$$

die *Transformation von Euler*.

§ 2. Die Besselschen Funktionen.

Wir betrachten zunächst die Besselsche Differentialgleichung

$$z^2 u'' + z u' + z^2 u - \lambda^2 u = 0 \tag{2}$$

und verlangen, ihre sämtlichen Lösungen aufzufinden und zu untersuchen, wobei sowohl z als auch der Parameter λ als komplexe Größen angesehen werden sollen.

1. Durchführung der Integraltransformation. Wir versuchen die Integration von (2) durch die Transformation (1) zu leisten. Durch Einsetzen in die Differentialgleichung folgt

$$\int\limits_C (z^2 K_{zz} + z K_z + z^2 K - \lambda^2 K)\, v(\zeta)\, d\zeta = 0 .$$

Wir unterwerfen nun K der Differentialgleichung

$$z^2 K_{zz} + z K_z + z^2 K + K_{\zeta\zeta} = 0 ,$$

für welche die Funktion

$$K(z, \zeta) = e^{\pm i z \sin \zeta}$$

eine in der ganzen z- und ζ-Ebene eindeutige und reguläre Lösung ist. Unsere Differentialgleichung (2) geht über in

$$\int\limits_C (K_{\zeta\zeta} + \lambda^2 K)\, v(\zeta)\, d\zeta = 0$$

oder, wie man durch Produktintegration erkennt, in

$$\int\limits_C K(z,\zeta)\,\{v'' + \lambda^2 v\}\, d\zeta + \int\limits_C \frac{\partial}{\partial \zeta}\{K v' - K_\zeta v\}\, d\zeta = 0 .$$

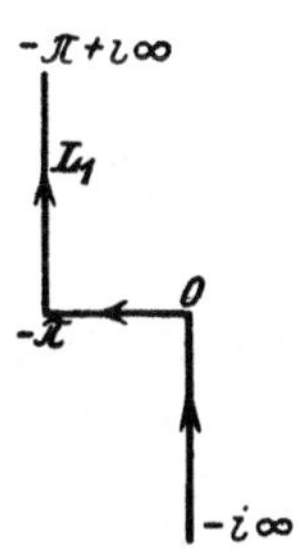

Abb. 8.

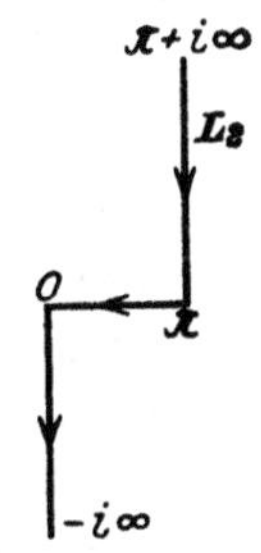

Abb. 9.

Da die transformierte Differentialgleichung $v'' + \lambda^2 v = 0$ die Lösungen $e^{\pm i\lambda\zeta}$ besitzt, bleibt als Aufgabe nur, den Integrationsweg geeignet zu bestimmen. Dazu beachten wir, daß auf den senkrechten Abschnitten der in Abb. 8 und 9 mit L_1 und L_2 bezeichneten Wege der Realteil von $-iz\sin\zeta$ für $\Re(z) > 0$ negativ ist und mit wachsendem $|\zeta|$ exponentiell negativ unendlich wird. Setzen wir dann $K(z,\zeta) = e^{-iz\sin\zeta}$, so strebt auf L_1 und L_2 der Zusatzanteil $Kv' - K_\zeta v$ beiderseits gegen Null, und wir erhalten in den Integralen

$$(3)\qquad \left\{\begin{aligned} H^1_\lambda(z) &= -\frac{1}{\pi}\int\limits_{L_1} e^{-iz\sin\zeta + i\lambda\zeta}\, d\zeta ,\\ H^2_\lambda(z) &= -\frac{1}{\pi}\int\limits_{L_2} e^{-iz\sin\zeta + i\lambda\zeta}\, d\zeta \end{aligned}\right.$$

zwei Lösungen der Differentialgleichung (2), die sog. *Hankelschen Funktionen.* Man überzeugt sich leicht, daß diese Integrale für $\Re(z) > 0$ konvergieren und die zu ihrer Herleitung erforderlichen Voraussetzungen erfüllen.

2. Die Hankelschen Funktionen. Die Hankelschen Funktionen $H^1_\lambda(z)$ und $H^2_\lambda(z)$ sind durch die Integrale (3) nur für die rechte Halbebene $\Re(z) > 0$ definiert. Wir können sie jedoch folgendermaßen leicht analytisch fortsetzen.

Setzen wir bei festem $z = x + iy$ zur Abkürzung

$$f(\zeta) = -iz\sin\zeta + i\lambda\zeta,$$

$$\zeta = \xi + i\eta, \qquad \lambda = a + ib,$$

so wird

$$\Re f(\zeta) = \quad y\sin\xi\,\mathfrak{Cof}\,\eta + x\cos\xi\,\mathfrak{Sin}\,\eta - b\xi - a\eta,$$

$$\Im f(\zeta) = -x\sin\xi\,\mathfrak{Cof}\,\eta + y\cos\xi\,\mathfrak{Sin}\,\eta + a\xi - b\eta.$$

Wählen wir sodann für die senkrechten Teile, z. B. des Weges L_1, statt der Abszissen 0 und $-\pi$ die Abszissen ξ_0 und $-\pi - \xi_0$, so bleibt das über diesen Weg L_1' erstreckte Integral $\int_{L_1'} e^{f(\zeta)}\,d\zeta$ für solche z konvergent, für welche

$$y\sin\xi_0 - x\cos\xi_0 < 0$$

gilt, welche also in der einen durch die Gerade

$$y\sin\xi_0 - x\cos\xi_0 = 0$$

begrenzten Halbebene liegen. In dem Teile dieser Halbebene, der auch noch in der Halbebene $x > 0$ liegt, können beide Integrationswege verwendet werden und ergeben, wie man aus dem Cauchyschen Integralsatze erkennt, dasselbe Resultat. In dem anderen Teile aber gibt uns das über den neuen Weg erstreckte Integral die analytische Fortsetzung der Funktion $H_\lambda^1(z)$. Lassen wir nun ξ_0 in geeigneter Weise eine unbeschränkte Folge positiver und ebenso eine solche Folge negativer Werte durchlaufen, so entsteht nach und nach das gesamte analytische Gebilde der Funktion $H_\lambda^1(z)$, nämlich eine Riemannsche Fläche, die im Nullpunkt einen Verzweigungspunkt mit von λ abhängiger Ordnung besitzt.

Für $\xi_0 = -\frac{\pi}{2}$ verschwindet der wagerechte Bestandteil des Integrationsweges, und wir erhalten für $H_\lambda^1(z)$ das Integral

$$H_\lambda^1(z) = \frac{e^{-i\frac{\pi}{2}\lambda}}{\pi i}\int_{-\infty}^{\infty} e^{iz\,\mathfrak{Cof}\,\eta - \lambda\eta}\,d\eta,$$

welches die Funktion in der oberen Halbebene $\Im z > 0$ darstellt. Lassen wir z in dem Sektor

$$\delta \leqq \arg z \leqq \pi - \delta$$

ins Unendliche wachsen, so strebt der Integrand auf dem ganzen Integrationswege gegen Null; wegen der gleichmäßigen Konvergenz des Integrals in jedem Teilgebiet $\Im z \geqq \varrho > 0$ daher auch die Funktion $H_\lambda^1(z)$. In analoger Weise ergibt sich, daß die Funktion $H_\lambda^2(z)$ gegen Null strebt, wenn z in dem Sektor

$$\pi + \delta \leqq \arg z \leqq 2\pi - \delta$$

ins Unendliche wächst.

Wir haben also das Ergebnis:

Die Hankelsche Funktion $H_\lambda^1(z)$ strebt gegen Null, wenn die Variable z in einem Sektor $\delta \leqq \arg z \leqq \pi - \delta$ der oberen Halbebene ins Unendliche geht. Die Hankelsche Funktion $H_\lambda^2(z)$ strebt gegen Null, wenn z in einem Sektor $\pi + \delta \leqq \arg z \leqq 2\pi - \delta$ der unteren Halbebene ins Unendliche geht[1].

Aus dem Verhalten der Hankelschen Funktionen im Unendlichen erkennen wir leicht, daß *keine der Funktionen $H_\lambda^1(z)$ und $H_\lambda^2(z)$ identisch verschwindet und daß beide für jedes λ voneinander linear unabhängig sind.*

Zum Beweise zeigen wir, daß die Funktion $H_\lambda^2(z)$ auf der positiven imaginären Achse und die Funktion $H_\lambda^1(z)$ auf der negativen imaginären Achse mit $|z|$ über alle Grenzen wächst.

Um eine Darstellung von $H_\lambda^2(z)$ zu erhalten, die auf der positiven imaginären Achse konvergiert, nehmen wir für die Abszissen der senkrechten Teile des Integrationsweges L_2' die Werte $-\xi_0$ bzw. $\pi + \xi_0$, wobei ξ_0 eine beliebige Zahl im Intervall $0 < \xi_0 \leqq \frac{\pi}{2}$ sein soll. Da die über diese Teile erstreckten Integrale $\int e^{f(\zeta)} d\zeta$ mit wachsendem y gegen Null konvergieren, können wir uns auf die Untersuchung des Restbestandteils

$$\int_{\pi+\xi_0}^{-\xi_0} e^{y \sin\xi - b\xi + ia\xi}\, d\xi\,,$$

also — wie man durch Ausführung der Substitution $\xi = \xi' + \frac{\pi}{2}$ leicht erkennt — des Integrales

$$\int_0^{\frac{\pi}{2}+\xi_0} \mathfrak{Cos}\, b\xi\, e^{y\cos\xi} \cos a\xi\, d\xi$$

beschränken. Man sieht aber im Falle $|a| \leqq 1$ direkt, im Falle $|a| > 1$ durch etwas genauere Abschätzungen[2], daß dieses Integral mit $y \to \infty$ über alle Grenzen wächst.

---

[1] Diese Aussage gilt nur von dem betrachteten Ausgangszweig der Funktion $H_\lambda^1(z)$ bzw. $H_\lambda^2(z)$; die übrigen Zweige stellen sich als lineare Kombinationen der Ausgangszweige dar, die das beschriebene Verhalten nicht zeigen.

[2] Man wähle zunächst ξ_0 so, daß $\frac{\pi}{2} + \xi_0$ ein ganzzahliges Vielfaches von $\pi/2a$ wird. Dann ist das zu untersuchende Integral

$$\int_0^{n\frac{\pi}{2a}} \mathfrak{Cos}\, b\xi\, e^{y\cos\xi} \cos a\xi\, d\xi = \frac{1}{a}\int_0^{\frac{\pi}{2}} \cos\xi \left\{ \sum_{\nu=0}^{n-1} (-1)^\nu \mathfrak{Cos}\, \frac{b}{a}\left(\xi + \nu\frac{\pi}{2}\right) e^{y\cos\frac{1}{a}\left(\xi+\nu\frac{\pi}{2}\right)} \right\} d\xi\,.$$

Hier überwiegt bei wachsendem y mehr und mehr das erste Glied der Summe, da der Exponent $\cos\frac{1}{a}\xi$ um wenigstens $1 - \cos\frac{\pi}{2a}$ größer ist als irgendeiner der folgenden Exponenten $\cos\frac{1}{a}\left(\xi + \nu\frac{\pi}{2}\right)$. Dieses Glied wächst aber mit y über alle Grenzen.

Eine analoge Betrachtung läßt sich für die Funktion $H_\lambda^1(z)$ und die negative imaginäre Achse durchführen.

Aus der hiermit bewiesenen linearen Unabhängigkeit der Funktionen $H_\lambda^1(z)$ und $H_\lambda^2(z)$ folgt, daß wir mit den Hankelschen Funktionen bereits die *Gesamtheit der Lösungen* der Besselschen Differentialgleichung beherrschen. Denn jede Lösung läßt sich durch eine lineare Kombination

$$c_1 H_\lambda^1(z) + c_2 H_\lambda^2(z)$$

darstellen.

Wir fügen noch die Bemerkung hinzu, daß *durch das Verhalten im Unendlichen und die Differentialgleichung* (2) *die Hankelschen Funktionen* $H_\lambda^1(z)$ *und* $H_\lambda^2(z)$ *bis auf einen von* z *freien Faktor eindeutig festgelegt sind.* Gäbe es nämlich zwei voneinander linear unabhängige Lösungen der Besselschen Differentialgleichung, welche die genannte Eigenschaft etwa für die obere Halbebene haben, so müßte jede Lösung sie besitzen, also z. B. auch $H_\lambda^2(z)$. Dies steht aber im Widerspruch zu der soeben bewiesenen Tatsache, daß $|H_\lambda^2(z)|$ auf der positiven imaginären Achse über alle Grenzen wächst.

Endlich betrachten wir die Hankelschen Funktionen bei festem $z \neq 0$ in ihrer *Abhängigkeit vom Parameter* λ. Da der Integrand in (3) analytisch von λ abhängt und die Integrale in jedem endlichen λ-Gebiet gleichmäßig konvergieren, so folgt, daß *die Hankelschen Funktionen analytische Funktionen, und zwar ganze transzendente Funktionen von* λ *sind.*

3. Die Besselschen und Neumannschen Funktionen. Von physikalischem Interesse sind die Lösungen der Differentialgleichung (2), die für reelle λ und z reell sind. Um zu ihnen zu gelangen, setzen wir

$$\begin{cases} H_\lambda^1(z) = J_\lambda(z) + i N_\lambda(z), \\ H_\lambda^2(z) = J_\lambda(z) - i N_\lambda(z); \end{cases} \tag{4}$$

dabei ist

$$J_\lambda(z) = \tfrac{1}{2}\left(H_\lambda^1(z) + H_\lambda^2(z)\right) \tag{5}$$

die sog. *Besselsche Funktion* vom Index λ und

$$N_\lambda(z) = \frac{1}{2i}\left(H_\lambda^1(z) - H_\lambda^2(z)\right) \tag{5'}$$

die entsprechende *Neumannsche Funktion.* Da die Substitutionsdeterminante

$$\begin{vmatrix} \frac{1}{2} & \frac{1}{2} \\ \frac{1}{2i} & -\frac{1}{2i} \end{vmatrix} = \frac{i}{2}$$

von Null verschieden ist, so sind auch *die Funktionen* $J_\lambda(z)$ *und* $N_\lambda(z)$ *für alle* λ *linear unabhängig.*

Für reelle z und reelle λ sind die Hankelschen Funktionen $H^1_\lambda(z)$ und $H^2_\lambda(z)$ konjugiert komplex zueinander. Ersetzen wir nämlich in der Darstellung

$$\overline{H^1_\lambda(z)} = -\frac{1}{\pi}\int\limits_{\bar{L}_1} e^{iz\sin\zeta - i\lambda\zeta}\,d\zeta\,,$$

wo $\bar{L}_1$ das Spiegelbild von L_1 an der reellen Achse ist, ζ durch $-\zeta$, so folgt

$$\overline{H^1_\lambda(z)} = \frac{1}{\pi}\int\limits_{-\bar{L}_1} e^{-iz\sin\zeta + i\lambda\zeta}\,d\zeta\,,$$

und da $-\bar{L}_1$ gleich dem im negativen Sinne durchlaufenen Wege L_2 ist, so wird

$$\overline{H^1_\lambda(z)} = -\frac{1}{\pi}\int\limits_{L_2} e^{-iz\sin\zeta + i\lambda\zeta}\,d\zeta = H^2_\lambda(z)\,.$$

Für reelle λ und z ist also $J_\lambda(z)$ der Realteil und $N_\lambda(z)$ der Imaginärteil der Hankelschen Funktion $H^1_\lambda(z)$ und daher $J_\lambda(z)$ und $N_\lambda(z)$ reell.

Eine Funktion $H^\nu_{-\lambda}(z)$ $(\nu = 1, 2)$ ist eine Lösung der Besselschen Differentialgleichung für den gleichen Wert von λ wie $H^\nu_\lambda(z)$, da in der Differentialgleichung nur λ^2 auftritt. Die Funktionen $H^\nu_\lambda(z)$ und $H^\nu_{-\lambda}(z)$ können indessen nicht linear unabhängig sein, da sie nach Nr. 2 im Unendlichen dasselbe Verhalten zeigen.

In der Tat ergibt sich, wenn man in der Darstellung

$$H^1_{-\lambda}(z) = -\frac{1}{\pi}\int\limits_{L_1} e^{-iz\sin\zeta - i\lambda\zeta}\,d\zeta$$

die neue Integrationsvariable $-\zeta - \pi$ einführt, sofort die Beziehung

$$H^1_{-\lambda}(z) = e^{i\lambda\pi} H^1_\lambda(z) \tag{6}$$

und durch eine entsprechende Rechnung

$$H^2_{-\lambda}(z) = e^{-i\lambda\pi} H^2_\lambda(z)\,. \tag{6'}$$

Für die Besselschen und Neumannschen Funktionen mit negativem Index erhält man

$$J_{-\lambda}(z) = \frac{e^{i\lambda\pi} H^1_\lambda(z) + e^{-i\lambda\pi} H^2_\lambda(z)}{2}\,, \tag{7}$$

$$N_{-\lambda}(z) = \frac{e^{i\lambda\pi} H^1_\lambda(z) - e^{-i\lambda\pi} H^2_\lambda(z)}{2i}\,; \tag{7'}$$

sie sind im Gegensatz zu den Hankelschen Funktionen von den Funktionen $J_\lambda(z)$ bzw. $N_\lambda(z)$ nicht für jedes λ linear abhängig, sondern nur dann, wenn die Substitutionsdeterminante

$$\frac{1}{4}\begin{vmatrix} e^{i\lambda\pi} & e^{-i\lambda\pi} \\ 1 & 1 \end{vmatrix} = \frac{i}{2}\sin\lambda\pi$$

verschwindet, d. h. nur wenn λ eine ganze rationale Zahl n ist. In diesem Falle ist

(8) $$J_{-n}(z) = (-1)^n J_n(z),$$

(8′) $$N_{-n}(z) = (-1)^n N_n(z).$$

Die *allgemeine Lösung* der Differentialgleichung (2) können wir daher, wenn λ keine ganze Zahl ist, in der Form

$$c_1 J_\lambda(z) + c_2 J_{-\lambda}(z)$$

darstellen. Im Falle $\lambda = n$ dagegen verwendet man die Summe

$$c_1 J_n(z) + c_2 N_n(z),$$

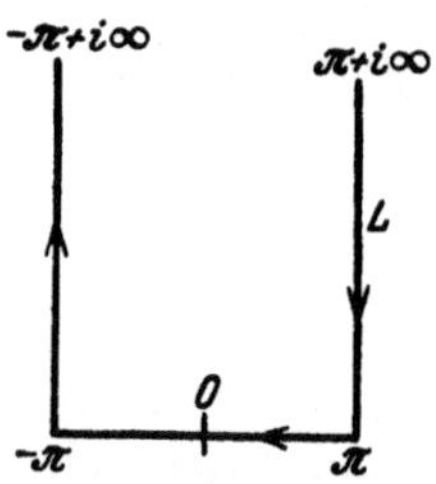

Abb. 10.

doch werden wir später sehen, daß auch in diesem Falle $N_n(z)$ in einfacher Weise aus $J_n(z)$ und $J_{-n}(z)$ berechnet werden kann (vgl. Nr. 9).

4. Integraldarstellungen der Besselschen Funktionen. Addieren wir die Integrale (3) für $H_\lambda^1(z)$ und $H_\lambda^2(z)$, so heben sich die auf der imaginären Achse verlaufenden Integrationswege auf; wir erhalten also in der rechten Halbebene $\Re z > 0$ für $J_\lambda(z)$ die Darstellung

(9) $$J_\lambda(z) = -\frac{1}{2\pi}\int_L e^{-iz\sin\zeta + i\lambda\zeta}\,d\zeta,$$

wobei L der in Abb. 10 gekennzeichnete Kurvenzug ist.

Ist λ speziell eine ganze Zahl, so fallen wegen der Periodizität des Integranden auch die Integrale über die senkrechten Abschnitte des Weges L fort; es ergibt sich

(10) $$J_n(z) = \frac{1}{2\pi}\int_{-\pi}^{\pi} e^{iz\sin\zeta - in\zeta}\,d\zeta$$

oder, da der Realteil des Integranden gerade und der Imaginärteil ungerade ist,

(10′) $$J_n(z) = \frac{1}{\pi}\int_0^{\pi}\cos(z\sin\zeta - n\zeta)\,d\zeta.$$

Durch diese Integrale ist $J_n(z)$ für jedes z definiert. Wir erkennen, daß *die Besselschen Funktionen mit ganzzahligem Index in der ganzen Ebene regulär und eindeutig und daher ganze Funktionen sind.*

Die Darstellung (10) lehrt ferner, daß $J_n(z)$ der n^{te} Fourierkoeffizient in der Fourierentwicklung von

(11) $$e^{iz\sin\zeta} = \sum_{-\infty}^{\infty} J_n(z)\,e^{in\zeta}$$

nach ζ ist. Wir können diese Entwicklung auch als Definition der Funktion $J_n(z)$ für ganzzahliges n durch eine *erzeugende Funktion* $e^{iz\sin\zeta}$ betrachten.

Für reelle z und ζ folgen aus (11) die Relationen

$$\cos(z\sin\zeta) = \sum_{-\infty}^{\infty} J_n(z)\cos n\zeta\,,$$

$$\sin(z\sin\zeta) = \sum_{-\infty}^{\infty} J_n(z)\sin n\zeta\,,$$

die jedoch auch für komplexe z und ζ bestehen bleiben.

Beachten wir noch, daß

$$J_{-n}(z) = (-1)^n J_n(z)$$

gilt, so erhalten wir

$$(12)\qquad \begin{cases} \cos(z\sin\zeta) = J_0(z) + 2\sum\limits_1^{\infty} J_{2n}(z)\cos 2n\zeta\,, \\ \sin(z\sin\zeta) = \qquad\qquad 2\sum\limits_1^{\infty} J_{2n-1}(z)\sin(2n-1)\zeta \end{cases}$$

und speziell für $\zeta = \frac{\pi}{2}$

$$\cos z = J_0(z) - 2J_2(z) + 2J_4(z) - + \cdots,$$
$$\sin z = \qquad 2J_1(z) - 2J_3(z) + - \cdots.$$

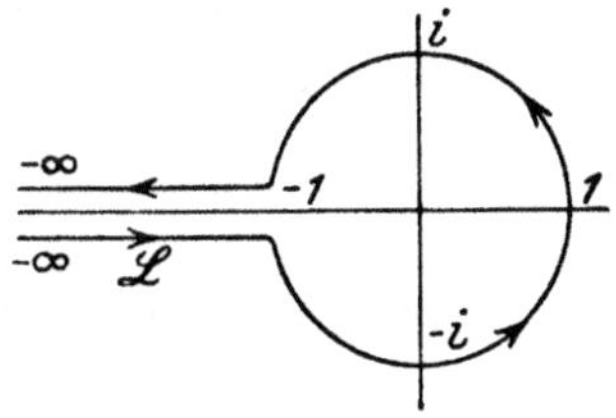

Abb. 11.

Führen wir in (9) die Integrationsvariable $\zeta' = e^{-i\zeta}$ ein, so folgt

$$(13)\qquad J_\lambda(z) = \frac{1}{2\pi i}\int\limits_L e^{\frac{z}{2}\left(\zeta - \frac{1}{\zeta}\right)} \zeta^{-\lambda-1}\, d\zeta\,,$$

wobei für L der in Abb. 11 gekennzeichnete Schleifenweg zu nehmen ist. Er verläuft an den beiden Ufern der negativen reellen Achse bis zum Punkte $\zeta = -1$ und umkreist sodann den Nullpunkt längs des Einheitskreises[1].

Für ganzzahliges $\lambda = n$ heben sich die Integrale über die geradlinigen Teile auf, und es wird

$$(14)\qquad J_n(z) = \frac{1}{2\pi i}\oint e^{\frac{z}{2}\left(\zeta - \frac{1}{\zeta}\right)} \zeta^{-n-1}\, d\zeta\,.$$

$J_n(z)$ ist also der n^{te} Koeffizient der Laurententwicklung

$$(15)\qquad e^{\frac{z}{2}\left(\zeta - \frac{1}{\zeta}\right)} = \sum_{-\infty}^{\infty} J_n(z)\zeta^n\,.$$

Auch diese Entwicklung hätten wir zur Definition der $J_n(z)$ für ganzes n heranziehen können.

[1] Zu dieser Darstellung wären wir auf Grund der in § 1 geschilderten Methode direkt gelangt, wenn wir den Transformationskern der Differentialgleichung

$$z^2K_{zz} + zK_z + z^2K - \zeta(\zeta K_\zeta)_\zeta = 0$$

unterworfen hätten, die durch die Funktion $K = e^{\frac{z}{2}\left(\zeta - \frac{1}{\zeta}\right)}$ gelöst wird. Die transformierte Differentialgleichung ist sodann $[\zeta(\zeta v)']' - \lambda^2 v = 0$ und besitzt die Lösungen $v = \zeta^{\pm\lambda-1}$.

Führen wir in (13) die Transformation $\zeta = 2v/z$ aus — zunächst unter der Annahme eines reellen $z > 0$ —, so entsteht mit demselben Integrationsweg:

$$J_\lambda(z) = \frac{1}{2\pi i}\left(\frac{z}{2}\right)^\lambda \int_L e^{v-\left(\frac{z}{2}\right)^2 v^{-1}} v^{-(\lambda+1)}\, dv. \tag{16}$$

Da aber das Integral rechts für alle Werte von z konvergiert, so werden durch (16) die Besselschen Funktionen für alle z dargestellt. Insbesondere erkennen wir, daß *der Quotient* $J_\lambda(z)/z^\lambda$ *für jedes* λ *eine ganze Funktion von* z *ist.*

5. Eine andere Integraldarstellung der Hankelschen und Besselschen Funktionen. Wir wollen uns jetzt einer anderen Integraldarstellung der Besselschen Funktionen zuwenden, die wir erhalten, wenn wir die Differentialgleichung für $J_\lambda(z)/z^\lambda$ ansetzen und auf sie die Laplacesche Transformation anwenden. — Es liegt nämlich nahe, zu vermuten, daß wir so zu einfachen Ergebnissen gelangen werden, da $J_\lambda(z)/z^\lambda$ eine eindeutige Funktion von z ist. — Zu diesem Zweck führen wir in

$$u'' + \frac{1}{z}u' + \left(1 - \frac{\lambda^2}{z^2}\right)u = 0$$

die neue Veränderliche $v(z)$ ein durch

$$u = v z^\lambda,$$

wodurch wir erhalten

$$z v'' + (2\lambda + 1) v' + z v = 0. \tag{17}$$

Der Ansatz

$$\omega(z) = \int_C K(z,\zeta)\, v(\zeta)\, d\zeta, \qquad K = e^{z\zeta}$$

liefert

$$\int_C (z K_{zz} + (2\lambda + 1) K_z + z K)\, v(\zeta)\, d\zeta = 0$$

oder, da im speziellen Falle der Laplaceschen Transformation

$$K_z = \zeta K,$$
$$K_\zeta = z K,$$

also $z K_{zz} = \zeta^2 K_\zeta$ gilt,

$$\int_C \{(1+\zeta^2) K_\zeta + (2\lambda+1)\zeta K\}\, v(\zeta)\, d\zeta$$

$$= -\int_C K(z,\zeta)\{(1+\zeta^2)v' - (2\lambda - 1)\zeta v\}\, d\zeta + \int_C \frac{\partial}{\partial\zeta}(K v (1+\zeta^2))\, d\zeta = 0.$$

Die Differentialgleichung ist also gelöst, wenn wir $v(\zeta)$ und C so bestimmen, daß

$$(1+\zeta^2)\, v'(\zeta) - (2\lambda - 1)\,\zeta\, v(\zeta) = 0$$

gilt und $e^{z\zeta}v(\zeta)(1+\zeta^2)$ an den Enden von C gleiche Werte annimmt; es ergibt sich

$$\frac{v'(\zeta)}{v(\zeta)}=\frac{2\lambda-1}{1+\zeta^2}\zeta$$

oder

$$v(\zeta)=c(1+\zeta^2)^{\lambda-\frac{1}{2}}.$$

Also wird

$$\omega(z)=c\int\limits_C e^{z\zeta}(1+\zeta^2)^{\lambda-\frac{1}{2}}\,d\zeta$$

oder, indem wir $i\zeta$ als neue Integrationsvariable einführen, $i(-1)^{\lambda-\frac{1}{2}}$ in die Konstante ziehen und den Integrationsweg wieder mit C bezeichnen:

$$\omega(z)=c\int\limits_C e^{iz\zeta}(\zeta^2-1)^{\lambda-\frac{1}{2}}\,d\zeta.$$

Um einen zulässigen Integrationsweg zu finden, konstruieren wir uns zunächst die Riemannsche Fläche des Integranden, indem wir die beiden Punkte $\zeta=+1$ und $\zeta=-1$ durch einen Verzweigungsschnitt verbinden und längs diesem unendlich viele Blätter aneinander heften. Insbesondere können wir den Verzweigungsschnitt längs zweier von den Punkten $+1$ und -1 ausgehender Halbstrahlen ins Unendliche führen. Verstehen wir dann unter C_1 und C_2 zwei im Hauptblatt der Riemannschen Fläche verlaufende Wege, die je einen der beiden Halbstrahlen umschließen — ohne dabei einen der Punkte $+1$ oder -1 zu treffen — (vgl. Abb. 12, wo die Halbstrahlen parallel zur imaginären Achse verlaufen), so konvergiert das Integral $\omega(z)$ über einen dieser Wege für solche z, für welche längs des Strahles $\Re(iz\zeta)$ gegen $-\infty$ geht; zugleich strebt dann der Ausdruck

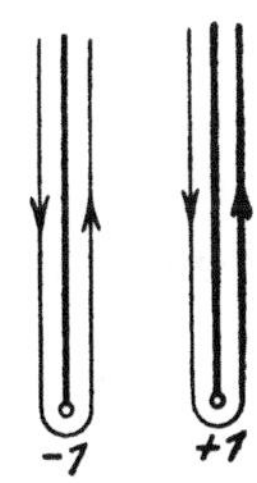

Abb. 12.

$$Kv(\zeta^2-1)=(\zeta^2-1)^{\lambda+\frac{1}{2}}e^{iz\zeta}$$

an beiden Enden des Integrationsweges gegen Null, d. h. $\omega(z)$ ist eine Lösung von (17). Schließt der Strahl mit der ξ-Achse die Richtung α ein, so ist dies der Fall, wenn

$$y\cos\alpha+x\sin\alpha>0$$

gilt, wenn also $z=x+iy$ in der einen durch die Gerade $y\cos\alpha+x\sin\alpha=0$ begrenzten Halbebene liegt. Wir können aber genau wie in Nr. 2 die Integrale analytisch fortsetzen, indem wir α eine unbegrenzte Folge positiver wie eine Folge negativer Werte in geeigneter Weise durchlaufen lassen. Wählen wir insbesondere für beide Wege $\alpha=\pi/2$ wie in Abb. 12, so konvergieren beide Integrale in der rechten Halbebene $\Re(z)>0$. Drehen wir den Weg C_1 bis in die Lage der positiven reellen Achse, so konvergiert das entsprechende Integral in der oberen Halbebene und strebt gegen Null, wenn z in dem Sektor

$$\delta\leqq\arg z\leqq\pi-\delta\quad\left(0<\delta<\frac{\pi}{2}\right)$$

unbegrenzt wächst. Nach der Bemerkung von Nr. 2 muß das Integral also bis auf einen von z unabhängigen Faktor mit $H_\lambda^1(z)/z^\lambda$ identisch sein.

Wir finden

$$H_\lambda^1(z) = a_1 z^\lambda \int\limits_{C_1} e^{iz\zeta} (\zeta^2 - 1)^{\lambda - \frac{1}{2}} d\zeta$$

und analog

$$H_\lambda^2(z) = a_2 z^\lambda \int\limits_{C_2} e^{iz\zeta} (\zeta^2 - 1)^{\lambda - \frac{1}{2}} d\zeta .$$

Die Koeffizienten a_1 und a_2, die nur von λ abhängen können, sind entgegengesetzt gleich. Dies folgt — zunächst für reelle λ — aus der Bemerkung von Nr. 3, daß die Hankelschen Funktionen für reelle λ und z konjugiert komplex zueinander sind. Denn aus

Abb. 13.

$$\overline{H_\lambda^2(z)} = -a_2 z^\lambda \int\limits_{-\bar{C}_2} e^{iz\zeta} (\zeta^2 - 1)^{\lambda - \frac{1}{2}} d\zeta$$

ergibt sich wegen $-\bar{C}_2 = C_1$ † sofort

$$\overline{H_\lambda^2(z)} = -\frac{a_2}{a_1} H_\lambda^1(z)$$

und daraus $a_2(\lambda) = -a_1(\lambda)$.

Da nun nach Nr. 2 die Hankelschen Funktionen und, wie sofort erkennbar ist, auch die Integrale $\int e^{iz\zeta}(\zeta^2 - 1)^{\lambda - \frac{1}{2}} d\zeta$ analytisch von λ abhängen, so sind die Koeffizienten $a_1(\lambda)$ und $a_2(\lambda)$ analytische Funktionen von λ, d. h. die Relation $a_1 = -a_2 = c$ gilt allgemein.

Addieren wir die beiden Integraldarstellungen für die Hankelschen Funktionen, so können wir den entstehenden Integrationsweg zu dem Achterweg $\mathfrak{A}$ der Abb. 13 deformieren, welcher $+1$ im positiven und -1 im negativen Sinne umkreist. Wir erhalten eine Darstellung der Besselschen Funktionen

$$J_\lambda(z) = c z^\lambda \int\limits_{\mathfrak{A}} e^{iz\zeta} (\zeta^2 - 1)^{\lambda - \frac{1}{2}} d\zeta ,$$

welche, da der Integrationsweg im Endlichen verläuft, für $\lambda \neq n + \frac{1}{2}$ $(n = 0, \pm 1, \ldots)$ in der ganzen z-Ebene gültig ist.

Zur Bestimmung der Konstanten c vergleichen wir mit der Integraldarstellung (16) und finden für $z = 0$ die Relation

$$c \int\limits_{\mathfrak{A}} (\zeta^2 - 1)^{\lambda - \frac{1}{2}} d\zeta = \frac{1}{2^\lambda} \frac{1}{2\pi i} \int\limits_{L} e^v v^{-\lambda - 1} dv .$$

Das Integral links besitzt, wie aus den Überlegungen der nächsten Nummer hervorgehen wird, den Wert

$$\int\limits_{\mathfrak{A}} (\zeta^2 - 1)^{\lambda - \frac{1}{2}} d\zeta = 2\pi i \frac{\Gamma(\frac{1}{2})}{\Gamma(\lambda + 1)\Gamma(\frac{1}{2} - \lambda)} .$$

† C_1 und C_2 verlaufen hier, um die Konvergenz auf der positiven reellen Achse sicherzustellen, parallel zur imaginären Achse (vgl. Abb. 12).

Um das Integral rechts zu bestimmen, betrachten wir das Integral

$$\frac{1}{2\pi i}\int\limits_L e^v v^{t-1}\,dv$$

speziell für reelle positive Werte von t. Denn da dieses eine analytische Funktion von t darstellt, so genügt es, die Zurückführung auf bekannte analytische Funktionen für solche t zu leisten.

Abb. 14.

Unter der Voraussetzung $t > 0$ können wir den Einheitskreis auf den Nullpunkt zusammenziehen; denn da der Exponent $t-1 > -1$ ist, ist das Integral in den Nullpunkt hinein konvergent. Nach dem Cauchyschen Satze ändert sich der Wert des Integrals nicht, wenn wir statt über L von $-\infty$ bis 0 unterhalb der reellen Achse und dann von 0 bis $-\infty$ oberhalb der reellen Achse integrieren (vgl. Abb. 14):

$$\frac{1}{2\pi i}\int\limits_L e^v v^{t-1}\,dv = \underbrace{\frac{1}{2\pi i}\int\limits_{-\infty}^{0} e^v v^{t-1}\,dv}_{\text{unterhalb}} + \underbrace{\frac{1}{2\pi i}\int\limits_{0}^{-\infty} e^v v^{t-1}\,dv}_{\text{oberhalb}} \qquad (\text{für } t > 0).$$

der reellen Achse

Setzen wir $v = -w$, so wird das erste Integral

$$\frac{1}{2\pi i}\int\limits_{\infty}^{0} w^{t-1} e^{-(t-1)\pi i} e^{-w}(-dw) = \frac{1}{2\pi i}\int\limits_{0}^{\infty} w^{t-1} e^{-(t-1)\pi i} e^{-w}\,dw,$$

das zweite

$$\frac{1}{2\pi i}\int\limits_{0}^{\infty} w^{t-1} e^{(t-1)\pi i} e^{-w}(-dw),$$

also die Summe

$$\frac{1}{2\pi i}\int\limits_{0}^{\infty} w^{t-1} e^{-w}\left(e^{t\pi i} - e^{-t\pi i}\right) dw,$$

und da $e^{t\pi i} - e^{-t\pi i} = 2i\sin\pi t$ und definitionsgemäß

$$\int\limits_{0}^{\infty} w^{t-1} e^{-w}\,dw = \Gamma(t)$$

ist, so hat die Integralsumme den Wert

$$\frac{\sin\pi t}{\pi}\,\Gamma(t).$$

Aus dem Ergänzungssatze der Gammafunktion

$$\Gamma(t)\,\Gamma(1-t) = \frac{\pi}{\sin\pi t}$$

ergibt sich

$$\frac{\sin\pi t}{\pi}\,\Gamma(t) = \frac{1}{\Gamma(1-t)}.$$

Es gilt also:
$$\frac{1}{2\pi i}\int_L v^{t-1} e^v \, dv = \frac{1}{\Gamma(1-t)}.$$

Für unsere Konstante c finden wir somit den Wert
$$c = \frac{1}{2\pi i}\,\frac{1}{2^\lambda}\,\frac{\Gamma(\frac{1}{2}-\lambda)}{\Gamma(\frac{1}{2})}$$
und erhalten schließlich für $J_\lambda(z)$ die Darstellung

$$(18)\qquad J_\lambda(z) = \frac{\Gamma(\frac{1}{2}-\lambda)}{2\pi i\,\Gamma(\frac{1}{2})}\left(\frac{z}{2}\right)^\lambda \int_{\mathfrak{A}} e^{iz\zeta}(\zeta^2-1)^{\lambda-\frac{1}{2}}\,d\zeta .$$

Diese Darstellung gilt für alle λ außer $\lambda = n + \frac{1}{2}$, wo n eine ganze rationale Zahl $\geqq 0$ ist.

Für die Hankelschen Funktionen ergeben sich entsprechende Formeln:

$$(18')\qquad \left\{\begin{aligned} H_\lambda^1(z) &= \frac{1}{\pi i}\,\frac{\Gamma(\frac{1}{2}-\lambda)}{\Gamma(\frac{1}{2})}\left(\frac{z}{2}\right)^\lambda \int_{C_1} e^{iz\zeta}(\zeta^2-1)^{\lambda-\frac{1}{2}}\,d\zeta ,\\ H_\lambda^2(z) &= -\frac{1}{\pi i}\,\frac{\Gamma(\frac{1}{2}-\lambda)}{\Gamma(\frac{1}{2})}\left(\frac{z}{2}\right)^\lambda \int_{C_2} e^{iz\zeta}(\zeta^2-1)^{\lambda-\frac{1}{2}}\,d\zeta .\end{aligned}\right.$$

Ist $\Re(\lambda) > -\frac{1}{2}$, so kann man aus (18) die sehr gebräuchliche Darstellung ableiten:

$$(19)\qquad J_\lambda(z) = \frac{1}{\Gamma(\frac{1}{2})\Gamma(\lambda+\frac{1}{2})}\left(\frac{z}{2}\right)^\lambda \int_{-1}^{+1} e^{iz\zeta}(1-\zeta^2)^{\lambda-\frac{1}{2}}\,d\zeta .$$

Setzt man $\zeta = \sin\tau$, so ergibt sich für $\Re(\lambda) > -\frac{1}{2}$:

$$(20)\qquad J_\lambda(z) = \frac{1}{\Gamma(\frac{1}{2})\Gamma(\lambda+\frac{1}{2})}\left(\frac{z}{2}\right)^\lambda \int_{-\frac{\pi}{2}}^{+\frac{\pi}{2}} \cos(z\sin\tau)\,(\cos\tau)^{2\lambda}\,d\tau .$$

6. Potenzreihenentwicklung der Besselschen Funktionen. Man gelangt zu einer Potenzreihenentwicklung der in der ganzen z-Ebene eindeutigen und regulären Funktion $J_\lambda(z)/z^\lambda$ auf elementarem Wege, indem man wie in Kap. V in die Differentialgleichung (2) mit dem Ansatz
$$u(z) = z^\lambda \sum_0^\infty a_\nu z^\nu$$
eingeht und die Koeffizienten a_ν sukzessive bestimmt. Im Rahmen unseres Gedankenganges wollen wir jedoch die Potenzreihenentwicklungen aus den Integraldarstellungen gewinnen.

Wir gehen von der Integraldarstellung (18) aus und entwickeln die Funktion $e^{iz\zeta}$ in ihre Potenzreihe; wir setzen dabei voraus — um (18) verwenden zu können —, daß λ von einer Zahl $n + \frac{1}{2}$ verschieden ist ($n = 0, \pm 1, \pm 2, \ldots$). Da diese Reihe gleichmäßig in jedem endlichen

ζ-Gebiet konvergiert, so können wir die Integration gliedweise ausführen und erhalten

$$J_\lambda(z) = \frac{\Gamma(\frac{1}{2}-\lambda)}{2\pi i\,\Gamma(\frac{1}{2})}\left(\frac{z}{2}\right)^\lambda \sum_{n=0}^{\infty} \frac{z^n}{n!} i^n \int_{\mathfrak{A}} \zeta^n (\zeta^2-1)^{\lambda-\frac{1}{2}}\, d\zeta .$$

Bei der Bestimmung der Integrale $\int_{\mathfrak{A}} \zeta^n (\zeta^2-1)^{\lambda-\frac{1}{2}}\, d\zeta$ beachten wir, daß wir es mit analytischen Funktionen von λ zu tun haben und daß es daher genügt, diese Funktionen für alle λ mit $\Re\lambda > 0$ zu ermitteln. In diesem Falle können wir nämlich den Integrationsweg auf die beiderseits durchlaufene Strecke $-1 \leqq \zeta \leqq 1$ zusammenziehen.

Der Wert des Integranden ist

oberhalb der reellen Achse: $e^{\pi i(\lambda-\frac{1}{2})}\zeta^n(1-\zeta^2)^{\lambda-\frac{1}{2}}$,

unterhalb der reellen Achse: $e^{-\pi i(\lambda-\frac{1}{2})}\zeta^n(1-\zeta^2)^{\lambda-\frac{1}{2}}$,

und daher

$$\int_{\mathfrak{A}} \zeta^n (\zeta^2-1)^{\lambda-\frac{1}{2}}\, d\zeta = -2i\sin\pi(\lambda-\tfrac{1}{2})\int_{-1}^{1} \zeta^n(1-\zeta^2)^{\lambda-\frac{1}{2}}\, d\zeta .$$

Das Integral rechts verschwindet für ungerade Werte von n; für gerade Werte ergibt sich

$$\int_{\mathfrak{A}} \zeta^{2n} (\zeta^2-1)^{\lambda-\frac{1}{2}}\, d\zeta = 4i\sin\pi(\lambda+\tfrac{1}{2})\int_{0}^{1} \zeta^{2n}(1-\zeta^2)^{\lambda-\frac{1}{2}}\, d\zeta .$$

Durch dic Transformation $\zeta^2 = u$ geht dies über in

$$\int_{\mathfrak{A}} \zeta^{2n} (\zeta^2-1)^{\lambda-\frac{1}{2}}\, d\zeta = 2i\sin\pi\,(\lambda+\tfrac{1}{2})\int_{0}^{1} u^{n-\frac{1}{2}}(1-u)^{\lambda-\frac{1}{2}}\, du .$$

Das Integral rechts ist ein Eulersches Integral erster Gattung. Aus der bekannten Beziehung

$$B(p,q) = \int_0^1 x^{p-1}(1-x)^{q-1}\,dx = \frac{\Gamma(p)\,\Gamma(q)}{\Gamma(p+q)}$$

folgt

$$\begin{aligned}\int_{\mathfrak{A}} \zeta^{2n} (\zeta^2-1)^{\lambda-\frac{1}{2}}\, d\zeta &= 2i\sin\pi\,(\lambda+\tfrac{1}{2})\,B(n+\tfrac{1}{2},\lambda+\tfrac{1}{2})\\ &= 2i\sin\pi\left(\lambda+\frac{1}{2}\right)\frac{\Gamma(n+\frac{1}{2})\,\Gamma(\lambda+\frac{1}{2})}{\Gamma(\lambda+1)}.\end{aligned}$$

Nun ist aber

$$\Gamma(x)\,\Gamma(1-x) = \frac{\pi}{\sin\pi x}, \qquad \text{also} \qquad \Gamma\left(\lambda+\frac{1}{2}\right)\sin\pi\left(\lambda+\frac{1}{2}\right) = \frac{\pi}{\Gamma(\frac{1}{2}-\lambda)}.$$

Daher wird

$$\int_{\mathfrak{A}} \zeta^{2n} (\zeta^2-1)^{\lambda-\frac{1}{2}}\, d\zeta = 2\pi i\,\frac{\Gamma(n+\frac{1}{2})}{\Gamma(\frac{1}{2}-\lambda)\,\Gamma(n+\lambda+1)}$$

und speziell für $n = 0$

$$\int_{\mathfrak{A}} (\zeta^2 - 1)^{\lambda - \frac{1}{2}} d\zeta = 2\pi i \frac{\Gamma(\frac{1}{2})}{\Gamma(\lambda + 1)\,\Gamma(\frac{1}{2} - \lambda)}.$$

Tragen wir die gefundenen Werte nun in unsere Reihe für $J_\lambda(z)$ ein, so ergibt sich

$$J_\lambda(z) = \frac{1}{\Gamma(\frac{1}{2})}\left(\frac{z}{2}\right)^\lambda \sum_{n=0}^{\infty} \frac{(-1)^n}{(2n)!} z^{2n} \frac{\Gamma(n + \frac{1}{2})}{\Gamma(n + \lambda + 1)}$$

oder wegen

$$\Gamma\left(n + \frac{1}{2}\right) = \frac{(2n)!}{2^{2n} n!} \Gamma\left(\frac{1}{2}\right):$$

$$J_\lambda(z) = \left(\frac{z}{2}\right)^\lambda \sum_{n=0}^{\infty} \frac{(-1)^n}{n!} \left(\frac{z}{2}\right)^{2n} \frac{1}{\Gamma(n + \lambda + 1)}. \tag{21}$$

Die Koeffizienten $1/\Gamma(n+\lambda+1)$ verschwinden nie, falls λ keine ganze rationale Zahl ist. Ist λ jedoch eine solche, so ist

$$\frac{1}{\Gamma(n + \lambda + 1)} = 0 \quad \text{für} \quad n + \lambda + 1 \leqq 0,$$

$$\frac{1}{\Gamma(n + \lambda + 1)} = \frac{1}{(n + \lambda)!} \quad \text{für} \quad n + \lambda + 1 > 0.$$

Die obige Voraussetzung $\lambda \neq n + \frac{1}{2}$ erweist sich, da die Reihe (21) auch für die Werte $\lambda = n + \frac{1}{2}$ gleichmäßig konvergiert und, wie wir bereits sahen, $J_\lambda(z)$ analytisch von λ abhängt, als unnötig für die Gültigkeit der Entwicklung (21).

Da die Reihe in (21) beständig konvergiert, so folgt, daß $J_\lambda(z)/z^\lambda$ eine *ganze transzendente Funktion*, wenn nicht etwa ein Polynom bzw. eine Konstante ist. Dies letztere ist aber unmöglich, weil $\Gamma(n + \lambda + 1)$ mit endlich vielen im Falle eines negativen ganzen rationalen λ auftretenden Ausnahmen eine endliche Zahl ist, so daß auch der Koeffizient von z^{2n} nicht verschwindet; also besitzt die Reihe für $J_\lambda(z)/z^\lambda$ in jedem Fall unendlich viele nicht verschwindende Glieder.

Aus der Reihenentwicklung (21) ist unmittelbar ersichtlich, daß $J_\lambda(z)$ für reelle λ und z reell ist, da die Gammafunktion für reelle Argumente reelle Werte hat.

7. Relationen zwischen den Besselschen Funktionen. Nachdem wir für die Besselschen Funktionen die Potenzreihenentwicklung und Integraldarstellungen abgeleitet haben, wollen wir aus der Integraldarstellung einige allgemeine Eigenschaften der Besselschen Funktionen entwickeln. Es ist (vgl. S. 414)

$$J_\lambda(z) = \frac{1}{2\pi i}\left(\frac{z}{2}\right)^\lambda \int_L v^{-(\lambda+1)} e^{v - \frac{z^2}{4v}} dv, \tag{16}$$

wobei L den Integrationsweg von Abb. 11, S. 413 bedeutet, somit

$$\frac{J_\lambda(z)}{z^\lambda} = \frac{1}{2^\lambda} \frac{1}{2\pi i} \int_L v^{-(\lambda+1)} e^{v - \frac{z^2}{4v}} dv.$$

Wir differenzieren nach z^2, und zwar auf der rechten Seite formal unter dem Integralzeichen, was, wie wir sogleich zeigen werden, erlaubt ist:

$$\frac{d^k}{d(z^2)^k}\frac{J_\lambda(z)}{z^\lambda} = \frac{1}{2^\lambda}\frac{1}{2\pi i}\int\limits_L v^{-(\lambda+1)}\left(\frac{-1}{4v}\right)^k e^{v-\frac{z^2}{4v}}\,dv\,.$$

Die Differentiation unter dem Integralzeichen ist gestattet, weil auf dem Integrationsweg L die Ungleichung $|v| \geqq 1$ gilt und somit für $|z| \leqq h$ die Funktion

$$\left|e^{-\frac{z^2}{4v}}\right| \leqq e^{\left|\frac{z^2}{4v}\right|} \leqq e^{h^2}$$

gleichmäßig beschränkt, die rechte Seite also ein gleichmäßig konvergentes Integral über eine analytische Funktion von z^2 ist.

Multiplizieren wir die letzte Gleichung beiderseits mit $z^{\lambda+k}$, so steht rechts wieder eine Besselsche Funktion, und wir erhalten:

(22) $$\frac{d^k}{d(z^2)^k}\frac{J_\lambda(z)}{z^\lambda} = \left(-\frac{1}{2}\right)^k\frac{J_{\lambda+k}(z)}{z^{\lambda+k}}\,,$$

oder anders geschrieben:

$$\left(\frac{d}{z\,dz}\right)^k\frac{J_\lambda(z)}{z^\lambda} = (-1)^k\frac{J_{\lambda+k}(z)}{z^{\lambda+k}}\,.$$

Speziell gilt für $k = 1$:

(23) $$\frac{d}{dz}\frac{J_\lambda(z)}{z^\lambda} = -\frac{J_{\lambda+1}(z)}{z^\lambda}\,,$$

d. h. die Rekursionsformel

(24) $$\frac{dJ_\lambda(z)}{dz} = \frac{\lambda}{z}J_\lambda(z) - J_{\lambda+1}(z)\,,$$

die für $\lambda = 0$ die spezielle Gestalt

$$J_1(z) = -\frac{dJ_0(z)}{dz}$$

annimmt.

Wir untersuchen noch besonders die Fälle $\lambda = -\frac{1}{2}$, $\lambda = \frac{1}{2}$. Nach (21) ist

$$J_{-\frac{1}{2}}(z) = \left(\frac{z}{2}\right)^{-\frac{1}{2}}\sum_{n=0}^{\infty}\frac{(-1)^n}{n!\,\Gamma(n+\frac{1}{2})}\left(\frac{z}{2}\right)^{2n},$$

und da

$$\begin{aligned}\Gamma(n+\tfrac{1}{2}) &= (n-\tfrac{1}{2})\,(n-\tfrac{3}{2})\cdots\tfrac{3}{2}\cdot\tfrac{1}{2}\,\Gamma(\tfrac{1}{2})\\ &= (n-\tfrac{1}{2})\,(n-\tfrac{3}{2})\cdots\tfrac{3}{2}\cdot\tfrac{1}{2}\sqrt{\pi}\end{aligned}$$

ist, wird

$$J_{-\frac{1}{2}}(z) = \sqrt{\frac{2}{\pi z}}\sum_{n=0}^{\infty}\frac{(-1)^n}{(2n)!}z^{2n} = \sqrt{\frac{2}{\pi z}}\cos z\,.$$

Benutzen wir die obenstehende Differentiationsformel (23) für $\lambda = -\frac{1}{2}$:

$$\frac{d}{dz}\frac{J_{-\frac{1}{2}}(z)}{z^{-\frac{1}{2}}} = -\frac{J_{\frac{1}{2}}(z)}{z^{-\frac{1}{2}}},$$

so folgt

$$\frac{d}{dz}\sqrt{\frac{2}{\pi}}\cos z = -\sqrt{\frac{2}{\pi}}\sin z = -\frac{J_{\frac{1}{2}}(z)}{z^{-\frac{1}{2}}},$$

d. h.

(25) $$J_{\frac{1}{2}}(z) = \sqrt{\frac{2}{\pi z}}\sin z.$$

Durch Division ergibt sich

$$\frac{J_{-\frac{1}{2}}(z)}{J_{\frac{1}{2}}(z)} = \operatorname{ctg} z.$$

Die Besselschen Funktionen für $\lambda = -\frac{1}{2}$, $\lambda = \frac{1}{2}$ drücken sich also einfach durch trigonometrische Funktionen aus.

Aus

$$J_\lambda(z) = \frac{H_\lambda^1(z) + H_\lambda^2(z)}{2},$$

$$J_{-\lambda}(z) = \frac{H_\lambda^1(z)\,e^{i\lambda\pi} + H_\lambda^2(z)\,e^{-i\lambda\pi}}{2}$$

folgt für $\lambda = \frac{1}{2}$:

$$J_{\frac{1}{2}}(z) = \frac{H_{\frac{1}{2}}^1(z) + H_{\frac{1}{2}}^2(z)}{2},$$

$$J_{-\frac{1}{2}}(z) = \frac{i\left(H_{\frac{1}{2}}^1(z) - H_{\frac{1}{2}}^2(z)\right)}{2}$$

oder

$$-iJ_{-\frac{1}{2}}(z) = \frac{H_{\frac{1}{2}}^1(z) - H_{\frac{1}{2}}^2(z)}{2}.$$

Durch Addition ergibt sich

(26) $$H_{\frac{1}{2}}^1(z) = J_{\frac{1}{2}}(z) - iJ_{-\frac{1}{2}}(z) = \sqrt{\frac{2}{\pi z}}(\sin z - i\cos z) = -i\sqrt{\frac{2}{\pi z}}e^{iz}$$

und durch Subtraktion

(26') $$H_{\frac{1}{2}}^2(z) = J_{\frac{1}{2}}(z) + iJ_{-\frac{1}{2}}(z) = \sqrt{\frac{2}{\pi z}}(\sin z + i\cos z) = i\sqrt{\frac{2}{\pi z}}e^{-iz}.$$

Diese Entwicklungen beleuchten die schon erwähnte Tatsache, daß *die Besselschen, Neumannschen und Hankelschen Funktionen in ähnlicher Beziehung zueinander stehen wie die Sinus-, Cosinus- und Exponentialfunktion.* Auch bei den Sätzen über die Verteilung der Nullstellen, die wir später ableiten, werden wir diese Analogie wieder bemerken (vgl. Nr. 8).

Wir hatten auf S. 421 die Relation

(22) $$\frac{d^k}{d(z^2)^k}\frac{J_\lambda(z)}{z^\lambda} = \left(-\frac{1}{2}\right)^k\frac{J_{\lambda+k}(z)}{z^{\lambda+k}}$$

abgeleitet. Wenden wir sie für $\lambda = \frac{1}{2}$ an:

$$\frac{d^k}{d(z^2)^k}\sqrt{\frac{2}{\pi}}\frac{\sin z}{z} = \left(-\frac{1}{2}\right)^k\frac{J_{k+\frac{1}{2}}(z)}{z^{k+\frac{1}{2}}},$$

so folgt
$$J_{k+\frac{1}{2}}(z) = (-1)^k \frac{(2z)^{k+\frac{1}{2}}}{\sqrt{\pi}} \frac{d^k}{d(z^2)^k} \frac{\sin z}{z},$$

d. h. jede Besselsche Funktion $J_{k+\frac{1}{2}}(z)$ läßt sich ausdrücken als rationale Funktion von trigonometrischen Funktionen und von z, multipliziert mit $\sqrt{z}$.

Zu einer anderen Rekursionsformel gelangen wir, indem wir in der Relation
$$J_\lambda(z) = \frac{1}{2\pi i} \int\limits_L e^{\frac{z}{2}\left(\zeta - \frac{1}{\zeta}\right)} \zeta^{-\lambda-1}\, d\zeta$$

unter dem Integralzeichen differenzieren. Es ergibt sich
$$J'_\lambda(z) = \frac{1}{4\pi i}\left\{\int\limits_L e^{\frac{z}{2}\left(\zeta - \frac{1}{\zeta}\right)} \zeta^{-\lambda}\, d\zeta - \int\limits_L e^{\frac{z}{2}\left(\zeta - \frac{1}{\zeta}\right)} \zeta^{-\lambda-2}\, d\zeta\right\},$$

(27) $$J'_\lambda(z) = \tfrac{1}{2}\{J_{\lambda-1}(z) - J_{\lambda+1}(z)\}.$$

Subtrahieren wir hiervon
$$J'_\lambda(z) = \frac{\lambda}{z} J_\lambda(z) - J_{\lambda+1}(z),$$
so folgt

(28) $$J_{\lambda-1}(z) + J_{\lambda+1}(z) = \frac{2\lambda}{z} J_\lambda(z).$$

Diese Relation können wir auch folgendermaßen schreiben:
$$\frac{J_{\lambda-1}(z)}{J_\lambda(z)} = \frac{2\lambda}{z} - \cfrac{1}{\cfrac{J_\lambda(z)}{J_{\lambda+1}(z)}} = \frac{2\lambda}{z} - \cfrac{1}{\cfrac{2\lambda+2}{z} - \cfrac{1}{\cfrac{2\lambda+4}{z} - \ddots}}$$

So ist $J_{\lambda-1}(z)/J_\lambda(z)$ durch einen unendlichen Kettenbruch dargestellt; seine Konvergenz können wir hier jedoch nicht untersuchen. Wenn wir überall mit z heraufmultiplizieren, nimmt der Kettenbruch die Gestalt an:

(29) $$z\frac{J_{\lambda-1}(z)}{J_\lambda(z)} = 2\lambda - \cfrac{z^2}{2\lambda+2 - \cfrac{z^2}{2\lambda+4 - \ddots}}$$

Für $\lambda = \frac{1}{2}$ ergibt sich

(30) $$z\frac{J_{-\frac{1}{2}}(z)}{J_{\frac{1}{2}}(z)} = z \operatorname{ctg} z = 1 - \cfrac{z^2}{3 - \cfrac{z^2}{5 - \ddots}}$$

Dies ist ein *unendlicher Kettenbruch für* ctg z, der schon im 18. Jahrhundert bekannt war und mit dessen Hilfe LAMBERT[1] die Irrationalität von π bewiesen hat, indem er $z = \pi/4$ setzte.

[1] LAMBERT, J. H.: Mémoire sur quelques propriétés remarquables des quantités transcendentes circulaires et logarithmiques. Hist. Acad. Berlin Jg. 1761, S. 265—322, insb. S 269. 1768.

Für Besselsche Funktionen mit ganzzahligem Index n gilt das folgende *Additionstheorem:*

$$(31)\qquad J_n(a+b) = \sum_{\nu=-\infty}^{\infty} J_\nu(a) J_{n-\nu}(b).$$

Der Beweis ergibt sich unmittelbar durch Betrachtung der erzeugenden Funktion $e^{i(a+b)\sin\zeta} = e^{ia\sin\zeta}\cdot e^{ib\sin\zeta}$. Hiernach ist

$$\sum_{n=-\infty}^{\infty} J_n(a+b)\, e^{in\zeta} = \sum_{n=-\infty}^{\infty}\left(\sum_{\nu=-\infty}^{\infty} J_\nu(a) J_{n-\nu}(b)\right) e^{in\zeta},$$

woraus die Behauptung folgt.

Speziell für $n = 0$ besteht eine etwas allgemeinere Relation:

$$(32)\quad J_0\left(\sqrt{a^2+b^2+2ab\cos\alpha}\right) = J_0(a) J_0(b) + 2\sum_{1}^{\infty} J_\nu(a) J_{-\nu}(b)\cos\nu\alpha.$$

Zum Beweise benutzen wir die Integraldarstellung (10) und schreiben das Produkt $J_\nu(a)\, J_{-\nu}(b)$ als Doppelintegral

$$\frac{1}{4\pi^2}\int_{-\pi}^{\pi} d\zeta_1 \int_{-\pi}^{\pi} d\zeta_2\, e^{i(a\sin\zeta_1 + b\sin\zeta_2) - i\nu(\zeta_1-\zeta_2)}.$$

Dieses läßt sich aber nach einigen Umformungen auf die Gestalt

$$\frac{1}{2\pi}\int_{-\pi}^{\pi} J_0\left(\sqrt{a^2+b^2+2ab\cos\alpha}\right) e^{-i\nu\alpha}\, d\alpha$$

bringen, womit die Relation (32) bewiesen ist.

Endlich erwähnen wir noch, daß sich eine gewissen Voraussetzungen unterworfene Funktion $f(r)$ mit Hilfe der Besselschen Funktionen in ähnlicher Weise darstellen läßt wie mit Hilfe der Exponentialfunktionen gemäß dem Fourierschen Integraltheorem (vgl. Kap. II, § 6 und Kap. V, § 12). *Es sei $f(r)$ stetig und stückweise glatt, und es existiere*

$$\int_0^\infty r\,|f(r)|\,dr.$$

Dann gilt für jede ganze Zahl n und $r > 0$ *die Formel*

$$(33)\qquad f(r) = \int_0^\infty s\,ds \int_0^\infty t f(t) J_n(st) J_n(sr)\,dt.$$

Zu dieser Formel führt die folgende Überlegung: Wir setzen

$$x = r\cos\vartheta, \qquad y = r\sin\vartheta$$

und betrachten die Funktion

$$g(x,y) = f(r)\, e^{in\vartheta}$$

die unter den obigen Voraussetzungen über $f(r)$ sicher stetig und — abgesehen von der Umgebung des Nullpunktes — mit stückweise stetigen Ableitungen versehen ist. Wenden wir auf diese Funktion $g(x, y)$ das Fouriersche Integraltheorem für zwei Dimensionen an (vgl. Kap. II, § 6, 2) und vertauschen die Integrationsfolge der beiden inneren Integrale, was einer genaueren Rechtfertigung bedarf, so folgt

$$g(x, y) = \frac{1}{4\pi^2} \int_{-\infty}^{\infty} \int_{-\infty}^{\infty} e^{i(ux+vy)}\, du\, dv \int_{-\infty}^{\infty} \int_{-\infty}^{\infty} g(\xi, \eta)\, e^{-i(u\xi+v\eta)}\, d\xi\, d\eta .$$

Führen wir auch für die Integrationsvariablen ξ, η; u, v Polarkoordinaten ein:

$$\xi = s\cos\alpha, \qquad u = t\cos\beta,$$
$$\eta = s\sin\alpha, \qquad v = t\sin\beta,$$

so ergibt sich

$$f(r)\, e^{in\vartheta} = \frac{1}{4\pi^2} \int_0^{\infty} t\, dt \int_{-\pi}^{\pi} e^{irt\cos(\beta-\vartheta)}\, d\beta \int_0^{\infty} s f(s)\, ds \int_{-\pi}^{\pi} e^{in\alpha}\, e^{-ist\cos(\alpha-\beta)}\, d\alpha .$$

Durch die Substitution

$$\beta - \vartheta = \frac{\pi}{2} + \beta',$$
$$\alpha - \beta = \alpha' - \frac{\pi}{2}$$

geht dieser Ausdruck bei Beachtung der Periodizität der Exponentialfunktionen über in

$$f(r)\, e^{in\vartheta} = \frac{e^{in\vartheta}}{4\pi^2} \int_0^{\infty} t\, dt \int_{-\pi}^{\pi} e^{-irt\sin\beta' + in\beta'}\, d\beta' \int_0^{\infty} s f(s)\, ds \int_{-\pi}^{\pi} e^{-ist\sin\alpha' + in\alpha'}\, d\alpha' ,$$

womit durch Ausführung der Integrationen nach α' und β' mit Hilfe der Formel (10) die behauptete Relation

$$f(r) = \int_0^{\infty} t J_n(rt)\, dt \int_0^{\infty} s f(s) J_n(st)\, ds$$

unmittelbar folgt.

Anstatt die Vertauschung der Integrationsfolge zu rechtfertigen, können wir den Beweis der Integralformel (33) auch in der folgenden dem Beweise des Fourierschen Integraltheorems (Kap. II, § 6) nachgebildeten Weise führen. Wir benutzen die für jede stückweise glatte im Nullpunkte verschwindende Funktion $f(r)$ geltende Relation:

$$(34) \qquad \begin{cases} f(r) = \lim\limits_{v\to\infty} \displaystyle\int_0^{a} s f(s)\, P_v(s, r)\, ds, \\ P_v(s, r) = \displaystyle\int_0^{v} t J_n(st) J_n(rt)\, dt, \end{cases}$$

wobei a eine beliebige positive Zahl $a > r > 0$ bedeutet. Diese Relation entspricht genau dem Dirichletschen Integral von Kap. II und wird auch in ähnlicher Weise bewiesen. Wir zeigen, daß unter der Voraussetzung der Existenz des Integrals $\int_0^\infty r\,|f(r)|\,dr$ die Integration nach s bis ins Unendliche ausgedehnt werden kann. Denn aus der für $r \neq s$ gültigen Identität

$$(35)\qquad P_v(r,s) = \frac{v}{s^2 - r^2}\{s J_n(vr) J_{n+1}(vs) - r J_n(vs) J_{n+1}(vr)\},$$

die man ohne weiteres aus der Relation (36) der nächsten Nummer erhält, wenn man die Rekursionsformel (24) berücksichtigt, folgt, daß $P_v(r,s)$ bei festem $r \neq 0$ mit wachsendem s gleichmäßig in v gegen Null strebt (z. B. bei Beachtung der asymptotischen Entwicklungen der Besselschen Funktionen für große Argumente, vgl. Kap. V, § 11, 2 oder Kap. VII, § 6, 2). Daher wird auch das Integral

$$\int_a^b s\,f(s)\,P_v(r,s)\,ds$$

für hinreichend großes a gleichmäßig in v und b beliebig klein, woraus die Behauptung, d. h. die Relation (33) folgt.

8. Die Nullstellen der Besselschen Funktionen. Zum Schluß wollen wir noch einige Sätze über die Nullstellen der Besselschen Funktionen ableiten[1].

Die Besselsche Funktion $J_\lambda(z)$ genügt der Differentialgleichung

$$J_\lambda''(z) + \frac{1}{z} J_\lambda'(z) + \left(1 - \frac{\lambda^2}{z^2}\right) J_\lambda(z) = 0.$$

Setzen wir

$$z = \xi_1 t, \qquad \xi_1 = \text{konst.} \neq 0,$$

so folgt:

$$J_\lambda''(\xi_1 t) + \frac{1}{\xi_1 t} J_\lambda'(\xi_1 t) + \left(1 - \frac{\lambda^2}{\xi_1^2 t^2}\right) J_\lambda(\xi_1 t) = 0.$$

Ebenso gilt für

$$z = \xi_2 t, \qquad \xi_2 = \text{konst.} \neq 0:$$

$$J_\lambda''(\xi_2 t) + \frac{1}{\xi_2 t} J_\lambda'(\xi_2 t) + \left(1 - \frac{\lambda^2}{\xi_2^2 t^2}\right) J_\lambda(\xi_2 t) = 0.$$

Aus diesen Gleichungen leiten wir eine neue ab, indem wir die erste mit $\xi_1^2 t J_\lambda(\xi_2 t)$, die zweite mit $-\xi_2^2 t J_\lambda(\xi_1 t)$ multiplizieren und beide addieren. Dann ergibt sich

$$\begin{aligned} t\,(\xi_1^2 J_\lambda''(\xi_1 t) J_\lambda(\xi_2 t) - \xi_2^2 J_\lambda''(\xi_2 t) J_\lambda(\xi_1 t)) & \\ + (\xi_1 J_\lambda'(\xi_1 t) J_\lambda(\xi_2 t) - \xi_2 J_\lambda'(\xi_2 t) J_\lambda(\xi_1 t)) & \\ + (\xi_1^2 - \xi_2^2)\, t J_\lambda(\xi_1 t) J_\lambda(\xi_2 t) &= 0. \end{aligned}$$

[1] Vgl. hierzu die verwandten Ausführungen in Kap. VI, § 2, 4.

Die ersten zwei Summanden sind zusammen gleich der Ableitung der Funktion

$$t(\xi_1 J'_\lambda(\xi_1 t) J_\lambda(\xi_2 t) - \xi_2 J'_\lambda(\xi_2 t) J_\lambda(\xi_1 t))$$

nach t; durch Integration der letzten Gleichung von 0 bis t folgt daher

$$(36)\quad \begin{cases} t(\xi_1 J'_\lambda(\xi_1 t) J_\lambda(\xi_2 t) - \xi_2 J'_\lambda(\xi_2 t) J_\lambda(\xi_1 t)) \\ \qquad + (\xi_1^2 - \xi_2^2)\int\limits_0^t t J_\lambda(\xi_1 t) J_\lambda(\xi_2 t)\, dt = 0. \end{cases}$$

Es gilt also, wenn wir von 0 bis 1 integrieren,

$$(37)\quad \begin{cases} (\xi_1 J'_\lambda(\xi_1) J_\lambda(\xi_2) - \xi_2 J'_\lambda(\xi_2) J_\lambda(\xi_1)) \\ \qquad + (\xi_1^2 - \xi_2^2)\int\limits_0^1 t J_\lambda(\xi_1 t) J_\lambda(\xi_2 t)\, dt = 0. \end{cases}$$

Aus dieser Gleichung können wir Schlüsse auf die Verteilung der Nullstellen von $J_\lambda(z)$ ziehen. (Vgl. hierzu Kap. VI, § 6.)

Es sei ξ eine von Null verschiedene Nullstelle von $J_\lambda(z)$. Wir setzen $\xi_1 = \xi$, $\xi_2 = \bar{\xi}$, wo $\bar{\xi}$ den konjugiert komplexen Wert von ξ bezeichnen möge. ξ_1 und ξ_2 fallen also nur für reelle ξ zusammen.

Es sei λ reell, so daß also $J_\lambda(z)$ für reelle z reelle Werte besitzt. Die Koeffizienten der Potenzreihe (21) sind reell; verschwindet daher $J_\lambda(\xi)$, so ist auch $J_\lambda(\bar{\xi}) = 0$. Wir haben also in Gleichung (37) $J_\lambda(\xi_1) = J_\lambda(\xi_2) = 0$ zu setzen; die große Klammer verschwindet dabei, und der zweite Summand geht über in

$$(\xi^2 - \bar{\xi}^2)\int\limits_0^1 t\,|J_\lambda(\xi t)|^2 dt = 0.$$

Wir haben $\xi \neq 0$ vorausgesetzt. Da die Besselsche Funktion nicht identisch verschwindet, ist $\int\limits_0^1 t\,|J_\lambda(\xi t)|^2 dt \neq 0$, also $\xi^2 - \bar{\xi}^2 = (\xi - \bar{\xi})(\xi + \bar{\xi}) = 0$, d.h.

$$\xi = \bar{\xi} \qquad \text{oder} \qquad \xi = -\bar{\xi}.$$

Somit ist ξ reell oder rein imaginär. Für reelle λ hat also die Besselsche Funktion $J_\lambda(z)$ nur reelle oder rein imaginäre Nullstellen.

Um zu untersuchen, wie es sich mit den rein imaginären Nullstellen der Besselschen Funktionen verhält, gehen wir von der Potenzreihenentwicklung

$$\frac{J_\lambda(z)}{z^\lambda} = \frac{1}{2^\lambda}\sum_{n=0}^{\infty}\frac{(-1)^n}{n!}\left(\frac{z}{2}\right)^{2n}\frac{1}{\Gamma(n+\lambda+1)}$$

aus. Indem wir $z = ai$, a reell $\neq 0$ einsetzen, wird

$$\frac{J_\lambda(z)}{z^\lambda} = \frac{1}{2^\lambda}\sum_{n=0}^{\infty}\left(\frac{a}{2}\right)^{2n}\frac{1}{n!\,\Gamma(n+\lambda+1)}.$$

Da λ reell ist, ist $n + \lambda + 1$ für alle n mit endlich vielen Ausnahmen positiv, und da die Γ-Funktion für positive Argumente positive Werte hat, sind alle Koeffizienten der Potenzreihe bis auf endlich viele am Anfang der Reihe positiv. Für große $|a|$ überwiegen die höheren Potenzen, und da für $a \neq 0$ stets $\left(\frac{a}{2}\right)^{2n} > 0$ ist, wird $\frac{J_\lambda(z)}{z^\lambda} > 0$ für alle hinreichend großen $|a|$. Nur auf einem endlichen Stück der imaginären Achse können also Nullstellen der Funktion $J_\lambda(z)/z^\lambda$ auftreten; als ganze transzendente Funktion kann daher $J_\lambda(z)/z^\lambda$ nur endlich viele rein imaginäre Nullstellen haben. Für $\lambda > -1$ hat $J_\lambda(z)/z^\lambda$ keine rein imaginären Nullstellen; denn dann ist für alle n:

$$n + \lambda + 1 > 0,$$
$$\Gamma(n + \lambda + 1) > 0;$$

alle Koeffizienten der Reihe sind also positiv und daher der Wert der Reihe selbst positiv. Speziell für $\lambda = 0, 1, 2, \ldots$ gibt es keine rein imaginären Nullstellen.

Wir haben also das Resultat: *Für reelle λ hat $J_\lambda(z)$ bis auf endlich viele rein imaginäre nur reelle Nullstellen; für reelle $\lambda > -1$ hat $J_\lambda(z)$ nur reelle Nullstellen.*

Daß für jedes reelle ganzzahlige positive λ die Funktion $J_\lambda(z)$ unendlich viele reelle Nullstellen hat, ist schon durch die Betrachtungen des vorigen Kapitels erwiesen, da die Nullstellen von $J_n(z)$ das System der Eigenwerte einer Differentialgleichung liefern.

Wir wollen schließlich noch einiges über die Lage der reellen Nullstellen der Besselschen Funktionen aussagen.

Setzen wir bei reellem λ

$$\frac{J_\lambda(z)}{z^\lambda} = v, \qquad J_\lambda(z) = v z^\lambda,$$

so gilt nach S. 414

$$zv'' + (2\lambda + 1)\, v' + zv = 0. \tag{17}$$

Ist nun ξ eine positive Nullstelle von v', so geht die Differentialgleichung für $z = \xi$ über in

$$\xi v''(\xi) + \xi v(\xi) = 0,$$

also in

$$v''(\xi) + v(\xi) = 0.$$

Hieraus folgt, daß im Punkte ξ nicht auch die zweite Ableitung $v''(\xi)$ verschwinden kann. Denn dann wäre $v(\xi) = 0$, woraus in Verbindung mit $v'(\xi) = 0$ das identische Verschwinden der Lösung $v(z)$ von (17) folgen würde. Wir schließen daher, daß $v(\xi)$ und $v''(\xi)$ entgegengesetztes Vorzeichen haben.

Es seien nun ξ_1 und $\xi_2 (> \xi_1)$ zwei aufeinanderfolgende positive Nullstellen von $v'(z)$, es sei also $v'(z) \neq 0$ für $\xi_1 < z < \xi_2$. Nach dem

Rolleschen Satz liegt dann zwischen ξ_1 und ξ_2 eine ungerade Anzahl von Nullstellen von v''; folglich haben $v''(\xi_1)$ und $v''(\xi_2)$, und daher auch $v(\xi_1)$ und $v(\xi_2)$ entgegengesetzte Vorzeichen. Zwischen ξ_1 und ξ_2 müssen also eine ungerade Anzahl Nullstellen von v liegen, somit mindestens eine. Andererseits kann nach dem Rolleschen Satz nur eine Nullstelle von v dort liegen, da zwischen zwei aufeinanderfolgenden Nullstellen von v eine ungerade Anzahl von Nullstellen von v' liegt und v' zwischen ξ_1 und ξ_2 nach Voraussetzung keine Nullstelle hat. Demnach hat v genau eine Nullstelle zwischen ξ_1 und ξ_2, d. h. zwischen zwei aufeinanderfolgenden positiven Nullstellen von v' liegt eine und nur eine Nullstelle von v. *Die positiven Nullstellen von v und v' trennen sich gegenseitig; dasselbe gilt für die negativen Nullstellen.*

Wir hatten in Nr. 7, S. 421 die Relation abgeleitet

$$\frac{d}{dz}\frac{J_\lambda(z)}{z^\lambda} = -\frac{J_{\lambda+1}(z)}{z^\lambda}, \tag{23}$$

d. h.

$$v' = -\frac{J_{\lambda+1}(z)}{z^\lambda}.$$

Da die Nullstellen von v und v' sich gegenseitig trennen, da ferner

$$v = \frac{J_\lambda(z)}{z^\lambda}, \qquad v' = -\frac{J_{\lambda+1}(z)}{z^\lambda}$$

ist und daher alle positiven und negativen Nullstellen von v und v' Nullstellen von $J_\lambda(z)$ und $J_{\lambda+1}(z)$ sind, so folgt weiter: *Die Nullstellen von $J_\lambda(z)$ und $J_{\lambda+1}(z)$ trennen sich gegenseitig.*

Für $\lambda = -\frac{1}{2}$, $\lambda = \frac{1}{2}$ hatten wir z. B. gefunden:

$$J_{-\frac{1}{2}}(z) = \sqrt{\frac{2}{\pi z}}\cos z, \qquad J_{\frac{1}{2}}(z) = \sqrt{\frac{2}{\pi z}}\sin z.$$

Die Nullstellen dieser Funktionen sind

$$\pm\frac{\pi}{2}, \qquad \pm\frac{3\pi}{2}, \qquad \pm\frac{5\pi}{2}, \ldots, \qquad \pm\frac{(2n+1)\pi}{2}, \ldots,$$

bzw.

$$0, \qquad \pm\pi, \qquad \pm 2\pi, \ldots, \qquad \pm n\pi, \ldots;$$

sie trennen sich also in der Tat gegenseitig.

Auch in dieser Beziehung zeigen die Besselschen Funktionen eine Verwandtschaft mit den trigonometrischen.

9. Die Neumannschen Funktionen. Wenn λ keine ganze Zahl ist, so lassen sich die Relationen

$$J_\lambda(z) = \tfrac{1}{2}\left(H^1_\lambda(z) + H^2_\lambda(z)\right), \tag{5}$$

$$J_{-\lambda}(z) = \tfrac{1}{2}\left(e^{i\lambda\pi}H^1_\lambda(z) + e^{-i\lambda\pi}H^2_\lambda(z)\right) \tag{7}$$

nach $H^1_\lambda(z)$ und $H^2_\lambda(z)$ auflösen. Wir erhalten

$$H^1_\lambda(z) = -\frac{1}{i\sin\lambda\pi}\left(J_\lambda(z)e^{-i\lambda\pi} - J_{-\lambda}(z)\right), \tag{38}$$

$$H^2_\lambda(z) = \frac{1}{i\sin\lambda\pi}\left(J_\lambda(z)e^{i\lambda\pi} - J_{-\lambda}(z)\right) \tag{38'}$$

und somit

(39) $$N_\lambda(z) = \frac{1}{2i}(H_\lambda^1(z) - H_\lambda^2(z)) = \frac{J_\lambda(z)\cos\lambda\pi - J_{-\lambda}(z)}{\sin\lambda\pi}.$$

Diese Darstellung der Neumannschen Funktion durch J_λ und $J_{-\lambda}$ versagt jedoch, wenn λ eine ganze Zahl ist. Denn als Funktion von λ betrachtet, besitzt alsdann sowohl der Zähler $J_\lambda\cos\lambda\pi - J_{-\lambda}$ als auch der Nenner $\sin\lambda\pi$ eine einfache Nullstelle. Da aber Zähler und Nenner für $z \neq 0$ reguläre analytische Funktionen von λ sind, dürfen wir beide differenzieren, um den Wert der Funktion für ganze rationale λ zu ermitteln. Aus dem Quotienten

$$\frac{\frac{\partial J_\lambda(z)}{\partial\lambda}\cos\lambda\pi - J_\lambda(z)\,\pi\sin\lambda\pi - \frac{\partial J_{-\lambda}(z)}{\partial\lambda}}{\pi\cos\lambda\pi}$$

ergibt sich durch Grenzübergang, daß für ganzes rationales λ

(40) $$N_\lambda(z) = \frac{1}{\pi}\left(\frac{\partial J_\lambda(z)}{\partial\lambda} - (-1)^\lambda\frac{\partial J_{-\lambda}(z)}{\partial\lambda}\right)$$

ist.

Man überzeugt sich leicht direkt, daß der erhaltene Ausdruck für ganze rationale λ eine Lösung der Differentialgleichung vorstellt. Differenzieren wir nämlich die Besselsche Differentialgleichung

$$\frac{d^2J_\lambda(z)}{dz^2} + \frac{1}{z}\frac{dJ_\lambda(z)}{dz} + \left(1 - \frac{\lambda^2}{z^2}\right)J_\lambda(z) = 0,$$

die eine Identität in λ darstellt, nach λ, so folgt

$$\frac{d^2}{dz^2}\frac{\partial J_\lambda(z)}{\partial\lambda} + \frac{1}{z}\frac{d}{dz}\frac{\partial J_\lambda(z)}{\partial\lambda} + \left(1 - \frac{\lambda^2}{z^2}\right)\frac{\partial J_\lambda(z)}{\partial\lambda} = \frac{2\lambda}{z^2}J_\lambda(z).$$

Für $-\lambda$ gilt ebenso

$$\frac{d^2}{dz^2}\frac{\partial J_{-\lambda}(z)}{\partial\lambda} + \frac{1}{z}\frac{d}{dz}\frac{\partial J_{-\lambda}(z)}{\partial\lambda} + \left(1 - \frac{\lambda^2}{z^2}\right)\frac{\partial J_{-\lambda}(z)}{\partial\lambda} = \frac{2\lambda}{z^2}J_{-\lambda}(z).$$

Multiplizieren wir die zweite Gleichung mit $(-1)^\lambda$ und subtrahieren sie von der ersten, so folgt für ganze rationale λ aus der Beziehung $J_\lambda(z) = (-1)^\lambda J_{-\lambda}(z)$, daß die rechte Seite der resultierenden Gleichung verschwindet; wir erhalten also als weitere Lösung der Besselschen Differentialgleichung für ganzzahlige λ die Funktion

$$\frac{\partial J_\lambda(z)}{\partial\lambda} - (-1)^\lambda\frac{\partial J_{-\lambda}(z)}{\partial\lambda} = \pi N_\lambda(z) \qquad (\lambda \text{ ganz}).$$

Die soeben abgeleiteten Beziehungen zwischen der Neumannschen Funktion $N_\lambda(z)$ und den Funktionen $J_\lambda(z)$ und $J_{-\lambda}(z)$ gestatten uns, aus den Darstellungen der Besselschen Funktionen entsprechende für $N_\lambda(z)$ zu finden. So erhält man z. B. aus der Integraldarstellung (9) für $\lambda \neq n$

(41) $$N_\lambda(z) = -\frac{1}{\pi\sin\pi\lambda}\int_L e^{-iz\sin\zeta}\{e^{i\lambda\zeta}\cos\pi\lambda - e^{-i\lambda\zeta}\}d\zeta$$

und für $\lambda = n$

$$N_n(z) = -\frac{2i}{\pi^2}\int\limits_L \zeta e^{-iz\sin\zeta}\cos\lambda\zeta\,d\zeta \qquad (n \text{ gerade}), \tag{42}$$

$$N_n(z) = \frac{2}{\pi^2}\int\limits_L \zeta e^{-iz\sin\zeta}\sin\lambda\zeta\,d\zeta \qquad (n \text{ ungerade}). \tag{42'}$$

Verwenden wir die Integralformel (20) aus Nr. 5, so ergibt sich z. B. für $N_0(z)$ wegen

$$N_0(z) = \frac{2}{\pi}\left(\frac{\partial J_\lambda}{\partial \lambda}\right)_{\lambda=0}$$

$$\pi N_0(z) = (2C + \log 2) J_0(z) + \frac{2}{\pi}\int\limits_0^\pi \cos(z\cos\zeta)\log(z\sin^2\zeta)\,d\zeta, \tag{43}$$

wo C die bekannte Eulersche Konstante ist.

Ebenso lassen sich Reihenentwicklungen für $N_\lambda(z)$ aus denen von $J_\lambda(z)$ und $J_{-\lambda}(z)$ gewinnen. Wir wollen die Betrachtung näher durchführen für den Fall, daß λ eine ganze Zahl ist. Es gilt

$$J_\lambda(z) = \left(\frac{z}{2}\right)^\lambda \sum_{n=0}^\infty \frac{(-1)^n}{n!}\left(\frac{z}{2}\right)^{2n}\frac{1}{\Gamma(n+\lambda+1)} \tag{21}$$

und, da wir unter dem Summenzeichen nach λ differenzieren dürfen:

$$\left\{\begin{aligned} \frac{\partial J_\lambda(z)}{\partial\lambda} &= \log\frac{z}{2} J_\lambda(z) + \left(\frac{z}{2}\right)^\lambda \sum_{n=0}^\infty \frac{(-1)^n}{n!}\left(\frac{z}{2}\right)^{2n}\left(\frac{d}{dt}\frac{1}{\Gamma(t)}\right)_{t=n+\lambda+1}, \\ \frac{\partial J_{-\lambda}(z)}{\partial\lambda} &= -\log\frac{z}{2} J_{-\lambda}(z) - \left(\frac{z}{2}\right)^{-\lambda} \sum_{n=0}^\infty \frac{(-1)^n}{n!}\left(\frac{z}{2}\right)^{2n}\left(\frac{d}{dt}\frac{1}{\Gamma(t)}\right)_{t=n-\lambda+1}. \end{aligned}\right. \tag{44}$$

Wir bestimmen zunächst die Werte der Differentialquotienten $\frac{d}{dt}\frac{1}{\Gamma(t)}$ für positive ganze Zahlen t. Es gilt die Funktionalgleichung

$$\Gamma(t+1) = t\Gamma(t) \qquad \text{für} \qquad t \neq 0, -1, -2, \ldots.$$

Durch logarithmische Differentiation ergibt sich

$$\frac{\Gamma'(t+1)}{\Gamma(t+1)} = \frac{1}{t} + \frac{\Gamma'(t)}{\Gamma(t)}$$

und durch k-malige Wiederholung

$$\frac{\Gamma'(t+k+1)}{\Gamma(t+k+1)} = \frac{1}{t+k} + \frac{1}{t+k-1} + \cdots + \frac{1}{t} + \frac{\Gamma'(t)}{\Gamma(t)} \qquad (k = 0, 1, 2, \ldots).$$

Es ist
$$\frac{d}{dt}\frac{1}{\Gamma(t)} = -\frac{\Gamma'(t)}{\Gamma^2(t)} = -\frac{1}{\Gamma(t)}\frac{\Gamma'(t)}{\Gamma(t)}.$$

Setzen wir $t = 1$, $k = n-1$, so ergibt die obige Formel:

$$\frac{\Gamma'(n+1)}{\Gamma(n+1)} = \frac{1}{n} + \frac{1}{n-1} + \cdots + 1 + \frac{\Gamma'(1)}{\Gamma(1)} = \frac{1}{n} + \frac{1}{n-1} + \cdots + 1 - C$$

für $n = 1, 2, 3, \ldots$. Mit dem Wert $\Gamma'(t)/\Gamma(t)$ für die positiven ganzen Zahlen kennen wir den gesuchten Wert der Ableitung $\frac{d}{dt}\frac{1}{\Gamma(t)}$ in diesen Punkten:

$$\left(\frac{d}{dt}\frac{1}{\Gamma(t)}\right)_{t=1} = C;$$

$$\frac{d}{dt}\frac{1}{\Gamma(t)} = -\frac{1}{(t-1)!}\left\{\frac{1}{t-1} + \frac{1}{t-2} + \cdots + 1 - C\right\} \quad \text{für } t = 2, 3, \ldots.$$

Um ferner den Wert der Ableitung für negative ganze Werte t zu bestimmen, lösen wir die Gleichung

$$\frac{\Gamma'(t+k+1)}{\Gamma(t+k+1)} = \frac{1}{t+k} + \frac{1}{t+k-1} + \cdots + \frac{1}{t} + \frac{\Gamma'(t)}{\Gamma(t)}$$

nach $\frac{\Gamma'(t)}{\Gamma(t)}$ auf. Dann erhalten wir nach Multiplikation mit $-\frac{1}{\Gamma(t)}$:

$$-\frac{1}{\Gamma(t)}\frac{\Gamma'(t)}{\Gamma(t)} = \frac{1}{\Gamma(t)}\left\{\frac{1}{t} + \frac{1}{t+1} + \cdots + \frac{1}{t+k-1} + \frac{1}{t+k}\right\} - \frac{1}{\Gamma(t)}\frac{\Gamma'(t+k+1)}{\Gamma(t+k+1)}.$$

Lassen wir t gegen $-k$ ($k = 0, 1, 2, \ldots$) konvergieren, so konvergiert die linke, also auch die rechte Seite gegen die Ableitung $\left(\frac{d}{dt}\frac{1}{\Gamma(t)}\right)_{t=-k}$. Nun strebt für $t \to -k$ der Ausdruck $\frac{1}{\Gamma(t)}$ gegen Null, also bleibt, da die Summe $\frac{1}{t} + \frac{1}{t+1} + \cdots + \frac{1}{t+k-1}$ und ebenfalls $\frac{\Gamma'(t+k+1)}{\Gamma(t+k+1)}$ endlich bleibt, rechts nur das Glied $\frac{1}{\Gamma(t)}\frac{1}{t+k}$. Erweitern wir mit $t(t+1)\cdots(t+k-1)$, so wird wegen der Funktionalgleichung der Gammafunktion der Nenner gleich $\Gamma(t+k+1)$ und konvergiert für $t \to -k$ gegen $\Gamma(1) = 1$; da der Zähler gegen $(-1)^k k!$ strebt, ergibt sich somit

$$\left(\frac{d}{dt}\frac{1}{\Gamma(t)}\right)_{t=-k} = (-1)^k k!.$$

Setzt man den Wert der Ableitung $\frac{d}{dt}\frac{1}{\Gamma(t)}$ in den ganzen rationalen Zahlen in die Reihen (44) ein, so folgt für $\lambda = 1, 2, \ldots$:

$$(45)\quad \left\{\begin{aligned} \pi N_\lambda(z) &= \frac{\partial J_\lambda(z)}{\partial\lambda} - (-1)^\lambda \frac{\partial J_{-\lambda}(z)}{\partial\lambda} \\ &= 2J_\lambda(z)\left(\log\frac{z}{2} + C\right) - \left(\frac{z}{2}\right)^{-\lambda}\sum_{n=0}^{\lambda-1}\frac{(\lambda-n-1)!}{n!}\left(\frac{z}{2}\right)^{2n} \\ &\qquad - \left(\frac{z}{2}\right)^{\lambda}\frac{1}{\lambda!}\left\{\frac{1}{\lambda} + \frac{1}{\lambda-1} + \cdots + 1\right\} \\ &- \left(\frac{z}{2}\right)^{\lambda}\sum_{n=1}^{\infty}\frac{(-1)^n\left(\frac{z}{2}\right)^{2n}}{n!(n+\lambda)!}\left\{\frac{1}{n+\lambda} + \frac{1}{n+\lambda-1} + \cdots + 1 + \frac{1}{n} + \frac{1}{n-1} + \cdots + 1\right\}\end{aligned}\right.$$

und für $\lambda = 0$:

$$\pi N_0(z) = 2J_0(z)\left(\log\frac{z}{2} + C\right) - 2\sum_{n=1}^{\infty}\frac{(-1)^n}{(n!)^2}\left(\frac{z}{2}\right)^{2n}\left\{\frac{1}{n} + \frac{1}{n-1} + \cdots + 1\right\}.$$

Aus den letzten Entwicklungen gewinnen wir einen Überblick über die *Singularitäten*, die bei den Lösungen der Besselschen Differentialgleichung auftreten können.

Abgesehen vom Punkte $z = \infty$, der für alle nicht identisch verschwindenden Lösungen wesentlich singulär ist, ist der Nullpunkt die einzige Stelle, wo die Lösungen der Besselschen Differentialgleichung sich singulär verhalten können.

Ist λ keine ganze rationale Zahl, so ist die allgemeine Lösung mit Hilfe der Funktionen $J_\lambda(z)$ und $J_{-\lambda}(z)$ darstellbar und kann daher im Nullpunkte nur Singularitäten der Form z^λ bzw. $z^{-\lambda}$ aufweisen.

Ist $\lambda = n$ ganz rational, so können die Lösungen im Nullpunkte außer einem Pol der Ordnung n nur noch eine logarithmische Singularität der Form $z^n \log z$ besitzen. Denn jede Lösung läßt sich durch eine lineare Kombination der Funktionen $J_n(z)$ und $N_n(z)$ ausdrücken, und diese haben keine andere Singularität.

Die Besselschen Funktionen $J_n(z)$ mit ganzzahligem Index n sind insbesondere die Lösungen, die auch im Nullpunkte regulär bleiben.

§ 3. Die Kugelfunktionen von Legendre.

Wir haben an früheren Stellen dieses Buches[1] die Legendreschen Kugelfunktionen und die aus ihnen durch Differentiation entstehenden höheren Kugelfunktionen als Funktionen einer reellen Veränderlichen untersucht und viele ihrer Eigenschaften abgeleitet. Hier wollen wir nun, indem wir zu komplexen Variablen $z = x + iy$ übergehen, Integraldarstellungen für diese Funktionen entwickeln und zugleich die übrigen Lösungen der Legendreschen Differentialgleichung aufsuchen; dabei wird sich von selbst die Möglichkeit ergeben, den Parameter n in der Legendreschen Funktion $P_n(z)$ von seiner Beschränkung auf ganzzahlige positive Werte zu befreien[2].

1. Das Schläflische Integral. Aus der Darstellung (Kap. II, § 8, S. 70)

$$P_n(z) = \frac{1}{2^n n!} \frac{d^n}{dz^n} (z^2 - 1)^n$$

des n^{ten} Legendreschen Polynoms ergibt sich sofort nach der Integralformel von Cauchy für beliebige komplexe Werte von z

$$P_n(z) = \frac{1}{2\pi i} \int_C \frac{(\zeta^2 - 1)^n}{2^n (\zeta - z)^{n+1}} d\zeta, \tag{46}$$

wobei der Integrationsweg C in der Ebene der komplexen Variablen $\zeta = \xi + i\eta$ im positiven Sinne um den Punkt $\zeta = z$ herumläuft. Dieser Ausdruck, der von Schläfli herrührt, gestattet wichtige Folgerungen

[1] In Kap. II, § 8 und in Kap. V, § 10, 2.

[2] Vgl. zu diesem Paragraphen insbesondere Whittaker, E. T. und Watson, G. N.: A course of modern Analysis, 3. Aufl., S. 302—336. Cambridge 1920.

und Verallgemeinerungen. Zunächst bemerken wir, daß wir direkt an der Integraldarstellung (46) das Bestehen der Legendreschen Differentialgleichung

$$\frac{d}{dz}\left((1-z^2)\frac{dP_n}{dz}\right)+n(n+1)P_n=0$$

verifizieren können. Die Differentiation unter dem Integralzeichen liefert nämlich für die linke Seite der Differentialgleichung den Ausdruck

$$\frac{n+1}{2\pi i 2^n}\int\limits_C \frac{(\zeta^2-1)^n}{(\zeta-z)^{n+3}}\left((n+2)(1-z^2)-2z(\zeta-z)+n(\zeta-z)^2\right)d\zeta$$

$$=\frac{n+1}{2\pi i 2^n}\int\limits_C \frac{(\zeta^2-1)^n}{(\zeta-z)^{n+3}}\left(2(n+1)\zeta(\zeta-z)-(n+2)(\zeta^2-1)\right)d\zeta$$

$$=\frac{n+1}{2\pi i 2^n}\int\limits_C \frac{d}{d\zeta}\left(\frac{(\zeta^2-1)^{n+1}}{(\zeta-z)^{n+2}}\right)d\zeta,$$

welcher wegen der Geschlossenheit des Integrationsweges und der Eindeutigkeit von $\frac{(\zeta^2-1)^{n+1}}{(\zeta-z)^{n+2}}$ als Funktion von ζ verschwinden muß. Wir können nun diese direkte Verifikation benutzen, um die Definition von $P_n(z)$ für beliebige, nicht mehr ganzzahlig positive Werte von n zu verallgemeinern. Denn offenbar muß das Schläflische Integral (46) für einen beliebigen Wert von n stets dann eine Lösung der Legendreschen Differentialgleichung darstellen, wenn beim Durchlaufen des Integrationsweges der Ausdruck $\frac{(\zeta^2-1)^{n+1}}{(\zeta-z)^{n+2}}$ zu seinem Ausgangswert zurückkehrt, also z. B. dann, wenn der Integrationsweg auf der Riemannschen Fläche des Integranden geschlossen ist. Nur wird dann die Funktion $P_n(z)$ im allgemeinen nicht mehr eine ganze rationale Funktion, sogar nicht einmal mehr eine eindeutige analytische Funktion von z sein. Einen solchen Weg erhalten wir folgendermaßen: Wir schneiden die ζ-Ebene längs der reellen Achse von -1 bis $-\infty$ und längs eines beliebigen Weges vom Punkte 1 bis zum Punkte z auf, ebenso die z-Ebene und wählen für C eine geschlossene Kurve, welche die Punkte $\zeta=z$ und $\zeta=+1$ in positivem Sinne umkreist, dagegen den Punkt $\zeta=-1$ ausschließt. Die so definierte, in der aufgeschnittenen z-Ebene eindeutige Funktion

$$P_\nu(z)=\frac{1}{2\pi i}\int\limits_C \frac{(\zeta^2-1)^\nu}{2^\nu(\zeta-z)^{\nu+1}}d\zeta \tag{47}$$

nennen wir ebenfalls *Legendresche Kugelfunktion des Index* ν. Sie genügt der Legendreschen Differentialgleichung

$$((1-z^2)u')'+\nu(\nu+1)u=0 \tag{48}$$

und läßt sich charakterisieren als dasjenige eindeutig bestimmte ihrer Integrale, welches für $z=1$ endlich bleibt und den Wert

$$P_\nu(1)=1$$

besitzt[1]. Dieses Verhalten entnimmt man unmittelbar der Integraldarstellung, wenn man in ihr z gegen 1 konvergieren läßt. Da die obige Differentialgleichung bei Ersetzung von ν durch $-\nu-1$ in sich übergeht, so folgt sofort die Identität

$$P_\nu(z) = P_{-\nu-1}(z),$$

deren rechnerische Bestätigung nicht auf der Hand liegt.

Die Funktion $P_\nu(z)$ genügt, wie der Leser leicht an der Darstellung bestätigen wird, den Rekursionsformeln

$$(49)\qquad \begin{aligned} P'_{\nu+1}(z) - zP'_\nu(z) &= (\nu+1)P_\nu(z), \\ (\nu+1)P_{\nu+1}(z) - z(2\nu+1)P_\nu(z) + \nu P_{\nu-1}(z) &= 0, \end{aligned}$$

von denen die zweite für ganzzahliges ν schon in Kap. II, § 8, 3 abgeleitet wurde.

2. Die Integraldarstellungen von Laplace. Ist der Realteil von z positiv und $z \neq 1$, wie wir nun voraussetzen wollen, so können wir für C den Kreis mit dem Radius $\left|\sqrt{z^2-1}\right|$ um den Punkt z wählen, da, wie man aus der für $\Re z > 0$, $z \neq 1$ gültigen Ungleichung $|z-1|^2 < |z+1|\,|z-1|$ sieht, dieser Kreis die oben verlangten Eigenschaften besitzt. Setzen wir, um die reelle Integrationsvariable φ einzuführen, $\zeta = z + |z^2-1|^{\frac{1}{2}} e^{i\varphi}$, $|\varphi| \leqq \pi$, so erhalten wir aus dem Schläflischen Integral sofort die erste, auch für $z=1$ gültige Integraldarstellung von LAPLACE

$$(50)\qquad P_\nu(z) = \frac{1}{\pi}\int_0^\pi \left(z + \sqrt{z^2-1}\cos\varphi\right)^\nu d\varphi,$$

wobei die mehrdeutige Funktion $\left(z+\sqrt{z^2-1}\cos\varphi\right)^\nu$ so festzulegen ist, daß sie für $\varphi = \pi/2$ gleich z^ν wird, unter z^ν den „Hauptwert" von z^ν verstanden, insbesondere bei positivem z und reellem ν ein reeller Wert.

Die Formel $P_\nu = P_{-\nu-1}$ liefert unmittelbar die zweite Laplacesche Darstellung

$$(51)\qquad P_\nu(z) = \frac{1}{\pi}\int_0^\pi \frac{d\varphi}{\left(z+\sqrt{z^2-1}\cos\varphi\right)^{\nu+1}}.$$

Es sei bemerkt, daß die erste Darstellung im Falle $\nu \leqq -1$ und die zweite im Falle $\nu \geqq 0$ für solche z unbrauchbar wird, für welche der Ausdruck $z+\sqrt{z^2-1}\cos\varphi$ auf dem Integrationsweg verschwindet. Mindestens eine von ihnen ist also für die ganze z-Ebene gültig.

3. Die Legendreschen Funktionen zweiter Art. Die Differentialgleichung (48) muß noch ein zweites, von $P_\nu(z)$ linear unabhängiges Integral besitzen. Wir können es aus dem Schläflischen Integral leicht entnehmen, wenn wir statt des oben benutzten Integrationsweges einen

[1] In der Tat wird das zweite Integral Q_ν, das wir in Nr. 3 aufstellen werden, und daher jedes von P_ν unabhängige Integral bei $z=1$ logarithmisch unendlich.

anderen brauchbaren Weg aufsuchen. Ein solcher Weg wird durch den achtförmigen Weg $\mathfrak{A}$ von Abb. 13, S. 416 angegeben, sobald dieser Integrationsweg den Punkt z außerhalb läßt. Die durch das Integral

$$(52) \qquad Q_\nu(z) = \frac{1}{4i\sin\nu\pi}\int_{\mathfrak{A}} \frac{1}{2^\nu}\,\frac{(\zeta^2-1)^\nu}{(z-\zeta)^{\nu+1}}\,d\zeta$$

definierte analytische Funktion $Q_\nu(z)$ genügt wieder der Legendreschen Differentialgleichung. Sie heißt *Legendresche Funktion zweiter Art* und ist in der längs der reellen Achse von -1 nach $-\infty$ aufgeschnittenen z-Ebene regulär und eindeutig. Wir setzen in dieser Darstellung zunächst ausdrücklich voraus, daß ν keine ganze Zahl sei, da sonst der zur Normierung gewählte Faktor $1/\sin\nu\pi$ unendlich werden würde. Falls der Realteil von $\nu+1$ positiv ist und z nicht auf der Strecke $-1 \leqq \zeta \leqq 1$ gelegen ist, können wir nach Zusammenziehung des Integrationsweges schreiben (vgl. die Rechnung auf S. 419)

$$(53) \qquad Q_\nu(z) = \frac{1}{2^{\nu+1}}\int_{-1}^{1} \frac{(1-\zeta^2)^\nu}{(z-\zeta)^{\nu+1}}\,d\zeta\,.$$

Diese Formel ist jetzt auch für ganzzahliges ν brauchbar.

Man entnimmt der Darstellung (52) leicht, daß Q_ν bei $z=1$ und $z=-1$ logarithmisch unendlich wird, indem man beachtet, daß der Integrationsweg $\mathfrak{A}$ stets die Verbindungslinien des Punktes z mit den Punkten $+1$ und -1 passieren muß. Für negative Werte von ν oder solche mit negativem Realteil kann man Q_ν durch die Gleichung

$$Q_\nu(z) = Q_{-\nu-1}(z)$$

definieren.

Auch für die Funktionen $Q_\nu(z)$ gilt eine den Laplaceschen Integralen für $P_\nu(z)$ analoge Integraldarstellung. Man setze in dem obigen Integral (53), zunächst für reelles $z > 1$,

$$\zeta = \frac{e^\varphi\sqrt{z+1}-\sqrt{z-1}}{e^\varphi\sqrt{z+1}+\sqrt{z-1}}\,;$$

dann erhält man nach einiger Zwischenrechnung

$$(54) \qquad Q_\nu(z) = \int_0^\infty \frac{d\varphi}{(z+\sqrt{z^2-1}\,\mathfrak{Cof}\,\varphi)^{\nu+1}} \qquad (\nu > -1)\,,$$

wobei die Bestimmung des an sich mehrdeutigen Integranden ebenso wie oben getroffen wird. Die Gültigkeit dieser Formel erstreckt sich nun ohne weiteres auch auf beliebige Werte von z in der zwischen -1 und $+1$ aufgeschnittenen z-Ebene, abgesehen — im Falle $\nu \geqq 0$ — von solchen z, für welche der Nenner auf dem Integrationswege verschwindet, wie der funktionentheoretisch vorgebildete Leser sofort der Tatsache entnehmen wird, daß der Integrand in diesem Gebiete eine eindeutige reguläre Funktion von z ist.

Aus der Gleichung $Q_\nu = Q_{-\nu-1}$ erhalten wir übrigens unmittelbar die zweite Integralformel

$$Q_\nu(z) = \int_0^\infty \left(z + \sqrt{z^2-1}\,\mathfrak{Cof}\,\varphi\right)^\nu d\varphi \qquad (\nu < 0), \tag{55}$$

wobei wir im Falle $\nu \leqq -1$ wieder die obige Voraussetzung über z machen müssen.

4. Zugeordnete Kugelfunktionen. (Legendresche Funktionen höherer Ordnung.) Für die Kugelfunktionen höherer Ordnung, die wir durch die Gleichungen

$$P_{\nu,h}(z) = \sqrt{1-z^2}^{\,h} \frac{d^h}{dz^h} P_\nu(z),$$

$$Q_{\nu,h}(z) = \sqrt{1-z^2}^{\,h} \frac{d^h}{dz^h} Q_\nu(z)$$

definieren (vgl. Kap. V, § 10, 2, S. 282), erhalten wir durch Differentiation der Schläflischen Integraldarstellung (47) und darauffolgende Anwendung der Substitution $\zeta = z + |z^2-1|^{\frac{1}{2}} e^{i\varphi}$ aus Nr. 2 ebenfalls Integralformeln, von denen die folgende explizit hingeschrieben sei:

$$P_{\nu,h}(z) = (-1)^h \frac{(\nu+1)(\nu+2)\cdots(\nu+h)}{\pi} \int_0^\pi \left(z + \sqrt{z^2-1}\cos\varphi\right)^\nu \cos h\varphi\, d\varphi .$$

Aus ihr erkennen wir z. B. unmittelbar, daß alle Kugelfunktionen $P_{\nu,h}(z)$ mit $h > 0$ für $z = 1$ verschwinden.

§ 4. Anwendung der Methode der Integraltransformation auf die Legendreschen, Tschebyscheffschen, Hermiteschen und Laguerreschen Differentialgleichungen.

Wir können die Theorie der Legendreschen Differentialgleichung ebenso wie die der in Kap. II behandelten Orthogonalfunktionen auch mit der Methode der in § 1 gekennzeichneten Integraltransformation entwickeln, wie im folgenden kurz skizziert werden soll.

1. Legendresche Funktionen. In der Legendreschen Differentialgleichung

$$L[u] = (1-z^2)\,u'' - 2zu' = -\lambda(\lambda+1)\,u \tag{56}$$

werden wir durch die Transformation

$$u(z) = \int_C K(z,\zeta)\, v(\zeta)\, d\zeta$$

auf die Bedingung

$$\int_C \left\{(1-z^2) K_{zz} - 2zK_z + \lambda(\lambda+1) K\right\} v(\zeta)\, d\zeta = 0$$

geführt. Unterwerfen wir den Transformationskern der Differentialgleichung

(57) $$(1 - z^2)\, K_{zz} - 2zK_z + \zeta(\zeta K)_{\zeta\zeta} = 0\,,$$

von der die Funktion $K = \dfrac{1}{\sqrt{1 - 2z\zeta + \zeta^2}}$ eine Lösung ist, und formen das durch Eintragung von $-\zeta(\zeta K)_{\zeta\zeta}$ für $L[K]$ entstehende Integral durch partielle Integration um, so ergibt sich für $v(\zeta)$ die Differentialgleichung

$$\zeta(v\zeta)'' - \lambda(\lambda + 1)\, v = 0\,,$$

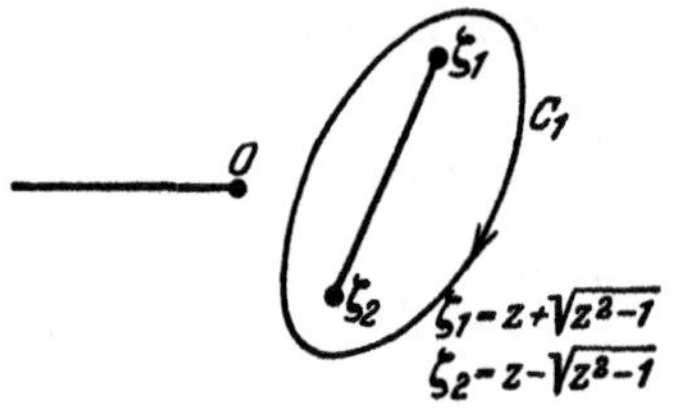

Abb. 15.

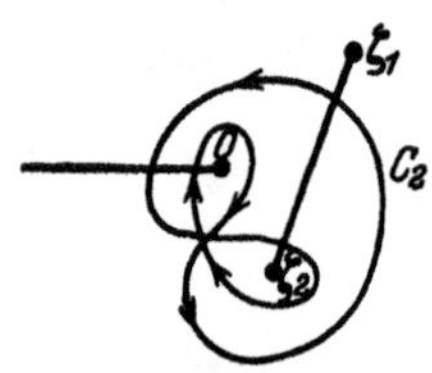

Abb. 16.

die die Lösungen $v = \zeta^\lambda$ und $v = \zeta^{-\lambda-1}$ besitzt. Wir werden so auf die Integrale

(58) $$\begin{cases} P_\lambda(z) = \dfrac{1}{2\pi i}\displaystyle\int_{C_1} \dfrac{\zeta^{-\lambda-1}}{\sqrt{1 - 2z\zeta + \zeta^2}}\, d\zeta\,, \\[2ex] Q_\lambda(z) = \dfrac{1}{4i\sin\pi\lambda}\displaystyle\int_{C_2} \dfrac{\zeta^{-\lambda-1}}{\sqrt{1 - 2z\zeta + \zeta^2}}\, d\zeta \end{cases}$$

geführt, wobei unter C_1 und C_2 die in Abb. 15 u. 16 gekennzeichneten auf der Riemannschen Fläche des Integranden verlaufenden Kurven zu verstehen sind.

Durch die Transformation

$$\zeta = z + \sqrt{z^2 - 1}\cos\varphi$$

und eine geeignete nachträgliche Deformation des Integrationsweges erhalten wir sofort die Laplaceschen Integrale

(51) $$P_\lambda(z) = \frac{1}{\pi}\int_0^\pi \left(z + \sqrt{z^2 - 1}\cos\varphi\right)^{-\lambda-1} d\varphi\,,$$

(54) $$Q_\lambda(z) = \int_0^\infty \left(z + \sqrt{z^2 - 1}\,\mathfrak{Cof}\,\varphi\right)^{-\lambda-1} d\varphi \qquad (\lambda > -1)\,.$$

Der hier gewählte Kern

$$K(z, \zeta) = \frac{1}{\sqrt{1 - 2z\zeta + \zeta^2}}\,,$$

ebenso wie jeder andere, der die Differentialgleichung (57) erfüllt, ist eine *erzeugende Funktion* der Legendreschen Differentialgleichung. Denn der Koeffizient $u_n(z)$ der Reihenentwicklung

$$K(z,\zeta) = \sum_0^\infty u_n(z)\,\zeta^n$$

eines solchen Kernes ist ein Integral der obigen Form

$$u_n(z) = \frac{1}{2\pi i}\oint \frac{K(z,\zeta)}{\zeta^{n+1}}\,d\zeta$$

und daher infolge der Geschlossenheit des Integrationsweges eine Lösung der Differentialgleichung (56) für $\lambda = n$.

2. Die Tschebyscheffschen Funktionen. Im Falle der Tschebyscheffschen Differentialgleichung

$$L[u] = (1-z^2)\,u'' - z u' = -\lambda^2 u \tag{59}$$

wählen wir für K eine Lösung der Differentialgleichung

$$(1-z^2)\,K_{zz} - zK_z + \zeta(\zeta K_\zeta)_\zeta = 0\,, \tag{60}$$

also z. B. $K(z,\zeta) = \frac{1-\zeta^2}{1-2z\zeta+\zeta^2}$, und erhalten so Lösungen von der Gestalt

$$\text{(61)}\quad \begin{aligned} P_\lambda(z) &= \frac{1}{2\pi i}\int_{C_1} \frac{1-\zeta^2}{1-2z\zeta+\zeta^2}\,\zeta^{-\lambda-1}\,d\zeta\,,\\ Q_\lambda(z) &= \frac{1}{2\pi i}\int_{C_2} \frac{1-\zeta^2}{1-2z\zeta+\zeta^2}\,\zeta^{-\lambda-1}\,d\zeta\,. \end{aligned}$$

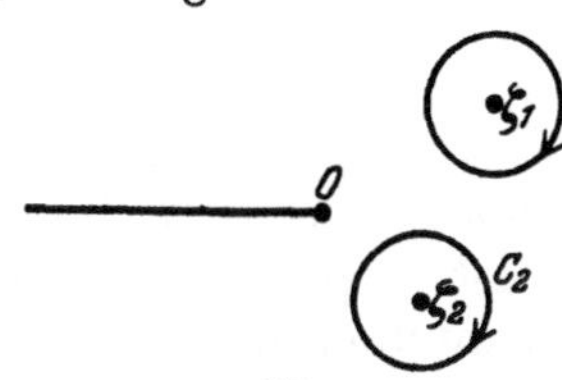

Abb. 17.

Dabei sind C_1 und C_2 zwei geschlossene Kurven, die auf der Riemannschen Fläche des Integranden die Nullstellen des Nenners

$$\zeta_1 = z + \sqrt{z^2-1}\,; \qquad \zeta_2 = z - \sqrt{z^2-1}$$

umkreisen (vgl. Abb. 17).

Durch Anwendung des Cauchyschen Integralsatzes ergibt sich übrigens

$$\text{(62)}\quad \begin{aligned} P_\lambda(z) &= \left(z+\sqrt{z^2-1}\right)^\lambda,\\ Q_\lambda(z) &= \left(z-\sqrt{z^2-1}\right)^\lambda. \end{aligned}$$

Die Summe

$$T_\lambda(z) = \frac{1}{2^\lambda}\left(P_\lambda(z) + Q_\lambda(z)\right) = \frac{\left(z+\sqrt{z^2-1}\right)^\lambda + \left(z-\sqrt{z^2-1}\right)^\lambda}{2^\lambda}\,,$$

welche auch durch das Integral

$$T_\lambda(z) = \frac{1}{2^\lambda}\,\frac{1}{2\pi i}\int_C \frac{1-\zeta^2}{1-2z\zeta+\zeta^2}\,\zeta^{-\lambda-1}\,d\zeta$$

dargestellt wird, wobei jetzt C die beiden Punkte ζ_1 und ζ_2 zugleich umkreist, geht für $\lambda = n$ in das n^{te} Tschebyscheffsche Polynom über.

3. Die Hermiteschen Funktionen. Bei der Hermiteschen Differentialgleichung

(63) $$L[u] = u'' - 2zu' = -2\lambda u$$

unterwerfen wir K der Gleichung

(64) $$K_{zz} - 2zK_z + 2\zeta K_\zeta = 0\,,$$

die durch die Funktion $e^{2z\zeta - \zeta^2}$ gelöst wird. Nehmen wir für C eine der in Abb. 18 mit C_1 und C_2 bezeichneten Kurven, so ergeben sich die Lösungen

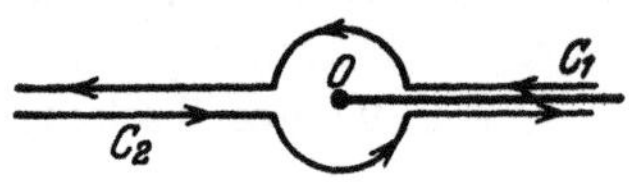

Abb. 18.

(65) $$P_\lambda(z) = \frac{1}{\pi i}\int\limits_{C_1} \frac{e^{-\zeta^2+2z\zeta}}{\zeta^{\lambda+1}}\,d\zeta\,,$$
$$Q_\lambda(z) = \frac{1}{\pi i}\int\limits_{C_2} \frac{e^{-\zeta^2+2z\zeta}}{\zeta^{\lambda+1}}\,d\zeta\,.$$

Ihre halbe Summe

$$H_\lambda(z) = \tfrac{1}{2}\left(P_\lambda(z) + Q_\lambda(z)\right),$$

d. h. das Integral

$$H_\lambda(z) = \frac{1}{2\pi i}\int\limits_{C} \frac{e^{-\zeta^2+2z\zeta}}{\zeta^{\lambda+1}}\,d\zeta\,,$$

wobei unter C der Schleifenweg von Abb. 20 zu verstehen ist, geht für $\lambda = n$ in das Hermitesche Polynom $H_n(z)$ über.

Ist $\Re(\lambda) < 0$, so können wir den Integrationsweg in den Nullpunkt hineinführen und erhalten — abgesehen von Faktoren, die von z nicht abhängen — als Lösungen die Integrale

(66) $$\int\limits_0^\infty \frac{e^{-\zeta^2+2z\zeta}}{\zeta^{\lambda+1}}\,d\zeta$$

und

(67) $$\int\limits_{-\infty}^\infty \frac{e^{-\zeta^2+2z\zeta}}{\zeta^{\lambda+1}}\,d\zeta\,.$$

4. Die Laguerreschen Funktionen. Entsprechend setzen wir in der Laguerreschen Differentialgleichung

(68) $$L[u] = zu'' + (1 - z)\,u' = -\lambda u$$

für $K(z, \zeta)$ die partielle Differentialgleichung an:

(69) $$zK_{zz} + (1 - z)\,K_z + \zeta K_\zeta = 0$$

und gelangen zu Integralen der Form

(70) $$\int\limits_C \frac{e^{-\frac{z\zeta}{1-\zeta}}}{1-\zeta}\,\zeta^{-\lambda-1}\,d\zeta\,.$$

Bei der Wahl des Integrationsweges C ist zu beachten, daß der Integrand im Punkte $\zeta = 1$ eine wesentlich singuläre Stelle besitzt. Nehmen wir für C insbesondere den in Abb. 19 angegebenen Kurvenzug, so stellt das Integral

$$(71)\qquad L_\lambda(z) = \frac{1}{2\pi i}\int_C \frac{e^{-\frac{z\zeta}{1-\zeta}}}{1-\zeta}\zeta^{-\lambda-1}\,d\zeta$$

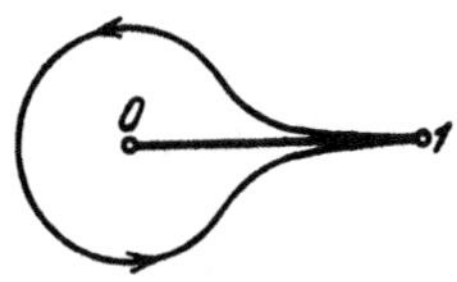

Abb. 19.

Lösungen dar, die im Falle $\lambda = n$ im wesentlichen mit den Laguerreschen Polynomen identisch sind.

Durch die Transformation

$$u = \frac{\zeta}{1-\zeta}$$

gewinnt (71) die Gestalt

$$(72)\qquad L_\lambda(z) = \frac{1}{2\pi i}\int_C \frac{e^{-uz}}{u^{\lambda+1}}(1+u)^\lambda\,du\,,$$

wobei jetzt unter C der Schleifenweg von Abb. 20 zu verstehen ist.

Wir bemerken noch, daß ebenso wie im Falle der Legendreschen Differentialgleichung auch bei den übrigen hier behandelten jede Lösung der zugehörigen partiellen Differentialgleichung als *erzeugende Funktion* einer Schar von Lösungen der vorgelegten Differentialgleichung angesehen werden kann. Insbesondere definieren die verwendeten speziellen Kerne durch ihre Potenzreihenentwicklung die Tschebyscheffschen, Hermiteschen und Laguerreschen Polynome.

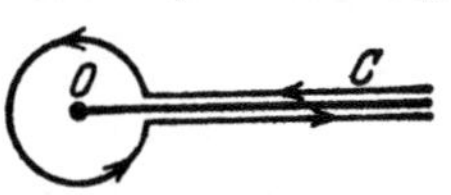

Abb. 20.

§ 5. Die Kugelfunktionen von Laplace.

Wir haben die Laplaceschen Kugelfunktionen $Y_n(\vartheta, \varphi)$ in Kap. V, § 8, S. 270 eingeführt als die zu den Eigenwerten $\lambda = n(n+1)$ gehörigen, überall regulären Eigenfunktionen der Differentialgleichung

$$(73)\qquad \Delta^* Y + \lambda Y = \frac{1}{\sin^2\vartheta} Y_{\varphi\varphi} + \frac{1}{\sin\vartheta}(\sin\vartheta\, Y_\vartheta)_\vartheta + \lambda Y = 0$$

auf der Kugel. Die Funktionen $r^n Y_n = U_n$ sind dann ganze rationale Funktionen der rechtwinkligen Koordinaten x, y, z, die der Differentialgleichung $\Delta U = 0$ genügen und homogen vom Grade n sind. Umgekehrt liefert jede ganze rationale homogene Lösung U_n n^{ten} Grades der Differentialgleichung $\Delta U = 0$, wenn man sie durch r^n dividiert, eine Laplacesche Kugelfunktion. Da eine ganze rationale homogene Funktion n^{ten} Grades $\frac{(n+1)(n+2)}{2}$ Koeffizienten besitzt und da durch die Bedingung $\Delta U_n \equiv 0$ $\frac{(n-1)n}{2}$ lineare homogene Relationen zwischen den Koeffizienten festgelegt werden — denn ΔU_n ist eine homogene Funktion $(n-2)^{\text{ten}}$ Grades —, so können die U_n höchstens $\frac{(n+1)(n+2)}{2} - \frac{(n-1)n}{2} = 2n+1$ unabhängige Koeffizienten besitzen; es muß also mindestens $2n+1$ linear unabhängige Kugelfunktionen n^{ter} Ordnung geben.

Wir werden in diesem Paragraphen zeigen, daß die genannten Bedingungen voneinander unabhängig sind, so daß es also genau $2n+1$ linear unabhängige Kugelfunktionen n^{ter} Ordnung gibt. Ferner wollen wir zeigen, daß wir in diesen Funktionen Y_n wirklich alle Eigenfunktionen, in den Werten $\lambda = n(n+1)$ also alle Eigenwerte unseres Eigenwertproblems vor uns haben; endlich wollen wir diese Funktionen explizit durch die uns aus § 3 und Kap. V, § 10, 2, S. 282 bekannten Legendreschen Funktionen höherer Ordnung ausdrücken. Wir beginnen mit dem letzten Punkte.

1. Aufstellung von $2n+1$ Kugelfunktionen n^{ter} Ordnung. Zu speziellen Kugelfunktionen gelangen wir wieder durch den oft angewandten Ansatz $Y(\vartheta, \varphi) = p(\varphi)q(\vartheta)$. Gehen wir mit ihm in die Differentialgleichung (73) für $\lambda = n(n+1)$ ein und bezeichnen die Differentiation nach φ mit einem Strich, die nach ϑ mit einem Punkt, so geht (73) über in

$$\frac{p''(\varphi)}{p(\varphi)} = -\frac{(\sin\vartheta\,\dot{q})^{\cdot}\sin\vartheta}{q} - n(n+1)\sin^2\vartheta = -\varrho\,,$$

wobei ϱ eine Konstante sein muß. Wir erhalten also für q die Gleichung

$$(\sin\vartheta\,\dot{q})^{\cdot} + \left(n(n+1)\sin\vartheta - \frac{\varrho}{\sin\vartheta}\right)q = 0$$

und müssen den Parameter ϱ in ihr so bestimmen, daß eine für $\vartheta = 0$ und $\vartheta = \pi$ reguläre Lösung existiert. Durch die Substitution $z = \cos\vartheta$ geht diese Gleichung, wenn wir von nun an die Differentiation nach z mit einem Strich bezeichnen, sofort über in

$$((1-z^2)q')' + \left(n(n+1) - \frac{\varrho}{1-z^2}\right)q = 0$$

mit der Randbedingung der Regularität für $z = +1$ und $z = -1$; dieses Problem ist uns aus Kap. V, § 10, 2, S. 282 in etwas anderer Gestalt bekannt. Wir kennen nämlich die Lösungen $\varrho = h^2$ und $q = P_{n,h}(z)$, wobei $P_{n,h}(z)$ die Legendreschen Funktionen h^{ter} Ordnung $P_{n,h} = \sqrt{1-z^2}^{\,h}\,\frac{d^h}{dz^h}P_n(z)$ sind; h kann hier die Werte $0, 1, 2, \ldots, n$ annehmen. Da p sich aus $p''(\varphi) + h^2 p(\varphi) = 0$ als $a_h \cos h\varphi + b_h \sin h\varphi$ bestimmt, so ergibt sich aus $Y = pq$ nunmehr sofort als Lösung von (73)

$$Y(\vartheta, \varphi) = (a_h \cos h\varphi + b_h \sin h\varphi)\,P_{n,h}(\cos\vartheta)\,,$$

so daß wir in der Funktion

$$(74)\qquad Y_n = \frac{a_{n,0}}{2}P_n(\cos\vartheta) + \sum_{h=1}^{n}(a_{n,h}\cos h\varphi + b_{n,h}\sin h\varphi)\,P_{n,h}(\cos\vartheta)$$

eine von $2n+1$ willkürlichen linearen Parametern abhängige Kugelfunktion n^{ter} Dimension vor uns haben, die wir bald als die allgemeinste mögliche erkennen werden. Die Funktionen $\cos h\varphi\, P_{n,h}(\cos\vartheta)$, $\sin h\varphi\, P_{n,h}(\cos\vartheta)$ sind alle voneinander linear unabhängig, weil sie paarweise orthogonal zueinander sind. Wir wollen sie die *symmetrischen Kugelfunktionen n^{ter} Ordnung* nennen.

2. Vollständigkeit des gewonnenen Funktionensystems. Daß wir in den $2n+1$ Funktionen $\cos h\varphi P_{n,h}(\cos\vartheta)$, $\sin h\varphi P_{n,h}(\cos\vartheta)$ ein vollständiges orthogonales Funktionensystem auf der Kugeloberfläche gewonnen haben, folgt unmittelbar aus einigen unserer früher bewiesenen Sätze. Denn einmal bilden die Funktionen $\sin h\varphi$, $\cos h\varphi$ ein vollständiges Funktionensystem in φ, andererseits sind die Funktionen $P_{n,h}(z)$ für jedes h ein vollständiges Funktionensystem in z, weil das System aller Eigenfunktionen eines Eigenwertproblems immer vollständig ist (vgl. Kap. VI, § 3, 1). Nun brauchen wir uns nur des Satzes aus Kap. II, § 1, 6 zu erinnern, welcher eine allgemeine Vorschrift zur Bildung vollständiger Funktionensysteme in zwei Variablen aus solchen in nur je einer Variablen enthält, um die Vollständigkeit unserer Funktionen zu erkennen.

Eine unmittelbare Folge dieses Ergebnisses ist, daß die Differentialgleichung (73) keine anderen Eigenfunktionen als die angegebenen und also auch keine anderen Eigenwerte als die Werte $n(n+1)$ besitzen kann, womit alle oben aufgeworfenen Fragen ihre Antwort gefunden haben. Es ist bemerkenswert, daß auf diese Art für die algebraische Tatsache, daß es genau $2n+1$ linear unabhängige Funktionen Y_n gibt, ein transzendenter Beweis geliefert ist.

Natürlich läßt sich die genannte algebraische Tatsache auch leicht direkt algebraisch beweisen. Betrachten wir irgendeine homogene ganze rationale Funktion n^{ten} Grades $u = \sum a_{rst} x^r y^s z^t$ $(r+s+t=n)$ von x, y, z, so ist jeder Koeffizient a_{rst} bis auf einen Zahlenfaktor als ein n^{ter} Differentialquotient in der Form $\partial^n u/\partial x^r\, \partial y^s\, \partial z^t$ darstellbar. Das Bestehen der Differentialgleichung $u_{xx} = -u_{yy} - u_{zz}$ erlaubt uns nun, aus jedem Differentialquotienten $\partial^m u/\partial x^\alpha\, \partial y^\beta\, \partial z^\gamma$, in welchem nach der Variablen x mehr als einmal differenziert ist, die höheren als ersten Differentiationen nach x zu vertreiben; z. B. ist $\frac{\partial^3 u}{\partial x^2\, \partial y} = -\frac{\partial^3 u}{\partial y^3} - \frac{\partial^3 u}{\partial z^2\, \partial y}$. Also sind alle Koeffizienten von u bei der Bedingung $\Delta u = 0$ lineare Kombinationen der $2n+1$ Koeffizienten $a_{0,0,n}$, $a_{0,1,n-1}$, ... $a_{0,n,0}$, $a_{1,0,n-1}$, ..., $a_{1,n-1,0}$, die ihrerseits willkürlich gewählt werden dürfen.

3. Der Entwicklungssatz. Unsere früheren Sätze (vgl. z. B. Kap. V, § 14, 5) lehren uns nunmehr, da wir in den Funktionen (74) alle Eigenfunktionen unseres Problems besitzen, daß jede auf der Kugel mit ihren Ableitungen bis zur zweiten Ordnung stetige Funktion $g(\vartheta, \varphi)$ sich in eine absolut und gleichmäßig konvergente Reihe nach den Kugelfunktionen entwickeln läßt:

$$g(\vartheta,\varphi)=\sum_{n=0}^{\infty}\left[a_{n,0}P_n(\cos\vartheta)+\sum_{h=1}^{n}(a_{n,h}\cos h\varphi+b_{n,h}\sin h\varphi)P_{n,h}(\cos\vartheta)\right],$$

wobei die Koeffizienten $a_{n,0}$, $a_{n,h}$, $b_{n,h}$ sich mit Rücksicht auf die Formeln Kap. V, § 10, 2, S. 282 aus den Relationen

$$(75)\quad \begin{cases} a_{n,0}=\dfrac{2n+1}{4\pi}\displaystyle\int_{-\pi}^{\pi}\int_{0}^{\pi}g(\vartheta,\varphi)P_n(\cos\vartheta)\sin\vartheta\,d\vartheta\,d\varphi,\\[2ex] a_{n,h}=\dfrac{2n+1}{2\pi}\dfrac{(n-h)!}{(n+h)!}\displaystyle\int_{-\pi}^{\pi}\int_{0}^{\pi}g(\vartheta,\varphi)P_{n,h}(\cos\vartheta)\cos h\varphi\sin\vartheta\,d\vartheta\,d\varphi,\\[2ex] b_{n,h}=\dfrac{2n+1}{2\pi}\dfrac{(n-h)!}{(n+h)!}\displaystyle\int_{-\pi}^{\pi}\int_{0}^{\pi}g(\vartheta,\varphi)P_{n,h}(\cos\vartheta)\sin h\varphi\sin\vartheta\,d\vartheta\,d\varphi \end{cases}$$

bestimmen. Die Ausdehnung dieses Resultates auf allgemeinere Funktionen $g(\vartheta,\varphi)$ braucht uns hier nicht zu beschäftigen.

4. Das Poissonsche Integral. Gemäß unseren früheren Ansätzen können wir jetzt die Lösung der Randwertaufgabe der Potentialtheorie für eine Kugel vom Radius 1 mit den Randwerten $g(\vartheta,\varphi)$ in der folgenden Form explizit hinschreiben:

$$u=\sum_{n=0}^{\infty}r^n\left[a_{n,0}P_n(\cos\vartheta)+\sum_{h=1}^{n}(a_{n,h}\cos h\varphi+b_{n,h}\sin h\varphi)P_{n,h}(\cos\vartheta)\right].$$

Wegen der Gleichmäßigkeit der Konvergenz für $r\leqq r_0<1$ können wir unter Einführung der Integraldarstellungen (75) Summation und Integration vertauschen. Sodann läßt sich die Summation in geschlossener Form ausführen; man nimmt hierzu am bequemsten vorerst $\vartheta=0$, $\varphi=0$ an und beachtet zum Schluß, daß wegen der Willkürlichkeit der Wahl des Nordpols auf der Kugel das Resultat für einen beliebigen Kugelpunkt ϑ, φ gelten muß.

Wegen $P_n(1)=1$, $P_{n,h}(1)=0$ $(h=1,2,\ldots,n)$ erhalten wir

$$4\pi u(r,0,0)=\int_{-\pi}^{\pi}\int_{0}^{\pi}\left\{\sum_{n=0}^{\infty}(2n+1)r^nP_n(\cos\vartheta)\right\}g(\vartheta,\varphi)\sin\vartheta\,d\vartheta\,d\varphi,$$

und hier läßt sich die Summe in geschlossener Form ausführen, wenn man die aus der Definitionsgleichung $\sum_{n=0}^{\infty}h^nP_n(z)=(1-2hz+h^2)^{-\frac{1}{2}}$ vermöge der Rekursionsformel (49) sofort ableitbare Relation

$$\sum_{n=0}^{\infty}(2n+1)h^nP_n(z)=\frac{1-h^2}{(1-2hz+h^2)^{\frac{3}{2}}}$$

benutzt. Indem wir nach Ausführung der Summation wieder den Pol der Kugel verlegt denken, schreiben wir gleich allgemein das Resultat in der Form

$$(76)\quad 4\pi u(r,\vartheta,\varphi)=(1-r^2)\int_{-\pi}^{\pi}\int_{0}^{\pi}\frac{g(\vartheta',\varphi')}{\{r^2-2r(\cos\vartheta\cos\vartheta'+\sin\vartheta\sin\vartheta'\cos(\varphi-\varphi'))+1\}^{\frac{3}{2}}}\sin\vartheta' d\vartheta' d\varphi'.$$

Dieses sogenannte *Poissonsche Integral* drückt die Potentialfunktion im Inneren durch ihre Randwerte aus; es enthält keinerlei explizite Bezugnahme auf die Kugelfunktionen mehr. Im zweiten Band werden wir auf dieses Integral und seine Bedeutung im Rahmen der Potentialtheorie ausführlich zurückkommen.

5. Die Maxwell-Sylvestersche Darstellung der Kugelfunktionen. Eine ganz andere, an die physikalische Bedeutung des Potentials anknüpfende Darstellung der Kugelfunktionen hat MAXWELL gegeben[1]. In diesem Abschnitt wollen wir die Kugelfunktionen im Anschluß an den Maxwellschen Grundgedanken und an eine ergänzende Bemerkung von SYLVESTER untersuchen und so zu einer neuen Entwicklung ihrer Theorie gelangen.

Wir gehen von dem Grundpotential $1/r = 1/\sqrt{x^2+y^2+z^2}$ aus, das einer im Nullpunkt konzentrierten Masse von der Größe Eins entspricht, und beachten, daß jeder Differentialquotient $v = \partial^n u/\partial x^\alpha\, \partial y^\beta\, \partial z^\gamma$ $(n = \alpha+\beta+\gamma)$ einer Potentialfunktion u wieder der Potentialgleichung $\Delta v = 0$ genügt. Denn durch Differentiation erhält man aus $\Delta u = 0$

$$0 = \frac{\partial}{\partial x}\Delta u = \Delta\frac{\partial u}{\partial x}$$

usw. Daher ist auch, unter a, b, c Konstante verstanden, die Funktion

$$a\frac{\partial\frac{1}{r}}{\partial x} + b\frac{\partial\frac{1}{r}}{\partial y} + c\frac{\partial\frac{1}{r}}{\partial z}$$

eine Potentialfunktion. Wir schreiben sie unter Verwendung der symbolischen Linearform

$$L = a\frac{\partial}{\partial x} + b\frac{\partial}{\partial y} + c\frac{\partial}{\partial z}$$

auch in der Gestalt $L\frac{1}{r}$ oder auch in der folgenden:

$$\alpha\frac{\partial\frac{1}{r}}{\partial \nu},$$

wobei $\alpha = \sqrt{a^2+b^2+c^2}$ ist und $\partial/\partial\nu$ die Differentiation nach derjenigen Richtung ν bedeutet, deren Richtungskosinus zu a, b, c pro-

[1] A Treatise on Electricity and Magnetism, Bd. 1, 2. Aufl., S. 179–214. Oxford 1881.

portional sind[1]. Dieses Potential entspricht, physikalisch gesprochen, einem Dipol vom Moment α und der Richtung ν. Allgemeiner erhalten wir in

$$u = C \frac{\partial^n \frac{1}{r}}{\partial \nu_1 \partial \nu_2 \ldots \partial \nu_n} = C L_1 L_2 \ldots L_n \frac{1}{r} \tag{77}$$

ein Potential, welches einem „*Multipol*" mit den Achsen $\nu_1, \nu_2, \ldots, \nu_n$ entspricht. Dabei bedeuten die L_i Linearformen in den Operatoren $\partial/\partial x$, $\partial/\partial y$, $\partial/\partial z$, und ihre Koeffizienten a_i, b_i, c_i definieren die Achsenrichtungen ν_i. Man erkennt sofort, daß das Potential u die Gestalt hat

$$u = U_n(x, y, z)\, r^{-2n-1}, \tag{78}$$

wobei U_n eine ganze rationale homogene Funktion n^{ten} Grades in x, y, z ist. Die Funktion U_n genügt selbst der Potentialgleichung $\Delta U_n = 0$, wie man aus folgendem allgemeinen Satz erkennt: *Zugleich mit* $u(x, y, z)$ *ist stets auch* $\frac{1}{r} u\left(\frac{x}{r^2}, \frac{y}{r^2}, \frac{z}{r^2}\right)$ *eine Lösung der Potentialgleichung*[2]. Die so gewonnenen Funktionen $U_n(x, y, z)$ sind daher für $r = 1$ nach unseren früheren Definitionen (Kap. V, § 9, 1, S. 273) Kugelfunktionen n^{ter} Ordnung.

Da jede der n in (77) vorkommenden Achsenrichtungen durch zwei Parameter festgelegt wird und außerdem in dem Potential u noch ein beliebiger konstanter Faktor vorkommt, so haben wir im ganzen $2n + 1$ willkürliche Konstanten. Wir können daher vermuten, daß in der obigen Form (77) tatsächlich sämtliche Kugelfunktionen n^{ter} Ordnung darstellbar sein werden. Den strengen Nachweis dieser Tatsache wollen wir erbringen, indem wir zunächst die $2n + 1$ linear unabhängigen symmetrischen Kugelfunktionen $P_{n,h}(\cos\vartheta)\sin h\varphi$, $P_{n,h}(\cos\vartheta)\cos h\varphi$ durch Potentiale von Multipolen darstellen. Daraus folgt dann unmittelbar, daß jede Kugelfunktion n^{ter} Ordnung durch eine Summe von Multipolpotentialen geliefert wird. Endlich werden wir nachweisen, daß jede Summe von mehreren solchen gleich dem Potential eines einzigen Multipols ist, den wir durch eine einfache geometrische Konstruktion gewinnen können.

Die $2n + 1$ symmetrischen Kugelfunktionen aus Nr. 1 erhalten wir leicht, indem wir symmetrische Multipole betrachten. Es seien n Achsen mit den Richtungen $\nu_1, \nu_2, \ldots, \nu_n$ in der x, y-Ebene derart symmetrisch angeordnet, daß je zwei aufeinanderfolgende den Winkel $2\pi/n$ miteinander bilden. Setzen wir

$$\frac{\partial^n \frac{1}{r}}{\partial \nu_1 \partial \nu_2 \cdots \partial \nu_n} = u_n = U_n r^{-2n-1} \tag{79}$$

[1] Will man für die a, b, c auch komplexe Werte zulassen, so muß man natürlich bei den Wertetripeln, für die $a^2 + b^2 + c^2 = 0$ ist, die nötige Vorsicht anwenden.

[2] Der Beweis dieses Satzes ergibt sich unmittelbar aus der auf Polarkoordinaten transformierten Gestalt der Potentialgleichung. (Vgl. Kap. IV, § 8, 2, S. 195.)

und beachten, daß die linke Seite gegenüber Drehungen der Kugel um die z-Achse durch den Winkel $2\pi/n$ invariant ist, so erkennen wir unmittelbar, daß die sicher nicht identisch verschwindende[1] Kugelfunktion n^{ter} Ordnung

$$u_n r^{n+1} = U_n r^{-n} = Y_n(\vartheta, \varphi)$$

als Funktion von φ die Periode $2\pi/n$ besitzt. Da jede Kugelfunktion n^{ter} Ordnung nach Nr. 3 die Darstellung

$$\sum_{h=0}^{n} (a_{n,h} \cos h\varphi + b_{n,h} \sin h\varphi) P_{n,h}(\cos\vartheta)$$

gestattet, so ergibt sich hieraus, daß $Y_n(\vartheta, \varphi)$ die Form

$$(80) \qquad \left\{ \begin{aligned} Y_n(\vartheta, \varphi) &= [a_{n,n} \cos n\varphi + b_{n,n} \sin n\varphi] P_{n,n}(\cos\vartheta) \\ &= \alpha \cos n(\varphi - \varphi_0) P_{n,n}(\cos\vartheta) \end{aligned} \right.$$

haben muß. Ein additives Glied $a_{n,0} P_{n,0}(\cos\vartheta)$ kann wegen $P_{n,0}(1) = 1$ und $P_{n,n}(1) = 0$ nicht auftreten, da u_n auf der z-Achse und daher $Y_n(\vartheta, \varphi)$ für $\vartheta = 0$ verschwindet. Indem wir ferner die Willkür bei der Wahl einer der Achsen v_i bedenken, erkennen wir, daß tatsächlich jede der Kugelfunktionen von der Form (80) in der Gestalt (79) (mit $r = 1$) darstellbar ist. Auf die Bestimmung der Proportionalitätsfaktoren α können wir hier verzichten.

Um nun auch für die übrigen Kugelfunktionen n^{ter} Ordnung eine Darstellung durch Multipole zu gewinnen, merken wir an, daß sich das Potential u_n wegen (80) in der Form

$$u_n = f(x, y)\, g\left(\frac{z}{r}\right) r^{-n-1}$$

mit $f(x, y) = \alpha \cos n(\varphi - \varphi_0)$, $f(0, 0) = 0$ zerlegen läßt. Hierin ersetzen wir n durch h und differenzieren dann $(n - h)$ mal nach z. Die entstehende Potentialfunktion $u_{n,h}$ hat wieder die Gestalt

$$u_{n,h} = f(x, y)\, g\left(\frac{z}{r}\right) r^{-n-1},$$

und hieraus schließen wir, daß die Kugelfunktion n^{ter} Ordnung

$$Y_n(\vartheta, \varphi) = u_{n,h} r^{n+1}$$

die Form $\alpha \cos h(\varphi - \varphi_0)\, \omega(\vartheta)$ haben muß. Daher muß sie nach Nr. 1 notwendig die Gestalt

$$(81) \qquad \text{konst.} \cos h(\varphi - \varphi_0) P_{n,h}(\cos\vartheta)$$

besitzen. Daß man umgekehrt jede Funktion dieser Schar durch unseren Prozeß erhält, folgt wieder unmittelbar aus der Willkür bei der Wahl der einen Achse.

---

[1] Daß kein Multipolpotential identisch verschwinden kann, wird auf S. 449 bewiesen werden.

Da sich nach Nr. 2 jede Kugelfunktion n^{ter} Ordnung als eine Summe aus $2n+1$ Kugelfunktionen der Gestalt (81) darstellen läßt, folgt unmittelbar, daß wir jede Kugelfunktion n^{ter} Ordnung erhalten, indem wir Summen von Multipolpotentialen

$$u = \sum_{i+k+l=n} a_{ikl} \frac{\partial^n \frac{1}{r}}{\partial x^i \partial y^k \partial z^l} \tag{82}$$

bilden. Daß umgekehrt jede solche Summe eine Kugelfunktion n^{ter} Ordnung liefert, ist nach S. 441 selbstverständlich. Es wird sogar, wenn wir die Koeffizienten a_{ikl} alle möglichen Werte durchlaufen lassen, jede einzelne Kugelfunktion unendlich oft dargestellt, wie wir sogleich näher ausführen wollen.

Zunächst beweisen wir noch, daß jede Summe der obigen Gestalt das Potential eines einzigen Multipols mit geeigneten Achsen ist. Wir bedienen uns dabei einer symbolischen Schreibweise, indem wir das homogene Polynom n^{ten} Grades

$$H(\xi, \eta, \zeta) = \sum_{i+k+l=n} a_{ikl} \xi^i \eta^k \zeta^l$$

betrachten und dann unser Potential in der Form $H\frac{1}{r}$ schreiben, wobei die Unbestimmten ξ, η, ζ in H durch die Differentiationssymbole $\partial/\partial x$, $\partial/\partial y$, $\partial/\partial z$ zu ersetzen sind. Da bei dieser Bedeutung von ξ, η, ζ die Funktion $(\xi^2+\eta^2+\zeta^2)\frac{1}{r}$ identisch Null ist, so ist gewiß $H\frac{1}{r} = H_1\frac{1}{r}$, sobald die Differenz $H - H_1$ als Polynom der Unbestimmten ξ, η, ζ in der Form $Q \cdot (\xi^2+\eta^2+\zeta^2)$ darstellbar ist, wobei Q ein homogenes Polynom $(n-2)^{\text{ten}}$ Grades in ξ, η, ζ bedeutet.

Jetzt stützen wir uns auf einen einfachen von SYLVESTER[1] benutzten algebraischen Satz: *Zu jedem homogenen Polynom n^{ten} Grades $H(\xi, \eta, \zeta)$ kann man n Linearformen $L_1, L_2, \ldots, L_n$ und ein Polynom $(n-2)^{\text{ten}}$ Grades $Q(\xi, \eta, \zeta)$ derart bestimmen, daß eine Beziehung der Gestalt*

$$H = C \cdot L_1 L_2 \ldots L_n + Q \cdot (\xi^2+\eta^2+\zeta^2)$$

besteht. Falls H reell ist, so sind die Linearformen $L_1, L_2, \ldots, L_n$ durch die Forderung der Realität ihrer Koeffizienten bis auf konstante Faktoren eindeutig bestimmt. Den Beweis dieses Satzes und die gleichzeitige geometrische Kennzeichnung der Formen L_i verschieben wir, um den Gedankengang nicht zu unterbrechen, an den Schluß des Abschnittes. Aus dem Sylvesterschen Satze folgt unsere Behauptung bezüglich der Darstellung des Potentials (82) durch einen einzigen Multipol ohne

[1] Vgl. SYLVESTER, J. J.: Note on spherical harmonics. Phil. Mag. Bd. 2, S. 291—307 u. 400. 1876. Papers Bd. 3, S. 37—51. Cambridge 1909.

weiteres. Denn verstehen wir unter ν_i die auf der Ebene $L_i = 0$ senkrechte Achsenrichtung, so erhalten wir

$$u = H\frac{1}{r} = C\frac{\partial^n \frac{1}{r}}{\partial \nu_1 \partial \nu_2 \ldots \partial \nu_n},$$

womit die gewünschte Darstellung geleistet ist.

Damit haben wir die wesentlichen Tatsachen unserer Theorie gewonnen. Wir können unseren Überlegungen eine etwas andere Wendung geben, die eine Berufung auf die Ergebnisse der Nr. 1, 2 vermeidet und den rein algebraischen Charakter unserer Sätze schärfer betont, dafür allerdings den Zusammenhang mit den expliziten Darstellungen lockert. Zu diesem Zwecke gehen wir von der Bemerkung aus, daß zwei Funktionen $H\frac{1}{r}$ und $H_1\frac{1}{r}$ dann und nur dann miteinander identisch sind, wenn die Differenz $H^*(\xi, \eta, \zeta) = H(\xi, \eta, \zeta) - H_1(\xi, \eta, \zeta)$ durch $\xi^2 + \eta^2 + \zeta^2$ teilbar ist. Der erste Teil der Behauptung ist, wie schon hervorgehoben wurde, selbstverständlich. Um den zweiten Teil zu beweisen, müssen wir zeigen, daß aus einer Relation $H^*\frac{1}{r} = 0$ die Teilbarkeit des homogenen Polynoms $H^*(\xi, \eta, \zeta)$ durch $\xi^2 + \eta^2 + \zeta^2$ folgt[1]. Nun ist nach dem Sylvesterschen Satze

$$H^* = C L_1^* L_2^* \ldots L_n^* + Q^* \cdot (\xi^2 + \eta^2 + \zeta^2), \tag{83}$$

wo $L_1^*, L_2^*, \ldots, L_n^*$ Linearformen bedeuten, die im Falle eines reellen H^* reell angenommen werden können. Falls eine der Linearformen L_i^* identisch verschwindet, ist unsere Behauptung selbstverständlich. Wenn aber keine der Linearformen identisch verschwindet, so wird

$$H^*\frac{1}{r} = C L_1^* L_2^* \ldots L_n^* \frac{1}{r}$$
$$= C\frac{\partial^n \frac{1}{r}}{\partial \nu_1^* \partial \nu_2^* \ldots \partial \nu_n^*},$$

und das Multipolpotential auf der rechten Seite kann wegen der Singularität im Nullpunkte nur dann im ganzen Raume verschwinden, wenn $C = 0$ ist; denn andernfalls wäre bei passendem m mit $0 \leq m < n$ $\frac{\partial^m \frac{1}{r}}{\partial \nu_1 \ldots \partial \nu_m} = v_m \neq 0$, $\frac{\partial v_m}{\partial \nu_{m+1}} = 0$, und daher müßte v_m auf jeder Parallelen zur Achse ν_{m+1} konstante Werte haben, was der Singularität im Nullpunkt widerspricht. Somit haben wir

$$H^*(\xi, \eta, \zeta) = Q^*(\xi, \eta, \zeta) \cdot (\xi^2 + \eta^2 + \zeta^2),$$

wie wir behaupteten.

[1] Vgl. die auf S. 451, Fußnote 2 zitierte Arbeit von A. Ostrowski.

Nun können wir, wie leicht ersichtlich, jede homogene Funktion n^{ten} Grades $H(\xi, \eta, \zeta)$ auf eine und nur eine Weise in die Gestalt setzen:

$$H(\xi,\eta,\zeta) = G_n(\eta,\zeta) + \xi G_{n-1}(\eta,\zeta) + (\xi^2+\eta^2+\zeta^2)\cdot Q(\xi,\eta,\zeta). \tag{84}$$

Hierbei bedeutet G_n eine homogene Funktion n^{ten} Grades in η, ζ allein, G_{n-1} eine homogene Funktion $(n-1)^{\text{ten}}$ Grades und Q eine homogene Funktion $(n-2)^{\text{ten}}$ Grades. Die Differenz zweier Funktionen n^{ten} Grades $H(\xi, \eta, \zeta)$ und $\overline{H}(\xi, \eta, \zeta)$ ist dann und nur dann durch $\xi^2+\eta^2+\zeta^2$ teilbar, wenn für die zugehörigen Funktionen G_n, G_{n-1}, $\overline{G}_n$, $\overline{G}_{n-1}$ identisch

$$G_n = \overline{G}_n, \qquad G_{n-1} = \overline{G}_{n-1}$$

gilt. Nach dem eben bewiesenen Hilfssatz haben wir daher mit Rücksicht auf die $2n+1$ in den Funktionen G_n und G_{n-1} verfügbaren Koeffizienten in der Gestalt $H\frac{1}{r}$ wirklich genau $2n+1$ linear unabhängige Potentiale. Somit erhalten wir tatsächlich jede Kugelfunktion n^{ten} Grades durch eine Summe von Potentialen von Multipolen. Um allerdings über diese reine Existenzbetrachtung hinaus die Darstellung der Kugelfunktionen in dieser Gestalt wirklich zu gewinnen, wird man in irgendeiner Form auf Überlegungen analog zu den oben durchgeführten zurückgreifen müssen.

Zum Schlusse bleibt der Beweis des Sylvesterschen Satzes nachzutragen. Wir führen ihn durch eine einfache Betrachtung aus dem Gedankenkreise der algebraischen Geometrie. Der Kegel n^{ten} Grades $H(\xi, \eta, \zeta) = 0$ im ξ, η, ζ-Raum schneidet nach dem Bézoutschen Theorem den absoluten Kegel $\xi^2+\eta^2+\zeta^2=0$ in genau $2n$ Kanten, wobei die mehrfachen Schnitte gegebenenfalls richtig zu bewerten sind. Wir verbinden diese $2n$ Kanten durch n Ebenen mit den Gleichungen

$$L_i(\xi,\eta,\zeta) = a_i\xi + b_i\eta + c_i\zeta = 0 \qquad (i = 1, 2, \ldots, n)$$

derart, daß jede Ebene zwei der Kanten enthält und daß jede Kante dabei einmal berücksichtigt wird. Mehrfache Kanten kommen dabei entsprechend ihrer Vielfachheit vor[1]. Wir betrachten nun das zwei Parameter λ und μ enthaltende Büschel von Kegeln n^{ter} Ordnung

$$\lambda H + \mu L_1 L_2 \ldots L_n = 0.$$

[1] Um den Sinn dieser Vorschrift zu präzisieren, ohne auf die schwierigen allgemeinen algebraischen Eliminationstheorien Bezug zu nehmen, verfahren wir wie folgt. Wir uniformisieren das Gebilde $\xi^2+\eta^2+\zeta^2=0$, indem wir etwa

$$\xi = \frac{1-t^2}{1+t^2}, \qquad \eta = \frac{2t}{1+t^2}, \qquad \zeta = i = \sqrt{-1} \tag{*}$$

setzen. Eine homogene Funktion n^{ten} Grades $H(\xi, \eta, \zeta)$ geht dann vermöge (*) in eine rationale Funktion $(2n)^{\text{ten}}$ Grades $H^*(t)$ über, deren Nullstellen die gemeinsamen Kanten der Kegel $H(\xi, \eta, \zeta) = 0$ und $\xi^2+\eta^2+\zeta^2=0$ festlegen. Wir wollen sagen, eine gemeinsame Kante dieser Kegel zähle k-fach, wenn für sie $H^*(t)$ als Funktion von t eine genau k-fache Nullstelle hat. Die Linearformen $L_1, L_2, \ldots, L_n$ sind nun so zu wählen, daß jede k-fache Schnittkante des Kegels $H=0$ mit dem absoluten Kegel auch k-fache Schnittkante des Ebenenaggregates $L_1 L_2 \ldots L_n = 0$ ist. Daß sich diese Vorschrift in jedem Falle realisieren läßt, ist leicht einzusehen.

Jeder Kegel dieses Büschels schneidet den absoluten Kegel in den $2n$ angegebenen festen Kanten. Nunmehr greifen wir eine beliebige unter den von den angegebenen verschiedenen Kanten des absoluten Kegels heraus und bestimmen das Parameterverhältnis $\lambda:\mu$ so, daß der Kegel n^{ten} Grades $\lambda H + \mu L_1 L_2 \ldots L_n = 0$ auch noch durch diese Kante hindurchgeht, was sicherlich möglich ist und für $\lambda:\mu$ einen von Null und Unendlich verschiedenen Wert liefert. Dieser neue Kegel n^{ten} Grades hat dann mit einem Kegel zweiten Grades mehr als $2n$ Schnittkanten gemeinsam, was nur möglich ist, wenn er den Kegel zweiten Grades vollständig enthält. Dies aber ist dann und nur dann der Fall, wenn die linke Seite der Gleichung den Ausdruck $\xi^2 + \eta^2 + \zeta^2$ als Faktor enthält[1], wenn also

$$\lambda H + \mu L_1 L_2 \ldots L_n = Q \cdot (\xi^2 + \eta^2 + \zeta^2)$$

ist. Damit ist der Sylvestersche Satz bewiesen[2]. Zugleich ist eine einfache geometrische Deutung für die Achsen des zu einer Kugelfunktion gehörigen Multipols gegeben.

Hinsichtlich der Realitätsverhältnisse muß man beachten, daß bei reellem H zwar alle Schnittkanten imaginär sein müssen, daß sie aber paarweise konjugiert komplex sind, so daß es genau eine Möglichkeit gibt, sie auf n reellen Ebenen unterzubringen.

§ 6. Asymptotische Entwicklungen.

Für viele Zwecke ist es wichtig, asymptotische Ausdrücke unserer Funktionen bei großen Werten der in ihnen auftretenden Argumente oder Parameter zu kennen. Schon im vorigen Kapitel haben wir das asymptotische Verhalten der Sturm-Liouvilleschen und der Besselschen Funktionen unter Beschränkung auf das reelle Gebiet der auftretenden Variablen betrachtet. Wir wollen in diesem Paragraphen Methoden zur Auffindung asymptotischer Darstellungen kennenlernen, die wesentlich auf der Benutzung komplexer Variablen und komplexer Integrale beruhen.

[1] Der erste Teil der Behauptung ist selbstverständlich; der zweite läßt sich am einfachsten beweisen, indem man die vorgelegte Form gemäß (84) in die Gestalt

$$G_n(\eta,\zeta) + \xi G_{n-1}(\eta,\zeta) + (\xi^2 + \eta^2 + \zeta^2) Q(\xi,\eta,\zeta)$$

setzt. Ist jetzt η, ζ irgendein Wertepaar, für das $\eta^2 + \zeta^2 \neq 0$ ausfällt, so gelten gleichzeitig die beiden Gleichungen

$$0 = G_n(\eta,\zeta) + \sqrt{-(\eta^2 + \zeta^2)}\, G_{n-1}(\eta,\zeta)$$

und

$$0 = G_n(\eta,\zeta) - \sqrt{-(\eta^2 + \zeta^2)}\, G_{n-1}(\eta,\zeta),$$

aus denen man sofort schließt

$$G_n(\eta,\zeta) = G_{n-1}(\eta,\zeta) = 0.$$

G_n und G_{n-1} verschwinden also für alle Wertepaare η, ζ mit $\eta^2 + \zeta^2 \neq 0$, somit offenbar identisch in η und ζ.

[2] Dieser algebraische Satz ist von Sylvester a. a. O. ohne Beweis benutzt worden. Von A. Ostrowski wurde auf die Notwendigkeit hingewiesen, für ihn einen Beweis nachzuholen. Vgl. Ostrowski, A.: Mathematische Miszellen I. Die Maxwellsche Erzeugung der Kugelfunktionen. Jahresber. deutsch. Math. Ver. Bd. 33. 1924.

1. Die Stirlingsche Formel. Wir betrachten als erstes Beispiel von asymptotischen Entwicklungen die Stirlingsche Formel, bei deren Herleitung das im folgenden mehrfach zu verwendende Beweisprinzip bereits hervortritt, ohne daß allerdings komplexe Integrationen benutzt werden. Es ist für $s > 0$

$$\begin{aligned}\Gamma(s+1) &= \int_0^\infty t^s e^{-t}\,dt \\ &= s^{s+1}\int_0^\infty \tau^s e^{-s\tau}\,d\tau \qquad\qquad (t = s\tau) \\ &= s^{s+1}e^{-s}\int_0^\infty e^{-s(\tau-1-\log\tau)}\,d\tau \\ &= s^{s+1}e^{-s}\int_0^\infty e^{-sf(\tau)}\,d\tau \qquad (f(\tau) = \tau - 1 - \log\tau).\end{aligned}$$

Hier hat der Integrand den Wert 1 für $\tau = 1$; überall sonst strebt er mit wachsendem s gegen Null. Wir können daher erwarten, daß für unser Integral im wesentlichen nur die unmittelbare Umgebung von $\tau = 1$ Beiträge liefert, sobald s hinreichend groß ist. Demgemäß ersetzen wir das Integral durch das von $1-\varepsilon$ bis $1+\varepsilon$ $(0 < \varepsilon < \frac{1}{2})$ erstreckte und schätzen zunächst die durch Vernachlässigung der Integrale von 0 bis $1-\varepsilon$ und von $1+\varepsilon$ bis ∞ begangenen Fehler ab. Es ist für $\frac{1}{2} \leqq \tau \leqq 1$

$$\tau - 1 - \log\tau = \int_\tau^1\left(\frac{1}{u} - 1\right)du \geqq \int_\tau^1 (1-u)\,du = \frac{1}{2}(\tau-1)^2 \geqq \frac{1}{8}(\tau-1)^2$$

und für $1 \leqq \tau \leqq 4$

$$\tau - 1 - \log\tau = \int_1^\tau\left(1 - \frac{1}{u}\right)du \geqq \frac{1}{4}\int_1^\tau (u-1)\,du = \frac{1}{8}(\tau-1)^2.$$

In den Integralen

$$\int_0^{1-\varepsilon} e^{-sf(\tau)}\,d\tau, \qquad \int_{1+\varepsilon}^4 e^{-sf(\tau)}\,d\tau$$

ersetzen wir den Integranden durch seinen größten Wert, der an den Stellen $1 \mp \varepsilon$ angenommen wird, und diesen wieder durch die obere Schranke $e^{-\frac{s}{8}\varepsilon^2}$. So erhalten wir

$$\int_0^{1-\varepsilon} + \int_{1+\varepsilon}^4 \leqq 4e^{-\frac{s\varepsilon^2}{8}}.$$

Für $\tau \geqq 4$ gilt aber $\tau - 1 - \log\tau \geqq \frac{3\tau}{4} - \log\tau > \frac{\tau}{4}$; daher ist für $s > 4$

$$\int_4^\infty e^{-s(\tau-1-\log\tau)}\,d\tau < \int_4^\infty e^{-\frac{s\tau}{4}}\,d\tau < e^{-s} < e^{-\frac{s\varepsilon^2}{8}}.$$

Wählen wir jetzt $\varepsilon = s^{-\frac{2}{5}}$, so ist demnach

$$e^{s} s^{-s-1} \Gamma(s+1) = \int_{1-\varepsilon}^{1+\varepsilon} e^{-s f(\tau)} d\tau + O\left(e^{-\frac{1}{4} s^{\frac{1}{5}}}\right) \dagger .$$

Um nun noch das auf der rechten Seite stehende Integral angenähert zu berechnen, stützen wir uns auf die Beziehung

$$f(\tau) = \frac{(\tau-1)^2}{2} + (\tau-1)^3 \psi(\tau),$$

wo $\psi(\tau)$ eine im Intervalle $\frac{1}{2} \leqq \tau \leqq \frac{3}{2}$ reguläre Funktion ist, deren Betrag dort eine endliche Schranke M nicht überschreitet. Aus dieser Beziehung folgern wir für $1-\varepsilon \leqq \tau \leqq 1+\varepsilon$

$$e^{-\frac{s(\tau-1)^2}{2}} e^{-M s^{-\frac{1}{5}}} \leqq e^{-s f(\tau)} \leqq e^{-\frac{s(\tau-1)^2}{2}} e^{M s^{-\frac{1}{5}}}$$

und weiter

$$e^{-s f(\tau)} = e^{-s \frac{(\tau-1)^2}{2}} \left(1 + O(s^{-\frac{1}{5}})\right).$$

Hieraus ergibt sich

$$\int_{1-\varepsilon}^{1+\varepsilon} e^{-s f(\tau)} d\tau = \left(1 + O(s^{-\frac{1}{5}})\right) \int_{-\varepsilon}^{+\varepsilon} e^{-\frac{s u^2}{2}} du$$

$$= \left(1 + O(s^{-\frac{1}{5}})\right) \sqrt{\frac{2}{s}} \int_{-\varepsilon\sqrt{\frac{s}{2}}}^{+\varepsilon\sqrt{\frac{s}{2}}} e^{-v^2} dv$$

$$= \sqrt{\frac{2\pi}{s}} \left(1 + O(s^{-\frac{1}{5}})\right) \left(1 + O\left(e^{-\frac{s\varepsilon^2}{2}}\right)\right)$$

$$= \sqrt{\frac{2\pi}{s}} \left(1 + O(s^{-\frac{1}{5}})\right),$$

d. h.

(85) $$\Gamma(s+1) = s^{s+\frac{1}{2}} e^{-s} \sqrt{2\pi} \left(1 + O(s^{-\frac{1}{5}})\right),$$

also

(86) $$\Gamma(s+1) \sim \sqrt{2\pi s}\, s^{s} e^{-s}.$$

2. Asymptotische Berechnung der Hankelschen und Besselschen Funktionen für große Argumente. In ähnlicher Weise können wir die Hankelsche Funktion $H_\lambda^1(z)$ innerhalb eines Winkels $-\frac{\pi}{2} + \delta < \arg z < \frac{\pi}{2} - \delta$ für große $|z|$ asymptotisch berechnen, indem wir von dem Integral

$$H_\lambda^1(z) = \frac{\Gamma(\frac{1}{2}-\lambda)\,(\frac{1}{2}z)^\lambda}{\pi i\, \Gamma(\frac{1}{2})} \int e^{iz\tau} (\tau^2 - 1)^{\lambda - \frac{1}{2}} d\tau$$

ausgehen (vgl. § 2, 5), bei dem der Integrationsweg der von Abb. 12 rechts ist, wobei $-\frac{\pi}{2} < \arg z < \frac{\pi}{2}$ sein muß und $\log(\tau^2-1)$ für $\tau > 1$ reell an-

† Hier hat die Bezeichnung $O(g(s))$ dieselbe Bedeutung wie in Kap. V, § 11.

genommen wird. Ohne den Wert des Integrals zu ändern, können wir die Schnitte in der τ-Ebene und den um den einen von ihnen herumgelegten Integrationsweg in die Richtung $\frac{\pi}{2} - \arg z$ drehen. Führen wir dann die Substitution

$$\tau - 1 = i\,\frac{u}{z}$$

aus, so ist die u-Ebene durch zwei von 0 bzw. von $2iz$ an wagerecht nach rechts laufende Schnitte aufgeschlitzt, und der neue Integrationsweg umgibt den längs der positiven reellen Achse laufenden Schnitt, indem er in der oberen Halbebene von rechts nach links, in der unteren von links nach rechts läuft. Verstehen wir unter $u^{\lambda-\frac{1}{2}}$ denjenigen in der aufgeschnittenen Ebene eindeutigen Zweig, der auf dem unteren Ufer der positiven reellen Achse positiv ist, und unter $\left(1+\frac{iu}{2z}\right)^{\lambda-\frac{1}{2}}$ den Zweig, der für $u=0$ den Wert 1 annimmt, so wird

$$H_\lambda^1(z) = \frac{\Gamma(\frac{1}{2}-\lambda)}{\pi\sqrt{2\pi z}}\, e^{i\left(z+\frac{\pi}{2}\lambda-\frac{\pi}{4}\right)} \int e^{-u} u^{\lambda-\frac{1}{2}} \left(1+\frac{iu}{2z}\right)^{\lambda-\frac{1}{2}} du\,.$$

Ist nun $\Re(\lambda-\frac{1}{2}) > -1$, so können wir die Schleife um $u=0$ zusammenziehen und also das Schleifenintegral ersetzen durch das längs dem unteren Ufer der positiv reellen Achse von 0 nach ∞ erstreckte Integral, vermindert um das längs dem oberen Ufer von ∞ nach 0 erstreckte. Das letztere ist aber das $e^{-2\pi i(\lambda+\frac{1}{2})}$-fache des ersteren. Daher können wir nach leichten Umformungen mit Benutzung der Ergänzungsformel der Gammafunktion schreiben

$$(87)\qquad H_\lambda^1(z) = \left(\frac{2}{\pi z}\right)^{\frac{1}{2}} \frac{e^{i\left(z-\frac{\lambda\pi}{2}-\frac{\pi}{4}\right)}}{\Gamma(\lambda+\frac{1}{2})} \int_0^\infty e^{-u} u^{\lambda-\frac{1}{2}} \left(1+\frac{ui}{2z}\right)^{\lambda-\frac{1}{2}} du\,.$$

Den letzten Faktor drücken wir durch die Taylorsche Formel mit dem Cauchyschen Restglied aus:

$$(88)\qquad \begin{cases} \left(1+\frac{ui}{2z}\right)^{\lambda-\frac{1}{2}} = \sum\limits_{\nu=0}^{p-1} \binom{\lambda-\frac{1}{2}}{\nu}\left(\frac{ui}{2z}\right)^{\nu} \\ \qquad + p\binom{\lambda-\frac{1}{2}}{p}\left(\frac{ui}{2z}\right)^{p} \int\limits_0^1 (1-t)^{p-1}\left(1+\frac{tui}{2z}\right)^{\lambda-\frac{1}{2}-p} dt \end{cases}$$

und bemerken, daß wir für den Rest dabei eine brauchbare Abschätzung erhalten.

Für positive u ist nämlich

$$\left|1+\frac{tui}{2z}\right| > \sin\delta\,, \qquad \left|\arg\left(1+\frac{tui}{2z}\right)\right| < \pi\,,$$

$$\left|\left(1+\frac{tui}{2z}\right)^{\lambda-\frac{1}{2}-p}\right| < e^{\pi|\Im(\lambda)|}(\sin\delta)^{\Re(\lambda-\frac{1}{2}-p)} = A_p\,,$$

wo A_p von z und t unabhängig ist. Indem wir (88) in (87) einsetzen und gliedweise integrieren, erhalten wir

$$(89)\qquad H_\lambda^1(z) = \left(\frac{2}{\pi z}\right)^{\frac12} \frac{e^{i\left(z-\frac{\lambda\pi}{2}-\frac{\pi}{4}\right)}}{\Gamma(\lambda+\frac12)}\left[\sum_{\nu=0}^{p-1}\binom{\lambda-\frac12}{\nu}\Gamma\left(\lambda+\nu+\frac12\right)\left(\frac{i}{2z}\right)^\nu + R_p\right],$$

und es ist

$$|R_p| \leqq A_p\left|p\binom{\lambda-\frac12}{p}\left(\frac{i}{2z}\right)^p\left\{\int_0^1(1-t)^{p-1}\,dt\int_0^\infty e^{-u}\left|u^{\lambda-\frac12+p}\right|du\right\}\right|,$$

$$R_p = O(|z|^{-p}).$$

Auf dieselbe Weise, nämlich durch die Substitution $\tau + 1 = iu/z$, erhalten wir

$$(90)\qquad H_\lambda^2(z) = \left(\frac{2}{\pi z}\right)^{\frac12} \frac{e^{-i\left(z-\frac{\lambda\pi}{2}-\frac{\pi}{4}\right)}}{\Gamma(\lambda+\frac12)}\left[\sum_{\nu=0}^{p-1}\binom{\lambda-\frac12}{\nu}\Gamma\left(\lambda+\nu+\frac12\right)\left(-\frac{i}{2z}\right)^\nu + S_p\right],$$

$$S_p = O(|z|^{-p}).$$

Daraus ergibt sich

$$(91)\quad\left\{\begin{aligned} J_\lambda(z) &= \tfrac12\left(H_\lambda^1(z)+H_\lambda^2(z)\right)\\ &= \frac{1}{\Gamma(\lambda+\frac12)}\left(\frac{2}{\pi z}\right)^{\frac12}\sum_{\nu=0}^{p-1}\binom{\lambda-\frac12}{\nu}\frac{\Gamma(\lambda+\nu+\frac12)}{(2z)^\nu}\left\{\begin{matrix}(-1)^{\frac{\nu}{2}}\cos\left(z-\frac{\lambda\pi}{2}-\frac{\pi}{4}\right)\\ (-1)^{\frac{\nu+1}{2}}\sin\left(z-\frac{\lambda\pi}{2}-\frac{\pi}{4}\right)\end{matrix}\right\} + O\left(|z|^{-p-\frac12}\right),\end{aligned}\right.$$

wobei von den beiden Ausdrücken zwischen den geschweiften Klammern der obere sich auf gerades, der untere auf ungerades ν bezieht.

Das erste Glied der Entwicklung liefert

$$(92)\qquad J_\lambda(z) = \sqrt{\frac{2}{\pi z}}\cos\left(z-\frac{\lambda\pi}{2}-\frac{\pi}{4}\right) + O\left(|z|^{-\frac32}\right),$$

womit die Grenzwerte aus Kap. V, § 11, 2, festgelegt sind, als

$$\alpha_\infty = \sqrt{\frac{2}{\pi}}, \qquad \delta_\infty = -\frac{\lambda\pi}{2} - \frac{\pi}{4}.$$

3. Sattelpunktmethode. In sehr vielen Fällen kann eine allgemeinere, als Sattelpunktmethode bezeichnete Methode zur asymptotischen Auswertung von Integralen verwendet werden. Liegt ein Integral

$$\int_C e^{zf(\tau)}\,d\tau$$

über einen Integrationsweg C vor, auf dem der Realteil von $f(\tau)$ nach den Enden zu beiderseits gegen $-\infty$ strebt, so werden bei großen positiven Werten von z die weit entfernten Bestandteile des Integrationsweges, d. h. die Teile mit großem negativen Realteil $\Re f(\tau)$, einen um so geringeren Beitrag liefern, je größer z ist. Wir versuchen nun, durch Deformation des Integrationsweges in der komplexen Zahlenebene zu erreichen, daß der für den Wert des Integrales bei großem z entscheidende Teil des Weges sich möglichst eng auf einen Punkt zusammenzieht. Wir werden also einen Integrationsweg zu wählen haben, für den $\mathfrak{R} f(\tau)$ von einem Höchstwert beiderseits möglichst rasch abfällt. Setzen wir $\tau = u + iv$ und denken uns den Realteil $\mathfrak{R} f(\tau)$ als Fläche über der u, v-Ebene aufgetragen — die Fläche ist überall negativ gekrümmt —, so erreicht man dieses Ziel, wenn es gelingt, den Weg über einen Sattelpunkt oder Paß so zu führen, daß er nach beiden Seiten des Sattelpunktes möglichst steil zu großen negativen Werten von $\mathfrak{R} f(\tau)$ abfällt. Bei großen positiven Werten von z wird sodann nur noch die unmittelbare Umgebung des Sattelpunktes eine Rolle spielen.

Die Kurven schnellsten Falles sind durch die orthogonalen Trajektorien der Niveaukurven $\mathfrak{R} f(\tau) =$ konst., also durch die Kurven $\mathfrak{J} f(\tau) =$ konst. gegeben. In einem Sattelpunkt verschwinden die längs der Kurve $\mathfrak{J} f(\tau) =$ konst. genommenen Ableitungen der Funktionen $\mathfrak{R} f(\tau)$ und $\mathfrak{J} f(\tau)$ und daher auch die Ableitung $f'(\tau)$ der Funktion $f(\tau)$ selbst. Wir werden die Sattelpunkte also unter den Wurzeln der Gleichung

$$f'(\tau) = 0$$

zu suchen haben.

Die Ableitung der Stirlingschen Formel ordnet sich diesem Verfahren unter, indem dort die reelle Achse gerade der richtige Weg war, der von dem Sattelpunkt $\tau = 1$ möglichst steil abfällt.

4. Anwendung der Sattelpunktmethode zur Berechnung der Hankelschen und Besselschen Funktionen bei großem Parameter und großem Argument. Wir wollen nach diesem Verfahren in aller Kürze die Funktion [vgl. Formel (3) S. 407]

$$H_\lambda^1(a\lambda) = -\frac{1}{\pi}\int_{L_1} e^{\lambda(-ia\sin\tau + i\tau)}\,d\tau$$

bei reellem a und großem positiven λ asymptotisch auswerten und zerlegen den Faktor von λ im Exponenten in Real- und Imaginärteil:

$$-ia\sin\tau + i\tau = f(\tau) = a\cos u\,\mathfrak{Sin}\,v - v + i(u - a\sin u\,\mathfrak{Cos}\,v)\,.$$

Die Sattelpunkte sind die Wurzeln der Gleichung $a\cos\tau = 1$; durch sie haben wir die Kurven $u - a\sin u\,\mathfrak{Cos}\,v =$ konst. zu legen und zu sehen, ob sie sich zu geeigneten Integrationswegen zusammensetzen lassen.

1. Ist $a < 1$, etwa $a = \frac{1}{\mathfrak{Cos}\,\alpha}$ $(\alpha > 0)$, so haben wir Sattelpunkte in $\tau = \pm\alpha i$ und die Kurven $u - a\sin u\,\mathfrak{Cos}\,v = 0 - a\sin 0\,\mathfrak{Cos}\,\alpha = 0$. Diese bestehen aus der imaginären Achse $u = 0$ und je einem Zweig durch $\tau = \pm\alpha i$, der sich nach oben bzw. unten den Geraden $u = \pm\pi$ annähert. Dies zeigt Abb. 21, in der die Richtung wachsenden Realteils von $f(\tau)$ durch Pfeile angegeben ist. Die aus den Kurven $\mathfrak{J}(f) = 0$ zusammengesetzte ausgezogene Kurve liefert, von unten nach oben durchlaufen, offenbar H_λ^1; denn sie läßt sich in L_1 deformieren bis auf einen Teil, der beliebig weit oben beginnt und innerhalb eines Streifens

$-\pi \leqq u \leqq -\pi + \varepsilon$ liegt und daher einen beliebig kleinen Beitrag zum Integral liefert. Der Realteil von $-i a \sin \tau + i \tau$ hat seinen Höchstwert $\alpha - \mathfrak{Tg}\,\alpha$ bei $\tau = -\alpha i$. Wir ersetzen wieder (vgl. S. 452) den Weg L_1 durch das geradlinige Stück L' von $(-\alpha - \varepsilon) i$ bis $(-\alpha + \varepsilon) i$ mit $\varepsilon = \lambda^{-\frac{2}{5}}$. Zerlegen wir den übrigen Integrationsweg in zwei beiderseits anschließende endliche und zwei ins Unendliche führende Teile, so zeigt eine Abschätzung, die der in Nr. 1 vorgenommenen durchaus entspricht, daß

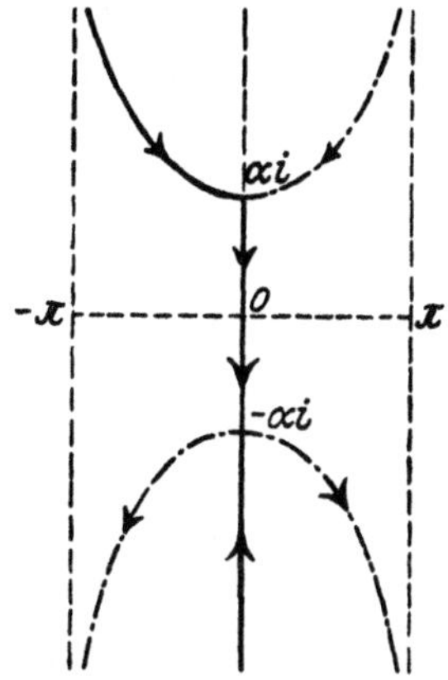

Abb. 21.

$$\int_{-i\infty}^{(-\alpha-\varepsilon)i} e^{\lambda f(\tau)}\,d\tau + \int_{(-\alpha+\varepsilon)i}^{-\pi+i\infty} e^{\lambda f(\tau)}\,d\tau = e^{\lambda(\alpha - \mathfrak{Tg}\,\alpha)}\, O(e^{-c_1 \lambda \varepsilon^2})$$

ist, worin c_1 ebenso wie im folgenden c_2, c_3 usw. eine positive, von λ (also auch von ε) unabhängige Konstante bezeichnet. Auf den beiden endlichen Strecken ist nämlich der Betrag des Integranden höchstens gleich den Werten, die er in den Punkten $(-\alpha \pm \varepsilon) i$ hat, und für diese Werte gilt die angegebene Abschätzung. Auf den unendlichen Stücken findet man leicht eine Schranke für den Betrag des Integranden von der Gestalt $e^{-c\lambda(s+c')}$, worin s die Bogenlänge des Integrationsweges und c und c' positive, von ε und λ unabhängige Konstanten sind. Daraus folgt für die Beiträge dieser Teile zum gesamten Integral eine Abschätzung $O(e^{-c_1\lambda})$. Auf dem Wegstück L' selbst ist aber

$$\left| f(\tau) - \left(\alpha - \mathfrak{Tg}\,\alpha + \tfrac{1}{2} f''(-\alpha i)(\tau + \alpha i)^2\right)\right| < c_2 \varepsilon^3,$$

$$f''(-\alpha i) = \mathfrak{Tg}\,\alpha,$$

also

$$e^{\lambda f(\tau)} = e^{\lambda\left(\alpha - \mathfrak{Tg}\,\alpha + \mathfrak{Tg}\,\alpha \frac{(\tau+\alpha i)^2}{2}\right)} \left(1 + O(\lambda^{-\frac{1}{5}})\right),$$

$$\int_{(-\alpha-\varepsilon)i}^{(-\alpha+\varepsilon)i} e^{\lambda f(\tau)}\,d\tau = e^{\lambda(\alpha - \mathfrak{Tg}\,\alpha)} \int_{(-\alpha-\varepsilon)i}^{(-\alpha+\varepsilon)i} e^{\lambda \mathfrak{Tg}\,\alpha \frac{(\tau+\alpha i)^2}{2}}\,d\tau \left(1 + O(\lambda^{-\frac{1}{5}})\right)$$

$$= i\sqrt{\frac{2}{\lambda\,\mathfrak{Tg}\,\alpha}}\, e^{\lambda(\alpha - \mathfrak{Tg}\,\alpha)} \int_{-\varepsilon\sqrt{\frac{\lambda \mathfrak{Tg}\,\alpha}{2}}}^{\varepsilon\sqrt{\frac{\lambda \mathfrak{Tg}\,\alpha}{2}}} e^{-u^2}\,du \left(1 + O(\lambda^{-\frac{1}{5}})\right)$$

$$= i\sqrt{\frac{2}{\lambda\,\mathfrak{Tg}\,\alpha}}\, e^{\lambda(\alpha - \mathfrak{Tg}\,\alpha)} \int_{-\infty}^{\infty} e^{-u^2}\,du \left(1 + O(e^{-c_3\lambda\varepsilon^2})\right)\left(1 + O(\lambda^{-\frac{1}{5}})\right)$$

$$= i\sqrt{\frac{2\pi}{\lambda\,\mathfrak{Tg}\,\alpha}}\, e^{\lambda(\alpha - \mathfrak{Tg}\,\alpha)} \left(1 + O(e^{-c_3\lambda\varepsilon^2})\right)\left(1 + O(\lambda^{-\frac{1}{5}})\right).$$

Damit haben wir

$$H_\lambda^1(a\lambda) = -i\sqrt{\frac{2}{\pi\lambda\,\mathfrak{Tg}\,\alpha}}\, e^{\lambda(\alpha - \mathfrak{Tg}\,\alpha)} \left(1 + O(\lambda^{-\frac{1}{5}})\right). \tag{93}$$

2. Ist $a > 1$, etwa $a = \frac{1}{\cos\alpha}\left(0 < \alpha < \frac{\pi}{2}\right)$, so haben wir die Sattelpunkte $\tau = \pm\alpha$ und die Kurven

$$u - a\sin u\,\mathfrak{Cos}\,v = \pm(\alpha - a\sin\alpha), \qquad \mathfrak{Cos}\,v = \frac{u \mp (\alpha - \operatorname{tg}\alpha)}{a\sin u},$$

die in Abb. 22 wiedergegeben sind. Der ausgezogene Weg liefert $H_\lambda^1(x)$. Ersetzen wir ihn in der Nähe des Sattelpunktes durch ein unter dem Winkel $-\pi/4$ gegen die reelle Achse geneigtes geradliniges Stück und

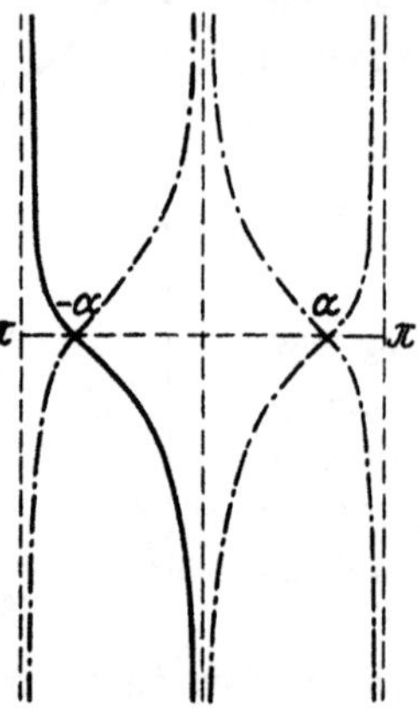

Abb. 22.

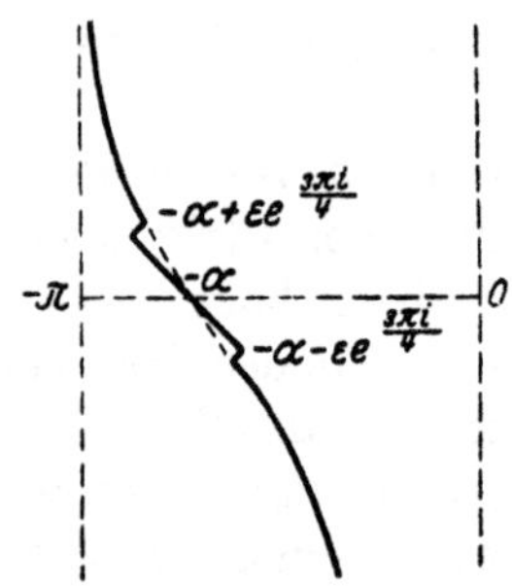

Abb. 23.

Verbindungsstücke von beschränkter Länge, auf denen $\mathfrak{J}f(\tau)$ keine größeren Werte annimmt als in den Punkten $\tau = -\alpha \pm \varepsilon e^{\frac{3\pi i}{4}}$ (vgl. Abb. 23), und setzen wir wieder $\varepsilon = \lambda^{-\frac{2}{5}}$, so erhalten wir genau wie vorher

$$\int\limits_{L_1} e^{\lambda f(\tau)}\,d\tau = e^{\lambda f(-\alpha)} \int\limits_{-\alpha - \varepsilon e^{\frac{3\pi i}{4}}}^{-\alpha + \varepsilon e^{\frac{3\pi i}{4}}} e^{\frac{\lambda}{2} f''(-\alpha)(\tau+\alpha)^2}\,d\tau\,(1 + O(\lambda^{-\frac{1}{5}}))$$

$$= e^{i\lambda(\operatorname{tg}\alpha - \alpha)} \int\limits_{-\alpha - \varepsilon e^{\frac{3\pi i}{4}}}^{-\alpha + \varepsilon e^{\frac{3\pi i}{4}}} e^{\frac{-\lambda i}{2}\operatorname{tg}\alpha(\tau+\alpha)^2}\,d\tau\,(1 + O(\lambda^{-\frac{1}{5}}))$$

$$= e^{\frac{3\pi i}{4}} \sqrt{\frac{2}{\lambda\operatorname{tg}\alpha}}\, e^{i\lambda(\operatorname{tg}\alpha - \alpha)} \int\limits_{-\varepsilon\sqrt{\frac{\lambda\operatorname{tg}\alpha}{2}}}^{+\varepsilon\sqrt{\frac{\lambda\operatorname{tg}\alpha}{2}}} e^{-u^2}\,du\,(1 + O(\lambda^{-\frac{1}{5}}))$$

$$= e^{\frac{3\pi i}{4}} \sqrt{\frac{2\pi}{\lambda\operatorname{tg}\alpha}}\, e^{i\lambda(\operatorname{tg}\alpha - \alpha)}\,(1 + O(e^{-c_0\lambda\varepsilon^2}))\,(1 + O(\lambda^{-\frac{1}{5}})),$$

$$(94) \qquad H_\lambda^1(a\lambda) = -e^{\frac{3\pi i}{4}} \sqrt{\frac{2}{\pi\lambda\operatorname{tg}\alpha}}\, e^{i\lambda(\operatorname{tg}\alpha - \alpha)}\,(1 + O(\lambda^{-\frac{1}{5}}))\,.$$

3. Ist $a = 1$, so verschwindet in dem Sattelpunkt $\tau = 0$ auch noch $f''(\tau)$. Die Kurve $\Im f(\tau) = u - \sin u \operatorname{Cof} v = \Im f(0) = 0$ hat daher drei Zweige durch $\tau = 0$ (vgl. Abb. 24), von denen einer die imaginäre Achse ist. Wir ersetzen wieder den gekrümmten Teil des Weges L_1 (in Abb. 24 ausgezogen) dicht bei $\tau = 0$ durch ein um $5\pi/6$ gegen die reelle Achse geneigtes geradliniges Stück der Länge $\varepsilon = \lambda^{-\frac{1}{4}}$ und bekommen für alle τ des Integrationsweges zwischen $-\varepsilon i$ und $\varepsilon e^{\frac{5\pi i}{6}}$

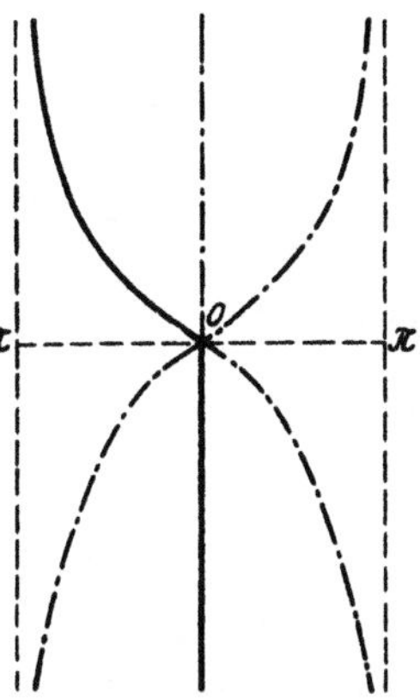

Abb. 24.

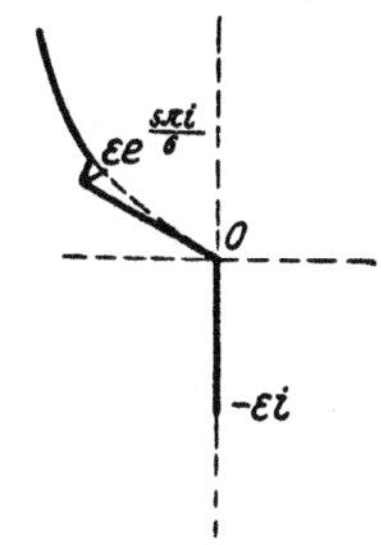

Abb. 25.

$$\left| f(\tau) - \frac{i\tau^3}{6} \right| \leq c_1 \varepsilon^5 .$$

Ferner ist

$$\int_{L_1} e^{\lambda f(\tau)} d\tau = \int_{-\varepsilon i}^{\varepsilon e^{\frac{5\pi i}{6}}} e^{\lambda f(\tau)} d\tau + O(e^{-c_1 \lambda \varepsilon^3}),$$

$$\int_{-\varepsilon i}^{\varepsilon e^{\frac{5\pi i}{6}}} e^{\lambda f(\tau)} d\tau = \int_{-\varepsilon i}^{\varepsilon e^{\frac{5\pi i}{6}}} e^{\frac{\lambda i \tau^3}{6}} d\tau \left(1 + O(\lambda^{-\frac{1}{4}})\right),$$

$$\int_{-\varepsilon i}^{\varepsilon e^{\frac{5\pi i}{6}}} e^{\frac{\lambda i \tau^3}{6}} d\tau = \int_0^{\varepsilon e^{\frac{5\pi i}{6}}} - \int_0^{-\varepsilon i} = \sqrt[3]{\frac{6}{\lambda}} \left(e^{\frac{5\pi i}{6}} + i\right) \int_0^{\varepsilon \sqrt[3]{\frac{\lambda}{6}}} e^{-u^3} du;$$

bei der letzten Umformung ist im ersten Integral $\tau = \sqrt[3]{\frac{6}{\lambda}}\, e^{\frac{5\pi i}{6}} u$, im zweiten $\tau = -\sqrt[3]{\frac{6}{\lambda}}\, i u$ gesetzt. Die rechte Seite der letzten Gleichung wird gleich

$$\sqrt[3]{\frac{6}{\lambda}} \left(e^{\frac{5\pi i}{6}} + i\right) \int_0^{\infty} e^{-u^3} du \left(1 + O(e^{-c_3 \varepsilon^3 \lambda})\right),$$

wenn $\varepsilon^3 \lambda$ über einer positiven Schranke bleibt. Nun ist aber

$$\int_0^{\infty} e^{-u^3} du = \tfrac{1}{3} \int_0^{\infty} e^{-t} t^{-\frac{2}{3}} dt = \tfrac{1}{3} \Gamma(\tfrac{1}{3});$$

also haben wir schließlich

$$H_\lambda^1(\lambda) = -\frac{1}{3\pi} \Gamma\left(\frac{1}{3}\right) \left(e^{\frac{5\pi i}{6}} + i\right) \sqrt[3]{\frac{6}{\lambda}} \left(1 + O(\lambda^{-\frac{1}{4}})\right). \tag{95}$$

Asymptotische Formeln für $J_\lambda(a\lambda)$ erhält man in den Fällen $a \geqq 1$ aus den hier abgeleiteten für $H^1_\lambda(a\lambda)$ und den ganz entsprechend zu findenden

$$(96)\qquad H^2_\lambda(a\lambda) = i\sqrt{\frac{2}{\pi\lambda\,\mathfrak{Tg}\,\alpha}}\,e^{\lambda(\alpha-\mathfrak{Tg}\,\alpha)}\left(1+O(\lambda^{-\frac{1}{5}})\right) \qquad (a<1),$$

$$(96')\qquad H^2_\lambda(a\lambda) = -e^{-\frac{3\pi i}{4}}\sqrt{\frac{2}{\pi\lambda\,\mathrm{tg}\,\alpha}}\,e^{-i\lambda(\mathrm{tg}\,\alpha-\alpha)}\left(1+O(\lambda^{-\frac{1}{5}})\right) \qquad (a>1),$$

$$(96'')\qquad H^2_\lambda(\lambda) = -\frac{1}{3\pi}\Gamma\left(\frac{1}{3}\right)\left(e^{-\frac{5\pi i}{6}}-i\right)\sqrt[3]{\frac{6}{\lambda}}\left(1+O(\lambda^{-\frac{1}{4}})\right) \qquad (a=1)$$

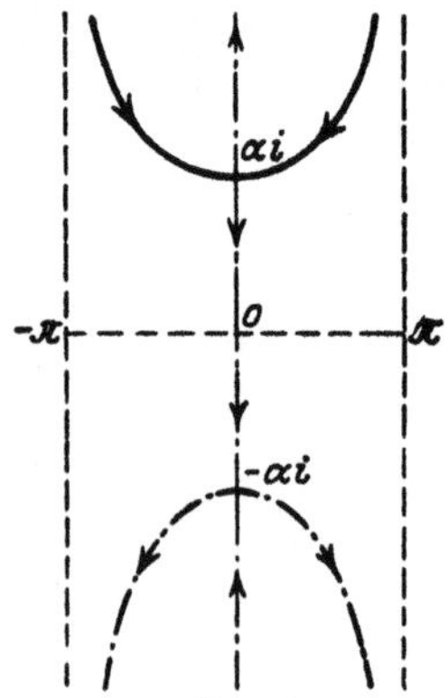

Abb. 26.

durch Kombination nach der Formel

$$J_\lambda(x) = \tfrac{1}{2}\left(H^1_\lambda(x) + H^2_\lambda(x)\right).$$

Nur im Falle $a<1$ ergibt sich als Hauptglied Null. In diesem Falle können wir auch für J_λ den in Abb. 26 ausgezogenen Integrationsweg wählen und erhalten nach derselben Methode

$$J_\lambda(a\lambda) = \frac{2}{\sqrt{2\pi\lambda\,\mathfrak{Tg}\,\alpha}}\,e^{\lambda(\mathfrak{Tg}\,\alpha-\alpha)}\left(1+O(\lambda^{-\frac{1}{5}})\right).$$

5. Allgemeine Bemerkungen über die Sattelpunktmethode. Wir haben die Sattelpunktmethode nur zur Ableitung von asymptotischen Formeln benutzt, welche die ersten Glieder von asymptotischen Reihen darstellen, die sich nach dem anfangs angedeuteten Prinzip ergeben. Bezüglich dieser Reihen sei auf die ausführliche Darstellung bei Watson, G. N.: A treatise on the theory of Bessel Functions, Cambridge 1922, und die Originalabhandlungen verwiesen, insbesondere auf Debye, P.: Math. Ann. Bd. 67, S. 535—558, 1909.

Es ist bei der Anwendung der Sattelpunktmethode übrigens nicht notwendig, den Integrationsweg genau in der beschriebenen Art zu legen, sondern es genügt, wenn er schließlich, d. h. für große Werte des Parameters, nach dem entwickelt wird, dieser Lage hinreichend nahekommt. Auf diese Weise gewinnt Faber, G.: Sitzungsber. Akad. München (math.-phys. Kl.) 1922, S. 285—304, eine Anzahl asymptotischer Reihen, z. B. für die Hermiteschen und Laguerreschen Polynome.

6. Methode von Darboux. Eine andere Methode zur Herleitung asymptotischer Formeln rührt von Darboux her[1]. Die zu behandelnden Größen a_ν seien als Koeffizienten einer Potenzreihe, also durch eine erzeugende Funktion $K(\zeta) = \sum_{\nu=0}^{\infty} a_\nu \zeta^\nu$ gegeben. Kennt man die Singularitäten dieser Funktion auf dem Konvergenzkreis — er sei $|\zeta| = 1$, $\zeta = e^{i\varphi}$ —

[1] Darboux, G.: Mémoire sur l'approximation des fonctions de très-grands nombres, et sur une classe étendue de développements en série. Journ. math. pures et appl. Serie 3, Bd. 4, S. 5—56 u. S. 377—416. 1878. — Vgl. auch Haar, A.: Über asymptotische Entwicklungen. Math. Ann. 96.

und kann man durch Subtraktion bekannter Funktionen $f_n(\zeta)=\sum_{\nu=0}^{\infty}\alpha_{n\nu}\zeta^\nu$ bewirken, daß der Rest $K-f_n$ bei Annäherung an den Konvergenzkreis gleichmäßig gegen eine n mal stetig differenzierbare Funktion von φ konvergiert, so sind die Koeffizienten $a_\nu-\alpha_{n\nu}$ der Potenzreihe

$$K(\zeta)-f_n(\zeta)=\sum_{\nu=0}^{\infty}(a_\nu-\alpha_{n\nu})\zeta^\nu$$

die Fourierschen Koeffizienten einer n mal stetig differenzierbaren (d. h. für $n=0$ einer stetigen) Funktion von φ und erfüllen daher nach Kap. II, § 5, 3 die Bedingung

$$\lim_{\nu\to\infty}\nu^{n-1}|a_\nu-\alpha_{n\nu}|=0;$$

die Werte $\alpha_{n\nu}$ geben also für große ν eine um so bessere Annäherung an a_ν, je größer n gewählt wird.

7. Anwendung der Darbouxschen Methode zur asymptotischen Entwicklung der Legendreschen Polynome. Dies wenden wir an auf die Legendreschen Polynome $P_\nu(x)$, die durch die erzeugende Funktion

$$K(z,\zeta)=\frac{1}{\sqrt{1-2z\zeta+\zeta^2}}=\sum_{\nu=0}^{\infty}P_\nu(z)\zeta^\nu \tag{97}$$

gegeben sind. Es sei zunächst $-1<z<1$, $z=\cos\varphi$, $0<\varphi<\pi$. Dann ist $1-2z\zeta+\zeta^2=(\zeta-e^{\varphi i})(\zeta-e^{-\varphi i})$; der Konvergenzkreis hat den Radius 1, und auf ihm liegen die singulären Punkte $\zeta=e^{\pm\varphi i}$. Um die Reihenentwicklungen von K nach Potenzen von $\zeta-e^{\pm\varphi i}$ aufzustellen, setzen wir fest, daß

$$\sqrt{\zeta-e^{\pm\varphi i}}=e^{\pm i\frac{\varphi+\pi}{2}}\sqrt{1-\zeta e^{\mp\varphi i}}$$

sein soll, wo die Quadratwurzel rechts den durch die Binomialreihe dargestellten Zweig bedeutet[1]. Dann wird

$$K(z,\zeta)=\frac{1}{\sqrt{\zeta-e^{\varphi i}}}\left(\zeta-e^{\varphi i}+(e^{\varphi i}-e^{-\varphi i})\right)^{-\frac{1}{2}}$$

$$=\frac{e^{-\frac{3\pi i}{4}}}{\sqrt{2\sin\varphi}}\frac{1}{\sqrt{\zeta-e^{\varphi i}}}\sum_{\nu=0}^{\infty}\binom{-\frac{1}{2}}{\nu}\left(\frac{\zeta-e^{\varphi i}}{e^{\varphi i}-e^{-\varphi i}}\right)^\nu$$

$$=\frac{e^{\frac{3\pi i}{4}}}{\sqrt{2\sin\varphi}}\frac{1}{\sqrt{\zeta-e^{-\varphi i}}}\sum_{\nu=0}^{\infty}\binom{-\frac{1}{2}}{\nu}\left(\frac{\zeta-e^{-\varphi i}}{e^{-\varphi i}-e^{\varphi i}}\right)^\nu.$$

[1] Ist also a eine positive Zahl, so soll für $\zeta=e^{\varphi i}-a$ die Wurzel $\sqrt{\zeta-e^{\varphi i}}$ positiv imaginär, dagegen für $\zeta=e^{-\varphi i}-a$ die Wurzel $\sqrt{\zeta-e^{-\varphi i}}$ negativ imaginär genommen werden. Die Festsetzung des Textes steht in Einklang mit der bei Formel (97) zu erhebenden Forderung, daß für $\zeta=0$ die Wurzel $\sqrt{1-2z\zeta+\zeta^2}$ den Wert $+1$ erhält.

Setzen wir dann

$$f_n(z,\zeta) = \frac{1}{\sqrt{2\sin\varphi}} \sum_{\nu=0}^{n} \binom{-\frac{1}{2}}{\nu} \left\{ e^{-\frac{3\pi i}{4}} \frac{(\zeta - e^{\varphi i})^{\nu-\frac{1}{2}}}{(e^{\varphi i} - e^{-\varphi i})^{\nu}} + e^{\frac{3\pi i}{4}} \frac{(\zeta - e^{-\varphi i})^{\nu-\frac{1}{2}}}{(e^{-\varphi i} - e^{\varphi i})^{\nu}} \right\},$$

so ist $K - f_n$ auf dem Konvergenzkreis n mal stetig differenzierbar. Entwickeln wir also f_n nach Potenzen von ζ:

$$f_n(z,\zeta) = \frac{1}{\sqrt{2\sin\varphi}} \sum_{\nu=0}^{n} \binom{-\frac{1}{2}}{\nu} \left\{ e^{-\frac{3\pi i}{4} - \frac{\varphi+\pi}{2} i + \nu(\varphi+\pi) i} \frac{(1 - \zeta e^{-\varphi i})^{\nu-\frac{1}{2}}}{(e^{\varphi i} - e^{-\varphi i})^{\nu}} \right.$$
$$\left. + e^{\frac{3\pi i}{4} + \frac{\varphi+\pi}{2} i - \nu(\varphi+\pi) i} \frac{(1 - \zeta e^{\varphi i})^{\nu-\frac{1}{2}}}{(e^{-\varphi i} - e^{\varphi i})^{\nu}} \right\}$$

$$= \frac{1}{\sqrt{2\sin\varphi}} \sum_{\nu=0}^{n} \binom{-\frac{1}{2}}{\nu} \sum_{\mu=0}^{\infty} \binom{\nu-\frac{1}{2}}{\mu} \zeta^{\mu} \left\{ \frac{e^{-\frac{3\pi i}{4} - \frac{\varphi+\pi}{2} i + \nu(\varphi+\pi) i - \mu(\varphi+\pi) i}}{(e^{\varphi i} - e^{-\varphi i})^{\nu}} \right.$$
$$\left. + \frac{e^{\frac{3\pi i}{4} + \frac{\varphi+\pi}{2} i - \nu(\varphi+\pi) i + \mu(\varphi+\pi) i}}{(e^{-\varphi i} - e^{\varphi i})^{\nu}} \right\}$$

$$= \sum_{\mu=0}^{\infty} p_{n\mu}(z)\, \zeta^{\mu}$$

mit

$$p_{n\mu} = \frac{1}{\sqrt{2\sin\varphi}} \sum_{\nu=0}^{n} \binom{-\frac{1}{2}}{\nu} \binom{\nu-\frac{1}{2}}{\mu} \frac{1}{(2\sin\varphi)^{\nu}} \left\{ e^{-\frac{5\pi i}{4} + (\nu-\mu-\frac{1}{2})\varphi i + \frac{\nu\pi i}{2} - \mu\pi i} \right.$$
$$\left. + e^{\frac{5\pi i}{4} - (\nu-\mu-\frac{1}{2})\varphi i - \frac{\nu\pi i}{2} + \mu\pi i} \right\},$$

$$(98)\quad p_{n\mu} = \frac{2}{\sqrt{2\sin\varphi}} \sum_{\nu=0}^{n} \binom{-\frac{1}{2}}{\nu} \binom{\nu-\frac{1}{2}}{\mu} \frac{(-1)^{\mu}}{(2\sin\varphi)^{\nu}} \cos\left(\frac{\pi}{4}(5-2\nu) - \left(\nu-\mu-\frac{1}{2}\right)\varphi\right),$$

so erhalten wir

$$P_{\mu}(z) = p_{n\mu}(z) + O(\mu^{-n})$$

gleichmäßig in jedem Intervall $-1+\varepsilon \leqq z \leqq 1-\varepsilon$ $(0<\varepsilon<1)$. Berücksichtigt man, daß $p_{n+1,\mu} - p_{n\mu} = O(\mu^{-n-1})$ ist, so folgt

$$P_{\mu}(z) = p_{n\mu}(z) + O(\mu^{-n-1}).$$

Das erste Glied dieser asymptotischen Entwicklung ist umgeformt

$$(99)\quad P_{\mu}(z) = \frac{2}{\sqrt{2\sin\varphi}} \frac{1\cdot 3 \cdots (2\mu-1)}{2\cdot 4 \cdots 2\mu} \cos\left(\frac{5\pi}{4} + \left(\mu+\frac{1}{2}\right)\varphi\right) + O\left(\frac{1}{\mu}\right).$$

Ist z nicht reell zwischen -1 und $+1$, so hat von den singulären Stellen ζ_1 und ζ_2 wegen $\zeta_1\zeta_2 = 1$ die eine, etwa ζ_1, einen Betrag $|\zeta_1| < 1$, die andere einen Betrag $|\zeta_2| > 1$. Auf dem Konvergenzkreis $|\zeta| = |\zeta_1|$ liegt nur die singuläre Stelle ζ_1, und wir haben daher nur diese Singularität zu berücksichtigen. Formen wir daher die ersten n Glieder der Entwicklung von $K(z,\zeta)$ nach Potenzen von $\zeta - \zeta_1$ in eine Potenzreihe nach ζ um, so erhalten wir in den Koeffizienten asymptotische Ausdrücke für $P_{\mu}(z)$, mit dem Unterschied jedoch, daß jetzt nur noch

$$|\zeta_1|^{n}(P_{\mu} - p_{n\mu}) = O(\mu^{-n-1})$$

gilt.

Sachverzeichnis.

Druckfehlerberichtigung.

Auf S. 222, 5. Formelzeile von unten heißt es unter den Integralen G^* statt $G(\varepsilon)$.

In der letzten Formelzeile heißt es auf den rechten Seiten der Gleichungen X, Y statt x, y.

GPSR Compliance

The European Union's (EU) General Product Safety Regulation (GPSR) is a set of rules that requires consumer products to be safe and our obligations to ensure this.

If you have any concerns about our products, you can contact us on ProductSafety@springernature.com

In case Publisher is established outside the EU, the EU authorized representative is:

Springer Nature Customer Service Center GmbH
Europaplatz 3
69115 Heidelberg, Germany

Batch number: 10682323

Printed by Printforce, the Netherlands